U0214856

山西省地面畦灌优化灌水技术参数手册

Handbook of Optimized Technical Parameters of Surface Border Irrigation in Shanxi Province

樊贵盛　郭文聪　冯锦萍　著

科 学 出 版 社

北　京

内 容 简 介

本书基于黄土高原区20多年来的规模化大田耕作土壤入渗和灌水试验，在充分分析影响土壤入渗参数和灌水效果的各种因素的基础上，建立了地面畦灌优化灌水技术参数一体化预测模型，即从土壤水分入渗参数预测开始，通过畦灌灌水过程和效果模拟、灌水技术参数优化等，实现了用易获得的大田土壤常规理化参数直接预测地面畦灌最优灌水技术参数的一体化过程。同时，针对山西省主要土壤类型，提出了可供广大农民直接应用的不同灌水条件下的畦灌优化灌水技术参数。另外，还提出了一些提高特殊灌水条件下灌溉效果的措施。

本书可为基层水利技术人员和广大农民进行地面畦灌提供灌水技术参数，还可为从事农田水利工程设计、灌溉管理技术人员提供强有力的技术支撑，同时也可供高等院校有关专业的师生参考。

图书在版编目(CIP)数据

山西省地面畦灌优化灌水技术参数手册＝Handbook of Optimized Technical Parameters of Surface Border Irrigation in Shanxi Province / 樊贵盛，郭文聪，冯锦萍著. —北京：科学出版社，2018.12

ISBN 978-7-03-060076-9

Ⅰ. ①山… Ⅱ. ①樊… ②郭… ③冯… Ⅲ. ①畦灌-山西-技术手册 Ⅳ. ①S275.3-62

中国版本图书馆CIP数据核字(2018)第285448号

责任编辑：耿建业 崔元春 / 责任校对：王萌萌
责任印制：师艳茹 / 封面设计：无极书装

科学出版社 出版
北京东黄城根北街16号
邮政编码：100717
http://www.sciencep.com
北京通州皇家印刷厂 印刷
科学出版社发行 各地新华书店经销
*
2018年12月第 一 版 开本：787×1092 1/16
2018年12月第一次印刷 印张：29 1/2
字数：699 000

定价：258.00 元

（如有印装质量问题，我社负责调换）

作 者 简 介

樊贵盛，男，1955 年生，山西省孝义市人，工学硕士，农学博士，国家二级教授，博士生导师，享受国务院特殊津贴。现于太原理工大学水利科学与工程学院任教，长期从事节水灌溉理论与技术和水土环境控制方面的教学和科学研究工作。主持国家级、省科技厅和省水利厅科研项目数十项，共获山西省科学技术进步奖一等奖、二等奖、三等奖共 5 项，出版专著 7 部，发表论文 200 余篇，培养硕士、博士研究生近百名。

郭文聪，男，1980 年生，山西省浑源县人，工学博士，高级工程师。现于山西省水利水电科学研究院工作，长期从事农业节水工程的规划、设计和研究工作，研究方向为节水理论与灌溉技术。参与国家级、省科技厅和省水利厅科研项目 10 余项，发表论文 10 余篇，其中 EI 收录 1 篇。

冯锦萍，女，1972 年生，山西省孝义市人，工学博士，高级工程师。现于山西省农田节水技术开发服务推广站工作，长期从事农村供水及灌溉排水工程的设计、技术审查和研究工作，研究方向为节水理论与灌溉技术。参与国家级、省科技厅和省水利厅科研项目 3 项，发表论文 10 余篇，其中 EI 收录 1 篇。

前　言

山西省属于黄土高原区的一部分，属于典型的半干旱半湿润温带大陆性季风气候，是我国北方水资源严重短缺地区，人均水资源占有量只有全国平均水平的1/5。随着社会经济的发展，产业间“争水”矛盾日益尖锐，水资源紧缺已成为制约社会经济可持续发展的重要因素，开源和节流是该地区破解水资源紧缺和供需矛盾的必由之路。农业是用水大户，2016年农业用水量占山西省国民经济总用水量的62%，但是农业用水效率还很低。虽然山西省近年来推动了一系列农业节水技术改造和一定规模的喷灌、滴灌等高效节水灌水技术的应用，但其平均灌溉水有效利用系数仍然不足0.55。现有的灌水方法仍然以地面畦灌为主，因此，提供适应性强、使用方便、农民易于接受和易于推广的畦灌优化灌水技术便成为快速提高农业用水效率的有效途径之一。

本书以国家自然科学基金项目“区域尺度上土壤入渗参数多元非线性传输函数研究”、863计划项目“精细地面灌溉集成技术研究”、山西省科技攻关项目（农业）“山西省地面畦灌节水灌水技术参数研究”、山西省水利厅节水型社会建设项目“山西省地面畦灌节水技术参数手册研编”等为依托，基于过去20多年来山西省从南到北30多个市、区、县积累的3000多组大田耕作土壤入渗试验和灌水试验数据，从影响灌溉水有效利用系数的最主要因素——土壤入渗参数的精准预测为切入点，建立和验证了集土壤水分入渗参数预测、畦灌灌水过程和效果模拟、灌水技术参数优化于一体的地面畦灌优化灌水技术参数一体化预测模型。以山西省主要土壤质地类型为主线，计算和编制了适用于不同水源条件、土壤状态、耕作条件的地面畦灌优化灌水技术参数手册，同时，提出了一些提高特殊灌水条件下灌溉效果的措施。旨在为广大基层灌溉工作者和农民提供一种快速、便捷、质优的灌水技术参数获取手段和方法，为山西省农业灌溉水有效利用系数的全面提高、实现山西省水资源的可持续利用和社会经济的可持续发展提供技术支撑。

本书第1章、第6章至第8章由樊贵盛执笔；第2章和第3章的3.1～3.3节由郭文聪执笔；第3章的3.4～3.6节、第4章、第5章由冯锦萍执笔；附录由冯锦萍和郭文聪共同执笔，全书由樊贵盛统稿。

本书的问世与国家自然科学基金委员会、山西省科学技术厅、山西省水利厅对地面畦灌节水研究理念持之以恒的支持分不开，没有他们的认可和支持，本书不可能问世。在此对这些认可和支持本书理念的领导、专家和学者表示感谢。在本书所依托项目的实施过程中，山西省汾河灌溉管理局、山西省禹门口水利工程管理局、吕梁市文峪河水利管理局、大同市水务局、大同市御河水利管理处灌溉试验站、应县水务局、侯马市水务局、原平市水利局、长子县水利局、泽州县水务局等40多个单位的领导和同志给予了很多帮助，没有他们的支持就没有今天的研究成果，在此对他们表示深深的感谢。另外还要感谢为本书的野外试验和室内分析付出辛勤劳动的同事和学生，他们分别是太原理工大学的武鹏林教授、邢述彦教授、郑秀清教授、李治勤副教授、郭彩华高级工程师和历届硕士、博士研究生。在此，向为本书提供过帮助、支持和服务的所有人员表示衷心的感谢。另外，对本书所引用的文献的作者表示感谢。

虽然本书所涉及的主要土壤是黄土，在地面灌溉技术参数预测模型中，利用土壤常规理化参数对入渗参数预报具有一定的区域性，但是本书所述的土壤水分入渗参数预测方法、手段和理念具有一定的前瞻性。本书提出的地面畦灌优化灌水技术参数一体化预测模型及其方法对我国的各类土壤都具有普遍性意义，或许对我国农业灌溉水有效利用系数的提高，以及促进我国水资源的可持续利用具有借鉴的价值。

由于作者水平有限，书中难免有不足之处，恳请读者赐教并指正。

作　者

2017 年 12 月

目　录

第1章 绪　　论

1.1 问题的提出

我国是世界上13个贫水国之一，人均水资源占有量约为2300m^3，仅为世界人均水平的1/4。据预测，到2030年左右，我国人口将达到16亿高峰，届时年粮食产量需求将增长到6.4亿t以上。为了满足粮食需求，届时全国的灌溉面积需要发展到9亿亩①以上，灌溉用水量将从2016年的3800亿m^{3}增长到6650亿m^3。但是，从我国目前的水资源供给状况来看，如此大的农业水资源供给量难以实现。同时，我国农业用水效率水平比较低，2016年全国平均灌溉水有效利用系数仅为0.54左右。如果将灌溉水有效利用系数提高10%左右，那么就可在维持现有农业总供水量的情况下，满足16亿人食用的粮食所要求的水量，由此可见农业节水的重要性[1]。另外，现阶段农业用水仍是社会用水的大户，农业灌溉用水占总用水量的2/3，在我国的华北、西北等地区，许多城市和农村处于严重或极度缺水状态，水资源短缺已经严重制约了社会经济的发展，节水已经迫在眉睫。因此，要从根本上缓解我国未来的缺水难题，出路在于发展农业节水，提高灌溉水有效利用系数，降低农业用水在社会用水中的比重。

在我国推广和应用的节水灌溉方式中，地面节水灌溉技术仍然占主流地位。要提高地面灌溉水有效利用系数(包括渠道水有效利用系数和田面水有效利用系数)，就必须从输水和灌溉两个方面入手：第一个方面是对输水系统进行改进，减少灌溉水在输送过程中的水量损失，提高渠道水有效利用系数；第二个方面是尽可能将更多的水分保持在作物根系层，以促进作物吸收利用，提高田面水有效利用系数。第一个方面的主要措施是工程措施，通过渠道防渗或者使用管道输水就可以将输水损失降到最低；第二个方面对于地面灌溉来说，主要是优化灌水技术参数，以得到更优的灌水效果，实现田面水有效利用系数的提高。

地面灌水技术参数的研究和应用由来已久，我国科技工作者借助几十年的实际灌水经验，总结了许多经验和成果，即根据田面实际灌水情况提出了很多更合理的灌水单宽流量和畦田尺寸[2]，当然最重要的就是进行地面灌水过程的模拟。对于地面灌水过程的模拟而言，土壤水分入渗参数是模拟预测模型的输入参数，一般来说需要实现两方面的预测，即灌溉过程模拟和有关灌水效果指标的预测，其中灌溉过程模拟包括水流推进、消退过程的预测。目前，无论是对土壤水分入渗参数的研究，还是对地面灌溉过程模拟模型的研究，都是分开进行的，很少见将土壤水分入渗参数的预测模型和地面灌溉灌水过程模型结合在一起进行研究的报道，而将地面灌溉灌水效果优化模型与上述两种模型结合的研究更是少之又少。这给地面灌溉节水灌水技术参数的应用和田面水有效利用系

① 1亩≈666.67m^2。

数的提高带来了诸多不便和很大的局限性。尤其是大多数地面灌溉模拟方法都是以土壤水分入渗参数作为直接输入变量，而有效获取实时土壤水分入渗参数是较困难的。鉴于此，实现以土壤常规理化参数作为输入变量，进行灌水技术参数优化和灌水过程的模拟十分必要。本书基于研究团队过去20多年在山西省从南到北30多个县、市、区积累的3000多组大田耕作土壤入渗试验和灌水试验数据，以影响灌溉水有效利用系数的最主要因素——土壤水分入渗参数的精准预测为切入点，建立了集土壤水分入渗参数预测、畦灌灌水过程和效果模拟、灌水技术参数优化于一体的地面畦灌优化灌水技术参数一体化预测模型。同时，以山西省主要土壤质地类型为主线，计算编制适应不同水源条件、土壤状态、耕作条件的地面畦灌优化灌水技术参数手册，旨在为广大基层灌溉工作者和农民提供一种快速、便捷、质优的灌水技术参数获取手段和方法，为山西省农业灌溉水有效利用系数的全面提高及实现山西省水资源的可持续利用和社会经济的可持续发展提供技术支撑。

1.2　研究意义

实践结果表明，一般灌水过程的节水潜力都在用水管理上，用水管理是整个灌区灌溉管理工作的中心环节。田间灌溉用水管理就是在现有的水利工程的基础上，采用合理的灌溉技术参数，提高田间灌溉水有效利用系数的过程。以陕西省渭南市洛惠渠管理局的实测统计数据来看，实施小畦灌溉比大水漫灌可降低灌水定额17%～35%。在单宽流量为3～5$m^3/(s\cdot m)$时，灌水定额随畦长变化而发生变化，当畦长由100m减少为30m时，灌水定额可减少150～204$m^3/hm^2$①；当畦长由30m增加到100m时，单宽流量从2$m^3/(s\cdot m)$增加到5$m^3/(s\cdot m)$，灌水定额可减少150～225m^3/hm^2。据其他文献报道，在半干旱地区，用塑料软管代替灌水沟进行长畦分段灌溉，比一般的长畦灌溉可节约灌溉用水量40%～60%。采用窄畦大流量地面灌水可节约灌溉用水量15%，灌水均匀度提高10%左右。因此，通过研究地面畦灌优化灌水技术参数实现田间灌溉方式的改进，这种灌溉用水管理模式对农业节水而言具有重大的科学意义。

1）缓解我国水资源供需矛盾

水资源短缺是21世纪全球面临的重大问题之一，在我国，它已成为制约国民经济发展的一大因素。相对工业用水而言，农业用水面临的形势更严峻。随着城乡居民生活水平的改善和提高，以及工业经济的发展，城乡居民生活用水和工业用水在总用水量中所占的比例与日俱增，从而使农业用水的短缺形势日益严重。为缓解农业用水的供需矛盾，实施农业高效节水势在必行。

农业高效节水就是要充分有效地利用自然降水和灌溉水，其根本目的是通过水利、农业、管理、生物等措施，最大限度地减少水源通过输水、配水、灌水直至作物耗水过程中的损失，最大限度地提高单位耗水量的产量和产值。随着人们对农业高效节水认识的提高，国内外学者达成如下共识：农业、水利、生物及管理相结合的综合节水技术是

① $1hm^2=10000m^2$。

实现农业高效节水的根本途径。对于水利学科来讲，工程技术节水和管理技术节水是其主攻方向。通过工程技术节水固然重要，如采用喷灌、滴灌、管灌这些先进灌水技术可大大提高灌溉水的利用率和单位耗水量的利用率，但通过管理技术节水也不容忽视，其效果也不容低估。试验研究表明，采用合理的灌水技术参数进行灌水，可以将田间灌溉水有效利用系数提高10%～20%，据此，我国每年农业灌溉可节水155亿m^3以上。

2)全面提高地面灌溉质量和效果的要求

有关专家指出，今后世界灌溉的发展趋势如下：一是灌溉方法仍然以地面灌溉为主，喷灌、微灌面积会有较大发展；二是为提高渠道水有效利用系数，渠道衬砌和管道输水等节水输水技术将日益发展起来；三是灌溉自动化程度得到提高，灌溉管理技术日益先进，电子计算机、激光、红外线遥测、遥控等新技术将得到广泛应用。从世界灌溉发展趋势来看，地面灌溉仍然是各种灌水方法中的主要方法。

截至目前，我国90%以上的灌溉面积仍采用传统的地面灌水方法，而且可以预测，在今后很长一段时间内，地面灌水方法在农业灌溉中占绝对的主导地位。此外，与世界先进国家相比，我国灌溉管理水平还比较低。因此，我国的农业、水利专家达成如下共识：一是农业节水的重点在于地面灌溉，节水潜力大、见效速度快；二是地面灌溉节水成本较低；三是地面灌溉节水的重点在田间，田间节水的重点在于对灌溉水的管理。

近年来，我国水利部门和广大农民在输配水系统中采取了各种各样的防渗措施，对提高灌溉水的利用率起到了积极的作用，但防渗措施属于一种耗资较大的节水措施，在我国目前的经济实力条件下，这些措施的进一步推广和应用受到了一定程度的限制。因此，工程技术节水和管理技术节水便成为我国目前乃至今后很长一段时间内农业灌溉节水的主要途径。田间灌溉水利用率低的两个主要因素是：①广大农民大水漫灌的灌水习惯难以根除；②由于畦田地形条件、土壤条件和耕作措施等因素的时空变异性和复杂性、研究手段和方法的局限性，科技部门尚不能为广大农民提供能操作的、适应多变灌水条件的合理的灌水技术参数(畦长、畦宽、入畦流量、封口成数等)。

本书基于地面畦灌灌水试验，将计算机模拟技术和最新的畦灌效果多参数择优模型相结合，研制了地面畦灌优化灌水技术参数一体化预测模型，为水利管理部门和广大农民提供便于应用操作的，适合地形条件、土壤条件、耕作条件变化的地面畦灌灌水技术参数的获取工具，全面推动了我国农业节水灌溉向纵深方向发展。

1.3 地面灌溉理论的研究动态

1.3.1 土壤水分入渗理论与参数研究动态

1. 土壤水分入渗理论研究动态

入渗是指水分进入土壤的过程，严格来讲，应该是水分通过地表(入渗界面)进入土壤的过程。在畦灌、沟灌等灌水方法之下，灌溉地面水通过地表这个入渗界面进入土壤，而在渗灌条件下，灌溉水通过地下管道周围的土壤界面进入土壤。

人们对土壤入渗的认知基于经典毛管理论和土水势的势能理论。经典毛管理论是用于研究土壤水分运动最早的理论，即把土壤看成是小球体的集合或假想为平行的小扁平体的集合，更多的是将土壤孔隙近似为直径大小不一的毛细管束，即毛管模型，用来分析土壤中水分运动的某些现象，如入渗、蒸腾、蒸发等。

势能理论是在毛管理论之后发展起来的土壤水分运动理论，即势能理论是根据土水势推导出的扩散方程，用于研究土壤的水分运动。Buckinghan 于 1904 年首次提出了毛管势的概念，为土壤入渗的研究奠定了更精确的理论基础。之后，众多国内外研究学者在毛管势理论的基础上对土壤入渗特性进行了更深层次的研究，建立了各类具有不同意义和用途的土壤水分运动模型。其理论基础源于法国工程师 Darcy 提出的达西定律[3]。

Darcy[3]于 1856 年通过饱和砂层的渗透试验，得出水分通量 $q_{水}$ 和水力梯度成正比，即达西定律：

$$q_{水} = K_s \Delta h / L \tag{1.1}$$

式中，L 为渗流路径的直线长度；Δh 为渗流路径始末断面总水头差；$\Delta h/L$ 为相应的水力梯度；K_s 为饱和土壤导水率。

非饱和状态下的土壤水与饱和沙土一样，也遵循热力学第二定律，水分从水势高处自发地向水势低处运动。一般认为，适用于饱和土壤水流动的达西定律在很多情况下同样适用于非饱和土壤水流动。Richards[3]于 1931 年将达西定律引入非饱和土壤水流动中，表示为

$$q_{水} = -K(\Psi_m)\nabla\Psi \text{ 或 } q_{水} = -K(\theta)\nabla\Psi \tag{1.2}$$

式中，$K(\Psi_m)$、$K(\theta)$ 分别为非饱和土壤导水率 K 关于基质势 Ψ_m 和土壤含水率 θ 的函数；$\nabla\Psi$ 为土壤水的总土水势梯度。

虽然表示非饱和土壤水流动的达西定律与表示饱和土壤水流动的达西定律的表达式形式相同，但其土水势和土壤导水率却有不同的含义和特点。

首先，尽管饱和土壤水和非饱和土壤水流动都是由水势差的存在而引起的，但二者土水势的组成却有区别。

对于饱和多孔介质：任一点的土水势 Ψ 为重力势 Ψ_g 和压力势 Ψ_p 之和，它们分别由该点相对参考平面的高度和地下水面以下的深度来确定。习惯上用负压水头 $h_{负}$ 表示土水势 Ψ，即总水头等于位置水头和压力水头之和，可以说水由总水头高处向总水头低处流动。

对于非饱和土壤水：在无须专门考虑溶质势 Ψ_s、温度势 Ψ_T 及压力势 Ψ_p 时，任一点的土水势只包括重力势 Ψ_g 和基质势 Ψ_m。若以单位质量的土壤水计算，土水势单位用水头表示，那么，非饱和土壤水的总水头就等于位置水头和基质势水头(或称负压水头)之和。前者取决于相对参考平面的高度，后者取决于土壤的干湿程度。但对于非饱和土壤水，不能笼统地说水由位置高处流向位置低处，或水由湿处流向干处，流动遵循的唯一的原则是自土水势高处向土水势低处运移。

其次，非饱和土壤水流动和饱和土壤水流动的另一个重要区别在于土壤导水率。当土壤处于饱和状态时，全部孔隙都充满了水，因而具有较高的导水率，且其为常数。非饱和土壤导水率 K 又称为水力传导度，由于土壤中部分孔隙被气体充填，其值低于饱和土壤导水率。

饱和-非饱和土壤达西定律都是多孔介质中液体流动所应满足的运动方程，质量守恒是物质运动和变化普遍遵循的基本原理，将质量守恒原理具体应用到多孔介质中的液体流动即为连续方程。将土壤视为一种固相骨架不变形、各向同性的多孔介质，达西定律和连续方程相结合便可得到描述非饱和土壤水分运动的基本方程，即 Richards 方程：

$$\frac{\partial\theta}{\partial t}=\nabla[K(\theta)\nabla\Psi] \tag{1.3}$$

取单位质量土壤水分的土水势，则 $\Psi=\Psi_{\mathrm{m}}+z$，将式(1.3)展开为

$$\frac{\partial\theta}{\partial t}=\frac{\partial}{\partial x}\left[K(\theta)\frac{\partial\Psi_{\mathrm{m}}}{\partial x}\right]+\frac{\partial}{\partial y}\left[K(\theta)\frac{\partial\Psi_{\mathrm{m}}}{\partial y}\right]+\frac{\partial}{\partial z}\left[K(\theta)\frac{\partial\Psi_{\mathrm{m}}}{\partial z}\right]\pm\frac{\partial K(\theta)}{\partial z} \tag{1.4}$$

由于滞后作用，基质势 Ψ_{m} 和土壤含水率 θ 不是单值函数，土壤吸湿过程和脱湿过程不同，Richards 方程只用于吸湿和脱湿的单一过程。运用上述基本方程解决实际问题时，根据实际情况的不同及为了求解方便，基本方程可以有多种形式。

1) 以基质势 Ψ_{m} 为因变量的基本方程

非饱和土壤导水率 K 和比水容量 C 均可表示为土壤含水率 θ 的函数 $K(\theta)$ 和 $C(\theta)$，也可表示为基质势 Ψ_{m} 的函数 $K(\Psi_{\mathrm{m}})$ 和 $C(\Psi_{\mathrm{m}})$，式(1.4)可改写为

$$C(\Psi_{\mathrm{m}})\frac{\partial\Psi_{\mathrm{m}}}{\partial t}=\frac{\partial}{\partial x}\left[K(\Psi_{\mathrm{m}})\frac{\partial\Psi_{\mathrm{m}}}{\partial x}\right]+\frac{\partial}{\partial y}\left[K(\Psi_{\mathrm{m}})\frac{\partial\Psi_{\mathrm{m}}}{\partial y}\right]+\frac{\partial}{\partial z}\left[K(\Psi_{\mathrm{m}})\frac{\partial\Psi_{\mathrm{m}}}{\partial z}\right]\pm\frac{\partial K(\Psi_{\mathrm{m}})}{\partial z} \tag{1.5}$$

2) 以土壤含水率 θ 为因变量的基本方程

非饱和土壤水分扩散率 D 关于土壤含水率 θ 的函数 $D(\theta)$ 定义为

$$D(\theta)=K(\theta)/C(\theta) \tag{1.6}$$

$D(\theta)$ 同样是土壤含水率 θ 或基质势 Ψ_{m} 的函数，则式(1.4)可改写为

$$\frac{\partial\theta}{\partial t}=\frac{\partial}{\partial x}\left[D(\theta)\frac{\partial\theta}{\partial x}\right]+\frac{\partial}{\partial y}\left[D(\theta)\frac{\partial\theta}{\partial y}\right]+\frac{\partial}{\partial z}\left[D(\theta)\frac{\partial\theta}{\partial z}\right]\pm\frac{\partial K(\theta)}{\partial z} \tag{1.7}$$

对于一维垂直流动，基本方程简化为

$$\frac{\partial\theta}{\partial t}=\frac{\partial}{\partial z}\left[D(\theta)\frac{\partial\theta}{\partial z}\right]\pm\frac{\partial K(\theta)}{\partial z} \tag{1.8}$$

对于一维水平流动，基本方程简化为

$$\frac{\partial\theta}{\partial t}=\frac{\partial}{\partial x}\left[D(\theta)\frac{\partial\theta}{\partial x}\right] \tag{1.9}$$

3) 以位置坐标 x 或 z 为因变量的基本方程

为了求解方便，有时将位置坐标 x 或 z 作为未知函数，土壤含水率 θ 用隐函数形式表示，对于一维垂直流动，基本方程为

$$-\frac{\partial z}{\partial t}=\frac{\partial}{\partial \theta}\left[D(\theta)\frac{\partial z}{\partial \theta}\right]\pm\frac{\partial K(\theta)}{\partial \theta} \tag{1.10}$$

对于一维水平流动，基本方程为

$$-\frac{\partial x}{\partial t}=\frac{\partial}{\partial \theta}\left[D(\theta)\frac{\partial x}{\partial \theta}\right] \tag{1.11}$$

4) 以位置坐标 z 为因变量的柱坐标系的基本方程

将平面坐标系化为柱坐标系，式(1.4)可改写为

$$\frac{\partial \theta}{\partial t}=\frac{1}{\gamma}\frac{\partial}{\partial \gamma}\left[D(\theta)\frac{\partial \theta}{\partial \gamma}\right]+\frac{1}{\gamma^2}\frac{\partial}{\partial \phi}\left[D(\theta)\frac{\partial \theta}{\partial \phi}\right]+\frac{\partial}{\partial z}\left[D(\theta)\frac{\partial \theta}{\partial z}\right]\pm\frac{\partial K(\theta)}{\partial z} \tag{1.12}$$

式中，γ 为柱坐标系中任一点的半径；ϕ 为柱坐标系中任一点的角度。

根据实际情况的不同，选用上述基本方程的适当形式，针对具体初始、边界条件和水分运动参数，用解析或数值方法对基本方程求解，就可得到土壤含水率 θ 或基质势 $\varPsi_{\mathrm{m}}$ 的空间分布及其随时间的变化，即水分运动模型。

以基质势水头 $\varPsi_{\mathrm{m}}$(或负压水头 h) 为因变量的基本方程是土壤水分运动方程的主要方程之一。其优点是可用于同一系统的饱和-非饱和土壤水分运动问题的求解，也适用于分层土壤的水分运动计算。但方程中用到非饱和土壤导水率 $K(\varPsi_{\mathrm{m}})$，因该参数值随土壤基质势或含水率的变化范围太大，常造成计算困难并引起误差。

以土壤含水率 θ 为因变量的基本方程求解得出的土壤含水率分布及随时间的变化比较符合人们当前的使用习惯。这些方程中的非饱和土壤水分扩散率函数 $D(\theta)$ 随土壤含水率变化的范围较非饱和土壤导水率要小得多，因此，此种形式的基本方程常为人们使用。但是，对于层状土壤，由于层间界面处土壤含水率 θ 是不连续的，以土壤含水率 θ 为因变量的扩散型方程则不适用。在求解饱和-非饱和土壤水分运动问题时，这种形式的方程也不宜使用。

2. 经验-半经验入渗模型

上述基于土壤土水势的理论模型概念清楚，有明确的理论依据，但由于时间、空间和土壤水分参数的复杂性和非线性，解析解的难度和精度决定了其真正应用的局限性，数值计算方法和技术给其提供了广阔的应用前景。人们基于上述毛管理论和势能理论，从入渗和便于应用的角度提出了不少经验入渗模型和理论入渗模型，经验入渗模型的建立不是基于明确的物理基础，如 Kostiakov 模型、Horton 模型[4]及 Holtan 模型等，而理论入渗模型是建立在明确的物理基础之上的，能够明确表征目标参数与土壤物理性质之间的特征关系，如 Green-Ampt 模型、Philip 入渗模型[5]及 Smith 模型等。

1) Green-Ampt 模型

Green-Ampt 模型研究初始干燥土壤在薄层积水条件下的入渗问题[6]。其基本假定是：入渗时存在明确的水平湿润锋面，同时具有固定不变的土壤水吸力 s_{f}，土壤含水率 θ 的

分布呈阶梯状，湿润区饱和含水率为 θ_s，湿润锋前初始含水率为 θ_i。由达西定律得出地表入渗速率为

$$i = K_s \frac{z_f + s_f + H}{z_f} \tag{1.13}$$

式中，i 为地表入渗速率，cm/min；s_f 为土壤水吸力，cm；z_f 为概化的湿润锋深度，cm；H 为积水深度，cm。

当入渗时间较短，土壤水吸力 s_f 起主要作用时，式(1.13)可简化为

$$i = K_s \frac{s_f}{z_f} \tag{1.14}$$

根据模型假定和水量平衡原理，可得出累积入渗量 I 为

$$I = (\theta_s - \theta_i) z_f \tag{1.15}$$

当入渗时间较长而 z_f 较大或 H 较小时，式(1.13)可转化为

$$i = K_s [1 + (\theta_s - \theta_i) s_f / I] \tag{1.16}$$

Green-Ampt 模型的入渗公式简单，且有一定的物理模型基础，可应用于均质与非均质土壤或初始含水率不均匀的情况，均有较好的结果。其缺点是土壤水吸力 s_f 的确定较为困难，不能描述水分实际分布情况。

2) Kostiakov 模型

该模型的 Kostiakov 公式如式(1.17)所示：

$$i(t_{入渗}) = a t_{入渗}^{-b} \tag{1.17}$$

式中，$i(t_{入渗})$ 为入渗速率；$t_{入渗}$ 为入渗时间；a、b 为由试验资料拟合的参数。

当 $t_{入渗} \to \infty$ 时，$i(t_{入渗}) \to 0$；当 $t_{入渗} \to 0$ 时，$i(t_{入渗}) \to \infty$；而 $t_{入渗} \to \infty$ 的情况，只有在水平吸渗情况下才会出现，在垂直入渗条件下，显然不符合实际。但在实际情况中，只要能确定出 $t_{入渗}$ 的期限，使用该公式还是比较简便而且较为准确的。

因此，Kostiakov 三参数(Kostiakov-Lewis)公式成为更普遍的大田土壤入渗公式：

$$I(t_{入渗}) = k t_{入渗}^{-\alpha} + f_0 t_{入渗} \quad (当 f_0=0 时，为 Kostiakov 公式) \tag{1.18}$$

式中，$I(t_{入渗})$ 为累积入渗量；k 为入渗系数；α 为入渗指数，k 和 α 由试验资料回归分析得出；f_0 为稳定入渗率，由试验资料中最后进入稳定阶段的入渗率来确定。

Kostiakov 三参数公式能够很好地预测入渗过程，特别是对于长历时入渗，较其他公式具有更高的预测精度[7]，目前人们应用较多的仍然是以 Kostiakov 公式和 Kostiakov 三参数公式为基础的入渗模型。

3) Horton 模型

Horton 从事入渗试验研究，按照他对渗透过程的物理概念理解，得出方程式：

$$i = i_c + (i_0 - i_c)e^{-pt_{入渗}} \tag{1.19}$$

式中，i_c、i_0 均为特征常数，其中，i_c 为稳渗速率，i_0 为初始速率；p 为常数，决定入渗速率 i 从 i_0 减小到 i_c 的速度。

常数 k 决定着 i 从 i_0 减小到 i_c 的速度。这种纯经验性的公式虽然缺乏物理基础，但由于其应用方便，至今在许多试验研究中仍然沿用。

4) Philip 入渗模型

Philip 将一维水分垂直流动基本方程取解的无穷级数形式表示为

$$I = St_{入渗}^{0.5} + At_{入渗} + Bt_{入渗}^{1.5} + \cdots \tag{1.20}$$

式中，S 为吸湿率，$\mathrm{cm/min^{0.5}}$；A 为稳渗率，cm/min，A、B 系数逐渐递减且相邻两系数相差 1～2 个数量级，通常取两项即为常用的 Philip 一维垂直入渗公式：

$$I = St_{入渗}^{0.5} + At_{入渗} \tag{1.21}$$

取第一项即为忽略重力作用的 Philip 一维水平吸渗公式：

$$I = St_{入渗}^{0.5} \tag{1.22}$$

相应的入渗速率分别为

$$i = \frac{1}{2}St_{入渗}^{-0.5} + A \quad 和 \quad i = \frac{1}{2}St_{入渗}^{-0.5} \tag{1.23}$$

Philip 入渗模型[8]具有明确的物理意义，在短历时的入渗情况时较精确。其缺点是只适用于均质土壤，在长历时的入渗情况下计算值与实际值有较大偏差，对参数精度要求较高[9]。

5) Ghosh 模型

Ghosh 分析常用的 Philip 一维垂直入渗公式及 Kostiakov 公式得出，随着入渗时间的延长，二者预测的入渗过程与实际入渗过程逐渐偏离，对于长历时入渗，难以满足精度要求。因此，Ghosh 等[10]将二者综合考虑提出了新的入渗公式：

$$I = at_{入渗}^{b} + K_s t_{入渗} \tag{1.24}$$

式中，a、b 均为与土壤质地及土壤含水率有关的常数；K_s 为饱和土壤导水率。应用这一公式时，需要预先已知 K_s 值并根据土壤含水率确定出 a、b 值。

Ghosh 入渗公式能够很好地预测入渗过程，特别是对于长历时入渗，较其他公式具有更高的预测精度。但由于公式中含有三个参数，尤其当饱和土壤导水率 K_s 未知时，公式应用较烦琐且精度难以保证。

6) 其他入渗模型

(1) Holtan 入渗模型。

该模型的 Holtan 入渗公式表示的是入渗率与表层土壤蓄水量之间的关系，具体为

$$i = i_c + a(w - i)^{n_1} \tag{1.25}$$

式中，i_c、a、n_1 为与土壤及作物种植条件有关的经验参数；w 为表层土壤(厚度为 d)在入渗开始时的容许蓄水量。该公式仅适用于 $i<w$ 的情况。

总的说来，该模型的 Holtan 入渗公式难以精确地描述一个点的入渗特征，但用它来估算一个流域的降雨入渗也许是适用的。

(2) Smith 模型。

Smith 根据土壤水分运动的基本方程，对不同质地的土壤，进行了大量的降雨入渗数值模拟计算，提出了一种入渗模型：

$$\begin{cases} i = R & t_{入渗} \leqslant t_p \\ i = i_c + A(t - t_0)^{-a} & t_{入渗} > t_p \end{cases} \tag{1.26}$$

式中，A、t_0、a 均为与土壤质地、初始含水率及降雨强度有关的参数；R 为降雨强度；t_p 为开始积水时间；i_c 为土壤稳渗速率。

(3) 方正三模型。

方正三[11]在 Kostiakov 模型的入渗公式的基础上，对大量野外实测资料进行分析，提出的入渗公式如式(1.27)所示：

$$K_t = c + c_1 / t_{入渗}^d \tag{1.27}$$

式中，K_t 为入渗速率；c、c_1、d 均为与土壤质地、土壤含水率及降雨强度有关的参数。

(4) 蒋定生模型。

蒋定生和黄国俊[12]在分析 Kostiakov 模型和 Horton 模型的入渗公式的基础上，结合黄土高原大量的野外测试资料，提出了描述黄土高原土壤在积水条件下的入渗公式，如式(1.28)所示：

$$i = f_c + (i_1 - i_c) / t_{入渗}^a \tag{1.28}$$

式中，i 为 $t_{入渗}$ 时刻的瞬时入渗速率；f_c 为蒋定生模型中的土壤稳定入渗速率；i_1 为 1min 末的入渗速率；i_c 为土壤稳渗速率；$t_{入渗}$ 为入渗时间；α 为入渗指数。

当 t=1min 时，式(1.28)等式左边等于 i_1；当 $t_{入渗} \to \infty$时，$i = f_c$，因而式(1.28)的物理意义比较明确。但式(1.28)是在积水条件下求得的，与实际降雨条件还有一定的差异。

7) 近几年研究现状

Swartzendruber[13]利用两个假定：①非饱和土壤导水率 $K(\theta)$ 与土壤含水率 θ 呈线性

关系；②土表积水水头 h_0 与时间 $t_{入渗}^{0.5}$ 成正比。对一维垂直水分运动方程进行数学推导，得出该方程的解为

$$Z=\varphi(\theta)t_{入渗}^{0.5}+gt_{入渗} \tag{1.29}$$

式中，g 为比例常数；$\varphi(\theta)$ 为土壤含水率 θ 的函数，由试验测定计算而得。

Parlange 等[14]提出了一种 Richards 方程的近似解，随后又将此方法进行扩展和简化，得出确定湿润剖面的公式。Ben-Asher 等[15]提出了点源入渗的线性和非线性模型。上述入渗公式，无论是理论的、还是经验的，都在一定程度上反映了土壤水分入渗规律，因而都有其使用价值。

3. 土壤水分入渗模型参数研究动态

在用各种各样的经验公式对实际的土壤水分入渗过程进行表述时，需要先确定其入渗模型参数，入渗模型参数的获取方法分为直接法和间接法，其中，直接法包括室内试验法和田间注水法，间接法包括田间灌水过程法和土壤传输函数法。

1) 室内试验法

室内试验法是通过实验室构造土壤水分入渗过程获取入渗模型参数的方法。取田间土壤至实验室，将其进行风干、碾磨后，根据不同的土壤结构、含水率水平按设计构造不同的土样，分层填装渗吸土柱，并保证无贴壁渗流产生，且在土层底部设过滤层，以保证水分能够顺利渗入土柱，由马氏筒保证在均衡压力下供水，并在水分入渗过程中进行入渗量的计量。在入渗试验中观察湿润锋、时段入渗量和累积入渗量。根据记录的结果拟合出入渗理论经验模型中待定的入渗参数。该方法消除了田间土壤入渗过程中出现的土壤结构非均匀性及空间变异性，得到的试验数据能够较好地拟合模型入渗参数，而这样的结果是相对理想化的，在实际情况中必须按照大田原状土壤的入渗过程来确定入渗模型参数，这就会造成室内试验所得到的入渗参数与实际值有一定的差异，因而室内试验法在土壤水分入渗理论研究中具有一定的实用价值，但在实际情况中并不适用。

2) 田间注水法

田间注水法是一种在田间原状土上直接测定入渗模型参数的方法。通过使用专门的设备在田间进行土壤水分入渗过程测试。双套环入渗仪是最为常用的设备。在测试过程中，人工记录入渗时间及相应的时段入渗量和累积入渗量，然后利用记录的数据对表征入渗过程的理论经验模型进行拟合并得到其对应的入渗模型参数。该方法虽然可以保证土壤的原状性，但自然状态下的土壤呈现的土壤结构的不均匀性及其空间变异性对拟合得到的入渗模型参数有一定的影响。

3) 田间灌水过程法

田间灌水过程法是 20 世纪 80 年代提出的一种间接获取土壤水分入渗模型参数的新方法，它基于地面灌溉水量平衡方程，利用灌溉水流推进及消退过程、入畦流量、田面水深等观测资料来推求入渗模型参数。1982 年，Ellion 和 Walker[16]最先提出对 Kostiakov

三参数入渗模型参数采用两点法进行估算，此方法较为简便，只需通过观察水流前锋的推进过程，并分别记录其到达沟长 1/2 处、终点处的时间及沟首处的地面水深，然后根据模型计算得到入渗模型参数。之后，Shepard[17]等学者根据沟灌中的水分入渗情况，提出了分别观测水流前锋推进至沟长 1/2 处的平均过水面积及终点处的时间来估算 Philip 入渗模型中的模型参数，即一点法。一点法、两点法的观测、计算简单，但观测的数据量较少，所以精度较低，并且一点法只能对 Philip 入渗模型进行参数估算，适用性受到了限制。

1994 年，王文焰[18]对波涌灌溉理论进行研究时，根据两个畦田水流推进和消退过程的资料推求 Kostiakov 模型中的入渗模型参数。1997 年，费良军[19]在此基础上研究了浑水波涌灌溉理论，研究期间对王文焰法进行了改进，对 Kostiakov 模型提出了通过测量两个畦田上沿畦长若干点的地表水深来估算入渗模型参数的方法。以上两种方法，必须要用两个以上畦田的试验数据来计算，精度较高，但试验工作量较大。

不同于以上几种方法，1990 年，Maheshwari 等[20]提出利用一个畦田的水流推进过程和畦首地表水深的变化过程，取用地表储水形状系数为定值 0.75，按照水量平衡原理，应用一种解决最优化问题的直接方法——模式搜索法来确定畦田的入渗模型参数，该方法与试算法有相似之处。Esfandiari 和 Maheshwari[21]在 1997 年采用与 Maheshwari 提出的相同的技术原理和方法确定垄沟的入渗参数，不同的是 Esfandiari 和 Maheshwari 提出了利用观测垄沟水流推进过程及沿沟长上若干点地表水深的变化过程来获取相关试验数据。上述两种方法都用到了模式搜索技术，但该技术需要大量的试算，因此工作量大且工作效率低。

随后，国内研究学者对上述两种方法进行了改进[22-28]，根据 Kostiakov 模型建立的性质，引用两点法的计算思路提出了改进的 Esfandiari 法和改进的 Maheshwari 法，针对 Esfandiari 法，改进了其数据处理的方式，将模式搜索法改为直接计算，简化了计算步骤，提高了工作效率。针对 Maheshwari 法，改变其引用的地表储水形状系数，使其不再为定值，引入地表储水形状系数的计算公式，进行数学推导，将复杂的模式搜索过程变为便捷的直接计算。但改进后的两种方法仅适用于 Kostiakov 模型[29]。张新民等[30]于 2005 年提出了用畦灌试验资料推求土壤入渗模型参数的非线性回归法，该方法将 Esfandiari 法和 Maheshwari 法中的模式搜索技术改为非线性逼近，相比较，改进后的工作量大大减少，且精度提高。

4) 土壤传输函数法

土壤传输函数法不同于前面三种方法。前面三种方法需要利用田间灌水资料来推求入渗模型参数，而土壤传输函数法是通过土壤基本理化特性，利用转换函数模型获得土壤水力特性参数的方法，即 PTFs (pedo-transfer function) 法[31]。PTFs 法在土壤水分入渗模型参数预测研究中，通过已有的或易获得的土壤基本理化参数与土壤入渗模型参数建立关系模型。建立的关系模型一般是多元非线性回归方程。根据该模型，做到由基本理化参数预测土壤入渗模型参数。

PTFs 法与其他三种方法相比，具有较为明显的优点：①操作简便。无需测定沟畦的灌水过程资料，直接利用已有的或者易获得的土壤质地、土壤含水率、土壤容重、土壤有机质等理化性质资料进行模型预测。这些资料不仅获取方法简单便捷，而且在给定地点中一些资料相对比较稳定，无需重复测取。②试验成本低。省去灌水试验的劳动力成本和经济成本。③节省试验时间。省去灌水过程试验需要耗费大量的时间成本，包括试验前准备时间、试验中时间及试验后处理工作时间。

20 世纪初，人们就不断寻求由易获得的土壤基本理化参数来推求不易获得的其他土壤参数的方法。经过近一个世纪的发展，1989 年这种方法被正式定义，即土壤传输函数法。PTFs 法的理论基础是根据土壤的理化性质与水力特性的相关性和土壤粒径累积曲线与水分特征曲线的相似性，分为统计模型和物理经验模型。目前，常用的土壤传输函数模型主要有分形机理模型，物理-经验模型、统计回归模型等。

(1) 分形机理模型。

1975 年，美国数学家芒德勃罗创立了分形几何学。他认为客观事物局部与整体在结构形态、功能作用、时间空间及信息等方面具有自相似性。土壤是一个具有多相非均质多孔介质、土壤颗粒及孔隙大小和分布等分形特征的物质，具有自相似性，适合用分形理论描述。在 20 世纪 80 年代，分形理论被引进土壤学科中[32, 33]。目前，分形理论在土壤学科中虽有大量的研究应用，但其理论研究起步较晚，且研究的样本范围较小，因此分形机理模型在世界范围内的应用有待进一步研究。

(2) 物理-经验模型。

物理-经验模型的代表是 Arya-Paris (AP) 模型。其基本假设是土壤孔隙半径与土壤颗粒大小组成有关系，认为土壤可以看作由球状颗粒和弯曲参数组成的载体。在 AP 模型的改进过程中，研究人员通过多种算法对弯曲参数进行修正。Basile 和 Urso 分析了黏性土基质势与弯曲参数的关系，使 AP 模型在黏性土中的预测精度得到了提高[34]。Arya 等[35]将弯曲参数定义为孔隙长度标定参数，得到了粗质砂土的弯曲参数远大于 2 的结论，而后 Arya 等[36]又分别采用孔隙长度标定方法和逻辑生长算法确定弯曲参数，提高了 AP 模型的预测能力，但其实用性差。

(3) 统计回归模型。

统计回归模型包括非线性回归 (ENR) 方法、线性回归拟合方法、人工神经网络 (ANN)、数据分类分组方法 (GMDH)、分类回归树方法等。Gupta 和 Larson[32]、Rawls 等[37]通过土壤质地、土壤容重、土壤有机质含量等理化参数建立与土壤含水率之间的线性回归模型; Vereecken 等[38, 39]建立了基本理化参数与饱和土壤导水率之间的多元线性模型；朱安宁等[40]则利用线性回归模型建立了土壤基本理化参数与土壤水分特征曲线的关系。但往往土壤基本理化参数与土壤水力参数间并不呈简单的线性关系，经科研数据分析，其关系错综复杂，有时呈现烦琐的非线性关系，故线性回归拟合方法相较于非线性回归方法的适用范围较小，进而逐渐被非线性回归方法取代。非线性回归模型虽然弥补了线性回归拟合模型中的不足，但其有对自变量选择要求较高、容易累积误差、模型综合能力差等缺点，当自变量非常多或者自变量与应变量间的非线性关系复杂时，数据分类分组方法具有明显的优势。数据分类分组方法是通过内在的算法仅选取回归方程中最为关键的输入变量以便将输入和输出变量联系起来。而分类回归树方法采用二分递归分割技术，是一种优良的决策树算法，适用于有多个定性描述的输入变量的情况。然而数据分类分组方法与分类回归树方法还未得到广泛应用[41]。Wosten 等[42]对人工神经网络与数据分类分组方法和分类回归树方法进行比较后发现三者精度相差无几。人工神经网络技术近年来发展迅猛，几乎涉及各个科学领域。

(4) 人工神经网络。

人工神经网络于 20 世纪 90 年代兴起，是通过抽象模拟动物神经网络对数据信息进行处理的数学模型。其模型与算法应用于各个领域，尤其是在工业生产领域，已然成为广大科研工作者的研究热点，这预示着人工神经网络将由理论化转变为实践化。随着时间的推移，人工神经网络的研究不断地深入，已经取得了很大的进展，然而其发展历程却是一波三折。

人工神经网络最早的研究可以追溯至 20 世纪 40 年代，迄今已有近一个世纪，而这期间人工神经网络的发展经历了由兴盛到衰落再到兴盛的过程。1943 年，心理学家 Mculloch 和数学家 Pitts[43]建立了 MP 模型，MP 模型是在大脑神经元网络结构及活动行为与数学应用相结合的基础上提出来的，至今仍在沿用，可以说人工神经网络发展由此开始。1949 年心理学家 Hebb[44]提出了神经网络算法规则-调整神经网络权值，即 Hebb 规则，奠定了神经网络学习算法的基础，目前 Hebb 规则依然是神经网络学科中不可或缺的算法规则。1958 年，Rosenblatt[45]首次通过“感知机”模型完成了从单神经元向三层神经网络的过渡，使神经网络理论化研究付诸实践，至此，科技人员对神经网络给予了广泛关注，掀起了神经网络探索的第一次高潮。

然而，20 世纪 60 年代后，人们对神经网络的运算效率的要求日益增加，而 von Neumann 型计算机正值发展鼎盛时期，人们认为计算机完全可以代替神经网络的模拟认知过程，此时美国科学家 Minsky 和 Papert[46]发表的研究成果认为神经网络甚至不能解决一些简单的运算问题，如“异或”等，并且否定了多层神经网络的应用前景，这些原因致使神经网络的发展陷入低谷，但对于神经网络的研究并没有就此停滞不前，一些对神经网络抱有坚定信念的学者仍然致力于研究神经网络的应用。Widrow 和 Hoff[47]受到大脑自适应学习的启示，在“感知机”的基础上提出了一种新的模型——单层前馈感知机模型，它与感知机的区别仅在于阈值符号的改变，但却大大改进了神经网络的学习速度及精度，后来成为神经网络的基本算法，也称最小均方(least mean square，LMS)算法。例如，线性神经网络、适应谐振理论(ART)、自组织映射等都是在该时期提出来的。

神经网络发展低谷一直持续至 20 世纪 80 年代才再度引起人们的研究热情。1982 年，美国物理生物学家 Hopfield[48]首次在互连神经网络中引入了能量函数的概念，提出了 Hopfield 神经网络模型，它成功地解决了数字计算机无法解决的人工智能问题。由此，众多科学家对神经网络再次给予了极大的关注，并纷纷效仿，这是神经网络发展史上一个新的里程碑。随后 Hopfield[49]在 1984 年再次发表了连续时间 Hopfield 神经网络模型，为神经网络进入联想学习模式、优化计算开拓了新途径。

为了让多层神经网络能够为人们所熟知并应用，科研人员不断地探索更为便捷且优化的神经网络模型，1986 年，Rumelhart 和 McCelland[50]提出了反馈神经网络(back-propagation, BP)模型，是一种按误差反向传播算法训练的多层前馈神经网络模型，它通过反向修正连接单元的权值和阈值，使神经网络误差平方和最小。该算法彻底否定了 1969 年 Minsky 和 Papert[46]发表的对神经网络的错误认知，为神经网络的发展清除了阻碍。

神经网络研究热潮引起了全世界的关注，1987 年 6 月 21 日在美国圣地亚哥召开的国际神经网络会议，标志着神经网络国际化时代的开始。之后，神经网络的研究蓬勃发展，其在各个领域的应用也日益增多，越来越多的科技杂志开始纷纷刊登有关神经网络的文章。神经网络应用于生物、化学、医学、机械等多个领域，随后科技工作者将人工神经网络引入预测科研领域。Lapeds 和 Parber[51]采用非线性网络对计算机产生的时间序列仿真数据进行了学习与预测；Wosten 等的研究结果表明神经网络预测优于其他传统预测模型[43,52,53]。

人工神经网络类型有 40 多种，如反传网络、感知器、自组织映射等。而根据其连接的拓扑结构，神经网络分为两类：①前馈神经网络。各神经元只接受前一层的输入后便传递于下一层，没有反馈。②BP 神经网络。它的特点是信号向前传播，误差反向传播。两者相比较，BP 神经网络具有模型结构简单、自学能力强、可任意逼近非线性函数及便于操作等显著的优点，并且是到目前为止应用最广、研究最深的算法。

BP 神经网络中误差反向传播的思想最早出现于 1969 年，由 Bryson[54]提出。之后，一些学者接纳并进一步论述了 Bryson 等的思想[55,56]。而误差反向传播算法真正被研究学者关注是开始于 1986 年 Rumelhart 等在 *Nature* 中报道了其研究成果。此后，更多的科技工作者将 BP 神经网络应用于科学工程领域[57]。近年来，BP 神经网络在土壤水力学参数的预测中取得了较好的效果[58-60]。田芳明等[61]发表了有关 BP 神经网络在土壤水分预测中的应用；黄飞利用 BP 神经网络模型反演出土壤水分的空间分布趋势与地形变化相反；韩勇鸿等[62]利用 BP 神经网络实现了用基本理化参数预测土壤持水参数。神经网络的发展过程几经波折，取得了举世瞩目的成绩，尽管多年来其研究进展举步维艰，还没有显现出在科学工程领域的绝对优势，但其已经不断地渗透于信号处理、组合优化、自动检测、故障检测等十几个领域，并与它们相互交叉形成新的学科。随着科学进步，人们对大脑内部神经机制的研究不断深入，神经网络与人工智能相结合将对科学工程智能化发展发挥一定的作用。从神经网络的发展前景来看，其势必会成为各类工程研究领域必不可少的应用工具。

1.3.2 地面灌溉水流运动理论与数值模拟研究动态

地面灌溉是将灌溉水通过田间渠沟或管道输入田间，水流在田面上呈连续薄水层或细小水流流动，主要借重力作用和毛管作用下渗湿润土壤的灌水方法。地面灌溉具有操作简单、运行费用低、投资少、维护保养方便等优点，是世界上最主要的灌溉方式。据统计，我国现有的灌溉面积中 90%以上属于地面灌溉，其中除水稻外，小麦、玉米、棉花、油料等主要旱作物大多采用畦灌或沟灌。在发达国家，地面灌溉也是主要的灌水方法，如美国地面灌溉面积仍占总灌溉面积的 50.7%。传统的地面灌溉方法往往存在灌溉均匀度差、田间灌水效率低、水量损失严重等问题，有时还会导致地下水位上升、土壤渍害和次生盐碱化。实践表明，如果灌溉时运用灌溉方法得当，地面灌溉的灌水效果也能达到较高水平。因此，地面灌溉灌水方法更要注重灌溉用水管理和提高灌水技术，以达到节水、稳产、高产和降低成本的目的。畦灌作为目前最主要的地面灌溉方式之一，其田面水流运动状况的准确描述是畦灌优化灌水技术参数的关键。然而在畦灌田面水流推进和消退过程中，由于土壤水分入渗过程的客观存在，畦灌田面水流运动属于明渠非恒定渐变流，对这一动态过程进行定量求解是田面水流运动模型运用于灌水实践的难题。由于数值计算的限制，20 世纪 70 年代以前，国内外对田面水流运动的研究更多停留在田间灌水试验法方面，但由于畦田规格、土壤条件、耕作状况等存在较大的变异性，基于灌水试验资料确定的优化灌水技术参数结果具有较强的区域性，很难大范围地推广[63-65]。后来随着计算机技术的迅速发展，利用计算机强大的计算能力对田面水流过程进行模拟计算成为可能，众多学者根据大量的灌水实践，通过对灌水条件进行假定，实现了对田面水流运动模型不同程度的简化，目前用于地面灌溉水流推进和消退过程模拟的模型主要有水量平衡模型、完整水动力学模型、零惯量模型和运动波模型[66]。

1. 水量平衡模型

水量平衡模型建立的原理基于质量守恒定律，在不计蒸发损失的情况下，进入畦(沟)田的灌溉水总量等于田面地表以上水量和渗入土壤水量两部分之和，可用式(1.30)表达：

$$qt = \int_0^x y(s,t)\mathrm{d}s + \int_0^x h(s,t)\mathrm{d}s \tag{1.30}$$

式中，q 为单宽流量，$\mathrm{m}^3/(\mathrm{s}\cdot\mathrm{m})$；$t$ 为灌水时间，s；x 为水流前锋到入畦口的距离，m；$y(s,t)$ 为田块任一时刻某一剖面的地表水深，m；$h(s,t)$ 为田块任一时刻某一剖面的土壤水分入渗深度，m；s 为沿畦长方向的位置，m。

为方便计算，引入田面水流剖面形状系数 σ_y 和水分入渗剖面形状系数 σ_z，水量平衡模型可表示为

$$q \times t = \sigma_y A_0 x + \sigma_z H_0 x \tag{1.31}$$

式中，A_0 为灌溉水流入畦处的水深，m；H_0 为灌溉水流入畦处的土壤入渗水深，m。

水量平衡模型原理简单。该模型提出后在国内外得到了广泛应用，包括 Hall[67]、Philip 等在不同灌水条件下，基于一定的数学假定，对该模型进行了求解。费良军和刘立明[68]根据水量平衡原理，对波涌灌溉的灌水过程进行了推求，并估算了土壤水分入渗参数和减渗率。马孝义等[69]基于水量平衡模型，利用地表储水形状系数和试验分析对孔膜灌溉水流推进过程进行了研究，并对推进过程中的损失水量进行了量化。聂卫波等[70]基于水量平衡原理，结合量纲分析，对畦灌灌水过程水分入渗剖面形状系数的变化规律进行了研究，并建立了经验估算式，在一定程度上提高了水量平衡模型的计算精度。由于水量平衡模型不是建立在水流运动规律的基础上，其使用精度与其他模型相比仍较低，随着计算方法的发展与成熟，水量平衡模型在高精度分析田面水流运动方面将会受到限制。

2. 完整水动力学模型

完整水动力学模型最早于 1965 年由 Kruger 和 Bassett[71]在畦灌灌水研究中提出，认

为在畦灌田面水流运动过程中，当畦田坡度较小，并且畦田的形状为规则棱柱体时，由于土壤水分入渗作用的存在，田面水流运动在一定程度上属于透水底板上的明渠非恒定渐变流，可用圣维南方程组来描述畦灌田面水流运动，建立田面水流运动的连续方程式和动量方程式，如下所述：

$$\begin{cases}\dfrac{\partial y}{\partial t}+\dfrac{\partial q}{\partial x}+\dfrac{\partial h}{\partial t}=0\\ \dfrac{1}{g}\dfrac{\partial v}{\partial t}+\dfrac{v}{g}\dfrac{\partial v}{\partial x}+\dfrac{\partial y}{\partial x}=S_0-S_{\mathrm{f}}+\dfrac{v}{2g}\dfrac{1}{y}\dfrac{\partial h}{\partial t}\end{cases} \tag{1.32}$$

式中，v 为断面水流平均速度，m/s；S_{f} 为田面水流运动阻力坡降；S_0 为灌水畦(沟)坡降；g 为重力加速度，$\mathrm{m/s^2}$；y 为地表水深，m；q 为单宽流量，$\mathrm{m^3/(s\cdot m)}$；h 为入渗深度，m；x 为沿地表水流运动方向的距离，m；t 为灌水时间，s。

由于完整水动力学模型有着扎实的物理基础，不存在较多的人为假定，理论较为完善，对高阶数值计算的精度高，可以实现对水流推进和消退过程的准确模拟。Wilke 用该模型研究沟灌水力学问题，但无法对土壤湿润锋运移进行有效计算。Katopodes 和 Strelkoff[72]基于田间试验，利用特征线法对该模型进行求解，取得了较为满意的结果。国内刘钰和惠士博[73]最早将该模型应用于畦灌田面水流运动模拟，并对畦灌灌水技术参数组合进行了优化选取；章少辉等[74]利用时空混合数值解法，对畦灌灌水过程完整水动力学模型进行了一维、二维数值求解，求解结果的计算稳定性和收敛性均较好；同样地，董勤各等[75]对一维地表运动模型和一维土壤水动力学模型进行了构建，利用两者的质量守恒和动量守恒方程进行耦合，建立了一维畦灌田面水流和土壤水动力学耦合模型，并对求解结果进行了验证。然而由于完整水动力学模型计算单元的未知参数较多，计算程序比较复杂，其应用范围始终受到一定的限制。

3. 零惯量模型

1977 年，Strelkoff 和 Katapodes 首先提出了零惯量模型[76]，认为灌水过程中地表水深、流速等很小，圣维南动量方程中的局部加速项、对流加速项和惯性项可忽略不计，对完整水动力学模型可进行一定程度的简化，具体形式如下：

$$\begin{cases}\dfrac{\partial y}{\partial t}+\dfrac{\partial q}{\partial x}+\dfrac{\partial h}{\partial t}=0\\ \dfrac{\partial y}{\partial x}=S_0-S_{\mathrm{f}}\end{cases} \tag{1.33}$$

零惯量模型最先主要在沟灌水流运动研究中得以运用，Oweis 和 Walker[77]对该模型进行了线性化，对连续沟灌和波涌沟灌水流运动过程进行了计算。随后 Wallender 将零惯量模型运用到畦灌田面水流运动模拟中，Schmitz 和 Seus[78]考虑到田面入渗率存在空间变异，对有坡畦灌条件下的零惯量模型解法进行了研究，其求解结果与田间畦灌实测值误差不到 6%。樊贵盛和潘光在[79]也对波涌灌溉的零惯量模型利用隐式差分、四边形差分公式等进行了数值求解，求解结果与田间实测结果接近。刘洪禄和杨培岭[80]在对畦灌水流运动和入渗机理研究的基础上，利用 Newotn-Raphson 法和 Perissman 法对畦灌田面水流运动的零惯量模型进行了求解。吴军虎等[81]基于孔膜灌溉田面灌溉水流性质研究建立了零惯量模型，对田面综合糙率系数进行了优化求解。近年来由于零惯量模型计算精度相对较高，计算过程也相对较为简便，随着计算机技术的迅速发展，该模型成为地面灌溉水流运动过程模拟的主要方法。

4. 运动波模型

1966 年，Chen[82]将零惯量模型应用到了地面灌溉田面水流运动过程计算中，认为在进行地面灌溉时，考虑到地表水深很小，地表水深沿畦长方向变化也应较小，因此可将零惯量模型中的 $\frac{\partial y}{\partial x}$ 项也忽略掉，进而实现对零惯量模型的进一步简化，如下所示：

$$\begin{cases} \frac{\partial y}{\partial t}+\frac{\partial q}{\partial x}+\frac{\partial h}{\partial t}=0 \\ S_0=S_{\mathrm{f}} \end{cases} \tag{1.34}$$

1983 年，Walker[83]基于运动波模型，对连续沟灌和间歇沟灌条件下田面水流的推进和消退过程进行了求解，求解结果与完整水动力学模型、零惯量模型的求解结果接近。运动波模型计算求解过程简单，一般可直接利用解析法对其进行求解，对 Fr(弗劳德数)比较小的情况模拟精度较高，然而由于该模型不考虑地表水深沿畦长变化 $\frac{\partial x}{\partial y}$ 的影响，在灌水结束时，用该模型对水流退水时间进行计算，结果会出现较小的波动，基于此，Clemments[84]用零惯量模型对停止灌水时的水流运动进行计算，而用运动波模型来计算其余点的水流运动，有效地简化了田面水流运动的求解过程。国外学者也对运动波模型进行了大量研究[24,85-87]，基于该模型，利用四边形差分网格和积分法对沟灌水流运动进行了求解，对冬灌条件下的畦田田面水流运动过程进行了数值求解，并在此基础上实现了灌水技术参数组合的优化选取。

1.3.3　地面灌溉水流运动效果优化理论研究现状

地面灌溉灌水技术参数优化就是确定合理的灌水技术参数，使田间灌水效果达到最好，防止土壤次生盐碱化和水肥流失，提高农业产量。

1. 灌溉效果评价指标

灌溉效果是指灌溉过程结束后，灌溉水有效利用程度的高低和质量的优劣，一般常用灌水效率 E_{a}、储水效率 E_{s} 和灌水均匀度 E_{d} 来评价。

灌水效率是指某次灌水中，储存在计划湿润层内的水量 w_{s} 和灌溉水量 w_{f} 的比值：

$$E_{\mathrm{a}}=\frac{w_{\mathrm{s}}}{w_{\mathrm{f}}}\times 100\% \tag{1.35}$$

储水效率是指某次灌水中储存在计划湿润层内的水量与需要灌入计划湿润层内的总水量 w_n 的比值：

$$E_s = \frac{w_s}{w_n} \times 100\% \tag{1.36}$$

灌水均匀度是指灌水后入渗水量沿畦长方向分布的均匀程度：

$$E_d = \left(1 - \frac{\Delta z}{z}\right) \times 100\% \tag{1.37}$$

式中，z 为灌水后土壤中的平均灌水深度；Δz 为灌水后沿畦各点的灌水深度与平均灌水深度的平均数值离差。

2. 影响地面灌溉效果的因素

灌水均匀度 E_d 和灌水效率 E_a 也可以表示为如下技术要素的函数：

$$E_d = f_1\ (q, L_{畦}, n, S_{0地块}, i_c, F_a, t) \tag{1.38}$$

$$E_a = f_2\ (q, L_{畦}, n, S_{0地块}, F_a, t, \mathrm{SMD}) \tag{1.39}$$

其中

$$\mathrm{SMD} = (\theta_{fc} - \theta)\ \mathrm{RD} \tag{1.40}$$

式中，q 为单宽流量，$m^3/(s \cdot m)$；$L_{畦}$为畦(沟)长，m；n 为曼宁摩擦系数；$S_{0地块}$为田块微地形条件；i_c 为稳渗速率；F_a 为畦(沟)横断面参数；t 为灌水时间，s；SMD 为灌溉时土壤水分亏缺值；θ_{fc} 为土壤田间持水率；θ为灌溉时土壤含水率；RD 为根区深度，m。

在影响地面灌溉效果的诸多因素中，q、$L_{畦}$及 F_a 可根据田间实测数据确定；$S_{0地块}$可由田块地面高程确定；n 和 i_c 受土壤空间变异性影响难以在实地精确测定，一般可通过地面灌溉模型反求或通过大田试验确定；t 为重要的管理参数，但 q 和 t 是相互制约的，确定其中一个，另一个也就定下来了；灌水均匀度 E_d 反映了地面灌溉系统的自然特性，其值更多地取决于系统的自然条件与特征；灌水效率 E_a 除受这些特征参数的影响外，还取决于灌溉制度和田间灌溉管理水平，如作物需水量、SMD 值等。

灌水技术要素对地面灌溉特性的影响并不是独立的，各因素间往往存在着内在联系。通过对田间实测资料的分析，地面灌溉条件下影响灌溉效果的主要因素如下：①单宽流量 q。较大的 q 意味着较快的推进过程，有助于获得较好的灌溉特性，畦田宽度是控制 q 大小的主要因素。②田块微地形条件。田块的平整度对提高灌溉效率影响极大，较高的地面平整条件，将获得较高的 E_d 和 E_a。③入渗参数。入渗参数对 E_d 和 E_a 都有影响。入渗参数较大时，需要的灌水时间 t 也较长，在田间管理水平较低的情况下，极易造成 E_d 和 E_a 的降低。

目前，农田灌水方法都选用 E_a 或 E_d 作为设计标准，而实施田间灌水则采用 E_d、E_a、E_s 三个指标评估。应用多项指标评估灌水质量的缺点是难以得到判断田间灌水优劣的清晰概念，甚至指标间相互矛盾。为此，Blair 和 Smerdon[88]提出一个专门作为地面灌水方法评估的指标，即 $E_{d/e}$，$E_{d/e}$ 为地面灌水方法的田间灌溉水有效利用系数，表示储存于作物根系土壤区的水量占输入田间总水量与欠缺水量之和的比值。该指标在超量灌水时仍不能判别和区分蒸腾与蒸发两种作用的有效性。林性粹等[89]于 1995 年提出田间灌水质量综合有效利用系数(E_g)指标，E_g 指标是指有效入渗水量(即蒸腾量)与有效入渗水量、深层渗漏量、田间灌水径流流失量、蒸发量和漂移损失量及欠缺水量的总和的比值，同时，又在 1996 年阐述了 E_g 与 E_d、E_a、E_s 三项灌水质量评价指标之间的密切关系[90]。一般认为，E_g 指标可用于不同种类灌水方法、灌水技术间的比较与评估。

影响地面灌水效果的因素是多方面的，张新平和郭相平[91]研究了土地平整精度对水平畦灌灌水过程和灌水质量的影响，结果表明，土地平整精度对零惯量模型的模拟精度有影响，并且其影响随着单宽流量的增加而减小，同时，对消退过程和入渗水量影响很大，是造成灌水均匀度下降的主要原因。刘群昌和许迪[92]利用田面平整精度指标定量研究了微地形对波涌灌水质量的影响，结果表明，田面微地形条件对灌水评价指标的影响显著。丁秋生[93]研究了土壤入渗能力对灌溉效果的影响，结果表明，在其他灌水参数相同的情况下，E_d、E_a、E_s 三项灌水质量评价指标先随土壤入渗能力的增大而增大，之后随土壤入渗能力的增大而减小，较好地符合二次多项式关系。陈博等[94]基于不同的畦面结构大田灌溉试验，通过 SRFR 软件进行了模拟，结果表明，不同畦面结构下的地面灌溉效果差异明显，畦作浅沟灌效果最优，微垄沟灌次之，平作畦灌效果最差。聂卫波等[95]通过畦灌试验分析了土壤空间变异性(体现在入渗系数的变化上)对畦灌灌水质量的影响，研究结果表明，灌水效率和储水效率随入渗系数的变异系数的增大呈下降趋势且下降幅度较小，灌水均匀度随入渗系数的变异系数的增大呈明显的下降趋势且幅度较大，该研究为合理地制定灌水方案提供了技术支撑。

这些对灌水质量的评价指标及其影响因素的研究成果，为灌溉工作者提供了合理的灌水技术参数，以及为进行地面灌溉优化模拟提供了理论依据[96-99]。

1.3.4 畦灌灌水技术参数优化研究动态

畦灌灌水技术参数优化是以提高灌水效果评价指标为目标的优化问题。可用于畦灌灌水效果评价的指标较多，影响灌水效果的因素更是众多。

20 世纪 80 年代以前，畦灌灌水技术参数优化多建立在田间灌水试验的基础上，通过对某一具有代表性田块或区域进行灌水效果试验研究，对该试验点的灌水技术参数进行不断地组合寻优，利用优化后的灌水技术参数组合经验值，进行区域范围的推广。然而结果表明，由于畦田区域变异性大，优化后的灌水技术参数组合值的应用受到较大的限制，畦灌灌水效果提高并不明显。80 年代后期，随着地面灌水过程模拟研究的进一步发展，畦灌灌水技术参数优化问题开始向数值化求解发展。周兰香和周振民[100]、刘才良和路振广[101]通过建立畦灌田面水流运动物理模型，并对畦灌灌水模型进行数值求解，从而实现灌水技术参数组合的优化。史学斌和马孝义[102]在杨凌地区开展了畦灌灌水技术参数对水流推进和消退过程及灌水效果指标影响的试验研究，并通过地面灌溉数学模型模拟寻找畦灌最优灌水技术参数，据此提出了砂壤冬小麦地和中壤果树地的最优灌水技术参数组合。缴锡云等[103]提出了利用灌水质量损失指标，对畦灌灌水信噪比进行了计算，又在此基础上利用田口稳健设计理论结合正交试验，确定了信噪比最大的灌水技术参数组合为最优灌水方案，结果表明该优化方法的波动性较小，可改善畦灌灌水效果。孔祥元[104]基于模糊规划理论，对灌水效果指标、灌水技术参数的模糊性进行了深入研究和分析，建立了地面灌溉灌水技术参数的模糊优化模型，并分析了模型的求解方法。高昌珍等[105]基于模糊数学理论，建立了波涌沟灌灌水技术参数的多目标模糊优化模型，并对该模型的求解结果进行了实测资料验证，表明模糊优化求解结果与实测结果基本吻合。

随着计算机模拟商业软件的日趋成熟，SEFR、SIRMOD 等地面灌溉模拟软件可实现地面灌溉过程一体化模拟，模拟精度较好。以 SRFR 软件为例，其由美国农业部研发推出，是目前地面灌溉(畦灌、沟灌)灌水过程模拟应用广泛的商业软件。该软件主要由 4 个模块组成，包括：①灌水过程分析(event analysis)。该模块根据具体某次灌水过程水流推进和消退资料，可具体推算田面糙率、入渗参数。②灌水过程模拟(simulation)。该模块以田块规格、灌水流量、时间、土壤入渗参数、糙率、田面坡度等参数为输入，对灌溉水流运动过程进行模拟，并计算该情形下的灌水效果指标。③灌水系统设计(physical design)。该模块涉及两类设计问题，一类是根据田块尺寸及田块基本物理参数，通过不同灌水流量下的灌水效果指标等高线图，分析得到优化灌水流量；另一类是根据灌区流量及田块基本物理参数，通过不同畦长、畦宽组合下的灌水效果指标等高线图，确定适宜的田块规格。④灌水操作分析(operations analysis)。分析放水、断水时间控制对灌水效果指标的影响，通过绘制二维尺度上不同灌水时间下的灌水效果指标等值线图，得到合理的灌水时间。

国内学者也对地面灌溉过程一体化模拟进行了研究，其中金建新等[106,107]对畦灌灌水参数的计算机决策系统进行了研究，试图建立包括田面水流运动模型、土壤水分入渗模型和灌水技术参数优化模型在内的畦灌优化灌水技术参数计算机集成服务体系。与此同时，众多学者将数学方法和软件模拟结合起来，对畦灌优化灌水技术参数进行了研究[108]，其中通过田间灌水试验对 SRFR 的灌水质量模拟结果进行了验证，结果显示该软件对畦灌、沟灌灌水质量的模拟结果可靠，并基于该软件对区域范围内的灌水技术参数组合进行了优化。虞晓彬等[109]选取了 E_a 和 E_d 为畦灌灌水效果目标函数，基于 SRFR 软件，对不同给水成数、畦长和单宽流量的灌水技术参数组合进行灌水质量模拟，得到灌水技术参数非劣解。黎平等[110]基于杨凌河漫滩地区畦灌田间实测数据，利用 SIRMOD 模型推算了土壤水分入渗参数，并通过该模型模拟不同灌水技术参数组合下的灌水效率和灌水均匀度，最终确立了灌水技术参数最优组合。

地面灌溉模拟软件的发展，极大地促进了人们对地面灌水过程的研究，而且针对灌水实践应用仍有一定的发展空间。例如，在土壤入渗参数未知的情况下，地面灌溉模拟软件可利用田面水流推进和消退数据推算实际入渗参数，然而这是建立在进行田间灌水试验的基础之上的，田间水流运动数据的获取并不是很方便，对入渗参数等利用传输函数预测模块的应用仍待进一步实现。此外，对于优化灌水效果而言，地面灌溉模拟软件对畦田规格、灌水流量和灌水时间的优化问题并未提出直接选取方法，需利用计算得到的灌水效果指标等值线图进行选取，因而在对灌水技术参数组合下灌水效果指标计算的基础上，加入由灌水效果指标构成的灌水技术参数优化模型，可进一步方便灌水技术人员对灌水技术参数有效、便捷地选取。基于此，通过将土壤水分入渗参数预测模型嵌入地面灌溉模拟过程中，实现以土壤常规理化参数为直接输入的土壤入渗参数的间接输入，可为地面灌溉模拟过程中入渗参数的确定提供一个有效途径。此外，合理选取和兼顾灌水效果评价指标，建立灌水技术参数优化目标函数，在准确计算灌水效果指标的基础上，利用优化模型，可实现对灌水技术参数的合理选取。

综上所述，从土壤入渗参数获取问题研究出发，结合地面灌溉灌水过程模拟和灌水效果指标计算，引入灌水技术参数优化模型，实现基于土壤常规理化参数的地面畦灌优化灌水技术参数一体化预测模型的构建，对地面畦灌灌水技术参数优化选取具有重要意义。

1.4 研究方案

1.4.1 研究目标

本书的总体目标是：建立集山西省土壤入渗参数预测模型、地面灌溉灌水过程模拟模型、地面灌溉灌水效果优化模型于一体的“山西省地面畦灌优化灌水技术参数一体化预测模型”，同时提供全省不同土壤类型的节水灌水技术参数手册，为基层灌溉工作者和管理人员提供不同的获取节水灌水技术参数的方法和手段，为提高山西省地面畦灌灌溉水有效利用系数，以及实现水资源的可持续利用和社会经济的可持续发展提供技术支撑。

1.4.2 研究内容

(1) 建立全省土壤入渗参数预测模型。借助20多年来积累的3000多组遍及山西省南北30多个市、区、县的实测入渗及其常规理化参数测试数据，分析影响土壤入渗特性的主导因素和入渗参数季节性变化规律，建立全省或分区土壤入渗参数线性、非线性和BP神经网络预测模型。

(2) 建立畦灌水流运动过程、入渗过程和灌水效果计算机模拟程序。

(3) 建立畦灌灌水技术参数优化模型。

(4) 借助计算机编程语言，将土壤水分入渗参数预测模型、地面灌溉灌水过程模拟模型及地面灌溉灌水效果优化模型结合起来，研制地面畦灌优化灌水技术参数一体化预测模型软件。

(5) 计算山西省各地区变条件下的节水灌水技术参数。

(6) 编制出版《山西省地面畦灌优化灌水技术参数手册》。

1.4.3 技术路线

(1) 通过在山西省进行的大量大田定点入渗试验和相匹配的土壤容重、土壤质地、土壤含水率和土壤有机质含量等理化参数测定，利用线性、非线性和BP神经网络的预测方法，建立Kostiakov三参数入渗参数预测模型，并对预测模型进行实测数据验证。

(2) 通过对畦灌田面水流运动过程进行分析，将水流运动过程进行一定程度的简化和抽象化，建立田面水流运动模拟模型，并对模型进行实测资料检验和对模型的模拟精度进行可行性分析。

(3) 通过对畦灌灌水效果指标的定义和相互关系分析，结合影响畦灌灌水效果的因子分析，建立畦灌灌水效果优化模型。

(4)通过计算机语言将上述三个模型进行结合，实现基于土壤常规理化参数的畦灌灌水技术参数模糊优化选取。

基于土壤常规理化参数的畦灌灌水技术参数模糊优化研究技术路线如图 1.1 所示。

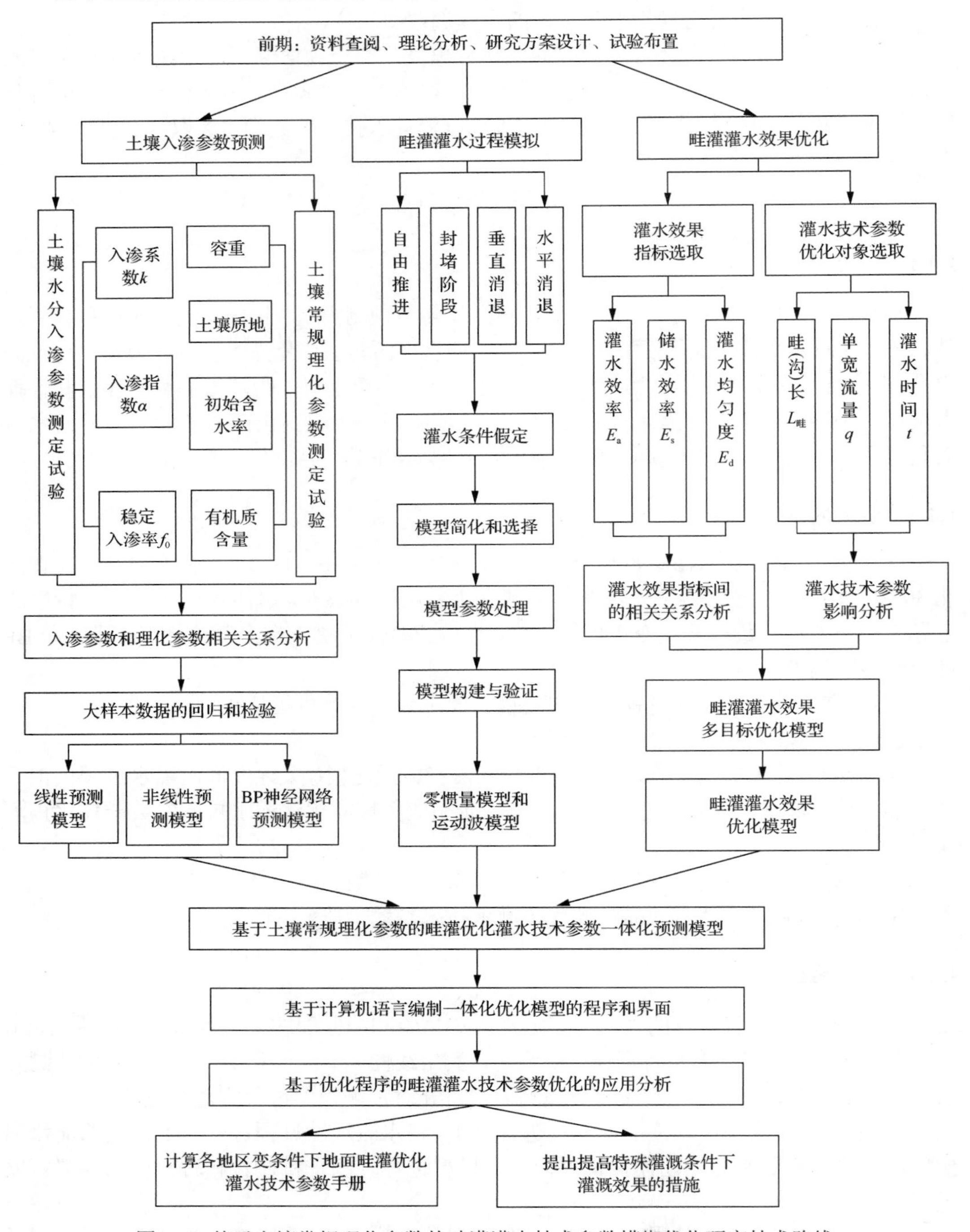

图 1.1　基于土壤常规理化参数的畦灌灌水技术参数模糊优化研究技术路线

第2章　试验条件与方法

地面畦灌灌水技术参数测定的室内外试验点布设涉及山西省大部分地区，由南到北横跨700km，覆盖大同、朔州、忻州、太原、吕梁、晋中、长治、临汾、晋城、运城等地区，其土壤类型基本涵盖山西省境内所有代表性土壤区域，具有较好的代表性和典型特征。

2.1　气候条件

山西省属于温带和暖温带气候区域，主要气候特征为：夏季降水较为集中，冬季干燥寒冷，春秋季短促，温差时空变异显著。全省地形条件较为复杂，山地、丘陵分布广泛，地势高低起伏，导致区域间气温差异较大，由南向北气温逐渐降低。运城地区多年平均气温约为13.6℃，太原地区为9.5℃，而大同地区只有6.6℃，并且各地区气温年变化、月变化和日变化差异均比较明显，平均值变化一般自南向北呈逐渐递增趋势。各地区的无霜冻期、低温和冻土深度的分部与气温变化基本一致。平均无霜冻期为103～208天，大部分地区的年平均地温为6～16℃，北部和东、西部山区的土壤冻结时间较长，一般10月中旬开始冻结，次年4月左右解冻，封冻期可达6个月，冻土深度超过1m，而太原-晋中盆地、临汾盆地、晋南地区的封冻期为3～5个月，最大冻土深度为0.5～1m。全省的光照较为丰富，年平均总辐射量为482～499kJ/cm^2，仅次于青藏地区和西北地区。

由于受地理位置、大气环流等影响，该省降水资源并不丰富，多年平均降水量为400～600mm，且受地理、季节的影响差异较为明显。晋东南的沁源县多年平均降水量约为662mm，而大同市多年平均降水量仅为383mm。降水受太平洋海洋气团和西伯利亚陆地气团的影响，冬季长且寒冷干燥，夏季短且炎热多雨，降水主要集中在汛期7～9三个月，占全年降水量的65%～80%，春季风沙多且干旱，秋季短暂。全省海拔较高，蒸发强度较大，多年平均蒸发强度为800～1200mm，大于年平均降水量，属典型的半干旱地区，夏季的蒸发强度最大，为350～500mm，而冬季12月和次年1月的蒸发强度最小。

2.2　研究区土壤条件

2.2.1　土壤条件概述

山西省的纬度、地理位置和成土环境等因素，使得该省气候条件错综复杂、植被变异和更替明显，导致该地区土壤类型的多样化和复杂化。其土壤按成因可分为地带性土壤、山地土壤和隐域性土壤。

1) 地带性土壤

土壤地带性规律最明显的是纬度地带性，山西省中南部为森林草原褐土地带，北部为干旱草原栗钙土地带，吕梁山以西是由森林草原向干草原过渡的灰褐土地带。晋南、晋东南、晋中和忻州地区位于亚热带森林气候和温带草原气候的中间位置，处于沿海湿润区向内陆干旱区过渡位置，在这个地区生长的森林植被是不稳定的，容易被破坏。次生灌木草原植被较稳定，在这种条件下发育的土壤为褐土，为主要地带性土壤，广泛分布于二级阶地以上的阶地、丘陵和低山。气候温暖、昼夜温差小，矿物质化学分解强，土壤营养丰富，土壤剖层色淡而薄，是黏化度弱的淡褐土。晋南、晋东南地区，黏化层色暗而厚，是黏化层较强的碳酸盐褐土。北部地区纬度偏高，多山，雨量少，气候干燥寒冷，植被稀疏矮小，形成了典型的干草原景观，与此相适应的地带性土壤为栗钙土。日温差和年温差大，风蚀、水蚀严重，大陆性季风气候影响了土壤的形成和发育。母岩的物理风化强，化学分解缓慢，土壤质地粗，砂性大，结构差，表层好气性微生物活动频繁，有机体迅速分解，有机体累积少，剖面中有明显的钙积层，但钙积层分布的深度和积累的强度因不同地形部位而异。吕梁山以西，昕水河分水岭以北，一直到平鲁区的西北部，包括右玉县为灰褐土，气温较寒冷干燥，紫金山以北为淡褐土，以南为灰褐土。

2) 山地土壤

在不同地理纬度和基带土壤条件下，因海拔不同，气候和生物等成土因素各异，形成的土壤类型不同。垂直地带土壤谱系较复杂，常随基带土壤呈规律性分布。北部栗钙土区垂直带谱为：东部海拔2200m以上为山地草原草甸土，海拔1800～2200m为山地黑钙土(或山地淋溶黑钙土)；阴坡海拔2000～2200m为森林植被，土壤为山地灰色森林土，海拔1200～2000m为山地栗钙土。西部海拔1900～2100m为山地草原草甸土，海拔1300～1900m为山地栗钙土。西部灰褐色土区垂直带谱为：海拔2600m以上为山地草甸土，海拔2400～2600m为山地草原草甸土，海拔2000～2400m为山地棕壤，海拔1700～2000m为山地淋溶褐土，海拔1300～1700m为山地灰褐土。东部淡褐土区垂直带谱为：海拔3000m以上为亚高山草甸土，海拔2800～3000m为山地草甸土，海拔2600～2800m为山地草原草甸土，海拔1900～2600m为山地棕壤，海拔1600～1900m为山地淋溶土，海拔1300～1600m为山地褐土。东南部碳酸盐褐土区垂直带谱为：海拔2300m以上为山地草原草甸土，海拔1800～2300m为山地棕壤，海拔1500～1800m为山地淋溶褐土，海拔1000～1500m为山地褐土。

3) 隐域性土壤

隐域性土壤的形成除了取决于特殊水文地质条件外，还与土壤生物地带性相关，按其成因可分为：①水成型土壤，即山前交接洼地及河流两岸封闭性洼地因长期或季节性积水形成的沼泽土；②半水成型土壤，即河流一级阶地因受地下水升降影响，底土产生锈纹、锈斑，地表长着草甸植被而形成的草甸土；③盐成型土壤，即盆地内的河旁洼地，山前交接洼地及渠道两侧、水库、稻田周围，由于地下水位高，矿化度大，在强烈蒸发条件下，表面大量聚盐形成的盐渍土；④岩成型土壤，即河流两侧的砂土经风力搬运堆积形成的风砂土。

2.2.2　土壤质地

土壤质地是反映不同粒径土壤颗粒机械组成的指标，与土壤的通气性、导水性和保肥性等密切相关。按国际制土壤质地分类标准，粒径 d<0.002mm 的称为黏粒，0.002mm≤ d<0.02mm 的称为粉粒，0.02mm≤d<2mm 的称为砂粒。根据土壤所含黏粒、粉粒和砂粒的百分率可将土壤质地分为壤质砂土、壤土和黏土等不同类型。山西省土壤受成土母质、风化程度和地理等因素的影响，土壤质地按其剖面构造可分为通体型、异体型和薄中厚层型 3 类，壤土占土壤总面积的 71.23%，壤质砂土占 1.82%，黏壤土占 23.72%，黏土占 3.23%。

在本书的优化灌水技术参数计算中，将 0%～100%范围内的黏粒含量、粉粒含量和砂粒含量分别以 1/8(12.5%)为梯度，做三角坐标图的 8 等分线，取 8 等分线的 21 个交点为本书编制的土壤类型，由于交点在砂质黏壤土、砂土及壤质砂土部分缺失，另取涵盖这两种土壤类型质地的组合，共 23 个组合，该方法较为均匀地涵盖了所有质地的土壤类型。实现用常规土壤理化参数预测土壤入渗模型参数是本书的主要内容之一，而建立预测模型所基于的试验土壤状态包括非冻土非盐碱土、冻结土和盐碱土土壤水分入渗，各种状态的土壤水分入渗试验所包括的土壤质地变化范围和幅度见表 2.1。

表 2.1　试验土壤质地组成百分数变化范围　（单位：%）

非冻土非盐碱土		冻结土		盐碱土	
0～20cm 砂粒含量	9.7～88	0～20cm 物理性黏粒含量	45.3～55.7	0～20cm 砂粒含量	50～75
0～20cm 黏粒含量	0.84～23.56	—	—	0～20cm 黏粒含量	0.84～11.42
20～40cm 砂粒含量	9.66～93.09	20～40cm 物理性黏粒含量	18.01～77.1	20～40cm 砂粒含量	51～87.95
20～40cm 黏粒含量	0.91～33.15	—	—	20～40cm 黏粒含量	0.92～2.92

2.2.3　土壤结构

土壤是一个极为复杂的多孔多相系统，由矿物质、有机质和微生物等固相颗粒(或团粒)以胶结、镶嵌等形式构建土壤骨架，而水、空气则以气相、液相的形式存在于土壤骨架孔隙之中。土壤结构是土粒排列方式、土壤孔隙分布状况及土壤骨架稳定的综合表征。山西省土壤受母质土壤、干湿冻融、生物作用及人为扰动的影响，形成不同状态的土壤结构体，主要有团粒状、粒屑状、块状、团块状、棱块状等类型。一般情况下，土壤固、液、气三相比例接近 4∶3∶1 时，土壤结构最为理想，因此，壤质土土壤结构较为理想，砂、黏质土土壤结构相对较差。根据试验测定，山西省表层土壤容重一般为 0.9～1.79g/cm^3，变化较大，孔隙度为 55%～63%；耕作层土壤容重为 1.1～1.4g/cm^3，孔隙度为 47%～60%。

农作物的生产周期一般要经历备耕—播种—进入生产过程—产品收获的过程，土壤结构由于受灌溉的影响，可以分为备耕后的第一次灌水和进入生产过程的各次灌水，即头水灌溉和头水以后的各次灌溉。地块类型可以分为备耕头水地、头水地、非冻土非盐碱土。因此，农业生产周期内的头水灌溉会引起表层土壤结构的改变，而头水以后各次灌溉不会引起土壤结构的较大改变。试验包括的土壤容重变化范围见表 2.2。

表 2.2　试验土壤容重变化范围　（单位：g/cm^3）

非冻土非盐碱土		冻结土		盐碱土	
0～10cm 容重	0.891～1.507	0～10cm 容重	0.909～1.458	0～10cm 容重	1.004～1.542
10～20cm 容重	0.962～1.862	—	—	10～20cm 容重	1.148～1.68
20～40cm 容重	0.974～1.962	20～40cm 容重	0.97～1.45	20～40cm 容重	1.214～1.748

2.2.4　土壤含水率

自然界的水，通过降雨、灌溉或地下水毛管作用上升等途径进入土壤，被土粒吸附或由于毛管张力存在于土壤孔隙之中，成为土壤水。土壤含水率是表征土壤水分状况的一个指标，又称为土壤含水量、土壤湿度等。表2.3 是试验区典型测点土壤含水率测定结果表。

表 2.3　试验区典型测点土壤含水率测定结果表　（单位：%）

土壤分层	测点一质量含水率	测点二质量含水率	测点三质量含水率	测点四质量含水率	质量含水率平均值	体积含水率平均值
0～2cm	0.862	0.964	6.266	2.260	2.588	3.991
2～10cm	10.646	3.376	4.417	6.352	6.198	9.557
10～20cm	11.551	5.046	4.754	7.464	7.204	11.815
20～30cm	9.943	6.171	8.617	7.977	8.177	13.198
30～40cm	11.654	6.650	9.250	5.483	8.259	13.355
40～60cm	14.415	14.634	14.067	12.535	13.913	24.253
60～80cm	17.827	18.030	14.420	16.597	16.719	27.651
80～100cm	19.376	13.112	17.026	16.461	16.494	25.796
100～120cm	18.081	18.517	14.355	14.851	16.451	29.442
120～150cm	26.338	25.339	20.935	23.655	24.067	38.092

2.2.5　土壤含盐量

土壤含盐量的试验区主要选择在山西省北部应县，土壤为草甸土，其母质多为近代河流的冲积物。由于河流上游母质及距河流远近的不同，土壤剖面沉积物质错综复杂，粗细相间，质地差异较大，砂壤到重壤都有存在。又因河流泛滥的影响，沉积层次明显。其成土过程主要受地下水的影响，在季节性干旱和降雨情况下，地下水位上下移动，使心土、底土处于氧化还原的交替过程中而产生锈纹、锈斑。试验区地下水位变化为 1.5～2.5m，亦有个别地方出现季节性积水现象。盐碱土试验区土壤状况与理化参数指标见表 2.4。

表 2.4　盐碱土试验区土壤状况与理化参数指标

项目指标	各理化指标及状况
试验区地点	臧寨、杏寨、大黄崴、大临河
土壤类型	砂质壤土
地表主要植物	碱蓬、盐蓬、老牛草
土壤质地组成	0.02～2mm 以砂粒为主，约占 60%；<0.002mm 黏粒占 0.9%～12%；0.002～0.02mm 粉粒约占 30%
0～40cm 土壤体积含水率/%	2.1～34.1
土壤容重/(g/cm^3)	1.20～1.86
土壤有机质含量/(g/kg)	0.416～1.467
土壤 pH	7.1～8.1
土壤含盐量/(g/kg)	2.151～5.143

对应县试验区土壤盐分含量及离子含量进行了测试，试验区内选择了四个测试点，分别测定了各点的土壤盐分，并计算了其平均值，见表 2.5。

表 2.5　试验区土壤盐分测试结果表　（单位：mg/kg）

测试层次	土壤含盐量	Ca^{2+}	Mg^{2+}	$K^{+}+Na^{+}$	HCO_3^-	CO_3^{2-}	SO_4^{2-}	Cl^-
0～2cm	2687.37	12.70	20.76	1020.58	200.03	51.82	52.43	1329.04
2～10cm	2456.41	14.74	30.08	913.84	234.79	51.85	65.88	1145.24
10～20cm	2848.92	13.72	13.64	1091.67	157.53	48.78	48.78	1474.80
20～30cm	2031.57	10.00	9.75	678.53	118.76	28.14	139.10	1047.29
30～40cm	1592.47	41.53	19.46	554.13	91.06	57.73	59.56	769.00
40～60cm	1238.91	3.54	6.18	476.24	72.22	24.31	32.82	623.61
60～80cm	1632.39	4.57	22.93	606.36	36.21	39.62	1.22	921.48
80～100cm	1279.87	22.76	12.03	463.57	130.16	12.14	44.92	594.28
100～120cm	1053.58	16.65	1.23	401.49	117.33	24.22	10.90	481.75
120～150cm	882.51	9.66	22.33	292.07	75.66	48.81	174.51	259.47

2.2.6　土壤有机质

土壤有机质是指存在于土壤中的所有含碳的有机物质，包括土壤中各种动植物残体、微生物体及其分解和合成的各种有机物质。土壤有机质是土壤的重要组成部分，尽管土壤有机质只占土壤总质量的很少一部分，但是它不仅是评价土壤肥力高低的重要指标，也是影响土壤入渗参数的主要因素之一。试验地点表层（0～20cm）土壤有机质的分析测定方法参照国家标准《土工试验方法标准》（GB/T 50123—1999）（2008 年 6 月确认继续有效），本书涉及试验的地块土壤有机质含量变化范围为 0.55%～6.59%，平均有机质含量为 1.35%。

2.2.7 土壤的其他理化参数

土壤的其他理化参数有地温、气温、水温等。表 2.6 所列为 3 个试验年份典型试验区 0～20cm 深度月平均地温，图 2.1～图 2.3 分别为 3 个试验年份典型试验区越冬期日平均气温曲线。

表 2.6 3 个试验年份典型试验区 0～20cm 深度月平均地温 （单位：℃）

时段	深度	11 月	12 月	1 月	2 月	3 月	平均
1995～1996 年（平均温度-0.4℃）	0.0cm	2.8	-5.5	-6.8	-2.7	4.8	-1.5
	5.0cm	9.5	-3.2	-4.9	-2.8	2.8	0.3
	10.0cm	3.1	-2.2	-4.2	-2.4	2.2	-0.70
	15.0cm	3.9	-1.5	-3.5	-1.9	1.9	-0.2
	20.0cm	4.3	-0.7	-3.9	-1.5	1.9	0.0
	平均	4.7	-2.6	-4.7	-2.3	2.7	-0.4
1998～1999 年（平均温度 1.5℃）	0.0cm	4.1	-3.3	-4.8	0.5	7.7	0.8
	5.0cm	4.8	-1.6	-2.8	-0.2	5.8	1.2
	10.0cm	5.5	-1.1	-2.4	-0.2	5.4	1.4
	15.0cm	6.3	-0.7	-2.0	-0.2	5.8	1.8
	20.0cm	7.1	-0.1	-1.0	0.4	5.5	2.4
	平均	5.6	-1.4	-2.6	0.1	6.0	1.5
1999～2000 年（平均温度 1.0℃）	0.0cm	3.4	-3.9	-7.2	-0.7	9.75	0.3
	5.0cm	1.5	-2.1	-4.4	-1.4	6.6	0.0
	10.0cm	6.0	-0.8	-3.6	-1.5	6.45	1.3
	15.0cm	6.2	-0.4	-3.0	-1.6	5.9	1.4
	20.0cm	6.9	0.4	-2.2	-1.4	5.4	1.8
	平均	4.8	-1.4	-4.1	-1.3	6.8	1.0

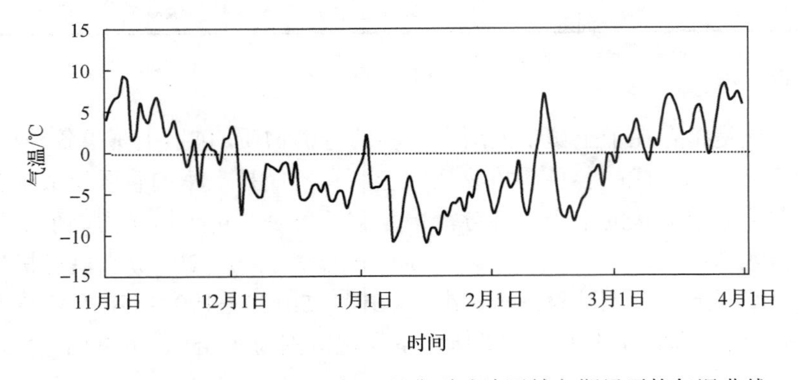

图 2.1 1995 年 11 月～1996 年 4 月典型试验区越冬期日平均气温曲线

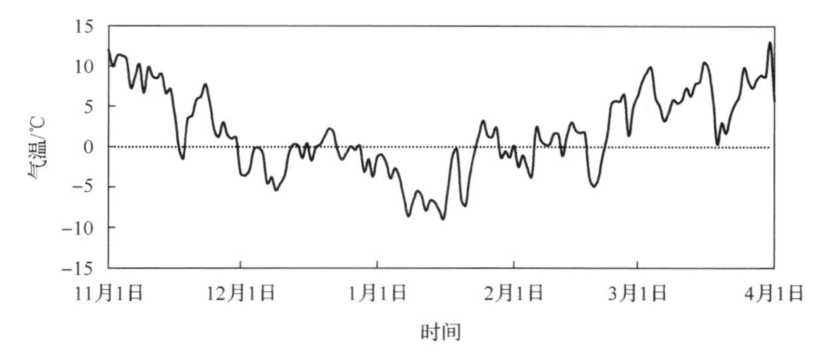

图 2.2　1998 年 11 月～1999 年 4 月典型试验区越冬期日平均气温曲线

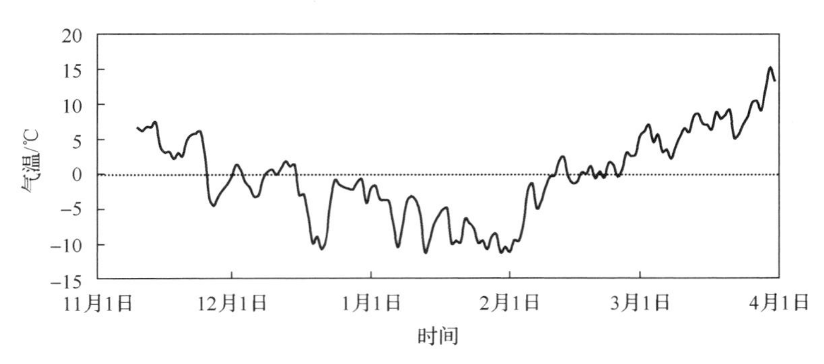

图 2.3　1999 年 11 月～2000 年 4 月典型试验区越冬期日平均气温曲线

2.3　试验方案

本书主要研究内容涉及的试验有大田土壤水分入渗参数预测试验和畦灌田面水流运动验证试验两部分，试验方案如下所述。

2.3.1　大田土壤水分入渗参数预测试验方案设计

大田土壤水分入渗参数预测的基础是建立囊括各种变化土壤条件下的土壤入渗参数和土壤基本理化参数的巨大而具有良好代表性的数据样本。土壤入渗参数是所选入渗模型的参数，土壤基本理化参数是指土壤容重、土壤质地、土壤含水率和土壤有机质含量等。数据样本的建立过程是通过田间入渗试验获取入渗模型的参数和土壤基本理化参数的过程。因而需设计土壤水分入渗参数获取试验，同时获取相应试验土壤的常规理化参数测试试验，进而通过土壤水分入渗参数与常规理化参数之间的关系分析，实现土壤入渗参数预测模型的构建。

1) 土壤入渗参数获取试验方案设计

试验点的选取：本书所基于的数据都来源于大田土壤入渗试验。选取山西省境内由北至南的大同、晋中、侯马、临汾、运城等 36 个市、区、县作为入渗参数测定试验点，旨在使试验数据具有良好的代表性。

为使土壤入渗试验样本具有较好的代表性，在土壤质地、土壤容重(土壤结构)、土壤初始含水率、土壤有机质含量的选取方面进行了一定的设计。土壤质地涵盖壤质砂土、砂质壤土、粉砂质壤土、砂质黏壤土、壤土等十余种土壤类型。土壤结构除了尽量在不同自然结构下进行试验外，还通过对试验点土壤进行人工压实和翻松，构造包括原状、压实和翻松 3 种不同的土壤结构类型。试验样本的土壤容重变化范围为 0.979～1.439g/cm^3，基本涵盖了山西省农田土壤容重范围；土壤含水率数据为土壤初始含水率，试验点土壤含水率变化范围为 7.6%～34.5%，基本涵盖了山西省从土壤风干含水率至田间持水率的变化区间；土壤有机质含量数据同样为大田土壤实测值，数据变化范围为 0.55%～6.59%，同样涵盖了山西省大部分地区土壤有机质含量的变化区间。

入渗模型参数的选取：在获得土壤累积入渗水量和时间的定量关系的基础上，为兼顾土壤入渗过程描述精度和土壤入渗模型的简单实用性，选取应用范围最广、拟合精度可靠的 Kostiakov 三参数入渗模型，可利用 Excel、MATLAB 等数据拟合软件实现入渗参数 k、α 和 f_0 的准确获取。

2) 土壤常规理化参数测定试验方案设计

作为土壤入渗参数预测的输入变量，土壤常规理化参数测定需与土壤入渗参数获取试验相匹配。

试验点的选取：土壤常规理化参数测定点与土壤水分入渗参数测定试验点一致，即在进行大田土壤入渗试验的同时，选取同一田块若干点的土壤作为理化参数测定样本。

土壤理化参数指标的分层取样试验设计：由于土壤水分入渗是水分纵向潜入土壤的过程，土壤的纵向性质分布很大程度上决定了土壤的入渗能力，为充分研究土壤整个入渗过程与土壤纵向理化性质变化的关系，本书将分层测定土壤的纵向理化参数。对于农业生产而言，2m 以内土壤理化性质的研究往往可满足生产实践的要求，综合实际土壤入渗特性和土壤理化性质变异性，以 20cm 或 30cm 为土层划分梯度，对 0～2m 范围内的土壤进行分层理化参数测定。实际土壤理化性质的复杂性研究表明，表层土壤的理化参数性质与土壤入渗特性关系更为密切，并且表层土壤受自然和人为影响频繁，理化性质变异性强烈，因此对表层土壤理化参数测定时，需细分土层。综上所述，本方案对土壤理化参数测定进行的分层设计为：0～2cm、2～10cm、10～20cm、20～40cm、40～60cm、60～80cm、80～100cm、100～140cm、140～170cm、170～200cm。

土壤常规理化参数获取可根据具体情况进行所调整，以土壤质地的获取为例，由于土壤质地的比重计试验周期较长，加上调整后对入渗参数预测影响不大，为节省试验成本，测试深度调整为 0～20cm、20～40cm、40～100cm 三个土层深度。

2.3.2 畦灌田面水流运动验证试验方案设计

畦灌灌水试验的目的是对构建的畦灌田面水流运动模型的准确性进行验证，即通过对试验点灌水过程中的水流推进和消退过程进行记录，将记录结果与构建的畦灌田面水流模型模拟灌水过程进行比较，若模拟灌水过程与实测结果接近，则认为所建立的田面水流运动模型可行，可用于畦灌灌水技术参数优化。

1) 试验地点

构建的田面水流运动模型为运动波模型，由构建条件可知，模型对水流惯性项和加速项进行了简化，对田间坡度小、田面状况相对简单的水流运动模拟精度可能较佳，因此选取山西省汾河灌区二支所为畦灌灌水试验点，田面平整度和灌水条件均较为理想。

2) 试验点田块参数及畦田规格

试验点土壤类型为砂质壤土，主要种植甜菜、玉米和小麦等作物。畦田的平均糙率为 0.0498，纵向坡度较小，平均坡降为0.003 左右。畦田规格受当地种植作物类型、灌水条件和地形条件的影响，畦长相对较长，而变化范围较小，畦长主要分布在180～200m；畦田宽度较窄，主要分布在 2～3.5m。

3) 试验点灌水条件

为便于对灌水流量进行控制，畦灌灌水水源为清井水，构建的田面水流运动模型主要针对连续畦灌而言，因此入畦流量恒定，控制为 41.05m³/h，单宽流量可利用不同畦田宽度进行相应调整，变化范围为 2.0～4.0m³/(s·m)，灌水时间则根据试验田块畦长、计划灌水深度的不同进行控制。

2.4 试验仪器

2.4.1 大田双套环垂直入渗仪

对于大田土壤水分一维垂直入渗参数的定点测定，选用大田双套环垂直入渗仪，如图 2.4 所示。大田双套环垂直入渗仪的内环直径为 26cm，外环直径为 60cm，内、外环高度一致，为 25cm。在进行入渗试验时，将内、外环均插入地表以下 20cm 处，地表以上出露 5cm。该仪器采用了自制的水位控制器保证内、外环水位齐平。

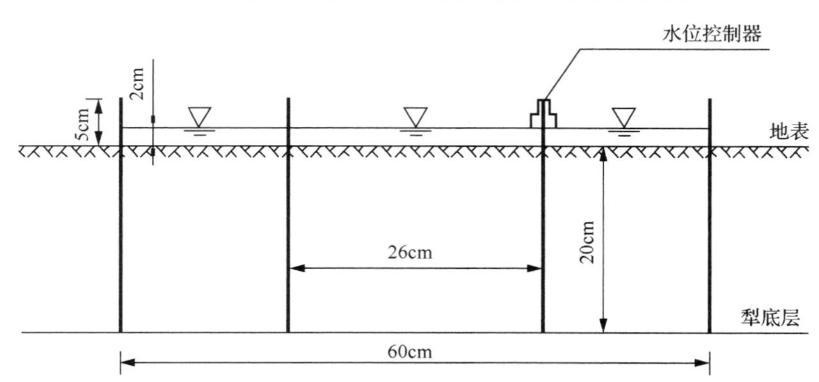

图 2.4 大田双套环垂直入渗仪剖面示意图

2.4.2 其他仪器

土壤容重测定仪器：土壤容重测定采用常规环刀法进行，在田间选择具有代表性的地块，把表面土壤铲平并挖掘剖面，分层采样，将容积一定的环刀垂直压入土中，直至环刀筒内充满土样为止，用铁铲将环刀及环刀周围的土一起挖出，除去黏附在环刀外面的土壤，用锋利的削土刀切去环刀两端多余的土，使环刀内的土壤体积与环刀容积相等。通常用相对体积质量来表示，使用的仪器有天平、环刀(容积为100cm^{3}或66.7cm^3)、烘箱、削土刀、铁铲等。

土壤质地测定仪器：土壤质地采用比重计法进行测定，主要的试验仪器具体包括电子天平、不同孔径系列的筛子、比重计、大量筒、秒表等。

土壤含水率测定仪器：土壤含水率测定采用烘干法，常规人工取土、烘箱烘干并称重，它是测定土壤含水率的方法中最常用的一种经典方法，测定结果比较准确可靠，使用的仪器有取土环、大锤、烘箱、干燥器、天平和铝盒。

土壤有机质含量测定仪器：土壤有机质利用重铬酸钾法进行测定，主要的试验仪器包括电热炉、油浴消化装置(包括油浴锅和铁架)、秒表等。

土壤含盐量测定仪器：土壤含盐量利用电导仪、电导电极等测定。

地温测定仪器：地温测定仪器主要有曲管式地温仪、插管式地温仪、地埋式地温仪。

有关其他气象项目的测量，如气温、降雨量、降雪量等，利用各测量地气象站的仪器设备测定。

2.5 试验方法

2.5.1 大田土壤水分入渗试验方法

大田土壤水分入渗试验采用一维垂直积水入渗试验方法，使用大田双套环垂直入渗仪测定。在试验过程中，通过使用水位控制仪使地表以上内、外环内的积水深度始终保持在2～3cm。试验过程中，需对入渗水量和入渗时间进行全程观测，根据一般田间灌水经验，土壤入渗过程在90min内可基本达到稳定，因此，入渗时间控制在90min，个别未达到稳定入渗的情况酌情延长入渗时间。入渗试验开始时，土壤水分入渗尚不稳定，该过程对土壤水分入渗特性曲线趋势影响较大，因此在入渗试验开始时需对入渗量与灌水时间进行较为密集的观测。土壤水分入渗观测具体过程为：试验开始的2min内，每隔30s记录一次入渗水量；开始的2～6min每隔1min记录一次；开始的6～20min每隔2～3min记录一次；开始的20～70min每隔5min记录一次；开始的70～90min可每隔10min记录一次；直至土壤水分达稳定入渗条件，即终止入渗试验。

2.5.2 畦灌灌水试验方法

要实现对田面水流运动模型的验证，需先对试验点畦田初始物理状态进行描述，包括畦田规格、田面坡降、糙率和土壤水分入渗参数等技术参数的测定。在此基础上，沿畦长方向每隔10m设置一个测点，对灌水过程中水流推进和消退过程进行记录，试验开始后，记录单宽流量和开始灌水时间，以及灌溉水流到达到各测点的时间，绘制水流推进过程曲线。根据实际灌水情况控制断水时间，记录畦田首次停止供水时间，此时间亦为灌水消退过程的起始时间，各测点田面积水消失的时间为该测点的退水时间，直至整个畦田范围内的水流全部消退，观测过程结束，绘制退水过程曲线。

第3章　土壤水分入渗参数预测模型

土壤水分入渗参数是影响土壤灌水效果最主要的因素之一，其预测预报是地面灌溉灌水技术参数一体化优化模型的基础。大量的大田土壤入渗实测数据表明 Kostiakov 三参数入渗模型能够较好地反映土壤水分入渗过程，其模型参数可以作为反映土壤入渗特征的表征参数[3,111]。本章将基于区域程度上的大田土壤水分入渗规模试验和土壤理化参数测定，在深入研究入渗参数和易得的常规土壤理化参数之间的定性和定量关系的基础上，利用线性、非线性和 BP 神经网络的方法，预测土壤水分入渗参数，提出山西省地面畦灌土壤入渗参数预测模型形式。

3.1　土壤水分入渗特性的主要影响因素

影响土壤水分入渗特性的因素有很多，从已有的研究成果看，主要包括土壤质地、土壤结构、土壤含水率、土壤温度等[112-117]，本节将从土壤质地、土壤结构、土壤含水率、土壤含盐量、土壤温度和土壤有机质含量 6 个方面出发，分析土壤水分入渗的表征参数和土壤理化特征参数间的定性和定量关系，筛选出影响土壤水分入渗特性的主要影响因素，为预测预报奠定基础。

3.1.1　土壤质地对土壤水分入渗特性的影响

众所周知，土壤是由体积不同的颗粒组成的，不同大小的颗粒所占的质量百分数或相对质量百分数称为土壤的颗粒组成，亦称作土壤的机械组成。不同土壤的机械组成(颗粒配比)各异，其外在表现形式为土壤质地。土壤质地影响着土壤的通气、肥力和保水等性质，也决定着土壤结构的种类，对施肥、灌溉、耕作等措施具有重要的指导意义。

土壤质地按照土粒粒径的性质及其大小，分成若干粒级，按照卡钦斯基制土粒分级标准可分为物理性砂粒(0.01～1mm)和物理性黏粒(<0.01mm)。考虑到砂粒、粉粒和黏粒之间存在一定的数量关系，又考虑到颗粒级配曲线的相似度和重合度，本书以土壤砂粒、粉粒和黏粒中的两者作为土壤质地的数学表征值，其中冻结土以物理性黏粒含量作为土壤质地的数学表征值，并且 0～20cm 土层的砂粒、粉粒、黏粒和物理性黏粒含量分别用 ω_1、ω_2、ω_3、ω_3' 表示，20～40cm 土层的砂粒、粉粒、黏粒和物理性黏粒含量分别用 ω_4、ω_5、ω_6、ω_6' 表示。

1) 土壤质地对入渗系数 k 的影响

经验入渗系数 k 在数值上等于第一个单位入渗时段末的入渗速度与稳定入渗率之差。考虑到入渗开始后 1min 末的湿润锋面在地表以下 20cm 土层内，因此，k 值只与 0～20cm 土层的土壤质地有关。

图 3.1 为其他条件相近时，不同入渗阶段入渗系数 k 与黏粒含量(0～20cm)的关系曲线。由图可知，头水地、非冻土非盐碱土、冻结土和盐碱土的入渗系数 k 与黏粒含量的变化趋势相同，即入渗系数 k 随着黏粒含量的增大而减小；头水地、非冻土非盐碱土、盐碱土的入渗系数 k 与黏粒含量呈对数关系，冻结土的入渗系数 k 与土壤物理性黏粒含量呈指数关系。

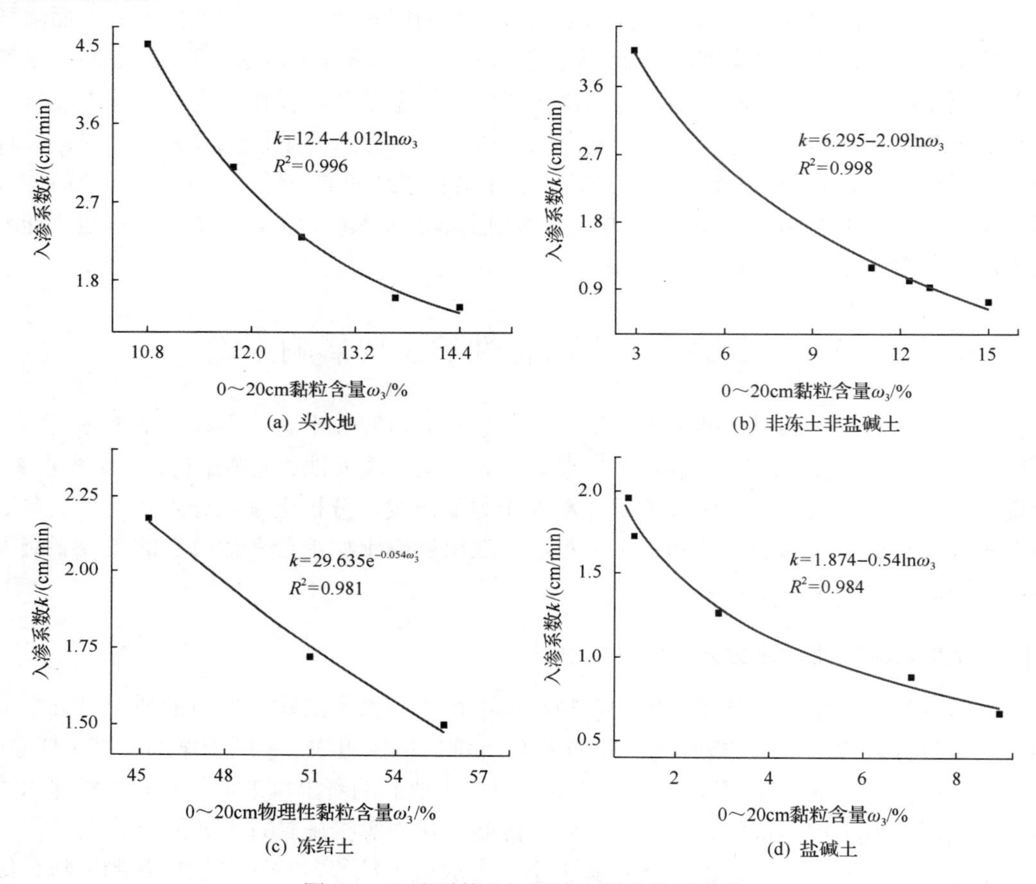

图 3.1 入渗系数 k 与黏粒含量的关系曲线

在土壤结构、土壤含水率、土壤有机质含量、土壤温度等一定的情况下，土壤水分入渗开始后的较短时间内，随着土壤黏粒含量的增大，水分的吸附性、保水性增强，但土壤颗粒间的孔隙较细小，水力传导度降低，且在水分下渗过程中孔隙易被堵塞，水分流通不畅。因此，其他条件一定时，土壤黏粒含量越大，水分通量越小，入渗系数 k 越小。

2) 土壤质地对入渗指数 α 的影响

入渗指数 α 表征土壤入渗能力的衰减速度，与整个入渗过程有关，并且入渗率达到相对稳定时，湿润锋面可到达地表以下 0～40cm 土层内，因此，入渗指数 α 与 0～20cm 和 20～40cm 土层的黏粒含量有关。

图 3.2 为其他条件相近时，不同入渗阶段入渗指数 α 与黏粒含量(0～20cm、20～40cm)的关系曲线。由图可知，头水地、非冻土非盐碱土、冻结土和盐碱土的入渗指数 α 随黏

粒含量的变化趋势相同，即入渗指数 α 随着黏粒含量的增大而减小，且二者呈直线关系。在土壤结构、土壤含水率、土壤有机质含量、土壤温度等一定的情况下，土壤入渗能力衰减速度仅取决于土水势梯度。黏粒含量越大，吸附作用及黏着性越强，但颗粒越细小，比表面积越大，颗粒间的孔隙越小、通道越弯曲，透水性越差，水分开始入渗后，土壤吸水膨胀，致使孔隙堵塞，水分入渗的衰减速度越快。因此，其他条件一定时，黏粒含量越大，土壤入渗能力的衰减速度越快，入渗指数 α 越小。

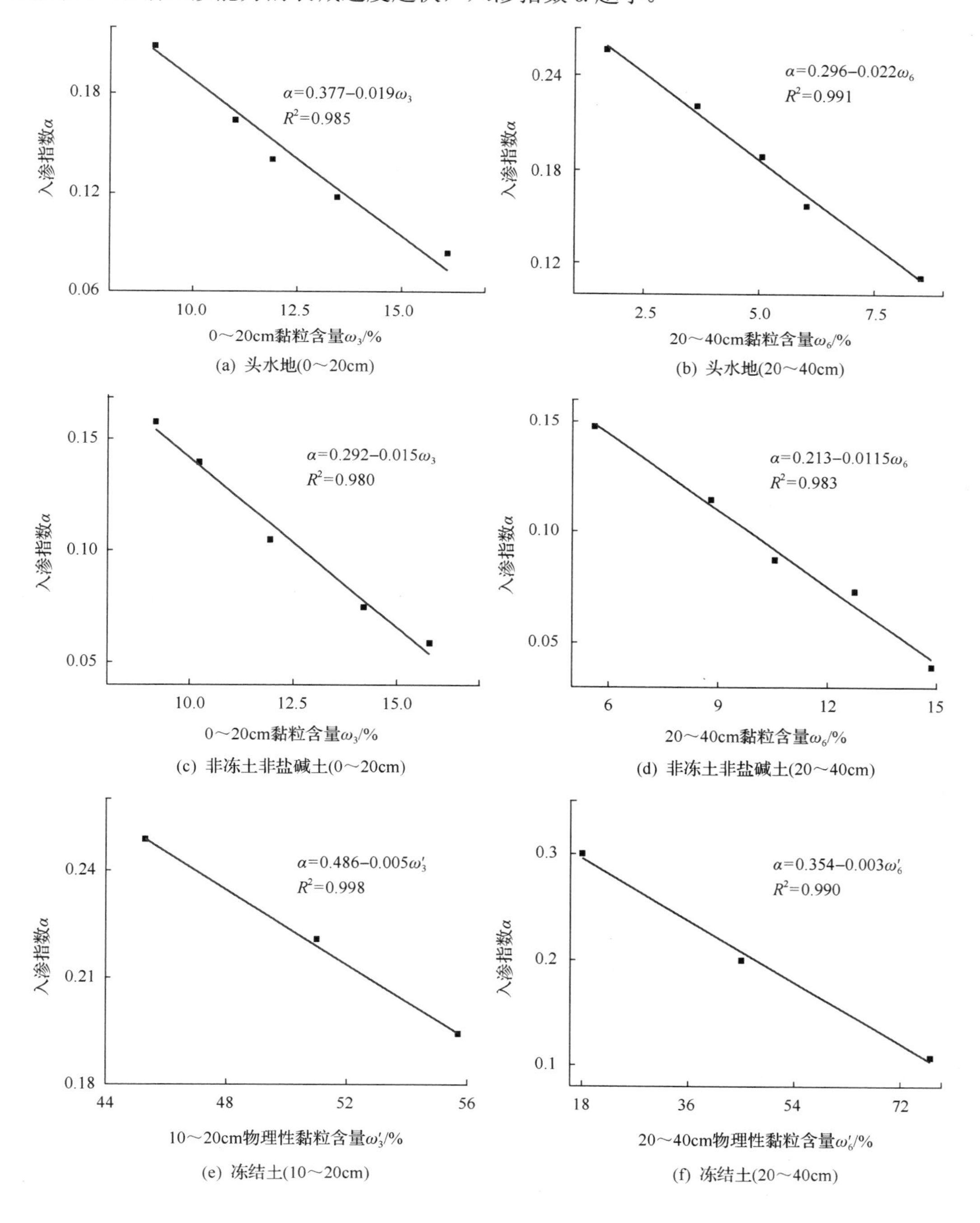

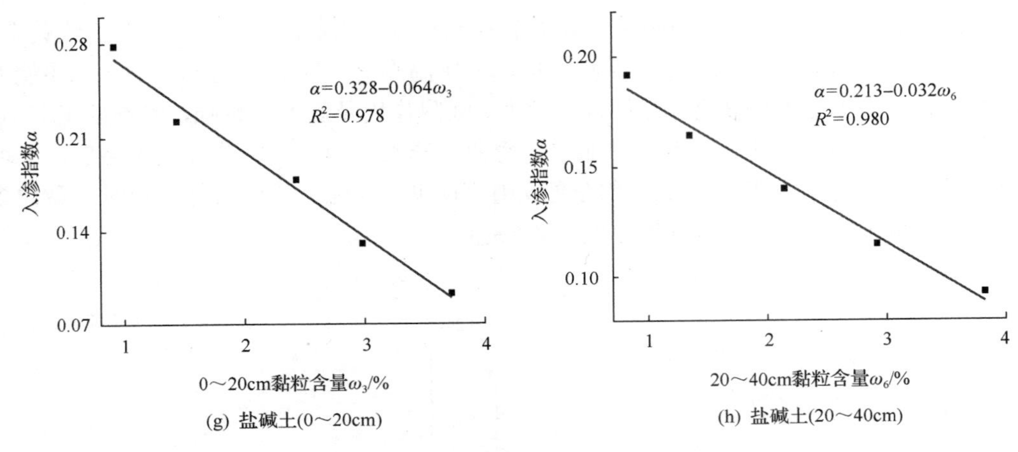

(g) 盐碱土(0～20cm)　　(h) 盐碱土(20～40cm)

图 3.2　入渗指数 α 与黏粒含量的关系曲线

3) 土壤质地对稳定入渗率 f_0 的影响

稳定入渗率 f_0 的大小主要取决于土壤孔隙的数量和分布，因而受到整个湿润层土壤质地的影响，即 f_0 与 0～20cm 和 20～40cm 土层的黏粒含量有关。

图 3.3 为其他条件相近时，不同入渗阶段稳定入渗率 f_0 与黏粒含量的关系曲线。由图可知，头水地、非冻土非盐碱土、冻结土和盐碱土的稳定入渗率 f_0 随黏粒含量的变化趋势相同，即 f_0 随着黏粒含量的增大而减小，且二者呈直线关系。在土壤结构、土壤含水率、土壤有机质含量、土壤温度等一定的情况下，黏粒含量越高，颗粒越细、孔隙越多且越小，水分通道越细小且繁杂，连通性越差，水力传导度越小，稳定入渗率 f_0 越小。因此，其他条件一定时，黏粒含量越大，土壤稳定入渗率 f_0 越小。在其他影响因素相同或接近相同的情况下，仅考虑土壤质地对入渗参数的影响，鉴于砂粒、粉粒和黏粒含量之间存在高度的相关性，即粉粒含量(%)=100%−砂粒含量(%)−黏粒含量(%)，并且砂粒含量与入渗参数的关系和黏粒含量与入渗参数的关系相似。

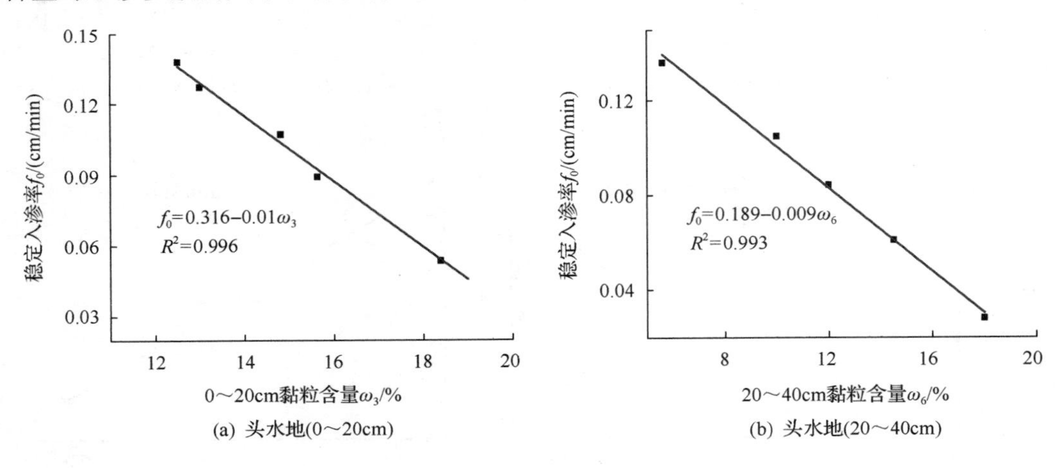

(a) 头水地(0～20cm)　　(b) 头水地(20～40cm)

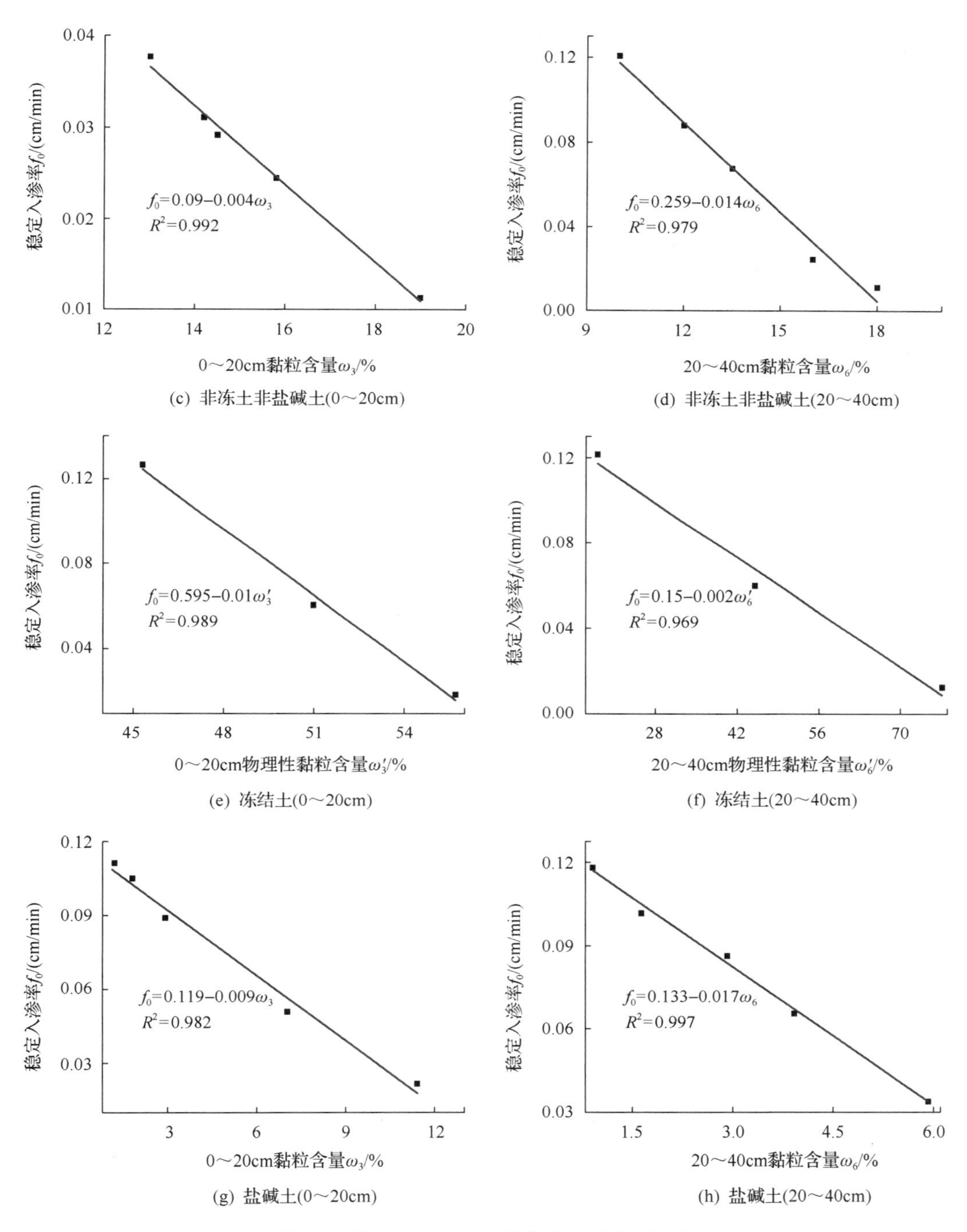

图 3.3　稳定入渗率 f_0 与黏粒含量的关系曲线

3.1.2　土壤结构对土壤水分入渗特性的影响

土壤结构是土壤颗粒在成土或利用过程中，经过相互胶结、挤压等作用，形成排列方式、稳定度、大小、数量和形状等不同的团聚体，主要是通过土壤孔隙影响土水势梯度，进而影响土壤入渗参数的大小。土壤容重主要取决于土壤固体颗粒数量和土壤孔隙，以此来反映土壤结构[118,119]。因此，本节以土壤容重作为土壤结构的数学表征值，并且0～10cm土层的土壤容重以γ_1表示，10～20cm土层的土壤容重以γ_2表示，20～40cm土层的土壤容重以γ_3表示。

1) 土壤结构对入渗系数 k 的影响

经验入渗系数 k 由于入渗时间极短，仅受地表土壤结构的影响，而与深层土壤结构无关。因此，入渗系数 k 只与0～10cm土层的土壤容重γ_1有关，且不考虑疏松土壤的结构变形(其结构变形主要发生在第一个单位入渗时段之后)。

图3.4为其他条件接近时，不同入渗阶段入渗系数 k 与土壤容重(0～10cm)的关系曲线。由图可知，头水地、非冻土非盐碱土的入渗系数 k 随土壤容重的变化趋势相同，即入渗系数 k 随土壤容重的增大而减小，且二者呈直线关系。入渗系数 k 值除了取决于土水势之外，还取决于水力传导度，而水力传导度主要由土壤结构决定。在土壤含水率、土壤质地、土壤温度等一定的情况下，土壤容重越大，土壤越密实，孔隙数量越少、尺度越小，孔隙之间的连通性越差，水力传导度越小，水分通量越少，入渗系数 k 越小。

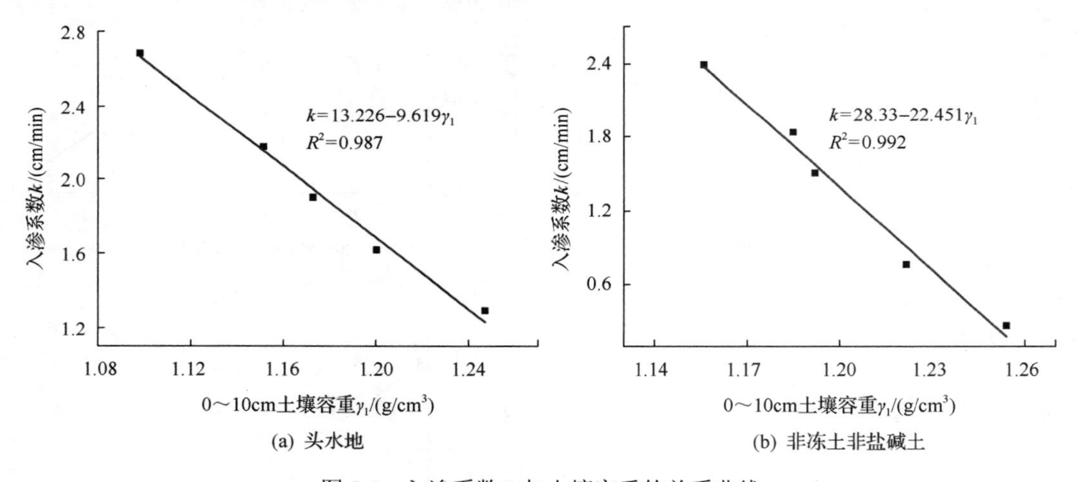

图3.4　入渗系数 k 与土壤容重的关系曲线

2) 土壤结构对入渗指数 α 的影响

入渗指数 α 表征土壤入渗能力的衰减速度，水分入渗到的整个土层的土壤结构都对入渗能力的衰减速度有影响，因此，入渗指数 α 与0～10cm、10～20cm和20～40cm土层的土壤容重γ_1、γ_2和γ_3有关。

图3.5～图3.8为其他条件相近时，不同入渗阶段土壤容重与入渗指数 α 的关系曲线。由图可知，头水地、非冻土非盐碱土、冻结土和盐碱土入渗指数 α 随土壤容重的变化趋势相同，即入渗指数 α 随着土壤容重的增大而减小，且二者呈直线关系。

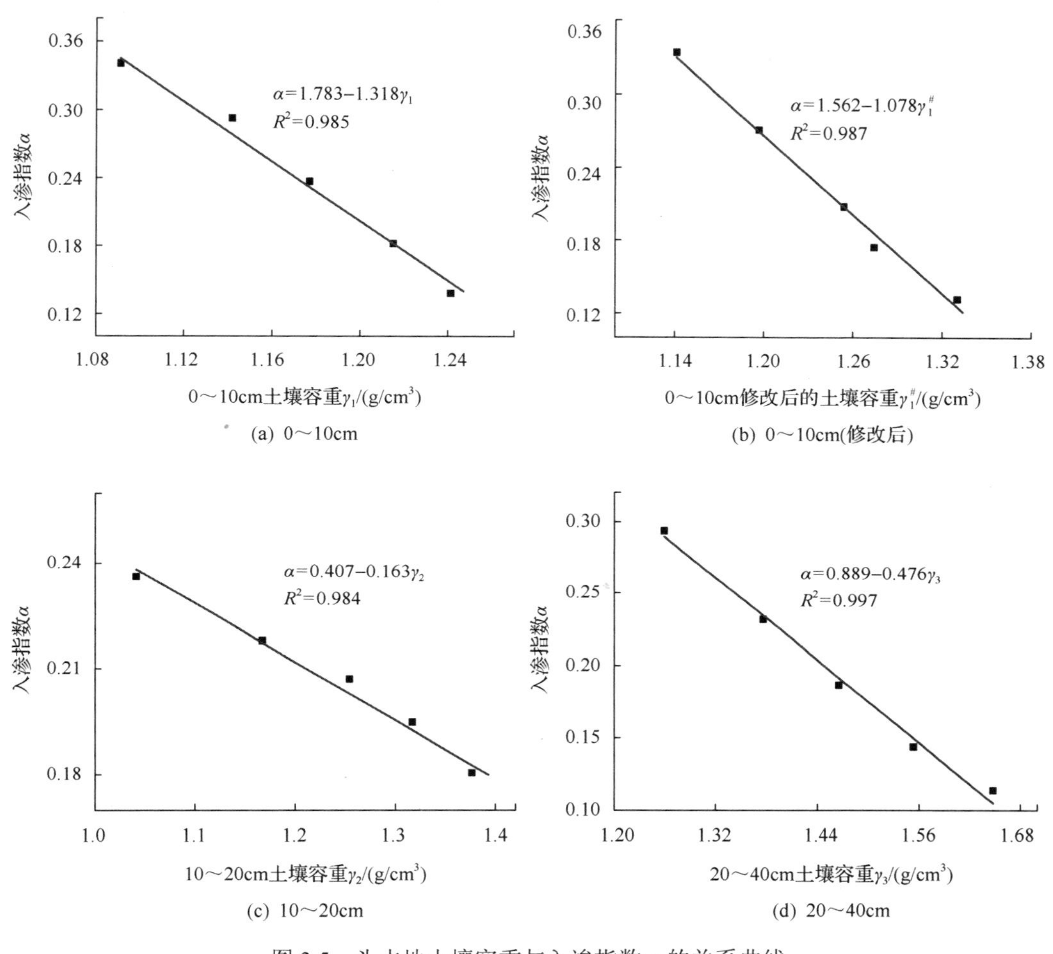

图 3.5　头水地土壤容重与入渗指数 α 的关系曲线

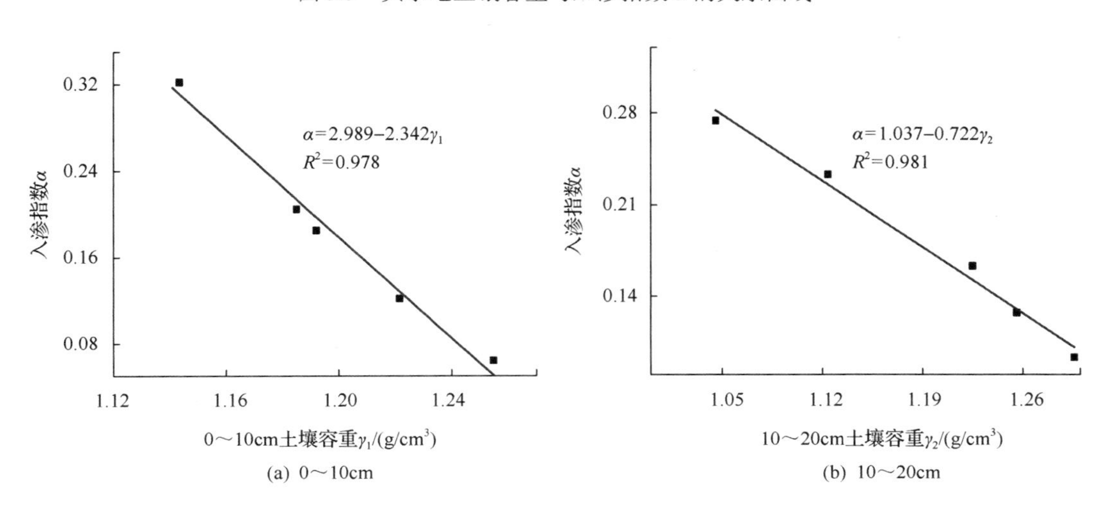

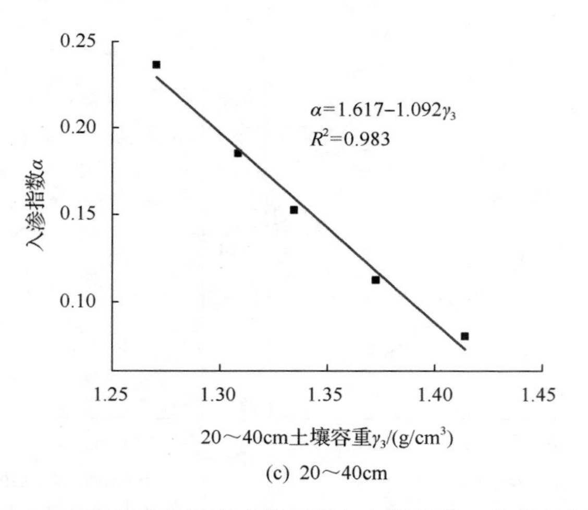

(c) 20～40cm

图 3.6　非冻土非盐碱土土壤容重与入渗指数 α 的关系曲线

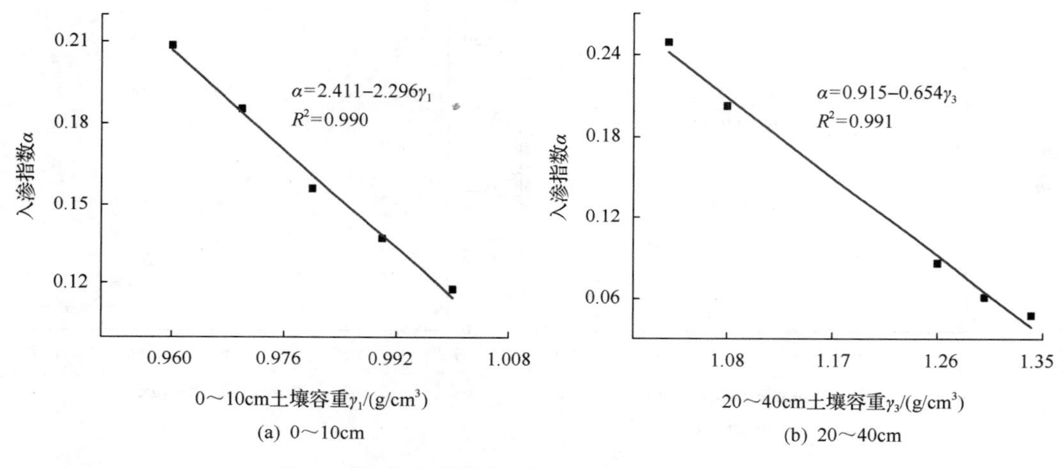

图 3.7　冻结土土壤容重与入渗指数 α 的关系曲线

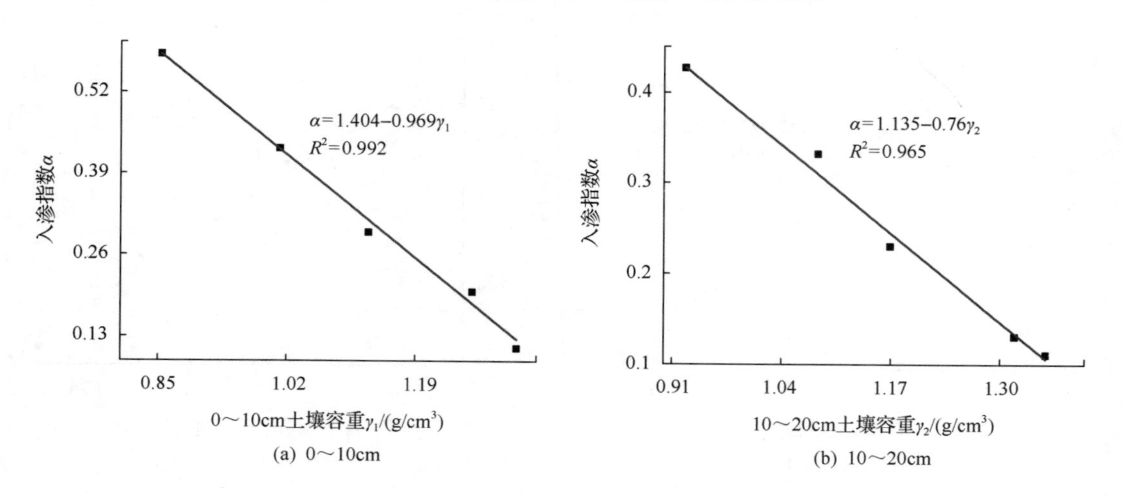

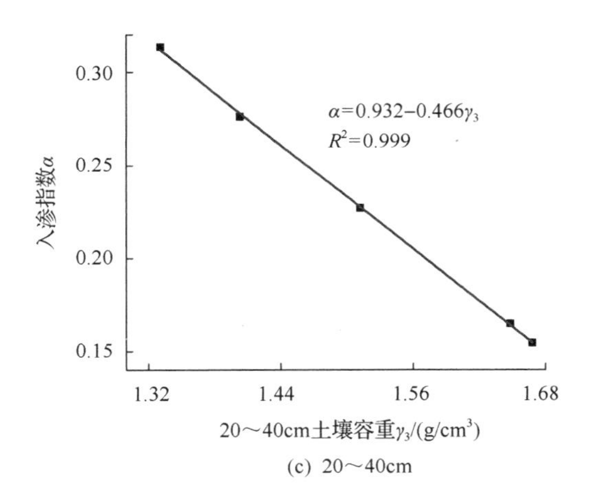

(c) 20～40cm

图 3.8　盐碱土土壤容重与入渗指数 α 的关系曲线

3) 土壤结构对稳定入渗率 f_0 的影响

稳定入渗率 f_0 的大小主要取决于土壤孔隙的数量和分布，因而受到整个湿润层土壤结构的影响，即稳定入渗率 f_0 与 0～10cm、10～20cm 和 20～40cm 土层的土壤容重 γ_1、γ_2 和 γ_3 有关。考虑到头水地(土壤容重小于 $1.1g/cm^3$ 的疏松土壤)在遇水后的结构变形，头水地相关曲线图中的土壤容重采用了结构变形后的土壤容重。

图 3.9～图 3.12 为其他条件相近时，土壤不同入渗阶段稳定入渗率 f_0 与土壤容重的关系曲线。由图可知，头水地、非冻土非盐碱土、冻结土和盐碱土的稳定入渗率 f_0 随着土壤容重的增大而减小，且二者呈直线关系。在土壤质地、土壤温度等一定的情况下，土壤容重越大，土壤孔隙数量越小，分布越繁杂，连通性越差，水力传导度越小，即单位土水势梯度作用下通过单位面积的水分通量越小。因此，其他条件一定时，土壤容重越大，土壤稳定入渗率 f_0 越小。

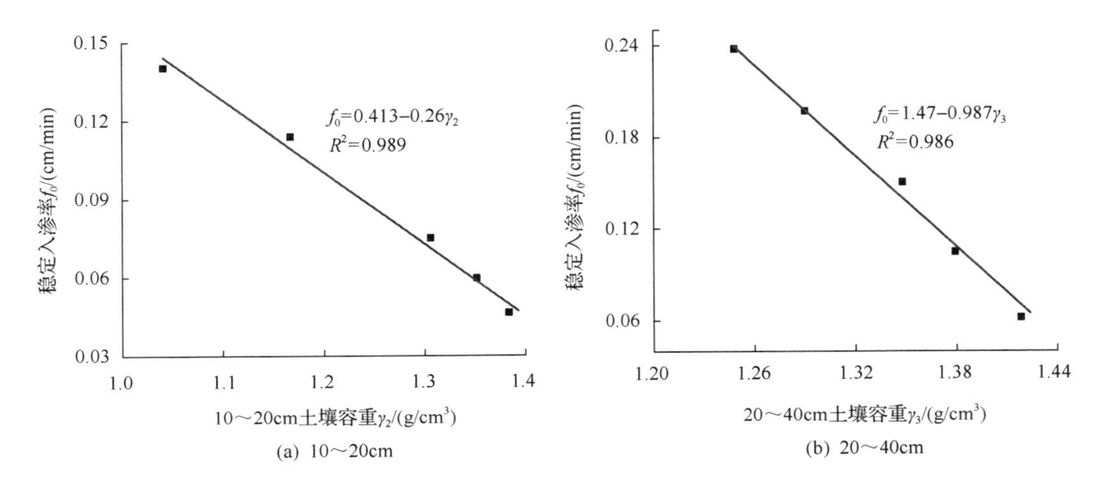

(a) 10～20cm　　(b) 20～40cm

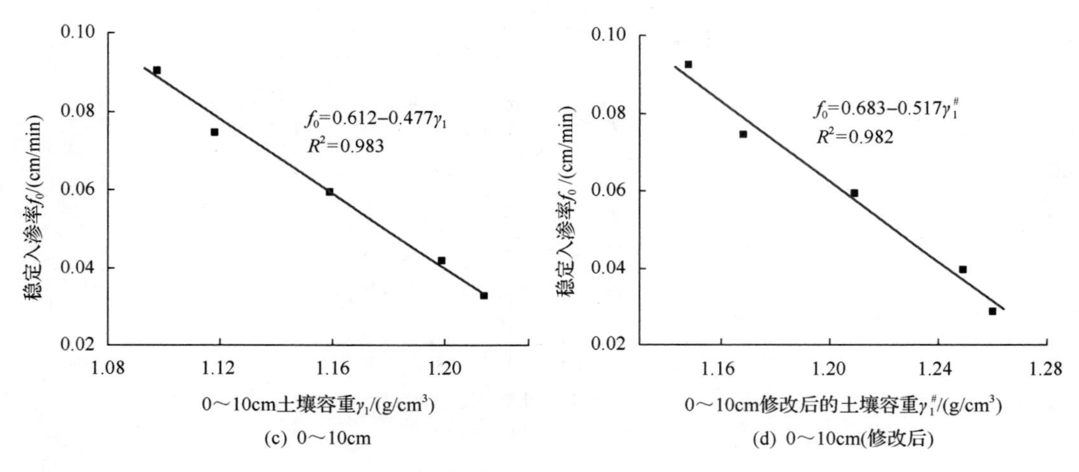

图 3.9 头水地稳定入渗率 f_0 与土壤容重的关系曲线

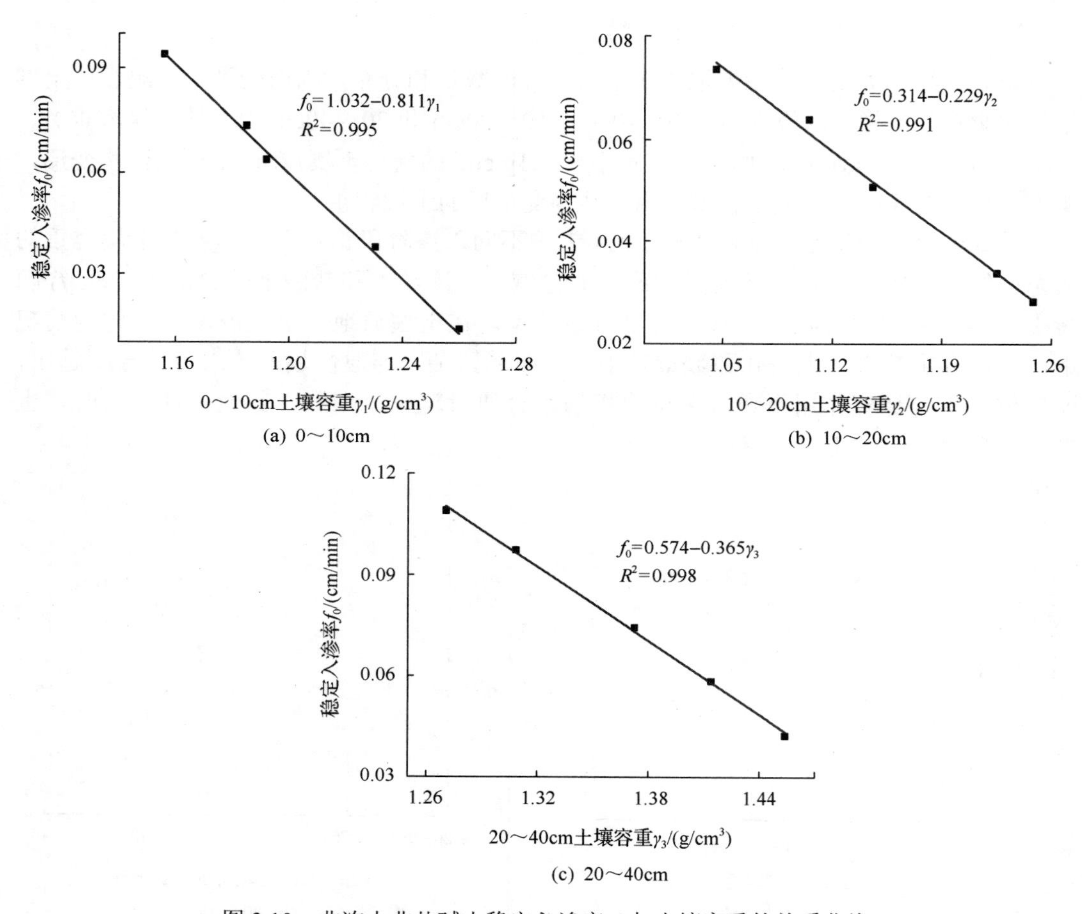

图 3.10 非冻土非盐碱土稳定入渗率 f_0 与土壤容重的关系曲线

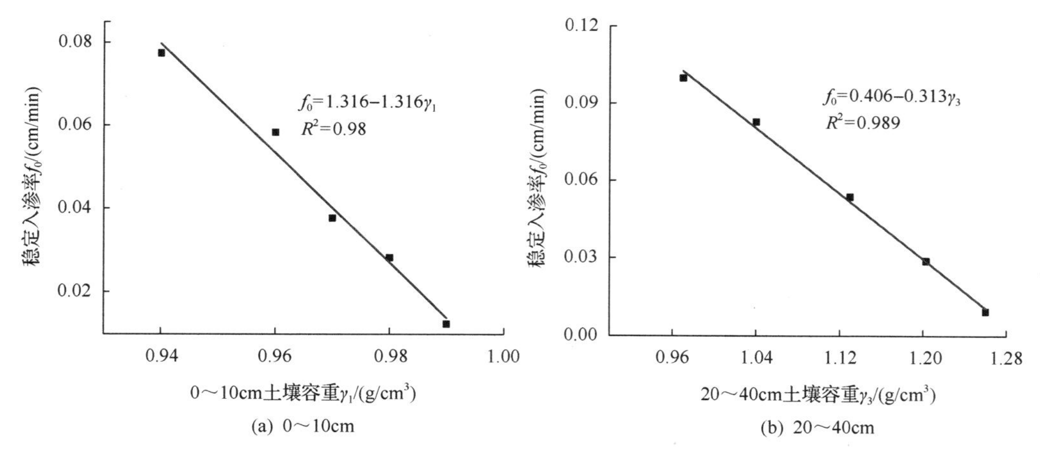

图 3.11　冻结土稳定入渗率 f_0 与土壤容重的关系曲线

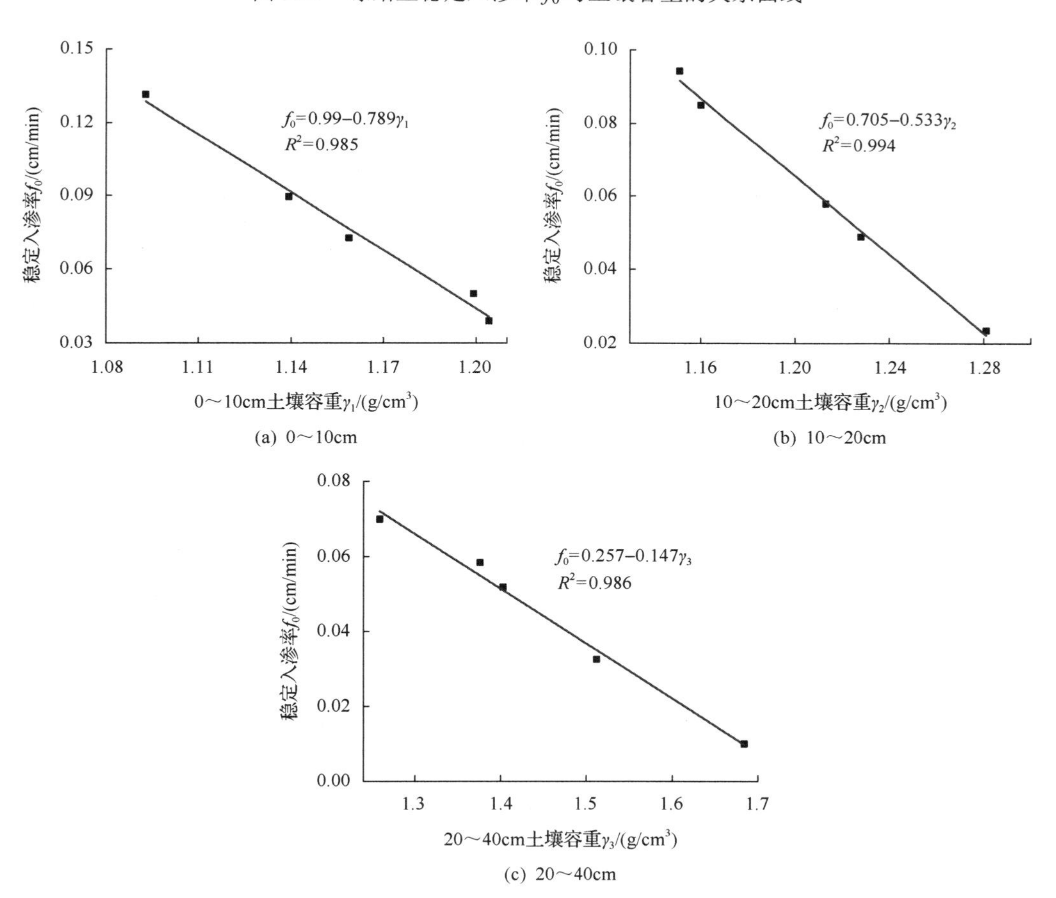

图 3.12　盐碱土稳定入渗率 f_0 与土壤容重的关系曲线

3.1.3　土壤含水率对土壤水分入渗的影响

土壤是由空气、水和矿物质、有机质构成的疏松多孔的三相体，其中土壤水分是土壤的液相组分，在植物生长发育、土壤能量、物质交换中起着关键作用[120]。土壤中水分的数量即土壤含水率，用水分在土壤固体、液体、气体中所占的相对比例表示，通常采用以下两种表示方法：体积含水率(水分所占的土壤体积与土壤总体积之比)和质量含水率(水分在土壤中的质量与相应固相物质质量之比)。由于体积含水率能更好地反映水充满孔隙的程度，本章以体积含水率作为土壤含水率的数学表征值，并且0～20cm土层的土壤含水率用θ_1表示，20～40cm土层的土壤含水率用θ_2表示。

1) 土壤含水率对入渗系数 k 的影响

入渗开始后1min末的湿润锋面在地表以下20cm土层内，因此，入渗系数 k 只与0～20cm土层的土壤含水率有关。

图3.13为其他条件相近时，不同入渗阶段入渗系数 k 与土壤含水率的关系曲线。由图可知，头水地、非冻土非盐碱土、冻结土和盐碱土的入渗系数 k 随土壤含水率的变化趋势相同，即入渗系数 k 随着土壤含水率的增大而减小；头水地、非冻土非盐碱土、冻结土的入渗系数 k 与土壤含水率呈指数关系，盐碱土的入渗系数 k 与土壤含水率之间既存在对数关系，又存在线性关系。

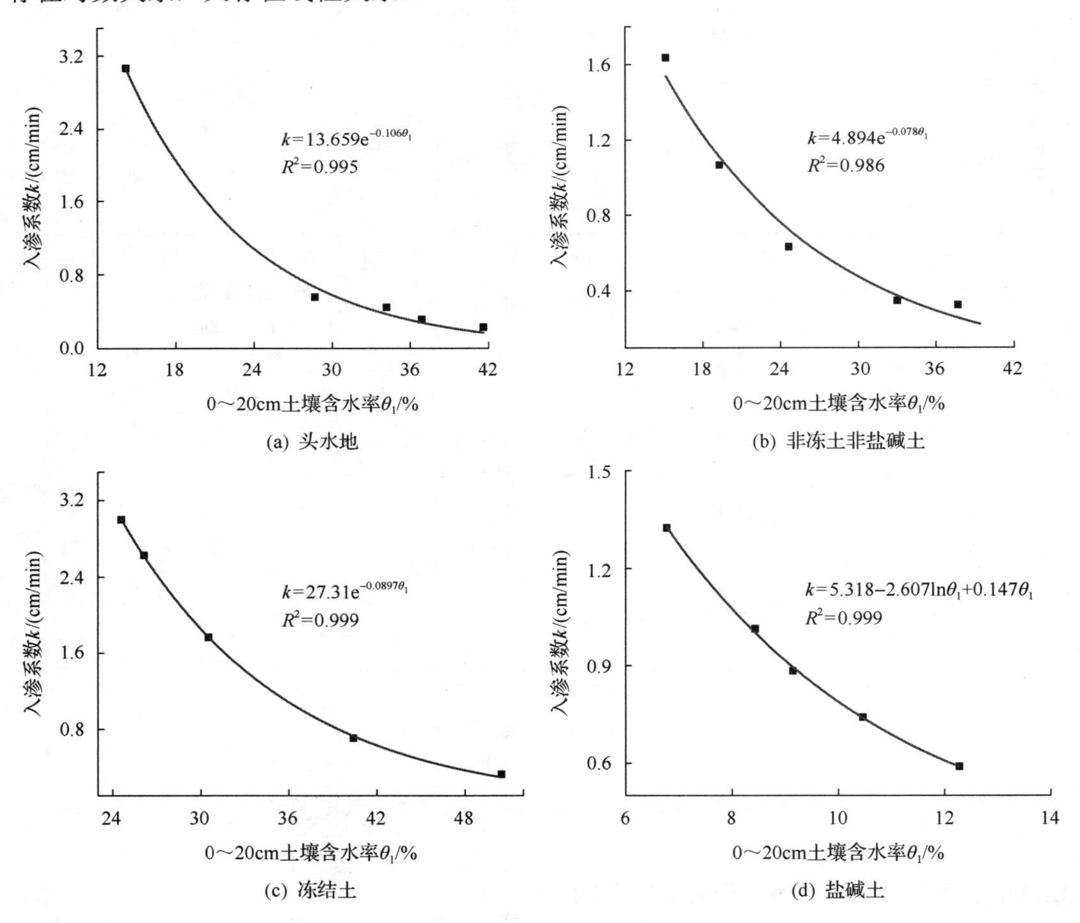

图3.13　入渗系数 k 与土壤含水率的关系曲线

土壤入渗开始后短时间内地表以下一定土层厚度水分接近饱和，成为入渗过程的控制断面，所以入渗初期的水分运动可近似看作入渗水流通过饱和层的水分迁移。在土壤结构、土壤质地、土壤温度等一定的情况下，入渗开始1min末的累积入渗量即水分通量主要取决于湿润层的土水势梯度，而湿润层的土水势梯度主要受湿润层之下土壤含水率的影响。因此，其他条件一定时，土壤含水率成为入渗系数 k 的唯一影响因素，土壤初始含水率越大，湿润层厚度范围内的土水势梯度越小，入渗系数 k 越小。

2) 土壤含水率对入渗指数 α 的影响

入渗指数 α 表征土壤入渗能力的衰减速度，与整个入渗过程有关。考虑到入渗率达到相对稳定时(入渗试验结束时间)，湿润锋面已到达地表以下0～40cm土层范围内，因此，入渗指数 α 与0～20cm和20～40cm土层的土壤含水率有关。

图3.14为其他条件相近时，不同入渗阶段入渗指数 α 与土壤含水率的关系曲线，由图可以看出，头水地、非冻土非盐碱土、冻结土和盐碱土的入渗指数 α 随土壤含水率的变化趋势相同，即入渗指数 α 随着土壤含水率的增大而增大，且二者既存在对数关系，又存在线性关系。在土壤结构、土壤质地、土壤温度等一定的情况下，土壤入渗能力的衰减速度仅取决于土水势梯度。土壤含水率越大，与入渗锋面之间的土水势梯度差越小，水分入渗通量越小，土壤入渗能力的衰减速度越慢。因此，其他条件一定时，土壤含水率越大，土壤入渗能力的衰减速度越慢，入渗指数 α 越大。

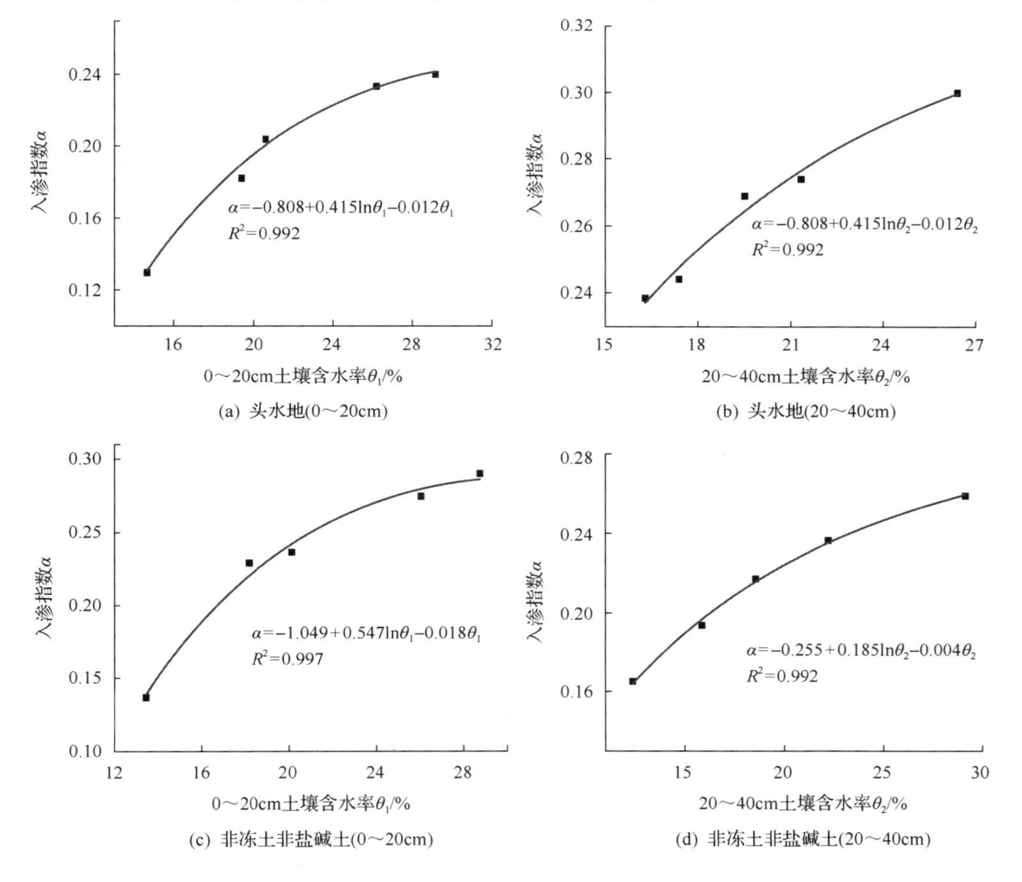

(a) 头水地(0～20cm)　(b) 头水地(20～40cm)

(c) 非冻土非盐碱土(0～20cm)　(d) 非冻土非盐碱土(20～40cm)

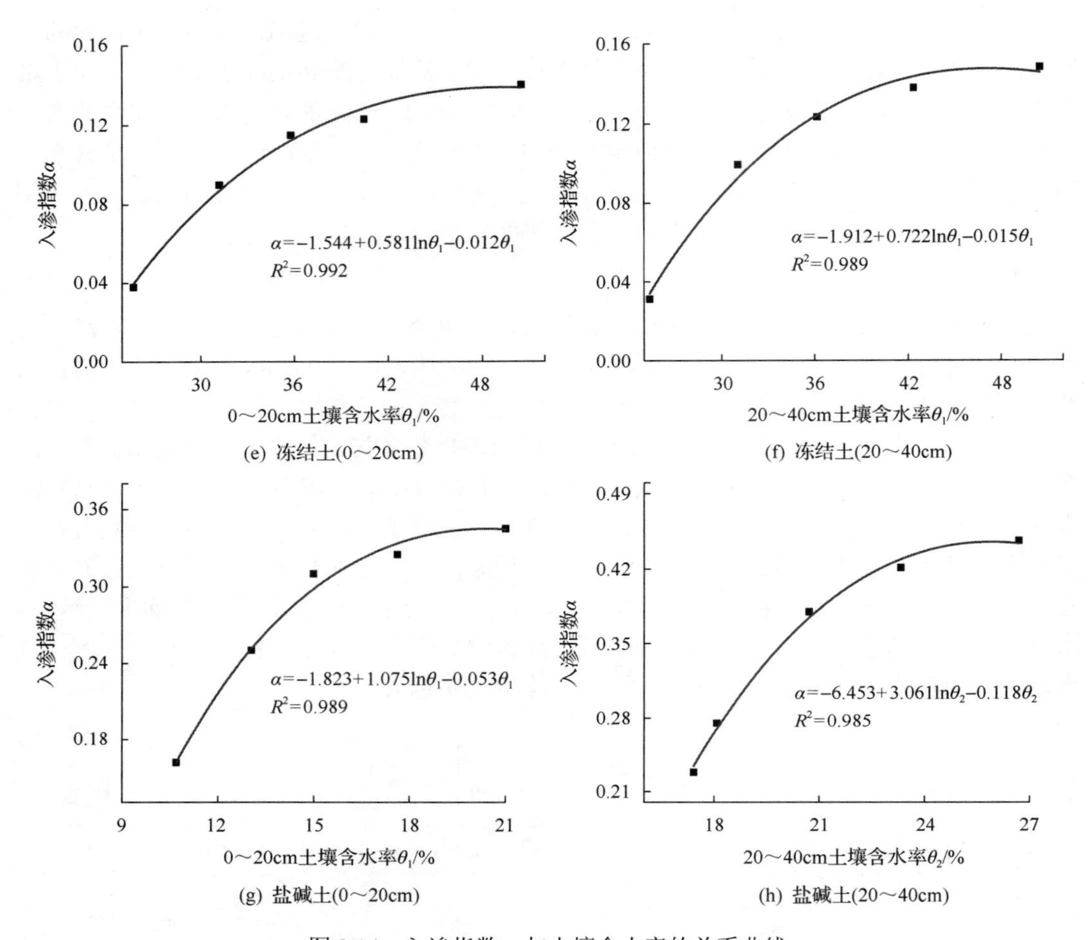

图 3.14　入渗指数 α 与土壤含水率的关系曲线

3) 土壤含水率对稳定入渗率 f_0 的影响

f_0 为稳定入渗率，是指非饱和土壤入渗达到相对稳定时的入渗率，在数值上为入渗稳定时的水分通量。考虑到入渗率达到相对稳定时，湿润锋面在地表以下 0～40cm 土层内，并且 0～20cm 土层水分已接近饱和状态，土水势梯度接近重力势梯度 1，稳定入渗率 f_0 的大小不受该层土壤含水率的影响。因此，稳定入渗率 f_0 只与 20～40cm 土层的土壤含水率有关。

图 3.15 为其他条件相近时，不同入渗阶段稳定入渗率 f_0 与土壤含水率的关系曲线。由图可知，头水地、非冻土非盐碱土和盐碱土的稳定入渗率 f_0 随土壤含水率的变化趋势相同，即稳定入渗率 f_0 随着土壤含水率的增大而减小，且二者呈指数关系。在土壤结构、土壤质地、土壤温度等一定的情况下，土壤稳定入渗率仅取决于湿润锋面以上土层的土水势梯度。20～40cm 土层的土壤含水率越高，湿润层以上厚度土壤的平均土水势梯度越小，稳定入渗率 f_0 值越小。

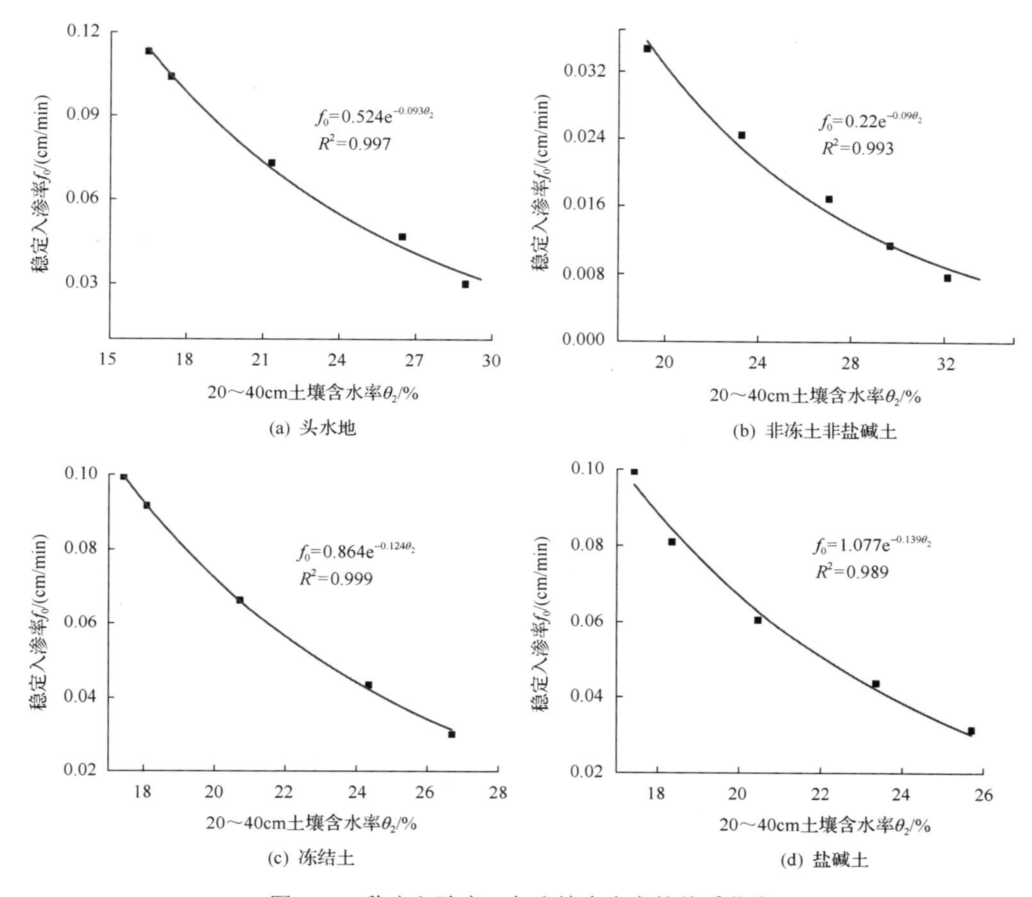

图 3.15　稳定入渗率 f_0 与土壤含水率的关系曲线

3.1.4　土壤含盐量对土壤水分入渗特性的影响

盐碱土是地下水中的可溶性盐分以土壤孔隙为通道，经过水分蒸发等过程，累积于地表而形成的，其中盐碱土土体中大量的可溶性盐主要分布于地表以下 0～20cm 土层，并且一般以干土中可溶性盐的质量百分数表示。土壤中的盐分含量对土壤的物理性状、作物生长等都具有重要影响，并且土壤含盐量一般通过影响水力传导度来影响土壤水分入渗过程[121-124]。因此，0～20cm 土层的土壤含盐量作为盐碱土含盐量数学表征值，用 μ 表示。

1) 土壤含盐量 μ 对入渗系数 k 的影响

图 3.16 为其他条件相近时，盐碱土入渗系数 k 与土壤含盐量 μ 的关系曲线。由图可知，盐碱土的入渗系数 k 随着土壤含盐量 μ 的变化而变化，即入渗系数 k 随着土壤含盐量 μ 的增大而减小，且二者呈对数关系。

土壤入渗开始后的较短时间内，地表以下一定土层厚度很快接近饱和，即入渗初期的水分运动近似为饱和土壤的水分运动。在土壤含水率、土壤结构、土壤质地、土壤温度等一定的情况下，随着土壤含盐量 μ 的增加，土壤结构越差，即分散程度增加，水力传导度减小，水分入渗通量减小。因此，土壤含盐量 μ 越高，入渗系数 k 越小。

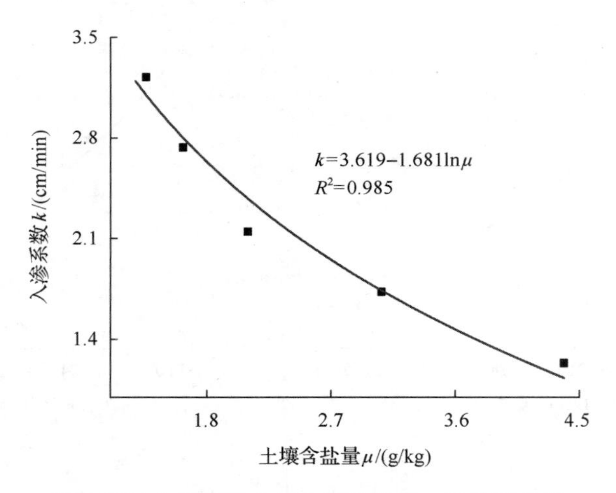

图 3.16 入渗系数 k 与土壤含盐量 μ 的关系曲线

2) 土壤含盐量 μ 对入渗指数 α 的影响

图 3.17 为其他条件相近时，盐碱土入渗指数 α 与土壤含盐量 μ 的关系曲线。由图可知，盐碱土的入渗指数 α 随着土壤含盐量 μ 的增大而增大，且二者呈对数关系。

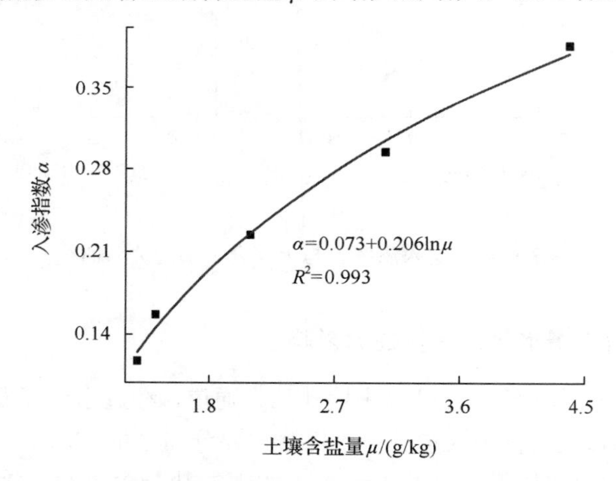

图 3.17 入渗指数 α 与土壤含盐量 μ 的关系曲线

在土壤含水率、土壤结构、土壤质地、土壤温度等一定情况下，随着土壤含盐量 μ 的增大，水流入渗过程中所受阻力增大，致使水力传导度减小，水分入渗的衰减速度减小。因此，其他条件一定时，土壤含盐量 μ 越大，土壤入渗能力的衰减速度越慢，入渗指数 α 越大。

3) 土壤含盐量 μ 对稳定入渗率 f_0 的影响

图 3.18 为其他条件相近时，稳定入渗率 f_0 与土壤含盐量 μ 的关系曲线。由图可知，盐碱土的稳定入渗率 f_0 随土壤含盐量 μ 的变化而变化，即稳定入渗率 f_0 随着土壤含盐量 μ 的增大而减小，且二者呈对数关系。

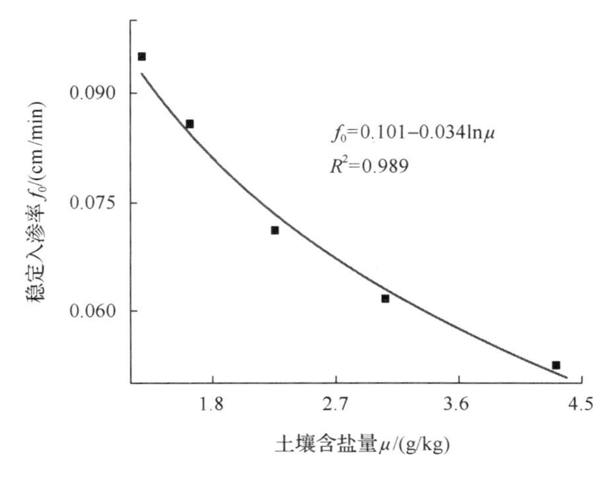

图3.18　稳定入渗率f_0与土壤含盐量μ的关系曲线

在土壤含水率、土壤结构、土壤质地、土壤温度等一定的情况下，土壤含盐量μ越大，土壤颗粒的分散性越强，水分下渗所受阻力越大，水力传导度越小，土壤水分入渗率达到稳定时的入渗量越小。因此，其他条件一定时，土壤含盐量μ越大，土壤稳定入渗率f_0越小。

3.1.5　土壤温度对土壤水分入渗特性的影响

土壤温度(地温)是指地面及以下土壤中的温度。非冻结期，土壤固相组成相对稳定，主要由矿物组成；冻结期，土壤温度的变化导致水分在土体中发生相变，土壤中的固相部分除了矿物以外，还有水的固相形态——冰。由此可见，冻结期土壤温度的变化可引起土壤中水分的相变，进而改变土壤孔隙状况，影响水分入渗过程。考虑到冻结期气温与土壤温度关系密切，二者的相关性随土层深度的增加而减小，且土层5cm深度处的土壤温度与地表温度相关性好，又考虑到测量地表温度任意性大，因此，本章以土层5cm深度处的土壤温度作为土壤温度的数学表征值，并用T表示。

1) 土壤温度T对入渗系数k的影响

图3.19为其他条件相近时，冻结期入渗系数k与土壤温度T的关系曲线。由图可知，冻结土的入渗系数k随土壤温度T的变化而变化，即入渗系数k随着土壤温度T的降低而减小，且二者呈直线关系。

在土壤结构、土壤含水率、土壤质地、土壤有机质含量等一定的情况下，随着土壤温度的降低，水分固相比例增大，土壤导水率也随之减小，致使入渗开始后短时间内的水分入渗量减少。因此，其他条件一定时，土壤温度T越低，入渗系数k越小。

2) 土壤温度T对入渗指数α的影响

图3.20为其他条件相近时，冻结期入渗指数α与土壤温度T的关系曲线。由图可知，冻结土的入渗指数α随土壤温度T的变化而变化，即入渗指数α随着土壤温度T的降低而减小。

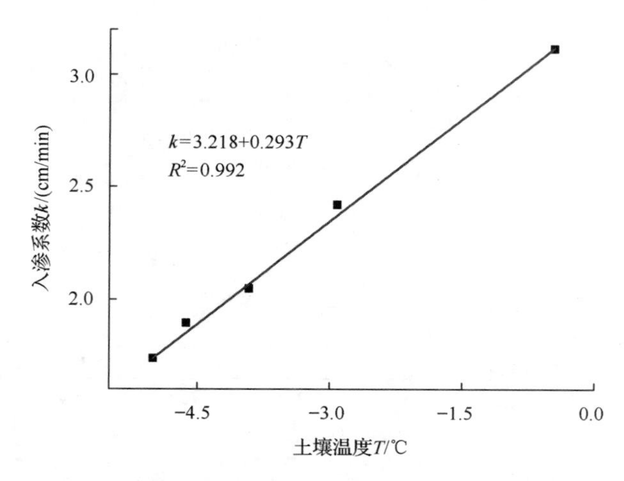

图 3.19　入渗系数 k 与土壤温度 T 的关系曲线

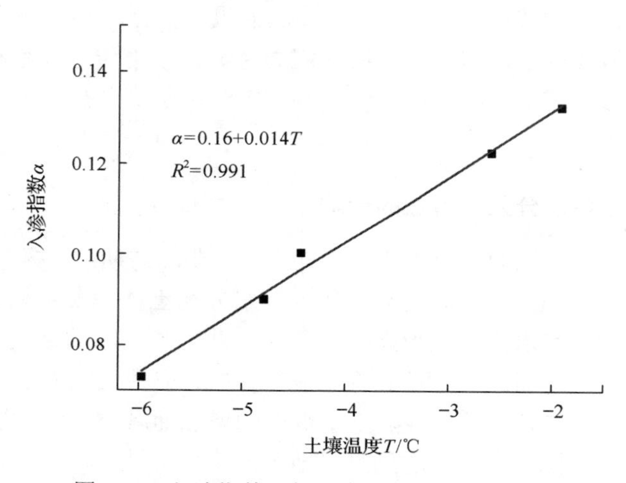

图 3.20　入渗指数 α 与土壤温度 T 的关系曲线

土壤温度通过改变土壤物理性状来改变土壤水分的运动。冻结期，随着土壤温度的降低，土壤水分冻结膨胀，且固相比例增大，土壤孔隙度减小，入渗路径增长，水分下渗所受阻力增大。在其他条件一定时，水分入渗能力的衰减速度主要受土壤孔隙状况的影响，随着土壤温度的降低，孔隙大小和数量减少，孔隙分布不均匀。因此，随着土壤温度的降低，土壤孔隙状况不佳，水分入渗能力的衰减速度增大，入渗指数 α 减小。

3）土壤温度 T 对稳定入渗率 f_0 的影响

图 3.21 为其他条件相近时，冻结期稳定入渗率 f_0 与土壤温度 T 的关系曲线。由图可知，冻结土的稳定入渗率 f_0 随土壤温度 T 的变化而变化，即稳定入渗率 f_0 随着土壤温度 T 的降低而减小。

冻结期，随着土壤温度的改变，土壤水分运动状态发生变化。土壤温度越低，土壤含冰量越多，水分过水断面面积、水流通道孔径越小，水的黏滞性和表面张力越大，致使土壤导水率越小，入渗能力越小。因此，在其他条件一定时，土壤温度越低，土壤稳定入渗率 f_0 越小。

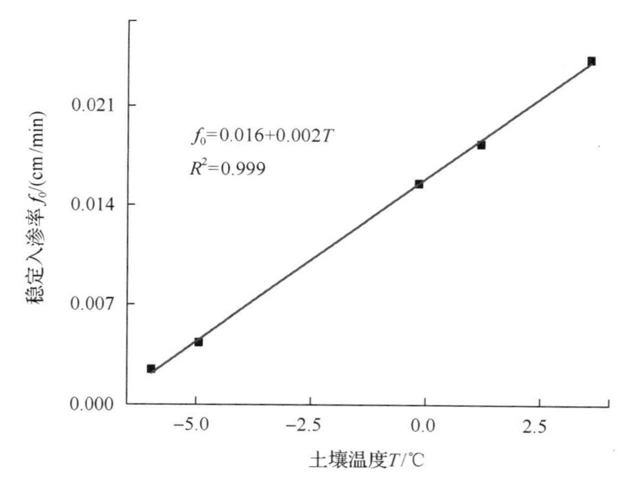

图 3.21　稳定入渗率 f_0 与土壤温度 T 的关系曲线

3.1.6　土壤有机质含量对土壤水分入渗特性的影响

土壤有机质是微生物经过对动植物残体的分解和体外酶作用等过程，分解合成不同于进入土壤原本物质的含碳化合物。有机质含量在土壤总量中所占比重虽小，却是土壤固相部分的重要成分，可以提供作物所需的各种养分，增强土壤的保水保肥能力和缓冲性，促进植物的生理活性等，尤其在改善土壤物理性质方面具有重要作用，即土壤有机质主要通过影响土壤孔隙的分布和数量来影响水分入渗能力[125]。表层土壤中的耕作层易受耕作、施肥等生产活动、气候条件和地表生物的影响，一般位于地表以下20cm 的范围内，结构疏松，通气透水状况良好，并且微生物活动频繁，物质转化快；而耕作层以下的土壤相对密实，微生物活动少，腐殖质较少。因此，有机质主要存在于地表以下 0～20cm 土层(耕作层)中，并用 G 表示。

1) 土壤有机质含量 G 对入渗系数 k 的影响

图 3.22 为其他条件相近时，不同入渗阶段入渗系数 k 与土壤有机质含量 G 的关系曲线。由图可知，头水地、非冻土非盐碱土、冻结土和盐碱土的入渗系数 k 随土壤有机质含量 G 的变化趋势相同，即入渗系数 k 随着土壤有机质含量 G 的增大而减小；头水地、非冻土非盐碱土、盐碱土的入渗系数 k 与土壤有机质含量 G 既存在指数关系，又存在线性关系，冻结土的入渗系数 k 与土壤有机质含量 G 呈对数关系。

入渗系数 k 在土壤结构、土壤含水率、土壤质地、土壤温度等一定的情况下，随着土壤有机质含量 G 的增加，水稳性结构加强，入渗过程中土壤结构稳定，结构变形量小，入渗通道均匀而细小，初始水分入渗通量减少。因此，其他条件一定时，土壤有机质含量 G 越大，入渗系数 k 越小。

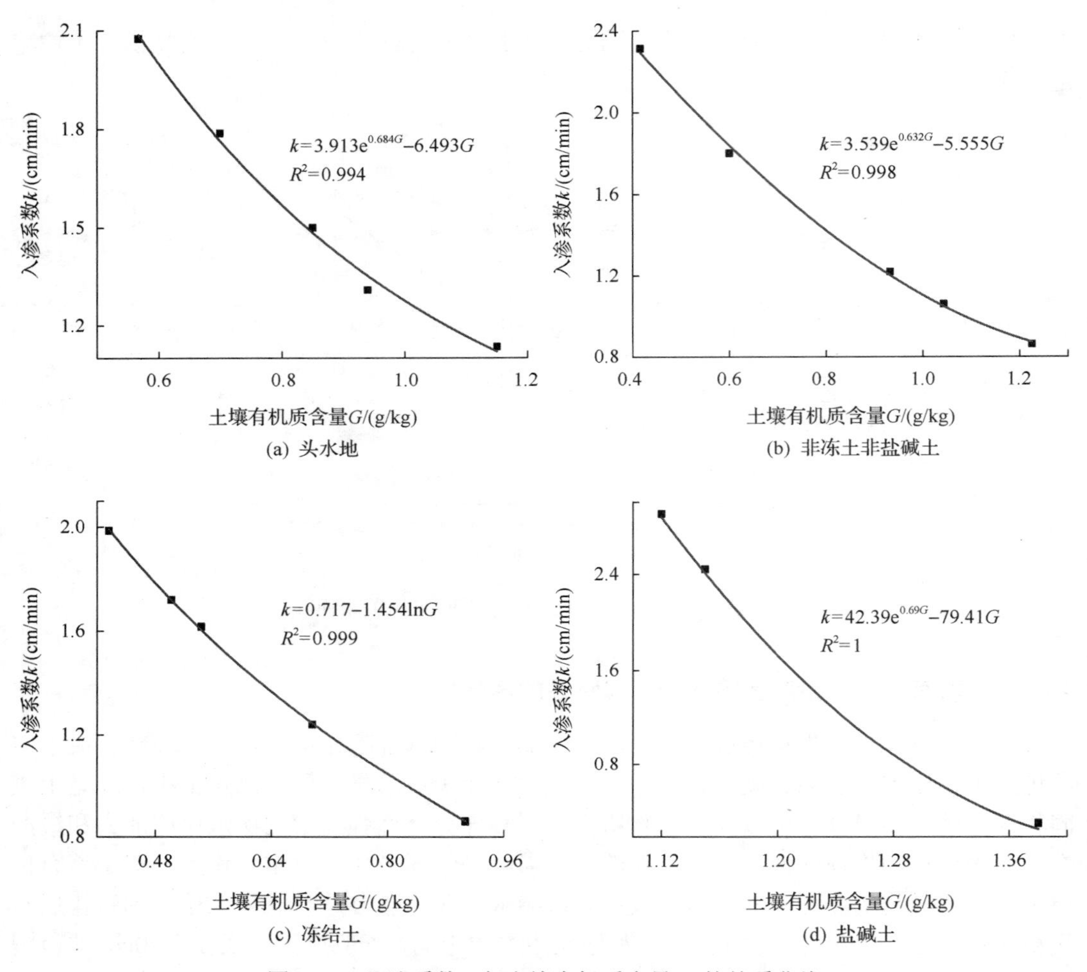

图 3.22 入渗系数 k 与土壤有机质含量 G 的关系曲线

2) 土壤有机质含量 G 对入渗指数 α 的影响

图 3.23 为其他条件相近时，不同入渗阶段入渗指数 α 与土壤有机质含量 G 的关系曲线。由图可知，头水地、非冻土非盐碱土、冻结土和盐碱土的入渗指数 α 随土壤有机质含量 G 的变化趋势相同，即入渗指数 α 随着有机质含量 G 的增大而增大，且二者呈对数关系。

土壤有机质中的腐殖质是土壤团聚体的主要胶结剂，对改善土壤结构具有重要作用。有机胶体疏松多孔，是亲水胶体，吸附在土粒表面，可以改善土粒的黏结力和黏着力，增加土壤的疏松性、通气性和透水性，所形成的团聚体具有较强的稳定性。在其他条件一定时，水分入渗能力的衰减速度主要取决于土壤孔隙状况，而土壤孔隙状况又取决于团聚体的数量和大小。因此，随着土壤有机质含量 G 的增加，土壤团聚体增加，孔隙状况良好，水分入渗能力的衰减速度减慢，入渗指数 α 增大。

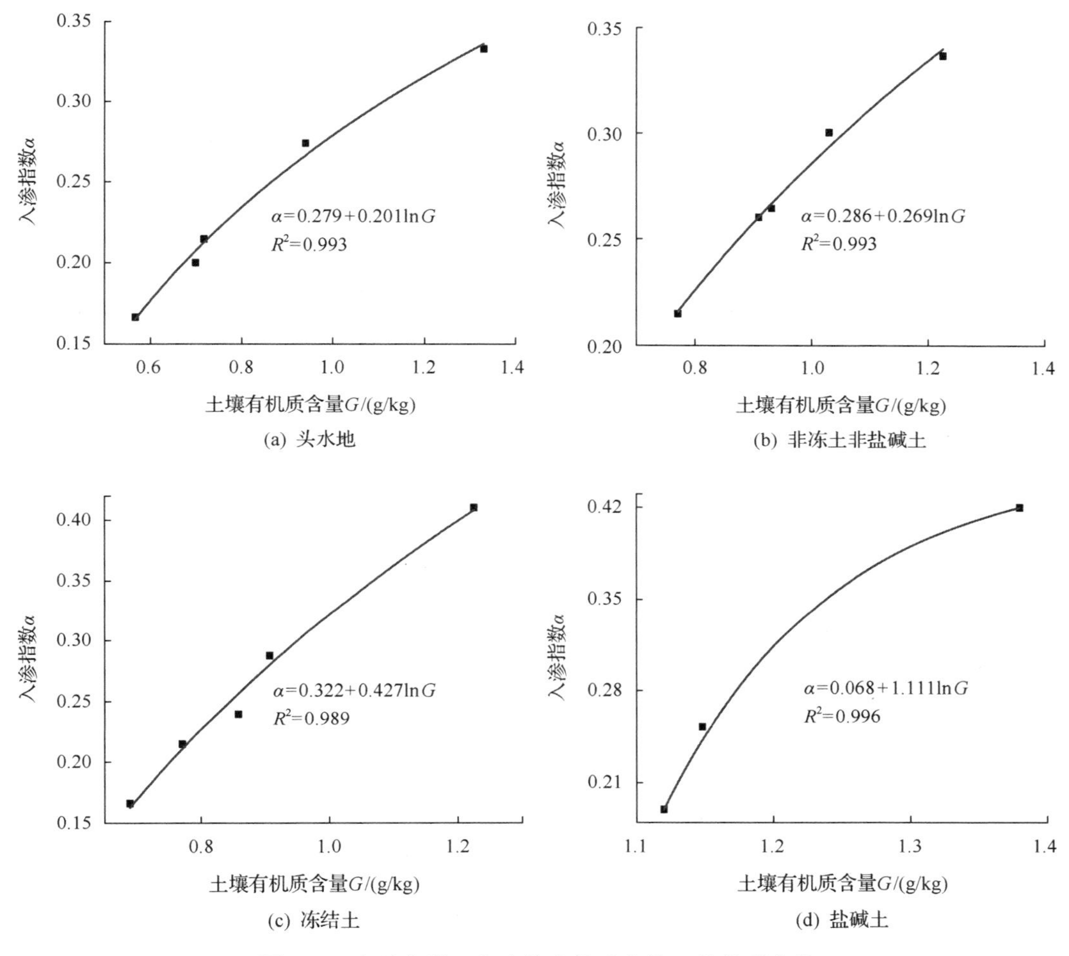

图 3.23　入渗指数 α 与土壤有机质含量 G 的关系曲线

3) 土壤有机质含量 G 对稳定入渗率 f_0 的影响

图 3.24 为其他条件相近时，不同入渗阶段稳定入渗率 f_0 与土壤有机质含量 G 的关系曲线。由图可知，头水地、非冻土非盐碱土、冻结土和盐碱土的稳定入渗率 f_0 随土壤有机质含量 G 的变化趋势相同，即稳定入渗率 f_0 随着有机质含量 G 的增大而增大，且二者呈对数关系。

土壤中的有机质可以改善土壤的黏性和疏松性，使土壤孔隙、水、气配比合理，在水分入渗过程中可降低土壤的胀缩性，即有机质含量高的土壤，所形成的团聚体结构稳定疏松。因此，在土壤结构、土壤含水率、土壤质地和土壤温度等一定的情况下，土壤稳定入渗率 f_0 取决于土壤孔隙，土壤有机质含量越高，团聚体越稳定，土壤孔隙状况越好，土壤稳定入渗率 f_0 越大。

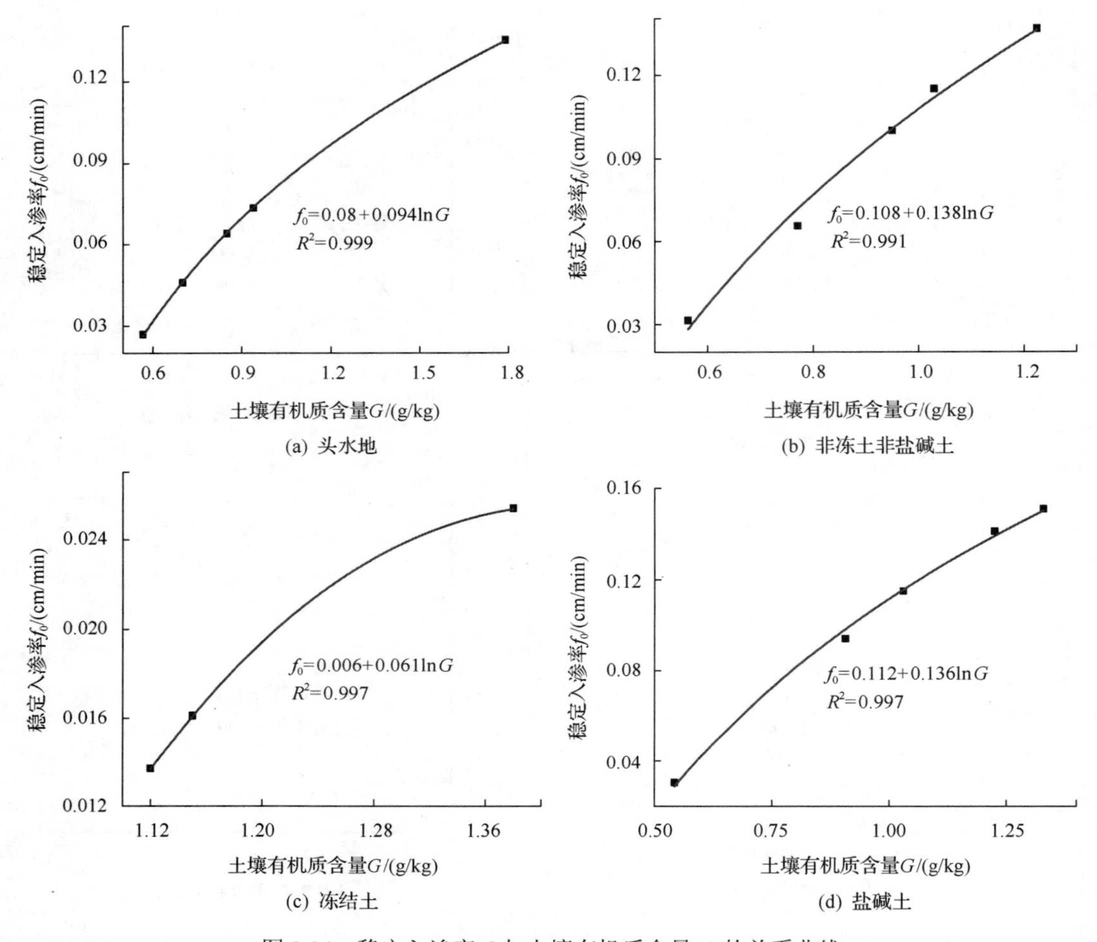

图 3.24　稳定入渗率 f_0 与土壤有机质含量 G 的关系曲线

3.2　土壤入渗参数线性预测模型

3.2.1　线性预测方法与过程

1. 模型结构

线性模型结构采用如下形式：

$$Y = \beta_0 + \beta_1 X_1 + \beta_2 X_2 + \beta_3 X_3 + \cdots + \beta_n X_n \tag{3.1}$$

式中，Y 为预测变量；β_i 为模型回归参数；X_i 为第 i 个影响因素；n 为模型输入变量的个数。

如在非冻融状态下，Kostiakov 土壤水分入渗模型各参数预报模型结构如下：

$$H_{90} = \beta_0 + \beta_1\theta + \beta_2\omega_1 + \beta_3\omega_2 + \beta_4\gamma + \beta_5 G \tag{3.2}$$

$$\alpha = \beta_0 + \beta_1\theta + \beta_2\omega_1 + \beta_3\omega_2 + \beta_4\gamma + \beta_5 G \quad (3.3)$$

$$k = \beta_0 + \beta_1\theta + \beta_2\omega_1 + \beta_3\omega_2 + \beta_4\gamma + \beta_5 G \quad (3.4)$$

$$f_0 = \beta_0 + \beta_1\theta + \beta_2\omega_1 + \beta_3\omega_2 + \beta_4\gamma + \beta_5 G \quad (3.5)$$

式中，θ 为土壤含水率(体积分数)，%；γ 为土壤容重，g/cm^3；ω_1 为黏粒含量，%；ω_2 为粉粒含量，%；G 为有机质含量，g/kg；H_{90} 为累积入渗量，cm；α 为入渗指数；k 为入渗系数，cm/min；f_0 为稳定入渗率，cm/min。

2. 输入变量选择

预测模型的输入参数就是模型的自变量，影响土壤水分入渗能力及入渗参数的因素很多，若把诸多影响因素都作为预测模型的输入参数，势必会给模型参数的确定和模型的应用带来不便[126,127]。为此，在模型输入参数的选择中，仅考虑主要影响因素。通过上节分析可知：在土壤非冻融状态下，影响土壤水分入渗的主导因素有土壤含水率、土壤质地、土壤结构、土壤有机质含量等。

土壤含水率：在非冻融状态下，土壤含水率主要通过影响土水势梯度，进而影响土壤水分的入渗能力。地表为土壤水分的控制界面，因此，选择地表以下0～20cm土层的土壤含水率作为反映土壤含水率的物理量。

土壤质地：土壤质地通过土壤土水势梯度和水力传导度两个方面对土壤的入渗能力产生影响。用来表征土壤质地的数量指标是土壤颗粒分布，本模型选择小于某粒径土粒含量占总土重的比值作为反映土壤质地的指标。本模型选择土壤粒径为 0.05～0.002mm(土壤粉粒含量)和小于0.002mm(土壤黏粒含量)作为反映土壤质地的物理量。

土壤结构：土壤结构反映土壤的疏散和板结程度，土壤容重是反映土壤结构的指标。水分通过地表进入土壤，地表作为土壤水分入渗的上表面，对土壤水分的入渗能力起控制作用。因此，选择地表以下0～20cm范围内土层的平均土壤容重作为反映土壤结构的物理量。

土壤有机质含量：土壤有机质主要通过影响土壤孔隙的尺寸及分布来影响水力传导度，进而影响土壤的入渗能力。

因此，预测模型输入参数为土壤含水率 θ、粉粒含量 ω_1、黏粒含量 ω_2、土壤容重 γ、土壤有机质含量 G。

3. 线性模型回归系数的计算

设输入参数矩阵为 $\boldsymbol{X}(\theta,\omega_1,\omega_2,\gamma,G)$，$\omega_1$ 是黏粒含量，ω_2 是粉粒含量，输出参数矩阵为 $\boldsymbol{Y}$，模型参数矩阵为 $\boldsymbol{\beta}$，则模型结构可转化为 $\boldsymbol{Y}=\boldsymbol{\beta}\times\boldsymbol{X}$。将大田土壤入渗试验样本中的 $\boldsymbol{X}(\theta,\omega_1,\omega_2,\gamma,G)$ 和 $\boldsymbol{Y}$ 代入 $\boldsymbol{Y}=\boldsymbol{\beta}\times\boldsymbol{X}$，通过矩阵运算，得到模型参数矩阵 $\boldsymbol{\beta}$。求得参数 $\boldsymbol{\beta}$ 后，即可得到回归模型方程。

4. 模型的显著性检验

回归模型的显著性检验采用方差分析方法进行。按试验数据分别计算样本的剩余离差 $Q_{剩余}$和回归离差 $Q_{回归}$及均值 $\bar{H}$，将试验样本中每组输入参数$(\theta,\omega_1,\omega_2,\gamma,G)_i$代入回归模型求得每组输出变量 h_i，然后由剩余离差 $Q_{剩余}$、回归离差 $Q_{回归}$及其相应的自由度计算样本的 F 值，并与给定的显著水平对应的 F_a 值比较，确定其显著性。采用的有关计算公式如下：

$$Q_{剩余}=\sum_{i=1}^{n}\left(H_i-h_i\right)^2 \tag{3.6}$$

$$Q_{回归}=\sum_{i=1}^{n}\left(h_i-\bar{H}\right)^2 \tag{3.7}$$

$$F=\frac{Q_{回归}/5}{Q_{剩余}/(n-5-1)} \tag{3.8}$$

式中，H_i 为样本值；h_i 为输出值；$\bar{H}$ 为样本均值。

根据试验样本资料计算 F 值，给定显著水平 η=0.05，查得相应的 $F_{0.05}(5, n-5-1)$值。将计算的 F 值与 $F_{0.05}(5, n-5-1)$值进行比较，若 F 值大于 $F_{0.05}(5, n-5-1)$值，则认为线性回归显著；反之，则认为线性回归不显著。

5. 模型回归系数的显著性检验

回归系数的显著性检验相当于检验相应的 $\boldsymbol{X}_i$ 对 $\boldsymbol{Y}$ 是否起作用。依据试验观测值计算 T 值，按给定显著水平 η 查得 $t_{\alpha/2}(m-n-1)$，然后对计算的 $T_{检}$值和查得的 $t_{\eta/2}(m-n-1)$进行比较确定其显著性。

$$T_{检}=\frac{\hat{\beta}_j}{\sqrt{c_{jj}}\sqrt{\dfrac{Q_{剩余}}{m-n-1}}} \tag{3.9}$$

式中，c_{jj} 为矩阵 $\boldsymbol{C}$ 的逆矩阵主对角线上的元素；m 为样本长度；n 为模型输入变量个数。如果

$$\left|T_{检}\right|>t_{\alpha/2}(m-n-1) \tag{3.10}$$

则认为 $\boldsymbol{X}_i$ 对 $\boldsymbol{Y}$ 的影响显著。如果

$$\left|T_{检}\right|\leqslant t_{\alpha/2}(m-n-1) \tag{3.11}$$

则认为 $\boldsymbol{X}_i$ 对 $\boldsymbol{Y}$ 的影响不显著。

检验过程可采用 Excel 或 MATLAB 两种方式进行。

1) 采用 Excel 方式

首先，打开 Excel，单击“文件→打开→信息→选项→加载项→转到→分析工具库→

确定”，加载 Excel 中的数据分析工具包(参考帮助文件中数据分析工具包的加载方法)，便可在工具栏找到数据分析(图 3.25)。

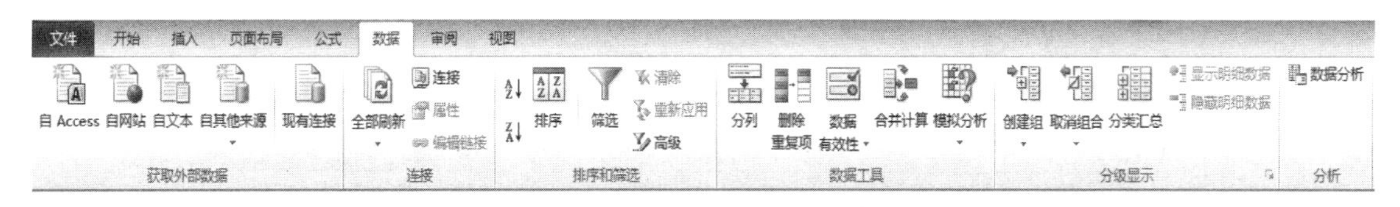

图 3.25　Excel 工具箱 1 图

其次，将数据输入，单击“数据分析”，选择“回归”(图 3.26)。

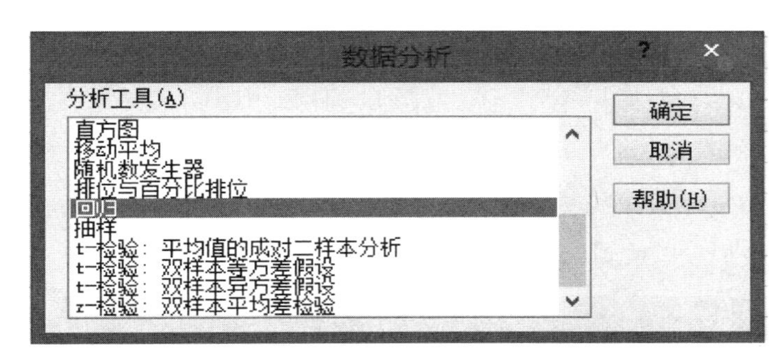

图 3.26　Excel 工具箱 2 图

最后，选择计算区域，得到分析结果，如图 3.27 所示。

	A	B	C	D	E	F	G	H	I
1	SUMMARY OUTPUT								
2									
3	回归统计								
4	Multiple	0.862464							
5	R Square	0.743844							
6	Adjusted	0.728776							
7	标准误差	0.305094							
8	观测值	91							
9									
10	方差分析								
11		df	SS	MS	F	gnificance F			
12	回归分析	5	22.97533	4.595065	49.3657	1.03E-23			
13	残差	85	7.911982	0.093082					
14	总计	90	30.88731						
15									
16		Coefficien	标准误差	t Stat	P-value	Lower 95%	Upper 95%	下限 95.0%	上限 95.0%
17	Intercept	3.072364	0.446726	6.877516	9.65E-10	2.184154	3.960575	2.184154	3.960575
18	X Variabl	-1.45278	0.298612	-4.86511	5.2E-06	-2.0465	-0.85906	-2.0465	-0.85906
19	X Variabl	-2.26066	0.42601	-5.30658	8.76E-07	-3.10768	-1.41363	-3.10768	-1.41363
20	X Variabl	0.673253	0.283775	2.372489	0.019926	0.109032	1.237474	0.109032	1.237474
21	X Variabl	3.781447	0.676119	5.592872	2.66E-07	2.437141	5.125753	2.437141	5.125753
22	X Variabl	0.223203	0.035272	6.327985	1.12E-08	0.153072	0.293334	0.153072	0.293334

图 3.27　Excel 计算结果图

2) 采用 MATLAB 方式

首先，打开 MATLAB→新建(图 3.28)。

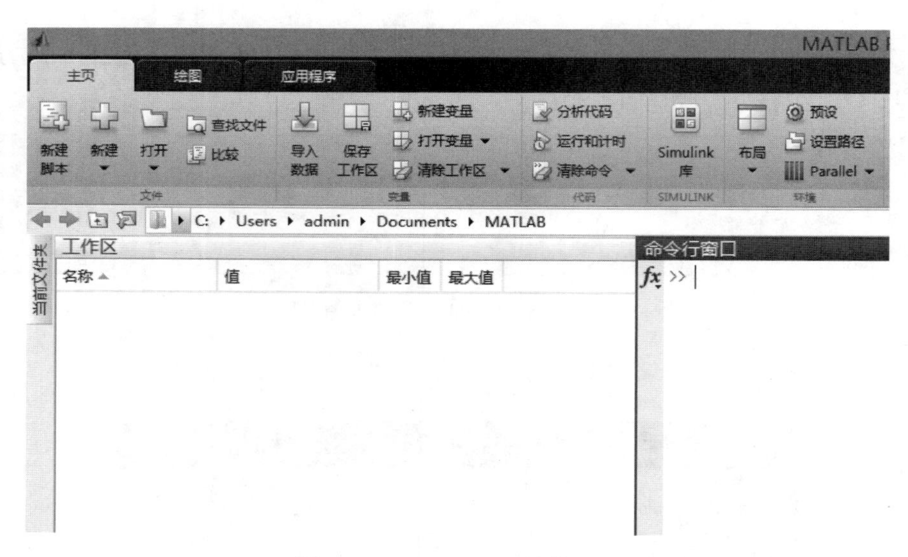

图 3.28　MATLAB 工具箱 1 图

其次，输入数据(图 3.29)。

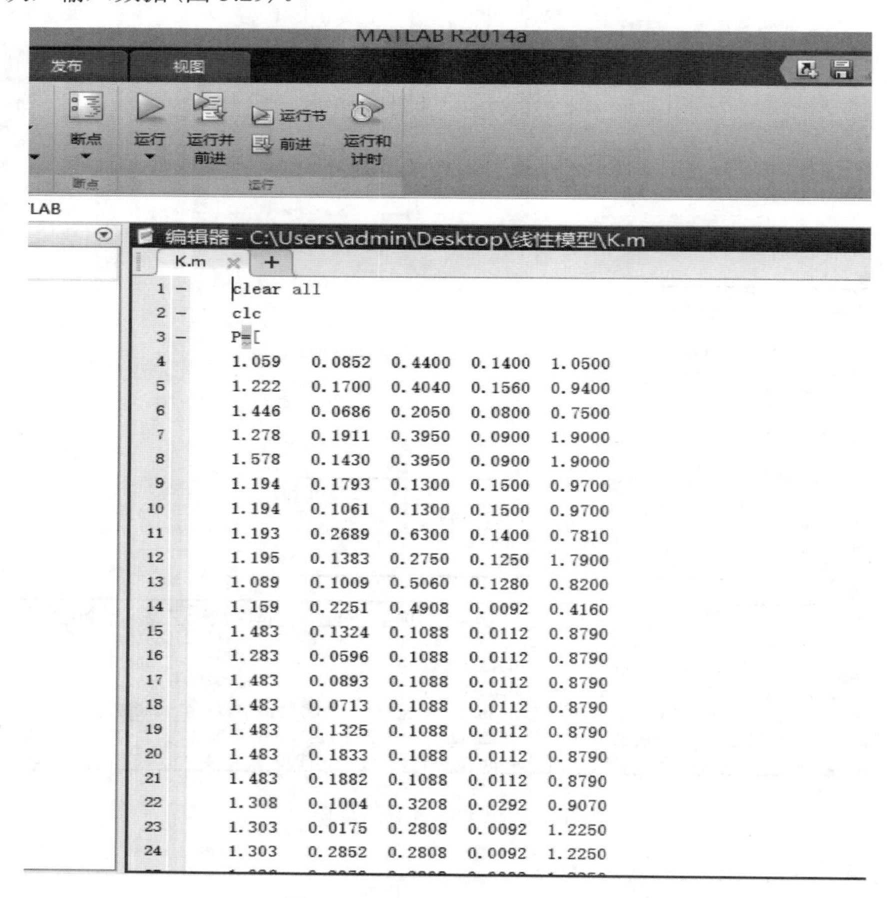

图 3.29　MATLAB 工具箱 2 图

最后，单击“运行”，便可得到计算结果[图(3.30)和图(3.31)]。

工作区

名称	值	最小值	最大值
A	91x6 double	0.0092	6.5899
b	-2.3388e-15	-2.33...	-2.33...
c	[3.0731;-1.4534;-2.2...	-2.26...	3.7832
c0	3.0731	3.0731	3.0731
c1	-1.4534	-1.45...	-1.45...
c2	-2.2613	-2.26...	-2.26...
c3	0.6734	0.6734	0.6734
c4	3.7832	3.7832	3.7832
c5	0.2231	0.2231	0.2231
e	91x1 double	0.0024	0.4402
ev	0.1186	0.1186	0.1186
F	49.3777	49.37...	49.37...
fit	91x1 double	0.8039	3.3157
fito	1x91 double	0.8039	3.3157
Fn	2.2900	2.2900	2.2900
i	1x91 double	1	91
m	5x5 double	-0.89...	4.1793
n	91	91	91
o	91x5 double	0.0092	6.5899
p	6	6	6
P	91x5 double	0.0092	6.5899
pass	1	1	1
Q1	7.9106	7.9106	7.9106
Q2	22.9768	22.97...	22.97...
r	0.8625	0.8625	0.8625
R2	0.7439	0.7439	0.7439
s	0.3051	0.3051	0.3051
S	0.0884	0.0884	0.0884

图 3.30　MATLAB 计算结果 1 图

工作区

名称	值	最小值	最大值
e	91x1 double	0.0024	0.4402
ev	0.1186	0.1186	0.1186
F	49.3777	49.37...	49.37...
fit	91x1 double	0.8039	3.3157
fito	1x91 double	0.8039	3.3157
Fn	2.2900	2.2900	2.2900
i	1x91 double	1	91
m	5x5 double	-0.89...	4.1793
n	91	91	91
o	91x5 double	0.0092	6.5899
p	6	6	6
P	91x5 double	0.0092	6.5899
pass	1	1	1
Q1	7.9106	7.9106	7.9106
Q2	22.9768	22.97...	22.97...
r	0.8625	0.8625	0.8625
R2	0.7439	0.7439	0.7439
s	0.3051	0.3051	0.3051
S	0.0884	0.0884	0.0884
T	[21.2132,5.3849,2.6...	2.6130	21.21...
T1	21.2132	21.21...	21.21...
T2	5.3849	5.3849	5.3849
T3	2.6130	2.6130	2.6130
T4	6.0661	6.0661	6.0661
T5	6.3959	6.3959	6.3959
T91	2	2	2
Tave	1.7746	1.7746	1.7746
TO	1x91 double	0.7412	3.5000

图 3.31　MATLAB 计算结果 2 图

3.2.2　Kostiakov 三参数入渗模型和 Philip 入渗模型参数预测精度的比较

1. 入渗模型的选择

土壤入渗模型用来表征土壤水分的入渗过程，合理地选取入渗模型能够更准确地表征其入渗过程。本节以常用的 Kostiakov 三参数入渗模型和 Philip 入渗模型为研究对象，利用 75 组非冻结非盐碱原状土壤入渗试验数据样本，分别建立 Kostiakov 三参数入渗模型和 Philip 入渗模型参数的线性预报模型，通过对其入渗参数精度及预测参数模型精度进行对比和分析，选取适合试验区进行土壤水分入渗参数预测的最佳模型。

2. 入渗模型参数的影响因素分析

对于 Kostiakov 三参数入渗模型的入渗系数 k 及 Philip 入渗模型的吸渗率 S 而言，0～20cm 范围的土壤理化性质都会对其产生较为明显的影响。这是因为在开始入渗的第一个单位时段内，土壤水分至多能入渗到土壤犁底层之上一定厚度的土层内。对于 Kostiakov 三参数入渗模型的入渗指数 α 而言，其与 0～20cm 及 20～40cm 土层范围内的土壤理化参数均有一定的关系。对于 Kostiakov 三参数入渗模型的土壤稳定入渗率 f_0 及 Philip 入渗模型的稳渗率 A 而言，因为其表示的是土壤水分入渗达到相对稳定阶段时的参数，此时土壤水分已入渗到犁底层以下，地表土壤含水率已基本达到饱和状态，所以与地表土壤含水率的关系不明显。除此之外，气温、水温和土壤含盐量也是影响大田土壤入渗的重要因素，但本试验是在非冻结期的非盐碱地进行的，因此不予考虑温度和土壤含盐量的影响。影响 Kostiakov 三参数入渗模型三个预测参数 k、α、f_0 及 Philip 入渗模型预测参数 S、A 的土壤层次和理化参数初步确定见表 3.1。

表 3.1　入渗参数影响因素表

入渗模型	入渗参数	影响土层/cm	土壤质地			土壤容重	土壤体积含水率	土壤有机质含量
			砂粒含量/%	粉粒含量/%	黏粒含量/%			
Kostiakov 三参数入渗模型	k	0～20	⊙	⊙	⊙	Δ	Δ	⊙
		20～40	—	—	—	—	—	—
	α	0～20	⊙	⊙	⊙	Δ	Δ	⊙
		20～40	—	—	—	⊙	⊙	—
	f_0	0～20	⊙	⊙	⊙	Δ	—	⊙
		20～40	—	—	—	⊙	—	—
Philip 入渗模型	S	0～20	⊙	⊙	⊙	Δ	Δ	⊙
		20～40	—	—	—	—	—	—
	A	0～20	⊙	⊙	⊙	Δ	—	⊙
		20～40	—	—	—	⊙	—	—

注：⊙表示对参数的影响情况需进一步通过数学手段确定；Δ表示对参数有影响；—表示对参数无影响。

3. 线性模型回归系数

1) Kostiakov 三参数入渗模型参数线性预报模型

通过每轮 T 检验剔除掉对输出变量影响较小的输入变量，最终建立各参数线性预测模型结构，将各模型结构代入 MATLAB 程序中，利用最小二乘法原理进行线性拟合，求得各参数预测模型的回归系数，并将结果列于表 3.2。

表 3.2　Kostiakov 三参数入渗模型参数回归方程系数表

入渗参数	β_0	β_1	β_2	β_3	β_4	β_5
k	0.967291	0.907303	−0.77345	−1.2337	−1.6312	0.158368
α	0.668446	−0.25566	−0.38932	−0.1478	−0.19541	0.048817
f_0	0.102442	0.005985	−0.12266	−0.33742	0.040032	—

2) Philip 入渗模型参数线性预报模型

通过每轮 T 检验剔除掉对输出变量影响较小的输入变量，最终建立各参数线性预报模型结构，将各模型结构代入 MATLAB 程序中，利用最小二乘法原理进行线性拟合，求得各参数预报模型的回归系数，并将结果列于表 3.3。

表 3.3　Philip 入渗参数回归方程系数表

入渗参数	模型形式	β_0	β_1	β_2	β_3	β_4
S	①	0.94294	−0.30725	−0.9597	0.17989	—
A	②	−0.02843	0.019459	0.101998	−0.33282	0.04789
	③	0.072934	0.019918	−0.10191	−0.44428	0.04779

4. 模型显著性检验

1) Kostiakov 三参数入渗模型参数线性预测模型显著性检验

预测模型结构建立以后需要采用方差分析法进行回归模型的显著性检验，检验原理简要阐述如下：首先将输入变量代入回归模型得到计算值 y_i 并且计算出试验值 $\boldsymbol{Y}$ 的均值 $\bar{Y}$；其次利用试验数据计算出样本的剩余离差 $Q_{剩余}$和回归离差 $Q_{回归}$；最后依据求得的 $Q_{剩余}$、$Q_{回归}$计算出样本数据的 F 值，并将其与给定显著水平(η=0.05)对应的 $F_{0.05}(n,m-n-1)$ 值比较(m 为样本长度，n 为自变量个数)，若 F 值大于对应的 $F_{0.05}(n,m-n-1)$ 值，则模型回归显著，若 F 值小于对应的 $F_{0.05}(n,m-n-1)$ 值，则模型回归不显著。依据上述原理对 Kostiakov 三参数入渗模型参数的预测模型进行模型显著性分析，得到表 3.4 所示结果。

表 3.4　Kostiakov 三参数入渗模型回归显著性检验结果表

入渗参数	m	n	F	$F_{0.05}$
k	5	75	10.7098	2.337
α	5	75	22.2879	2.337
f_0	4	75	101.31889	2.494

由表 3.4 可知,三个参数模型的 F 值(10.7098～101.3189)均大于 $F_{0.05}$(2.337～2.494)，此结果表明所建立的模型结构是显著的。

2) Philip 入渗模型参数线性预测模型显著性检验

预测模型结构建立以后需要采用方差分析原理对 Philip 入渗模型参数预测模型进行模型显著性分析，得到表 3.5 所示结果。

表 3.5　Philip 入渗模型回归显著性检验结果表

入渗参数	模型形式	m	n	F	$F_{0.05}$
S	①	3	75	21.4614	2.727
A	②	4	75	100.3516	2.494
	③	4	75	99.4251	2.494

由表 3.5 可知,三组模型形式的 F 值(21.4614～100.3516)均大于 $F_{0.05}$(2.494～2.727)，此结果表明所建立的模型结构是显著的。

5. 平均相对误差分析

1) 入渗模型参数预测模型平均相对误差分析

经过显著性分析只能判断出入渗模型各参数预测模型结构及输入变量的显著性，无法判断两种模型的预测精度，为判断所建模型的预测精度是否满足要求，判断其精度是否能够满足农业生产活动的需求，需分析样本数据的平均相对误差。分别计算 75 组样本数据各入渗参数实测值和拟合值的绝对值误差，将全部误差进行平均得到 Kostiakov 三参数入渗模型的三个预测参数 k、α、f_0 及 Philip 入渗模型预测参数 S、A 的预测模型的平均相对误差，见表 3.6。

表 3.6　参数预报模型平均相对误差表

入渗模型	Kostiakov 三参数入渗模型			Philip 入渗模型		
入渗参数	k	α	f_0	S	A	
					②	③
平均相对误差/%	13.43	13.49	12.74	15.32	16.01	16.14

由上述结果分析可知 Kostiakov 三参数入渗模型的三个预测参数 k、α、f_0 的平均相对误差为 12.74%～13.49%，均小于 20%，预测模型精度在可接受范围。Philip 入渗模型参数吸渗率 S 的预测模型的平均相对误差为 15.32%，小于 20%；稳渗率 A 模型形式②的平均相对误差为 16.01%，预测精度高于模型形式③的平均相对误差 16.14%，但是无论哪种组合形式的平均相对误差均小于20%，均在可以接受的精度范围内。经过对 Kostiakov 三参数入渗模型及 Philip 入渗模型各个参数精度的比较可知，Kostiakov 三参数入渗模型参数的预测模型精度高于Philip入渗模型参数的预测模型精度，因此，采用 Kostiakov 三参数入渗模型对山西省境内的土壤入渗进行预测更可行一些。

2）预测参数下的入渗模型的平均相对误差

为分析上述模型参数预测自变量组合结构下的 Kostiakov 三参数入渗模型及 Philip 入渗模型的预测精度，将每组样本数据的参数预测值代入 Kostiakov 三参数入渗模型及 Philip 入渗模型，求得给定90min时土壤水分累积入渗量。将由参数预测值计算得出的75组样本数据的 90min 累积入渗量与实测 90min 土壤累积入渗量进行比较，得到 Kostiakov 三参数入渗模型 90min 累积入渗量的平均相对误差为 12.72%，精度能够满足农业生产活动的需要，Philip 入渗模型 90min 累积入渗量的平均相对误差为17.32%，精度可以满足农业生产活动的需要，再一次证明了对于山西省境内的土壤进行预测时，Kostiakov 三参数入渗模型的优势明显高于 Philip 入渗模型。

通过利用容易获取的土壤基本理化参数指标，采用多元线性回归方法，建立了 Kostiakov 三参数入渗模型及 Philip 入渗模型参数预测模型。通过对上述两种预测模型参数的平均误差、预测参数下各入渗模型的相对误差进行比较可以看出，Kostiakov 三参数入渗模型各参数预测模型的精度明显高于 Philip 入渗模型各参数预测模型的精度，且在给定时间内 Kostiakov 三参数累积入渗量的精度也高于 Philip 入渗模型累积入渗量的精度，其能将误差控制在 20%以下；除此之外，Kostiakov 三参数入渗模型更好地符合入渗实际情况，因此，推荐用 Kostiakov 三参数入渗模型对土壤水分入渗过程进行预测。

3.2.3　土壤水分入渗过程预测模型

1. 备耕头水地土壤水分入渗过程预测模型

1) 备耕头水地入渗特性概述

备耕头水地灌溉前后土壤地表结构会发生变化(地表土壤容重增加)，为实现更高精度的土壤入渗参数预测，考虑这种事实的存在是有意义的。本章通过对备耕头水地在考虑土壤结构变形与不考虑土壤结构变形时建立的入渗模型参数线性预测模型的精度进行对比，证实了灌溉时考虑土壤结构变形的必要性，在此基础上建立能够适用于整个农业生产周期的非冻结非盐碱土壤入渗模型参数线性预测模型。

备耕土壤是为耕作做准备经过翻松以后待开春后进行播种的土壤，备耕土壤地表有一层干土层，地表土壤较难固结，形不成地表致密层，因此备耕土壤结构较为松散。对备耕土壤进行第一次灌溉后表层松散的土壤结构会被破坏，并且随着水分浸入土壤，表层土壤崩塌、湿陷，松散的黄土更是如此，灌溉水进入土壤后表层土壤会形成致密层使得土壤容重增加。这意味着随着灌溉水分的入渗，表层土壤骨架会由疏松变密实，土壤容重由小变大，导致头水前后的土壤容重有很大差别。为研究建立 Kostiakov 三参数入渗模型参数的预测模型时是否该考虑土壤结构变形，分别对考虑土壤结构变形的情况及不考虑土壤结构变形的情况进行分析，建立入渗参数线性预测模型，将预测模型进行对比分析，得到合理的结论。利用有较好代表性的 59 组备耕头水土壤入渗试验数据样本进行研究，土壤类型基本囊括了山西省境内主要土壤类型。

2) 备耕头水地对 Kostiakov 三参数入渗模型参数影响分析

考虑土壤结构变形的 Kostiakov 三参数入渗模型表述为

$$I(t) = kt^{\alpha} + f_0 t \tag{3.12}$$

不考虑土壤结构变形的 Kostiakov 三参数入渗模型表述为

$$I'(t) = k't^{\alpha'} + f_0' t \tag{3.13}$$

基于对输入变量的理论分析，定性分析结果认为，对入渗系数 k 和 k' 产生较大影响的土壤理化参数是 0～20cm 土层的土壤理化参数。由入渗系数的物理意义可知，在入渗开始时的第一个单位时间内，灌溉水分通常只能入渗到土壤犁底层之上一定范围的土层，入渗历时很短，地表结构还来不及发生显著的变形，因此入渗系数与灌溉后增加的容重关系不密切；0～20cm、20～40cm 土层的土壤理化参数对入渗指数 α 和 α' 有较大影响；对于土壤稳定入渗率 f_0 和 f_0' 而言，因其表示的是土壤水分入渗达到相对稳定阶段时的参数，此时土壤水分已入渗到犁底层以下，并在地表形成了一定厚度的饱和含水层，因此含水率对其的影响不是很大，但表层土壤容重对其的影响较为明显；土壤机械组成即粒径百分含量对三个参数的影响较为显著，但具体是哪一个或哪两个对其有影响还需通过一定的数学手段加以判定。

影响 Kostiakov 三参数入渗模型三个预测参数 k、α、f_0 的土层及土壤理化参数的影响因素的初步确定见表 3.7。

表 3.7　Kostiakov 三参数入渗模型入渗参数影响因素表

输出变量	输入变量							
	影响层次/cm	土壤质地			土壤容重		土壤含水率	土壤有机质含量
		砂粒含量	粉粒含量	黏粒含量	灌前	灌后		
k	0～20	⊙	⊙	⊙	Δ	—	Δ	Δ
	20～40	—	—	—	—	—	—	—
α	0～20	⊙	⊙	⊙	—	Δ	Δ	Δ
	20～40	⊙	⊙	⊙	⊙	—	⊙	—
f_0	0～20	⊙	⊙	⊙	—	Δ	—	Δ
	20～40	⊙	⊙	⊙	⊙	—	—	—

注：⊙表示对参数的影响需进一步通过数学手段确定；Δ表示对参数有影响；—表示对参数无影响。

3) 入渗参数预测模型结构分析

(1) 入渗系数 k 和 k' 预测模型结构分析。

由入渗系数 k 及 k' 可知，在开始入渗的第一个单位时段内，水分入渗通常只能达到土壤犁底层之上一定厚度的土层，除此之外第一单位时段内的入渗历时时间较短，地表结构还未发生显著变化，因此其与灌溉后容重关系不大，无论是否考虑土壤结构变形，k 和 k' 结构均相同。0～20cm 土层范围内的土壤容重、土壤含水率、土壤有机质含量均对 k 和 k' 影响较大，但是作为衡量土壤质地的指标无法判断哪种组合会对其有显著的影响，需经过 T 检验加以判定，将砂粒含量和粉粒含量作为表征土壤质地输入变量的组合定义为 A，将砂粒含量和黏粒含量作为表征土壤质地输入变量的组合定义为 B，将粉粒含量和黏粒含量作为表征土壤质地输入变量的组合定义为 C，得到表 3.8 所示结果。

表 3.8　入渗系数模型结构建立 T 检验表

模型参数	模型形式	土壤容重 $T_{检}$值 (0～10cm)	土壤含水率 $T_{检}$值 (0～10cm)	砂粒含量 $T_{检}$值 (0～20cm)	粉粒含量 $T_{检}$值 (0～20cm)	黏粒含量 $T_{检}$值 (0～20cm)	土壤有机质含量 $T_{检}$值 (0～20cm)	$t_{0.025}$
k	A	−9.4333	−3.6368	−7.6611	−5.2516	—	2.8754	2.00
	B	−13.4611	−4.4819	−3.1037	—	1.7133*	3.0083	2.00
	C	−14.9116	−4.1431	—	2.5191	2.4097	3.0276	2.00
k'	A	−9.4333	−3.6368	−7.6611	−5.2516	—	2.8754	2.00
	B	−13.4611	−4.4819	−3.1037	—	1.7133*	3.0083	2.00
	C	−14.9116	−4.1431	—	2.5191	2.4097	3.0276	2.00

注：—表示空白值。
*表示 $T_{检}$值小于 $t_{0.025}$(2.00) 的输入变量。

由表 3.10 可看出，以砂粒含量和粉粒含量作为输入变量的组合 A 及以粉粒含量和黏粒含量作为输入变量的组合 C 中所有变量的 $T_{检}$值的绝对值均大于 $t_{0.025}$(2.00)，说明这两种组合中所有输入变量对入渗系数均有显著的影响；以砂粒含量和黏粒含量作为输入变量的组合B中，黏粒含量的$T_{检}$值(1.7133)小于$t_{0.025}$(2.00)，说明此种组合结构中黏粒含量对入渗系数没有显著的影响，不予考虑。究竟以砂粒含量和粉粒含量作为输入变量的结构A及以粉粒含量和黏粒含量作为输入变量的结构C哪种组合形式更为合适，无法根据T检验结果加以确定，需通过进一步的数学手段分析。

(2) 入渗指数α和α'预测模型结构分析。

对于入渗指数α和α'而言，0～20cm土层范围内的土壤容重、土壤含水率、土壤有机质含量均对其影响较大，但是作为衡量土壤质地的指标无法判断哪种组合会对其有显著的影响，需经过T检验加以判定，将砂粒含量和粉粒含量作为表征土壤质地输入变量的组合定义为Ⅰ，将砂粒含量和黏粒含量作为表征土壤质地输入变量的组合定义为Ⅱ，将粉粒含量和黏粒含量作为表征土壤质地输入变量的组合定义为Ⅲ，见表3.9。

表3.9　入渗指数模型结构建立T检验表

模型参数	模型形式	土壤容重$T_{检}$值(0～20cm)	土壤含水率$T_{检}$值(0～20cm)	砂粒含量$T_{检}$值(0～20cm)	粉粒含量$T_{检}$值(0～20cm)	黏粒含量$T_{检}$值(0～20cm)	土壤有机质含量$T_{检}$值(0～20cm)	$t_{0.025}$
α	Ⅰ	5.8659	−3.6224	6.9988	6.9581	—	3.1466	2.00
	Ⅱ	6.1388	−3.0848	0.6548*	—	−0.5877*	2.5502	2.00
	Ⅲ	8.1831	−3.1075	—	0.1081*	−0.7695*	2.7151	2.00
α'	Ⅰ	1.6828*	−2.6619	4.9782	4.7111	—	2.2652	2.00
	Ⅱ	1.7704*	−2.1506	1.2456*	—	0.6483*	1.8882	2.00
	Ⅲ	2.5848	−2.3035	—	−0.4221*	0.317*	1.9776	2.00

注：—表示空白值。

*表示$T_{检}$值小于$t_{0.025}$(2.00)的输入变量。

由表3.9可看出，除以砂粒含量和粉粒含量作为输入变量的组合Ⅰ中表征土壤质地的变量能满足T检验的要求外，以砂粒含量和黏粒含量作为输入变量的组合Ⅱ及以粉粒含量和黏粒含量作为输入变量的组合Ⅲ中，所有表征土壤质地的输入变量的$T_{检}$值的绝对值均小于$t_{0.025}$(2.00)，无法满足T检验的要求，对入渗指数没有显著影响，因此以砂粒含量和粉粒含量的组合作为入渗指数的输入变量。由表3.9还可以看出，对于不考虑土壤结构变形时的入渗指数α'而言，组合Ⅰ和Ⅱ中地表土壤容重的$T_{检}$值也无法满足T检验的要求，由此看出考虑增加地表土壤容重的必要性。

(3) 稳定入渗率f_0及f_0'预测模型结构分析。

对于稳定入渗率f_0及f_0'而言，0～10cm土层范围内的土壤容重对其影响很大，而因为土壤达到相对稳定入渗时地表土壤水分基本饱和，所以土壤含水率不能作为一项输入变量。同样地，由于不能确定表征土壤质地输入变量的组合，必须通过T检验加以判定，将砂粒含量和粉粒含量作为表征土壤质地输入变量的组合定义为ⅰ，将砂粒含量和黏粒含量作为表征土壤质地输入变量的组合定义为ⅱ，将粉粒含量和黏粒含量作为表征土壤质地输入变量的组合定义为ⅲ，将3种组合分别进行T检验计算，得到表3.10所示结果。

表 3.10　稳定入渗率模型结构建立 T 检验表

模型参数	模型形式	土壤容重 $T_{检}$值 (0～10cm)	砂粒含量 $T_{检}$值 (0～20cm)	粉粒含量 $T_{检}$值 (0～20cm)	黏粒含量 $T_{检}$值 (0～20cm)	土壤有机质含量 $T_{检}$值 (0～20cm)	$t_{0.025}$
f_0	i	−6.5356	−9.593	−11.7817	—	5.7535	2.00
	ii	−10.0787	2.7581	—	4.0674	5.8847	2.00
	iii	−10.5236	—	−3.1597	3.3878	6.0314	2.00
f_0'	i	−2.2731	−8.4993	−10.8989	—	5.205	2.00
	ii	−3.5558	2.1399	—	2.9833	5.2694	2.00
	iii	−3.836	—	−2.6838	2.3512	5.2867	2.00

注：—表示空白值。

由表 3.10 可看出，无论是否考虑土壤结构变形，每种组合表征土壤质地的输入变量均显著，究竟哪种组合形式更为合适，无法根据 T 检验结果加以确定，需通过进一步的数学手段分析。综上定量分析，确定了考虑土壤结构变形条件时的 Kostiakov 三参数入渗模型入渗系数 k、入渗指数 α、稳定入渗率 f_0 及不考虑土壤结构变形条件时的 Kostiakov 三参数入渗模型入渗系数 k'、入渗指数 α'、稳定入渗率 f_0' 的预测模型结构，见表 3.11。

表 3.11　入渗参数预测模型结构表

入渗参数		模型形式	模型结构
入渗系数	k	A	$k = \beta_0 + \beta_1\gamma_1 + \beta_2\theta_1 + \beta_3\omega_1 + \beta_4\omega_2 + \beta_5 G$
		C	$k = \beta_0 + \beta_1\gamma_1 + \beta_2\theta_1 + \beta_3\omega_2 + \beta_4\omega_3 + \beta_5 G$
	k'	A	$k' = \beta_0 + \beta_1\gamma_1 + \beta_2\theta_1 + \beta_3\omega_1 + \beta_4\omega_2 + \beta_5 G$
		C	$k' = \beta_0 + \beta_1\gamma_1 + \beta_2\theta_1 + \beta_3\omega_2 + \beta_4\omega_3 + \beta_5 G$
入渗指数	α	I	$\alpha = \beta_0 + \beta_1\gamma_2 + \beta_2\theta_2 + \beta_3\omega_1 + \beta_4\omega_2 + \beta_5 G$
	α'	I	$\alpha' = \beta_0 + \beta_1\gamma_2' + \beta_2\theta_2 + \beta_3\omega_1 + \beta_4\omega_2 + \beta_5 G$
稳定入渗率	f_0	i	$f_0 = \beta_0 + \beta_1\gamma_1 + \beta_2\omega_1 + \beta_3\omega_2 + \beta_4 G$
		ii	$f_0 = \beta_0 + \beta_1\gamma_1 + \beta_2\omega_1 + \beta_3\omega_3 + \beta_4 G$
		iii	$f_0 = \beta_0 + \beta_1\gamma_1 + \beta_2\omega_2 + \beta_3\omega_3 + \beta_4 G$
	f_0'	i	$f_0' = \beta_0 + \beta_1\gamma_1' + \beta_2\omega_1 + \beta_3\omega_2 + \beta_4 G$
		ii	$f_0' = \beta_0 + \beta_1\gamma_1' + \beta_2\omega_1 + \beta_3\omega_3 + \beta_4 G$
		iii	$f_0' = \beta_0 + \beta_1\gamma_1' + \beta_2\omega_2 + \beta_3\omega_3 + \beta_4 G$

注：γ_1、γ_2、γ_3 分别表示灌溉前 0～10cm、0～20cm、20～40cm 土壤容重，g/cm^3；γ_1'、γ_2' 分别表示灌溉后 0～10cm、0～20cm 土壤容重，g/cm^3；θ_1、θ_2、θ_3 分别表示 0～10cm、0～20cm、20～40cm 土壤体积含水率，%；ω_1、ω_2 分别表示 0～20cm 土层砂粒含量、粉粒含量，%；G 表示 0～20cm 土壤有机质含量，%。

由于灌溉过程中备耕头水地地表(0～20cm)产生的骨架变形对于 k 和 k' 没有影响，即使土壤骨架发生变形，k 和 k' 的预测模型也相同。

4) 入渗参数预测模型回归系数

通过每轮 T 检验剔除掉对输出变量影响较小的输入变量，最终建立了各参数线性预测模型结构，将各模型结构代入 MATLAB 程序中，利用最小二乘法原理进行线性拟合，求得各参数预测模型的回归系数，将结果列于表 3.12。

表 3.12　入渗参数回归系数表

入渗参数		模型形式	β_0	β_1	β_2	β_3	β_4
入渗系数	k	A	10.0355	−3.3732	−0.0261	−0.0468	−0.0332
		C	5.68038	−3.4456	−0.0295	0.01247	0.04251
	k'	A	10.0355	−3.3732	−0.0261	−0.0468	−0.0332
		C	5.68038	−3.4456	−0.0295	0.01247	0.04251
入渗指数	α	I	−0.2941	0.18321	−0.0026	0.00378	0.00375
	α'	I	−0.1339	0.07950	−0.0023	0.00363	0.00335
稳定入渗率	f_0	i	0.48059	−0.1076	−0.0027	−0.0033	0.01231
		ii	0.15706	−0.1170	0.00061	0.00364	0.01320
		iii	0.21860	−0.1151	−0.0007	0.00304	0.01289
	f_0'	i	0.42060	−0.0489	−0.0030	−0.0036	0.01407
		ii	0.07363	−0.0539	0.00061	0.00314	0.01524
		iii	0.14014	−0.0535	−0.0007	0.00254	0.01481

5)进行模型的显著性检验

依据方差分析法原理对是否考虑土壤结构变形条件下的 Kostiakov 三参数入渗模型参数预测模型均进行模型显著性分析，将结果列于表 3.13。

表 3.13　模型回归显著性检验结果表

入渗参数		模型形式	m	n	F	$F_{0.05}$
入渗系数	k	A	5	59	27.5290	2.337
		C	5	59	25.0339	2.337
	k'	A	5	59	27.5290	2.337
		C	5	59	25.0339	2.337
入渗指数	α	I	5	59	11.1585	2.337
	α'	I	5	59	4.09005	2.337
稳定入渗率	f_0	i	4	59	32.1473	2.494
		ii	4	59	27.7766	2.494
		iii	4	59	29.4997	2.494
	f_0'	i	4	59	14.8930	2.494
		ii	4	59	11.3742	2.494
		iii	4	59	12.3761	2.494

由表 3.13 中的数据可知，Kostiakov 三参数入渗模型入渗系数的 F 值(25.0339～27.5290)大于 $F_{0.05}$(2.337)，入渗指数的 F 值(4.09005～11.1585)大于 $F_{0.05}$(2.337)，稳定入渗率的 F 值(11.3742～32.1473)大于 $F_{0.05}$(2.494)，此结果表明所建立的模型结构是显著的。

6)备耕头水地 Kostiakov 三参数入渗模型参数预测精度分析

经过显著性分析只能判断出各入渗模型参数预测模型结构及输入变量的显著性，无法判断 3 种模型的预测精度，从而无法得知考虑备耕头水地土壤入渗时是否应该考虑灌溉后土壤结构变形、地表容重增加的情况，特别是对于入渗系数与稳定入渗率而言，满足显著性要求的模型形式不止一种，哪一种模型形式可作为最优模型，必须对其精度进行分析，得到能够满足农业生产活动需要的最优备耕头水地 Kostiakov 三参数入渗模型参数预测模型。分别计算备耕头水地土壤是否考虑地表土壤结构变形条件下的 59 组样本数据各入渗参数实测值和拟合值的绝对值误差，将全部误差进行平均得到 Kostiakov 三参数入渗模型预测参数的平均相对误差，入渗系数预测模型平均相对误差结果见表 3.14。

表 3.14　入渗系数预测模型平均相对误差表

入渗系数	k		k'	
模型形式	A	C	A	C
平均相对误差/%	12.14	12.96	12.14	12.96

k 和 k' 的预测模型相同，因此只分析根据表征土壤质地的输入变量区分的模型形式的精度即可，由表 3.14 可以看出，以砂粒含量和粉粒含量作为输入变量的模型形式 A 的预测精度(12.14%)高于以粉粒含量和黏粒含量作为输入变量的组合形式 C 的预测精度(12.96%)，因此对于入渗系数而言，模型结构中表征土壤质地的输入变量为砂粒含量和粉粒含量的组合，预测模型精度为 12.14%，能够满足农业生产活动的需要。

由表 3.15 可以看出，考虑备耕头水地土壤结构变形条件即地表容重增加时入渗指数的平均相对误差为 11.53%，不考虑备耕头水地土壤地表容重增加时的平均相对误差为 14.73%，明显高于考虑地表容重增加时的误差，此结果说明在对备耕头水地土壤入渗指数进行预测时需考虑土壤结构变形。

表 3.15　入渗指数预测模型平均相对误差表

入渗指数	α	α'
模型形式	I	I
平均相对误差/%	11.53	14.73

由表 3.16 可以看出，以砂粒含量和粉粒含量作为表征土壤质地输入变量的模型形式 i 的平均相对误差均小于对应的以砂粒含量和黏粒含量作为表征土壤质地输入变量的模型形式 ii 及以粉粒含量和黏粒含量作为表征土壤质地输入变量的模型形式iii，因此选取砂粒含量和粉粒含量的组合形式作为稳定入渗率的输入变量。不考虑备耕头水地地表土壤容重增加时的平均相对误差为 21.37%，大于 20%，无法用来指导农业生产活动；考虑备耕头水地土壤结构变形条件，地表容重增加时稳定入渗率的平均相对误差为 14.84%，小于 20%，可以用来指导农业生产活动，此结果说明了在对备耕头水地土壤稳定入渗率进行预测时需考虑土壤结构变形。

表 3.16　稳定入渗率预测模型平均相对误差表

入渗系数	f_0			f_0'		
模型形式	i	ii	iii	i	ii	iii
平均相对误差/%	14.84	15.59	15.17	21.37	23.25	22.65

7) 备耕头水地 Kostiakov 三参数入渗模型参数预测模型

根据上述模型参数的误差分析选取了合适的入渗系数、入渗指数、稳定入渗率的预测模型，根据建立的参数预测模型即可求得某一时间的累积入渗量。一般情况下，大田灌溉进行到 60min 时土壤水分的入渗过程已基本稳定，大多情况下以 90min 累积入渗量来衡量土壤水分入渗能力。将 59 组样本数据三个参数的计算值分别代入 Kostiakov 三参数入渗模型求得 90min 累积入渗量的平均相对误差：考虑土壤骨架变形即土壤容重增加时相对误差为13.73%，不考虑土壤骨架变形即土壤容重不增加时相对误差为 16.83%，由此可见考虑土壤结构变化时 90min 累积入渗量的平均相对误差较小，预测精度较高。考虑备耕头水地土壤骨架变形时的 Kostiakov 三参数入渗模型的入渗系数 k、入渗指数 α、稳定入渗率 f_0 的模型结构为

$$k = 10.03552 - 3.3732\gamma_1 - 0.02617\theta_1 - 0.04682\omega_1 - 0.03329\omega_2 + 0.128937G \tag{3.14}$$

$$\begin{aligned}\alpha = &-0.29419 + 0.183219\gamma_2 - 0.0026\theta_2 + 0.003787\omega_1 + 0.003753\omega_2 \\ &+ 0.011635G\end{aligned} \tag{3.15}$$

$$f_0 = 0.480595 - 0.10764\gamma_1 - 0.00276\omega_1 - 0.00335\omega_2 + 0.012316G \tag{3.16}$$

通过对备耕头水地预测结果的各项指标的对比分析发现在对土壤入渗模型参数进行预测时考虑灌溉后地表土壤结构变形的必要性，考虑地表土壤灌溉后土壤容重增加不仅符合实际情况，而且能够较好地提高预测精度。

2. 非冻土非盐碱土土壤水分入渗过程预测模型

备耕头水地表层土壤疏松多孔，第一次灌溉后(头水)表层土壤结构变形，土壤容重增加，但随着灌溉次数的增加，土壤结构变形趋于稳定，后期的灌溉对土壤容重的影响已不再显著，土壤容重仅随农事耕作在小范围内发生变化，表层土壤容重保持较高的水平，明显高于灌溉前备耕头水地土壤容重。上一部分对备耕头水地土壤水分入渗过程预测模型的建立有一定的实际意义，证明了考虑第一次灌溉后土壤容重增加的必要性，但是由于其仅考虑头水后的土壤容重变化情况，不能用于研究农业生产活动各生产周期的土壤入渗情况[128-132]。为建立适用范围更广，实际操作性更强的灌溉土壤水分入渗过程预测模型，以 224 组试验大样本数据为研究对象，其土壤类型基本囊括了山西省境内主要土壤类型，生产周期包括灌溉前、头水及头水后的各种土壤状态，其中头水地及头水后的土壤考虑表层土壤结构变形、土壤容重增加的实际情况，采用线性回归手段，建立能够广泛适用于山西省境内各生产周期的入渗参数线性预测模型。基于对 224 组长度的试验数据样本通过预测模型结构确定的 T 检验、回归方程系数的线性回归计算、模型显著性 F 检验等步骤，得到了适用于非冻结非盐碱土土壤各农业生产周期考虑土壤结构变形的 Kostiakov 三参数入渗模型参数的土壤传输函数为

$$k = 4.1611 - 2.0161\gamma_0 - 0.019971\theta_1 + 0.01034\omega_2 + 0.0093278\omega_3 + 0.24367G \tag{3.17}$$

$$\alpha = 0.2664 - 0.06431\gamma_0' + 0.0491\gamma_2 - 0.0020\theta_2 + 0.0002\omega_1 + 0.0006\omega_3 - 0.0053G \quad (3.18)$$

$$f_0 = 0.14407 - 0.050368\gamma_0' + 0.00021343\omega_1 - 0.0001777\omega_2 + 0.0058698G \quad (3.19)$$

式中，γ_0为 0～10cm 土层灌水前的土壤容重，g/cm^3；γ_0'为 0～10cm 土层灌水后的土壤容重，g/cm^3；γ_2为 20～40cm 土层土壤容重，g/cm^3；θ_1为 0～20cm 土层土壤体积含水率；θ_2为 20～40cm 土层土壤体积含水率；ω_1为 0～20cm 土层砂粒含量；ω_2为 0～20cm 土层粉粒含量；ω_3为 0～20cm 土层黏粒含量；G为 0～20cm 土层有机质含量。

考虑灌水时土壤骨架变形的实际情况后，Kostiakov 三参数入渗模型入渗系数 k、入渗指数 α、稳定入渗率 f_0的预测精度均达到了可接受的程度。入渗系数 k 的平均相对误差为 11.02%，入渗指数 α 的平均相对误差为 10.22%，稳定入渗率 f_0的平均相对误差为 11.44%，90min 累积入渗量的平均相对误差为 11.13%，均能将误差控制在 12%以下，并通过对试验区实例预测，验证了其可行性，结果表明预测结果能够满足精度要求，可用来指导农业生产活动。

表 3.14～表 3.16 相结合即可得表 3.17。

表 3.17　20 组预测样本入渗参数平均相对误差表

试验区编号	k/(cm/min)	平均相对误差/%	α	平均相对误差%	f_0/(cm/min)	平均相对误差/%	H_{90}/cm	平均相对误差/%
1	2.17686	10.00	0.25305	8.81	0.09500	6.78	13.633	12.58
2	1.72909	11.48	0.22229	5.95	0.08770	10.88	11.202	12.44
3	2.53140	12.97	0.23338	10.66	0.09370	10.16	17.079	8.26
⋮	⋮		⋮		⋮		⋮	
19	2.25949	9.04	0.25476	12.15	0.09474	14.46	14.322	9.19
20	2.37799	14.48	0.19845	4.45	0.08630	10.25	12.081	12.37
误差/%	11.02		10.22		11.44		11.13	

3. 盐碱土壤水分入渗预测模型

盐碱土是土壤胶体所吸附的交换性钠离子超过 15%～20%，或者土壤含盐量超过 0.1%～0.2%或 1～2g/kg 时，所形成的抑制和危害作物正常生长发育的土壤，主要分布在半湿润、半干旱和干旱地区。盐碱土的形成主要是土壤盐分在气候、地势、母质和人类活动的多种条件下，基于土壤水分运动和盐分溶解度规律的支配，对土壤进行盐化和碱化的过程。在半湿润、半干旱气候区域，干湿季节明显，降雨量小于蒸发量，利于土壤反盐，便于盐分聚集到土壤表层。因此，半干旱、半湿润的季风气候是土壤盐碱化的前提。盐分的运移和汇集随着地下径流和地形地貌的变化呈现由高向低聚集的特点，且多分布于地形低平、排水不畅、地下水位高的地区，可见，地势是土壤盐碱化的重要条件。随着地下水位和地下水矿化度的升高，地下水越易上升到地表，地表盐碱化越严重，所以，地下水位状况是土壤盐碱化的主导因素。母质自身含盐的特性和盐生植物分泌盐分的累积，造成了地表盐分含量的增大，因此，母质和生物是土壤盐碱化的形成条件。此外，在半湿润、半干旱和干旱灌区，灌排不科学、作物轮作和耕种方式不合理等人类活动，也容易引起土壤盐碱化。

土壤中的可溶性盐超过一定范围后，土壤溶液的渗透压提高，作物根系吸水困难，并且随着土壤含盐量的升高，作物根系会受到腐蚀，作物所吸收的养分不平衡，从而抑制甚至危害作物生长。此外，土壤中盐分的大量存在，不仅会降低土壤中锰、铁等营养元素的溶解度，而且会分散土壤团聚体，降低孔隙度，减小土壤孔径，破坏土壤结构，降低土壤通气性和透水性，影响土壤耕性。因此，土壤盐碱化不仅会抑制和危害作物生长发育，而且会降低土壤养分的有效性，恶化土壤的理化性质，从而影响土壤水分的入渗过程[133,134]。所以，盐碱地土壤水分入渗研究对农业灌溉具有重要意义。

基于盐碱地土壤水分入渗试验建立的62组数据样本，通过线性预测模型输入变量的选择和T检验、模型结构的确定、回归方程系数的求解、模型显著性F检验、模型验证、平均相对误差和综合相对误差分析等步骤，得到了既能满足T检验，又能满足F检验的Kostiakov三参数入渗模型入渗系数k、入渗指数α、稳定入渗率f_0的线性预测模型，如式(3.20)～式(3.22)所示：

$$k = 0.9957 + 1.6524\gamma_0 - 0.0610\theta_1 + 0.0322\omega_2 + 0.1784\omega_3 - 0.4545\mu \tag{3.20}$$

$$\alpha = 1.8637 - 0.1124\gamma_1 - 0.0211\theta_2 - 0.0088\omega_1 - 0.0092\omega_3 - 0.2753G - 0.0737\mu \tag{3.21}$$

$$f_0 = -0.3243 - 0.0565\gamma_0 + 0.0926\gamma_2 + 0.0030\omega_1 + 0.0040\omega_2 + 0.0166G - 0.0146\mu \tag{3.22}$$

式中，γ_0为0～10cm土层土壤容重，g/cm^3；γ_1为0～20cm土层土壤容重，g/cm^3；γ_2为20～40cm土层土壤容重，g/cm^3；θ_1为0～20cm土层土壤体积含水率，%；θ_2为20～40cm土层土壤体积含水率，%；ω_1为0～20cm土层砂粒含量，%；ω_2为0～20cm土层粉粒含量，%；ω_3为0～20cm土层黏粒含量，%；G为0～20cm土层有机质含量，g/kg；μ为0～20cm土层土壤含盐量，‰。

预测模型式(3.20)～式(3.22)的误差分析结果如下所述。

建模样本平均相对误差：由62组盐碱土壤入渗试验样本数据计算得到入渗系数k、入渗指数α、稳定入渗率f_0的预测值的平均相对误差在12.7%～13.7%，基本能满足农业生产活动精度要求。

综合相对误差：将每组样本数据对应的入渗模型参数入渗系数k、入渗指数α、稳定入渗率f_0的预测值代入Kostiakov三参数入渗模型，求得某一时间(90min)的累积入渗量，与实测的给定时间(90min)的累积入渗量作比较，求其相对误差。将62组预测的盐碱土壤入渗系数k、入渗指数α、稳定入渗率f_0的预测值代入Kostiakov三参数入渗模型求得90min累积入渗量的计算值，与样本试验值进行比较，得到90min累积入渗量的平均对误差为13.25%，基本满足农业生产活动的需要。

建模样本外数据验证误差：为验证盐碱土壤入渗参数预测模型的可行性，对北官庄、刘庄、西辛村、肖寨、杨庄、胡寨六个试验点的盐碱土壤水分入渗进行预测，并利用实测入渗量进行检验，入渗系数 k 的平均误差范围在 3.87%～16.19%，入渗指数 α 的平均误差范围在 4.87%～10.94%，稳定入渗率 f_0 的平均误差范围在 8.95%～17.08%，90min 累积入渗量的平均误差范围在 5.08%～16.16%，详见表 3.18，相对误差均在可接受范围内。因此，预测模型能够用于指导当地盐碱地进行灌溉。

表 3.18 预测样本入渗参数平均相对误差

预测样本	k/(cm/min)	平均相对误差/%	α	平均相对误差/%	f_0/(cm/min)	平均相对误差/%	H_{90}/cm	平均相对误差/%
北官庄	1.5130479	16.19	0.185632	4.87	0.007724	16.67	4.183622	9.01
刘庄	2.7917398	10.26	0.129816	6.94	0.024219	8.95	7.186635	9.41
西辛村	1.6412541	8.96	0.140246	9.33	0.030222	14.14	5.804987	13.51
肖寨	2.4237769	3.87	0.140652	7.53	0.071374	10.33	10.98790	5.08
杨庄	1.9726228	4.55	0.232857	10.41	0.043784	14.02	9.565415	16.16
胡寨	1.8267419	8.66	0.243959	10.94	0.060013	17.08	10.87685	15.53

4. 冻结土壤水分入渗预测模型

冻结土壤是一种含冰晶的特殊土水体系，温度在0℃以下含有冰晶体的各种土壤均称作冻结土，其伴随着土壤冻结过程发生相变，一部分土壤水结冰，使得土壤中的液相物质转变为固相物质，同时土壤的理化性质也随着土壤的相变发生动态变化，使得土壤体系变得较非冻结土壤更为复杂。在北方大部分农作区，冬季、春季的灌溉都是在地表或其附近有冻层的条件下进行，如山西省汾河灌区的秋地储水灌溉、冬灌及早春灌溉及汾河冬季污水的利用灌溉都是在地表冻结的条件下进行，冻层的存在使得土壤水分的运移受到一定的影响，而灌溉参数(灌溉单宽流量、畦田规格、放水时间等)的获取与土壤水分运动息息相关[135-140]。

通过预测模型结构的确定、回归方程系数的确定、模型显著性检验和回归系数的显著性检验等步骤，得到适用于冻结土壤的 Kostiakov 三参数入渗经验模型参数的土壤传输函数或预测模型为

$$k = 7.7165 - 0.9066\gamma_1 + 0.0364\theta_1 - 0.1193\omega + 0.0425T \tag{3.23}$$

$$\alpha = 1.1475 + 0.1844\gamma_1 - 1.0519\gamma_2 - 0.0046\theta_1 + 0.0081\omega - 0.0027T \tag{3.24}$$

$$f_0 = 0.2570 - 0.0844\gamma_1 + 0.4477\gamma_2 - 0.0144\omega + 0.0047T \tag{3.25}$$

式中，γ_1 为0～20cm 土层土壤容重，g/cm³；γ_2 为 20～40cm 土层土壤容重，g/cm³；θ_1 为 0～20cm 土层土壤体积含水率，%；ω 为 0～20cm 土层物理性黏粒含量，%；T 为地中 5cm 深度处的土壤温度。

通过对模型进行 F 检验及 T 检验，验证了入渗系数 k、入渗指数 α、稳定入渗率 f_0 三个输入变量的显著性及冻结土壤 Kostiakov 三参数入渗模型的显著性[141,142]，但是模型

是否能够运用于冻结土壤还得根据入渗系数 k、入渗指数 α、稳定入渗率 f_0 的平均相对误差判断线性预测模型的精度，检验预测模型能否满足农业生产活动的精度要求。计算由 62 组冻结土壤样本数据建立的入渗系数 k、入渗指数 α、稳定入渗率 f_0 的预测模型的平均相对误差，其范围为 16.38%～18.44%，能满足一般的农业生产活动要求。

将求得的 62 组入渗系数 k、入渗指数 α、稳定入渗率 f_0 代入 Kostiakov 三参数入渗模型求得 90min 累积入渗量的平均相对误差为 17.72%，能满足一般的农业生产活动要求。由上述误差分析的结果可知对于冻结土壤而言，所建立的入渗系数 k、入渗指数 α、稳定入渗率 f_0 的线性预测模型的预测精度比非冻结非盐碱土壤及盐碱土壤的预测模型精度低，说明对于冻结土壤而言线性关系不能够很好地表征冻结土壤的复杂入渗过程，对于一般的农业生产活动可以利用线性模型为灌溉等提供理论帮助，对于精度要求较高的农业生产活动建议采用精度较高的非线性预测模型或 BP 预测模型。

3.3　土壤入渗参数非线性预测模型

3.3.1　土壤入渗参数非线性预测模型与方法

进入 21 世纪以来，MATLAB、GRAPHPAD、SAS、ORIGINPRO 等软件在复杂的多元非线性模型参数的求解和非线性回归问题中得到广泛应用，并且算法极其相似。以 MATLAB 为例，对非线性模型参数进行求解有两种方式。其一是非线性方程线性化：首先分析每个自变量与因变量之间的关系曲线，采用 CFTOOL 工具拟合出最佳单因素的曲线方程；其次，通过初等数学变换，化非线性方程为线性方程，即将每个自变量的非线性方程整体看作一个新的自变量，从而形成与原自变量相关的线性方程；最后，对线性方程的参数进行估算求解。此方法简化了非线性方程的求解、拟合和检验问题，为复杂的非线性参数求解提供了一种简单常用的方式，但会造成预测值误差性质的改变。其二是假设参数的初值：采用 CFTOOL 工具拟合出最佳单因素曲线方程，然后通过 nlinfit 命令，在不断调整和假设参数初值的前提下，使计算达到收敛，从而得到非线性模型参数的最优值。此方法克服了预测值误差性质的改变问题，适用于任何类型的非线性函数，但参数初始的设定随意性大，要想得到一个合适的初值使得计算达到收敛相当困难，不仅耗时费力，而且也不一定能得到合适的结果。

以下结合 MATLAB 软件和 1stOpt 软件，阐明实现入渗参数非线性预测的过程，具体步骤如下所述。

1) 单因素方程的拟合

在众多的入渗参数和其他土壤理化参数样本中，选择其他土壤理化参数基本一致，而仅有某入渗参数和理化参数变化的小样本，观测单个理化参数与入渗参数的实测数据曲线走势，通过 CFTOOL 工具箱(图 3.32)，拟合出最佳单因素曲线方程。

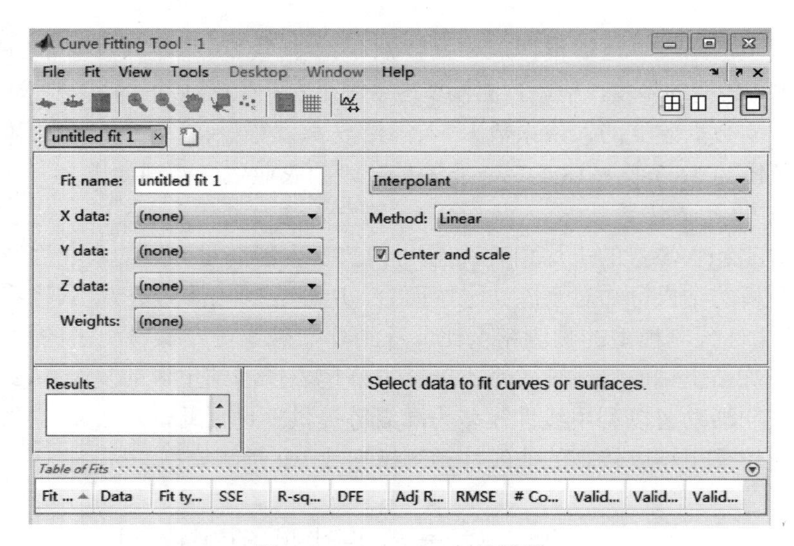

图 3.32　CFTOOL 工具箱图

2) 非线性模型结构形式的确定

由上述拟合的最佳单因素曲线方法研究分析各预测入渗参数与某土壤理化参数间的数量关系，如分析某些非冻结非盐碱土壤入渗参数与土壤理化参数间的数量关系，如下所述。

土壤入渗能力与各影响因素的数量关系：①入渗能力与土壤含水率的关系既包含线性函数关系，同时也包含对数函数关系；②入渗能力与土壤容重的关系为线性函数关系；③入渗能力与黏粒含量和粉粒含量的关系为线性函数关系；④入渗能力与土壤温度的关系为指数函数关系；⑤入渗能力与土壤有机质含量的关系为对数函数关系。

某土壤入渗参数与各影响因素的数量关系：①入渗参数与土壤含水率的关系为对数函数关系；②入渗参数与土壤容重的关系为线性函数关系；③入渗参数与黏粒含量和粉粒含量的关系为线性函数关系；④入渗参数与土壤温度的关系为指数函数关系；⑤入渗参数与土壤有机质含量的关系为对数函数关系。

基于以上关系，构造的非线性模型结构形式如下：

$$H_{90} = C_0 + C_1\theta + C_2\ln\theta + C_3\gamma + C_4\omega_1 + C_5\omega_2 + C_6\ln G \tag{3.26}$$

$$\alpha = C_0 + C_1\theta + C_2\ln\theta + C_3\gamma + C_4\omega_1 + C_5\omega_2 + C_6\ln G \tag{3.27}$$

$$k = C_0 + C_1\theta + C_2\ln\theta + C_3\gamma + C_4\omega_1 + C_5\omega_2 + C_6\ln G \tag{3.28}$$

$$f = C_0 + C_1\theta + C_2\ln\theta + C_3\gamma + C_4\omega_1 + C_5\omega_2 + C_6\ln G \tag{3.29}$$

式中，C_0、C_1、C_2、C_3、C_4、C_5、C_6均为回归系数。

3) 模型回归系数的计算

采用 1stOpt 软件，对所建模型进行非线性拟合，即计算确定式(3.26)～式(3.29)的回归系数 C_1～C_6 等，具体步骤如下。

(1) 定义参数(parameters)、自变量(variable)和多元非线性模型(function)(图 3.33)。

```
1stOpt - [E:\研究生\1stopt程序\冻土-k.mff]
文件 编辑 程序 工具 代码本 帮助
代码本 1 - [冻土-k.mff]   算法设置   结 果
 1 Title "冻土-k";
 2 Parameters a0,a1,a2,a3,a4,a5,a6,a7,a8,a9 ;
 3 Variable x1,x2,x3,x4,x5,x6,x7,k,a,f;
 4 Function k=a0+a1*exp(a2*x1)+a3*x2+0*x3+a4*exp(a5*x4)+0*x5+a6*x6+a7*exp(a8*x7)
 5 DaTa;
 6 37.632  0.960  1.180  55.700  77.100  2.300   1.380  1.970  0.143  0.027
 7 32.410  1.270  1.383  50.980  18.010  5.970   1.150  1.968  0.169  0.022
 8 10.368  0.960  1.180  55.700  77.100  2.300   1.380  2.029  0.159  0.022
 9 42.870  1.309  1.383  50.980  18.010  1.380   1.150  1.739  0.136  0.013
10 16.740  1.080  1.180  55.700  77.100  6.600   1.380  2.526  0.207  0.029
11 28.620  1.080  1.180  55.700  77.100  6.600   1.380  2.320  0.168  0.029
12 12.600  1.000  1.260  55.700  77.100  1.500   1.380  2.125  0.169  0.027
13 44.283  1.309  1.383  50.980  18.010  2.960   1.150  1.707  0.115  0.015
14 15.072  0.960  1.180  55.700  77.100  8.500   1.380  2.491  0.193  0.036
15 31.646  1.288  1.383  50.980  18.010  0.820   1.150  1.610  0.171  0.013
16 5.472   0.960  1.180  55.700  77.100  2.300   1.380  2.005  0.161  0.003
17 13.910  1.070  1.080  55.700  77.100  9.500   1.380  2.417  0.188  0.026
18 31.896  1.282  1.383  50.980  18.010  19.000  1.150  2.350  0.146  0.043
19 16.704  0.960  1.180  55.700  77.100  5.000   1.380  2.610  0.193  0.031
20 35.203  1.070  1.080  55.700  77.100  2.300   1.380  2.293  0.161  0.016
147   1: 1   Size: 2KB   Modified: 2015/12/7 11:51:4
```

图 3.33　1stOpt 界面图

(2) 设定 LM 算法和 UGO 算法(图 3.34)。

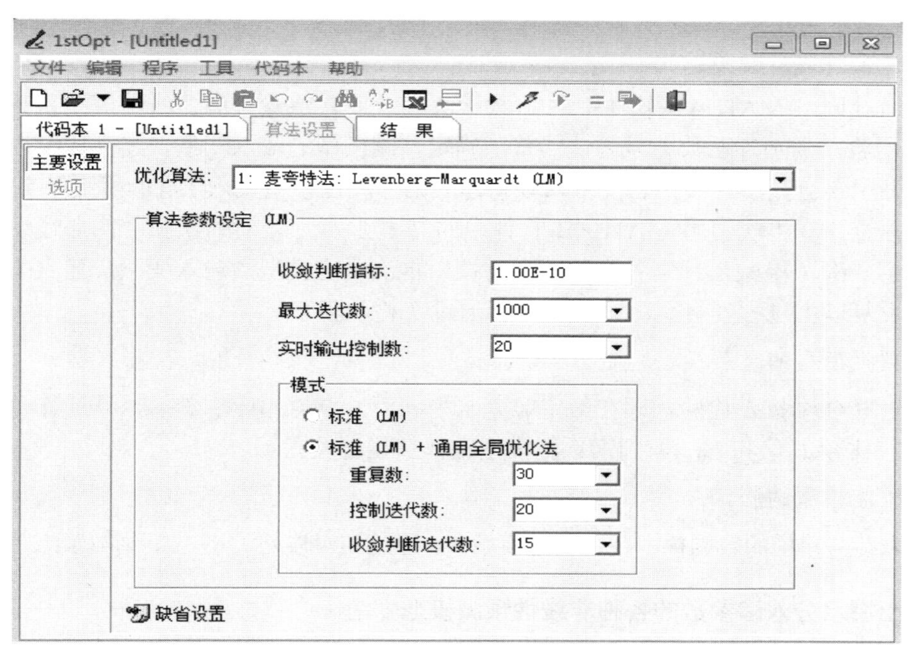

图 3.34　算法设置图

(3) 代入数据样本，通过均方差、相关系数和 F 统计等标准，观察运行结果是否可靠有效，判别所建模型是否显著，进而确定建立模型所需的数据样本(图 3.35)。

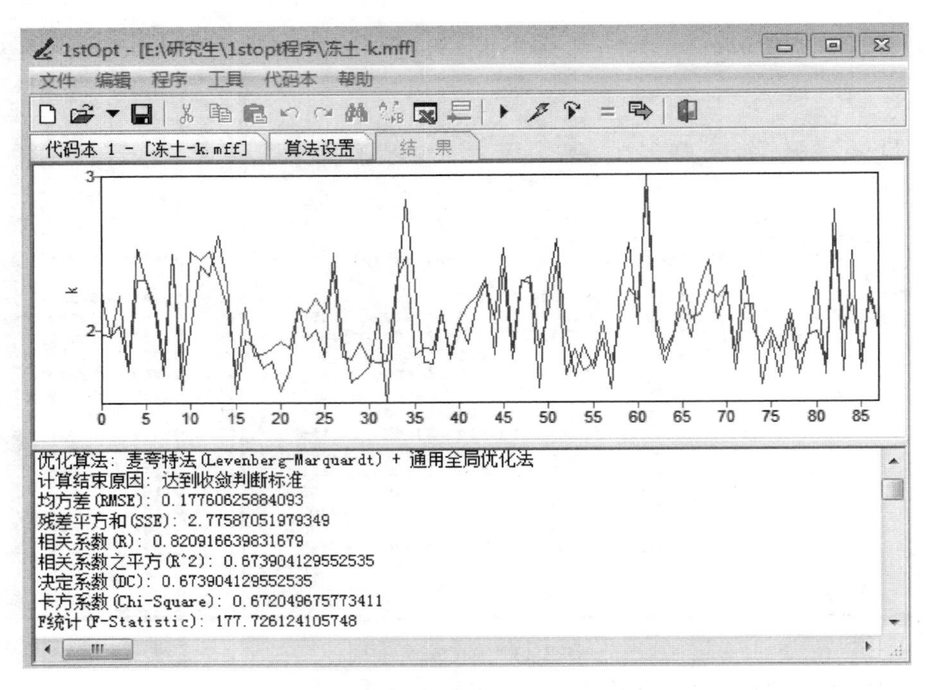

图 3.35　运行结果图

4) 模型自变量的 T 检验

①通过调用 MATLAB 软件中的 T 检验程序，对入渗参数的非线性模型系数进行第一次 T 检验，判别各系数的显著性，首次确定预测模型的输入变量，建立非线性模型。②若模型中含有高度非线性自变量，则将建立的非线性模型代入 1stOpt 程序，进行二次非线性拟合。③再次调用 MATLAB 软件中的 T 检验程序，对二次拟合的非线性模型系数进行第二次 T 检验，判别各系数的显著性，再次确定模型的输入变量，建立非线性模型。④反复以上过程，直至所有自变量都通过 T 检验为止。

5) 预报模型的显著性检验

通过联合检验 F 检验，即在给定显著水平 η 下，查得相应的 $F_{0.05}$，并计算预测模型的 F 值，比较 F 值和 $F_{0.05}$，判别预测模型整体的显著性。

6) 预测模型的验证分析

将未参与建模的数据样本代入所建模型中，通过相对误差大小，对预报模型进行验证。

3.3.2　土壤水分入渗参数的各种非线性预测模型

1. 备耕头水地土壤水分入渗参数非线性预测模型

备耕头水地是指农田播种后需进行第一次灌溉的土地。其特点是表层土壤疏松，灌溉时随着灌溉水入渗过程的进行，灌溉水进入土壤，并且伴随着表层土的浸没、崩塌和湿陷等过程，尤其是黄土更是如此。这意味着在土壤水分的入渗过程中土壤骨架发生变形，变形趋势是表层土壤密度由疏松变密实，即土壤容重由小变大，灌溉前后土壤容重有较大的差异。但是,《土壤水动力学》中对土壤水分运动的研究只限于固相骨架不变形的多孔介质，即认为土壤骨架不变形。然而在人们的研究和生产实践中发现，随着土壤含水率的变化，土壤容重在不断变化，进而引起土壤水分的入渗能力及其他水分运动过程发生变化[143]。考虑到备耕头水地的这个特点，以下分别给出不考虑和考虑灌溉过程中土壤结构变形的入渗参数预测模型。

1) 入渗模型参数的预测模型的输入参数

入渗模型参数入渗系数 k 的预测模型以 θ_1、γ_1、ω_1、ω_3、G 作为输入变量；入渗指数 α 的预测模型以 θ_1、θ_2、$\gamma_1^{\#}$、γ_2、γ_3、ω_2、ω_3、ω_5、ω_6、G 作为输入变量；稳定入渗率 f_0 的预测模型以 θ_2、$\gamma_1^{\#}$、γ_2、γ_3、ω_1、ω_3、ω_4、ω_6、G 作为输入变量。

2) 入渗模型参数样本

以 90 组备耕头水地进行的试验样本为建模样本，以另外 20 组样本作为验证样本，在土壤理化参数分析中，分别考虑土壤表层容重的结构变形与否两种情况。

3) 各入渗参数非线性预测模型的建立过程

(1) 单因素方程的拟合。其他土壤理化参数一定，选取 90 组样本中的 5 组样本。通过观测土壤单个理化参数与入渗参数的实测数据点的走势，采用 CFTOOL 工具箱，拟合出最佳单因素曲线方程。由得到的最佳单因素曲线方程可知，入渗系数 k 与土壤含水率 θ_1 呈非线性指数关系，与土壤容重 γ_1 呈线性关系，与土壤质地 ω_1、ω_2、ω_3 呈非线性对数关系，与土壤有机质含量 G 既存在非线性指数关系，又存在线性关系；入渗指数 α 与土壤含水率 θ_1、θ_2 既存在非线性对数关系，又存在线性关系，与土壤容重 γ_1、$\gamma_1^{\#}$、γ_2、γ_3 和土壤质地 ω_1、ω_2、ω_3、ω_4、ω_5、ω_6 均呈线性关系，与土壤有机质含量 G 呈非线性对数关系；稳定入渗率 f_0 与土壤含水率 θ_2 呈非线性指数关系，与土壤容重 γ_1、$\gamma_1^{\#}$、γ_2、γ_3 和土壤质地 ω_1、ω_2、ω_3、ω_4、ω_5、ω_6 均呈线性关系，与土壤有机质含量 G 呈非线性对数关系。

(2) 非线性模型的建立。头水地灌水过程中表层土壤结构的改变影响入渗指数 α 和稳定入渗率 f_0 的值，不会影响入渗系数 k 的值。所以，通过各土壤理化参数的最优拟合方程机械相加，分别构建土壤表层容重修改前后入渗参数与土壤理化参数之间的多元非线性模型。

(3) 模型回归系数的确定。采用 1stOpt 软件，在定义参数、设置算法的基础上，对所建模型进行非线性拟合，拟合出(考虑土壤结构变形与不变形条件下)的非线性函数初步形式如下：

$$\begin{aligned} k = {} & 15.0488 - 1.1546\mathrm{e}^{0.0262\theta_1} - 1.3748\gamma_1 - 0.9992\ln\omega_1 \\ & - 0.0189\ln\omega_3 - 5.1494\mathrm{e}^{-0.0344G} - 0.0879G \end{aligned} \tag{3.30}$$

不考虑灌水过程中表层土壤容重变化：

$$\begin{aligned} \alpha = {} & 0.1288 - 0.0236\ln\theta_1 + 0.0061\theta_1 + 0.0291\ln\theta_2 - 0.0028\theta_2 \\ & + 0.0602\gamma_1 + 0.0099\gamma_2 + 0.0131\gamma_3 - 0.003\omega_2 - 0.0018\omega_3 \\ & + 0.0013\omega_5 + 0.0005\omega_6 + 0.0087\ln G \end{aligned} \tag{3.31}$$

$$f_0 = 0.0869 - 0.0637e^{0.0324\theta_2} - 0.0055\gamma_1 - 0.0165\gamma_2 + 0.1432\gamma_3 - 0.0025\omega_1 + 0.0027\omega_3 + 0.0014\omega_4 - 0.002\omega_6 + 0.0083\ln G \tag{3.32}$$

考虑灌水过程中表层土壤容重变化：

$$\alpha^{\#} = 0.1383 - 0.0248\ln\theta_1 + 0.0062\theta_1 + 0.0283\ln\theta_2 - 0.0027\theta_2 + 0.0555\gamma_1^{\#} + 0.0092\gamma_2 + 0.0133\gamma_3 - 0.003\omega_2 - 0.0019\omega_3 + 0.0012\omega_5 + 0.0004\omega_6 + 0.0087\ln G \tag{3.33}$$

$$f_0^{\#} = 0.0768 - 0.0589e^{0.0336\theta_2} - 0.0006\gamma_1^{\#} - 0.0162\gamma_2 + 0.1416\gamma_3 - 0.0025\omega_1 + 0.0027\omega_3 + 0.0014\omega_4 - 0.002\omega_6 + 0.0083\ln G \tag{3.34}$$

(4) 模型自变量的第一次 T 检验。调用 MATLAB 软件中的 T 检验程序，对上述入渗参数的非线性模型系数进行检验，判别各系数的显著性，剔除每次检验中 $T_{检}$值最小的数所对应的变量，直至所有｜$T_{检}$｜$\geqslant T_{0.05/2}$ 为止，检验结果见表 3.19～表 3.21。

表 3.19　入渗系数 k 回归方程自变量的 T 检验表

因变量	检验次数	$e^{0.0262\theta_1}$	γ_1	$\ln\omega_1$	$\ln\omega_3$	$e^{-0.0344G}$	G	$T_{0.05/2}$
k	1	12.0061	3.7435	8.4225	0.4565*	9.6285	8.4902	1.99
	2	12.9941	5.8348	8.7197	—	10.0625	9.0264	1.99

注：—表示空白值。

*表示每次 T 检验时的最小值。

表 3.20　入渗指数 α 回归方程自变量的 T 检验表

因变量	检验次数	$\ln\theta_1$	θ_1	$\ln\theta_2$	θ_2	γ_1	$\gamma_1^{\#}$	γ_2	$T_{0.05/2}$
$\alpha^{\#}$	1	1.7948	7.3245	1.6468	3.131	—	4.1966	2.2293	1.99
	2	1.7182	7.3455	1.5695	3.1091	—	4.1548	2.2341	1.99
	3	1.8479	7.4395	1.5904*	2.7718	—	5.3923	2.3555	1.99
	4	2.1736	11.3507	—	3.2129	—	6.5379	2.4245	1.99
α	1	1.7009	7.1782	1.6758	3.1625	4.1538	—	2.3517	1.99
	2	1.8195	7.2704	1.7153	2.8744	5.5534	—	2.5023	1.99
	3	1.7298	7.2641	1.5697*	2.7962	5.4257	—	2.4878	1.99
	4	1.9668*	10.98	—	3.3281	6.7139	—	2.5603	1.99
	5	—	15.4337	—	4.2267	9.7344	—	3.0663	1.99
因变量	检验次数	γ_3	ω_2	ω_3	ω_5	ω_6	$\ln G$	—	$T_{0.05/2}$
$\alpha^{\#}$	1	0.8149	11.2668	2.412	4.9791	0.6884*	5.5878	—	1.99
	2	0.8960*	11.2894	3.3239	5.1446	—	5.6695	—	1.99
	3	—	11.4983	3.5707	5.1492	—	6.3214	—	1.99
	4	—	11.5824	3.4368	5.2275	—	6.2912	—	1.99
α	1	0.7761*	11.1882	2.2893	5.1886	0.8160	5.5852	—	1.99
	2	—	11.3881	2.4675	5.196	0.8903*	6.2046	—	1.99
	3	—	11.3973	3.1257	5.3641	—	6.3474	—	1.99
	4	—	11.4872	3.0167	5.4369	—	6.3134	—	1.99
	5	—	11.584	2.8148	5.2788	—	6.2348	—	1.99

注：—表示空白值。

*表示每次 T 检验时的最小值；#表示土壤结构变形的值。

表 3.21 稳定入渗率 f_0 回归方程自变量的 T 检验表

因变量	检验次数	$e^{0.0336\theta_2}$	γ_1	$\gamma_1^{\#}$	γ_2	γ_3	$T_{0.05/2}$
$f_0^{\#}$	1	15.0505	—	0.0776*	6.8006	12.6426	1.99
	2	15.7708	—	—	6.8293	16.6094	1.99
f_0	1	15.3816	0.6427*	—	6.9416	12.6031	1.99
	2	15.8095	—	—	6.8437	16.3772	1.99
因变量	检验次数	ω_1	ω_3	ω_4	ω_6	$\ln G$	$T_{0.05/2}$
$f_0^{\#}$	1	13.2378	4.7955	8.1091	4.335	8.1449	1.99
	2	13.4644	5.0737	8.2392	4.3988	8.371	1.99
f_0	1	13.2286	4.9629	8.1009	4.4544	8.1094	1.99
	2	13.4844	5.0693	8.2402	4.4044	8.3791	1.99

注：—表示空白值。

*表示每次 T 检验时的最小值；#表示土壤结构变形的值。

经过预测模型参数的第一次 T 检验，对比土壤容重变化前后入渗参数的输入参数，可知头水地表层土壤容重的改变对入渗系数 k 无影响，对稳定入渗率 f_0 影响不显著，对入渗指数 α 影响显著。因此，入渗系数 k 预测模型的输入参数为 $e^{0.0262\theta_1}$、γ_1、$\ln\omega_1$、$\ln\omega_3$、$e^{-0.0344G}$ 和 G；稳定入渗率 f_0 预测模型的输入参数为 $e^{0.0324\theta_2}$、γ_1、γ_2、γ_3、ω_1、ω_3、ω_4、ω_6 和 $\ln G$；土壤容重变化前，入渗指数 α 预测模型的输入参数为 $\ln\theta_1$、$\ln\theta_2$、θ_1、θ_2、γ_1、γ_2、γ_3、ω_2、ω_3、ω_5、ω_6、$\ln G$；土壤容重变化后，入渗指数 $\alpha^{\#}$ 预测模型的输入参数为 $\ln\theta_1$、$\ln\theta_2$、θ_1、θ_2、$\gamma_1^{\#}$、γ_2、γ_3、ω_2、ω_3、ω_5、ω_6、$\ln G$。

(5) 预测模型回归系数的第二次非线性拟合。再度采用 1stOpt 软件，在算法不变的基础上，重新定义参数，对经过第一次 T 检验所形成的入渗参数模型形式进行二次非线性拟合，拟合出的非线性函数形式如式(3.35)～式(3.38)所示：

$$k = 15.9548 - 1.1818e^{0.0258\theta_1} - 1.3812\gamma_1 - 0.9712\ln\omega_1 - 6.1587e^{-0.03G} - 0.0994G \tag{3.35}$$

$$f_0 = 0.0758 - 0.0586e^{0.0337\theta_2} - 0.0161\gamma_2 + 0.1414\gamma_3 - 0.0025\omega_1 + 0.0026\omega_3 + 0.0014\omega_4 - 0.002\omega_6 + 0.0083\ln G \tag{3.36}$$

土壤容重变化前后：

$$\alpha = 0.158 + 0.0047\theta_1 - 0.0014\theta_2 + 0.0656\gamma_1 + 0.0105\gamma_2 - 0.003\omega_2 - 0.0012\omega_3 + 0.0012\omega_5 + 0.009\ln G \tag{3.37}$$

$$\alpha^{\#} = 0.2003 - 0.0181\ln\theta_1 + 0.0057\theta_1 - 0.0013\theta_2 + 0.0554\gamma_1^{\#} + 0.009\gamma_2 - 0.003\omega_2 - 0.0014\omega_3 + 0.0012\omega_5 + 0.0092\ln G \tag{3.38}$$

(6) 模型自变量的第二次 T 检验。调用 MATLAB 软件中的 T 检验程序，对二次拟合入渗参数的非线性模型系数进行检验，判别各系数的显著性，以确定预测模型输入参数，即剔除每次检验中 $T_{检}$ 值最小的数所对应的变量，直至所有 $|T_{检}| \geqslant T_{0.05/2}$ 为止，检验结果见表 3.22～表 3.25。

表 3.22 入渗系数 k 第二次回归方程自变量的 T 检验表

因变量	检验次数	$e^{0.0258\theta_1}$	γ_1	$\ln\omega_1$	$e^{-0.03G}$	G	$T_{0.05/2}$
k	1	12.7521	5.8134	8.4102	11.408	10.3137	1.99

表 3.23 稳定入渗率 f_0 第二次回归方程自变量的 T 检验表

因变量	检验次数	$e^{0.0337\theta_2}$	γ_2	γ_3	ω_1	ω_3	$T_{0.05/2}$
f_0	1	15.768	6.8281	16.6274	13.4628	5.074	1.99
因变量	检验次数	ω_4	ω_6	$\ln G$			$T_{0.05/2}$
f_0	1	8.2391	4.3984	8.3704			1.99

表 3.24 入渗指数 $\alpha^{\#}$ 第二次回归方程自变量的 T 检验表

因变量	检验次数	$\ln\theta_1$	θ_1	θ_2	$\gamma_1^{\#}$	γ_2	$T_{0.05/2}$
$\alpha^{\#}$	1	2.1736	11.3507	3.2129	6.5379	2.4245	1.99
因变量	检验次数	ω_2	ω_3	ω_5	$\ln G$		$T_{0.05/2}$
$\alpha^{\#}$	1	11.5824	3.4368	5.2275	6.2912		1.99

表 3.25 入渗指数 α 第二次回归方程自变量的 T 检验表

因变量	检验次数	θ_1	θ_2	γ_1	γ_2	$T_{0.05/2}$
α	1	15.4337	4.2267	9.7344	3.0663	1.99
因变量	检验次数	ω_2	ω_3	ω_5	$\ln G$	$T_{0.05/2}$
α	1	11.584	2.8148	5.2788	6.2348	1.99

经过预测模型系数的第二次 T 检验分析，入渗参数预测模型中各自变量的 $|T_{检}|$ 值均大于 $T_{0.05/2}$，进而确定出入渗系数 k 预测模型的输入参数为 $e^{0.0258\theta_1}$、γ_1、$\ln\omega_1$、$e^{-0.03G}$ 和 G；稳定入渗率 f_0 预测模型的输入参数为 $e^{0.0337\theta_2}$、γ_2、γ_3、ω_1、ω_3、ω_4、ω_6 和 $\ln G$；土壤容重变化前，入渗指数 α 预测模型的输入参数为 θ_1、θ_2、γ_1、γ_2、ω_2、ω_3、ω_5、$\ln G$；土壤容重变化后，入渗指数 $\alpha^{\#}$ 预测模型的输入参数为 $\ln\theta_1$、θ_1、θ_2、$\gamma_1^{\#}$、γ_2、ω_2、ω_3、ω_5、$\ln G$。

(7) 在第二次确定各入渗参数自变量的基础上，最终确定出各入渗参数的预测模型如式(3.39)～式(3.42)所示：

$$k = 15.9548 - 1.1818e^{0.0258\theta_1} - 1.3812\gamma_1 - 0.9712\ln\omega_1 - 6.1587e^{-0.03G} - 0.0994G \tag{3.39}$$

$$f_0 = 0.0758 - 0.0586e^{0.0337\theta_2} - 0.0161\gamma_2 + 0.1414\gamma_3 - 0.0025\omega_1 + 0.0026\omega_3 + 0.0014\omega_4 - 0.002\omega_6 + 0.0083\ln G \tag{3.40}$$

土壤容重变化前后：

$$\alpha = 0.158 + 0.0047\theta_1 - 0.0014\theta_2 + 0.0656\gamma_1 + 0.0105\gamma_2 - 0.003\omega_2 - 0.0012\omega_3 + 0.0012\omega_5 + 0.009\ln G \tag{3.41}$$

$$\alpha^{\#} = 0.2003 - 0.0181\ln\theta_1 + 0.0057\theta_1 - 0.0013\theta_2 + 0.0554\gamma_1^{\#} + 0.009\gamma_2 - 0.003\omega_2 - 0.0014\omega_3 + 0.0012\omega_5 + 0.0092\ln G \quad (3.42)$$

(8) 表层土壤容重变化前后多元非线性模型的显著性检验。通过联合 F 检验，即在给定显著水平 η 下，查得相应的 $F_{0.05}$，并计算预测模型的 F 值，横向比较 F 值和 $F_{0.05}$，纵向比较土壤容重变化前后的 F 值和平均相对误差，对比表层土壤容重变化前后预测模型的显著性，判别预测模型整体的显著性，见表 3.26。

表 3.26　预测模型的显著性检验表

输出变量	F	$F_{0.05}$	平均相对误差/%
k	55.1181	3.12	7.97
f_0	91.2246	3.095	6.21
$\alpha^{\#}$	79.6458	3.095	5.09
α	72.6725	3.0867	5.15

注：#表示土壤容重变化后的值。

由表 3.26 可知，入渗指数 α 在表层土壤容重变化前后的平均相对误差分别为 5.15% 和 5.09%，F 值分别为 72.6725 和 79.6458；由此可知，入渗指数 α 在表层土壤容重变化后的平均相对误差小于表层土壤容重变化前的，入渗指数 α 在表层土壤容重变化后的 F 值大于表层土壤容重变化前的，即入渗指数 α 在表层土壤容重变化后的显著性好于表层土壤容重变化前的。因此，入渗指数 α 预测模型的表层土壤容重用变化后的容重值。

入渗系数 k、入渗指数 $\alpha^{\#}$、稳定入渗率 f_0 预测模型的 F 值均大于对应的 $F_{0.05}$，入渗系数 k、入渗指数 $\alpha^{\#}$、稳定入渗率 f_0 预测模型的预测值与实际值之间的平均相对误差分别为 7.97%、5.09%、6.21%，以上数据表明入渗系数 k、入渗指数 $\alpha^{\#}$、稳定入渗率 f_0 3 个预测模型的系数均显著，对于头水地土壤水分入渗参数的预测具有可行性。

(9) 预测模型的验证分析。将未参与建模的 20 组数据样本代入所建模型，通过相对误差的大小，对预测模型进行验证，见表 3.27。

表 3.27　非线性模型的预测结果表（备耕土）

样本数	k			α				
	实测值/(cm/min)	计算值/(cm/min)	相对误差/%	实测值	计算值	计算值#	相对误差/%	相对误差#/%
1	1.963	1.9093	2.7373	0.277	0.2883	0.2867	4.0699	3.5072
2	2.5228	2.3812	5.6135	0.2224	0.2356	0.2316	5.9475	4.1397
3	1.82	1.9805	8.8159	0.242	0.2524	0.2519	4.3018	4.1096
⋮	⋮			⋮				
18	2.9236	2.6501	9.356	0.2385	0.2579	0.2537	8.1221	6.3575
19	2.6698	2.8604	7.1399	0.196	0.2117	0.209	8.0239	6.6294
20	3.2583	3.5612	9.2949	0.2011	0.2212	0.2203	9.9912	9.5669
平均值	—	—	5.996	—	—	—	7.642	6.421

续表

样本数	f_0			H_{90}				
	实测值/(cm/min)	计算值/(cm/min)	相对误差/%	实测值/cm	计算值/cm	计算值#/cm	相对误差/%	相对误差#/%
1	0.0905	0.0988	9.1383	14.393	15.874	15.8254	10.2915	9.9522
2	0.0963	0.0973	1.0627	14.987	15.629	15.5062	4.2867	3.4642
3	0.0313	0.0296	5.4365	8.175	8.8312	8.8183	8.0263	7.8686
⋮		⋮				⋮		
18	0.0579	0.0604	4.3898	12.71	13.895	13.7369	9.3273	8.0791
19	0.0993	0.1052	5.9725	15.292	16.887	16.7966	10.4317	9.8388
20	0.1321	0.1231	6.8696	18.7951	20.709	20.6729	10.1874	9.9909
平均值	—	—	5.867	—	—	—	8.926	8.268

注：—表示空白值。

由未参与建模的 20 组数据样本的验证结果可知：首先，表层土壤容重变化前后，入渗指数 α 实测值与计算值之间的平均相对误差分别为 7.642%、6.421%，90min 累积入渗量 H_{90} 实测值与计算值之间的平均相对误差均分别为 8.926%、8.268%，入渗指数 α 和 90min 累积入渗量 H_{90} 在土壤容重变化前的相对误差均大于土壤容重变化后的相对误差，表明表层土壤结构变形对入渗指数 α 和 90min 累积入渗量 H_{90} 影响显著。

其次，所有样本入渗系数 k、入渗指数 α、稳定入渗率 f_0、90min 累积入渗量 H_{90} 实测值与计算值之间的相对误差均在 10%以下，且土壤容重变化后，入渗系数 k、入渗指数 α、稳定入渗率 f_0 实测值与计算值之间的平均相对误差分别为 5.996%、6.421%、5.867%，90min 累积入渗量 H_{90} 实测值与计算值之间的平均相对误差为 8.268%，满足建模要求，表明用土壤常规理化参数——土壤含水率、土壤结构、土壤质地、土壤有机质含量对头水地入渗参数进行非线性预测是可行的。

因此，考虑表层土壤结构变形即对表层土壤容重进行修正，用土壤常规理化参数——土壤含水率、土壤结构、土壤质地、土壤有机质含量对头水地土壤水分入渗参数进行非线性预测是可行的、有必要的，其所反映的入渗过程更接近实际入渗情况。

2. 非冻土非盐碱土土壤水分入渗参数非线性预测模型

通过区域尺度的大田土壤双套环入渗试验，在考虑备耕头水地灌溉过程中表层土壤结构变形，而以后各次灌溉土壤结构不变形的基础上，建立了备耕头水地及以后各次灌溉土地的 224 组土壤理化参数与入渗参数的样本，样本代表性数据结构见表 3.28。本章将基于 224 组土壤理化参数与入渗参数的样本，利用 MATLAB 软件和 1stOpt 软件，建立以土壤常规理化参数为输入，以 Kostiakov 三参数累积入渗量模型参数为输出的多元非线性模型[144-150]。在按照备耕土的计算法步骤在进行单因素分析与方程的拟合、多元非线性模型形式的确定、反复 T 检验、确定多元非线性模型的结构、预测模型的显著性检验和精度分析的基础上，最终确定各入渗参数的预测模型如式(3.43)～式(3.45)所示：

$$k = 7.0375 - 0.0603e^{0.0710\theta_1} - 2.1286\gamma_1 - 0.3728\ln\omega_1 - 0.0494\ln\omega_3 - 2.002e^{-1.322G} \tag{3.43}$$

$$\alpha = 0.272 - 0.0541\ln\theta_1 + 0.0026\theta_1 + 0.0765\ln\theta_2 - 0.0056\theta_2 - 0.0642\gamma_1^{\#} + 0.0425\gamma_3 - 0.0005\omega_5 + 0.0136\ln G \tag{3.44}$$

$$f_0 = 0.1059 + 0.0624e^{-0.052\theta_2} - 0.0644\gamma_1^{\#} - 0.0098\gamma_2 + 0.0411\gamma_3 - 0.0002\omega_2 + 0.0001\omega_5 + 0.0103\ln G \tag{3.45}$$

表 3.28　样本的部分土壤常规理化参数与入渗参数表

样本编号	0～20cm 土层土壤含水率 θ_1/%	20～40cm 土层土壤含水率 θ_2/%	0～10cm 土层土壤容重 γ_1/(g/cm³)	0～10cm 土层变形容重 $\gamma_1^{\#}$/(g/cm³)	10～20cm 土层土壤容重 γ_2/(g/cm³)	20～40cm 土层土壤容重 γ_3/(g/cm³)	0～20cm 土层砂粒含量 ω_1/%	0～20cm 土层粉粒含量 ω_2/%	0～20cm 土层黏粒含量 ω_3/%
1	36.891	23.283	1.210	1.210	1.451	1.390	9.700	74.000	14.000
2	17.065	19.195	1.210	1.210	1.451	1.390	9.700	74.000	14.000
3	32.346	23.718	1.516	1.516	1.564	1.450	45.210	35.740	17.270
4	15.158	18.406	1.210	1.210	1.451	1.390	9.700	74.000	14.000
5	13.540	14.241	1.180	1.230	1.194	1.390	9.700	74.000	14.000

样本编号	20～40cm 土层砂粒含量 ω_4/%	20～40cm 土层粉粒含量 ω_5/%	20～40cm 土层黏粒含量 ω_6/%	0～20cm 土层土壤有机质含量 G/(g/kg)	入渗系数 k/(cm/min)	入渗指数 α	稳定入渗率 f_0/(cm/min)	90min 累积入渗量 H_{90}/cm	
1	18.940	60.000	16.000	0.913	2.0000	0.2449	0.0801	13.1090	
2	18.940	60.000	16.000	0.913	2.5851	0.2560	0.0847	15.8430	
3	49.610	34.560	14.150	1.825	1.4860	0.2170	0.0739	10.3750	
4	18.940	60.000	16.000	0.913	2.5115	0.2646	0.0857	16.5860	
5	18.940	60.000	16.000	0.913	2.6087	0.2690	0.0827	16.8590	

对 224 组样本所建立的多元非线性模型进行显著性检验结果和误差分析，见表 3.29。将未参与建模的 20 组数据样本代入所建模型，其平均相对误差计算结果见表 3.30。

表 3.29　模型显著性检验结果和误差表

输出变量	F	$F_{0.05}$	平均相对误差/%
k	116.6933	4.2367	9.42
α	12.3539	4.2117	9.07
f_0	41.4254	4.22	9.02
H_{90}	—	—	8.60

注：—表示空白值。

表 3.30 非线性模型的预测结果表(非冻土非盐碱土)

样本数	k			α		
	实测值/(cm/min)	计算值/(cm/min)	相对误差/%	实测值	计算值	相对误差/%
1	2.4746	2.3959	3.1805	0.2494	0.2305	7.5725
2	2.4867	2.4099	3.0866	0.2293	0.2378	3.7058
3	2.4601	2.6581	8.0466	0.2743	0.2849	3.8492
⋮		⋮			⋮	
19	1.5764	1.6173	2.5966	0.2385	0.2623	9.9667
20	1.7916	1.6426	8.3175	0.3127	0.2985	4.5571
平均值	—	—	4.7639	—	—	4.8707

样本数	f_0			H_{90}		
	实测值/(cm/min)	计算值/(cm/min)	相对误差/%	实测值/cm	计算值/cm	相对误差/%
1	0.0878	0.0841	4.2123	15.141	14.3292	5.3618
2	0.0917	0.0958	4.4946	16.335	15.6464	4.2156
3	0.1281	0.1185	7.4936	19.9	20.2424	1.7207
⋮		⋮			⋮	
18	0.091	0.0863	5.1179	13.557	12.9545	4.4441
19	0.0969	0.1004	3.5733	14.855	14.2969	3.7569
20	0.0948	0.1004	5.8676	16.708	15.3244	8.2812
平均值	—	—	4.0586	—	—	5.2269

注：—表示空白值。

由表 3.29 可知，入渗系数 k、入渗指数 α、稳定入渗率 f_0 预测模型的 F 值均大于对应的 $F_{0.05}$，入渗系数 k、入渗指数 α、稳定入渗率 f_0 预测模型的预测值与实际值之间的平均相对误差分别为 9.42%、9.07%、9.02%，90min 累积入渗量 H_{90} 预测值与实际值之间的平均相对误差为 8.60%。以上数据表明入渗系数 k、入渗指数 α、稳定入渗率 f_0 三个预测模型整体的显著性强，拟合度高，对于非冻土非盐碱土水分入渗参数的预测具有可行性。将未参与建模的 20 组数据样本代入所建模型，通过相对误差的大小，对预测模型进行验证。

由表 3.30 可知，所有验证样本入渗系数 k、入渗指数 α、稳定入渗率 f_0、90min 累积入渗量 H_{90} 实测值与计算值之间的相对误差均在 10%以下，且入渗系数 k、入渗指数 α、稳定入渗率 f_0 实测值与计算值之间的平均相对误差分别为 4.7639%、4.8707%、4.0586%，90min 累积入渗量 H_{90} 实测值与计算值之间的平均相对误差为 5.2269%，满足建模要求，表明用土壤常规理化参数土壤含水率、土壤结构、土壤质地、土壤有机质含量对非冻土非盐碱土的入渗参数进行非线性预测是可行的。

3. 盐碱土土壤水分入渗参数非线性预测模型

盐碱土壤水分入渗参数非线性预测模型研究基于 2007 年朔州应县的花赛农场、刘庄荒地、三门城、西辛村、肖寨、杨庄和胡寨进行的大田盐碱土的入渗系列试验，以 80 组样本作为建模样本，以另外 10 组样本作为验证样本，建立盐碱土壤水分入渗参数非线性预测模型[151]。通过优化各入渗参数自变量，最终确定出各入渗参数的预测模型如式(3.46)～式(3.48)所示：

$$k = 4.4117 + 0.0241\theta_1 - 2.4014\gamma_1 - 0.1261\ln\omega_3 + 0.9395\ln G + 0.2859\ln\mu \tag{3.46}$$

$$\alpha = -0.1332 + 0.0444\ln\theta_1 - 0.0023\theta_1 - 0.0386\ln\theta_2 - 0.1566\gamma_1 + 0.1963\gamma_2 - 0.0081\omega_1 + 0.0113\omega_4 + 0.0916\omega_6 + 0.0784\ln G + 0.0182\ln\mu \tag{3.47}$$

$$f_0 = 0.0381 + 0.1817\mathrm{e}^{-0.3699\theta_2} + 0.0489\gamma_2 - 0.0023\omega_1 - 0.005\omega_3 + 0.002\omega_4 + 0.0473\ln G - 0.0046\ln\mu \tag{3.48}$$

对 80 组盐碱地土壤入渗样本所建立的多元非线性模型进行显著性检验的结果和误差见表 3.31。将未参与建模的 10 组数据样本代入所建模型，其平均相对误差计算结果见表 3.32。

表 3.31 土壤水分入渗非线性传输结果和误差表

输出变量	F	$F_{0.05}$	平均相对误差/%
k	88.644	3.0533	8.33
α	51.326	3.0117	8.13
f_0	207.011	3.0367	7.96
H_{90}	—	—	8.10

注：—表示空白值。

由表 3.31 可知，入渗系数 k、入渗指数 α、稳定入渗率 f_0 预测模型的 F 值均大于对应的 $F_{0.05}$，入渗系数 k、入渗指数 α、稳定入渗率 f_0 预测模型的预测值与实际值之间的平均相对误差分别为 8.33%、8.13%、7.96%，90min 累积入渗量 H_{90} 的预测值与实际值之间的平均相对误差为 8.10%。以上数据表明入渗系数 k、入渗指数 α、稳定入渗率 f_0 三个预测模型的系数均显著，拟合的三个回归方程整体的显著性强，拟合度高，对于盐碱土水分入渗参数的预测具有可行性。将未参与建模的 10 组数据样本代入所建模型，通过相对误差的大小，对预测模型进行验证，见表 3.32。

由表 3.32 未参与建模的 10 组数据样本的验证结果可知：所有样本入渗系数 k、入渗指数 α、稳定入渗率 f_0、90min 累积入渗量 H_{90} 实测值与计算值之间的相对误差均在 10% 以下，且入渗系数 k、入渗指数 α、稳定入渗率 f_0 实测值与计算值之间的平均相对误差分别为 4.5515%、4.9817%、4.9832%，90min 累积入渗量 H_{90} 实测值与计算值之间的平均相对误差为 5.926%，满足建模要求。因此，用土壤常规理化参数土壤含水率、土壤结构、土壤质地、土壤有机质含量和土壤含盐量对盐碱地的入渗参数进行非线性预测是可行的。

表 3.32　非线性模型的预测结果表(盐碱土)

样本数	k			α		
	实测值/(cm/min)	计算值/(cm/min)	相对误差/%	实测值	计算值	相对误差/%
1	1.7877	1.675	6.3042	0.2196	0.2321	5.6922
2	2.0037	1.9099	4.6813	0.2852	0.3102	8.7658
3	1.59	1.6633	4.6101	0.3379	0.3668	8.5528
⋮		⋮			⋮	
8	1.608	1.6708	3.9055	0.1916	0.2073	8.1942
9	2.0738	1.9017	8.2988	0.1088	0.1126	3.4926
10	1.9577	2.1267	8.6326	0.278	0.2875	3.4173
平均值	—	—	4.5515	—	—	4.9817
样本数	f_0			H_{90}		
	实测值/(cm/min)	计算值/(cm/min)	相对误差/%	实测值/cm	计算值/cm	相对误差/%
1	0.0567	0.0531	6.3041	10.344	9.5412	7.7614
2	0.1634	0.1498	8.3113	20.881	21.1966	1.5115
3	0.1147	0.1165	1.5262	17.247	19.1483	11.0237
⋮		⋮			⋮	
8	0.036	0.0378	4.8874	7.559	7.648	1.1773
9	0.0579	0.0629	8.6858	8.437	8.816	4.4915
10	0.0531	0.0568	7.0184	11.96	12.8646	7.5636
平均值	—	—	4.9832	—	—	5.926

注：—表示空白值。

4. 冻结土土壤水分入渗参数非线性预测模型

冻结土壤水分入渗参数预测模型研究基于1995～1996 年、1998～1999 年、1999～2000 年，在平遥北长寿、宁固和中心灌溉试验站进行的 3 个年度越冬期(第一年 11 月～次年 3 月)的大田冻结土壤入渗试验，以 90 组样本作为建模样本，以另外 20 组样本作为验证样本。预测模型输出参数为 Kostiakov 三参数入渗模型的 3 个参数(入渗系数 k、入渗指数 α、稳定入渗率 f_0)，通过优化各入渗参数自变量，最终确定其输入变量为：入渗系数 k 预测模型以 θ_1、γ_1、ω_3、T、G 作为输入变量，入渗指数 α 预测模型以 θ_1、γ_1、γ_3、ω_3'、ω_6'、T 作为输入参数，稳定入渗率 f_0 预测模型以 γ_1、γ_3、ω_3'、ω_6'、T 作为输入变量。所建各入渗参数的预测模型如式(3.49)～式(3.51)所示：

$$k = -2.836 + 0.215e^{0.0131\theta_1} - 0.589\gamma_1 + 5.4396e^{-0.0103\omega_3} + 0.0382T + 0.3524e^{1.38G} \tag{3.49}$$

$$\alpha = 0.825 + 0.0536\ln\theta_1 - 0.0042\gamma_1 - 0.065\gamma_3 - 0.0121\omega_3 + 0.0006\omega_6 - 0.0018T \tag{3.50}$$

$$f_0 = 0.1347 - 0.0207\gamma_1 - 0.0043\gamma_3 - 0.0017\omega_3' - 0.0001\omega_6' - 0.0015T \tag{3.51}$$

式中，θ_1 为 0～20cm 冻土的体积含水率；γ_1、γ_3 分别为 0～10cm、20～30cm 土壤容重；ω_3'、ω_6' 分别为 0～20cm、20～40cm 物理性黏粒含量；T 为地中 5cm 深度处的温度；G 为 0～20cm 土壤有机质含量。

由表 3.33 可知，入渗系数 k、入渗指数 α、稳定入渗率 f_0 预测模型的 F 值均大于对应的 $F_{0.05}$，入渗系数 k、入渗指数 α、稳定入渗率 f_0 预测模型的预测值与实际值之间的平均相对误差分别为 8.06%、8.25%、5.14%，90min 累积入渗量 H_{90} 的预测值与实际值之间的平均相对误差为 8.26%。将未参与建模的 20 组数据样本代入所建模型，通过相对误差的大小，对预测模型进行验证，计算结果见表 3.34。

表 3.33　多元非线性模型的显著性检验表

输出变量	F	$F_{0.05}$	平均相对误差/%
k	24.901	3.12	8.06
α	99.972	3.112	8.25
f_0	1332	3.12	5.14
H_{90}	—	—	8.26

注：—表示空白值。

表 3.34　非线性模型的预测结果表(冻结土)

样本数	k			α		
	实测值/(cm/min)	计算值/(cm/min)	误差/%	实测值	计算值	误差/%
1	1.6132	1.7006	5.4181	0.2113	0.1935	8.4328
2	1.87	1.6999	9.0969	0.1853	0.1971	6.3785
3	1.7636	1.8903	7.1848	0.1739	0.1838	5.6862
⋮	⋮			⋮		
18	2.507	2.3233	7.3256	0.1909	0.2092	9.6028
19	2.5636	2.3465	8.4682	0.2232	0.203	9.0421
20	2.604	2.3557	9.5356	0.1809	0.1903	5.1883
平均值	—	—	6.0088	—	—	6.3413

样本数	f_0			H_{90}		
	实测值/(cm/min)	计算值/(cm/min)	误差/%	实测值/cm	计算值/cm	误差/%
1	0.0152	0.0143	5.6963	5.732	5.3527	6.6176
2	0.0155	0.0152	2.2819	5.64	5.4937	2.5934
3	0.0229	0.021	8.2228	6.74	6.2129	7.8211
⋮	⋮			⋮		
18	0.0058	0.0053	8.4429	7.071	6.433	9.0234
19	0.0054	0.0053	2.2963	6.164	6.325	2.6122
20	0.0044	0.0048	9.7727	5.515	5.9807	8.4450
平均值	—	—	5.5767	—	—	5.6050

由未参与建模的 20 组数据样本的验证结果可以看出，所有样本入渗系数 k、入渗指数 α、稳定入渗率 f_0、90min 累积入渗量 H_{90} 实测值与计算值之间的相对误差均在 10%以内，且入渗系数 k、入渗指数 α、稳定入渗率 f_0 实测值与计算值之间的平均相对误差分别为 6.0088%、6.3413%、5.5767%，90min 累积入渗量 H_{90} 实测值与计算值之间的平均相对误差为 5.6050%，满足建模要求。因此，用土壤常规理化参数土壤含水率、土壤结构、土壤质地、土壤有机质含量和土壤温度对冻结土的入渗参数进行非线性预测是可行的。

3.4　土壤入渗参数 BP 预测模型

3.4.1　BP 预测模型的方法与过程

1. BP 预测模型概述

BP 预测模型是通过不停地对样本进行学习训练，利用反向传播误差进行反馈修正调整网络权值和阈值，使网络的误差平方和尽可能最小来完成学习过程中的反馈神经网络。BP 神经网络一般是由输入层、隐含层、输出层构成的网络拓扑结构。其输入层、隐含层、输出层可以有多个神经元，这些神经元被称为节点。

BP 神经网络的隐含层可以是单一的同时也可以有许多层，Kolrnogorov 定理中认为，BP 神经网络拥有特别强的非线性映射的能力。可以看出，BP 预测模型的传导机制是输入层把外部信号传递给隐含层，隐含层通过神经元之间的联系强度(权重)和学习规则(激活函数)将信号实际值传递到输出层，输出层经过分析信号实际值的与期望值之间的差值，根据它们之间的差值逆向对神经网络的连接权重进行反馈修正，使得误差信号最小。一般情况下，误差达到期望要求时，网络学习过程结束。

神经网络的训练，也就是根据网络输出值与期望值之间的误差，不断地反向对网络权值进行调整，直到网络输出的实际值与期望值的误差平方和达到最小或低于所期望的精度要求。目前很多学者都已证明了仅含有一层隐含层的 BP 神经网络就可以任意逼近非线性函数，但遗憾的是现如今尚未有人能通过 BP 神经网络得到其非线性拟合的表达式，因此合理建立 BP 神经网络在很大程度上得依靠网络设计者的经验。

在使用 MATLAB 工具建立 BP 预测模型时主要用到的函数有 newff 函数、train 函数、sim 函数。

newff 函数是前馈神经网络创建函数。它的语句语法是

```
net=newff(PR,[S1S2…SN1],{TF1TF2…TFN1},BTF,BLF,PF)        (3.52)
```

式中，**PR** 为一个 $R\times 2$ 的矩阵，为 R 个元素输入向量的最小值和最大值；S_i 为第 i 层神经元个数，其元素为 i 层的节点数；TFi 为第 i 层对应的神经元激活函数，默认函数为双曲正切 S 形函数(tansig)；BTF 为学习规则使用的训练函数，默认函数为 Levenberg-marquardt 优化函数；BLF 为权值或阈值学习函数，默认函数为 learngdm 函数；PF 为性能函数，默认函数为 mse 函数。

train 函数是网络的训练函数。它的语句语法是

$$[\mathrm{net}, \mathrm{tr}, Y_1, \boldsymbol{E}] = \mathrm{train}(\mathrm{NET}, P, T) \tag{3.53}$$

式中，net 为新网络；tr 为训练的跟踪记录，包括训练次数等；Y_1 为网络的期望输出；$\boldsymbol{E}$ 为误差矩阵；NET 为建立的网络；P 为网络的实际输入值；T 为网络的实际输出值。

sim 函数是网络的仿真函数。它的语句语法是

$$[T] = \mathrm{SIM}(\mathrm{net}, p) \tag{3.54}$$

式中，T 为网络的实际输出值；net 为 train 函数中的新网络；p 为神经网络训练的输入样本。

2. BP 预测模型的建立过程与步骤

下面将以实例来说明使用 MATLAB 工具建立 BP 预测模型的过程与步骤。

1) 选择输入输出参数

(1) 输出参数的选择。

本书主要针对 Kostiakov 三参数入渗模型的参数进行预测，其预测变量为入渗系数 k、入渗指数 α、稳定入渗率 f_0。获取 3 个参数值的方法是利用入渗试验得到时间与其累积入渗量数据，对其进行非线性拟合，得到其相应的土壤入渗系数 k、稳定入渗率 f_0 及入渗指数 α。

(2) 输入参数的选择。

如前所述，影响土壤入渗能力和入渗模型参数的主要土壤理化因素为土壤质地、土壤容重、土壤含水率、土壤有机质含量等[151-156]。选取 0～20cm 土层土壤体积含水率(%)、土壤有机质含量(%)、0～20cm 土层土壤质地(砂粒含量、粉粒含量，%)及 0～10cm 土层土壤容重(g/cm^3)这 5 个常规物理量作为入渗系数 k 的输入变量；选取 0～20cm 土层土壤体积含水率(%)、20～40cm 土层土壤体积含水率(%)、0～10cm 土层土壤容重(g/cm^3)、10～20cm 土层土壤容重(g/cm^3)、20～40cm 土层土壤容重(g/cm^3)、0～20cm 土层土壤质地(砂粒含量、粉粒含量，%)、20～40cm 土层土壤质地(砂粒含量、粉粒含量，%)、土壤有机质含量(%)这 10 个物理量作为入渗指数 α 的输入变量；选取 20～40cm 土层土壤体积含水率(%)、0～10cm 土层土壤容重(g/cm^3)、10～20cm 土层土壤容重(g/cm^3)、20～40cm 土层土壤容重(g/cm^3)、0～20cm 土层土壤质地(砂粒含量、粉粒含量，%)、20～40cm 土层土壤质地(砂粒含量、粉粒含量，%)、土壤有机质含量(%)这 9 个物理指标作为稳定入渗率 f_0 的输入变量。

(3) 输入输出数据样本。

现给出由 Kostiakov 三参数入渗模型的入渗系数 k 的预测量和输入变量 0～20cm 土层土壤体积含水率、0～10cm 土层土壤容重、0～20cm 土层土壤砂粒含量、0～20cm 土层土壤粉粒含量和 0～20cm 土层土壤有机质含量的样本，见表 3.35。

表 3.35 入渗系数 k 输入输出数据样本表

土壤基本理化参数					模型参数
0～20cm 土层土壤体积含水量/%	0～10cm 土层土壤容重/(g/cm³)	0～20cm 土层土壤砂粒含量(3～0.05mm)/%	0～20cm 土层土壤粉粒含量(0.05～0.002mm)/%	土壤有机质含量/%	入渗系数 k/(cm/min)
36.891	1.210	9.700	74.000	0.913	2.0000
17.065	1.210	9.700	74.000	0.913	2.5851
32.346	1.516	45.210	35.740	1.825	1.4860
15.158	1.210	9.700	74.000	0.913	2.5115
13.540	1.180	9.700	74.000	0.913	2.6087
17.758	1.414	75.050	14.140	1.629	1.8423
24.134	1.179	15.220	68.480	1.650	2.4746
12.330	1.194	71.980	13.000	0.970	2.1112
31.785	1.355	29.960	56.000	0.967	1.6053
34.457	0.891	70.000	27.280	0.563	1.9623
21.729	1.326	54.598	29.773	1.833	1.8105
15.408	0.976	52.620	29.356	1.877	2.5187
28.995	1.338	45.210	33.740	1.825	2.0409
15.245	1.442	44.280	45.110	1.330	2.0000
18.496	1.158	47.050	37.200	1.170	2.4597

选好输入输出参数后将输入参数与输出参数列于 Excel 表格中。

2)打开 MATLAB 程序

从左上角 File 文件的第一项 New 中选择 M-File，即 M 文件，应用 BP 程序在 M-File 中编写，M-File 只能以字母或数字的形式保存，即字母.m 或数字.m，如图 3.36 所示。

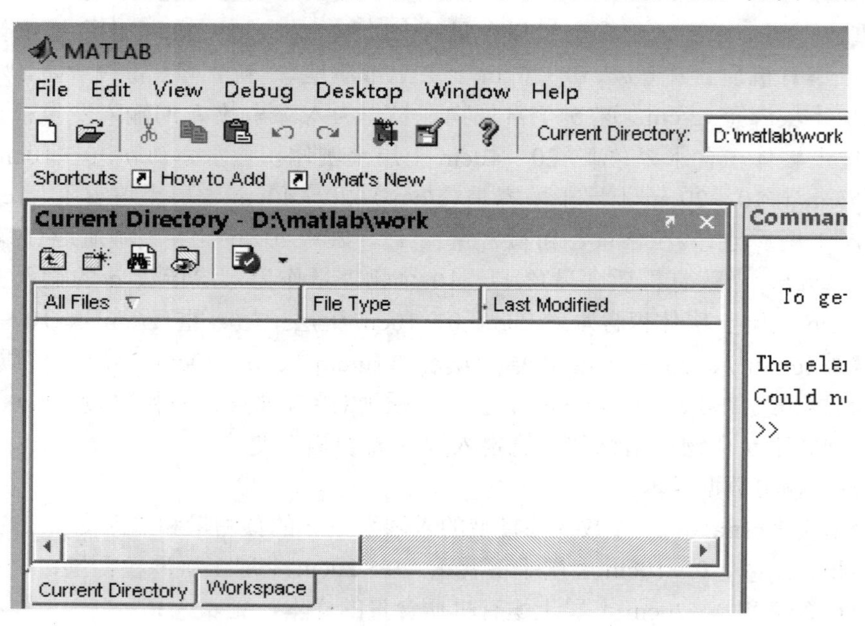

图 3.36 新建文件图

3) 选取训练样本及校核样本

本例从表 3.35 的 15 组数据中选 13 组作为训练样本，两组作为检验样本。

4) 将 Excel 表格中的训练样本复制粘贴入建立的 M-File 中

x=[训练样本输入输出数据]；训练样本输出输入数据选取表 3.35 中前 13 组数据(13 行 6 列)。

5) 将输入输出数据进行归一化处理，以提高网络训练效率及消除量纲影响

使用 MATLAB 中的 premnmx 函数对原始数据进行归一化处理，或者使用公式进行归一化处理，$\boldsymbol{Y}=(\boldsymbol{X}-X_{\min})/(X_{\max}-X_{\min})$。以表 3.35 为例：$\boldsymbol{X}=[x_{i1},x_{i2},\cdots,x_{i6}]$(此处由 x_{i1}, $x_{i2},\cdots,x_{i6}$ 代表表 3.35 中 13 行 6 列的数值)，进行编写 M-File(图 3.37)。

```
Editor - E:\应用实例\Untitledshijie222.m
File Edit Text Cell Tools Debug Desktop Window Help
1  -  x=[36.891   1.210   9.700   74.000  0.913   2.0000
2     17.065  1.210   9.700   74.000  0.913   2.5851
3     32.346  1.516   45.210  35.740  1.825   1.4860
4     15.158  1.210   9.700   74.000  0.913   2.5115
5     13.540  1.180   9.700   74.000  0.913   2.6087
6     17.758  1.414   75.050  14.140  1.629   1.8423
7     24.134  1.179   15.220  68.480  1.650   2.4746
8     12.330  1.194   71.980  13.000  0.970   2.1112
9     31.785  1.355   29.960  56.000  0.967   1.6053
10    34.457  0.891   70.000  27.280  0.563   1.9623
11    21.729  1.326   54.598  29.773  1.833   1.8105
12    15.408  0.976   52.620  29.356  1.877   2.5187
13    28.995  1.338   45.210  33.740  1.825   2.0409 ];
14 -  x=x';
15 -  p=x(1:5,:);
16 -  t=x(6,:);
17 -  [pn,minp,maxp,tn,mint,maxt]=premnmx(p,t);
```

图 3.37　M-File 图

为了便于编写将行数减少，对 $\boldsymbol{X}$ 矩阵进行转置，即 $\boldsymbol{X}=\boldsymbol{X}'$(6 行 13 列)，然后用归一化函数 premnmx 对 $\boldsymbol{X}$ 进行归一化处理，其中 p 是神经网络训练的输入样本，t 是神经网络训练的输出样本，p_{n}、t_{n} 分别是 p、t 归一化后的数据。

6) BP 神经网络的参数确定

网络的核心是激活函数，作用是对输入输出进行函数转换。激活函数需要选定隐含层的神经元个数、初始权值、期望误差值，如图 3.38 所示。

```
18 -  net=newff(minmax(pn),[3,1],{'tansig','purelin'},'trainlm');
19 -  iw1=net.IW{1,1}
20 -  b1=net.b{1}
21 -  lw2=net.LW{2,1}
22 -  b2=net.b{2}
```

图 3.38　参数确定图

newff 是 MATLAB 中建立前馈神经网络的函数；p_{n} 指模型的输入样本，minmax(p_{n}) 指

样本的范围；[3,1]中 3 指隐含层的神经元节点个数，隐含层的节点数需要多次运算确定，通过逐渐增加隐含层节点数，反复训练样本达到模型精度时停止训练，1 指输出层的神经元节点(即入渗系数 k)个数；tansig、purelin 分别是隐含层和输出层的激活函数；trainlm 是 BP 模型中的一种算法，即神经网络的反向传播训练函数。建立的网络拓扑结构为 5∶3∶1。

设置初始化权值和阈值。其中 **iwl** 代表模型输入层到隐含层每一个神经元节点的权值向量，**net.IW**{1,1}可以看作第一个输入接点到第一隐含层的权重向量；**b1** 代表隐含层每一个神经元节点的阈值向量，**net.b**{1}是隐含层的阈值向量；**lw2** 代表模型隐含层每一个神经元节点到输出层的权值向量，**net.LW**{2,1}可以看作隐含层到输出层的权值向量；**b2** 代表模型输出层每一个神经元节点的阈值向量，**net.b**{2}代表输出接点的阈值向量。

7) 对网络进行训练

训练网格图如图 3.39 所示。

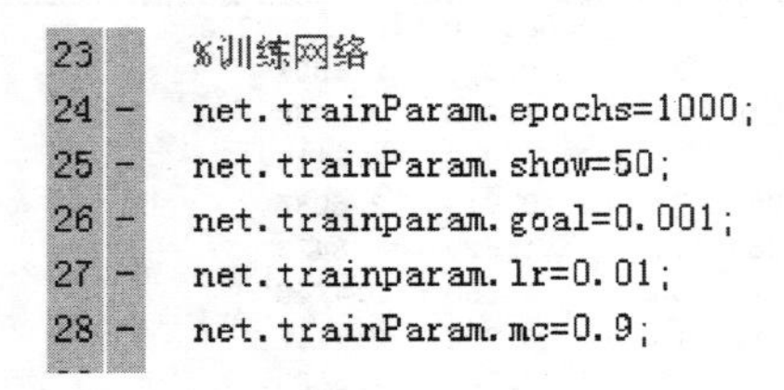

图 3.39　训练网络图

net.trainParam.epochs=1000；%设置最大训练次数。

net.trainParam.show=50；%每间隔 100 步显示一次训练结果。

net.trainParam.goal=0.001；%训练目标最小误差。

net.trainParam.lr=0.01；%学习速率 0.05。

net.trainParam.mc=0.9；%网络中设置动量因子

8) 调用 TRAINNIM 算法训练 BP 网络

调用 TRAINNIM 算法如图 3.40 所示。

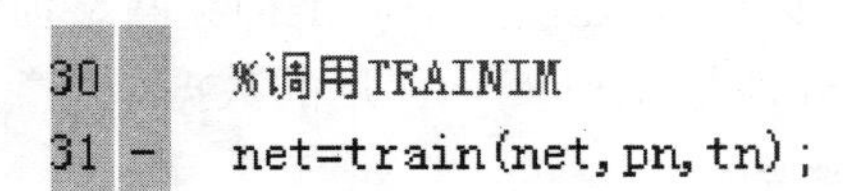

图 3.40　调用 TRAINNIM 算法

9) 对 BP 网络进行仿真

对 BP 网络进行仿真，如图 3.41 所示。

```
32    %对BP网络进行仿真
33 -  A=sim(net,pn)
```

图 3.41　对 BP 网络进行仿真图

A 代表训练样本的仿真值

10) 检验样本输入值

检验样本输入值，如图 3.42 所示。

```
34 -   q=[15.245    1.442    44.280   45.110   1.330
35        18.496    1.158    47.050   37.200   1.170 ];
36 -   q=q';
37 -   qn=tramnmx(q,minp,maxp);
```

图 3.42　检验样本输入值图

q 为检验样本的输入值(2 行 5 列)，即图 3.42 中前 5 列矩阵。对检验样本输入矩阵 ***q*** 进行转置处理 $\boldsymbol{q}^{\mathrm{T}}=\boldsymbol{q}'$，对转置后的 $\boldsymbol{q}'$(5 行 2 列)进行归一化处理(tramnmx 函数)。

11) 对检验样本输入矩阵的预测

对检验样本输入矩阵的预测如图 3.43 所示。

```
38 -   Bn=sim(net,qn);
```

图 3.43　对检验样本输入矩阵的预测图

12) 数据反归一化处理

可以调用 MATLAB 工具箱中的 postmnmx 函数，或者使用式 $\boldsymbol{X}=\boldsymbol{Y}\times(X_{\max}-X_{\min})+X_{\min}$，如图 3.44 所示。

```
39 -   B=postmnmx(Bn,mint,maxt)
40 -   A=postmnmx(An,mint,maxt)
```

图 3.44　数据反归一化处理图

B 表示检验样本的预测值；*A* 表示训练样本的预测值

13) 运行程序及训练结果

单击 M-File 中 Run，如图 3.45 所示。

图 3.45　运行程序图

训练结果如下：

$$K=\text{purelin}\left\{\mathbf{iw}2\times\left[\text{tansig}\left(\mathbf{iw}1\times\text{p}+\mathbf{b}1\right)\right]+\mathbf{b}2\right\}$$

其中，**iw1**、**b1**、**iw2**、**b2** 如图 3.46 所示。

```
iw1 =

   -0.8972   -0.3697    0.7556    1.0268    0.6889
    0.3243   -1.2694    0.7611   -0.3425   -0.7928
    0.6312   -0.2168    1.1360    0.3268    1.0950


b1 =

    1.7440
         0
    1.7440


lw2 =

    0.1384    0.2636   -0.5312


b2 =

    0.0976
```

图 3.46　**iwl**、**b**1、**iw**2、**b**2 结果矩阵图

训练过程图示(图 3.47)说明在训练次数等于 8 时达到训练目标，且训练精度为 0.000988007，小于目标值 0.001。

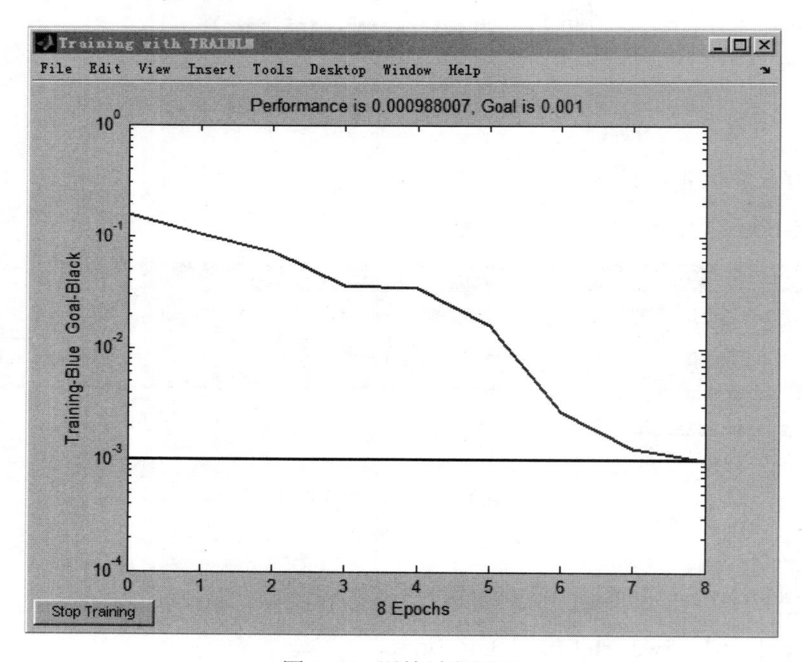

图 3.47　训练过程图示

14) 误差分析结果

误差分析结果包括绝对误差和相对误差，并可分别给出预测样本和验证误差，详见表 3.36 和表 3.37。

表 3.36　预测样本误差分析表

样本序号	实测入渗系数 k/(cm/min)	预测入渗系数 k/(cm/min)	绝对误差/(cm/min)	相对误差/%
1	2.0000	2.0015	0.0015	0.0749
2	2.5851	2.5866	0.0015	0.0580
3	1.4860	1.4870	0.0010	0.0672
4	2.5115	2.5122	0.0007	0.0279
5	2.6087	2.6061	0.0026	0.0998
6	1.8423	1.8423	0.0000	0.0000
7	2.4746	2.4765	0.0019	0.0767
8	2.1112	2.1162	0.0050	0.2363
9	1.6053	1.6008	0.0045	0.2811
10	1.9623	1.9634	0.0011	0.0560
11	1.8105	1.8099	0.0006	0.0332
12	2.5187	2.5171	0.0016	0.0636
13	2.0409	2.043	0.0021	0.1028
最大值	2.6087	2.6061	0.0050	0.2811
最小值	1.4860	1.4870	0.0000	0.0000
平均值	2.1198	2.1202	0.0019	0.0906

表 3.37　校核样本误差分析表

样本序号	实测入渗系数 k/(cm/min)	预测入渗系数 k/(cm/min)	绝对误差/(cm/min)	相对误差/%
1	2.0000	2.0979	0.0979	4.6666
2	2.5851	2.5323	0.0528	2.0851
平均值	2.2926	2.3151	0.0754	3.3759

3.4.2　土壤水分入渗参数的 BP 预测模型

1. 备耕头水地土壤水分入渗参数预测模型

根据备耕头水地特点及土壤水分入渗数据样本数量，选择代表性好，且没有奇异值的数据组成训练样本和检验样本，最终确定建模训练样本 53 组，检验样本 6 组。

1) 基于 BP 神经网络对土壤水分入渗系数 k 的预测

(1) 训练结果。

将样本输入网络进行训练，神经网络学习训练经过迭代后收敛，并且网络准确地识别了学习样本，建立了输入参数与输出参数之间的一系列复杂的非线性映射关系，训练结果如下：

$$k = \text{logsig}\left\{\mathbf{iw}2 \times \left[\text{tansig}\left(\mathbf{iw}1 \times p + \mathbf{b}1\right)\right] + \mathbf{b}2\right\} \tag{3.55}$$

式中，$p = [\theta_1, \gamma_1, \omega_1, \omega_2, \varepsilon]$；$\mathbf{iw}1$ 为模型输入层到隐含层每一个神经元节点的权值向量；$\mathbf{iw}2$ 为模型隐含层每一个神经元节点到输出层的权值向量；$\mathbf{b}1$ 为隐含层每一个神经元节点的阈值向量；$\mathbf{b}2$ 为模型输出层每一个神经元节点的阈值向量。

隐含层神经元节点数分别为 5、10、15 时，网络模型训练误差曲线如图 3.48 所示。

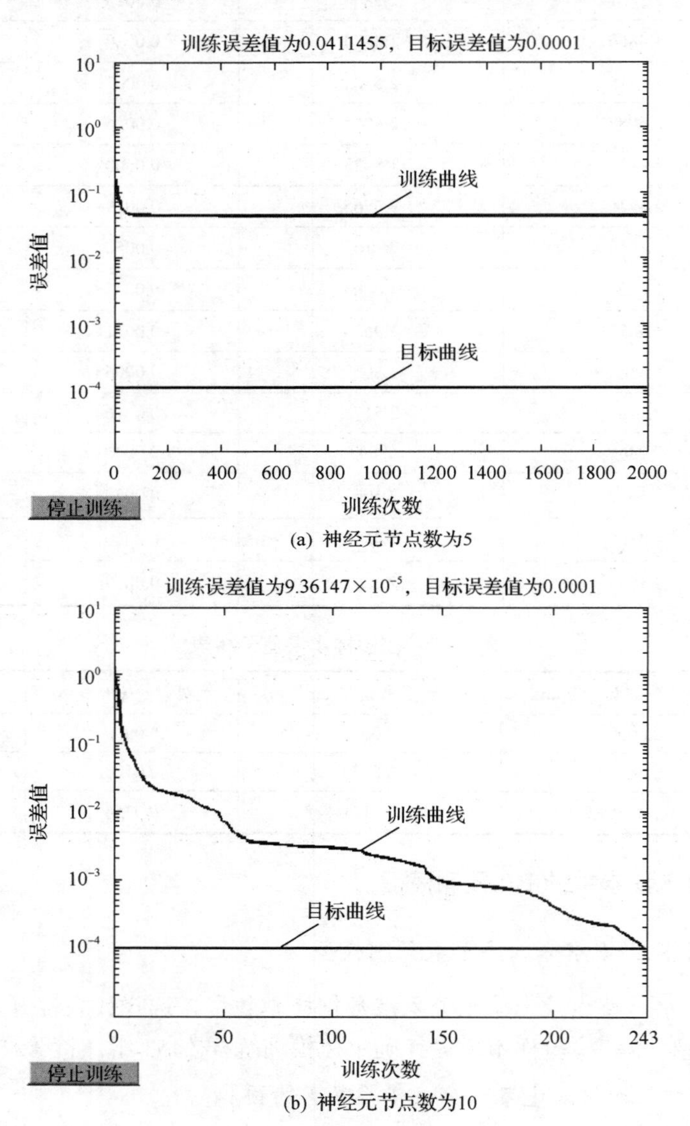

(a) 神经元节点数为5

(b) 神经元节点数为10

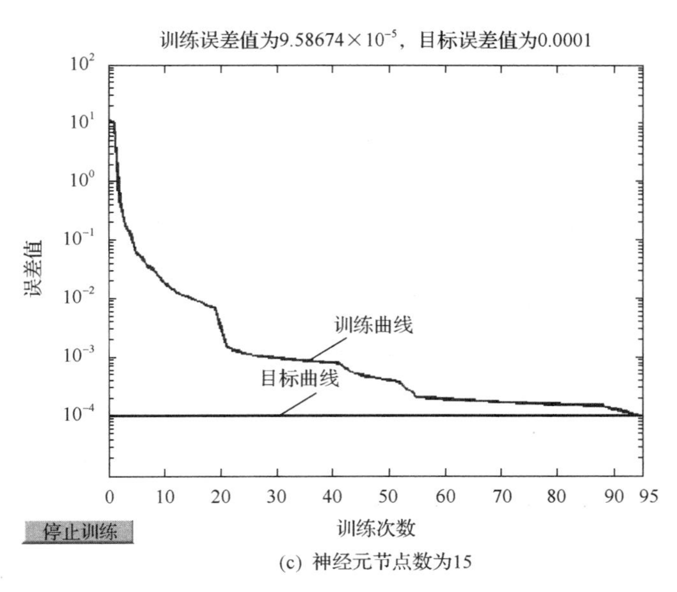

(c) 神经元节点数为15

图 3.48　不同隐含层神经元节点数下的网络模型训练误差曲线

图 3.48(a)是隐含层神经元节点数为 5 时，网络模型在训练次数达到 2000 时结束，其训练误差没有达到网络的目标误差值；图 3.48(b)和(c)是神经元节点数分别为 10、15 时的网络模型训练误差曲线图，由此可见，在隐含层神经元节点数为 10 的情况之下，网络训练即可达到目标精度，为了避免隐含层节点过多而导致训练次数增加，使网络训练陷入局部最小值，人们一般选择达到训练精度要求的较小的隐含层节点数。因此建立入渗系数 k 的 BP 预测模型中采用的隐含层神经元节点数为 10。对应于网络训练中权值与阈值向量矩阵，见表 3.38。

表 3.38　入渗系数 k 预测的权值与阈值向量矩阵表

iw1					b1	iw2	b2
−0.25179	−15.634	5.7241	7.6858	38.37	−0.71065	5.8642	− 0.23146
11.211	−6.8307	−3.3263	−5.1096	39.435	7.0985	−19.499	
−1.8747	−9.2288	−5.719	−1.2736	− 44.667	9.7675	15.09	
−1.2727	−12.368	−8.0167	−1.9215	−68.605	13.17	−12.272	
−12.872	3.4544	−1.2695	8.2984	−63.048	−6.6523	−22.403	
−15.121	−1.7661	25.142	7.8449	−33.605	−11.002	−5.9756	
11.555	0.51884	3.271	−9.7171	15.863	6.9485	−17.959	
11.2	−3.4565	−1.9923	−6.8454	−19.473	8.2285	15.054	
24.64	2.7649	−14.577	12.285	52.724	−10.861	29.207	
−29.005	−3.115	16.605	−13.156	4.1662	10.973	28.964	

(2) 训练样本的误差。

对建立好的神经网络进行训练，获得模型参数入渗系数 k 的预测值，对其预测值与实测值进行误差比较分析，计算其绝对误差和相对误差，结果见表 3.39。

表 3.39　训练样本入渗系数 k 的预测值与实测值的误差分析表

样本序号	入渗系数 k			
	实测值/(cm/min)	预测值/(cm/min)	绝对误差/(cm/min)	相对误差
1	1.877	1.8974	0.0204	0.010725
2	2.590	2.5917	0.0017	0.00656
⋮	⋮			
52	1.8533	1.8488	0.0045	0.00243
53	1.2932	1.2893	0.0039	0.00302
最大值			0.0394	0.0208
最小值			0.0000	0.0000
平均值			0.0054	0.0029

当隐含层神经元节点数为 10 时，网络模型在训练次数为 243 时达到了网络的目标精度值。入渗系数 k 的预测值与实测值的绝对误差的平均值为 0.0054cm/min，绝对误差的最大值为 0.0394cm/min，绝对误差的最小值为 0.0000cm/min；其相对误差的平均值为 0.0029，相对误差的最大值为 0.0208，相对误差的最小值为 0.0000；预测值与实测值的吻合程度较高，如图 3.49 所示。训练样本入渗系数 k 的预测值与实测值符合线性拟合，相关系数为 1，它们之间的相关性很好。

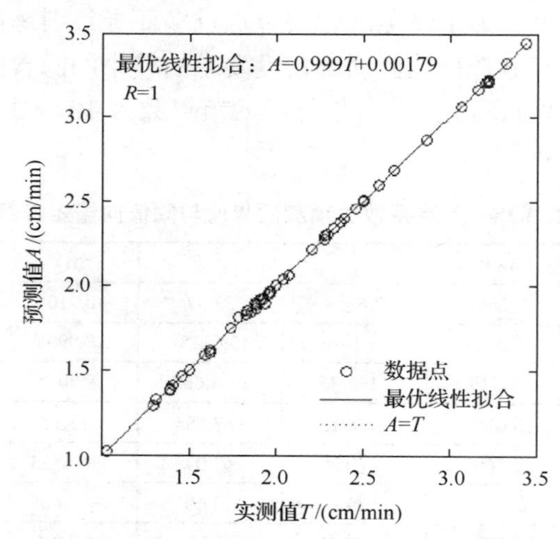

图 3.49　备耕头水地训练样本入渗系数 k 的预测值与实测值的相关性分析图

(3) 训练样本的显著性检验。

将建立的样本模型预测值与实测值进行回归显著性检验分析，在给定显著水平 η 下，检验得出相应的 $F_{0.05}$ 并计算预测模型的 F 值，比较 F 值和 $F_{0.05}$，判断甄别训练模型整体的显著性，见表 3.40。结果表明，$F>F_{0.05}$。因此可以得出，基于 BP 神经网络建立的预测模型的预测值与实测值之间的线性关系是显著的。

表 3.40　入渗系数 *k* 预测值与实测值显著性检验表

输出变量	F	$F_{0.05}$	平均误差
k	19.5973	3.0437	0.079

(4)检验样本的误差。

用训练好的网络对校核样本的 6 组数据进行检验，入渗系数 k 的检验结果见表 3.41。

表 3.41　检验样本入渗系数 *k* 的预测值与实测值的误差分析表

样本序号	入渗系数 k			
	实测值/(cm/min)	预测值/(cm/min)	绝对误差/(cm/min)	相对误差
1	4.0133	4.0126	0.0007	0.000174
2	2.8000	2.8008	0.0008	0.000286
⋮	⋮			
5	4.7668	4.7663	0.0005	0.000105
6	3.5000	3.5007	0.0007	0.000200
最大值			0.0012	0.000476
最小值			0.0005	0.0001
平均值			0.0008	0.0003

表 3.41 表明，检验样本入渗系数 k 的预测值与实测值的绝对误差的平均值为 0.0008cm/min，最大值为 0.0012cm/min，最小值为 0.0005cm/min；相对误差的平均值为 0.0003，最大值为 0.000476，最小值为 0.0001。预测值与实测值的吻合程度较好，相关性分析如图 3.50 所示。

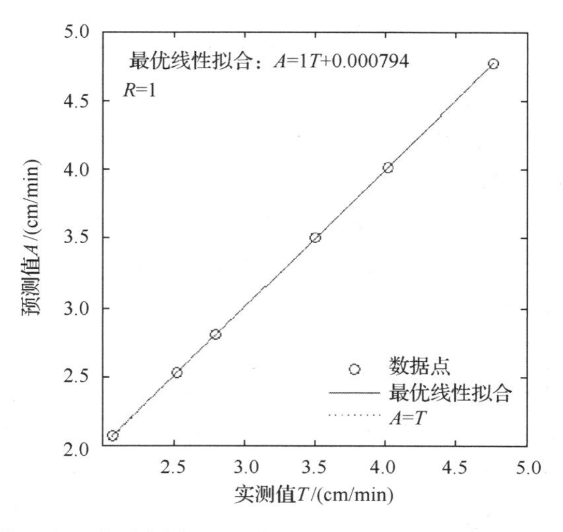

图 3.50　备耕头水地检验样本入渗系数 k 的预测值与实测值的相关性分析图

图 3.50 表明，检验样本入渗系数 k 的预测值与实测值符合线性拟合，相关系数为 1，相关性好。检验样本的预测值的绝对误差平均值为 0.0008cm/min，训练样本的绝对误差

的平均值为 0.0054cm/min，二者差距略大，但都在可接受范围内，可以认为所建立的 BP 预测模型的预测性能较好，可信度高，可以作为土壤水分入渗系数 k 的预测模型。

2) 基于 BP 神经网络对入渗指数 α 的预测

(1) 训练结果。

经网络训练，得到入渗指数 α 的权值与阈值向量矩阵，见表 3.42。

表 3.42 入渗指数 α 预测的权值与阈值向量矩阵表

(a) 输入层到隐含层的网络权值与阈值										
iw1										**b1**
−2.16840	−0.01976	1.78040	−1.94600	3.91850	−1.67070	1.37760	−1.02610	1.49120	−16.07400	−7.83020
1.58210	3.61380	0.12593	−0.95203	0.16867	−0.48991	−2.76740	−0.32363	−2.40800	7.46640	−0.05919
−0.48409	−2.94770	−2.45650	1.25190	−0.94449	−3.17490	−2.63160	5.08880	2.05520	5.14550	0.33189
−2.33470	−4.04610	−1.84070	−3.17800	−0.28718	2.45910	−2.97260	3.90410	−2.06880	11.13300	8.06610
−2.66990	0.41112	−1.76710	2.70060	3.30800	1.26790	2.57540	1.98210	1.23090	−21.37800	−7.18350
−1.67540	2.57930	1.43710	2.51430	−1.86210	1.25470	−0.53863	−1.84880	−0.74881	8.65620	−2.50090
−2.90010	3.25540	−0.01130	3.72790	−3.87550	−5.27650	−0.84757	−1.39130	2.98880	−17.12700	2.26890
−2.45390	−2.58080	−1.88490	−2.29890	−3.34610	3.92360	2.69120	−0.21324	−1.47540	2.21910	8.77430
−3.61960	3.62010	−0.38445	−0.96139	−3.26460	4.03450	−2.64160	−0.40483	1.58390	7.96750	2.55040
5.42180	1.99240	3.36800	−5.31090	0.38494	−1.33550	0.94636	3.66770	0.79484	12.8540	1.13990
(b) 隐含层到输出层的网络权值与阈值										
iw2										**b2**
0.52751	0.55900	−2.25330	−0.24957	0.11398	0.16889	−0.26343	0.22035	−0.93868	−1.17820	−0.66004

(2) 模型验证结果。

运用训练好的 BP 模型对 10 组检验样本进行预测和误差分析。误差分析结果显示：检验样本入渗指数 α 的预测数值与实测数值的绝对误差的平均值为 0.0124，绝对误差的最大值为 0.0260，绝对误差的最小值为 0.0006；其相对误差的平均值为 6.7%，相对误差的最大值为 14.05%，相对误差的最小值为 0.2%。预测值与实测值的吻合程度较好，如图 3.51 所示。

(3) 总体评价。

入渗指数 α 的检验模型的预测值与实测值线性拟合程度为 0.915，相关性较好。入渗指数 α 的训练样本的相对误差的平均值为 0.0055，训练网络精度较高，所建立的预测模型显著性强。预测模型对检验样本进行预测，其预测值与实测值的相对误差为 0.0124，与训练样本的相对误差有一定的差距，但其误差值小于 5%，在可接受的范围内。因此，基于 BP 神经网络建立的入渗指数 α 的预测模型泛化能力较好，可用于对入渗指数 α 的预测。

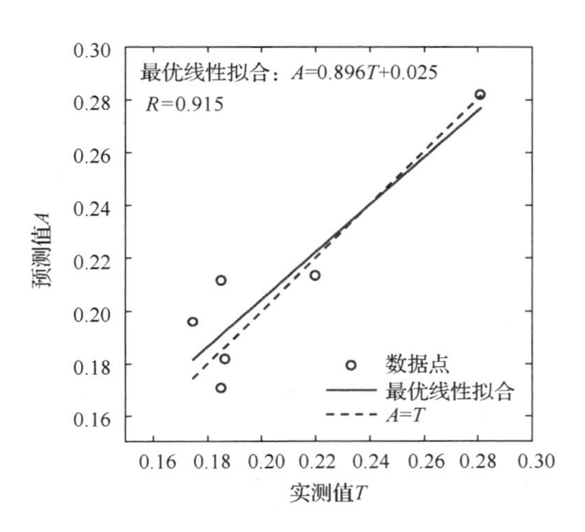

图 3.51　备耕头水地检验样本入渗指数 α 的预测值与实测值的相关性分析图

3) 基于 BP 神经网络对稳定入渗率 f_0 的预测

经对建模样本进行 BP 神经网络训练，得到稳定入渗率 f_0 预测的权值与阈值向量矩阵，见表 3.43。

表 3.43　稳定入渗率 f_0 预测的权值与阈值向量矩阵表

(a) 输入层到隐含层的网络权值与阈值矩阵

iw1									b1
−0.1748	−1.0155	2.9673	−2.7638	−0.0646	−0.1143	0.1113	0.0800	0.2582	−0.9951
−0.0299	0.3277	3.8440	3.2778	0.2347	0.2130	−0.2379	−0.2268	0.4752	−9.1429
0.8967	1.7274	3.7626	−2.6162	−0.3996	−0.2909	0.4183	−0.0220	−1.2596	−3.2583
0.0042	−0.4851	1.9161	0.8371	0.3296	0.2545	−0.3527	−0.2935	0.6393	−1.7965
−0.0825	−3.1067	3.5716	1.7891	−0.1479	−0.0882	0.1617	0.1013	0.2335	−2.2736
−0.5851	−2.2827	−1.2260	0.4898	−0.0475	0.2063	−0.4813	−0.6615	0.8552	6.6147
−0.1861	0.3923	2.2196	−2.8771	0.0306	−0.0738	−0.0551	0.1095	−0.1888	−0.1763

(b) 隐含层到输出层的网络权值与阈值矩阵

iw2									b2
0.2508	−0.0525	0.2508	−0.0525	0.2508	−0.0525	0.2508	−0.0525	0.2508	−0.0525

(1) 模型验证结果。

运用训练好的 BP 模型，对 7 组检验样本进行预测和误差分析。误差分析结果表明检验样本稳定入渗率 f_0 的预测值与实测值的绝对误差的平均值为 0.005cm/min，绝对误差的最大值为 0.01cm/min，绝对误差的最小值为 0cm/min；其相对误差的平均值为 4.4%，相对误差的最大值为 9%，相对误差的最小值为 0.02%；预测值与实测值吻合程度较好，相关系数达 0.988，如图 3.52 所示。

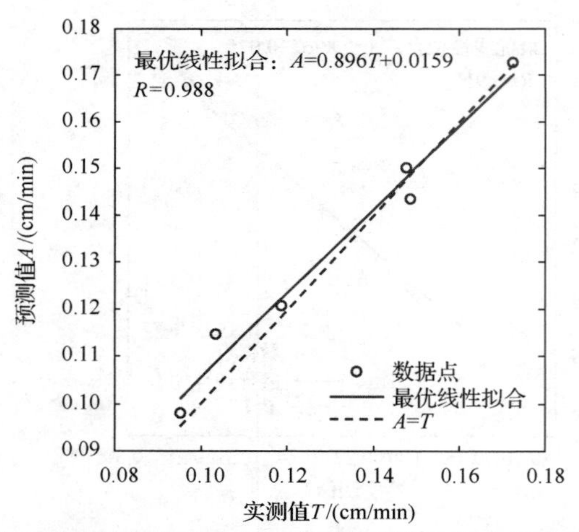

图 3.52　备耕头水地检验样本稳定入渗率 f_0 的预测值与实测值的相关性分析图

(2) 总体评价。

稳定入渗率 f_0 的训练样本的相对误差的平均值为 0.8%，精度较高，所建立的预测模型显著性强；预测模型对检验样本进行预测，其预测值与实测值的相对误差为 0.4%，稍稍大于网络的训练样本的相对误差值，但是考虑到其误差值小于 5%，在可接受的范围内，因此认为，基于 BP 模型建立的稳定入渗率 f_0 的预测模型对样本的适应能力、学习能力较好，可用于对土壤入渗参数稳定入渗率 f_0 的预测。

4) 基于 BP 神经网络模型对累积入渗量 H_{90} 的预测

(1) 基于各预测土壤入渗参数的 H_{90} 的预测。

BP 神经网络将入渗模型参数入渗系数 k、入渗指数 α、稳定入渗率 f_0 训练样本的预测值代入 Kostiakov 三参数入渗模型中，预测结果显示：训练样本中的 90min 累积入渗量 H_{90} 的绝对误差的平均数值为 0.74cm，最大值为 2.73cm，最小值为 0.003cm；相对误差的平均值为 4.9%，最大值为 16.5616%，最小值为 0.02%。预测值与实测值的吻合程度较好，如图 3.53 所示，相关系数为 0.975，在可接受的范围内。

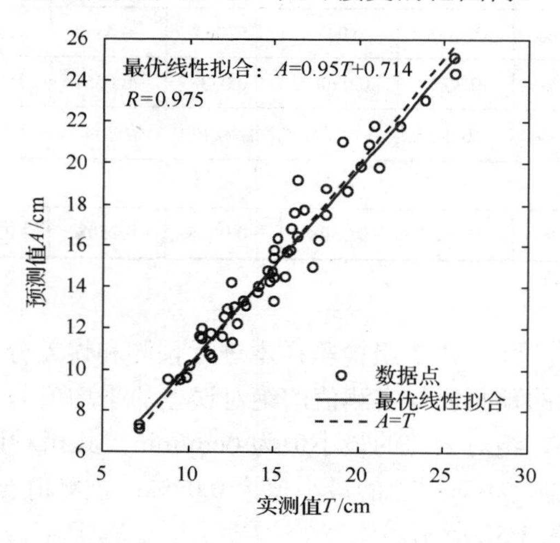

图 3.53　备耕头水地训练样本累积入渗量 H_{90} 的预测值与实测值的相关性分析图

(2) 检验样本 H_{90} 的误差分析。

基于 BP 神经网络建立入渗模型参数入渗系数 k、入渗指数 α、稳定入渗率 f_0 的预测模型，对 6 组非训练样本(检验样本)进行入渗系数 k、入渗指数 α、稳定入渗率 f_0 预测后，将入渗模型参数入渗系数 k、入渗指数 α、稳定入渗率 f_0 检验样本的预测值代入 Kostiakov 三参数入渗模型，得到检验样本的入渗参数 90min 累积入渗量 H_{90} 的预测值。预测结果显示，检验样本的 90min 累积入渗量 H_{90} 的绝对误差的平均数值为 1.154cm，最大值为 2.338cm，最小值为 0.040cm；相对误差的平均值为 6.9%，最大值为 15.7%，最小值为 0.3%。预测值与实测值的吻合程度较好，如图 3.54 所示。

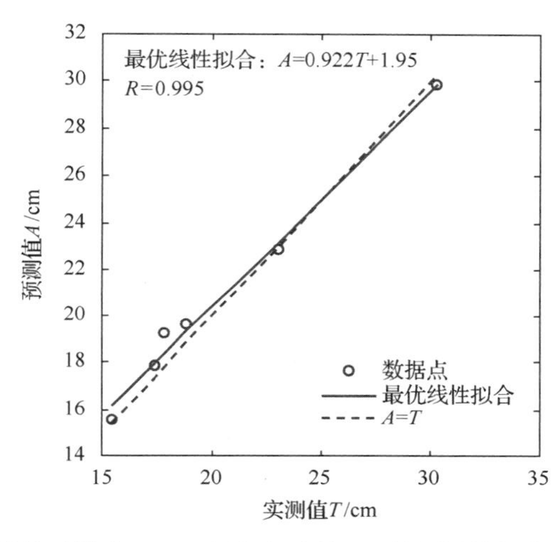

图 3.54　备耕头水地检验样本 90min 累积入渗量 H_{90} 的预测值与实测值的相关性分析图

(3) 总体评价。

基于 BP 神经网络建立的 Kostiakov 三参数入渗模型参数 BP 模型通过土壤含水率、土壤容重、土壤质地(砂粒、粉粒、黏粒含量)及土壤有机质含量对入渗系数 k、入渗指数 α 及稳定入渗率 f_0 的预测是可行的，并且预测精度较高。通过 BP 模型预测获得的入渗系数 k、入渗指数 α 及稳定入渗率 f_0 的参数值对 90min 累积入渗量 H_{90} 进行预测，其预测精度在可接受范围内，是可行的。

2. 非冻土非盐碱土壤水分入渗参数预报模型

综合运用备耕头水地和第二次、第三次灌溉土壤大田土壤入渗试验资料样本，选择代表性良好，且没有奇异值的数据组成训练样本和检验样本。确定训练样本 224 组，检验样本 20 组，对 Kostiakov 三参数土壤入渗模型参数进行预测。

1) 基于 BP 神经网络对入渗系数 k 的预测

(1) 训练结果。

将 224 组训练样本置于神经网络进行训练，得到非冻土非盐碱土入渗系数 k 的预测模型的权值与阈值向量矩阵，见表 3.44。

表 3.44　非冻土非盐碱土入渗系数 *k* 的预测模型的权值与阈值向量矩阵表

iw1					b1	iw2	b2
1.7756	−0.9623	−3.2640	0.9295	−1.0001	8.7694	0.3583	
0.0541	2.8345	−0.0487	0.0066	3.0842	−9.0692	−0.2958	
−0.1799	−13.7681	0.1804	0.0504	4.5181	−0.126	0.0901	
−0.2139	0.7791	−0.1187	−0.0620	−0.2575	−5.0065	0.3460	
−0.0588	5.6743	−0.1186	0.3321	−4.2756	−7.0791	−0.1462	
0.0577	5.5072	−0.0172	−0.0014	−2.6089	−5.2769	−0.4637	
0.3802	−3.5653	2.0198	0.7598	−0.1572	6.0688	0.2362	
−0.2691	6.4999	0.0022	0.2105	−1.1764	−0.0329	0.5480	
−0.3040	1.1260	0.8316	0.0713	0.5773	−3.7622	0.3878	
−0.7667	−1.1222	1.8963	−1.315	3.4893	0.4534	−0.2502	
0.1383	−3.8170	0.1550	−0.5058	0.6043	1.6858	−0.0250	0.5631
−0.2546	−5.1561	−0.0707	−0.3932	1.4397	8.5732	−0.7196	
−0.0435	−2.2916	−0.0183	0.0152	0.2673	3.1149	—	
0.6756	−3.1537	−1.3398	−0.1892	1.1446	11.2375	—	
0.0913	−2.1856	0.1690	−0.1978	2.2727	3.7439	—	
−1.6522	2.0956	−0.4115	1.2061	4.1003	−2.4045	—	
−1.6092	3.7772	0.3656	0.2533	−1.2410	−0.7811	—	
−0.6979	4.8907	−1.8187	3.3606	0.4071	1.0728	—	
1.9838	4.5192	−2.7660	1.0958	1.1228	−4.0473	—	
3.1714	1.6155	−0.1451	−1.1063	3.1766	−3.8879	—	

(2)模型验证。

用 20 组检验样本数据对训练好的 BP 模型进行检验。误差分析结果显示：20 组检验样本的入渗系数 k 的预测值与实测值的绝对误差的平均值为 0.14cm/min，最大值为 0.4cm/min，最小值为 0.001cm/min；相对误差的平均值为 6.42%，最大值为 17.2%，最小值为 0.52%。检验样本入渗系数 k 的预测值与实测值符合线性拟合，相关系数为 0.956，相关性好，如图 3.55 所示。

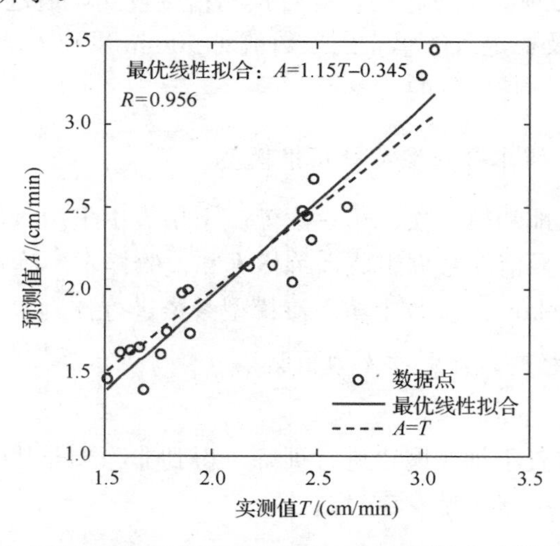

图 3.55　非冻土非盐碱土检验样本入渗系数 k 的预测值与实测值的相关性分析

(3) 总体评价。

检验样本的预测值的相对误差的平均值为 6.42%，训练样本的相对误差的平均值为 0.679%，二者差距略大，但都在可接受范围内，可以认为所建立的 BP 预测模型预测性能较好，可信度高，可以作为土壤水分入渗系数 k 的预测模型。

2) 基于 BP 神经网络对入渗指数 α 的预测

(1) 训练结果。

将 224 组训练样本置于 BP 神经网络进行训练，得到非冻土非盐碱土入渗指数 α 的预测模型的权值与阈值向量矩阵，见表 3.45。

表 3.45　非冻土非盐碱土入渗指数 α 的预测模型的权值与阈值向量矩阵表

(a) 输入层到隐含层的网络权值与阈值

iw1/(1.0×10^3)										**b**1/(1.0×10^3)
0.0074	0.0018	−0.0347	−0.0079	−0.0797	−0.0859	−0.0925	0.0322	−0.0468	0.0501	−0.0344
0.0672	0.0121	−0.0520	−0.0689	−0.0790	0.1193	−0.1090	0.0063	−0.1794	−0.2040	−0.0275
−0.0084	−0.0406	−0.0033	−0.0058	−0.0000	−0.0239	−0.0113	0.0176	0.0537	−0.0012	0.002
0.4583	−1.1554	0.0866	−0.1612	0.3760	−0.1373	0.6421	−0.4564	−0.3656	−0.2434	0.1362
−0.4951	1.6216	−1.8772	−1.8487	−1.6142	−0.1762	−0.7284	−0.0628	0.2018	−1.7429	0.6605
−0.1580	0.0035	−2.6355	0.2565	3.0583	0.0060	−0.1249	0.0503	0.0304	−0.1039	−1.3208
−0.0713	−0.0014	3.0623	1.8877	0.9114	−0.0458	−0.0507	−0.2270	−0.0850	−0.1428	−0.945
0.0130	0.0131	0.0088	0.0027	0.0205	−0.0110	0.0136	0.0093	0.0117	0.0512	0.0026
−0.4798	−0.4590	1.2077	0.3621	1.2256	−0.6498	−0.3981	−0.4492	−0.6021	1.3221	−0.4379
−0.0005	0.0016	0.0309	0.0046	−0.0235	−0.0001	0.0007	−0.0002	0.0001	−0.0013	−0.0251
−0.0201	−0.0127	0.0000	−0.0119	0.0006	−0.0209	−0.0053	−0.0003	0.0167	−0.0056	−0.0073
−0.2283	0.2250	−0.4110	−0.5449	−0.7140	0.2794	−0.5128	0.0732	−0.2419	2.1691	−0.7636
−0.0025	−0.0446	−0.0729	0.0256	0.0053	0.0898	−0.0395	−0.0371	0.0271	0.0261	0.0056
−0.6522	0.5051	0.8510	0.6547	−0.5847	0.0376	−0.5602	−0.1235	0.0920	2.4755	−0.378
0.0088	0.0874	0.2951	0.9055	−0.3700	−0.0606	−0.2357	0.1221	0.0301	0.2215	0.1134
0.0560	−0.0804	5.3881	−0.5883	−1.6214	−0.0002	0.0239	−0.0849	−0.0826	−0.6622	2.2107
0.0613	−0.1944	0.5536	0.5574	0.6193	−0.2529	0.1455	0.2328	−0.4710	−0.2443	−0.5207
−0.0247	0.1974	−0.5256	0.5832	0.0430	0.1711	0.0119	−0.2181	−0.0863	0.5236	−0.087
0.0840	0.0821	−5.2762	−2.7904	3.4308	−0.0066	−0.0580	0.0085	0.0633	0.1759	−0.6043
0.2629	−0.2440	0.1069	0.1074	−0.0099	0.0273	−0.0608	−0.0445	0.0326	−0.0530	−0.0032
−0.0098	−0.1199	−0.0307	0.0270	−0.0379	−0.0451	0.0938	0.0487	0.0354	−0.0627	−0.0185
−0.0168	−0.0043	−0.0068	−0.0053	0.0042	0.0065	−0.0130	0.0173	0.0060	−0.0147	0.0019

(b) 隐含层到输出层的网络权值与阈值

iw2											**b**2
−0.0039	−0.0089	0.0111	−0.0128	−0.0013	−0.0049	−0.0014	−0.0408	0.0011	−0.0110	−0.0395	0.232
0.0017	0.0002	0.0002	−0.0134	0.0162	0.0152	−0.0010	0.0005	−0.0027	0.0028	0.0172	

(2) 模型验证。

用 20 组检验样本数据对训练好的 BP 模型进行检验。误差分析表明：20 组检验样本入渗指数 α 的预测值与实测值的绝对误差的平均值为 0.013，最大值为 0.01，最小值为 0.0；其相对误差的平均值为 4.16%，最大值为 28.67%，最小值为 0.0%。预测值与实测值的吻合程度较好，相关系数为 0.897，如图 3.56 所示。

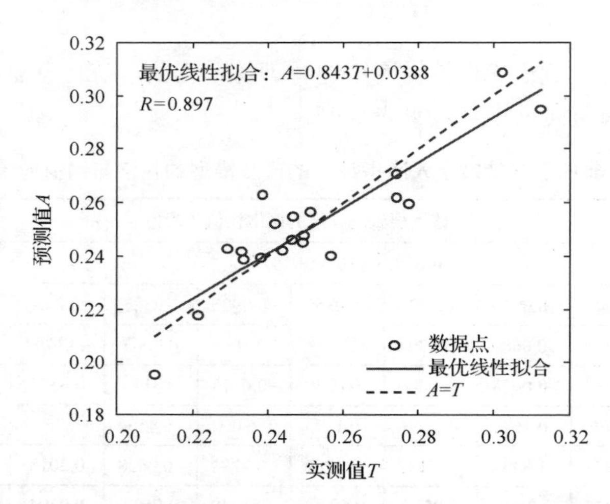

图 3.56　非冻土非盐碱土检验样本入渗指数 α 的预测值与实测值的相关性分析图

(3) 总体评价。

入渗指数 α 的训练样本的相对误差的平均值为 1.20%，训练网络精度较高，所建立的预测模型的显著性强。预测模型对检验样本进行预测，其预测值与实测值的相对误差为 4.16%，与训练样本的相对误差有一定差距，但其误差值小于 5%，在可接受的范围内。因此，基于 BP 神经网络建立的预测模型的泛化能力较好，可应用于对参数 α 的预测实践。

3) 基于 BP 神经网络对稳定入渗率 f_0 的预测

(1) 训练结果。

将 224 组训练样本置于 BP 神经网络进行训练，得到稳定入渗率 f_0 的预测模型的权值与阈值向量矩阵，见表 3.46。

(2) 模型验证。

用 20 组验证样本数据对训练好的 BP 模型进行检验。验证结果可以看出：检验样本的预测值与实测值的绝对误差的平均值为 0.005cm/min，最大值为 0.01cm/min，最小值为 0.0cm/min；其相对误差的平均值为 4.4%，最大值为 9%，最小值为 0.02%。预测值与实测值的吻合程度较好，相关系数为 0.911，如图 3.57 所示。

表 3.46　非冻土非盐碱土稳定入渗率 f_0 预测的权值与阈值向量矩阵表

(a) 输入层到隐含层的网络权值与阈值

iw1									b1
−0.3254	10.6550	−10.6122	−15.0071	−0.2162	0.0112	0.4591	0.2273	0.0872	−4.4326
−0.0498	−6.8558	5.8069	−18.1456	0.0683	0.9081	0.6548	0.2153	−3.8062	−17.7171
−1.0499	−2.3014	−3.4221	4.2084	−0.2674	0.2054	−0.2168	0.1699	−2.4982	−18.2143
0.0065	1.3962	0.2485	1.1198	0.0100	0.0004	−0.0275	−0.0207	−0.2032	−4.5746
−0.0473	1.7506	−9.4954	0.1049	−0.1114	−0.0746	0.1738	0.2398	0.3488	−2.7434
0.8841	−12.3384	−12.0523	−13.8572	−0.1712	0.6343	0.5517	0.3717	−2.2262	−2.6394
−0.1518	−2.3110	−0.2860	9.3345	0.0109	0.0649	−0.0546	−0.0481	0.1384	−4.5132
−2.0226	5.5703	14.2802	13.6485	−1.1141	−0.4059	0.5285	0.7970	−8.3004	1.9543
1.1887	−6.4122	−0.5291	−4.2234	0.3745	0.0583	−0.0830	−0.1921	−4.0518	−6.5805
−0.5442	−8.2134	−14.5227	20.4776	0.1113	0.8297	−0.0308	−0.1467	4.6816	−4.7585
−0.8752	−0.6317	−3.4835	1.5760	0.7512	1.5061	0.0528	0.0039	1.1685	−14.4735
−0.8918	2.2270	−5.2421	6.5786	0.2205	−0.0495	0.1179	0.3290	−3.3832	−3.1817
−0.0393	−3.1527	−4.2855	−0.4249	−0.0106	0.0797	0.1290	0.1086	0.0657	−0.3748
0.1990	10.9684	−6.8899	29.1640	0.0763	−1.9552	−0.7976	−0.3253	3.3344	14.7248
−1.0865	−10.9582	−10.2684	5.2899	−0.1805	1.6657	0.3236	0.4710	5.4867	−9.9316

(b) 隐含层到输出层的网络权值与阈值

iw2					b2
−0.0008	−0.0075	−0.0014	−0.5209	−0.0029	3.9115
0.0007	0.0120	−0.0020	−0.0016	−0.0050	
0.0033	0.0001	0.0125	−0.0017	0.0043	

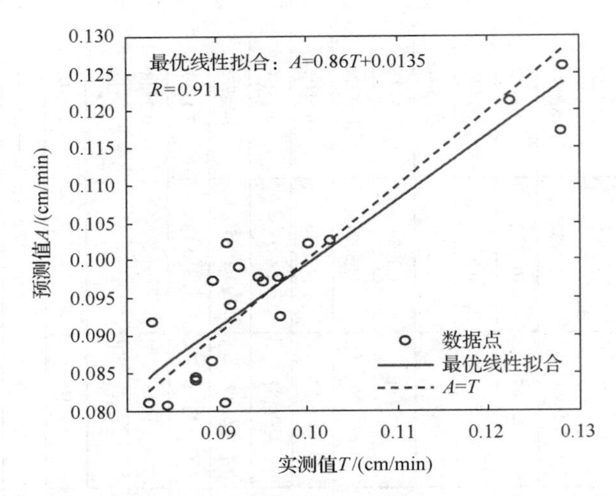

图 3.57 非冻土非盐碱土检验样本稳定入渗率 f_0 的预测值与实测值的相关性分析图

(3) 总体评价。

稳定入渗率 f_0 的训练样本的相对误差的平均值为 1.29%，训练网络精度较高，所建立的预测模型显著性强。预测模型对检验样本进行预测，其预测值与实测值的相对误差为 4.42%，稍稍大于网络的训练样本的相对误差值，但是考虑到其误差值小于 5%，在可接受的范围内，因此认为，基于 BP 神经网络建立的稳定入渗率 f_0 的预测模型对样本的适应能力、学习能力较好，能够实现对稳定入渗率 f_0 的预测。

4) 基于 BP 神经网络模型对累积入渗量 H_{90} 的预测

(1) 基于各预测土壤入渗参数的 90min 累积入渗量 H_{90} 的预测。

将入渗模型参数入渗系数 k、入渗指数 α、稳定入渗率 f_0 训练样本的预测值联合代入 Kostiakov 三参数入渗模型中，得到训练样本的预测参数对 90min 累积入渗量 H_{90} 的预测值。其预测值与实测值的误差分析结果显示：训练样本中的 90min 累积入渗量 H_{90} 的绝对误差的平均值为 0.83cm，最大值为 2.8cm，最小值为 0.02cm；相对误差的平均值为 6%，最大值为 20%，最小值为 0.11%。预测值与实测值的吻合程度较好，相关系数为 0.83，如图 3.58 所示。

(2) 检验样本 90min 累积入渗量 H_{90} 的误差分析。

将基于 BP 神经网络建立的入渗模型参数入渗系数 k、入渗指数 α、稳定入渗率 f_0 的预测模型应用于随机选定的 20 组非训练样本(检验样本)，得到土壤入渗模型参数入渗系数 k、入渗指数 α、稳定入渗率 f_0，将入渗模型参数入渗系数 k、入渗指数 α、稳定入渗率 f_0 和给定时间(90min) 累积入渗量代入 Kostiakov 三参数入渗模型，便得到检验样本的 90min 累积入渗量 H_{90} 的预测值。其预测值与实测值的误差分析结果显示：检验样本的 90min 累积入渗量 H_{90} 的绝对误差的平均值为 1.154cm，最大值为 2.338cm，最小值为 0.040cm；相对误差的平均值为 6.9%，最大值为 15.7%，最小值为 0.3%。预测值与实测值的吻合程度较好，相关系数为 0.945，如图 3.59 所示。

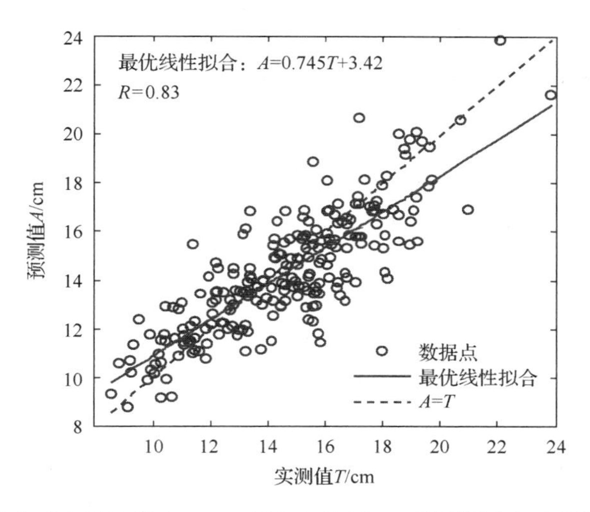

图 3.58　非冻土非盐碱土训练样本 90min 累积入渗量 H_{90} 的预测值与实测值的相关性分析图

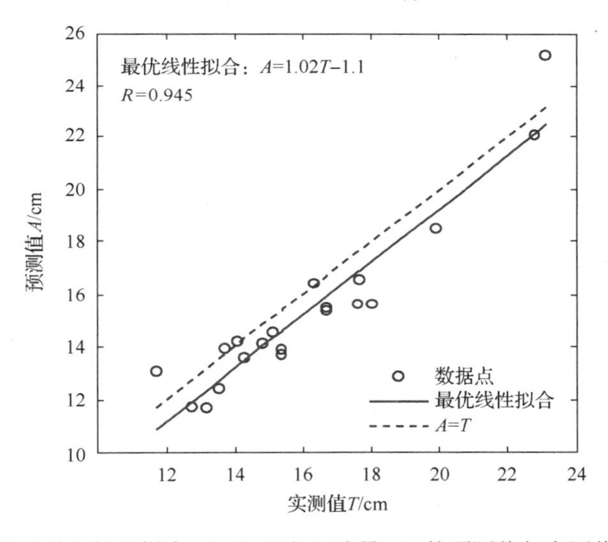

图 3.59　非冻土非盐碱土检验样本 90min 累积入渗量 H_{90} 的预测值与实测值的相关性分析图

(3) 总体评价。

基于 BP 神经网络方法建立的 Kostiakov 三参数入渗模型参数预测模型，通过土壤含水率、土壤容重、土壤质地(砂粒、粉粒、黏粒含量)及土壤有机质含量，实现对入渗系数 k、入渗指数 α 及稳定入渗率 f_0 的预测是可行的，并且其具有较高的预测精度。通过所建的预测模型获得的入渗系数 k、入渗指数 α 及稳定入渗率 f_0 的参数值对 90min 累积入渗量 H_{90} 进行预测，其预测精度在可接受范围内，可行性较高。

90min 累积入渗量 H_{90} 的预测值与实测值拟合程度很好，线性相关系数为 0.945，相对误差平均值为 6.9%，在可接受范围内。可以看出，入渗模型参数入渗系数 k、入渗指数 α、稳定入渗率 f_0 的训练网络精度均良好，通过它们预测 90min 累积入渗量 H_{90} 是可行的。

3. 盐碱土土壤水分入渗参数预测模型

根据盐碱土水分入渗数据样本特点，选择代表性良好，且没有奇异值的数据组成训练样本和检验样本，最终确定训练样本 62 组，检验样本 5 组。

在相同土壤结构下，盐碱土壤的入渗能力远小于非盐碱土壤，这是因为盐碱土壤表层积累了大量盐分，在降雨或进行灌溉时，盐分溶解于水中并随着水流向下入渗，由于原生荒地盐碱土 pH 一般都大于 7.5，Ca^{2+}、Mg^{2+}在碱性环境中难以溶解，渗流中的阳离子几乎全部为 Na^{+}，土壤胶体表面所吸附的 Ca^{2+}、Mg^{2+}被大量的 Na^{+}交换，代换性 Na^{+}致使土壤分散，引起土壤孔隙结构的破坏，孔隙通道变得狭窄，甚至被堵塞，导致单位面积的土壤入渗量(水力传导度)减小，入渗能力降低；另外，土壤孔隙被堵塞，使得原来水势差下的渗流路径延长，土水势梯度减小，导致单位时间内通过单位面积的渗流量减小，入渗能力降低[137, 157]。可见，含盐量与土壤的碱化程度对盐碱地土壤水分入渗性能有很大的影响，因此在建立盐碱土土壤水分入渗参数预测模型时除了考虑非盐碱地中的输入变量还应将土壤含盐量及 pH 也作为模型的输入变量。经分析与试算，盐碱土壤水分入渗模型参数 BP 模型预测中，Kostiakov 三参数土壤入渗模型的不同参数入渗系数 k、入渗指数 α 和稳定入渗率 f_0 的输入变量不同，如下所述。

入渗系数 k 的输入变量有土壤体积含水率 θ_1(0～20cm)、土壤有机质含量 G(0～20cm)、土壤质地中的砂粒含量 ω_1(0～20cm)和粉粒含量 ω_2(0～20cm)、土壤容重 γ_1(0～20cm)、土壤含盐量 μ(0～20cm)、土壤 pH ζ(0～20cm) 7 个变量。

入渗指数 α 的输入变量有土壤体积含水率 θ_1(0～20cm)及 θ_2(20～40cm)、土壤容重 γ_1(0～20cm)及 γ_2(20～40cm)、耕层土壤砂粒含量 ω_1(0～20cm)和粉粒含量 ω_2(0～20cm)、犁底层土壤砂粒含量 ω_1'(20～40cm)和粉粒含量 ω_2'(20～40cm)、土壤有机质含量 G(0～20cm)、土壤含盐量 μ(0～20cm)、土壤 pH ζ(0～20cm) 11 个变量。

稳定入渗率 f_0 的输入变量有土壤体积含水率 θ_2(20～40cm)、土壤容重 γ_1(0～20cm)及 γ_2(20～40cm)、耕层土壤砂粒含量 ω_1(0～20cm)和粉粒含量 ω_2(0～20cm)、犁底层土壤砂粒含量 ω_1'(20～40cm)和粉粒含量 ω_2'(20～40cm)、土壤有机质含量 ε(0～20cm)、土壤含盐量 μ(0～20cm)、土壤 pH ζ(0～20cm) 10 个变量。

1) BP 神经网络对入渗系数 k 的预测

(1) 训练结果。

将 62 组训练样本置于神经网络进行训练，得到盐碱土入渗系数 k 的预测模型的权值与阈值向量矩阵，见表 3.47。

(2) 模型验证。

将随机选取的 5 组验证样本数据应用于训练好的 BP 模型，对 5 组模型精度进行验证。入渗系数 k 的验证结果显示：入渗系数 k 检验样本的预测值与实测值的绝对误差的平均值为 0.15cm，最大值为 0.46cm，最小值为 0.018cm；相对误差的平均值为 6.56%，最大值为 16.41%，最小值为 1.2%。预测值与实测值的吻合程度较高，如图 3.60 所示，相关系数为 0.986，两者间的相关性很好。

表 3.47　盐碱土入渗系数 k 的预测模型的权值与阈值向量矩阵表

iw1							b1	iw2	b2
−8.2422	−2.7807	2.2212	1.1159	−1.9587	2.7036	3.1359	4.8222	6.2684	
0.8506	−2.6676	−2.2361	−1.4469	0.9333	−1.7357	0.1276	−1.8046	3.3188	
−1.2677	0.345	−0.0093	0.2471	1.0754	0.6923	−2.8424	−4.8406	3.8103	
−8.0392	7.7232	0.9226	3.6307	−1.2461	4.2859	3.0787	2.1586	−9.4356	
−32.8441	16.8761	3.4885	1.6348	−7.8062	6.7978	6.0684	4.8201	−8.4343	
−9.6672	−0.4316	4.9805	−3.1501	1.8412	3.6718	−1.6903	2.5069	−10.3849	
−14.8256	8.5142	2.6666	0.3581	−0.703	6.1848	−4.279	6.5889	14.7625	
20.2265	1.1965	−1.1939	−3.893	−12.4448	−2.0074	2.2555	−2.4312	5.4905	−2.3641
2.0178	−2.2515	0.1655	0.1481	−1.3178	−1.6426	0.3061	4.7739	−2.117	
8.0595	−8.0117	2.5784	−2.1608	0.3466	1.7808	5.3204	−3.9739	−5.489	
−1.1241	−24.3663	1.649	2.2581	0.2373	−0.7058	−0.9898	−1.0822	−10.1441	
−2.9807	10.7569	−0.4782	−0.4849	−1.9278	−0.6144	1.2961	−1.796	3.7159	
−4.823	4.4265	1.182	−0.1716	−0.5118	0.1814	3.0451	−2.3354	−10.452	
−8.8535	−9.7125	0.5839	−2.5754	−1.6336	−1.0788	−1.9719	9.0816	−3.5757	
4.9312	10.3107	−2.8293	6.3351	−1.5992	−5.4414	−9.6849	3.0365	−9.2388	

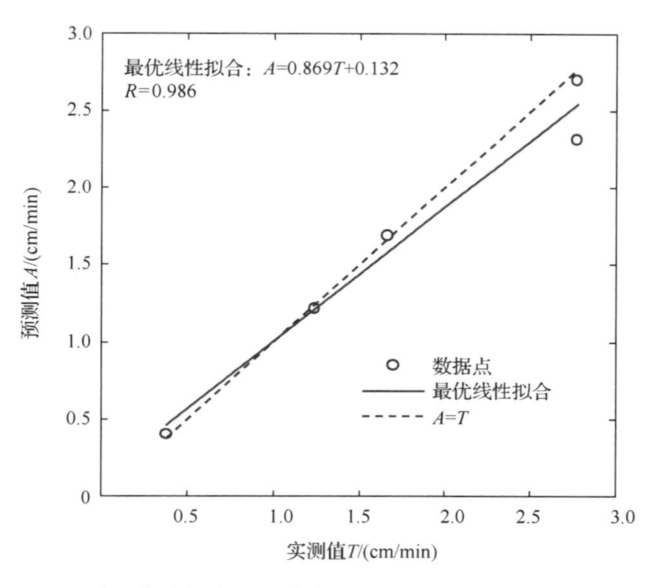

图 3.60　盐碱土检验样本入渗系数 k 的预测值与实测值的相关性分析

2) BP 神经网络对入渗指数 α 的预测

(1) 训练结果。

网络训练中盐碱土入渗指数 α 的预测模型的权值与阈值向量矩阵见表 3.48。

表 3.48　盐碱土入渗指数 α 的预测模型的权值与阈值向量矩阵表

(a) 输入层到隐含层的网络权值与阈值

iw1											b1
0.3076	−1.0487	0.5143	1.5102	−2.6849	−0.7465	−0.7524	−0.2181	−0.9391	0.8009	0.1965	−1.6962
−4.5005	−3.3722	4.0453	0.6325	−0.7229	0.2682	−1.2275	1.0141	−2.4543	0.8728	−1.0382	3.5313
5.4060	−2.6904	−0.4097	−0.5945	−0.8866	0.6478	−1.0818	3.2166	−0.7252	1.5216	0.2810	−2.1504
−0.2776	−1.9130	2.7869	−1.6604	−0.5582	1.2397	−2.4907	−0.1954	0.2646	−0.4701	0.4752	−0.4534
14.8673	1.2070	5.1232	−1.6843	−0.5990	−2.0492	2.5299	−2.4542	−1.4048	−2.3216	−0.3293	−3.1132
−0.3241	−0.7240	−1.2368	2.7733	−1.0287	0.7914	−0.9440	0.5806	1.2490	−0.4907	0.5271	0.7579
−19.7269	1.2803	18.0347	−1.7725	−1.4498	2.6876	0.1958	−0.8895	−0.6518	−2.1397	4.6171	0.5076
−1.5425	1.5330	−0.8915	1.4865	−0.7748	−0.2291	1.1678	0.9774	−1.3865	1.2883	−0.7724	2.9871
1.1981	0.8811	0.4674	1.6005	−1.6336	−1.2927	−0.4281	−0.6040	−1.554	−0.2473	2.0057	0.1949
−3.9327	−3.0888	0.7119	−1.6055	−0.0292	0.3849	−1.3554	0.0248	2.3989	0.4976	0.7813	1.7792
2.0997	−1.3909	−3.7233	−0.0538	−1.5297	−0.9604	−1.0467	1.8244	−2.6367	0.0881	0.2857	1.6118
−14.8529	0.1770	2.8147	1.6318	0.9723	0.6277	1.9479	1.7765	5.3466	3.2245	−1.6409	3.1405
−4.6563	−0.8604	−3.8127	0.6219	1.7380	−1.7677	−1.8773	0.4252	0.6334	3.5088	1.1556	1.1376
−1.4123	2.3256	−1.9444	0.1543	0.1160	1.5852	0.3560	1.0336	−0.3922	−1.0752	−1.3764	1.4158
8.0216	−0.2017	−5.9204	−1.8271	2.1421	−1.5080	0.0586	0.8632	0.6560	−4.1557	1.5641	−2.3030
−1.3235	−3.2188	−21.5963	3.3130	5.0656	−3.8958	−1.9112	4.7096	−0.2455	3.2894	0.3691	3.6177
1.4768	−1.5581	0.0891	−1.2000	−1.4525	1.5777	0.5827	1.6481	−1.0285	0.6664	0.5283	0.2356
19.7497	1.5107	−11.9813	0.6539	0.0768	−3.1110	−0.0564	−3.0367	1.3008	0.9063	−5.2717	−1.4153
−2.9205	−1.2634	17.3028	−0.2152	0.9772	−3.7552	0.0306	2.2740	−0.0456	−1.6867	1.8466	−1.0419
2.0580	1.8855	3.1681	0.2533	0.3015	1.5645	−0.5210	0.4006	1.9835	−1.6766	1.6691	−1.3905
1.1622	1.4728	−2.1395	−0.9401	1.2607	1.4346	0.0863	1.2427	−0.8834	0.1032	−1.2190	1.0878
−9.9536	0.6937	−3.9389	−1.9931	0.4311	2.8809	2.7059	−0.5696	2.2541	2.2942	0.1796	−2.7985
2.6010	−0.457	0.7232	−0.6373	−2.4951	1.9938	2.6953	−0.3538	−0.3634	1.0056	0.7607	−3.3807
−1.1568	−0.2545	2.5240	−2.3412	0.1868	−0.1899	0.5599	−0.5571	1.8483	−1.0606	−1.6845	1.3217
2.0804	−1.0776	1.1088	0.6899	−1.1463	0.5569	−1.1559	2.0478	1.8377	−0.8714	−0.5551	−0.6693

(b) 隐含层到输出层的网络权值与阈值

iw2					b2
1.7793	−5.0055	−5.0673	−2.6097	−6.4209	−1.2494
−1.1738	−10.2924	−2.7576	−2.3327	−2.7012	
−4.2607	−11.9591	−5.7750	−2.8725	−8.4240	
12.5300	0.8081	−13.3820	9.7349	3.0435	
−1.8694	−9.2015	2.9245	3.1375	−2.2465	

(2) 模型验证。

入渗指数 α 的检验样本的预测结果与实测数据误差分析结果显示：检验样本入渗指数 α 的预测值与实测值的绝对误差的平均值为 0.0120cm，最大值为 0.0229cm，最小值为 0.0054cm；其相对误差的平均值为 6.2243%，最大值为 14.9673%，最小值为 1.1107%。预测值与实测值的吻合程度较好，相关系数为 0.999，如图 3.61 所示。

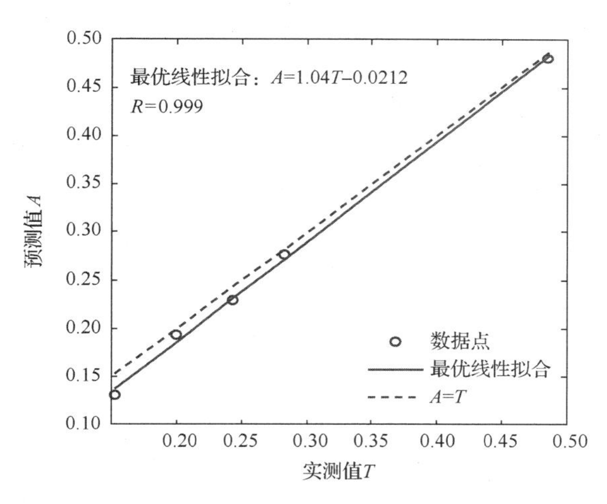

图3.61　盐碱土检验样本入渗指数 α 的预测值与实测值的相关性分析图

3）基于BP神经网络对相对稳定入渗率 f_0 的预测

(1)训练结果。

对应的网络训练中盐碱土稳定入渗率 f_0 的预测模型的权值与阈值向量矩阵见表3.49。

表3.49　盐碱土稳定入渗率 f_0 的预测模型的权值与阈值向量矩阵表

(a)输入层到隐含层的网络权值与阈值

iw1										b1
0.6695	5.6602	−1.4917	−0.8402	−1.8973	−0.3770	2.1406	−0.9954	−2.1465	−0.1538	0.9736
2.0985	1.2241	0.2072	0.6980	−0.4991	−2.4471	−0.8850	1.6225	0.4466	−0.4596	−2.7832
0.4891	−3.5692	−0.6346	−0.4772	−0.9694	0.4317	−1.4985	0.8921	−0.5551	1.6187	−2.6417
1.4073	−16.9429	−0.4409	−1.8846	1.4459	−1.3546	1.3469	1.0157	−1.0888	3.1742	1.8754
−0.2248	0.3820	0.4662	−0.4959	−0.3304	1.2645	−1.4195	1.7404	−1.9688	1.3486	3.3563
0.5792	−1.7209	−0.4952	−1.1410	−0.5935	1.2198	−0.0628	−0.1966	−2.8954	−0.8348	−0.1945
−3.4161	−26.5151	5.0442	−0.5019	7.8182	1.6870	−0.3944	4.1783	0.2284	3.3028	0.6847
−3.4954	38.6555	−6.8335	−1.8854	−2.0621	−6.6022	4.3885	−3.0338	−0.5557	0.5499	−7.0614
0.0704	7.2799	1.2498	0.2006	2.3512	0.0647	0.1315	−0.0597	0.4265	−0.0496	−6.9873
2.0844	−4.3655	1.4341	1.6896	−0.7530	2.7973	1.6941	−0.4162	0.0583	2.7410	−1.2689
−2.1005	−6.4859	−0.3875	0.8921	0.1032	−1.6702	1.1922	1.4415	2.1716	−1.6264	−2.507
−0.9531	−1.7418	0.3278	−0.5511	−1.1440	0.2048	−0.7064	−0.2171	1.0203	−3.6352	1.8857
−2.3478	7.3280	−1.0602	0.7661	0.0392	1.4018	−2.4658	−0.3407	−2.8638	−0.1861	−0.4235
−2.8917	−19.5957	−0.6700	−0.9691	2.4383	−1.2459	3.4454	7.0188	−0.3686	3.5303	4.0403
3.8081	−27.3859	5.1551	−0.4651	2.6843	4.9251	−1.3706	−1.8328	3.4793	1.5984	−0.9727
−0.1018	−0.0760	0.9737	0.3440	−0.4709	1.4069	−2.0292	1.1780	−1.5297	−2.1127	2.9114
2.6244	−59.5189	4.4772	−8.1739	10.5497	7.6222	−10.015	12.1550	27.6014	−9.5331	4.1456
−5.2184	−27.3785	6.0695	0.4758	4.6107	2.9679	−2.1176	6.8776	−3.2745	3.0285	−0.0783
3.9467	32.6435	0.1122	−2.233	−6.4568	2.0650	−6.1368	−10.631	−0.8858	−3.0389	−1.9988
1.6622	23.8133	−8.4176	4.3619	−7.2993	−6.0288	6.1096	−0.2186	−1.3044	−4.1369	1.8058
−0.5953	33.4281	−5.9161	0.3841	−3.2315	−7.5209	4.4289	−0.6964	−2.8632	−1.8429	−5.3144

续表

(a) 输入层到隐含层的网络权值与阈值

iw1										b1
2.8609	3.5463	0.3279	−2.3114	2.6670	−0.4785	−0.2444	−0.3079	−0.3347	1.0288	0.2999
4.9860	31.8631	−7.6901	−3.1858	−5.7720	−2.3795	1.1192	−4.9832	5.8562	−2.4876	−6.3783
0.1733	−0.8700	−1.1697	−1.3829	−0.8186	1.6811	−2.0055	−1.5205	−0.4385	−2.1895	4.7248
−5.4418	−17.2018	−0.3853	2.2350	3.0447	−1.1373	2.1399	11.5388	5.8161	−5.5898	−0.3268
−0.5426	−8.5454	−0.3486	−0.6427	0.2586	−1.0830	0.3140	3.5427	0.1885	2.2129	5.1517
−0.7187	−1.9462	−1.5262	1.0996	3.8812	−0.7563	−0.0014	−1.1716	−0.2030	3.3055	−1.5665
1.6385	−5.6557	−0.4644	0.0541	−1.5351	3.6022	−2.7297	0.5402	−0.0955	−0.6545	2.3814
8.5485	98.5664	−19.2156	16.1144	−21.3503	−12.1037	18.2251	−3.5631	5.0829	−10.033	−1.6695
−0.5023	−3.0800	0.5529	−2.2140	3.0681	−0.7982	−1.5708	0.3878	0.8241	3.1397	−2.1254

(b) 隐含层到输出层的网络权值与阈值

iw2						b2
7.2980	1.5916	−0.3313	9.6291	−0.4622	0.6371	−1.1927
14.9611	−22.7408	7.4010	−4.8331	−3.5743	−3.5868	
8.2287	−18.1090	−22.3477	−2.6400	44.5499	18.0712	
9.8812	12.5784	14.4416	−4.1727	9.3854	−1.3747	
−14.375	7.0754	5.7752	−7.5937	20.2407	4.8067	

(2) 模型验证。

采用已经训练成功的网络对 5 组检验样本进行预测。稳定入渗率 f_0 的预测结果与实测数据误差分析结果表明：检验样本的预测值与实测值的绝对误差的平均值为 0.0033cm/min，最大值为 0.0088cm/min，最小值为 0.0002cm/min；其相对误差的平均值为 5.84%，最大值为15.5%，最小值为0.55%。预测值与实测值的吻合程度较好，如图 3.62 所示。检验样本的预测值与实测值符合线性拟合，二者之间的相关系数为 0.91，表明二者之间的拟合程度较好。

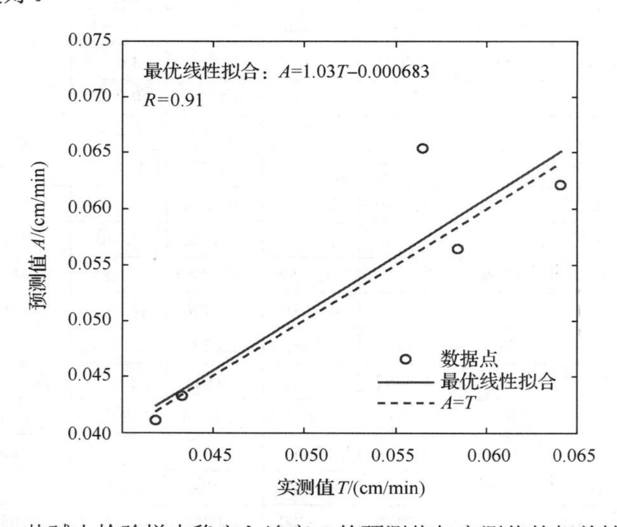

图 3.62　盐碱土检验样本稳定入渗率 f_0 的预测值与实测值的相关性分析图

4）综合评价

基于Kostiakov三参数入渗模型的盐碱地土壤水分入渗模型参数入渗系数k、入渗指数α、稳定入渗率f_0的BP预测模型的相对误差及相应的90min累积入渗量H_{90}的预测值的相对误差均认为在可接受范围之内，其中入渗模型参数入渗系数k、入渗指数α、稳定入渗率f_0的预测值的相对误差均在4%以内，因此训练网络模型精度较高。

入渗模型参数入渗系数k、入渗指数α、稳定入渗率f_0检验样本的预测值的相对误差及其90min累积入渗量H_{90}的预测值的相对误差均在7%以内，其预测误差明显大于训练样本的预测误差，但也在可接受范围内，因此认为，所建立的盐碱地土壤水分入渗模型参数入渗系数k、入渗指数α、稳定入渗率f_0的预测模型具有可行性。

4. 冻结土壤水分入渗参数预测模型

根据数据样本特点，选择代表性良好，且没有奇异值的数据组成训练样本和检验样本。最终确定训练样本64组，检验样本10组。

选择对Kostiakov三参数入渗模型3个输出参数影响较大的土壤常规理化参数及冻融条件下特有的影响因素作为输入变量。经过对单因素与冻融土壤入渗能力分析，确定冻融条件下土壤质地、地表土壤容重、0～20cm土层的土壤含水率、冻土层厚度、灌溉水温度及土层5cm处的温度对土壤水分入渗影响较大。由于受试验条件的限制，本书选择地表土壤容重、0～20cm土层的土壤含水率、冻土层厚度、灌溉水温度及土层5cm处的温度5个影响因素为输入变量。

1）基于BP神经网络对入渗系数k的预测

将64组训练样本置于设计神经网络进行训练，得到冻结土入渗系数k的预测模型的权值与阈值向量矩阵，见表3.50。

表3.50　冻结土入渗系数k的预测模型的权值与阈值向量矩阵表

iw1					b1	iw2	b2
−5.7431	−4.0171	−5.8115	5.0024	14.2052	8.4235	−25.6981	
5.0442	−8.4024	4.1925	18.1281	−30.0817	−5.5876	0.1165	
7.3295	9.7392	8.0012	0.6399	4.7939	−17.6060	−13.2461	
0.8620	5.6312	−2.4451	−2.4589	−8.0636	3.8623	3.1539	
−16.6549	−13.9186	−16.1454	−7.7464	−6.5101	33.7313	−8.9457	
4.1652	−2.9424	6.9873	−7.6893	8.2730	−4.5499	−11.2883	
−4.2962	−18.7030	−15.974	−12.3145	46.2873	21.0497	0.1800	
1.0741	19.4120	−2.5866	3.6578	4.8907	−13.4892	−0.3253	−14.3402
15.9052	−9.1013	−7.2076	0.5807	−2.0479	−12.3308	−0.7462	
−2.3746	−5.3277	−4.4242	12.5557	14.2205	6.2625	39.6305	
−1.6176	1.3784	−2.5359	0.0964	9.8324	1.4591	−2.7404	
−2.7890	−0.8318	−1.7195	2.7929	12.4726	2.9036	20.9940	
−17.7213	49.2044	−4.6543	7.1484	9.7566	−14.5254	−0.2763	
2.7897	−4.6572	14.2098	−3.7089	10.7022	−9.3507	−10.5041	
−3.9555	−15.2445	53.1013	−50.0738	16.7055	−9.5537	−0.2059	

用检验样本的 10 组数据对训练好的 BP 模型进行检验，入渗系数 k 检验样本的预测值与实测值的绝对误差的平均值为 0.140cm/min，最大值为 0.330cm/min，最小值为 0.030cm/min；相对误差的平均值为 8.3%，最大值为 22.6%，最小值为 1.7%。预测值与实测值的吻合程度较好，相关系数为 0.93，如图 3.63 所示。

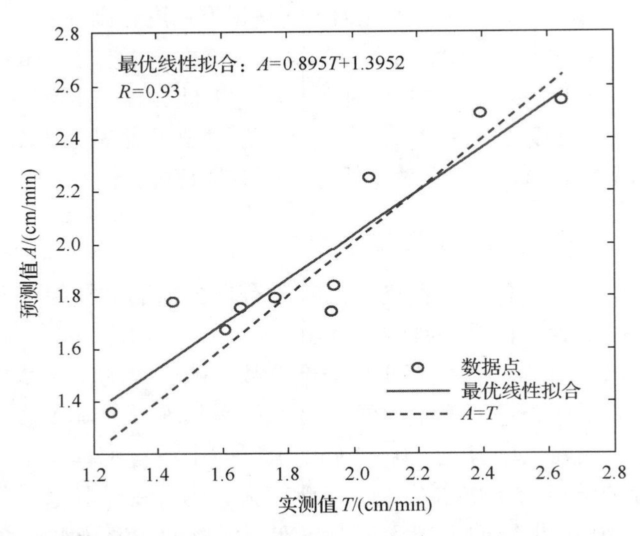

图 3.63　冻结土检验样本入渗系数 k 的预测值与实测值的相关性分析图

2）基于 BP 神经网络对入渗指数 α 的预测

将 64 组训练样本置于设计神经网络进行训练，得到冻结土入渗指数 α 的预测模型的权值与阈值向量矩阵，见表 3.51。

用检验样本的 10 组数据对训练好的 BP 模型进行检验。入渗指数 α 的预测结果与实测数据误差分析结果显示：检验样本的入渗指数 α 的预测值与实测值的绝对误差的平均值为 0.013，最大值为 0.028，最小值为 0.005；其相对误差的平均值为 6.8%，最大值为 16.6%，最小值为 2.16%。预测值与实测值的吻合程度较好，如图 3.64 所示。入渗指数 α 检验样本的预测值与实测值的线性相关系数为 0.986，二者之间的相关性较好。

表 3.51　冻结土入渗指数 α 的预测模型的权值与阈值向量矩阵表

iw1							b1	iw2	b2
1.639	2.801	0.303	2.072	−1.003	2.899	1.945	−6.101	−0.027	
16.822	−5.895	−20.103	0.515	−3.208	−1.436	6.004	0.145	16.064	
2.164	−2.520	11.650	2.381	−0.191	0.467	−15.600	4.228	14.667	
−13.117	2.337	11.999	−4.711	−0.137	−4.289	7.682	4.085	20.537	
0.606	−2.950	4.955	6.058	7.249	5.180	−29.654	8.408	−23.708	0.330
−0.533	−4.086	−2.638	−1.950	−1.266	−0.324	0.865	−2.723	−3.015	
10.148	2.169	−7.087	2.120	−0.914	−0.837	0.174	−6.303	−10.738	
−1.762	−0.104	0.471	−3.817	2.885	−0.467	0.503	−0.179	−1.639	
−1.186	−10.169	17.660	−2.650	−3.475	−1.209	3.964	0.319	−14.603	

续表

iw1							b1	iw2	b2
–8.728	–5.691	–8.282	1.884	–0.115	–1.336	22.863	6.467	10.109	
–2.954	6.968	5.354	–0.483	–3.091	0.681	13.482	–8.175	–9.728	
–0.802	0.653	–0.487	1.996	3.085	1.273	1.006	0.027	1.184	
0.686	3.955	–3.172	1.192	–0.424	2.425	–0.588	5.603	2.266	
0.677	1.766	–2.639	–1.051	1.388	–4.126	–7.970	2.316	5.441	
1.246	0.992	2.772	–1.555	–0.214	–0.239	–0.284	–5.781	–2.844	
–3.172	2.150	2.332	–0.139	–0.226	–0.747	–0.740	–1.162	–1.556	
1.889	3.257	3.061	0.256	–2.157	1.436	0.147	–5.903	1.641	
6.401	8.506	–3.144	9.642	–5.878	9.968	–40.015	0.349	18.990	
11.951	0.312	13.707	–1.980	11.750	–3.705	–21.469	5.752	–15.141	
2.182	2.219	–2.161	2.356	3.355	–0.357	2.251	–1.702	–0.210	0.330
–3.259	0.038	0.644	0.477	2.480	0.293	–0.466	–4.949	–1.555	
–0.890	–1.662	–4.847	0.570	3.529	0.686	–2.089	–1.239	–6.531	
1.784	–2.597	–7.135	2.530	–2.379	0.372	0.987	3.686	–7.770	
–6.142	–8.550	–3.995	–13.170	13.044	–13.474	70.752	–5.796	–18.271	
2.613	–0.560	–1.894	0.924	2.050	3.641	0.157	2.307	2.390	
–5.473	4.442	–26.409	3.789	–6.759	4.183	9.064	2.928	–18.334	
2.418	3.030	–8.187	–1.109	–2.475	3.054	–0.080	2.762	–10.410	
–1.149	–1.445	3.718	1.916	–9.354	4.405	17.035	–7.326	9.123	
–4.916	–6.513	–2.362	–1.291	2.560	–0.921	13.827	–4.002	6.549	
1.728	2.639	–0.139	–1.202	–1.092	–2.265	–0.350	3.947	1.128	

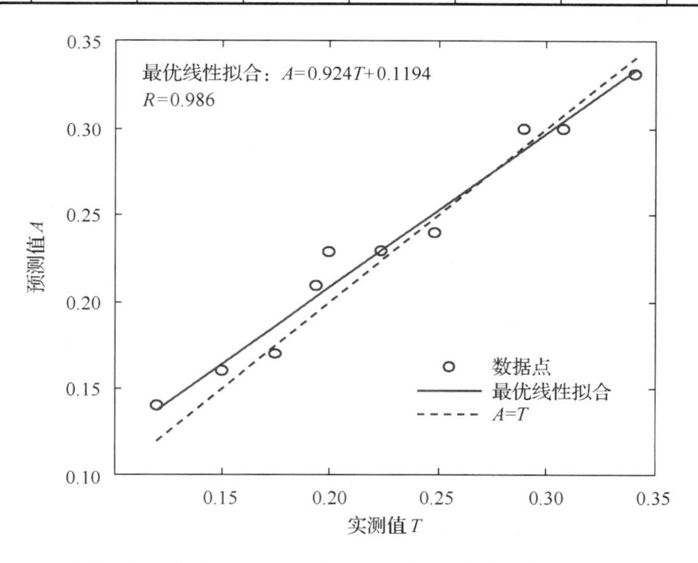

图 3.64　冻结土检验样本入渗指数 α 的预测值与实测值的相关性分析图

3) 基于 BP 神经网络对稳定入渗率 f_0 的预测

将 64 组训练样本置于设计神经网络进行训练，得到冻结土稳定入渗率 f_0 的预测模型的权值与阈值向量矩阵，见表 3.52。

表 3.52　冻结土稳定入渗率 f_0 的预测模型的权值与阈值向量矩阵表

iw1						b1	iw2	b2
−1.99	0.50	−1.56	−3.15	−1.37	2.41	5.78	−1.31	−1.47
−4.58	0.83	−2.17	2.43	−3.15	7.10	0.34	−6.19	
2.86	−0.15	1.34	−2.38	3.11	−3.09	−1.04	2.37	
1.68	−1.09	2.75	2.76	1.02	−0.16	−6.68	1.49	
−12.04	0.16	4.37	1.00	0.51	2.12	5.03	−7.78	
−0.79	−4.44	2.67	−1.18	6.96	−15.11	10.08	11.32	
−0.32	3.54	−1.16	2.68	−0.81	−0.98	2.63	1.83	
−1.79	−3.76	2.86	1.38	0.32	6.20	1.00	4.83	
14.66	−1.54	6.60	−7.16	6.52	−22.86	−1.49	−14.69	
3.60	1.93	−1.01	4.01	1.92	1.52	−2.63	−1.33	
3.09	−2.61	2.51	1.60	−1.98	−3.94	−2.21	4.00	
−3.85	−1.49	3.33	3.18	0.91	−4.65	3.83	3.83	
1.38	−0.50	1.36	−3.05	1.29	3.52	−2.33	−0.77	
−13.02	4.74	4.70	3.26	0.32	−6.26	5.00	−4.36	
−4.33	−4.47	−1.65	−2.30	1.09	−3.71	2.10	−3.15	
−3.68	−0.75	5.98	3.28	5.19	−23.82	8.97	−10.04	
15.32	2.92	−3.98	6.30	−4.07	−4.24	−4.40	−6.78	
2.89	−8.08	2.31	−6.26	0.33	19.36	−10.87	−14.24	
1.95	−2.21	5.01	−1.62	7.60	−12.42	−0.38	13.02	
−2.43	−4.79	0.75	1.51	−2.02	0.50	−0.34	3.26	
3.72	1.32	−0.09	0.10	3.43	0.01	−3.08	−0.62	
3.41	−5.48	3.62	−1.25	3.19	1.12	−0.02	−5.26	
7.07	−6.55	−5.10	−7.76	−2.90	29.64	−10.54	8.84	
7.98	0.32	−3.11	−0.45	−3.02	−0.6	−1.13	6.09	
−0.62	1.19	−2.65	0.70	2.69	−1.97	−3.65	1.78	
1.36	−1.61	−1.52	−1.14	−4.89	8.05	−3.10	−10.44	
5.47	−3.23	1.65	−0.27	4.18	−3.71	1.27	−6.11	
3.89	1.25	2.26	−0.97	0.83	−2.78	−1.47	−1.70	
6.56	−1.51	−0.40	−5.02	1.51	0.08	2.20	−5.15	
4.67	0.37	−4.38	2.57	−4.80	9.28	−0.81	−6.54	

用验证样本的 10 组数据对训练好的 BP 模型进行检验。稳定入渗率 f_0 的预测结果与实测数据误差分析结果表明：检验样本的预测值与实测值的绝对误差的平均值为 0.0004cm/min，最大值为 0.001cm/min，最小值为 0cm/min；其相对误差的平均值为 4.2%，最大值为 12.8%，最小值为 0.2%。预测值与实测值的吻合程度较好，如图 3.65 所示。检验样本的预测值与实测值符合线性拟合，二者之间的相关系数为 0.998，表明了二者之间的拟合程度高。

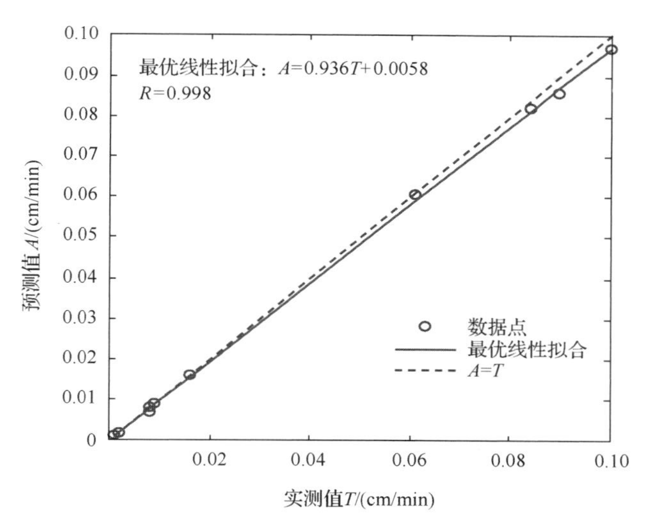

图 3.65　冻结土检验样本稳定入渗率 f_0 的预测值与实测值的相关性分析图

4) 对累积入渗量 H_{90} 的预测

(1) 基于各预测土壤入渗参数 H_{90} 的预测。

将入渗模型参数入渗系数 k、入渗指数 α、稳定入渗率 f_0 训练模型的预测值和入渗时间(90min)代入 Kostiakov 三参数入渗模型中，得到训练 BP 模型对 90min 累积入渗量 H_{90} 的预测值。其预测值与实测值的误差分析结果显示：训练样本的 90min 累积入渗量 H_{90} 绝对误差的平均值为 0.4cm，最大值为 1.7cm，最小值为 0.003cm；相对误差的平均值为 5.7%，最大值为 19.1%，最小值为 0.05%。预测值与实测值的吻合程度较好，如图 3.66 所示。90min 累积入渗量 H_{90} 的预测值与实测值拟合线性相关系数为 0.853，相对误差平均数值为 5.7%，在可接受范围内。

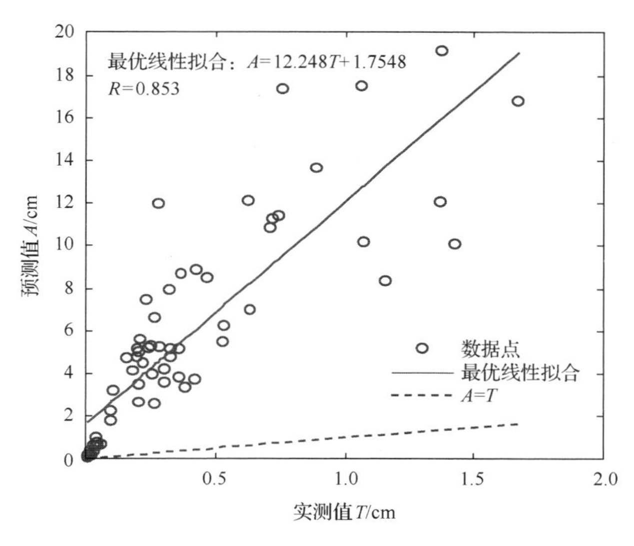

图 3.66　冻结土训练样本 90min 累积入渗量 H_{90} 的预测值与实测值的相关性分析图

(2) 检验样本 H_{90} 的误差分析。

将基于 BP 神经网络建立的入渗模型参数入渗系数 k、入渗指数 α、稳定入渗率 f_0 的预测模型应用于随机选定的 10 组非训练样本(检验样本)，得到土壤入渗模型参数的入渗系数 k、入渗指数 α、稳定入渗率 f_0，将入渗模型参数入渗系数 k、入渗指数 α、稳定入渗率 f_0 和给定时间(90min)代入 Kostiakov 三参数入渗模型，便得到检验样本的 90min 累积入渗量 H_{90} 的预测值。其预测值与实测值的误差分析结果显示：检验样本的 90min 累积入渗量 H_{90} 的绝对误差的平均值为 0.520cm，最大值为 0.9cm，最小值为 0.129cm；相对误差的平均值为 7.4%，最大值为 15.29%，最小值为 2.399%。预测值与实测值的吻合程度较好，如图 3.67 所示。90min 累积入渗量 H_{90} 的预测值与实测值拟合程度很好，线性相关系数为 0.993，相对误差的平均值为 7.4%，在可接受范围内。

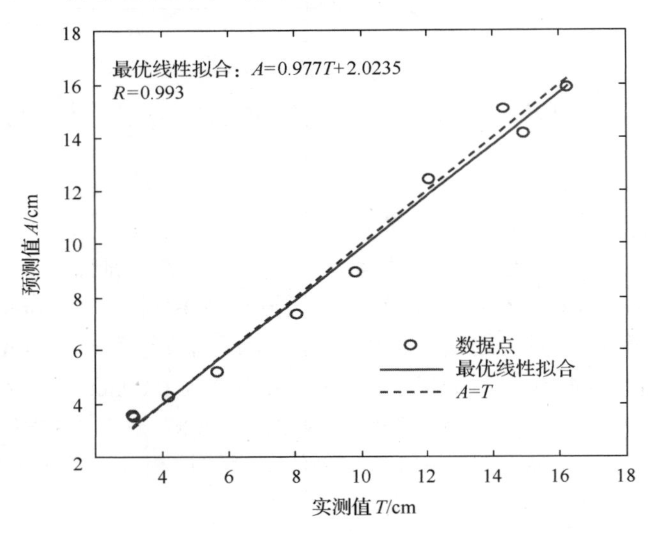

图 3.67　冻结土检验样本 90min 累积入渗量 H_{90} 的预测值与实测值的相关性分析图

5) 总体评价

基于 BP 神经网络建立的冻结土壤水分入渗模型参数入渗系数 k、入渗指数 α、稳定入渗率 f_0 的预测模型的相对误差及其相应的 90min 累积入渗量 H_{90} 预测值的相对误差均在可以接受范围之内，因此，认为训练网络精度较高。通过入渗系数 k、入渗指数 α 及稳定入渗率 f_0 的预测模型的检验样本精度及其 90min 累积入渗量 H_{90} 的精度分析可以看出，入渗模型参数的入渗系数 k、入渗指数 α、稳定入渗率 f_0 的检验样本的相对误差及其相应的 90min 累积入渗量 H_{90} 预测值的相对误差均大于训练样本。

我们知道，建立 BP 模型的首要前提是要有足够数量且精度较高的典型模本来监控训练过程不会发生拟合现象，保证网络的泛化能力，而本小节通过大量筛选剔除奇异值后，样本数量仅有 74 组，作为训练样本的数量仅有 64 组，网络通过对样本的训练不能够完整掌握输入参数与输出参数之间的无约束非线性关系，所以经过研究之后可以发现检验样本精度明显低于训练样本，但其精度也在可接受范围内，因此，也认为基于 BP 神经网络建立的冻结土壤水分入渗模型参数入渗系数 k、入渗指数 α、稳定入渗率 f_0 的预测模型具有一定的可靠性。

3.5　土壤入渗参数预测模型的比较

本节将针对基于样本长度为 224 组试验数据(土壤基本理化性质和土壤水分入渗参数试验数据)所建立的多元线性预测模型、多元非线性预测模型和 BP 预测模型，进行预测精度和优缺点对比分析，为人们选择更适合的预测模型提供依据。

3.5.1　预测模型结构

以上所述三种不同的预测模型都是针对 Kostiakov 三参数入渗模型参数建立的，所以其预测模型输出参数均为入渗系数 k、入渗指数 α、稳定入渗率 f_0；其预测模型输入参数则为与入渗系数 k、入渗指数 α、稳定入渗率 f_0 所对应的各自的输入变量，详见表 3.53 和表 3.54。

表 3.53　0～20cm 耕作层预测模型的输入变量

土壤含水率	土壤容重			土壤质地			土壤有机质含量
	0～10cm	0～10cm(修改)	10～20cm	砂粒含量	粉粒含量	黏粒含量	
θ_1/%	γ_1/(g/cm^3)	$\gamma_1^{\#}$/(g/cm^3)	γ_2/(g/cm^3)	ω_1/%	ω_2/%	ω_3/%	G/(g/kg)

表 3.54　20～40cm 犁底层预测模型的输入变量

土壤含水率	土壤容重	土壤质地		
		砂粒含量	粉粒含量	黏粒含量
θ_2/%	γ_3/(g/cm^3)	ω_1' /%	ω_2' /%	ω_3' /%

多元线性回归模型(经过多次 T 检验后确定的最终回归模型)：

$$k = 4.1611 - 2.0611\gamma_1 - 0.019971\theta_1 + 0.01034\omega_2 + 0.0093278\omega_3 + 0.2436G \tag{3.56}$$

$$\alpha = 0.2664 - 0.0643\gamma_1^{\#} + 0.0491\gamma_2 - 0.00020\theta_1 + 0.0002\omega_1 + 0.0006\omega_3 - 0.0053G \tag{3.57}$$

$$f_0 = 0.14407 - 0.050368\gamma_1^{\#} + 0.00021343\omega_1 - 0.0001777\omega_2 + 0.0058698G \tag{3.58}$$

多元非线性回归模型(经过多次 T 检验后确定的最终回归模型)：

$$\begin{aligned} k = {} & 7.0375 - 0.0603\mathrm{e}^{0.071\theta_1} - 2.1286\gamma_1 - 0.3728\ln\omega_1 - 0.0494\ln\omega_3 \\ & - 2.002\mathrm{e}^{-1.322G} \end{aligned} \tag{3.59}$$

$$\alpha = 0.272 - 0.0541\ln\theta_1 + 0.0026\theta_1 + 0.0765\theta_2 - 0.0056\theta_2 - 0.0642\gamma_1^{\#} + 0.0425\gamma_3 - 0.0005\omega_2' - 0.0136G \tag{3.60}$$

$$f_0 = 0.1059 + 0.0624\mathrm{e}^{-0.052\theta_2} - 0.0644\gamma_1^{\#} - 0.0098\gamma_2 + 0.0411\gamma_3 - 0.0002\omega_2 + 0.0001\omega_2{}' + 0.0103G \tag{3.61}$$

BP 模型：

$$k = \mathrm{logsig}\left\{\mathbf{iw}2 \times \left[\mathrm{tansig}\left(\mathbf{iw}1 \times p + \mathbf{b}1\right)\right] + \mathbf{b}2\right\} \tag{3.62}$$

式中，$\boldsymbol{p} = [\theta_1, \gamma_1, \omega_1, \omega_2, G]$。

$$\alpha = \mathrm{logsig}\left\{\mathbf{iw}2 \times \left[\mathrm{tansig}\left(\mathbf{iw}1 \times p + \mathbf{b}1\right)\right] + \mathbf{b}2\right\} \tag{3.63}$$

式中，$\boldsymbol{p} = [\theta_1, \theta_2, \gamma_1^{\#}, \gamma_2, \gamma_3, \omega_1, \omega_2, \omega_1', \omega_2', G]$。

$$f_0 = \mathrm{logsig}\left\{\mathbf{iw}2 \times \left[\mathrm{tansig}\left(\mathbf{iw}1 \times p + \mathbf{b}1\right)\right] + \mathbf{b}2\right\} \tag{3.64}$$

式中，$\boldsymbol{p} = [\theta_2, \gamma_1^{\#}, \gamma_2, \gamma_3, \omega_1, \omega_2, \omega_1', \omega_2', G]$。

3.5.2 预测模型比较分析

1. 入渗系数 k 预测值与实测值相关性比较

多元线性回归预测模型、多元非线性回归预测模型、BP 预测模型中入渗系数 k 的预测值与实测值比较如图 3.68 所示。

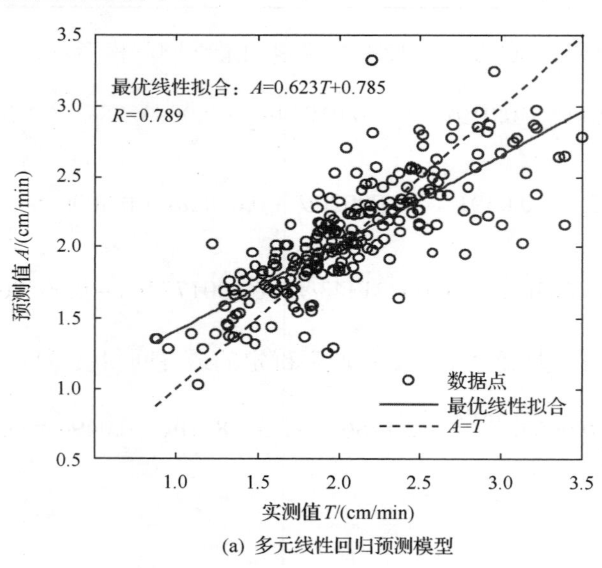

(a) 多元线性回归预测模型

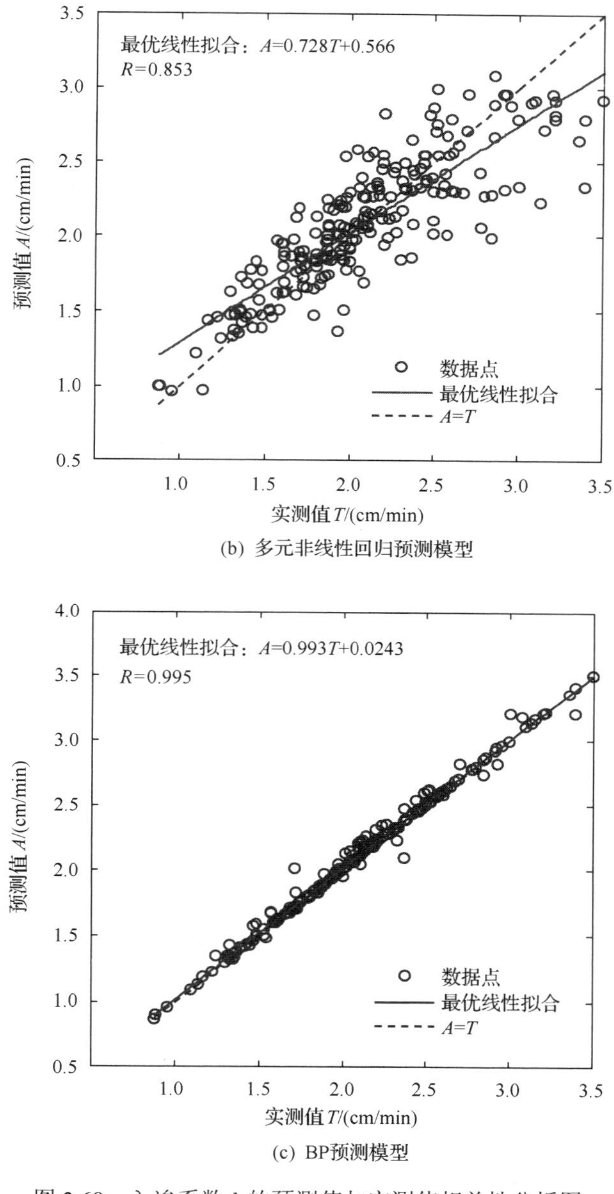

(b) 多元非线性回归预测模型

(c) BP预测模型

图 3.68　入渗系数 k 的预测值与实测值相关性分析图

从图 3.68 可清楚地看出：对于入渗系数 k，多元线性回归预测模型的预测值与实测值的相关性最低，仅为 0.789；BP 预测模型的预测值与实测值的相关性最高，为 0.995；多元非线性回归预测模型的预测值与实测值的相关性在二者之间，为 0.853。因此，从预测值与实测值的相关性方面看，BP 预测模型预测结果好于多元线性与非线性回归预测模型。

2. 3 种模型的相对误差比较

将入渗系数 k、入渗指数 α、稳定入渗率 f_0 在多元线性回归预测模型、多元非线性回归预测模型、BP 预测模型中的相对误差按从小到大的顺序排列，绘制如图 3.69～图 3.72

所示的相对误差比较图，对比分析同一入渗参数在不同预测模型中的相对误差。

入渗系数 k 的相对误差对比结果(图 3.69)显示：多元线性回归预测模型、多元非线性回归预测模型、BP 预测模型的相对误差范围分别为 0.0489%～64.7189%、0.01%～31.45%、0%～19.1212%，BP 预测模型的相对误差明显小于多元线性回归预测模型、多元非线性回归预测模型的相对误差。多元非线性回归预测模型的相对误差除个别相对误差与多元线性回归预测模型的相对误差接近之外，整体相对误差明显小于多元线性回归预测模型的相对误差。

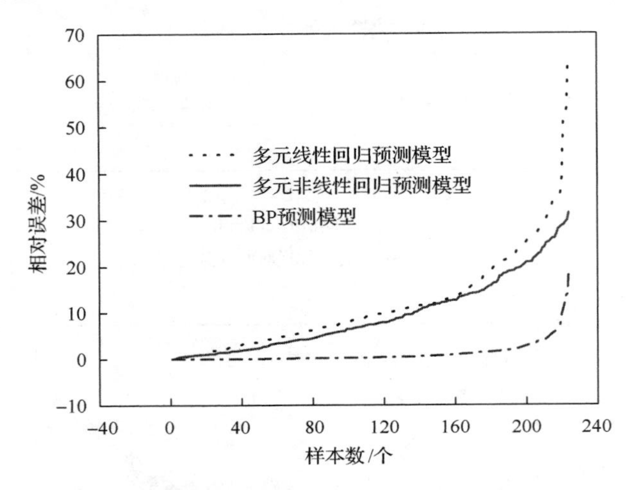

图 3.69　不同预测模型中入渗系数 k 的相对误差比较图

入渗指数 α 的相对误差对比结果(图 3.70)显示：多元线性回归预测模型、多元非线性回归预测模型、BP 预测模型的相对误差范围分别为 0.0004%～89.8645%、0.17%～36.23%、0%～6.0527%，BP 预测模型的相对误差明显小于多元线性回归预测模型、多元非线性回归预测模型的相对误差，多元非线性回归预测模型的相对误差除少部分与多元线性回归预测模型的相对误差接近之外，整体相对误差明显小于多元线性回归预测模型的相对误差。

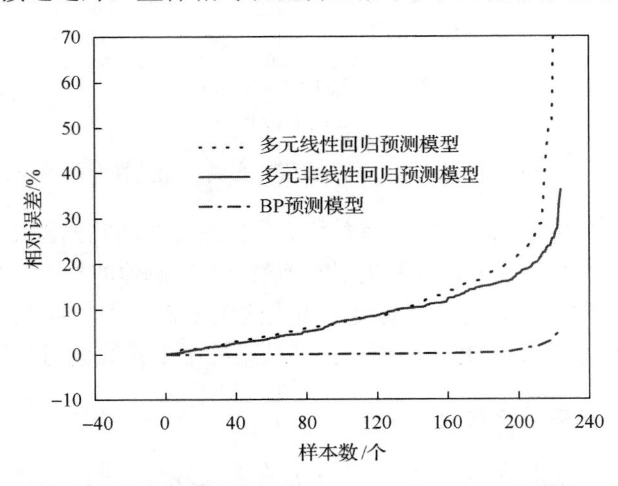

图 3.70　不同预测模型中入渗指数 α 的相对误差比较图

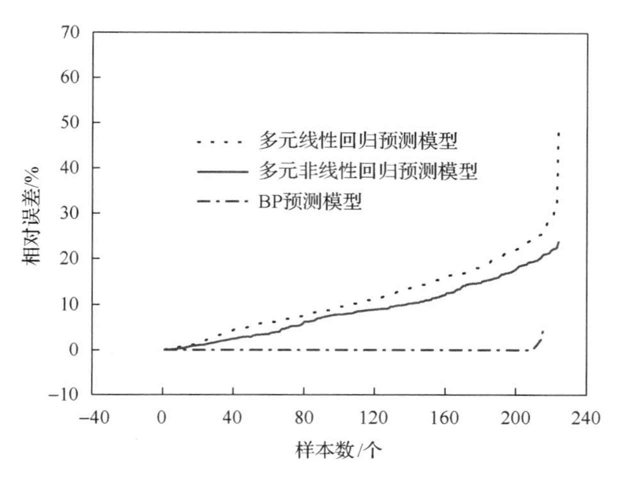

图 3.71　不同预测模型稳定入渗率 f_0 的相对误差比较图

稳定入渗率 f_0 的相对误差对比结果显示：多元线性回归预测模型、多元非线性回归预测模型、BP 预测模型的相对误差范围分别为 0.0501%～50.1705%、0%～23.74%、0%～6.7005%，BP 预测模型的相对误差明显小于多元线性回归预测模型、多元非线性回归预测模型的相对误差，多元非线性回归预测模型的相对误差明显小于多元线性回归预测模型的相对误差。

以不同入渗模型预测出的入渗参数，按照 Kostiakov 三参数累积入渗量模型，计算 90min 累积入渗量 H_{90}，将不同预测模型下的计算结果进行对比分析，对比结果如图 3.72 所示。

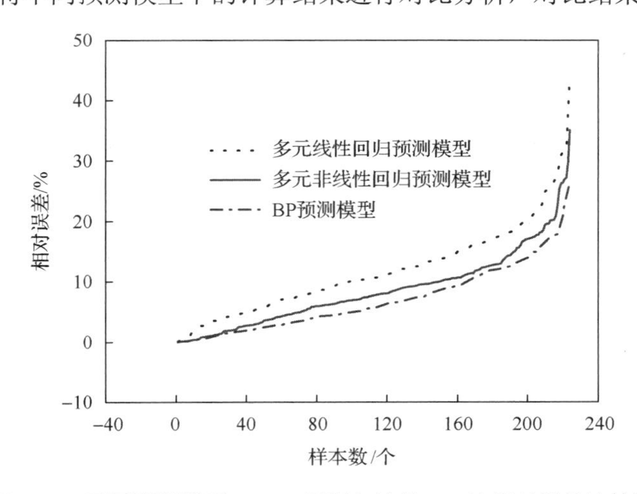

图 3.72　不同预测模型 90min 累积入渗量 H_{90} 的相对误差比较图

90min 累积入渗量 H_{90} 的相对误差对比结果显示：多元线性回归预测模型、多元非线性回归预测模型、BP 预测模型的相对误差范围分别为 0.1258%～43.9351%、0.0101%～35.149%、0.032%～26.8498%，多元非线性回归预测模型的相对误差明显小于多元线性回归预测模型的相对误差，略大于 BP 预测模型的相对误差，BP 预测模型的相对误差除个别相对误差与多元非线性回归预测模型的相对误差接近之外，整体相对误差明显小于多元非线性回归预测模型的相对误差。

3. 平均相对误差比较

表 3.55 对不同预测模型平均相对误差进行了对比分析，从分析结果可知：入渗系数 k 的多元线性回归预测模型、多元非线性回归预测模型、BP 预测模型的平均相对误差分别为 11.72%、9.42%、1.12%，入渗指数 α 的多元线性回归预测模型、多元非线性回归预测模型、BP 预测模型的平均相对误差分别为 11.86%、9.07%、0.39%，稳定入渗率 f_0 的多元线性回归预测模型、多元非线性预测模型、BP 预测模型的平均相对误差分别为 11.77%、9.02%、0.28%，90min 累积入渗量 H_{90} 的多元线性回归预测模型、多元非线性回归预测模型、BP 预测模型的平均相对误差分别为 11.78%、8.60%、7.03%。由此可知，BP 预测模型的平均相对误差最小，多元非线性回归预测模型次之，多元线性回归预测模型最大，并且与多元线性回归预测模型的平均相对误差相比，BP 预测模型的平均相对误差的降幅最明显，多元非线性回归预测模型的平均相对误差的降幅相对较小。

表 3.55　不同类型预测模型平均相对误差对比分析表　（单位：%）

预测模型	k	α	f_0	H_{90}
多元线性回归预测模型	11.72	11.86	11.77	11.78
多元非线性回归预测模型	9.42	9.07	9.02	8.60
BP 预测模型	1.12	0.39	0.28	7.03

经过以上对入渗参数预测模型的对比分析可知：从形式上分析，多元线性回归预测模型最简单，多元非线性回归预测模型次之，BP 预测模型最复杂；从运算结果分析，多元线性回归预测模型的整体相对误差和平均相对误差最大、精度最低，多元非线性回归预测模型次之，BP 预测模型的平均相对误差最小、精度最高；从拟合算法分析，多元线性回归预测模型最简单，多元非线性回归预测模型次之，BP 预测模型最复杂。由此可见，BP 预测模型的精度虽然最高，但多元非线性回归预测模型的形式、算法较 BP 预测模型简单，且计算精度较多元线性回归预测模型高、更接近实际。因此，以多元非线性传递函数预测入渗参数具有不可比拟的优越性。因此，本书采用多元非线性传递函数对入渗参数进行预测。

3.6　土壤水分入渗过程的预测

3.6.1　预测方法

土壤水分入渗过程的预测实质上是入渗模型参数的预测。只要得到入渗模型参数，便可由入渗模型参数求得土壤的入渗过程。土壤入渗模型参数预测模型的成功建立，为土壤入渗过程的预测提供了可能性。预测土壤入渗过程的基本思路是：首先通过实测或其他方法获得与土壤入渗参数具有密切相关性的物理参数（如物理性黏粒含量、土壤容重、土壤含水率等）；其次利用土壤水分入渗能力和入渗模型参数回归模型求得相应的预测值；最后将入渗参数的预测值代入 Kostiakov 三参数模型得到土壤入渗过程方程。根据预测模型的不同，土壤入渗过程的预测方法可分为以下两种。

1. 入渗模型参数预测法

入渗模型参数预测法是根据给定的土壤物理参数，分别利用上一节所得 Kostiakov 三参数入渗模型的 3 个参数(入渗系数 k、入渗指数 α、稳定入渗率 f_0)的回归预测模型获得入渗系数 k、入渗指数 α、稳定入渗率 f_0 的预测值，并将其代入 Kostiakov 三参数模型，获得入渗过程的预测模型：

$$H_{90} = kt^{\alpha} + f_0 t \tag{3.65}$$

$$i = \frac{k\alpha}{t^{1-\alpha}} + f_0 \tag{3.66}$$

式中，i 为入渗速率；其他符号含义同前。

该方法适用于入渗模型的三参数预测回归显著性和变量对预测量显著性都较好的情况。如果入渗模型的某参数回归模型不显著，或变量对某参数回归预测量的误差过大，那么可采用综合法。

2. 综合法

综合法在土壤入渗模型参数的回归预测中，同时使用土壤入渗能力预测模型和土壤入渗参数预测模型。如果入渗模型的某参数回归模型不显著，或预测的误差较大，那么可考虑利用土壤入渗能力回归模型预测土壤 90min 累积入渗量 H_{90}，并利用入渗模型参数预测模型获得入渗模型参数中的两个，然后利用土壤入渗模型求得另一个入渗模型参数。现假定已由土壤入渗能力预测模型求得 90min 累积入渗量 H_{90}，并利用土壤入渗参数预测模型获得入渗系数 k 和入渗指数 α，得到稳定入渗率 f_0：

$$f_0 = \frac{H_{90} - k \times 90^{\alpha}}{90} \tag{3.67}$$

$$k = \frac{H_{90} - f_0 \times 90}{90^{\alpha}} \tag{3.68}$$

$$\alpha = \frac{\ln(H_{90} - f_0 \times 90) - \ln k}{\ln 90} \tag{3.69}$$

同理也可以求出相应的入渗系数 k 或入渗指数 α，其余步骤与第一种方法相同。

3.6.2　土壤入渗模型参数预测实例

土壤入渗模型参数预测实例选择大同市郊灌溉土地进行，并以最简单的线性预测模型为例。根据大田试验样本建立大同市郊土壤入渗参数多元线性回归模型，建模方法与过程已在 3.2 节中叙述，在此不再详述。实例地区的线性模型的显著性、回归参数的显著性及预测区间见表 3.56 和表 3.57。以下以表 3.56 和表 3.57 的建模成果为例进行讨论。

表 3.56　大同市郊土壤入渗参数预测模型参数估计及 T 检验表

预测参数	F 值	$F_{0.05}$ 值	T_1	T_2	T_3	T_4	T_5	T_6	$T_{0.025}$ 值	自由度	均方差	相对误差/%
α	9.44	2.45	3.52	4.88	6.36	7.32	−13.4	—	2.0322	34	0.0319	14.13
f_0	7.41	2.34	9.19	−5.15	−5	−3.76	—	−2.42	2.0345	33	0.0115	24.40
k	5.39	2.61	−3.85	3.81	−9.57	3.59	—	—	2.0301	35	0.2518	24.71

注：—表示空白值。

表 3.57　大同市郊土壤入渗参数预测模型参数估计及 F 检验表

预测参数	引进变量	β_0	β_1	β_2	β_3	β_4	β_5	β_6	预测值	预测区间		样本长度
α	土壤有机质含量(0～20cm)、土壤容重(0～20cm)、砂粒含量(20～40cm)、土壤含水率(0～10cm)、土壤含水率(10～20cm)	-0.8093216×10^{-1}	0.4558643×10^{-1}	0.2707226	0.5969124	0.8444566	−2.7374	—	0.298	0.144	0.452	40
k	土壤容重(0～20cm)、物理性黏粒(0～20cm)、土壤含水率(0～10cm)、土壤含水率(10～20cm)	0.35243×10^{1}	−1.8266	0.200032×10^{1}	−7.161951	0.3830721×10^{1}	—	—	1.585	0.304	2.866	40
f_0	土壤有机质含量(0～20cm)、土壤容重(0～20cm)、物理性黏粒含量(0～20cm)、砂粒含量(0～20cm)、砂粒含量(20～40cm)、土壤含水率(0～20cm)	0.5109419×10^{-1}	0.5743189×10^{-1}	-0.1112603×10^{0}	−0.1861692	−0.3496730	0.75171	−0.0873	0.039	−0.031	0.109	40

注：—表示空白值。

该地区农业年生产周期内的各次灌溉可归纳为三种类型，即备耕后头次灌溉、第二水灌溉、第三水灌溉及其以后的灌溉。

1. 预测模型输入变量(土壤理化参数)确定

开春后进行耕作的土地称为备耕头水地，土壤结构比较疏松、土壤容重比较小，头水灌溉过程中地表土壤结构被破坏，灌溉过程结束后，随着土壤内排水和水分的重新分布及后期水分的消散，在地表土壤水吸力和土壤固有属性的共同作用下，表层土形成致密层，相对体积质量增大，即土壤容重增加。经过多次灌溉，土壤容重逐渐增大，经过一定次数的灌溉后，土壤容重相对稳定。因此，备耕后头水灌溉、第二水灌溉和第三水灌溉的地表土壤容重是逐渐增大的，数值大小可参考实测数据。

现拟定备耕后头水灌溉时土壤初始含水率为田间持水率的70%，第二水灌溉时土壤初始含水率为田间持水率的65%，第三水灌溉及其以后的灌溉土壤初始含水率为田间持水率的60%。土壤质地参数如砂粒含量、物理性黏粒含量等采用实际土壤颗粒分析数据。土壤有机质含量采用备耕前土壤表层0～20cm的土壤有机质含量的实测值，不考虑作物生长过程中施肥对其产生的影响。

2. 土壤入渗参数预测

将确定的土壤物理参数代入大同市郊灌溉土壤入渗模型参数预测模型中，即可得到入渗模型参数的预测值。以古店村进行头水灌溉，预测头水灌溉的入渗系数 k 为例进行说明。

拟定头水灌溉时物理参数入渗系数 k 值，土壤容重(0～20cm) $\gamma_1=1.167\text{g/cm}^3$，物理性黏粒含量(0～20cm) $\omega_3'=0.192$，土壤初始含水率(0～10cm) $\theta_1=0.126$，土壤初始含水率(10～20cm) $\theta_2=0.14$，入渗参数的多元线性回归模型为

$$\begin{aligned}k&=\beta_0+\beta_1\gamma_1+\beta_2\omega_3'+\beta_3\theta_1+\beta_4\theta_2\\&=3.524-1.827\gamma_1+2.00\omega_3'-7.162\theta_1+3.831\theta_2=1.43\end{aligned}\tag{3.70}$$

分别将上述 γ_1、ω_3'、θ_1 和 θ_2 的值代入式(3.70)中，便可得到 k 值。即表3.58中古店村头水 k=1.43。其他预测参数的计算过程与此过程相同，即分别将各输入土壤理化参数(表3.57)代入线性回归模型，计算得到土壤入渗模型参数的预测值。

表3.58　大同市郊各代表性区域历次灌溉推荐入渗参数及入渗模型表

地点	历次	方法	H_{90}/cm	α	k/(cm/min)	f_0/(cm/min)	入渗过程(H为累积入渗量)/cm
古店村(壤土)	头水	1	8.327	0.229	1.430	0.048	$H=1.430t^{0.229}+0.048t$
		2	8.536	0.229	1.430	**0.050**	$H=1.430t^{0.229}+0.050t$
	二水	1	8.208	0.264	1.350	0.042	$H=1.350t^{0.264}+0.042t$
		2	7.931	0.264	1.350	**0.039**	$H=1.350t^{0.264}+0.039t$
	三水	1	7.633	0.305	1.239	0.031	$H=1.239t^{0.305}+0.031t$
		2	7.030	0.305	1.239	**0.024**	$H=1.239t^{0.305}+0.024t$
御河试验站(砂质黏壤土)	头水	1	17.995	0.248	1.620	0.145	$H=1.620t^{0.248}+0.145t$
		2	19.494	0.248	1.620	**0.162**	$H=1.620t^{0.248}+0.162t$
	二水	1	17.710	0.302	1.452	0.134	$H=1.452t^{0.302}+0.134t$
		2	18.123	0.302	1.452	**0.138**	$H=1.452t^{0.302}+0.138t$
	三水	1	16.999	0.363	1.228	0.119	$H=1.228t^{0.363}+0.119t$
		2	16.268	0.363	1.228	**0.111**	$H=1.228t^{0.363}+0.111t$
谢疃村(壤土)	头水	1	8.3329	0.158	1.750	0.053	$H=1.750t^{0.158}+0.053t$
		2	8.210	0.158	1.750	**0.052**	$H=1.750t^{0.158}+0.052t$
	二水	1	7.763	0.221	1.544	0.040	$H=1.544t^{0.221}+0.040t$
		2	6.367	0.221	1.544	**0.024**	$H=1.544t^{0.221}+0.024t$
	三水	1	7.445	0.261	1.466	0.030	$H=1.466t^{0.261}+0.030t$
		2	5.913	0.261	1.466	**0.013**	$H=1.466t^{0.261}+0.013t$

续表

地点	历次	方法	H_{90}/cm	α	k/(cm/min)	f_0/(cm/min)	入渗过程（H 为累积入渗量）/cm
北村（壤土）	头水	1	5.6099	0.068	1.944	0.033	H=1.944$t^{0.068}$+0.033t
		2	6.796	0.068	1.944	**0.046**	H=1.944$t^{0.068}$+0.046t
	二水	1	4.992	0.113	1.812	0.022	H=1.812$t^{0.113}$+0.022t
		2	5.407	0.113	1.812	**0.026**	H=1.812$t^{0.113}$+0.026t
	三水	1	4.621	0.172	1.633	0.012	H=1.633$t^{0.172}$+0.012t
		2	4.236	0.172	1.633	**0.008**	H=1.633$t^{0.172}$+0.008t
赵家小村（粉砂质壤土）	头水	1	6.795	0.161	1.374	0.044	H=1.374$t^{0.161}$+0.044t
		2	6.377	0.161	1.374	**0.039**	H=1.374$t^{0.161}$+0.039t
	二水	1	6.713	0.193	1.231	0.042	H=1.231$t^{0.193}$+0.042t
		2	6.285	0.193	1.231	**0.037**	H=1.231$t^{0.193}$+0.037t
	三水	1	6.6754	0.204	1.300	0.038	H=1.300$t^{0.204}$+0.038t
		2	5.958	0.204	1.300	**0.030**	H=1.300$t^{0.204}$+0.030t

注：加黑数据表示由 H_{90} 预测值反求所得；t 表示时间。

3. 入渗过程预测

以大同市郊各代表性土壤为例，其各次灌溉土壤物理参数见表 3.59。

将各入渗参数预测值代入 Kostiakov 三参数入渗模型中，即可得到土壤的入渗过程参数。大同市郊各代表区土壤历次灌溉推荐入渗参数及入渗模型见表 3.58。

表 3.59　大同市郊各代表性区域各次灌溉土壤物理参数表

地点	计算内容	土壤有机质含量(0～20cm)/%	土壤容重(0～20cm)/(g/cm^3)	物理性黏粒含量(0～20cm)/%	土壤含水率			砂粒含量	
					0～10cm/%	10～20cm/%	0～20cm/%	0～20cm/%	20～40cm/%
古店（壤土）	头水	0.74	1.1670	0.192	0.126	0.140	0.1330	0.4782	0.3974
	二水	0.74	1.2240	0.192	0.117	0.130	0.1235	0.4782	0.3974
	三水	0.74	1.3000	0.192	0.108	0.120	0.1140	0.4782	0.3974
御河试验站（砂质黏壤土）	头水	1.61	1.1150	0.282	0.154	0.168	0.1610	0.4720	0.4754
	二水	1.61	1.2550	0.282	0.143	0.156	0.1495	0.4720	0.4754
	三水	1.61	1.3660	0.282	0.132	0.144	0.1380	0.4720	0.4754
谢疃村（壤土）	头水	0.85	1.1328	0.3816	0.168	0.182	0.1750	0.4254	0.4179
	二水	0.85	1.2580	0.3816	0.156	0.169	0.1625	0.4254	0.4179
	三水	0.85	1.3680	0.3816	0.144	0.156	0.1500	0.4254	0.4179
北村（壤土）	头水	1.79	1.0860	0.4148	0.168	0.196	0.1820	0.2996	0.2638
	二水	1.79	1.2000	0.4148	0.156	0.182	0.1690	0.2996	0.2638
	三水	1.79	1.2900	0.4148	0.144	0.168	0.1560	0.2996	0.2638
赵家小村（粉砂质壤土）	头水	0.78	1.2310	0.218	0.14	0.168	0.1540	0.3768	0.3598
	二水	0.78	1.2580	0.218	0.13	0.156	0.1430	0.3768	0.3598
	三水	0.78	1.3000	0.218	0.12	0.144	0.1320	0.3768	0.3598

第 4 章　地面灌溉灌水过程模型与数值模拟

第 3 章系统介绍了土壤入渗参数的获取方法，为地面灌溉灌水过程的获取提供了基本参数，也为后续各章提供了基础。本章首先对地面灌溉灌水过程进行简单的概述，其次对地面灌溉灌水过程模型进行介绍和选择，最后对选定模型进行验证。本章为本书表格型成果的完成提供了手段支撑。

4.1　地面灌溉灌水过程概述

地面灌溉是指水从地表进入田间并借助重力和毛管作用浸润土壤，所以也称重力灌水法。这种灌水方法是目前应用最广泛的一种灌水方法。按其浸润土壤方式的不同，又可分为畦灌、沟灌、淹灌和漫灌。田面流动的水流随空间和时间变化，因此属非恒定非均匀流。灌水过程中，由于土壤的入渗能力与时间变化，畦块给定断面的水流随时间变化。在灌溉水流的推进距离内，其水深随时间和空间变化。地面灌溉水流在沿畦长方向流动的过程中，在重力和土水势梯度的作用下，通过地表渗入土壤。地面水流流量沿灌水方向逐渐减少。

以畦灌、沟灌为代表的地面灌溉过程如下所述：灌溉水从畦沟的上游端进入灌水畦沟，在重力作用下沿畦沟长度方向流动。随着灌水时间的增加，推进距离不断增加。当放水时间达到设计灌水时间时，灌水畦沟上游端断流。此时，灌溉水的推进锋面或到达畦沟下游端(状态 1)，或尚未到达畦沟下游端(状态 2)。

在状态 1 情况下，灌溉水推进锋面在畦沟上游端断流前到达畦沟末端。灌溉水推进锋面到达畦沟末端后，随着放水时间的增加，灌水畦沟内出现壅水，壅水过程持续到上游端断流(畦沟下游部分地段的壅水可能还要持续一段时间)。灌水畦沟上游端断流后，畦沟内水体在继续向前流动的同时，由于地面水的入渗水深减小，到某时刻，灌水畦沟上游端的水深减小到零。此后，灌水畦沟中的各断面水深逐渐减小，直至各断面水深全部为零。此时，状态 1 的全部灌水过程结束。

在状态 2 情况下，灌溉水推进锋面在畦沟上游端断流时，未到达畦沟末端。灌水畦沟上游端断流后，畦沟内水体在继续向前推进的同时(灌溉水推进锋面继续向前推进)，由于地面水的入渗水深减小，到某时刻，灌水畦沟上游端的水深减小到零。此后，灌水畦沟上游断面水深逐渐减小，直至为零，而其下游推进锋面的推进仍然在进行，到某时刻，推进锋面停止推进，各断面水深逐渐减小直至为零。此时，状态 2 的全部灌水过程结束。

根据地面灌溉灌水过程中各阶段的水流特点、边界条件等可将一个完整的地面灌溉灌水过程分为推进阶段、封堵阶段、垂直消退阶段和水平消退阶段四个阶段。若以畦口开始进水作为起始时间，设放水时间为 t_1；畦首水深减小到零的时间为 t_2；推进锋面到达畦尾的时间为 t_3；整个畦面水深减小到零的时间为 t_4，则各阶段定义如下。

(1) 推进阶段。从畦沟上游端开始进水到停止放水，或灌溉水推进锋面到达畦沟末端时段为推进阶段，即

$$\text{状态 1} \quad 0<t\leqslant t_1 \quad (t_1<t_3)$$

$$\text{状态 2} \quad 0<t\leqslant t_3 \quad (t_1>t_3)$$

(2) 封堵阶段。若出现状态 2 的灌水过程，从灌溉水推进锋面到达畦沟末端到畦沟上游端停止放水时段为封堵阶段，即

$$t_3<t\leqslant t_1 \quad (t_3<t_1)$$

(3) 垂直消退阶段。从畦沟进口停止放水至进口处水深消退为零时段为垂直消退阶段，即

$$t_3<t\leqslant t_2 \quad (t_3<t_1<t_2)$$

(4) 水平消退阶段。从畦沟进口处水深消退为零到各断面水流全部消退时段为水平消退阶段，即

$$t_2<t\leqslant t_4 \quad (t_2<t_4)$$

在我国的地面灌溉实践中，可能出现的灌水过程可分为三阶段和四阶段两种灌水过程。其中，三阶段灌水过程由推进阶段、垂直消退阶段和水平消退阶段构成，即

$$\begin{cases} \text{推进阶段} & 0\leqslant t\leqslant t_1 \\ \text{垂直消退阶段} & t_1<t\leqslant t_2 \quad (t_1<t_2) \\ \text{水平消退阶段} & t_2<t\leqslant t_4 \end{cases}$$

三阶段灌水过程在我国的灌水实践中经常出现，如在常采用的七成、八成和九成封畦灌水技术条件下往往出现三阶段灌水过程；在波涌灌条件下，前几周期的灌水都属于三阶段灌水过程。根据消退阶段推进锋面是否到达畦沟末端又可将三阶段灌水过程分为自由消退和封堵消退过程，即

$$\begin{cases} \text{推进阶段} & 0\leqslant t\leqslant t_1 \\ \text{垂直消退阶段} & t_1<t\leqslant t_2 \quad (t_1<t_3<t_2<t_4) \ (\text{封堵消退}) \\ \text{水平消退阶段} & t_2<t\leqslant t_4 \end{cases}$$

$$\begin{cases} \text{推进阶段} & 0\leqslant t\leqslant t_1 \\ \text{垂直消退阶段} & t_1<t\leqslant t_2 \quad (t_1<t_2<t_3<t_4) \ (\text{自由消退}) \\ \text{水平消退阶段} & t_2<t\leqslant t_4 \end{cases}$$

其中，四阶段灌水过程由推进阶段、封堵阶段、垂直消退阶段和水平消退阶段构成，即

$$\begin{cases}\text{推进阶段} & 0 \leqslant t \leqslant t_3 \\ \text{封堵阶段} & t_3 < t \leqslant t_1 \\ \text{垂直消退阶段} & t_1 < t \leqslant t_2 \\ \text{水平消退阶段} & t_2 < t \leqslant t_4 \end{cases} \quad (t_1 < t_3 < t_2 < t_4)$$

4.2　地面灌溉灌水过程模型

4.2.1　地面灌溉水流运动的全水流动力学模型

全水流动力学模型是目前理论最完善的描述地面灌溉水流运动的模型，模型计算稳定性好且精度高，可用来模拟畦灌、沟灌及间歇灌溉水流运动。但是，由于该模型各计算单元的未知数太多，并且难以很好地处理水流推进锋，无法保证其计算收敛性。

1. 地面灌溉水流的连续方程

地面灌溉水流随空间和时间变化，因此其属非恒定渐变流，从地面灌溉水流中取长度为 dx 的区间来研究。

地面灌溉水流为非恒定渐变流，由于渐变流的水力要素是流程 x 和时间 t 的连续函数，可以用分析数学对其进行研究。设初瞬时为 t，微元体上游断面的流量为 Q，水深为 h，水面宽度为 B，单位长度的入渗速率为 i。为简化上述变量的数学表达，各变量随空间坐标 x 的变化可表达为

$$f_x = \frac{\partial f}{\partial x} \tag{4.1}$$

相似地，各变量随时间坐标 t 的变化可表达为

$$f_t = \frac{\partial f}{\partial t} \tag{4.2}$$

式中，f 为各变量的符号表达。

在 t 瞬时，微元体下游断面的参数分别为 $Q+Q_x\mathrm{d}x$、$h+h_x\mathrm{d}x$、$B+B_x\mathrm{d}x$、$I+I_x\mathrm{d}x$。由于流量等于水流流速与过水断面面积的乘积，上游断面和下游断面的过水断面面积和水流速度分别为 A、v 和 $A+A_x\mathrm{d}x$、$v+v_x\mathrm{d}x$，如果假定畦断面为棱柱体形式，则变量 A 在 x 方向上的导数 A_x 为

$$A_x = Bh_x \tag{4.3}$$

dt 时段内上下游断面的参数以初瞬时 t 和末瞬时 t+dt 的算术平均值计。dt 时段时上游断面的入渗量 V_{in}(流入微元体的液体体积)计算如下：

$$V_{\text{in}} = \frac{Q+(Q+Q_t\mathrm{d}t)}{2}\mathrm{d}t = \left(Q+\frac{Q_t\mathrm{d}t}{2}\right)\mathrm{d}t \tag{4.4}$$

相似地，对于下游断面出流量 V_{out}（流出微元体的液体体积）和 dt 时段内渗出微元体的体积 V_{I} 分别如下所述：

$$\begin{aligned} V_{\text{out}} &= \frac{(Q+Q_x\text{d}x)+(Q+Q_x\text{d}x)+(Q+Q_x\text{d}x)_t\,\text{d}t}{2}\text{d}t \\ &= \left[Q+Q_x\text{d}x+\frac{(Q+Q_x\text{d}x)_t\,\text{d}t}{2}\right]\text{d}t \end{aligned} \tag{4.5}$$

$$\begin{aligned} V_{\text{I}} &= \frac{1}{2}\left[\frac{I+(I+I_x\text{d}x)}{2}+\frac{(I+I_x\text{d}x)+(I+I_x\text{d}x)+(I+I_x\text{d}x)_t\,\text{d}t}{2}\right]\text{d}x\text{d}t \\ &= \left[I+\frac{I_x\text{d}x}{2}+\frac{I_t\text{d}t}{4}+\frac{(I+I_x\text{d}x)_t\,\text{d}t}{4}\right]\text{d}x\text{d}t \end{aligned} \tag{4.6}$$

因为液体为不可压缩连续介质，在 dt 时段内流入微元体的液体体积和 dt 时段内流出微元体的液体体积与渗出微元体的液体体积之差应等于微元体内初、末瞬时体积增量。

流入、流出微元体和渗出微元体的液体体积之差（微元体体积的变化量）dV_{s} 为

$$\begin{aligned} \text{d}V_{\text{s}} = V_{\text{in}}-V_{\text{out}}-V_{\text{I}} &= \left(Q+\frac{Q_t\text{d}t}{2}\right)\text{d}t-\left[Q+Q_x\text{d}x+\frac{(Q+Q_x\text{d}x)_t\,\text{d}t}{2}\right]\text{d}t \\ &\quad -\left[I+\frac{I_x\text{d}x}{2}+\frac{I_t\text{d}t}{4}+\frac{(I+I_x\text{d}x)_t\,\text{d}t}{4}\right]\text{d}x\text{d}t \end{aligned} \tag{4.7}$$

假定二阶微分和三阶微分的乘积与式(4.4)～式(4.6)中的其他项比较可以忽略不计，则式(4.7)可简化为

$$\text{d}V_{\text{s}} = -Q_x\text{d}x\text{d}t - I\text{d}x\text{d}t \tag{4.8}$$

$$\text{或}\ \frac{\text{d}V_{\text{s}}}{\text{d}t} = -(Q_x+I)\text{d}x \tag{4.9}$$

在初瞬时 t，微元体内存储的液体体积 V_1 为

$$V_1 = \frac{A+(A+A_x\text{d}x)}{2}\text{d}x \tag{4.10}$$

在末瞬时 t+dt，微元体内存储的液体体积 V_2 为

$$V_2 = \frac{(A+A_t\text{d}t)+(A+A_x\text{d}x)+(A+A_x\text{d}x)_t\,\text{d}t}{2}\text{d}x \tag{4.11}$$

式中，A_t 为变量 A 在 t 方向上的导数。

同样，忽略二阶微分量和三阶微分乘积，可得出 dt 时段内微元体体积的变化量 dV_{s} 为

$$\begin{aligned} \text{d}V_{\text{s}} = V_2-V_1 &= \frac{(A+A_t\text{d}t)+(A+A_x\text{d}x)+(A+A_x\text{d}x)_t\,\text{d}t}{2}\text{d}x-\frac{A+(A+A_x\text{d}x)}{2}\text{d}x \\ &= A_t\text{d}t\text{d}x \end{aligned} \tag{4.12}$$

$$\text{或}\frac{\mathrm{d}V_{\mathrm{s}}}{\mathrm{d}t}=A_t\mathrm{d}x \tag{4.13}$$

根据质量守恒原理，式(4.9)右端应等于式(4.13)右端，即

$$-(Q_x+I)\mathrm{d}x=A_t\mathrm{d}x \tag{4.14}$$

两边同时除以 dx 并整理，有

$$A_t+Q_x+I=0 \tag{4.15}$$

即

$$\frac{\partial A}{\partial t}+\frac{\partial Q}{\partial x}+I=0 \tag{4.16}$$

明渠非恒定渐变流的连续方程为

$$\frac{\partial A}{\partial t}+\frac{\partial Q}{\partial x}=0 \tag{4.17}$$

式(4.16)与式(4.17)相比，多了一项入渗项 I，I 为单位长度单位时间内的入渗量，因此地面灌溉水流认为是透水底板上的明渠非恒定渐变流。

2. 地面灌溉水流运动的动量方程

流体微元体的动量守恒遵循牛顿第二定律，即作用在微元体上的不平衡力必然被动量的时间变化率所补偿。

作用在地面灌溉水流微元体上的力有重力在水流方向的分力、上下游断面上的水压力和摩阻力。

1) 作用在微元体上的平均重力分力 F_{g}

如果灌水畦(沟)坡降 S_0 能用坡角的正弦近似的话，在初瞬时 t，作用在水流方向上的平均重力分力 F_{g1} 是其储水体积、水的容重 γ 和 S_0 三者的乘积。即

$$F_{\mathrm{g1}}=\gamma\frac{A+(A+A_x)\mathrm{d}x}{2}\mathrm{d}xS_0 \tag{4.18}$$

相似地，在 t+dt 末瞬时，作用在水流方向上的平均重力分力 F_{g2} 为

$$F_{\mathrm{g2}}=\gamma\frac{(A+A_t\mathrm{d}t)+(A+A_x)\mathrm{d}x+(A+A_x\mathrm{d}x)_t\mathrm{d}t}{2}\mathrm{d}xS_0 \tag{4.19}$$

初瞬时和末瞬时的平均重力分力为 F_{g1} 和 F_{g2}，并忽略二阶微分量及微分量的乘积，得到 dt 时段内微元体上的平均重力分力 F_{g} 为

$$F_{\mathrm{g}}=\frac{F_{\mathrm{g1}}+F_{\mathrm{g2}}}{2}=\gamma AS_0\mathrm{d}x \tag{4.20}$$

2) 作用在微元体上的水压力 F_p

作用在微元体上下游断面上的水压力分别用 F_{p1} 和 F_{p2} 表示，它们的大小等于水的容重 γ、水面到断面形状的几何中心的距离 h_0 和过水断面面积 A 三者的乘积。

对于上游断面，在初瞬时 t，F'_{p1} 为

$$F'_{p1} = \gamma h_0 A \tag{4.21}$$

在末瞬时 $t+\mathrm{d}t$，F''_{p1} 为

$$F''_{p1} = \gamma[h_0 A + (h_0 A)_t \mathrm{d}t] \tag{4.22}$$

那么，在 $\mathrm{d}t$ 时段内上游断面的平均水压力为

$$F_{p1} = \frac{F'_{p1} + F''_{p1}}{2} = \gamma h_0 A + \frac{\gamma (h_0 A)_t \mathrm{d}t}{2} \tag{4.23}$$

可对下游断面进行相似的推导：

$$F'_{p2} = \gamma[h_0 A + (h_0 A)_x \mathrm{d}x] \tag{4.24}$$

$$F''_{p2} = \gamma[h_0 A + (h_0 A)_x \mathrm{d}x] + \gamma[h_0 A + (h_0 A)_x \mathrm{d}x]_t \mathrm{d}t \tag{4.25}$$

$$F_{p2} = \frac{F'_{p2} + F''_{p2}}{2} = \gamma h_0 A + \gamma (h_0 A)_x \mathrm{d}x + \frac{\gamma (h_0 A)_t \mathrm{d}t}{2} \tag{4.26}$$

式(4.23)减去式(4.26)，可得到 $\mathrm{d}t$ 时段内作用在微元体上的平均水压力：

$$F_p = F_{p1} - F_{p2} = -\gamma (h_0 A)_x \mathrm{d}x = -\gamma A\left[(h_0)_x + \frac{h_0 A_x}{A}\right]\mathrm{d}x \tag{4.27}$$

为了避免多余的变量，式中不用以水面为起点计算到断面形状几何中心的距离，而用以畦沟底板为起点的水深(h)表示是理想的。引入新的变量 d(畦沟底板到断面形状几何中心的距离)后，h_0、h 和 d 之间存在以下关系：

$$h = h_0 + d \tag{4.28}$$

则

$$h_0 = h - d \tag{4.29}$$

而畦沟底板到断面形状几何中心的距离 d 为

$$d = \frac{1}{A}\int_0^A d'\mathrm{d}A' \tag{4.30}$$

式中，d' 和 A' 为积分变量。式(4.27)可有如下形式：

$$
\begin{aligned}
F_{\mathrm{p}} &= -\gamma A\mathrm{d}x\left[(h-d)_x+\frac{h-d}{A}A_x\right] \\
&= -\gamma A\mathrm{d}x\left[\left(h-\frac{\int_0^A d'\mathrm{d}A'}{A}\right)_x+\left(\frac{h-(1/A)\int_0^A d'\mathrm{d}A'}{A}\right)A_x\right] \\
&= -\gamma A\mathrm{d}x\left[h_x-\frac{A\left(\int_0^A d'\mathrm{d}A'\right)_x-\left(\int_0^A d'\mathrm{d}A'\right)A_x}{A^2}+\frac{hA_x}{A}-\frac{A_x\int_0^A d'\mathrm{d}A'}{A^2}\right] \\
&= -\gamma A\mathrm{d}x\left[h_x-\frac{1}{A}\left(\int_0^A d'\mathrm{d}A'\right)_x+\frac{hA_x}{A}\right]
\end{aligned}
\tag{4.31}
$$

式(4.31)中积分的微分可利用莱布尼茨法则进行：

$$
\left[\int_0^A d'\mathrm{d}A'\right]_x=\int_0^A d'_x\mathrm{d}A'+d'A_x\big|_{d'=h}-d'A_x\big|_{d'=0}=hA_x+\int_0^A d'x\mathrm{d}A' \tag{4.32}
$$

式(4.32)中等号右边的第二项与第一项比较起来，可假定被忽略。此假定允许式(4.31)中第二项$\left(\int_0^A d'\mathrm{d}A'\right)_x$和第三项$\frac{hA_x}{A}$抵消掉，由此可得到

$$
F_{\mathrm{p}}=-\gamma Ah_x\mathrm{d}x \tag{4.33}
$$

3)摩阻力 F_{f}

通常只需假定非恒定水流为渐变流，水流的剪切力等于恒定流条件下的剪切力。使用式(4.20)和式(4.33)所计算的平均重力分力和水压力值，非恒定流的动量方程可写为

$$
\gamma AS_0\mathrm{d}x-\gamma Ah_x\mathrm{d}x-F_{\mathrm{f}}=\rho[-Qv+Qv+(Qv)_x\mathrm{d}x] \tag{4.34}
$$

式中，S_0为灌水渠沟底坡降；F_{f}为摩阻力；ρ为流体密度。简化式(4.34)并解出F_{f}，则得到

$$
F_{\mathrm{f}}=\gamma A\mathrm{d}x\left(S_0-h_x-\frac{vv_x}{g}\right) \tag{4.35}
$$

对于恒定流，其能量方程为

$$
S_0\mathrm{d}x+h+\frac{v^2}{2g}=h+h_x\mathrm{d}x+\frac{v^2}{2g}+\left(\frac{v^2}{2g}\right)_x\mathrm{d}x+S_{\mathrm{f}}\mathrm{d}x \tag{4.36}
$$

式中，S_{f}为畦沟单位长度上的田面水流运动阻力坡降。由式(4.36)可解出S_{f}为

$$
S_{\mathrm{f}}=S_0-h_x-\frac{vv_x}{g} \tag{4.37}
$$

将式(4.37)代入式(4.35)，dt 时段内微元体平均摩阻力或剪切力为

$$F_{\mathrm{f}} = \gamma A S_{\mathrm{f}} \mathrm{d}x \tag{4.38}$$

恒定流下的摩阻力坡降可用以下三个方程描述。

查理公式：

$$v = c\sqrt{RS_0} \tag{4.39}$$

曼宁公式：

$$v = \frac{1}{n} R^{0.67} S_0^{0.5} \tag{4.40}$$

达西公式：

$$v = \frac{\sqrt{8RgS_0}}{f} \tag{4.41}$$

式中，v 为渠道中水流平均流速，m/s；R 为水力半径，m；c 为查理摩擦系数；n 为曼宁摩擦系数；f 为达西摩擦系数。

c、n 和 f 之间的相互关系可概括如下：

$$c = \frac{1}{n} R^{1.67} \tag{4.42}$$

$$f = \frac{8gn^2}{R^{0.33}} \tag{4.43}$$

3. 非恒定流动量

非恒定流动量方程的推导利用如下动量原理：通过给定点的运动微元体的动量的变化率等于微元体内水流动量的变化与微元体上下游断面的动量通量的变化之和。

在 dt 时段内流入和流出微元体的平均动量通量分别为

$$\left[\frac{\mathrm{d}(mv)}{\mathrm{d}t}\right]_{\mathrm{in}} = \rho Q v + \frac{\rho}{2}(Qv)_t \mathrm{d}t \tag{4.44}$$

$$\left[\frac{\mathrm{d}(mv)}{\mathrm{d}t}\right]_{\mathrm{out}} = \frac{\rho}{2}(Q + Q_x \mathrm{d}x)(v + v_x \mathrm{d}x) + \frac{\rho}{2}[Q + Q_x \mathrm{d}x + (Q + Q_x)_t \mathrm{d}t][v + v_x \mathrm{d}x + (v + v_x \mathrm{d}x)_t \mathrm{d}t] \tag{4.45}$$

式中，m 为运动微元体的质量。

如果二阶微分量和三阶微分量的乘积被忽略，流经该微元体的净动量通量是式(4.45)和式(4.44)之差，即

$$\left[\frac{\mathrm{d}(mv)}{\mathrm{d}t}\right]_{\mathrm{net}}=\rho(Qv_x\mathrm{d}x+vQ_x\mathrm{d}x) \tag{4.46}$$

在 dt 时段内微元体内平均动量变化计算如下。在初瞬时 t，微元体内的动量为

$$(mv)_t=\left[\frac{\rho}{2}(A+A+A_x\mathrm{d}x)\right]\left[\frac{1}{2}(v+v+v_x\mathrm{d}x)\right] \tag{4.47}$$

在末瞬时，微元体内的动量为

$$(mv)_{t+\mathrm{d}t}=\left\{\frac{\rho}{2}[A+A_t\mathrm{d}t+A+A_x\mathrm{d}x+(A+A_x\mathrm{d}x)_t\mathrm{d}t]\mathrm{d}x\right\}\left\{\frac{1}{2}[(v+v_t\mathrm{d}t+v+v_x\mathrm{d}x+(v+v_x\mathrm{d}x)_t\mathrm{d}t\right\} \tag{4.48}$$

对式(4.47)和式(4.48)进行整理并忽略高阶微分量，得到初、末瞬时微元体内的动量分别为

$$(mv)_t=\rho Av\mathrm{d}x \tag{4.49}$$

$$(mv)_{t+\mathrm{d}t}=\rho[Av+Av_t\mathrm{d}t+vA_t\mathrm{d}t]\mathrm{d}x \tag{4.50}$$

式(4.50)减去式(4.49)，则得到 dt 时段内微元体内的动量变化量为

$$(mv)_{t+\mathrm{d}t}-(mv)_t=\rho vA_t\mathrm{d}x\mathrm{d}t+\rho Av_t\mathrm{d}t\mathrm{d}x \tag{4.51}$$

式(4.51)两边同时除以 dt，得到 dt 时段内微元体内单位时间的平均动量变化量为

$$\frac{(mv)_{t+\mathrm{d}t}-(mv)_t}{\mathrm{d}t}=\frac{\rho vA_t\mathrm{d}x\mathrm{d}t+\rho Av_t\mathrm{d}t\mathrm{d}x}{\mathrm{d}t} \tag{4.52}$$

将式(4.52)与式(4.46)相加得到非恒定流的动量变化率：

$$\frac{\mathrm{d}(mv)}{\mathrm{d}t}=\rho(Qv_x\mathrm{d}x+vQ_x\mathrm{d}x+vA_t\mathrm{d}x+Av_t\mathrm{d}x) \tag{4.53}$$

式中，v_x、v_t 分别为变量 v 在 x 方向和 t 方向的导数。

利用式(4.20)、式(4.33)、式(4.38)所表达的重力分力 F_{g}、水压力 F_{p}、摩阻力 F_{f}和式(4.53)所表达的非恒定流的动量变化率，可得到如下非恒定流基本方程：

$$\gamma A\mathrm{d}xS_0-\gamma Ah_x\mathrm{d}x-\gamma AS_{\mathrm{f}}\mathrm{d}x=\rho(Qv_x+vQ_x+vA_t+Av_t)\mathrm{d}x \tag{4.54}$$

式(4.54)各项同时除以 $\gamma A\mathrm{d}x$ 得到

$$S_0-h_x-S_{\mathrm{f}}=\frac{vv_x}{g}+\frac{vQ_x}{gA}+\frac{vA_t}{gA}+\frac{v_t}{g} \tag{4.55}$$

与流速 v 相比，流量 Q 通常是更容易识别的量，因此可通过下面的变换用流量代替基本动量方程中的 v_t 和 v_x，将动量方程表达为流量 Q 的函数：

$$v = \frac{Q}{A} \tag{4.56}$$

$$v_t = \frac{1}{A^2}(AQ_t - QA_t) \tag{4.57}$$

$$v_x = \frac{1}{A^2}(AQ_x - QA_x) \tag{4.58}$$

用流量表达的动量方程为

$$\frac{1}{Ag}Q_t + \frac{2Q}{A^2 g}Q_x + (1 - Fr^2)h_x = S_0 - S_\mathrm{f} \tag{4.59}$$

式中，h_x 为变量 h 在 x 方向的导数；Fr 为弗劳德数：

$$Fr = \sqrt{\frac{Q^2 B}{A^3 g}} \tag{4.60}$$

本节利用水流的动量关系导出了式(4.59)，值得指出的是：有人用水流的能量关系利用连续方程取代 A_t 也可导出式(4.59)。

综合以上推导，地面畦灌、沟灌水流运动可以看作位于透水底板上的明槽非恒定非均匀流。描述地面畦灌、沟灌水流运动的圣维南方程组式(4.61)和式(4.62)构成地面灌溉完全水流动力学模型。

连续方程：

$$\frac{\partial A}{\partial t} + \frac{\partial q}{\partial x_{上游}} + \frac{\partial H}{\partial t} = 0 \tag{4.61}$$

动量方程：

$$\frac{1}{Ag}\frac{\partial q}{\partial t} + \frac{2q}{A^2 g}\frac{\partial q}{\partial x_{上游}} + (1 - Fr^2)\frac{\partial A}{\partial x_{上游}} = S_0 - S_\mathrm{f} \tag{4.62}$$

式中，A 为过水断面面积；$x_{上游}$ 为从上游边界算起的距离；q 为单宽流量或单沟流量；t 为放水时间；S_0 为灌水畦(沟)坡降；S_f 为阻力坡降；Fr 为弗劳德数，$Fr = \sqrt{Q^2 B / A^3 g}$；$B$ 为水面宽度；H 为累积入渗量，$H = kt^\alpha + f_0 t$。

4.2.2 地面灌溉水流运动的零惯量模型

Strelkoff 和 Fangmeier[158]认为灌水过程中地表水深和流速很小，地面灌溉完全水流动力学模型圣维南动量方程中的局部加速项、对流加速项和惯性项可忽略不计，可对完整水动力学模型进行一定程度的简化，形式如下：

$$\begin{cases} \dfrac{\partial y}{\partial t} + \dfrac{\partial q}{\partial x} + \dfrac{\partial h}{\partial t} = 0 \\ \dfrac{\partial y}{\partial x} = S_0 - S_\mathrm{f} \end{cases} \tag{4.63}$$

零惯量模型最先主要在沟灌水流运动研究中得以运用。近年来由于零惯量模型计算精度相对较高，计算过程也相对较为简便，随着计算机技术的迅速发展，该模型成为地面灌溉水流运动过程模拟的主要方法。

4.2.3　地面灌溉水流运动的运动波模型

1966 年，Chen[82]将零惯量模型应用到了地面灌溉田面水流运动过程计算中，认为在进行地面灌溉时，考虑到地表水深很小，地表水深沿畦长方向变化也应较小，因此可将零惯量模型中的 $\frac{\partial y}{\partial x}$ 项也忽略掉，进而实现对零惯量模型的进一步简化，如下所述：

$$\begin{cases}\frac{\partial y}{\partial t}+\frac{\partial q}{\partial x}+\frac{\partial h}{\partial t}=0\\ S_0=S_{\mathrm{f}}\end{cases}\tag{4.64}$$

国内学者也对运动波模型进行了大量研究，基于该模型，利用四边形差分网格和积分法对沟灌水流运动进行了求解，对冬灌条件下的畦田田面水流运动过程进行了数值求解，并在此基础上实现了灌水技术参数组合的优化选取。

4.3　地面灌溉灌水过程的零惯量模型数值模拟

4.3.1　零惯量模型的定解问题

地面灌溉水流的零惯量模型基于圣维南方程组动量方程中的惯性项和加速项在大多数地面灌溉条件下可被忽略不计的假定，将圣维南方程组简化为式(4.65)和式(4.66)。与地面灌溉入渗方程式(4.67)联合构成其定解方程：

$$\frac{\partial A}{\partial t}+\frac{\partial q}{\partial x}+\frac{\partial z}{\partial t}=0\tag{4.65}$$

$$\frac{\partial y}{\partial x}=S_0-S_{\mathrm{f}}\tag{4.66}$$

$$z=kt^{\alpha}+f_0t\tag{4.67}$$

1) 初始条件

$$Q\ (0,0)=q\qquad (t=0,x=0)\tag{4.68}$$

式中，q 为单宽流量，$\mathrm{m^3/(s\cdot m)}$。

2) 边界条件

零惯量模型以畦田进口或消退上边界为左边界条件，以推进锋或畦田末端为右边界，以地上水面曲线为上边界，以下渗锋面为下边界。

推进阶段：

$$\begin{cases} Q(0,t)=q \\ Q(x_{\mathrm{w}},t)=0 \quad (0<t<t_1) \\ A(x_{\mathrm{w}},t)=0 \end{cases} \tag{4.69}$$

封堵阶段：

$$\begin{cases} Q(0,t)=q \\ \delta x_{\mathrm{N}}=0 \quad (t_3<t_1) \\ Q(x_{\mathrm{f}},t)=0 \end{cases} \tag{4.70}$$

$$\begin{cases} Q(x_{\mathrm{R}},t)=0 \\ \delta x_{\mathrm{N}}=0 \quad (t_3>t_1) \\ Q(x_{\mathrm{f}},t)=0 \end{cases} \tag{4.71}$$

垂直消退阶段：

$$\begin{cases} Q(0,t)=0 \\ Q(x_{\mathrm{w}},t)=0 \quad (\text{三阶段}) \\ A(x_{\mathrm{w}},t)=0 \end{cases} \tag{4.72}$$

$$\begin{cases} Q(0,t)=0 \\ \delta x_{\mathrm{N}}=0 \quad (\text{四阶段}) \\ Q(x_{\mathrm{f}},t)=0 \end{cases} \tag{4.73}$$

水平消退阶段：

$$\begin{cases} Q(x_{\mathrm{R}},t)=0 \\ Q(x_{\mathrm{w}},t)=0 \quad (\text{三阶段}) \\ A(x_{\mathrm{w}},t)=0 \end{cases} \tag{4.74}$$

$$\begin{cases} Q(x_{\mathrm{R}},t)=0 \\ Q(x_{\mathrm{w}},t)=0 \quad (\text{四阶段}) \\ \delta x_{\mathrm{N}}=0 \end{cases} \tag{4.75}$$

式中，x_{w}为水流推进锋的距离；x_{R}为水流消退后，消退面距离畦田灌水断面(起始边界)的距离；x_{f}为畦长；$Q(x, t)$、$A(x, t)$分别为距离为x、时间为t时断面流量和断面面积；δx_{N}为时段推进距离增量。

式(4.65)～式(4.75)构成了零惯量模型模拟地面灌溉水流运动的定解问题。

4.3.2　灌水条件的近似、假定及有关参数的处理

1. 地面灌溉灌水条件的近似与假定

(1) 灌水畦在灌水过程中畦沟断面不随时间和空间变化，灌水畦沟是棱柱体状的。

(2) 地表水流是渐变流。

(3) 畦灌条件下，由于畦长远大于畦宽，畦首水流横向扩散的区域相对很小，认为畦灌地表水流是沿畦长方向一维流动的。

(4) 由于畦宽远大于水深，边坡侧渗的影响可忽略不计，因此可取单位宽度的水流代表整个水流流态。

(5) 畦内土壤在连续灌溉条件下认为是不随空间位置变化的，即忽略土壤条件的空间变异性。间歇灌溉条件下认为受水次数相同段土壤条件相同，受水次数不同段土壤条件不同。例如，不同受水次数段糙率取不同值，而受水次数相同段糙率取相同值。

(6) 为增强零惯量模型模拟计算的通用性(沟灌、畦灌等灌水条件下)，将水深 h 表达为过水断面面积的函数，用式(4.76)近似：

$$h = \sigma_1 A^{\sigma_2} \tag{4.76}$$

式中，h 为水深；A 为过水断面面积；σ_1、σ_2 分别为水深与过水面面积的关系系数和指数。

畦灌条件下，取单宽进行计算，因此有 $h=A$，$\sigma_1=\sigma_2=1.0$。沟灌条件下，则需要根据实际的灌水沟断面尺寸确定 σ_1 和 σ_2。

2. 地面灌溉有关参数的处理

(1) 地面水流的阻力坡降。地面水流的阻力坡降采用曼宁公式式(4.77)计算：

$$S_\mathrm{f} = \frac{q^2 n_\mathrm{c}^2}{A^2 R^{4/3}} \tag{4.77}$$

式中，q 为计算断面单宽流量；n_c 为糙率值，根据实测灌水资料反求或根据经验选定；A 为计算断面过水断面面积；R 为计算断面水力半径。

(2) 式(4.77)中的分母项 $A^2R^{4/3}$ 表达为

$$A^2 R^{4/3} = \rho_1 A^{\rho_2} \tag{4.78}$$

式中，A 为过水断面面积；R 为水力半径；ρ_1、ρ_2 分别为断面系数和指数。

畦灌条件下，取单宽进行计算，因此有 $h=A$，$R=A$，$A^2R^{4/3}=A^{10/3}$，因此有 $\rho_1=1.0$，$\rho_2=10/3\approx3.33$。沟灌条件下，ρ_1 和 ρ_2 按实际过水断面拟合得出。

(3) 地面坡降。自然条件下畦沟地面坡降无论是在宏观上还是微观上都存在着不均一性，一般情况下，可取畦沟首、尾高程确定其平均坡降，作为畦沟的平均坡降。为提高计算精度，根据畦田实际坡降情况将畦田沿长度方向分为三段(不一定等长)，分段确定其地表坡降。

(4) 土壤的入渗模型与参数。地面灌溉条件下的土壤入渗模型采用 Kostiakov 入渗公式。研究表明波涌灌条件下其土壤入渗模型也可用 Kostiakov 公式描述，间歇入渗减渗率随空间的变化近似反映在入渗量方程的参数中：

$$H = kt^{\alpha} + f_0 t \tag{4.79}$$

(5) 畦沟糙率。畦沟糙率可根据经验确定，也可由田间实测灌水资料反求。土壤质地、结构、平整程度，耕作状况，作物生长状况等自然因素对水流的影响几乎全部反映在水流运动的阻力当中，即全部反映在糙率当中，因此糙率取值要大一些。

(6) 大田灌溉的退水过程即使是在试验条件下观察，也会因退水标准掌握不一因人而异，模拟计算中，若本次计算过水断面面积是上次计算值的 5%以下就认为该断面已经消退。

4.3.3　定解问题的数值求解

1. 计算域的离散化

水流推进距离或消退距离随时间而变化，所以其上下游边界也在运动，因此计算域的长度及位置随计算过程的进行而变化。上游边界为畦入口或消退上边界、下游边界为推进锋面或畦末端，计算单元体的个数也不确定，随计算过程而变化。推进阶段计算单元体的个数与计算次数相等，即每计算一次计算单元体增加一个。采取等时间步长计算，所以每个计算单元体的长度不等，分别等于该单元体生成阶段的水流推进距离增量。因此某计算时间刻 t 的推进总长度为

$$x_i = \sum_{r=1}^{i} \delta x_r \tag{4.80}$$

式中，x_i 为某计算时刻水流推进距离；δx_r 为第 r 个计算时段推进距离增量。

根据各阶段水流特性和上下游边界条件的差异及计算精度的要求，计算过程中，不同阶段采用不同形状的计算单元体。对于推进阶段或推进锋尚未到达畦尾的消退阶段，单元体向下游运动，因此采用倾斜状四边形网格作为计算单元体。封堵条件下，由于下边界固定，采用矩形计算单元体，如图 4.1 所示。

2. 差分方程

1) 推进阶段

截取如图 4.1 所示的计算单元体，图 4.2 中取计算时间步长为 δt，考虑单元体上下游断面的空间权重系数 Φ 和时间权重系数 θ，将式(4.65)和式(4.66)所表达的连续方程和运动方程离散成式(4.81)～式(4.86)所示的差分方程。

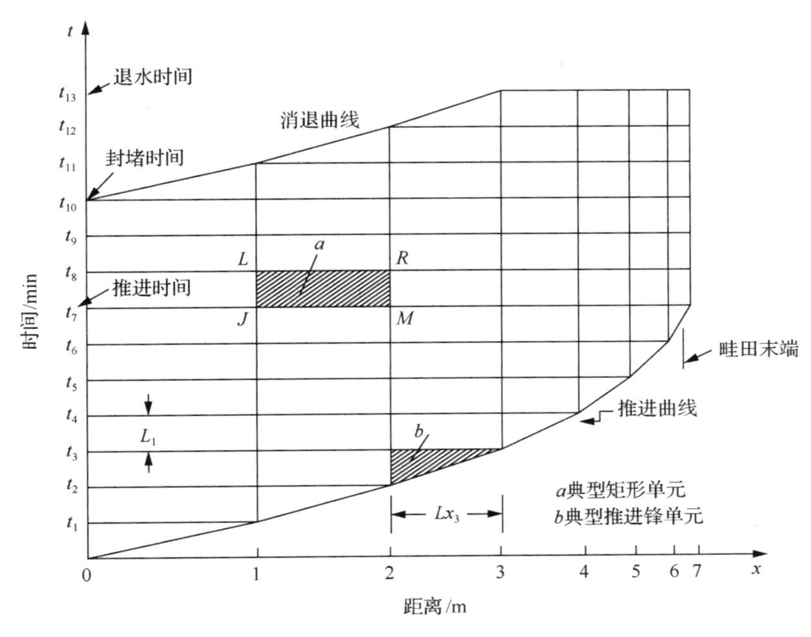

图 4.1　差分网格图

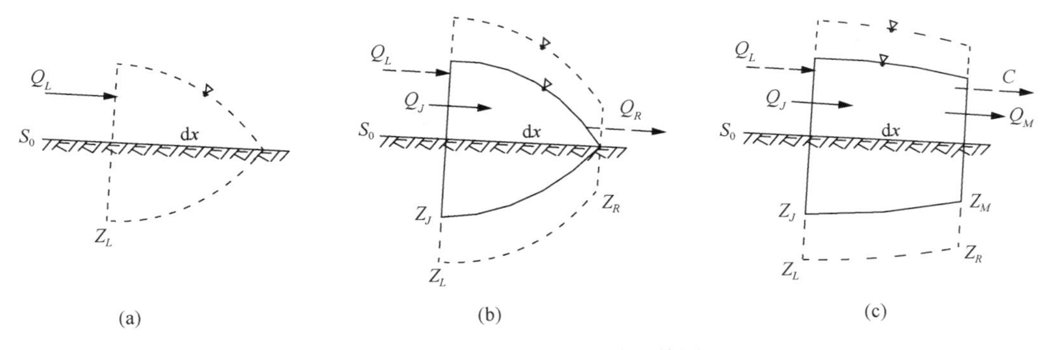

图 4.2　计算时段始、末单元体图

内部计算单元（$1<r<N$）：

$$\frac{\delta x_r}{\delta t}[\Phi(A_L+Z_L)+(1-\Phi)(A_R+Z_R)]-\frac{\delta x_{r-1}}{\delta t}[\Phi(A_J+Z_J)+(1-\Phi)(A_M+Z_M)]$$

$$=\theta\left\{\left[Q_L-(A_L+Z_L)\frac{\delta x_{r-1}}{\delta t}\right]-\left[Q_R-(A_R+Z_R)\frac{\delta x_r}{\delta t}\right]\right\}$$

$$+(1-\theta)\left\{\left[Q_J-(A_J+Z_J)\frac{\delta x_{r-1}}{\delta t}\right]-\left[Q_M-(A_M+Z_M)\frac{\delta x_r}{\delta t}\right]\right\} \tag{4.81}$$

$$\frac{\sigma_1 A_R^{\sigma_2}-\sigma_1 A_L^{\sigma_2}}{\delta x_r}=S_0-\left[\Phi\frac{Q_L^2 n^2}{\rho_1 A_L^{\rho_2}}+(1-\Phi)\frac{Q_R^2 n_c^2}{\rho_1 A_L^{\rho_2}}\right] \tag{4.82}$$

上游计算单元(r=1)：

$$\frac{\delta x_1}{\delta t}[\Phi(A_L+Z_L)+(1-\Phi)(A_R+Z_R)]=\theta\left\{Q_L-\left[Q_R-(A_R+Z_R)\frac{\delta x_1}{\delta t}\right]\right\}+(1-\theta)\left\{Q_J-\left[Q_M-(A_M+Z_M)\frac{\delta x_1}{\delta t}\right]\right\} \tag{4.83}$$

$$\frac{\sigma_1 A_R^{\sigma_2}-\sigma_1 A_L^{\sigma_2}}{\delta x_r}=S_0-\left[\Phi\frac{Q_L^2 n^2}{\rho_1 A_L^{\rho_2}}+(1-\Phi)\frac{Q_R^2 n_c^2}{\rho_1 A_L^{\rho_2}}\right] \tag{4.84}$$

下游计算单元：

$$\left(\frac{A_L}{1+\beta}+\frac{Z_L}{1+\xi}\right)\frac{\delta x_N}{\delta t}-\left(\frac{A_J}{1+\beta}+\frac{Z_J}{1+\xi}\right)\frac{\delta x_{N-1}}{\delta t}=\theta\left[Q_L-(A_L+Z_L)\frac{\delta x_{N-1}}{\delta t}\right]+(1-\theta)\left[Q_J-(A_J+Z_J)\frac{\delta x_{N-1}}{\delta t}\right] \tag{4.85}$$

$$\frac{-\beta\sigma_2\sigma_1 A_L^{\sigma_2}}{\delta x_N}=S_0-\frac{Q_L^2 n_c^2}{\rho_1 A_L^{\rho_2}} \tag{4.86}$$

式中，$\delta t=t_i-t_{i-1}$，t_{i-1}、t_i分别为计算时段起始和终了时间；δx_r、δx_{r-1}分别为上游单元第r、$r-1$计算时段水流推进距离增量；δt为时间步长；δx_N、δx_{N-1}分别为下游单位第N、$N-1$个计算时段水流推进距离的增量；A_L、Q_L、Z_L分别为t时刻单元体左边界过水断面面积、流量和对应时刻的累积入渗量；A_R、Q_R、Z_R分别为t_i时刻单元体右边界过水断面面积、流量和对应时刻的累积入渗量；A_J、Q_J、Z_J分别为t_{i-1}时刻单元体左边界过水断面面积、流量和对应时刻的累积入渗量；A_M、Q_M、Z_M分别为t_{i-1}时刻单元体右边界过水断面面积、流量和对应时刻的累积入渗量；Φ为空间权重系数，是考虑单元体上下游断面在其平均值计算中所占的权重，若上游断面权重系数为Φ，则下游断面权重系数为$1-\Phi$；θ为时间权重系数，是考虑计算时段起始和终了时刻在其平均值计算中所占的比重。若起始时刻t_{i-1}的权重系数为θ，则终了时刻的时间权重系数为$1-\theta$。根据前人研究结果，Φ、θ值是一个能够反映隐式差分方程式稳定性和灵活性的重要系数，一般取值在0.6～1.0为宜，一般取Φ=0.5，θ=0.6。β为推进锋单元地上水流剖面系数，假定其水流剖面遵循幂函数，当运用曼宁公式计算水流阻力，同时又不考虑推进锋前缘的入渗时，$\beta=\frac{1}{\sigma_2+\rho_2-2}$，畦灌条件下，其值为3/7，$\xi$为推进锋单元下渗剖面系数，与入渗水分剖面形状有关。假定入渗水分剖面符合幂函数，并利用Kostiakov三参数入渗模型计算入渗量可导出α值与入渗方程中的入渗指数相等。

其他符号含义同前。

2) 封堵阶段

在不考虑弃水的情况下，认为各计算单元在固定的位置，采用矩形网格计算。对于所有计算单元连续方程差分格式方程如式(4.87)所示，运动方程格式同式(4.82)：

$$\begin{aligned}&\frac{\delta x_r}{\delta t}[\Phi(A_L+Z_L-A_J-Z_J)+(1-\Phi)(A_R+Z_R-A_M-Z_M)]\\&=\theta(Q_L-Q_R)+(1-\theta)(Q_J-Q_M)\end{aligned} \tag{4.87}$$

3) 垂直消退阶段

当设计灌水量已灌入畦田后，畦口断流，此时水流开始垂直消退，直至畦口断面水深为 0。垂直消退阶段水流方程与推进阶段或封堵阶段相同，不同的只是边界条件的差异，计算中根据具体情况分别采用式(4.81)～式(4.87)。

4) 水平消退阶段

水平消退上边界为水流消退上游端，下边界为下游非封堵推进运动边界或下游封堵边界。与之相对应，上边界单元差分方程与推进阶段相同，下边界单元差分方程与对应下游边界条件时的差分方程相同，因此差分格式可根据具体情况由以上 3 个阶段确定。

3. 差分方程求解

设计算单元体的个数为 N，对 N 个计算单元体分别写连续方程和运动方程的差分方程，则在任意时刻都可写出 $2N$ 个差分方程。方程组中的未知量是各计算断面过水断面面积 A 和过水流量 Q、时段推进长度增量 δx_N。无论哪个阶段，N 个单元体有 $N+1$ 个计算断面，所以其需确定的未知量的个数为 $2N+3$ 个。从前面边界条件分析中可知，任何阶段都有 3 个已知的边界值，因此可用 $2N$ 个方程求解 $2N$ 个未知量。

1) 方程组的线性化

上述方法产生的 $2N$ 个差分方程为非线性方程组，可通过下列方法将其线性化。设置一组新变量：

$$A_L=A_J+\delta A_L\quad(1<w\leqslant N) \tag{4.88}$$

$$A_R=A_M+\delta A_R\quad(1\leqslant w\leqslant N) \tag{4.89}$$

$$Q_L=Q_J+\delta Q_L\quad(1<w\leqslant N) \tag{4.90}$$

$$Q_R=Q_M+\delta Q_R\quad(1\leqslant w\leqslant N) \tag{4.91}$$

$$\delta x_N=\delta x_{N-1}+\delta\delta \tag{4.92}$$

$$A_L=A_J+\delta A_L\quad(w=1) \tag{4.93}$$

$$Q_L=Q_M+\delta Q_L\quad(w=1) \tag{4.94}$$

式中，w 为单元体编号；N 为单元体数目；δA_L、δA_R、δQ_L、δQ_R 分别为计算时段未单元体左、右边界断面的过水断面面积和流量；$\delta\delta$ 为计算时段内水流推进长度增量；其他符号意义同前。

通过新变量把上一时刻的已知量与本计算时段末的计算值联系起来，将推进阶段差分方程中的 A_L、A_R、Q_L、Q_R 和 δx_N 用式(4.88)～式(4.94)右端值代入则得到其线性方程组如下所述。

对于推进阶段，当 k=1 时：

$$\Phi x_1 \delta A_L + [(1-\Phi-\theta)x_1]\delta A_R - \theta\delta Q_L + \theta\delta Q_R = \Phi x_1 (Z_M - Z_L) \tag{4.95}$$

$$\begin{aligned}&\left(-\sigma_1\sigma_2 A_M^{\sigma_2-1} - \Phi\rho_2 \frac{S_{fM}}{A_M}\delta x_1\right)\delta A_L + \left[\sigma_1\sigma_2 A_M^{\sigma_2-1} - (1-\Phi)\rho_2 \frac{S_{fM}}{A_M}\delta x_1\right]\delta A_R \\ &+\left(2\Phi\frac{S_{fM}}{Q_M}\delta x_1\right)\delta Q_L + \left[2(1-\Phi)\frac{S_{fM}}{Q_M}\delta x_1\right]\delta Q_R = \delta x_1 (S_0 - S_{fM})\end{aligned} \tag{4.96}$$

当 $1<k<N$ 时：

$$\begin{aligned}&(\Phi x_w + \theta x_{w-1})\delta A_L + [(1-\Phi-\theta)x_w]\delta A_R - \theta\delta Q_L + \theta\delta Q_R \\ &= [\Phi x_w + (1-\Phi)x_{w-1}](A_M + Z_M - A_J + Z_J) + Q_J - Q_M\end{aligned} \tag{4.97}$$

$$\begin{aligned}&\left(-\sigma_1\sigma_2 A_J^{\sigma_2-1} - \Phi\rho_2 \frac{S_{fJ}}{A_J}\delta x_w\right)\delta A_L + \left[-\sigma_1\sigma_2 A_M^{\sigma_2-1} - (1-\Phi)\rho_2 \frac{S_{fM}}{A_M}\delta x_1\right]\delta A_R \\ &+\left(2\Phi\frac{S_{fJ}}{Q_J}\delta x_w\right)\delta Q_L + \left[2(1-\Phi)\frac{S_{fM}}{Q_M}\delta x_w\right]\delta Q_R \\ &= \sigma_1 (A_J^{\sigma_2} - A_M^{\sigma_2}) + \delta x_w [S_0 - \Phi S_{fJ} - (1-\Phi)S_{fM}]\end{aligned} \tag{4.98}$$

当 k=N 时：

$$\begin{aligned}&\left[\left(\frac{1}{1+\beta}+\theta\right)x_{N-1}\right]\delta A_L - \theta\delta Q_L + \left[\frac{A_J}{(1+\beta)\delta t} + \frac{Z_J}{(1+\alpha)\delta t}\right]\delta\delta \\ &= Q_J - (A_J + Z_J) + x_{N-1}\end{aligned} \tag{4.99}$$

$$\begin{aligned}&\left(-\sigma_1\sigma_2 A_J^{\sigma_2-1} - \Phi\rho_2 \frac{S_{fJ}}{A_J}\delta x_w\right)\delta A_L + \left[-\sigma_1\sigma_2 A_M^{\sigma_2-1} - (1-\Phi)\rho_2 \frac{S_{fM}}{A_M}\delta x_1\right]\delta A_R \\ &+\left(2\Phi\frac{S_{fJ}}{Q_J}\delta x_w\right)\delta Q_L + \left[2(1-\Phi)\frac{S_{fM}}{Q_M}\delta x_w\right]\delta Q_R \\ &= \sigma_1 (A_J^{\sigma_2} - A_M^{\sigma_2}) + \delta x_w [S_0 - \Phi S_{fJ} - (1-\Phi)S_{fM}]\end{aligned} \tag{4.100}$$

式中

$$x_w = \frac{\delta x_w}{\delta t} \tag{4.101}$$

$$x_{w-1} = \frac{\delta x_{w-1}}{\delta t} \tag{4.102}$$

$$S_{fJ} = \frac{Q_J^2 n_c^2}{\rho_1 A_J^{\rho_2}} \tag{4.103}$$

$$S_{fM} = \frac{Q_M^2 n_c^2}{\rho_1 A_M^{\rho_2}} \tag{4.104}$$

对于其他阶段，可将式(4.88)～式(4.94)代入相应的差分方程求得线性化方程组。

2) 求初始解

从零惯量模型求解过程可知，每个时间增量下的求解，都必须利用相继时段的已知值，为开始逐时段求解过程，要求先求解当 N=1 时的解。

当 N=1 时，有如下连续方程和运动方程：

$$\delta v = \delta x_1 \left(\frac{A_L}{1+\beta} + \frac{Z_L}{1+\xi} \right) \tag{4.105}$$

$$\frac{-\beta \sigma_1 \sigma_2 A_L^{\sigma_2}}{\delta x_1} = S_0 - \frac{Q_L^2 n_c^2}{\rho_1 A_L^{\sigma_2}} \tag{4.106}$$

式中，δv 为第一个时间步长内输入畦田的水量。

联列求解式(4.105)和式(4.106)非线性方程组可求得 δx_1 和 A_L 的值，为 N=2 的求解提供初始值。上述非线性方程组可用牛顿-拉弗森或其他非线性方程组方法求解。

3) 线性方程组求解

式(4.95)～式(4.100)所表示的线性方程组可用任何标准矩阵解法求解。然而该线性方程组系数矩阵具有带状矩阵的特点，所以可用普赖斯曼双扫描方法求解。方程求解求得各断面计算时间步长内的过水断面面积增量 δA、过水流量增量 δQ 及水流推进长度增量 $\delta\delta$。将其代入式(4.88)～式(4.94)得到各断面过水断面面积、过水流量和水流推进长度增量，作为下时段计算的已知量进行逐次求解，得到定解问题的数值解。

4. 零惯量模型模拟的程序实现

零惯量模型数值模拟计算，运用 Fortran 语言编程上机实现。程序功能：畦灌连续、间歇灌溉条件下的水流模拟；沟灌连续、间歇灌溉条件下的水流模拟，但要求沟灌入渗模型采用 Kostiakov 入渗模型或 Kostiakov 三参数入渗模型；在推进锋面自由推进或封堵条件下均可运行；计算模拟条件下的灌水效率、储水效率和灌水均匀度。数值计算流程框图如图 4.3 所示。

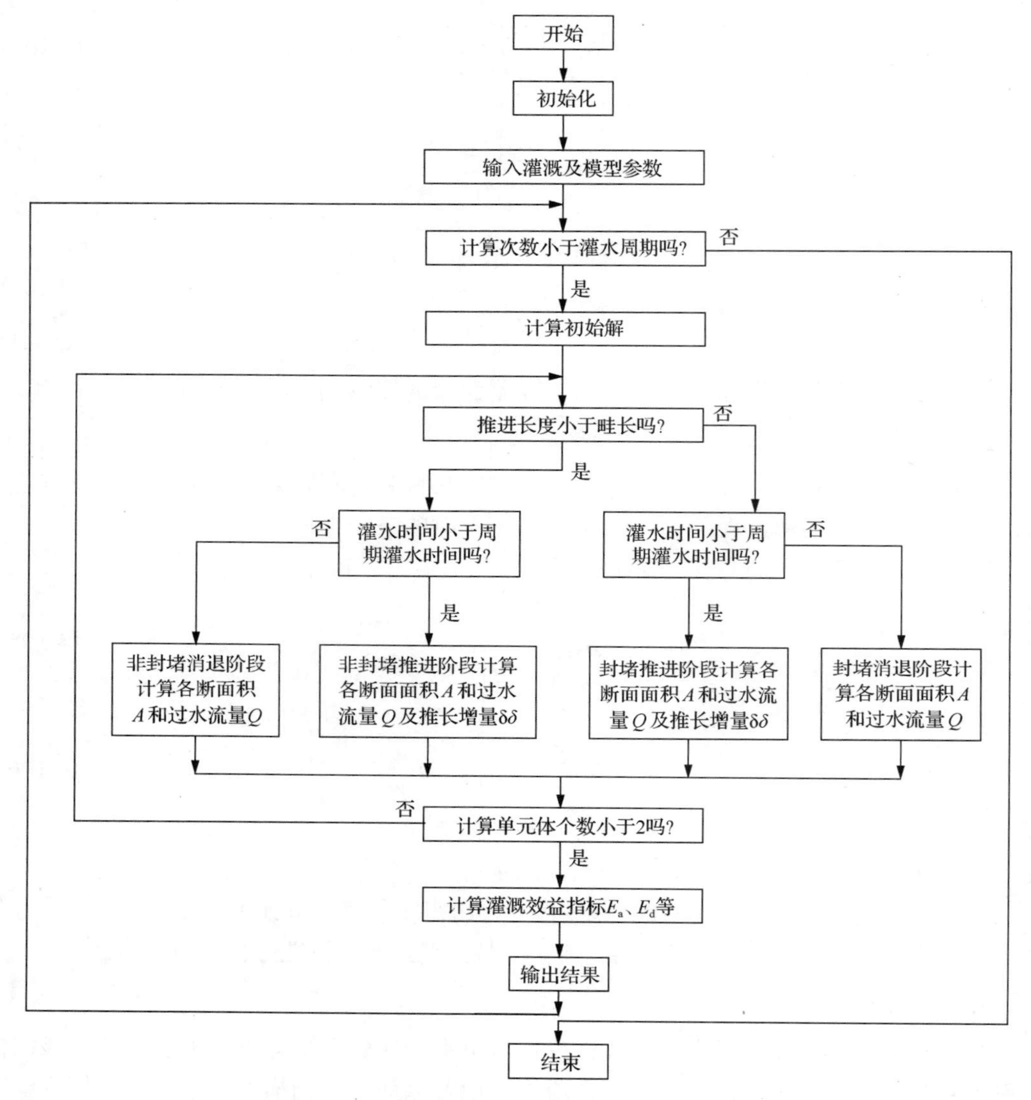

图 4.3　数值计算流程框图

4.3.4　零惯量水流运动模型的模型验证

1. 基本资料

田间实测灌水资料选用夏灌苗期玉米田实测资料，分别选取连续灌溉和间歇灌溉各一组。所选田块灌水条件及灌水参数见表 4.1 和表 4.2。连续灌溉和间歇灌溉实测灌水过程见表 4.3 和表 4.4。

表 4.1　玉米畦田灌水条件表　（单位：m）

灌水方式	畦宽	畦长				纵坡		
		合计	第一段	第二段	第三段	第一段	第二段	第三段
连续灌溉	2.8	337	150	150	37	0.0079	0.0067	0.0026
间歇灌溉	2.8	337	150	150	37	0.0079	0.0067	0.0026

表 4.2　玉米畦田灌水参数表

灌水方式	单宽流量 /[m^3/(m·s)]	T_{opp}/min	T_{on}/min	r	T_{off}/min	入渗参数		
						α	k/(cm/min)	f_0/(cm/min)
连续灌溉	12.0	60	60	1	0	0.1460	5.0000	0.1031
间歇灌溉	12.0	60	20	1/3	40	0.2780	4.4464	0.0000

注：T_{opp} 表示总灌水时间；T_{on} 表示实施灌水时间；r 表示灌水时间比例；T_{off} 表示剩余灌水时间。

表 4.3　连续灌溉实测灌水过程

过程分类	距离/m								
	0	20	40	60	80	100	120	133	140
推进时间	0	5′55″	13′55″	23′00″	33′00″	45′00″	60′00″	75′45″	—
消退时间	62′30″	66′20″	68′30″	71′50″	74′20″	76′00″	78′30″	75′45″	—

注：1992 年 7 月 7 日咸阳双照实测；—表示空白值。

表 4.4　间歇灌溉实测灌水过程

周期	距离/m						
	0	20	40	52	60	65	80
1	0′0″	5′54″	14′40″	20′00″	23′40″	30′00″	—
	20′45″	26′20″	31′45″	—	33′48″	30′00″	—
2	0′00″	2′34″	5′22″	—	8′30″	—	14′40″
	23′25″	28′05″	34′20″	—	40′10″	—	41′30″
3	0′00″	2′05″	4′36″	—	7′15″	—	8′55″
	23′28″	29′10″	37′40″	—	41′30″	—	44′40″
周期	距离/m						
	90	100	105	120	130	140	144
1	—	—	—	—	—	—	—
	—	—	—	—	—	—	—
2	20′00″	36′30″	34′40″	—	—	—	—
	—	41′30″	34′40″	—	—	—	—
3	—	13′19″	—	20′00″	25′15″	31′30″	37′10″
	—	47′50″	—	49′50″	—	49′50″	37′10″

注：—表示空白值。

2. 模型参数

零惯量水流模型用于模拟畦灌水流运动时，除需上述基础资料外，尚需确定畦断面系数和断面指数 σ_1、σ_2、ρ_1、ρ_2，推进锋单元地上水流剖面系数 β 和下渗剖面系数 ξ，退水标准 bc 及随受水次数变化的地表糙率值 n_c，时间权重系数 θ 和空间权重系数 Φ。上述参数中，断面参数根据灌水方式和灌水条件计算确定，α 值和 β 值也可根据断面参数和入渗参数计算选定，其余则应根据大田实际灌水情况确定。本书计算中将大田实测灌水资料代入模型试算，根据误差大小，确定该条件下的其余模型参数 n_{c1}、n_{c2}、n_{c3} 及 bc 等，所采用的参数见表 4.5。

表 4.5　模型参数表

灌水方式	糙率		断面参数					Φ	θ	β	α	bc
	n_{c1}	n_{c2}	n_{c3}	σ_1	σ_2	ρ_1	ρ_2					
连续灌溉	0.4	—	—	1.0	1.0	1.0	10/3	0.8	0.8	3/7	0.146	0.001
间歇灌溉	0.4	0.38	0.38	1.0	1.0	1.0	10/3	0.8	0.8	3/7	0.28	0.001

3. 模型验证

据表 4.3、表 4.4 中的实测数据及模拟数据点绘制连续及间歇灌溉水流推进和消退曲线，如图 4.4 和图 4.5 所示。

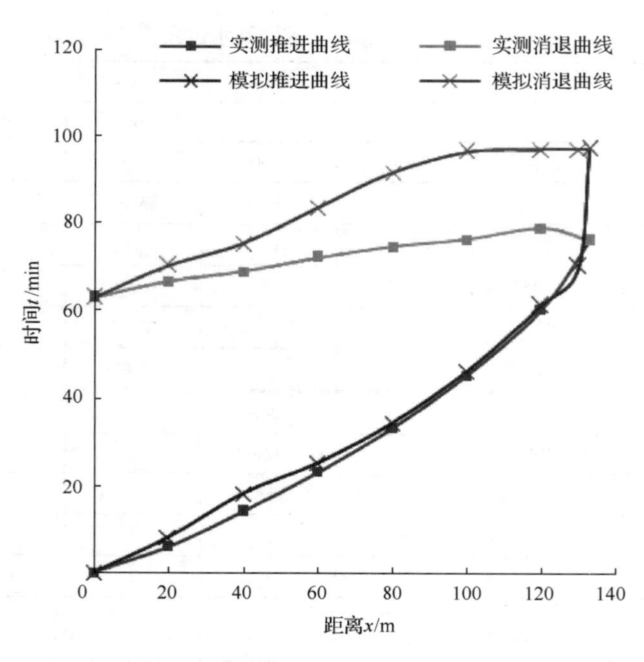

图 4.4　连续灌溉水流推进和消退曲线

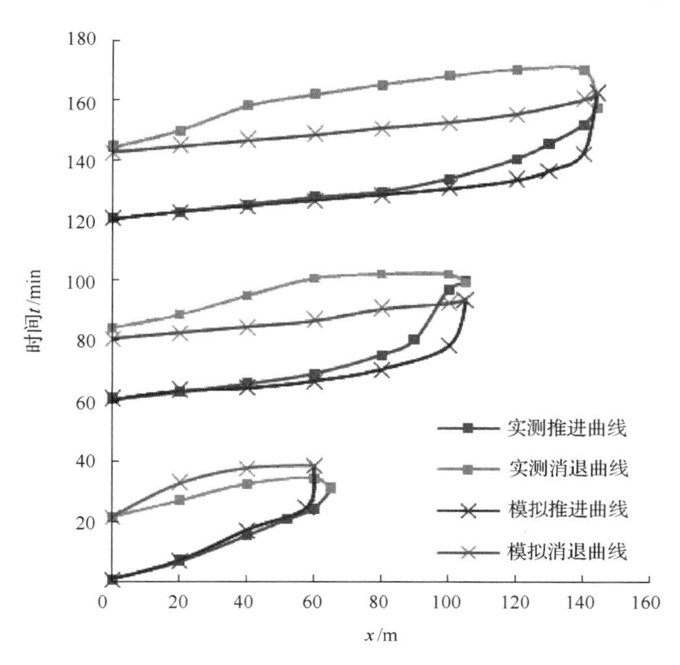

图4.5　间歇灌溉水流推进和消退曲线

从图4.4和图4.5可以得出如下结论。

(1)无论是连续灌溉还是间歇灌溉推进过程的实测与模拟结果吻合较好，灌水末端偏离程度大一些。在间歇灌溉条件下，由于前周期误差的累积，吻合较连续灌溉稍差一些。

(2)计算推进总长度与实测值吻合很好，误差在3%以下。

(3)水流消退过程计算值与实测值偏离较大。间歇灌溉条件下，随着灌水周期数的增加，偏离值增加。从连续灌溉曲线可以看出，随着推进距离的增加，偏离值也在增大。其原因主要为以下三个方面：①数值计算中，对消退过程上边界条件的处理存在不合理性。处理中硬性将退水上边界流量值置零，实际上该断面流量并不为零，该操作使结果偏离实测值。②实测值本身也存在任意性。大田地表凹凸不平，退水标准很难掌握，而计算中假定地表是平整的。③模型参数较多，利用很有限的计算组数确定的参数不一定是最佳参数，所以经参数调整后或许结果会好一些。由于参数较多，再加上间歇灌溉条件下，后继周期受前几周期误差积累的影响，参数调整工量很大。

尽管退水过程吻合不够理想，但从推进过程、推进总长度看，零惯量模型用于模拟连续灌溉和间歇灌溉水流运动都是可行的。推进过程的吻合较好间接证明了所建立的间歇入渗模型的可行性。但模型的进一步改进是必要的，特别是消退过程的边界条件的改进更是必要的。此外，对各模型参数进行调整计算，寻求其变化规律也是必需的。

4.4 地面灌溉灌水过程的运动波模型数值模拟

4.4.1 运动波模型的定解问题

1. 定解方程

基于运动波模型基本方程及灌水条件的近似、简化、假定，并与地面灌溉入渗方程联立，可得到运动波模型的定解方程与4.3节的零惯量模型相同，如式(4.65)～式(4.68)所示。

2. 定解条件

定解条件包括初始条件和边界条件，与4.3节的零惯量模型相同，如式(4.69)～式(4.75)所示，构成了运动波模型模拟地面灌溉水流运动的定解问题。

4.4.2 定解问题的数值求解

1. 计算域的离散化

定解问题的计算域的离散化的计算如4.3.3节计算域的离散化。

2. 差分方程

截取单元体，取计算时间步长为 δt，考虑单元体上下游断面的空间权重系数和时间权重系数，在时间间隔 t_i–t_{i-1} 内，有以下关系式：

$$V_{\text{in}} = [\theta(Q_L - Q_R) + (1-\theta)(Q_J - Q_M)]\delta t \tag{4.107}$$

式中，δt 为时间步长，$\delta t = t_i - t_{i-1}$；θ 为时间权重系数，是考虑计算时段起始和终了时刻在其平均值计算中所占的比重。

在时段 Δt 内，单元体内水量变化是

$$\begin{aligned}\Delta &= V\big|t_i - V\big|t_{i-1} \\ &= [\varPhi(A_L + Z_L) + (1-\varPhi)(A_R + Z_R)]\delta x - [\varPhi(A_J + Z_J) + (1-\varPhi)(A_M + Z_M)]\delta x\end{aligned} \tag{4.108}$$

式中，δx 为计算时段水流推进距离增量；$\varPhi$ 为空间权重系数，是考虑单元体上、下游断面在其平均值计算中所占权重；V 为某一时刻单元内水体体积。

可得运动波模型的连续性方程：

$$\begin{aligned}&[\theta(Q_L - Q_R) + (1-\theta)(Q_J - Q_M)]\delta t - [\varPhi(A_L + Z_L - A_J - Z_J) \\ &\quad + (1-\varPhi)(A_R + Z_R - A_M - Z_M)]\delta x = 0\end{aligned} \tag{4.109}$$

式中，δx 为计算时段水流推进的距离增量；δt 为时间步长；A_L、Q_L、Z_L 分别为 t_i 时刻单

元体左边界过水断面面积、流量和对应时刻的累积入渗量；A_R、Q_R、Z_R 分别为 t_i 时刻单元体右边界过水断面面积、流量和对应时刻的累积入渗量；A_J、Q_J、Z_J 分别为 t_{i-1} 时刻单元体左边界过水断面面积、流量和对应时刻的累积入渗量；A_M、Q_M、Z_M 分别为 t_{i-1} 时刻单元体右边界过水断面面积、流量和对应时刻的累积入渗量；Φ 为空间权重系数，若上游断面权重系数为 Φ，则下游断面权重系数为 $1-\Phi$；θ 为时间权重系数，若起始时刻 t_{i-1} 的权重系数为 θ，则终了时刻时间权重系数为 $1-\theta$。

在编程过程中，初始条件给出了 Q_J 和 Q_L，应用公式为

$$Q=\xi A^{u+1} \tag{4.110}$$

式中

$$\xi=\frac{(\rho_1 S_0)^{0.5}}{n} \tag{4.111}$$

$$u+1=\frac{\rho_2}{2} \tag{4.112}$$

就可以相应求得 A_J 和 A_L，同样用式(4.110)～式(4.112)把 Q_R 用 A_R 表示，则连续方程变为

$$A_R^{u+1}+C_1 A_R+C_2=0 \tag{4.113}$$

其中

$$C_1=\frac{1-\Phi}{\xi\theta}\frac{\delta x_{w+1}}{\delta t} \tag{4.114}$$

$$\begin{aligned}C_2=&-A_M^{u+1}-\frac{1-\theta}{\theta}A_M^{u+1}+\frac{\Phi\theta}{\xi}(A_L+Z_L-A_J-Z_J)\frac{\delta x_{w-1}}{\delta t}\\&+\frac{1-\Phi}{\xi}(Z_R-A_M-Z_M)\frac{\delta x_{w-1}}{\delta t}\end{aligned} \tag{4.115}$$

式中，$N\leqslant w<N-1$。

对于推进锋单元，J、M、R(单元体的左下、右上、右下角)的流量和水深均为 0，连续方程简化为

$$pQ_L\delta t-yA_L\delta x_N-yZ_L\delta x_N=0 \tag{4.116}$$

式中，p 和 y 是流体单元瞬时变化的平均值。

由于 A_L 能从前面单元中求得，Z_L 是时间的独立函数，则未知的 δx_N 可求得

$$\delta x_N = \frac{\theta \xi A_L^{u+1} \delta t}{\Phi A_L + \Phi Z_L} \tag{4.117}$$

3. 差分方程求解

1) 推进阶段

在此阶段，除前面已经分析过的初始条件和边界条件外，将第一时段的左边界用式(4.117)求得 δx_1 代入式(4.113)～式(4.115)能求得第一时段的 A_R 和 Q_R，将第一时段的 A_R 和 Q_R 作为第二时段的 Q_J 和 Q_M，第二时段第二单元的左边界 Q_L 可由第二时段第一单元已求出的 Q_R 代替，依次类推，在求得第一时段推进锋单元的基础上，就可逐步求得以后各时段各单元的过水断面面积和流量。在非封堵情况下，推进单元在逐渐增加；在封堵情况下，在田埂处就不再增加单元数目。

2) 封堵阶段

在畦灌条件下，畦尾不考虑弃水，认为各计算单元在固定的位置，仍采用矩形单元计算；基本单元的推算方法与推进阶段相似，只是在下游边界处的 Q_R 为 0，但有一定的 A_R。

3) 垂直消退阶段

当水流在入口处被切断，运动波模型假设 A_L 立即趋于零，尤其是当模型时间段大约为 1min 时。这是倾斜畦灌情况的一个很好的近似，所以运动波模型中可忽略此阶段。

4) 水平消退阶段

在非封堵情况下，水平消退过程随着下游的消退，上游也开始退水，而在封堵情况下，消退只能从上游开始。

4. 运动波模型模拟的程序实现

运动波模型数值模拟计算运用 Fortran 语言编制程序。所设计程序适用于畦灌连续、间歇灌溉条件下的水流模拟；推进锋面在自由推进或封堵条件下均可运行，计算出模拟条件下的灌水效率、储水效率或灌水均匀度。

4.4.3 地面灌溉水流运动波模型数值解的验证

1. 实测灌水资料与过程

分别用在两种结构土壤(冬小麦地和未耕地)条件下进行的大田灌溉实测数据进行模型验证。两种土壤条件下的灌水畦田和入渗参数见表 4.6。

表 4.6 灌水畦田规格及入渗参数表

土壤耕作条件	灌水畦田规格		单宽流量/[m³/(s·m)]	放水时间/min	入渗参数		
	畦长/m	畦宽/m			α	k/(cm/min)	f_0/(cm/min)
冬小麦地	193	2.5	4.5611	66	0.2963	1.4793	0.03013
未耕地	189	2.7	4.5794	78	0.2218	1.9333	0.02448

2. 模型参数

运动波模型用于畦灌水流运动时，需确定畦田断面系数和断面指数 σ_1、σ_2、ρ_1、ρ_2，推进锋单元地面上水流剖面系数 β 和地下入渗剖面系数 α，退水标准及地表糙率值 n，时间权重系数 θ 和空间权重系数 Φ。

上述参数中，断面参数根据灌水方式和灌水条件计算确定，α 值和 β 值根据断面参数和入渗计算选定，其余参数根据大田实际灌水情况确定。

根据前述断面参数的定义和采用实测资料反求的方法确定畦灌条件下的模型参数，见表 4.7。

表 4.7　运动波模型参数表

耕作条件	ρ_1	ρ_2	σ_1	σ_2	α	β	θ	Φ	n
冬小麦地	1.0	10/3	1.0	1.0	0.2963	3/7	0.5	0.6	0.05
未耕地	1.0	10/3	1.0	1.0	0.2218	3/7	0.5	0.6	0.06

3. 模型验证

由实测数据和模拟数据绘制冬小麦地和未耕地灌溉水流推进和消退过程曲线，如图 4.6 和图 4.7 所示。由图 4.6 和图 4.7 可以看出：模拟推进过程与实测推进过程线吻合很好，模拟消退和实测消退过程吻合程度要差一些，但其趋势是一致的。模拟消退和实测消退过程吻合较差的主要原因是大田地表的平整程度差。在大田中，从宏观上看其是很平整的土地，由其微地形变化引起沿畦长范围内发生数厘米的变化是很正常的。地表数厘米高程的变化会引起地面灌溉消退时间发生很大差异，从图 4.7 和图 4.8 的消退过程可以看出，实测曲线的变化本身是比较剧烈的。而模拟条件下，假定地面是按某一坡度均匀变化的。模拟地表条件和实测地表条件的差异导致了消退过程的差异。总之，数值模拟与实测结果的吻合较好，可以认为运动波模型模拟地面灌溉水流运动是可行的。

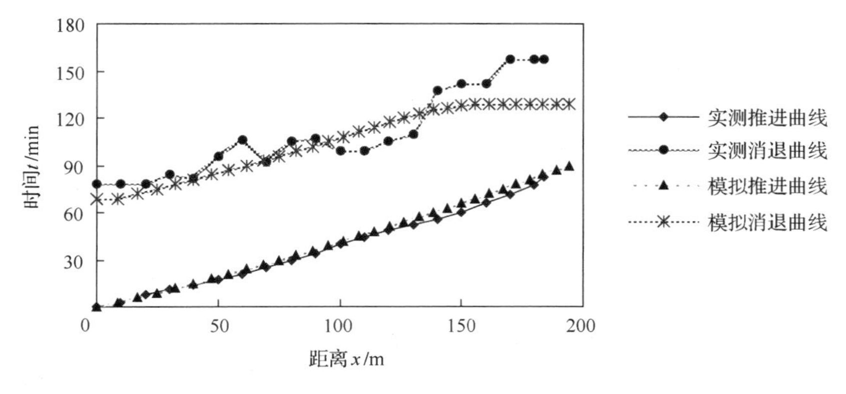

图 4.6　运动波模型数值模拟结果验证图(冬小麦地)

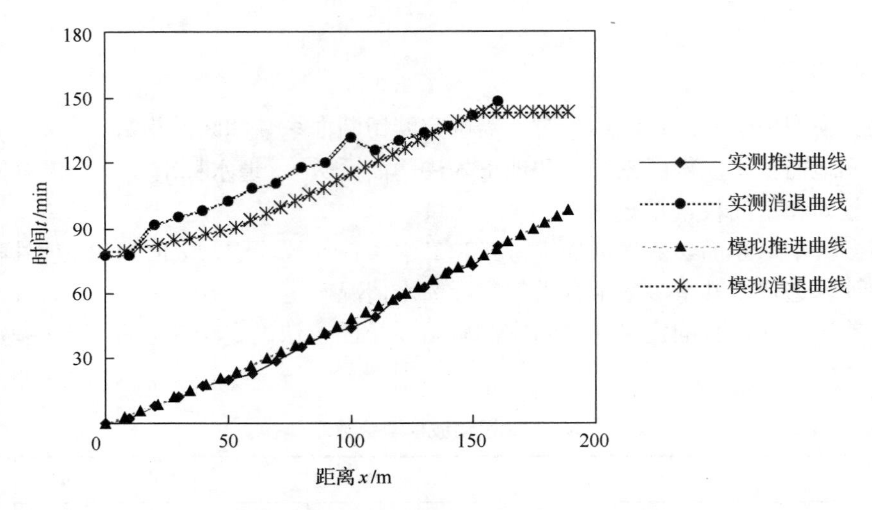

图 4.7　运动波模型数值模拟结果验证图(未耕地)

第 5 章　地面灌溉灌水效果优化模型

前面各章节中，虽然土壤入渗参数预测模型的研究解决了地面灌溉灌水过程模拟所需的主要技术参数(入渗模型参数)问题，地面灌溉灌水过程模型及其模拟实现了地面灌溉灌水过程的模拟或预测，但是灌水过程的灌水效果及是否需优化还是不得而知。本章所要研究的内容就是关于对模拟得到的灌水过程的灌水效果进行分析计算，并研究其灌水效果最好的灌水过程，即地面灌溉灌水效果优化模型。

5.1　地面灌溉灌水效果评价指标

长久以来，在地面灌水实践过程中，人们用灌水效率 E_a、储水效率 E_s 和灌水均匀度 E_d 三个指标评价灌水效果，其各自的含义如 1.3.3 节所述。

5.2　地面灌溉灌水效果优化模型的构建

以上提到的三个评价地面灌溉效果的指标从不同的角度都可对地面灌水效果进行评价，在某次灌水后，这三个指标越高越好，但在实际灌水过程中，影响灌水评价指标的因素是多方面的，包括土壤水分入渗能力、灌水沟畦的长度和宽度等灌水技术参数。因此，只有选择合理的灌水技术参数，才能保证以上三个指标最高，这也正是进行地面灌水技术参数优化的目的。

根据对三个指标各自的含义进行分析可知，三者之间存在一定的关系，下面以图 5.1 为例，通过公式推导分析三个灌水评价指标之间的关系，其中 P 为达到计划灌水深度的畦田长度占比。

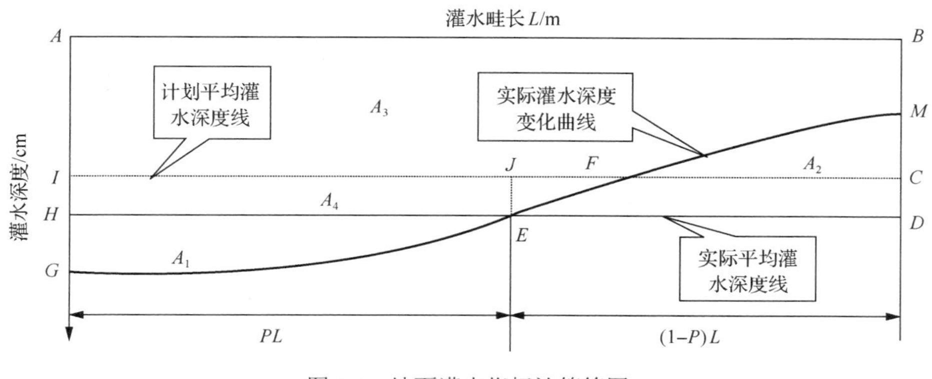

图 5.1　地面灌水指标计算简图

图 5.1 表示的是单位畦沟宽度的灌水情况，因此，可以用 $ABMFJI$ 所包围的面积表

示在选取的某些灌水技术参数条件下实际灌入土壤中的水量；用 $ABCI$ 所包围的面积来表示需要灌入计划湿润层内的水量 w_n；用 $ABDEH$ 所包围的面积表示实际灌入沟畦中的水量 w_f。根据灌水实际经验，w_f 是 w_n 的 k_1 倍，既 $w_f = k_1 w_n$，根据以上表述，灌水效率 E_a 用式(1.35)表示。

根据 $w_f = k_1 w_n$，得

$$E_a = \frac{w_s}{w_f} \times 100\% = \frac{w_s}{k_1 w_n} \times 100\% = \frac{1}{k_1} \times E_s \times 100\% \tag{5.1}$$

由式(5.1)可知，灌水效率随储水效率的增大而增大，即二者之间存在非常明显的正比例关系。

对于评价灌水效果的另一指标灌水均匀度，根据其定义，其计算公式中的 $\frac{\Delta z}{z}$ 项的含义为灌水后沿灌水沟畦方向上各点的灌水深度与沟畦平均灌水深度的差值和某次灌水后土壤中的平均灌水深度的比值。根据其定义，可以通过图 5.1 中所示的 A_1 和 A_2 的面积并结合畦田长度计算得知。根据水量平衡原理，应当有 $A_1 = A_2$，同时，由于选取的是单位宽度的畦田，从图中的 E 点将畦田分为两段，因此得出以下表达式，左段的 $\Delta h_1 = A_1 / PL$，右段的 $\Delta h_2 = A_2/(1-P)L$，则畦长范围内 Δh 的平均值可用式(5.2)表示：

$$\Delta h = \frac{\Delta h_1 + \Delta h_2}{2} = \frac{1}{2}\left(\frac{A_1}{PL} + \frac{A_2}{(1-P)L}\right) \tag{5.2}$$

由图 5.1 可以看出：

$$\begin{aligned} A_1 = A_2 &= w_f - w_s - A_4 = w_f - w_s - (w_f - w_n)PL/L \\ &= kw_n - E_s w_n - (k-1)w_n PL/L \end{aligned} \tag{5.3}$$

将式(5.3)代入式(5.2)，同时将 Δh 的表达式式(5.2)代入灌水均匀度 E_d 的表达式式(1.37)可得

$$\begin{aligned} E_d &= 1 - \frac{\Delta z}{z} \\ &\approx 1 - \frac{\frac{1}{2}\frac{k_1 w_n - E_s w_n - (k_1 - 1)w_n PL/L}{(1-P)L} + \frac{1}{2}\frac{k_1 w_n - E_s w_n - (k_1 - 1)w_n PL/L}{PL}}{\frac{k_1 w_n}{L}} \\ &= 1 - \frac{1}{2P} + \frac{E_s - P}{2k_1 P(1-P)} = 1 - \frac{1}{2P} + \frac{k_1 E_a - P}{2k_1 P(1-P)} \end{aligned} \tag{5.4}$$

由于 $0 < P < 1$，k_1 取值大于 0，则 $1 - \frac{1}{2P} > 0$，$2k_1 P(1-P) > 0$，由此可以得出，灌水均匀度随着灌水效率或储水效率的增大而增大，与之呈正比关系。

通过以上分析可知，选择任意一个灌水效果评价指标都可以对灌溉效果进行评价。但

需要注意的是，由于灌水效率与储水效率之间的比例关系[式(5.1)]，k_1 值的变化将影响灌水效率和储水效率的大小，当 k_1 值大于 0 小于 1 时，可能会出现储水效率很低的结果，但除以 k_1 以后可得出灌水效率很高的结果；而当 k_1 值大于 1 且其值很大时，又可能会出现储水效率很高，但除以 k_1 值以后得到灌水效率很低的结果，在实际灌水过程中，可将 k_1 值的大小控制在 0.95～1.15 以达到较高的灌溉效果。基于此，提出如下地面灌水效果优化模型：

$$L_{\max} \geqslant L \tag{5.5}$$

$$E_{\mathrm{ad}} \geqslant 180\% \tag{5.6}$$

$$\max(E_{\mathrm{ad}}) = E_{\mathrm{a}} + E_{\mathrm{d}} \tag{5.7}$$

$$k \in [0.95, 1.15] \tag{5.8}$$

式中，$L_{\max}$ 为灌水过程中的最大水流推进距离；L 为实际灌水畦田长度；E_{ad} 为灌水效率与灌水均匀度之和。

综上所述，地面灌溉效果优化模型的优化步骤如下所述。

(1) 对不同灌水技术参数下的地面灌水过程进行数值模拟。

(2) 按式(5.5)和式(5.6)对第一步得到的不同参数情况下的结果进行检验，最后按式(5.7)进行择优，得到最优灌水技术参数。

灌水技术参数优化过程中最具有可操作性的方案如下所述。

(1) 给定畦长 L，优化各种地面坡度下的单宽流量 q。所谓优化单宽流量是指在不同的灌水技术参数、不同的畦长下，能够获得较好的灌溉效果所要求的单宽流量。程序计算时，在一定的畦长、地面坡降及土壤入渗能力下，给定一定范围的单宽流量并根据运动波模型分别计算每个单宽流量情况下的灌水效率 E_{a} 和灌水均匀度 E_{d} 并计算二者之和 E_{ad}，选取 E_{ad} 最大的单宽流量作为优化单宽流量。

(2) 给定单宽流量 q，优化各种地面坡度下的畦长 L。所谓优化畦长是指在不同的地形条件、不同的灌水定额、不同的单宽流量及不同的土壤入渗能力下，能够获得较好的灌水效果所要求的畦长。程序计算时，在一定的单宽流量、地面坡降及土壤入渗能力下，给定一定范围的畦长并根据运动波模型分别计算每种畦长情况下的灌水效率 E_{a} 和灌水均匀度 E_{d} 并计算二者之和 E_{ad}，选取 E_{ad} 最大的畦长作为优化畦长。

第6章　地面畦灌优化灌水技术参数一体化预测模型

第3章、第4章和第5章分别实现了土壤水分入渗模型参数的多元预测、地面灌溉水流运动过程模拟和地面灌溉灌水效果优化。以上所述各个过程与方法都可单独运行和应用，也可实现各个过程的联合应用。本章研究如何将上述3个过程合成一个有机结合的整体，构建一个地面畦灌优化灌水技术参数一体化预测模型。

6.1　地面畦灌优化灌水技术参数一体化预测模型的功能

所要构建的地面畦灌优化灌水技术参数一体化预测模型期望实现以下主要功能。

(1)借助土壤入渗参数的多元回归模型，实现用土壤常规理化参数对土壤水分入渗参数的预测。将基于区域尺度上土壤入渗样本数据创建和验证的土壤入渗参数预测模型嵌入地面畦灌优化灌水技术参数一体化预测模型，用户可以通过输入较易获得的区域性土壤理化参数获得实时灌溉土壤入渗参数。

(2)利用地面灌溉水流运动的零惯量模型与运动波模型，实现对两种不同灌水过程的模拟。实现对连续畦灌、连续沟灌、波涌畦灌、波涌沟灌条件下不同畦长、不同坡度、不同流量、不同土壤入渗参数条件下的灌水过程的模拟。该模型借助计算机语言获取灌溉水推进与消退过程的动态数据；根据沿畦长方向各点的推进时间与消退时间计算各点在灌水过程中的水分入渗时间；结合土壤水分入渗参数预测模型，计算各点灌水过程结束后的累积入渗量及灌水效果指标。

(3)借助地面灌溉灌水效果优化模型，实现两套灌水技术参数优化方案。一套为在已知单宽流量情况下对畦长进行优化，另一套为在已知畦长情况下对单宽流量进行优化。模型借助计算机语言将不同灌水条件下的灌水效果展示在界面中，同时展示最优灌水技术参数及该参数条件下的灌水效率和储水效率等。

(4)实现集土壤水分入渗参数预测、畦灌灌水过程和效果模拟、灌水技术参数优化于一体的优化灌水技术参数求解过程。用户利用该模型及计算程序可获得与灌溉条件相匹配的实时优化灌水技术参数。

6.2　地面畦灌优化灌水技术参数一体化预测模型的结构

根据所期望的系统功能，设计地面畦灌优化灌水技术参数一体化预测模型结构如图6.1所示，其主要结构部分如下所述。

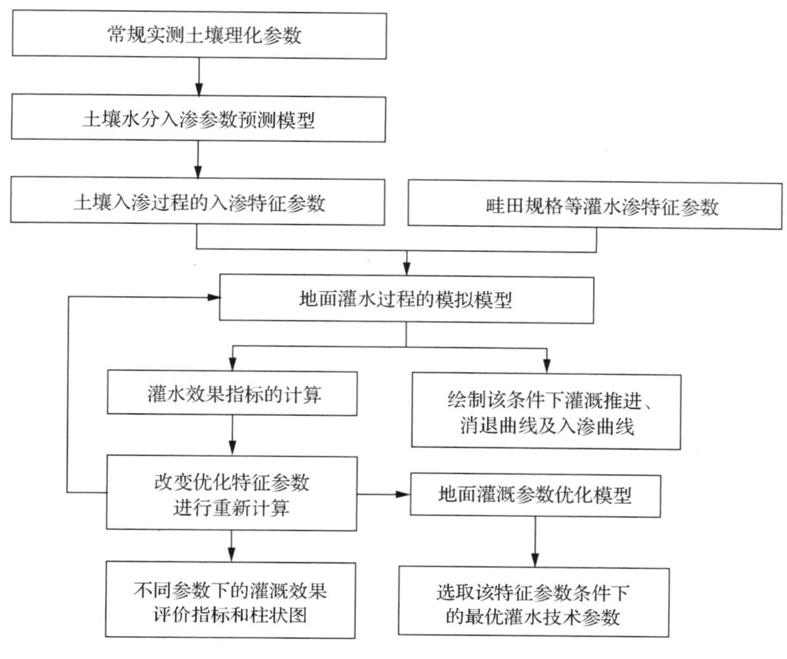

图 6.1　地面畦灌优化灌水技术参数一体化预测模型结构图

(1) 灌溉土地土壤水分入渗参数预测模型。基于区域土壤水分入渗模型参数及其理化参数样本分析研究得到土壤水分入渗模型参数的各种预测模型。该入渗参数预测模型在研究区域内是通用的，随时随地可将公告区土壤的理化参数代入土壤水分入渗参数预测模型得到该土壤的实时水分入渗参数，为灌溉过程的模拟提供必需的入渗参数。

(2) 灌溉过程模拟与灌水效果指标计算。将土壤水分入渗参数及灌水沟畦规格、入畦流量等灌水技术参数输入地面灌水过程模拟模型，获得某一灌水条件下的水流推进曲线、消退曲线及灌水后沿畦长方向各点的灌溉水分入渗量和灌水效果相关指标。

(3) 灌溉效果优化。借助灌溉效果优化模型，根据输入不同的灌水技术参数条件下的灌溉效果指标，借助灌溉效果优化模型，在各种灌水技术参数合理变化范围内的众多灌水效果中，筛选出具有最好灌溉效果的指标参数组。

6.3　地面畦灌优化灌水技术参数一体化预测模型的数据传输

地面畦灌优化灌水技术参数一体化模型的数据传输，主要是解决大田土壤水分入渗能力及入渗参数预测模型、地面灌水过程运动模型、地面灌水效果优化模型三个模型数据间的相互传递。大田土壤水分入渗能力及入渗参数预测模型是根据常规易得的土壤理化参数来预测土壤水分入渗参数，其输入变量为土壤含水率、土壤结构、土壤质地、土壤含盐量、土壤有机质含量等基本特征参数，具体为分层的土壤体积(质量)含水率、土壤容重、砂粒含量、黏粒含量、粉粒含量、曲率系数、不均匀系数、土壤含盐量、土壤有机质含量、水温、地温等；其输出变量为土壤入渗能力特征参数，具体为 Kostiakov 三参数入渗模型参数的入渗指数 α、入渗系数 k 和稳定入渗率 f_0。本预测模型运行过程中，其输入变量有土壤含水率、土壤容重、砂粒含量、黏粒含量、粉粒含量、曲率系数、不均匀系数、土壤含盐量、土壤有机质含量、水温、地温等，以人机对话或输入文件的形式进行；其输出参数——Kostiakov 三参数入渗模型的入渗指数 α、入渗系数 k 和稳定入渗率 f_0 为地面灌水过程模拟的输入。

地面灌水过程模拟运行过程中，其输入变量为大田畦田规格、入渗模型参数、灌水过程中的特征参数，具体为畦长、畦宽、单宽流量、放水时间、入渗指数 α、入渗系数 k、稳定入渗率 f_0、时间权重系数、空间权重系数、断面参数、断面指数、剖面系数、退水标准、地表糙率等。其输入数据以人机对话、输入文件或入渗参数预报模型输出的形式进行。其输出变量为推进和消退距离时间系列数据，作为地面灌水效果优化模型的输入。

地面畦灌优化灌水技术参数一体化预测模型运行过程中，其输入是根据地面灌水过程运动模拟输出计算的灌水特征参数和灌水效果评价指标。其输出是从众多灌水效果评价指标中选出最优的灌水效果及其对应的灌水技术参数。

6.4　地面畦灌优化灌水技术参数一体化预测模型界面设计

软件采用 Visual Basic 6.0 与 Fortran 两种语言编制。其输入输出界面的设计采用 Visual Basic 语言，主要计算模块采用 Fortran 语言编制。软件使用方便，界面友好。软件所需的软件环境为中文 Windows XP 操作系统或更高版本，其硬件环境为任何可很好运行中文 Windows XP 或更高版本操作系统的计算机。

6.4.1　软件的安装与启动

1. 软件的安装

用户双击通过 Visual Basic 6.0 生成的“地面灌溉技术参数优化软件.exe”安装文件进行安装。双击后，会出现如图 6.2 所示的对话框，单击“确定”按钮后，软件就会进行自动安装，默认安装在系统盘当中。安装成功界面如图 6.3 所示。

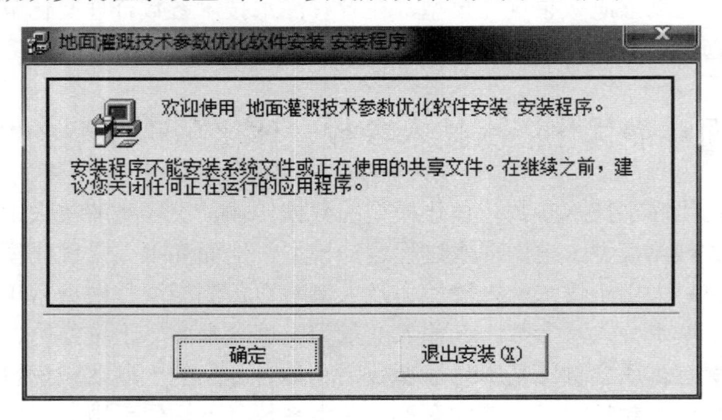

图 6.2　软件安装界面

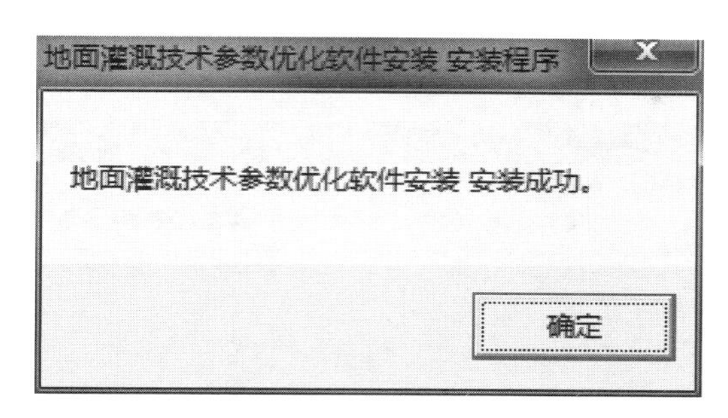

图 6.3　安装成功界面

2. 软件的启动

用户可按下列步骤启动本软件。

(1) 单击“开始”按钮，系统显示“开始”菜单。

(2) 指向“程序/地面灌溉技术参数优化软件”项。

(3) 单击“地面灌溉技术参数优化软件”项，即出现软件的欢迎界面，如图 6.4 所示。

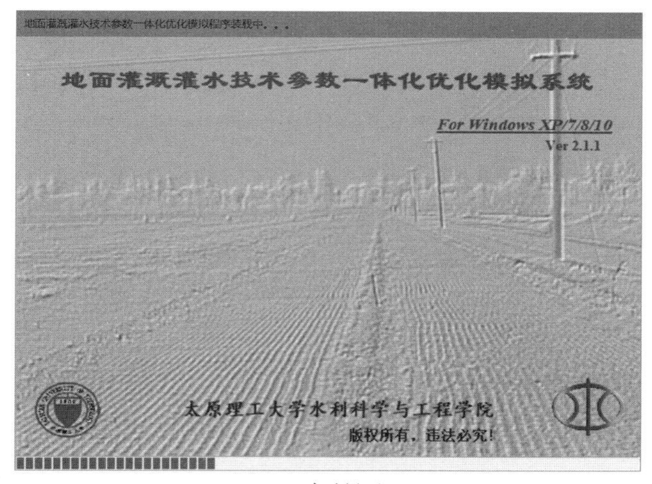

(a) 启动界面

(b) 密码界面

图 6.4　软件的欢迎界面

在如图 6.4 所示的界面上单击“登录”按钮即进入软件的主界面，如图 6.5 所示。

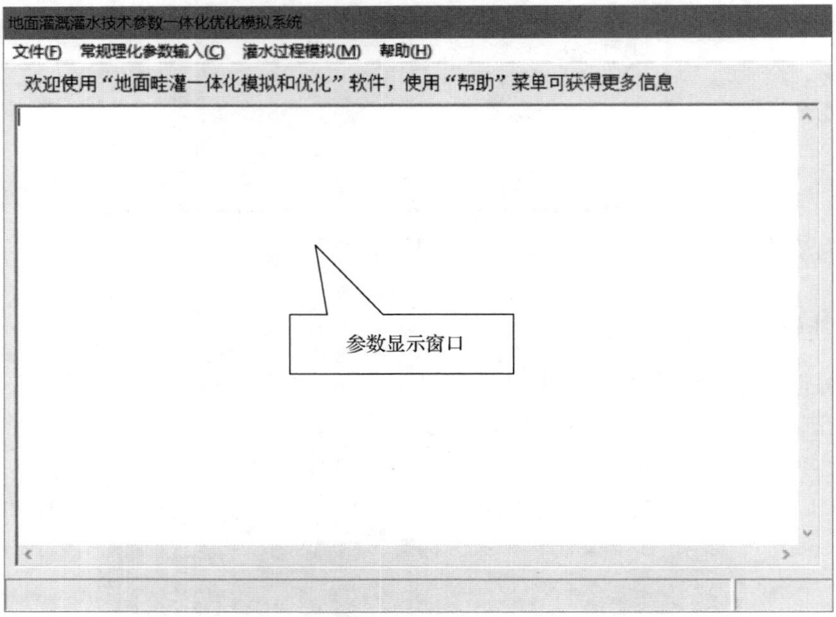

图 6.5　软件主界面

软件主界面由标题栏、菜单栏、参数显示窗口与状态栏等组成。

(1)标题栏自动显示软件名称“地面灌溉灌水技术参数一体化优化模拟系统”。

(2)菜单栏由文件、常规理化参数输入、灌水过程模拟和帮助 4 个主菜单组成，每个主菜单包括若干个菜单项，它们主要用于为软件的正常运行提供参数及为用户使用软件提供帮助。

(3)参数显示窗口主要用于显示用户所选择或输入的参数。

(4)状态栏位于软件窗口的最下面，主要用于显示用户所进行的操作与软件当前的状态。

6.4.2　软件菜单

软件通过菜单方式让用户进行参数的输入、计算、结果保存及打印等操作。

1. 文件菜单

文件菜单包括打开、保存、打印与退出 4 个菜单项。

1)打开菜单项

打开菜单项用于打开已有的计算参数文件。单击该菜单项后，程序弹出“打开”对话框，如图 6.6 所示。用户可通过下拉框选择路径，通过文件列表框选择文本文件，然后单击“打开”按钮。

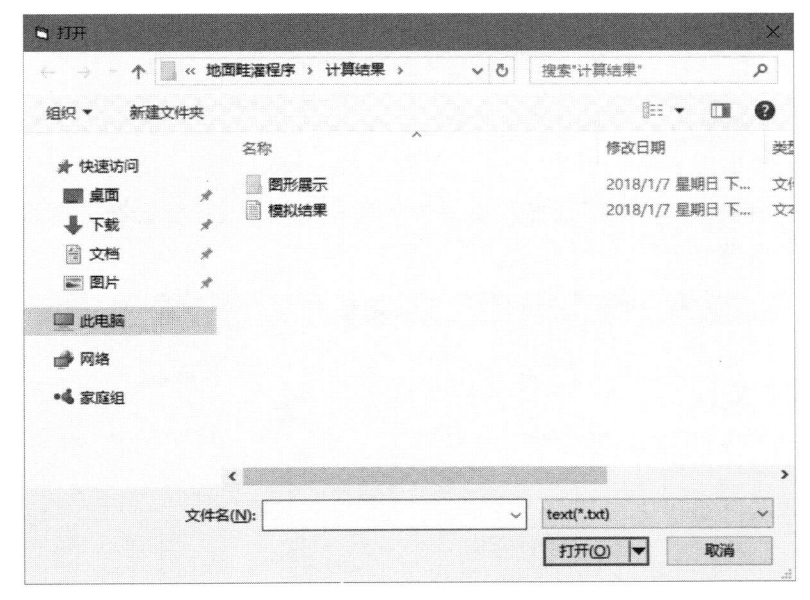

图 6.6　打开菜单项界面

执行该菜单项后，程序从所打开的文件中读入计算参数并显示在参数显示窗口中。

该菜单项的快捷方式为 Ctrl+O。

要特别说明，该菜单项只能用于打开使用本程序的“文件/保存”菜单项所保存的文件，否则会弹出“打开文件错误”信息框。

2) 保存(另存为)菜单项

该菜单项用于将用户输入的计算参数保存(或更名保存)在一个文件中。单击该菜单项后，程序弹出“保存(另存为)”对话框，如图 6.7 所示。

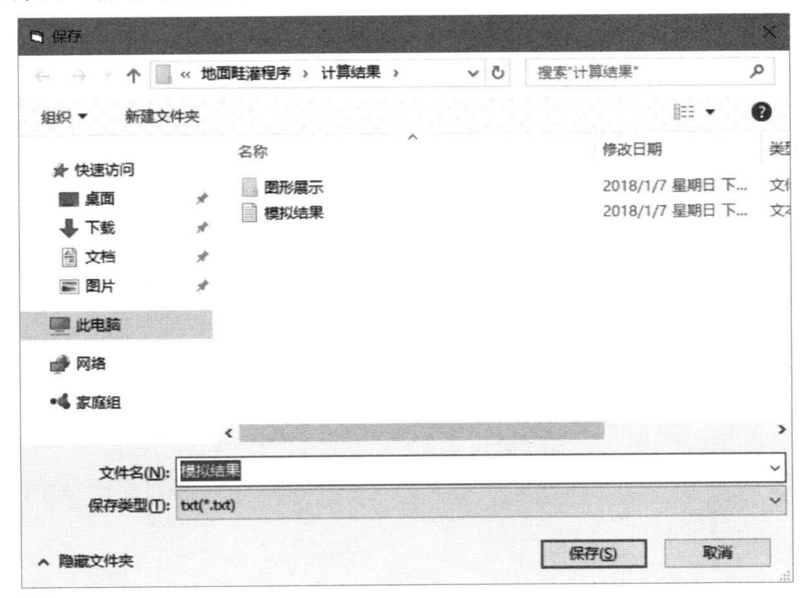

图 6.7　保存菜单项界面

用户可通过下拉框选择路径，在文件名框中输入文件名，然后单击“保存”按钮。只有用该菜单项保存的文件可通过“打开”菜单项打开。

该菜单项的快捷方式为 Ctrl+S。

3）打印菜单项

该菜单项用于打印用户所选择的模型与灌溉方式名称及计算参数数据。单击该菜单项后，程序弹出“打印”对话框，如图 6.8 所示。

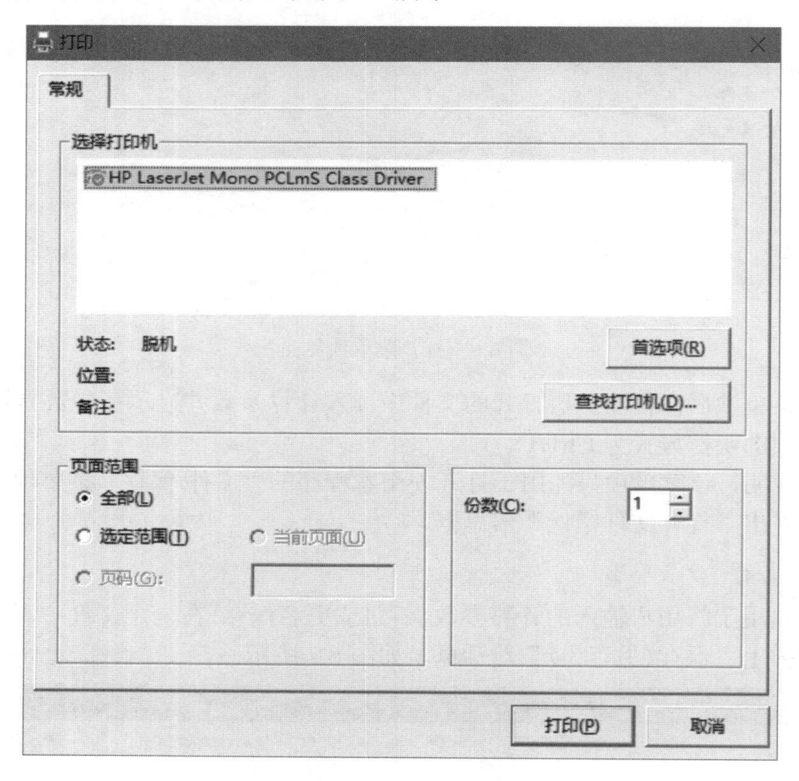

图 6.8　打印菜单项界面

用户可通过“添加打印机”选项选择要使用的打印机型号，在打印机选择好以后通过设定页面范围与打印份数进行打印。

该菜单项的快捷方式为 Ctrl+P。

4）退出菜单项

该菜单项用于关闭本程序并返回到 Windows 桌面。单击该菜单项后，程序弹出一信息框提示用户确认是否确实要退出本程序，如图 6.9 所示。

如确认要退出，单击“是”按钮；否则单击“否”按钮回到本程序主界面，这时可利用“文件/保存”或“运行/保存计算结果”菜单项保存计算参数或计算结果。

该菜单项的快捷方式为 Ctrl+Q。

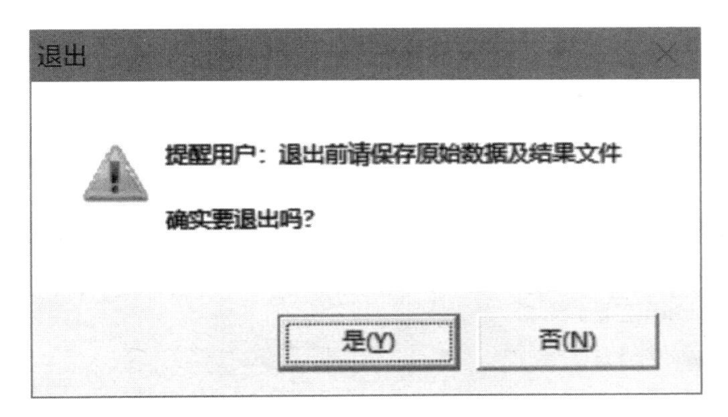

图 6.9　退出菜单项界面

2. 常规理化参数输入菜单

常规理化参数输入菜单包括土壤类型的选定、模型的选定、理化参数输入、参数计算 4 个菜单项，如图 6.10 所示。

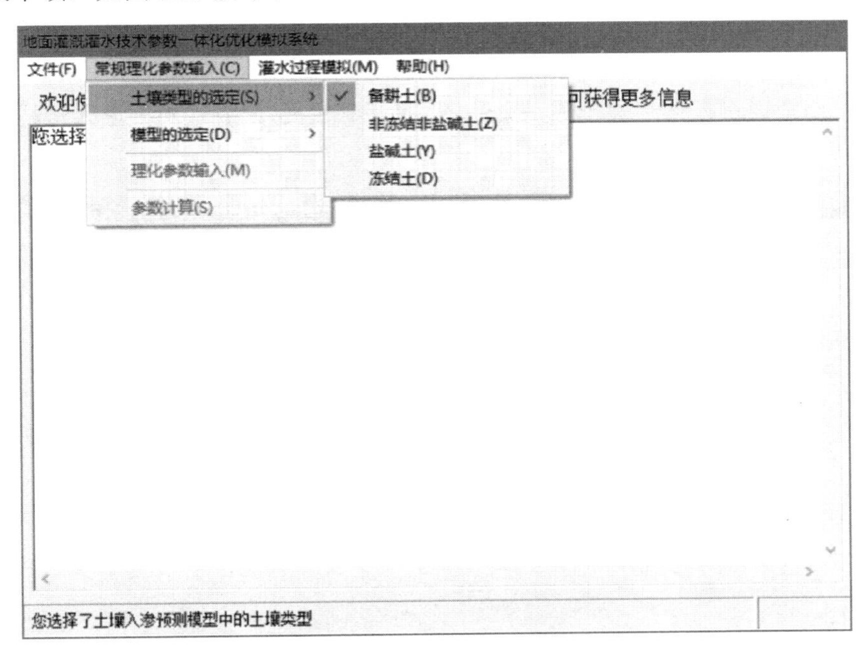

图 6.10　常规理化参数输入菜单选择界面

首先，用户需要选择土壤类型，这里包括“备耕土”“非冻结非盐碱土”“盐碱土”“冻结土”4 种类型。当用户选择了其中一种类型时，相应菜单项前面将出现选择标志“√”。

其次，用户需要选定土壤入渗的预测模型，这里包括多元线性预测模型、多元非线性预测模型和 BP 预测模型 3 种。当用户选择了其中一种类型时，相应菜单项前面将出现选择标志“√”。

再次，用户通过常规理化参数输入界面(图 6.11)，输入对应土壤类型和模型的常规理化特征参数。

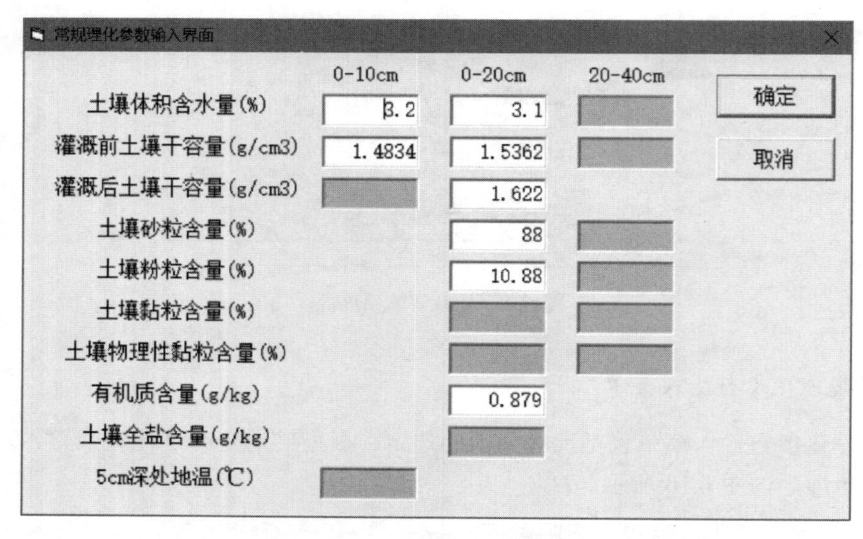

图 6.11 常规理化参数输入界面

最后，用户通过入渗参数预测结果演示界面(图 6.12)，完成对土壤入渗特征参数的预测。

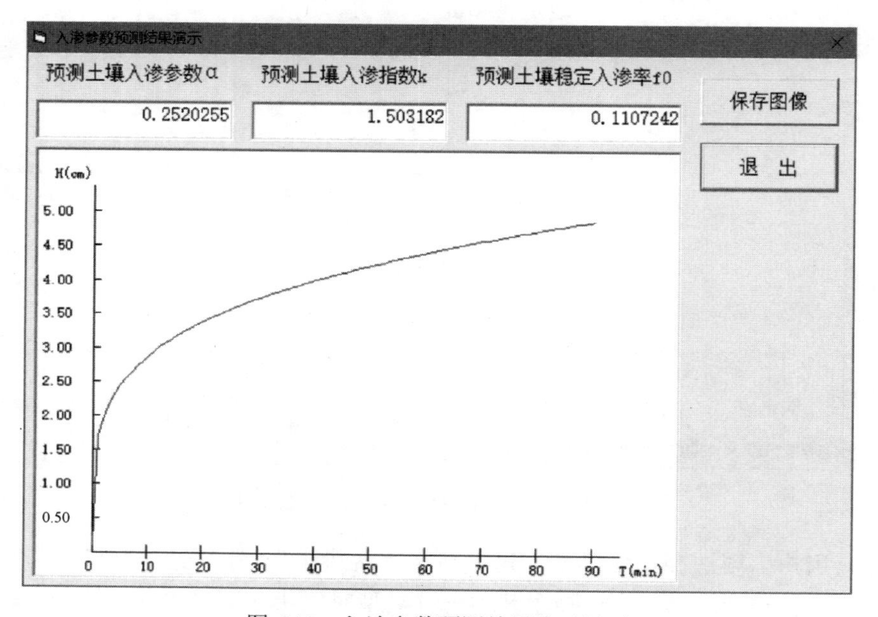

图 6.12 入渗参数预测结果演示界面

当然，程序启动中用户可以随时根据需要改变土壤类型和土壤预测模型，当然理化参数也必须及时更正，然后才能选择合适的参数计算进行土壤入渗参数的预测。

通过单击“保存图像”按钮，可以实现对预测曲线的保存。

当然，预测过程和计算结果会显示在参数显示窗口中，如图 6.13 所示。用户可以通过单击“文件”菜单中的“保存数据文件”，实现对预测结果的保存。

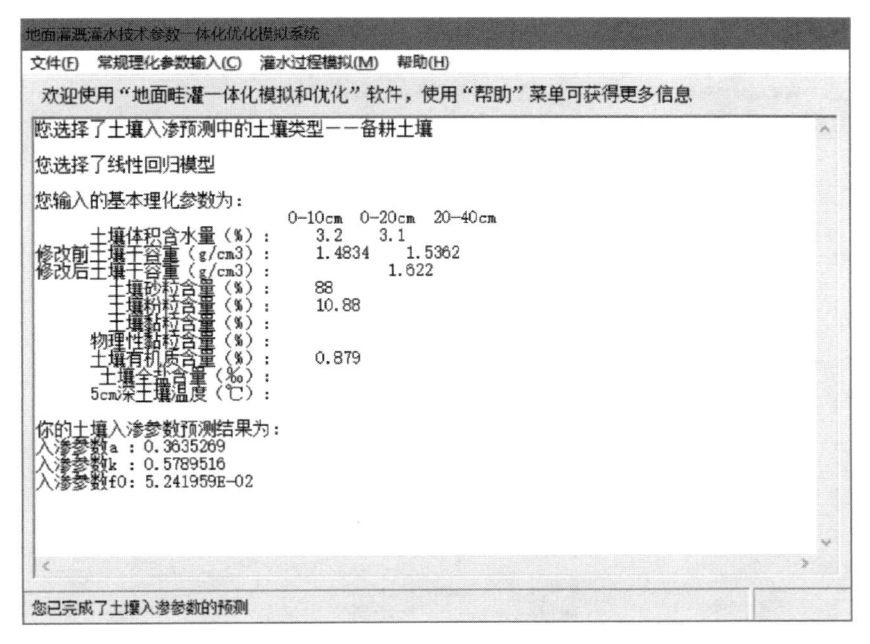

图 6.13　土壤入渗参数预测结果展示界面

3. 灌水过程模拟菜单

首先，用户需要选择一种灌水模型，包括零惯量模型、运动波模型和全水流动力学模型，目前该系统只提供运动波模型的计算和预测。

其次，输入灌水技术特征参数，如图 6.14 所示，参数输入包括 3 个方面：一是畦田断面特征输入表；二是灌水特征数据输入表；三是入渗特征参数输入表。

灌水过程模拟参数输入
畦田断面特征输入表　灌水特征数据输入表　入渗特征参数输入表
确 定
返 回
畦田特征数据
畦田长度（m）：100　畦田宽度（m）：1　畦田坡降：0.001
畦灌断面特征数据
水深和面积的关系系数σ1　1.0　水深和面积的关系指数σ2　1.0
断面特征计算的断面系数ρ1　1.0　断面特征计算的断面指数ρ2　3.3333
计算断面特征参数
断面空间权重系数Φ　0.6　断面时间权重系数θ　0.5

(a) 畦田断面特征输入表

灌水过程模拟参数输入

畦田断面特征输入表　灌水特征数据输入表　入渗特征参数输入表

确 定

返 回

畦田灌水单宽流量：(m3/s)　0.00556

计划灌水深度：(m)　0.40

计划灌水时间：(min)　70

退水控制标准：(m)　0.001

首部入渗时间系数：　1.1

田间水利用系数：　0.9

糙率：　0.05

优化计算

已知单宽流量优化畦长

已知畦长优化单宽流量

畦长分级数：(级)　9

流量分级数：(级)　5

(b) 灌水特征数据输入表

灌水过程模拟参数输入

畦田断面特征输入表　灌水特征数据输入表　入渗特征参数输入表

确 定

返 回

手动输入入渗参数

入渗指数α：　0.2963

入渗系数k：(cm/min)　1.4793

稳定入渗率f0：(cm/min)　0.03013

填洼量：(cm)　0.015

利用预测入渗参数

入渗指数α：　0.3635269

入渗系数k：(cm/min)　0.5789516

稳定入渗率f0：(cm/min)　5.241959E-0:

填洼量：(cm)　0.015

(c) 入渗特征参数输入表

图 6.14　灌水过程模拟参数输入界面

最后，单击“开始计算”，就可以完成对灌水过程的优化和模拟，灌水过程模拟界面如图 6.15 所示，灌水过程优化计算结果展示界面如图 6.16 所述。两界面中均可以通过“保存

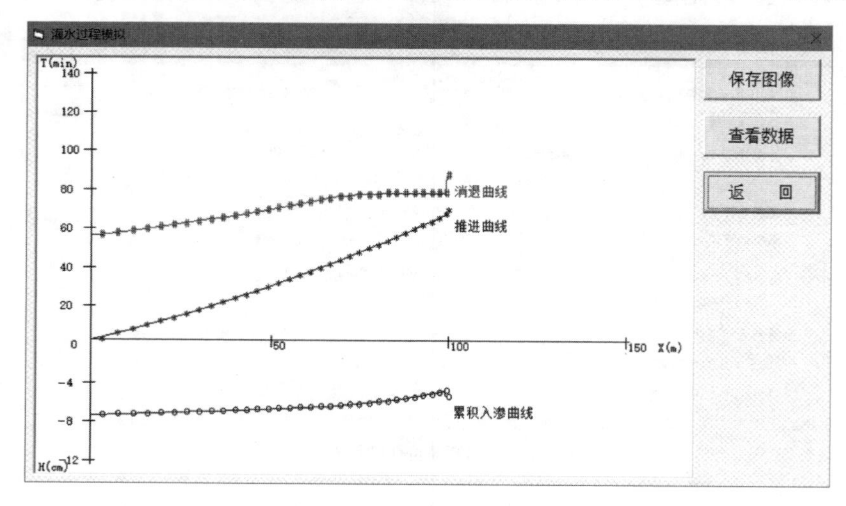

图 6.15　灌水过程模拟界面

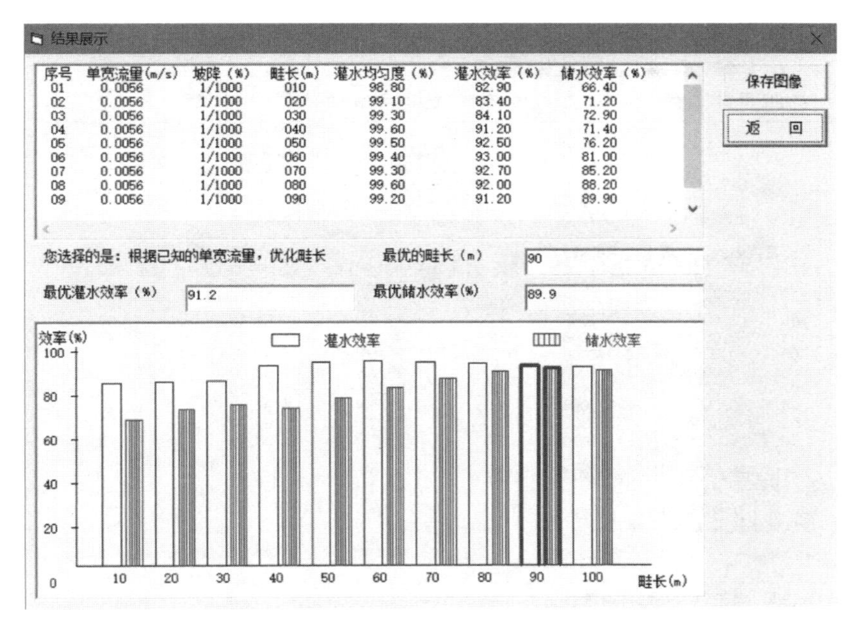

序号	单宽流量(m/s)	坡降（%）	畦长(m)	灌水均匀度（%）	灌水效率（%）	储水效率（%）
01	0.0056	1/1000	010	98.80	82.90	66.40
02	0.0056	1/1000	020	99.10	83.40	71.20
03	0.0056	1/1000	030	99.30	84.10	72.90
04	0.0056	1/1000	040	99.60	91.20	71.40
05	0.0056	1/1000	050	99.50	92.50	76.20
06	0.0056	1/1000	060	99.40	93.00	81.00
07	0.0056	1/1000	070	99.30	92.70	85.20
08	0.0056	1/1000	080	99.60	92.00	88.20
09	0.0056	1/1000	090	99.20	91.20	89.90

图 6.16　灌水过程优化计算结果展示界面

图像”保存曲线，通过“查看数据”实现对过程数据的查看。

当然，预测过程和计算结果会显示在参数显示窗口中，如图 6.17 所示。用户可以通过单击“文件”菜单中的“保存数据文件”，实现对预测结果的保存。

在入渗特征参数输入表界面中，提供了两种方式的输入入渗特征参数：一种是采用常规理化特征参数预测结果作为入渗特征参数；另一种是手动输入，这是基于有实测土壤入渗数据的基础上，用测试数据作为入渗特征参数进行灌水过程模拟。

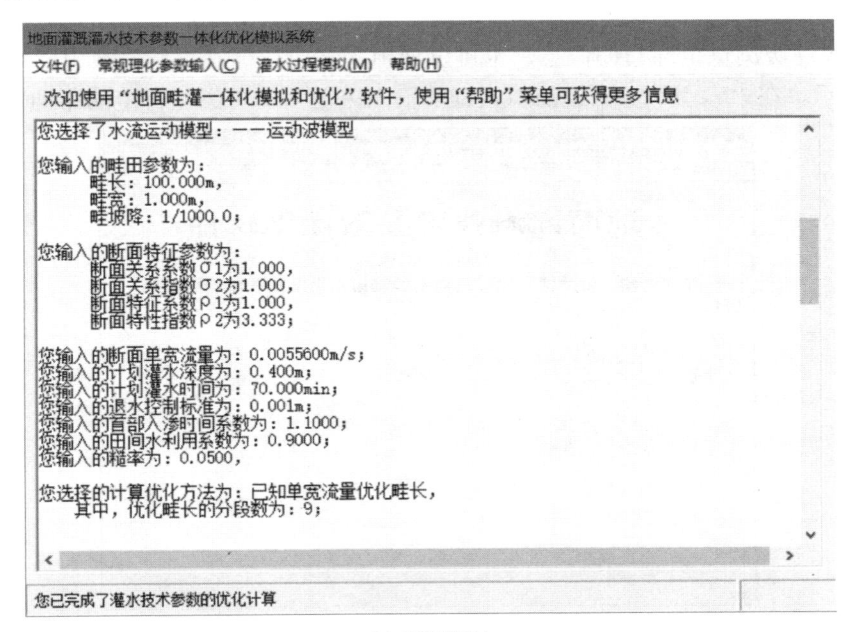

(a) 预测结果1

地面灌溉灌水技术参数一体化优化模拟系统

文件(F)　常规理化参数输入(C)　灌水过程模拟(M)　帮助(H)

欢迎使用“地面畦灌一体化模拟和优化”软件，使用“帮助”菜单可获得更多信息

093.14	059.00	076.00	05.77
095.57	061.00	076.00	05.60
097.82	063.00	076.00	05.42
099.68	065.00	076.00	05.23
100.40	067.00	085.00	05.84
100.40	067.00	085.00	05.84

您计算得到的优化灌水技术参数为：

序号	单宽流量(m/s)	坡降(%)	畦长(m)	灌水均匀度(%)	灌水效率(%)	储水效率(%)
01	0.0056	1/1000	010	98.80	82.90	66.40
02	0.0056	1/1000	020	99.10	83.40	71.20
03	0.0056	1/1000	030	99.30	84.10	72.90
04	0.0056	1/1000	040	99.60	91.20	71.40
05	0.0056	1/1000	050	99.50	92.50	76.20
06	0.0056	1/1000	060	99.40	93.00	81.00
07	0.0056	1/1000	070	99.30	92.70	85.20
08	0.0056	1/1000	080	99.60	92.00	88.20
09	0.0056	1/1000	090	99.20	91.20	89.90
10	0.0056	1/1000	100	98.70	90.40	89.10

您选择的是：根据已知的单宽流量，优化畦长
最优的畦长（m）：　90
最优灌水效率（%）：　91.2
最优储水效率(%)：　89.9

您已完成了灌水技术参数的优化计算

(b) 预测结果2

图 6.17　灌水过程优化计算结果展示界面

4. 帮助菜单

帮助菜单主要用于帮助用户方便地使用本软件。该菜单包括帮助主题与关于两个菜单项。

帮助主题菜单项为用户提供使用本软件的帮助信息。

单击“帮助主题”菜单项，弹出“帮助”窗口，如图 6.18 所示。用户可通过单击窗体中的标题逐级浏览全部帮助信息，也可以使用“索引”标签打开“索引”对话框，如图 6.19 所示。在“索引”对话框的检索框中输入关键字即可浏览特定的帮助信息。

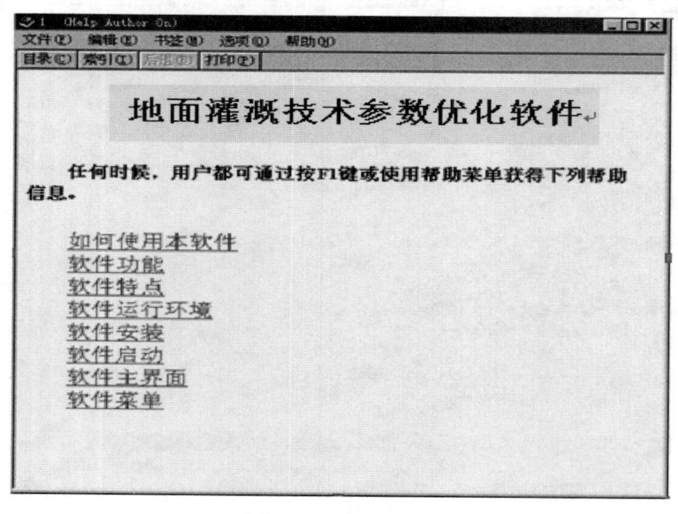

图 6.18　帮助界面

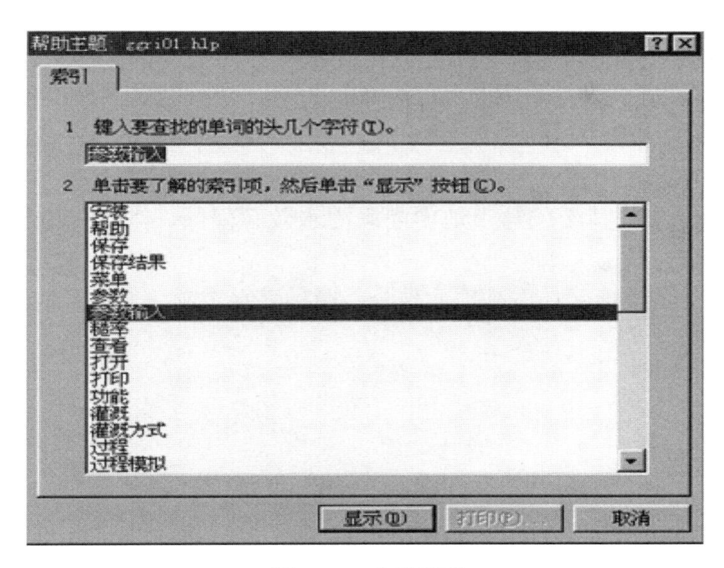

图 6.19　索引界面

6.5　地面畦灌优化灌水技术参数一体化预测模型应用实例

根据地面畦灌优化灌水技术参数一体化预测模型软件，对侯马市优化灌水技术参数进行计算。根据土壤类型将侯马市各试验点的土壤进行分类，根据土壤水分入渗能力及入渗参数预测模型分别预测各类型土壤的土壤水分入渗能力和入渗参数。土壤分类及参数预测情况见表 6.1。

6.5.1　已知单宽流量条件下的优化畦长

给定单宽流量 q，优化各种地面坡度下的畦长 L。所谓的优化畦长是指不同入渗能力下能获得较好灌溉效果所要求的畦长。优化畦长与单宽流量有关，单宽流量的范围按当地供水井的供水强度选定，计算中流量按 0.00185～0.00741m^3/s 取值。计划净灌水定额按 40m^3/亩和 50m^3/亩两种情况考虑。考虑到侯马市有丘陵和平原分布，地面坡降按 0.010、0.005、0.003、0.002、0.001 五种情况考虑。基于侯马市地面灌溉灌水效率偏低，本优化模型将其均控制在 80%以上。

侯马市各归类试验地区在五种地面坡降、两种灌水定额、变单宽流量情况下的优化畦长见表 6.2～表 6.8。

6.5.2　已知畦长条件下的优化单宽流量

给定畦长 L，优化各种地面坡度下的单宽流量 q。所谓的优化单宽流量是指在给定畦长下，获得不同入渗能力下优化灌溉效果所要求的单宽流量。优化单宽流量与畦长有关，生产实践中，畦长并不能完全根据理论计算的优化畦长布设，一方面基本农田规格不一，另一方面理论计算的灌溉网密度投资过大，在目前的经济实力下还难以完成。因此，考虑对侯马市的畦长分为 20m、30m、40m、50m、75m、100m、120m、150m 和 200m 9 种情况进行计算，以满足不同地块长度的合理灌水需求。计划净灌水定额按 40m^3/亩和 50m^3/亩两种情况考虑，地面坡降按 0.010、0.005、0.003、0.002、0.001 五种情况考虑。此种情况适用于抽水站灌区、出水量大的水井及自流灌区。实际灌水时，可以根据流量需要，人为控制其出水流量。基于侯马市地面灌溉灌水效率偏低，本优化模型将其均控制在80%以上。

侯马市各归类试验地区在五种地面坡降、两种灌水定额、变畦长情况下的优化单宽流量见表 6.9～表 6.15。

表 6.1 侯马市各代表性区域历次灌溉土壤分类及参数预测情况

土壤类型	试验点归类	灌溉次序	灌水前土壤含水率/%	土壤容重(0～10cm)/(g/cm³)	土壤容重(0～20cm)/(g/cm³)	土壤有机质含量(0～20cm)/%	黏粒含量(0～20cm)/%	粉粒+黏粒含量(0～20cm)/%	α	f_0/(cm/min)	k/(cm/min)	H_{90}/cm
黏壤土(0～10cm黏粒含量在15%以上)	上院村	头水	15.10	1.27	1.30	1.21	13.92	57.66	0.1736	0.0770	2.0316	11.368
		二水	15.32	1.29	1.35	1.21	13.92	57.66	0.1714	0.0757	1.9171	10.956
		三水	16.12	1.36	1.42	1.21	13.92	57.66	0.1632	0.0707	1.7374	9.988
壤土(0～10cm黏粒含量在10%～12%)	西高、褚村、南上官A、东庄	头水	14.81	1.00	1.10	2.91	10.80	53.18	0.2703	0.1540	3.3402	25.137
		二水	18.44	1.22	1.07	2.91	10.80	53.18	0.2436	0.1335	3.3253	21.965
		三水	19.41	1.23	1.12	2.91	10.80	53.18	0.2431	0.1291	3.1750	21.098
壤土(0～10cm黏粒含量在12%～15%)	白店、南阳村	头水	11.00	1.09	1.12	2.28	11.66	51.75	0.2473	0.1435	3.0580	22.225
		二水	11.77	1.17	1.23	2.28	11.66	51.75	0.2381	0.1386	2.7949	20.630
		三水	12.39	1.23	1.30	2.28	11.66	51.75	0.2306	0.1346	2.6337	19.547
粉砂质壤土(0～10cm黏粒含量在8%以下)	上平望	头水	11.05	1.02	1.02	2.13	2.36	65.97	0.1993	0.1513	2.7848	20.441
		二水	15.21	1.41	1.40	2.13	2.36	65.97	0.1522	0.1247	1.8309	14.856
		三水	16.01	1.48	1.47	2.13	2.36	65.97	0.1432	0.1197	1.6454	13.905
粉砂质壤土(0～10cm黏粒含量在10%～12%)	林城、北庄、史店	头水	11.32	1.02	1.04	2.57	11.40	62.36	0.2249	0.1554	3.3868	23.300
		二水	14.26	1.28	1.27	2.57	11.40	62.36	0.1927	0.1369	2.7949	18.969
		三水	15.01	1.35	1.34	2.57	11.40	62.36	0.1845	0.1322	2.6254	17.918
粉砂质壤土(0～10cm黏粒含量在12%～15%)	南上官飞机场小韩(村)	头水	9.80	1.16	1.14	2.08	13.49	60.06	0.2021	0.1371	3.0109	19.814
		二水	10.11	1.20	1.25	2.08	13.49	60.06	0.1976	0.1350	2.7673	18.881
		三水	10.64	1.26	1.31	2.08	13.49	60.06	0.1900	0.1313	2.6066	17.949
壤土(0～10cm黏粒含量在10%～12%)	褚村汾河滩地	头水	15.32	1.40	1.40	0.51	2.36	47.22	0.1769	0.0624	0.8908	7.594
		二水	15.54	1.45	1.45	0.51	2.36	47.22	0.1708	0.0590	0.7649	6.963
		三水	16.53	1.54	1.54	0.51	2.36	47.22	0.1599	0.0530	0.5386	5.872

表 6.2　紫金山丘陵区土壤优化畦长结果（地表黏粒含量＞15%）

适用地区	灌水状态	参数值	灌水定额/(m^3/亩)	单宽流量/[m^3/(s·m)]	地面坡降									
					0.010		0.005		0.003		0.002		0.001	
					优化畦长/m	灌水效率/%	优化畦长/m	灌水效率/%	优化畦长/m	灌水效率/%	优化畦长/m	灌水效率/%	优化畦长/m	灌水效率/%
紫金山丘陵区（黏壤土）	备耕头水地	$\alpha = 0.1736$；$f_0 = 0.0770$cm/min；$k = 2.0316$cm/min；$H_{90} = 11.37$cm	40	0.00185	40	91.6	40	90.9	50	87.6	40	91.0	40	90.3
				0.00278	40	94.2	40	93.6	60	90.6	70	90.6	60	90.1
				0.00370	70	92.2	90	91.0	70	91.3	90	90.5	80	90.2
				0.00463	60	95.3	100	90.5	100	90.0	100	89.8	100	89.7
				0.00556	100	88.7	100	88.1	100	88.3	100	88.5	100	88.1
				0.00741	150	91.1	210	89.0	170	88.9	170	88.6	130	87.5
			50	0.00185	60	88.2	50	89.4	50	89.4	50	90.6	50	89.9
				0.00278	90	88.2	90	89.1	90	89.5	80	89.8	90	90.6
				0.00370	100	88.7	100	88.2	100	89.9	100	89.8	100	89.8
				0.00463	140	88.4	140	89.9	150	89.4	150	89.5	150	89.5
				0.00556	150	88.7	150	88.6	150	88.6	150	87.8	150	88.7
				0.00741	220	89.5	230	89.0	250	88.8	250	88.3	250	89.4

续表

适用地区	灌水状态	参数值	灌水定额/(m^3/亩)	单宽流量/[m^3/(s·m)]	地面坡降									
					0.010		0.005		0.003		0.002		0.001	
					优化畦长/m	灌水效率/%	优化畦长/m	灌水效率/%	优化畦长/m	灌水效率/%	优化畦长/m	灌水效率/%	优化畦长/m	灌水效率/%
紫金山丘陵区（黏壤土）	播种以后第二次灌水	$\alpha=0.1714$；$f_0=0.0757$cm/min；$k=1.9171$cm/min；$H_{90}=10.96$cm	40	0.00185	50	90.4	40	91.1	40	90.4	40	91.2	40	91.0
				0.00278	70	90.1	60	91.3	60	90.2	70	90.1	70	91.0
				0.00370	90	89.9	90	91.1	90	89.6	80	90.8	90	90.0
				0.00463	80	93.7	100	89.8	100	89.6	100	89.6	100	89.2
				0.00556	100	86.6	100	88.7	100	86.5	100	87.1	100	87.4
				0.00741	150	89.7	150	87.3	150	87.8	150	86.7	150	87.3
			50	0.00185	60	88.7	60	89.1	60	89.9	60	90.6	60	90.8
				0.00278	90	88.0	90	89.0	90	89.2	90	89.5	100	89.6
				0.00370	100	86.4	100	87.4	100	87.1	100	87.7	100	87.9
				0.00463	140	89.0	150	89.1	110	90.1	150	89.1	150	88.4
				0.00556	150	85.9	150	87.4	150	86.2	150	86.7	150	86.6
				0.00741	200	86.5	200	86.3	200	85.6	200	85.4	200	85.4

续表

适用地区	灌水状态	参数值	灌水定额/(m³/亩)	单宽流量/[m³/(s·m)]	地面坡降									
					0.010		0.005		0.003		0.002		0.001	
					优化畦长/m	灌水效率/%	优化畦长/m	灌水效率/%	优化畦长/m	灌水效率/%	优化畦长/m	灌水效率/%	优化畦长/m	灌水效率/%
紫金山丘陵区（黏壤土）	播种以后第三次灌水及其以后各次灌水	$\alpha=0.1632$；$f_0=0.0707$cm/min；$k=1.73741$cm/min；$H_{90}=9.99$cm	40	0.00185	50	89.5	50	90.6	50	90.1	50	91.7	50	90.5
				0.00278	90	90.0	80	90.6	60	90.7	80	89.2	90	90.3
				0.00370	100	90.3	100	89.4	70	90.2	100	88.9	100	88.9
				0.00463	100	83.5	100	83.4	100	83.4	100	83.8	100	82.9
				0.00556	110	90.1	150	88.9	150	88.8	150	87.6	150	87.7
				0.00741	200	87.9	190	88.1	200	87.7	200	86.8	200	87.2
			50	0.00185	70	88.8	70	89.0	70	89.4	70	89.8	70	90.4
				0.00278	100	87.7	100	88.4	100	89.3	100	89.0	100	89.8
				0.00370	150	88.6	150	89.1	150	89.2	150	89.1	150	89.6
				0.00463	150	87.3	150	86.4	150	86.9	150	87.1	150	87.5
				0.00556	200	88.2	200	87.9	200	87.8	200	87.2	200	88.1
				0.00741	250	87.1	250	86.7	250	86.0	250	85.9	250	88.2

表 6.3 浍河冲积平原土壤优化畦长结果(地表黏粒含量 12%～15%)

适用地区	灌水状态	参数值	灌水定额/(m^3/亩)	单宽流量/[m^3/(s·m)]	地面坡降									
					0.010		0.005		0.003		0.002		0.001	
					优化畦长/m	灌水效率/%	优化畦长/m	灌水效率/%	优化畦长/m	灌水效率/%	优化畦长/m	灌水效率/%	优化畦长/m	灌水效率/%
浍河冲积平原(壤土)	备耕头水地	$\alpha=0.2473$; $f_0=0.1435$cm/min; $k=3.058$cm/min; $H_{90}=22.22$cm	40	0.00556	40	81.4	—	—	—	—	—	—	—	—
				0.00741	40	86.6	40	83.8	—	—	—	—	—	—
				0.00833	40	84.4	50	84.1	40	85.6	—	—	—	—
				0.00926	40	84.2	40	86.9	40	85.5	40	82.5	—	—
				0.01020	40	86.3	60	83.5	—	—	—	—	—	—
				0.01110	50	86.1	40	85.8	40	83.7	40	80.3	—	—
			50	0.00370	40	81.3	40	81.7	40	82.8	40	82.4	40	83.5
				0.00463	40	83.9	40	85.1	40	86.5	40	83.4	40	83.6
				0.00556	50	82.8	40	84.7	40	86.0	40	86.0	40	84.1
				0.00741	40	86.0	60	85.5	50	86.5	50	86.3	40	85.8
				0.00833	40	87.0	50	86.7	50	87.6	70	84.0	50	85.1
				0.00926	40	88.4	70	86.1	50	87.1	70	84.3	70	83.4

续表

适用地区	灌水状态	参数值	灌水定额/$(m^3/亩)$	单宽流量/$[m^3/(s·m)]$	地面坡降									
					0.010		0.005		0.003		0.002		0.001	
					优化畦长/m	灌水效率/%	优化畦长/m	灌水效率/%	优化畦长/m	灌水效率/%	优化畦长/m	灌水效率/%	优化畦长/m	灌水效率/%
浍河冲积平原（壤土）	播种以后第二次灌水	$\alpha=0.238$；$f_0=0.1386cm/min$；$k=2.7949cm/min$；$H_{90}=20.63cm$	40	0.00463	40	81.0	40	82.0	40	82.9	40	82.7	—	—
				0.00556	40	86.5	40	85.9	40	84.5	40	82.9	—	—
				0.00741	40	86.8	40	86.5	40	85.6	50	84.8	—	—
				0.00833	60	85.1	60	83.3	50	83.5	50	84.6	—	—
				0.00926	50	88.3	50	85.8	40	85.3	40	85.3	40	80.9
				0.01020	60	86.2	60	86.0	60	84.3	60	83.4	—	—
			50	0.00278	40	80.6	40	80.7	40	81.5	40	81.1	40	81.9
				0.00370	50	81.9	50	82.1	40	85.1	40	85.5	40	83.5
				0.00463	40	82.5	40	86.9	50	85.4	50	85.2	40	86.0
				0.00556	40	87.2	60	85.6	50	86.4	50	86.2	60	84.4
				0.00741	70	87.2	40	89.0	70	85.0	70	84.4	60	85.2
				0.00833	90	85.5	50	85.4	90	84.4	80	83.5	70	84.3

续表

适用地区	灌水状态	参数值	灌水定额/(m³/亩)	单宽流量/[m³/(s·m)]	地面坡降 0.010 优化畦长/m	0.010 灌水效率/%	0.005 优化畦长/m	0.005 灌水效率/%	0.003 优化畦长/m	0.003 灌水效率/%	0.002 优化畦长/m	0.002 灌水效率/%	0.001 优化畦长/m	0.001 灌水效率/%
汾河冲积平原（壤土）	播种以后第三次灌水及其以后各次灌水	$\alpha = 0.2306$; $f_0 = 0.1346$cm/min; $k = 2.6337$cm/min; $H_{90} = 19.54$cm	40	0.00370	40	81.9	40	83.1	—	—	—	—	—	—
				0.00463	40	85.0	40	85.9	40	83.6	40	85.1	40	83.6
				0.00556	40	83.4	40	85.5	40	86.1	40	85.3	40	83.0
				0.00741	40	88.7	50	86.6	50	86.1	50	85.7	50	83.8
				0.00833	50	87.2	70	85.6	50	86.2	50	85.3	50	82.5
				0.00926	70	85.6	70	83.9	70	84.9	70	83.2	40	82.8
			50	0.00278	—	—	40	84.5	40	83.7	40	83.2	40	83.5
				0.00370	40	84.0	50	85.2	40	83.4	40	85.8	50	84.3
				0.00463	40	86.4	40	86.8	50	85.5	50	85.7	50	85.9
				0.00556	50	85.7	40	87.6	60	86.0	60	85.7	50	86.4
				0.00741	40	86.4	40	86.8	50	85.5	50	85.7	50	85.9
				0.00833	50	87.2	70	85.6	50	86.2	50	85.3	50	82.5

表 6.4　汾河、浍河冲积平原土壤优化畦长结果(地表黏粒含量 10%～12%)

适用地区	灌水状态	参数值	灌水定额/(m^3/亩)	单宽流量/[m^3/(s·m)]	地面坡降									
					0.010		0.005		0.003		0.002		0.001	
					优化畦长/m	灌水效率/%	优化畦长/m	灌水效率/%	优化畦长/m	灌水效率/%	优化畦长/m	灌水效率/%	优化畦长/m	灌水效率/%
汾河、浍河冲积平原(粉砂质壤土)	备耕头水地	$\alpha = 0.2249$; $f_0 = 0.01554$cm/min; $k = 3.3869$cm/min; $H_{90} = 23.30$cm	40	0.00741	40	83.1	—	—	—	—	—	—	—	—
				0.01020	40	82.6	—	—	—	—	—	—	—	—
				0.01110	40	84.8	40	84.2	40	80.4	—	—	—	—
				0.01200	60	81.6	50	84.7	40	85.6	40	81.7	—	—
				0.01300	40	81.0	—	—	—	—	—	—	—	—
				0.01400	50	85.7	—	—	—	—	—	—	—	—
			50	0.00463	40	85.7	40	85.3	40	83.5	40	83.5	—	—
				0.00556	40	86.5	40	86.4	40	86.2	50	83.7	40	83.8
				0.00741	50	83.4	40	86.9	50	83.8	40	85.3	50	83.8
				0.00833	60	85.5	40	87.7	50	85.4	50	85.5	50	85.6
				0.00926	60	86.7	60	85.1	50	85.5	50	85.6	50	85.7
				0.01020	50	88.6	70	84.7	70	83.7	70	84.3	50	83.8

续表

适用地区	灌水状态	参数值	灌水定额/(m^3/亩)	单宽流量/[m^3/(s·m)]	地面坡降									
					0.010		0.005		0.003		0.002		0.001	
					优化畦长/m	灌水效率/%	优化畦长/m	灌水效率/%	优化畦长/m	灌水效率/%	优化畦长/m	灌水效率/%	优化畦长/m	灌水效率/%
汾河、浍河冲积平原（粉砂质壤土）	播种以后第二次灌水	$\alpha=0.19278$；$f_0=0.1369$cm/min；$k=2.7949$cm/min；$H_{90}=18.97$cm	40	0.00370	40	82.6	40	83.3	40	82.9	—	—	—	—
				0.00463	40	86.2	40	86.4	40	84.1	40	85.7	40	84.2
				0.00556	40	86.3	40	86.5	40	86.3	40	85.8	40	83.3
				0.00741	40	89.2	40	88.7	40	86.3	50	86.1	50	84.0
				0.00833	50	87.1	70	86.1	50	86.2	50	85.5	50	82.6
				0.00926	40	89.8	70	84.2	70	85.3	70	83.6	40	82.7
			50	0.00278	50	81.2	50	81.2	40	82.8	40	84.5	40	84.8
				0.00370	40	84.8	40	85.1	50	83.8	40	86.6	40	84.4
				0.00463	50	87.2	40	87.3	50	86.3	50	86.4	60	85.3
				0.00556	50	86.3	40	87.8	50	85.1	70	85.3	60	86.0
				0.00741	70	87.5	50	87.7	90	84.4	100	84.2	90	84.7
				0.00833	60	86.6	50	86.4	90	85.2	100	84.1	90	84.0

续表

适用地区	灌水状态	参数值	灌水定额/(m³/亩)	单宽流量/[m³/(s·m)]	地面坡降									
					0.010		0.005		0.003		0.002		0.001	
					优化畦长/m	灌水效率/%	优化畦长/m	灌水效率/%	优化畦长/m	灌水效率/%	优化畦长/m	灌水效率/%	优化畦长/m	灌水效率/%
汾河、浍河冲积平原（粉砂质壤土）	播种以后第三次灌水及其以后各次灌水	$\alpha=0.1845$；$f_0=0.1322$cm/min；$k=2.6254$cm/min；$H_{90}=17.92$cm	40	0.00278	—	—	—	—	—	—	40	80.0	40	80.8
				0.00370	40	84.8	40	84.5	40	84.3	40	84.2	40	83.9
				0.00463	50	86.1	40	85.0	40	85.9	40	86.4	40	83.4
				0.00556	40	89.6	60	84.9	40	84.9	50	85.3	40	85.4
				0.00741	50	90.1	60	85.3	70	85.2	50	84.7	50	84.7
				0.00833	70	88.3	50	87.9	70	84.7	80	83.2	70	83.1
			50	0.00278	50	84.4	40	85.6	40	82.9	40	83.5	40	84.1
				0.00370	50	85.1	50	84.8	40	85.5	40	85.9	50	84.6
				0.00463	70	85.3	60	85.3	40	86.3	50	85.6	50	86.4
				0.00556	80	85.0	70	85.0	50	85.1	80	83.8	70	85.0
				0.00741	90	85.1	80	81.6	80	80.7	80	80.1	80	81.7
				0.00833	70	89.0	130	84.1	130	83.6	140	83.8	140	83.3

表 6.5　汾河冲积平原、抽水站灌区土壤优化畦长结果(地表黏粒含量 10%～12%)

适用地区	灌水状态	参数值	灌水定额/(m³/亩)	单宽流量/[m³/(s·m)]	地面坡降									
					0.010		0.005		0.003		0.002		0.001	
					优化畦长/m	灌水效率/%	优化畦长/m	灌水效率/%	优化畦长/m	灌水效率/%	优化畦长/m	灌水效率/%	优化畦长/m	灌水效率/%
汾河冲积平原、抽水站灌区(壤土)	备耕头水地	$\alpha=0.1769$；$f_0=0.0624$cm/min；$k=0.8908$ cm/min；$H_{90}=7.59$cm	40	0.00185	100	88.5	90	88.9	100	89.5	100	89.8	100	90.2
				0.00278	150	89.1	150	89.0	150	89.3	150	88.7	160	88.9
				0.00370	200	88.7	200	89.3	210	88.8	210	88.7	180	88.6
				0.00463	250	88.1	250	88.7	250	88.0	250	88.8	240	89.7
				0.00556	300	88.1	300	87.7	300	87.1	270	88.2	270	89.8
				0.00741	410	88.3	420	88.7	470	86.8	350	89.4	290	89.6
			50	0.00185	110	88.4	110	88.9	110	89.0	110	89.1	110	89.7
				0.00278	170	88.4	170	88.7	170	89.1	170	89.1	180	89.1
				0.00370	230	88.4	230	88.4	240	88.6	240	88.9	240	89.0
				0.00463	290	88.2	300	88.1	300	88.4	310	88.1	270	89.2
				0.00556	350	88.1	360	88.2	370	87.9	350	88.4	290	89.3
				0.00741	480	87.8	500	87.6	470	87.5	420	88.8	380	89.9

续表

适用地区	灌水状态	参数值	灌水定额/(m³/亩)	单宽流量/[m³/(s·m)]	地面坡降									
					0.010		0.005		0.003		0.002		0.001	
					优化畦长/m	灌水效率/%	优化畦长/m	灌水效率/%	优化畦长/m	灌水效率/%	优化畦长/m	灌水效率/%	优化畦长/m	灌水效率/%
汾河冲积平原、抽水站灌区（壤土）	播种以后第二次灌水	$\alpha = 0.1708$；$f_0 = 0.0591$cm/min；$k = 0.7649$cm/min；$H_{90} = 6.96$cm	40	0.00185	110	88.6	110	89.0	110	89.7	110	89.7	110	89.4
				0.00278	170	88.9	170	89.1	170	88.7	170	88.6	180	88.7
				0.00370	230	88.5	230	89.0	230	88.6	240	88.7	220	88.9
				0.00463	290	88.5	290	88.3	300	88.0	300	87.5	290	90.0
				0.00556	350	88.3	360	88.0	380	87.6	360	88.9	280	90.4
				0.00741	480	88.1	470	87.8	410	87.9	350	90.0	340	90.5
			50	0.00185	120	88.8	120	89.0	120	89.4	130	89.3	130	89.8
				0.00278	190	88.4	190	88.8	200	88.8	200	88.9	200	88.9
				0.00370	260	88.5	260	88.6	270	88.6	270	88.6	270	88.6
				0.00463	330	88.4	330	88.3	340	88.2	350	88.2	280	89.6
				0.00556	390	88.2	400	88.2	410	87.9	410	88.1	310	89.4
				0.00741	500	87.2	500	86.9	460	87.2	390	88.0	390	89.6

续表

适用地区	灌水状态	参数值	灌水定额/(m^3/亩)	单宽流量/[m^3/(s·m)]	地面坡降									
					0.010		0.005		0.003		0.002		0.001	
					优化畦长/m	灌水效率/%	优化畦长/m	灌水效率/%	优化畦长/m	灌水效率/%	优化畦长/m	灌水效率/%	优化畦长/m	灌水效率/%
汾河冲积平原、抽水站灌区（壤土）	播种以后第三次灌水及其以后各次灌水	$\alpha=0.1599$；$f_0=0.0530$cm/min；$k=0.5386$cm/min；$H_{90}=5.87$cm	40	0.00185	130	88.9	140	89.1	140	89.6	140	89.6	140	89.3
				0.00278	210	88.8	210	88.5	220	89.0	220	88.7	220	89.1
				0.00370	280	88.5	290	88.6	290	88.4	300	88.1	240	89.5
				0.00463	360	88.6	370	88.2	380	87.8	330	88.5	280	89.8
				0.00556	440	88.1	450	87.6	430	87.9	370	89.5	330	90.1
				0.00741	550	87.0	510	87.6	470	89.1	440	89.5	480	90.0
			50	0.00185	150	89.0	150	89.0	150	89.3	150	89.2	150	89.3
				0.00278	230	88.6	230	88.6	240	89.0	240	88.9	250	88.9
				0.00370	310	88.6	320	88.6	320	88.6	330	88.4	280	89.7
				0.00463	400	88.6	400	88.3	400	87.9	380	88.8	320	89.3
				0.00556	450	88.1	450	87.2	450	86.8	410	88.9	370	89.1
				0.00741	550	85.2	550	87.3	530	88.5	530	88.6	490	89.2

表 6.6　汾河、浍河冲积平原土壤优化畦长结果(地表黏粒含量 12%～15%)

适用地区	灌水状态	参数值	灌水定额/(m³/亩)	单宽流量/[m³/(s·m)]	地面坡降									
					0.010		0.005		0.003		0.002		0.001	
					优化畦长/m	灌水效率/%	优化畦长/m	灌水效率/%	优化畦长/m	灌水效率/%	优化畦长/m	灌水效率/%	优化畦长/m	灌水效率/%
汾河、浍河冲积平原(粉砂质壤土)	备耕头水地	$\alpha = 0.0201$; $f_0 = 0.1371$cm/min; $k = 3.0109$cm/min; $H_{90} = 19.82$cm	40	0.00463	40	81.4	40	82.3	40	83.0	40	83.2	—	—
				0.00556	40	86.3	40	86.2	40	84.8	40	83.3	—	—
				0.00741	40	86.1	50	87.3	40	85.0	50	84.5	—	—
				0.00833	60	84.9	70	83.7	50	86.0	50	84.3	—	—
				0.00926	40	89.0	50	83.7	40	83.2	40	83.3	—	—
				0.01020	60	87.5	60	85.6	60	84.0	60	83.0	—	—
			50	0.00278	40	80.5	40	80.8	40	83.0	40	81.5	40	82.3
				0.00370	40	81.6	50	83.0	40	85.7	40	86.1	40	84.0
				0.00463	40	88.0	50	86.1	50	86.0	50	85.8	40	86.5
				0.00556	40	89.7	50	86.3	60	86.4	50	86.8	60	85.0
				0.00741	60	86.9	40	88.7	70	85.3	60	85.4	60	85.4
				0.00833	90	86.1	80	85.9	90	85.0	100	84.5	90	84.1

续表

适用地区	灌水状态	参数值	灌水定额/(m^3/亩)	单宽流量/[m^3/(s·m)]	地面坡降									
					0.010		0.005		0.003		0.002		0.001	
					优化畦长/m	灌水效率/%	优化畦长/m	灌水效率/%	优化畦长/m	灌水效率/%	优化畦长/m	灌水效率/%	优化畦长/m	灌水效率/%
汾河、浍河冲积平原（粉砂质壤土）	播种以后第二次灌水	$\alpha=0.1976$；$f_0=0.1350$cm/min；$k=2.7673$cm/min；$H_{90}=18.88$cm	40	0.00370	40	82.8	40	83.5	40	83.1	40	82.3	—	—
				0.00463	40	86.3	40	86.6	40	84.3	40	85.9	40	84.4
				0.00556	40	86.5	40	86.6	40	86.5	40	86.0	40	83.5
				0.00741	40	89.4	50	87.0	50	86.4	50	86.2	50	84.1
				0.00833	50	87.2	70	86.3	50	86.3	50	85.5	50	82.7
				0.00926	40	89.9	70	84.3	70	85.4	70	83.7	40	82.9
			50	0.00278	50	81.3	50	81.3	40	82.9	40	84.6	40	84.9
				0.00370	40	85.0	40	85.3	50	83.9	40	86.8	40	84.5
				0.00463	50	87.3	40	87.4	50	86.4	50	86.6	40	85.9
				0.00556	50	86.5	40	88.0	50	85.2	70	85.4	60	86.0
				0.00741	70	87.6	50	87.9	80	84.8	100	84.2	80	84.8
				0.00833	60	86.8	100	84.8	90	85.3	100	84.2	90	84.1

续表

适用地区	灌水状态	参数值	灌水定额/(m³/亩)	单宽流量/[m³/(s·m)]	地面坡降									
					0.010		0.005		0.003		0.002		0.001	
					优化畦长/m	灌水效率/%	优化畦长/m	灌水效率/%	优化畦长/m	灌水效率/%	优化畦长/m	灌水效率/%	优化畦长/m	灌水效率/%
汾河、浍河冲积平原（粉砂质壤土）	播种以后第三次灌水及其以后各次灌水	$\alpha = 0.1899$；$f_0 = 0.1313$cm/min；$k = 2.6066$cm/min；$H_{90} = 17.95$cm	40	0.00278	—	—	—	—	—	—	—	—	40	80.6
				0.00370	40	84.7	40	84.4	40	84.2	40	84.1	40	83.8
				0.00463	50	86.0	40	85.0	40	85.8	40	86.3	40	86.1
				0.00556	40	89.6	60	84.8	50	86.1	50	85.3	40	85.3
				0.00741	50	90.1	60	85.3	70	85.1	50	84.7	50	84.7
				0.00833	70	88.3	50	87.9	70	84.7	80	83.6	70	83.0
			50	0.00278	40	85.4	40	85.5	40	82.7	40	83.4	40	83.9
				0.00370	50	85.0	50	84.6	40	85.4	40	85.9	50	84.5
				0.00463	60	85.9	60	85.2	40	86.3	50	85.6	50	86.3
				0.00556	70	86.1	80	85.3	50	84.6	80	85.4	60	85.5
				0.00741	100	86.0	90	85.5	120	84.6	100	84.9	110	84.0
				0.00833	70	89.0	130	83.9	130	83.5	140	83.6	140	83.1

表 6.7 汾河冲积平原土壤优化畦长结果(地表黏粒含量 10%～12%)

适用地区	灌水状态	参数值	灌水定额/(m^3/亩)	单宽流量/[m^3/(s·m)]	地面坡降									
					0.010		0.005		0.003		0.002		0.001	
					优化畦长/m	灌水效率/%	优化畦长/m	灌水效率/%	优化畦长/m	灌水效率/%	优化畦长/m	灌水效率/%	优化畦长/m	灌水效率/%
汾河冲积平原(壤土)	备耕头水地	$\alpha=0.2783$; $f_0=0.1540$cm/min; $k=3.3402$cm/min; $H_{90}=25.55$cm	40	0.01110	40	85.2	—	—	—	—	—	—	—	—
				0.01200	50	80.8	40	84.4	40	83.3	—	—	—	—
				0.01400	40	84.1	—	—	—	—	—	—	—	—
				0.01480	50	84.8	50	82.8	—	—	—	—	—	—
				0.01570	40	86.8	40	85.4	—	—	—	—	—	—
				0.01670	40	87.4	40	80.4	40	80.1	—	—	—	—
			50	0.00463	40	82.0	—	—	—	—	—	—	—	—
				0.00556	40	85.3	401	84.4	40	82.7	40	82.0	—	—
				0.00741	50	80.0	40	84.6	40	87.1	50	83.5	40	85.0
				0.00833	50	85.3	50	86.1	40	86.9	50	85.0	40	84.5
				0.00926	40	89.8	50	86.9	50	86.7	40	85.5	50	83.6
				0.01020	50	86.4	50	84.9	50	85.5	50	84.7	—	—

续表

适用地区	灌水状态	参数值	灌水定额/(m^3/亩)	单宽流量/[m^3/(s·m)]	地面坡降									
					0.010		0.005		0.003		0.002		0.001	
					优化畦长/m	灌水效率/%	优化畦长/m	灌水效率/%	优化畦长/m	灌水效率/%	优化畦长/m	灌水效率/%	优化畦长/m	灌水效率/%
汾河冲积平原（壤土）	播种以后第二次灌水	$\alpha = 0.2505$；$f_0 = 0.1335$cm/min；$k = 3.3253$cm/min；$H_{90} = 22.28$cm	40	0.00741	40	82.9	—	—	—	—	—	—	—	—
				0.00833	40	80.9	—	—	—	—	—	—	—	—
				0.00926	40	82.9	40	83.4	—	—	—	—	—	—
				0.01020	40	82.7	—	—	—	—	—	—	—	—
				0.01110	40	88.8	40	84.4	—	—	—	—	—	—
				0.01200	50	84.7	40	87.9	40	85.7	—	—	—	—
			50	0.00370	—	—	—	—	—	—	—	—	40	80.1
				0.00463	40	81.9	40	83.5	40	83.3	40	83.2	40	81.2
				0.00556	40	83.9	40	85.8	40	86.1	50	83.5	40	83.5
				0.00741	50	85.1	40	88.0	40	83.9	40	85.3	40	84.0
				0.00833	40	87.5	40	88.1	50	85.4	50	86.0	50	85.7
				0.00926	60	86.8	60	85.2	50	85.5	50	85.9	50	85.8

续表

适用地区	灌水状态	参数值	灌水定额/(m³/亩)	单宽流量/[m³/(s·m)]	地面坡降									
					0.010		0.005		0.003		0.002		0.001	
					优化畦长/m	灌水效率/%	优化畦长/m	灌水效率/%	优化畦长/m	灌水效率/%	优化畦长/m	灌水效率/%	优化畦长/m	灌水效率/%
汾河冲积平原（壤土）	播种以后第三次灌水及其以后各次灌水	$\alpha=0.2430$；$f_0=0.1291$cm/min；$k=3.1750$cm/min；$H_{90}=21.09$cm	40	0.00556	40	80.9	40	80.1	—	—	—	—	—	—
				0.00741	40	85.8	40	83.2	40	81.1	—	—	—	—
				0.00833	40	83.8	50	83.6	—	—	—	—	—	—
				0.00926	40	84.8	40	84.6	40	83.1	—	—	—	—
				0.01020	40	85.4	60	83.5	—	—	—	—	—	—
				0.01110	50	85.3	40	85.3	40	82.9	—	—	—	—
			50	0.00370	40	80.3	40	80.6	40	83.2	40	81.8	40	83.2
				0.00463	40	86.1	40	86.0	40	86.4	40	83.7	40	83.5
				0.00556	50	85.5	50	85.1	40	85.7	40	86.2	40	83.7
				0.00741	40	89.9	60	85.3	50	86.2	50	86.5	40	85.9
				0.00833	40	90.4	50	86.6	50	87.4	60	84.4	50	85.2
				0.00926	40	88.1	70	86.2	50	86.9	70	84.3	50	84.9

表 6.8　汾河冲积平原、抽水站灌区土壤优化畦长结果(地表黏粒含量＜8%)

适用地区	灌水状态	参数值	灌水定额/(m^3/亩)	单宽流量/[m^3/(s·m)]	地面坡降									
					0.010		0.005		0.003		0.002		0.001	
					优化畦长/m	灌水效率/%	优化畦长/m	灌水效率/%	优化畦长/m	灌水效率/%	优化畦长/m	灌水效率/%	优化畦长/m	灌水效率/%
汾河冲积平原、抽水站灌区(粉砂质壤土)	备耕头水地	$\alpha = 0.1993$；$f_0 = 0.1513$cm/min；$k = 2.7848$cm/min；$H_{90} = 20.44$cm	40	0.00370	40	81.4	40	82.4	—	—	—	—	—	—
				0.00463	40	83.9	40	84.7	40	82.8	40	84.2	40	83.4
				0.00556	40	85.0	40	85.3	40	85.1	40	84.2	40	85.6
				0.00741	60	85.6	40	87.6	50	85.3	50	84.5	50	83.1
				0.00833	50	86.2	50	85.5	50	85.4	—	—	—	—
				0.00926	40	92.2	70	85.9	40	86.1	40	86.2	40	82.2
			50	0.00278	—	—	40	83.5	40	82.9	40	83.9	40	84.3
				0.00370	40	83.0	40	83.2	50	82.6	40	84.5	40	85.2
				0.00463	40	85.3	40	85.8	50	84.7	40	86.1	50	85.1
				0.00556	40	85.4	40	86.6	60	85.3	60	84.9	50	85.5
				0.00741	50	86.2	50	86.7	90	85.0	80	85.0	70	85.0
				0.00833	100	85.7	50	87.3	100	84.1	90	85.1	90	84.4

续表

适用地区	灌水状态	参数值	灌水定额/(m^3/亩)	单宽流量/[m^3/(s·m)]	地面坡降									
					0.010		0.005		0.003		0.002		0.001	
					优化畦长/m	灌水效率/%	优化畦长/m	灌水效率/%	优化畦长/m	灌水效率/%	优化畦长/m	灌水效率/%	优化畦长/m	灌水效率/%
汾河冲积平原、抽水站灌区（粉砂质壤土）	播种以后第二次灌水	$\alpha=0.1522$；$f_0=0.1247$cm/min；$k=1.8309$cm/min；$H_{90}=14.86$cm	40	0.00185	40	84.4	40	83.9	40	85.6	40	83.7	40	83.4
				0.00278	50	85.4	50	84.7	40	86.4	40	86.0	50	85.7
				0.00370	80	84.9	60	85.8	50	86.6	70	84.8	70	84.8
				0.00463	80	85.8	90	84.1	90	84.5	90	84.8	80	84.7
				0.00556	70	87.6	70	85.3	100	84.7	120	83.3	130	83.3
				0.00741	90	85.0	140	84.1	170	83.4	150	83.6	150	82.8
			50	0.00185	40	84.2	40	84.0	40	84.2	40	84.1	40	83.7
				0.00278	70	83.5	60	84.1	70	84.5	60	84.7	70	83.4
				0.00370	90	83.8	80	84.4	90	83.9	90	84.2	90	84.5
				0.00463	100	83.7	120	83.2	110	84.1	110	83.9	120	83.9
				0.00556	120	83.3	140	83.2	130	84.0	140	84.0	130	83.9
				0.00741	180	83.9	190	83.8	110	84.0	200	83.1	200	82.9

续表

适用地区	灌水状态	参数值	灌水定额/(m³/亩)	单宽流量/[m³/(s·m)]	地面坡降 0.010 优化畦长/m	0.010 灌水效率/%	0.005 优化畦长/m	0.005 灌水效率/%	0.003 优化畦长/m	0.003 灌水效率/%	0.002 优化畦长/m	0.002 灌水效率/%	0.001 优化畦长/m	0.001 灌水效率/%
汾河冲积平原、抽水站灌区（粉砂质壤土）	播种以后第二次灌水及其以后各次灌水	$\alpha = 0.1432$; $f_0 = 0.1197$cm/min; $k = 1.6454$cm/min; $H_{90} = 13.91$cm	40	0.00185	50	83.3	40	84.8	40	84.8	40	84.6	40	84.2
				0.00278	70	84.0	60	85.1	60	84.1	60	85.4	50	84.5
				0.00370	90	84.0	90	83.6	60	86.6	90	84.1	90	84.3
				0.00463	100	85.0	100	84.1	70	84.4	100	84.0	100	84.1
				0.00556	100	82.5	100	82.6	70	83.0	100	83.3	100	82.4
				0.00741	110	85.0	170	83.8	180	83.6	180	83.1	180	82.5
			50	0.00185	50	83.3	50	84.0	50	83.7	50	84.7	40	84.0
				0.00278	70	83.6	70	84.0	80	83.9	80	84.1	80	84.4
				0.00370	100	83.4	100	83.0	100	84.2	100	84.1	100	83.9
				0.00463	130	83.6	130	83.8	120	84.1	130	83.7	130	83.6
				0.00556	150	83.4	160	83.2	160	83.1	150	83.6	170	83.4
				0.00741	200	83.6	200	82.5	200	82.8	200	82.5	200	82.7

表 6.9　紫金山丘陵区土壤优化单宽流量结果（地表黏粒含量＞15%）

适用地区	灌水状态	参数值	灌水定额/(m³/亩)	畦长/m	地面坡降									
					0.010		0.005		0.003		0.002		0.001	
					优化单宽流量/[m³/(s·m)]	灌水效率/%	优化单宽流量/[m³/(s·m)]	灌水效率/%	优化单宽流量/[m³/(s·m)]	灌水效率/%	优化单宽流量/[m³/(s·m)]	灌水效率/%	优化单宽流量/[m³/(s·m)]	灌水效率/%
紫金山丘陵区（黏壤土）	备耕头水地	$\alpha = 0.1736$；$f_0 = 0.077$cm/min；$k = 2.0316$cm/min；$H_{90} = 11.37$cm	40	20	0.0010	90.3	0.0010	91.1	0.0010	92.4	0.0010	90.4	0.0010	92.3
				30	0.0014	86.3	0.0016	86.7	0.0016	86.9	0.0016	87.2	0.0014	86.5
				40	0.0020	90.4	0.0018	90.6	0.0016	90.5	0.0020	91.4	0.0020	91.9
				50	0.0030	91.7	0.0027	90.7	0.0021	91.3	0.0021	90.7	0.0027	91.6
				75	0.0036	91.6	0.0032	90.6	0.0032	90.5	0.0036	90.4	0.0036	89.5
				100	0.0040	89.6	0.0050	91.0	0.0045	90.3	0.0045	89.7	0.0040	89.6
				120	0.0050	91.0	0.0045	89.9	0.0050	89.2	0.0050	89.2	0.0050	88.8
				150	0.0060	84.5	0.0060	83.9	0.0060	83.8	0.0054	83.8	0.0054	83.3
				200	0.0070	77.6	0.0063	77.7	0.0070	77.6	0.0063	77.4	0.0070	77.3
			50	20	0.0010	74.3	0.0010	74.9	0.0010	75.6	0.0010	73.6	0.0010	75.1
				30	0.0010	89.9	0.0010	89.9	0.0010	90.3	0.0010	91.8	0.0010	92.1
				40	0.0010	86.8	0.0010	86.7	0.0010	72.4	0.0010	85.7	0.0010	85.6
				50	0.0018	89.9	0.0018	91.6	0.0018	90.4	0.0018	91.6	0.0016	91.4
				75	0.0027	89.7	0.0024	90.4	0.0030	91.9	0.0027	90.6	0.0024	90.4
				100	0.0036	89.9	0.0032	90.2	0.0036	90.4	0.0032	90.7	0.0032	90.0
				120	0.0040	87.4	0.0040	90.7	0.0040	89.7	0.0040	90.2	0.0036	89.9
				150	0.0060	92.4	0.0048	89.7	0.0048	89.4	0.0048	89.2	0.0048	89.0
				200	0.0063	89.4	0.0063	89.9	0.0063	89.5	0.0063	88.7	0.0056	89.1

续表

适用地区	灌水状态	参数值	灌水定额/(m³/亩)	畦长/m	地面坡降									
					0.010		0.005		0.003		0.002		0.001	
					优化单宽流量/[m³/(s·m)]	灌水效率/%	优化单宽流量/[m³/(s·m)]	灌水效率/%	优化单宽流量/[m³/(s·m)]	灌水效率/%	优化单宽流量/[m³/(s·m)]	灌水效率/%	优化单宽流量/[m³/(s·m)]	灌水效率/%
紫金山丘陵区（黏壤土）	播种以后第二次灌水	$\alpha=0.1714$；$f_0=0.075$cm/min；$k=1.9171$cm/min；$H_{90}=10.96$cm	40	20	0.0010	90.3	0.0010	91.3	0.0010	92.7	0.0010	93.9	0.0010	92.8
				30	0.0010	89.4	0.0010	89.0	0.0010	88.9	0.0010	88.9	0.0010	89.0
				40	0.0018	91.8	0.0018	91.5	0.0020	92.0	0.0020	92.5	0.0018	92.7
				50	0.0020	85.9	0.0018	90.5	0.0020	91.2	0.0018	90.7	0.0018	90.8
				75	0.0030	91.4	0.0030	91.1	0.0027	91.3	0.0027	91.2	0.0030	90.5
				100	0.0036	90.4	0.0036	90.8	0.0040	90.1	0.0040	91.0	0.0040	89.7
				120	0.0045	91.0	0.0045	90.4	0.0050	90.3	0.0040	89.9	0.0045	89.8
				150	0.0056	90.7	0.0056	90.4	0.0049	89.3	0.0056	89.7	0.0063	88.5
				200	0.0072	89.6	0.0063	89.0	0.0072	89.1	0.0081	88.3	0.0090	90.3
			50	20	0.0010	87.7	0.0010	88.1	0.0010	88.7	0.0010	89.1	0.0010	88.3
				30	0.0010	89.2	0.0010	90.8	0.0010	91.2	0.0010	91.5	0.0010	91.8
				40	0.0010	88.9	0.0010	88.3	0.0010	88.2	0.0010	88.7	0.0010	88.0
				50	0.0014	83.6	0.0014	83.9	0.0016	84.8	0.0016	84.2	0.0018	84.6
				75	0.0020	89.0	0.0020	88.5	0.0018	86.9	0.0020	89.6	0.0020	89.3
				100	0.0030	88.7	0.0030	89.3	0.0030	90.3	0.0030	90.0	0.0030	90.2
				120	0.0036	89.3	0.0036	89.8	0.0036	89.9	0.0036	90.2	0.0036	89.9
				150	0.0040	88.8	0.0040	88.4	0.0040	89.2	0.0040	88.8	0.0040	88.5
				200	0.0060	89.5	0.0060	89.7	0.0060	88.5	0.0060	89.6	0.0060	89.1

续表

适用地区	灌水状态	参数值	灌水定额/(m^3/亩)	畦长/m	地面坡降									
					0.010		0.005		0.003		0.002		0.001	
					优化单宽流量/[m^3/(s·m)]	灌水效率/%	优化单宽流量/[m^3/(s·m)]	灌水效率/%	优化单宽流量/[m^3/(s·m)]	灌水效率/%	优化单宽流量/[m^3/(s·m)]	灌水效率/%	优化单宽流量/[m^3/(s·m)]	灌水效率/%
紫金山丘陵区（黏壤土）	播种以后第三次灌水及其以后各次灌水	$\alpha=0.1632$；$f_0=0.0707$cm/min；$k=1.7374$cm/min；$H_{90}=9.99$cm	40	20	0.0010	81.3	0.0010	78.8	0.0010	79.8	0.0010	80.9	0.0010	79.5
				30	0.0010	90.3	0.0010	90.1	0.0010	90.3	0.0010	92.2	0.0010	89.8
				40	0.0010	86.4	0.0010	86.2	0.0010	85.1	0.0010	85.1	0.0010	85.2
				50	0.0016	90.4	0.0018	90.3	0.0020	92.7	0.0018	91.0	0.0018	91.3
				75	0.0027	90.0	0.0027	91.3	0.0027	91.1	0.0027	91.3	0.0024	90.9
				100	0.0040	91.8	0.0032	91.0	0.0028	89.9	0.0032	90.2	0.0032	90.3
				120	0.0040	90.4	0.0040	90.9	0.0036	89.7	0.0040	89.9	0.0026	90.0
				150	0.0045	90.4	0.0050	90.2	0.0050	89.7	0.0045	89.4	0.0045	89.5
				200	0.0056	90.0	0.0056	89.3	0.0063	89.2	0.0063	88.4	0.0070	89.6
			50	20	0.0010	89.2	0.0010	86.3	0.0010	87.5	0.0010	88.2	0.0010	87.2
				30	0.0010	84.2	0.0010	84.4	0.0010	84.7	0.0010	86.7	0.0010	86.6
				40	0.0010	89.9	0.0010	89.6	0.0010	90.4	0.0010	90.3	0.0010	90.8
				50	0.0010	87.3	0.0010	87.2	0.0010	87.1	0.0010	86.3	0.0010	86.3
				75	0.0020	88.7	0.0020	89.7	0.0020	89.9	0.0020	90.1	0.0020	91.2
				100	0.0027	89.2	0.0027	89.6	0.0027	90.0	0.0027	90.0	0.0024	90.4
				120	0.0030	89.3	0.0030	90.1	0.0030	90.2	0.0030	90.6	0.0030	89.9
				150	0.0040	88.9	0.0040	89.4	0.0040	89.8	0.0036	89.8	0.0036	90.3
				200	0.0060	91.7	0.0048	88.5	0.0048	89.7	0.0048	89.5	0.0048	89.0

表 6.10　浍河冲积平原土壤优化单宽流量结果（地表黏粒含量 12%～15%）

适用地区	灌水状态	参数值	灌水定额/(m^3/亩)	畦长/m	地面坡降									
					0.010		0.005		0.003		0.002		0.001	
					优化单宽流量/[m^3/(s·m)]	灌水效率/%	优化单宽流量/[m^3/(s·m)]	灌水效率/%	优化单宽流量/[m^3/(s·m)]	灌水效率/%	优化单宽流量/[m^3/(s·m)]	灌水效率/%	优化单宽流量/[m^3/(s·m)]	灌水效率/%
浍河冲积平原（壤土）	备耕头水地	$\alpha=0.2473$；$f_0=0.1435$cm/min；$k=3.058$cm/min；$H_{90}=22.22$cm	50	20	0.0016	80.2	0.0018	82.9	0.0018	82.9	0.0020	83.8	0.0020	84.2
				30	0.0027	82.9	0.0030	83.8	0.0030	83.8	0.0030	84.8	0.0030	85.0
				40	0.0036	82.9	0.0040	83.4	0.0040	83.7	0.0040	84.0	0.0040	83.6
				50	0.0050	84.1	0.0050	84.1	0.0050	83.7	0.0050	83.3	0.0050	83.3
				75	0.0080	84.2	0.0080	84.9	0.0040	83.5	0.0040	83.8	0.0000	—
				100	0.0100	84.7	0.0100	83.6	0.0100	82.9	—	—	—	—
				120	0.0120	84.3	0.0120	83.3	—	—	—	—	—	—
				150	0.0140	83.1	—	—	—	—	—	—	—	—
				200	0.0200	82.7	—	—	—	—	—	—	—	—
			60	20	0.0020	84.7	0.0020	86.5	0.0020	84.4	0.0020	86.1	0.0020	85.7
				30	0.0024	82.7	0.0024	83.3	0.0021	83.8	0.0024	83.7	0.0024	84.5
				40	0.0026	82.0	0.0029	83.5	0.0029	83.5	0.0029	83.5	0.0029	83.4
				50	0.0033	82.1	0.0036	83.6	0.0036	83.2	0.0036	83.0	0.0036	82.5
				75	0.0065	84.9	0.0065	84.1	0.0065	85.4	0.0065	84.6	0.0065	84.6
				100	0.0079	84.5	0.0079	84.2	0.0079	83.3	0.0079	83.4	0.0079	83.6
				120	0.0105	85.0	0.0105	84.4	0.0105	84.0	0.0095	83.6	0.0105	83.4
				150	0.0135	83.5	0.0135	84.4	0.0120	83.3	0.0120	82.9	0.0135	82.9
				200	0.0177	84.2	0.0158	83.0	0.0177	82.1	0.0177	81.8	0.0197	83.3

续表

适用地区	灌水状态	参数值	灌水定额/(m³/亩)	畦长/m	地面坡降									
					0.010		0.005		0.003		0.002		0.001	
					优化单宽流量/[m³/(s·m)]	灌水效率/%	优化单宽流量/[m³/(s·m)]	灌水效率/%	优化单宽流量/[m³/(s·m)]	灌水效率/%	优化单宽流量/[m³/(s·m)]	灌水效率/%	优化单宽流量/[m³/(s·m)]	灌水效率/%
浍河冲积平原（壤土）	播种以后第二次灌水	$\alpha=0.2380$；$f_0=0.1386$cm/min；$k=2.7949$cm/min；$H_{90}=20.63$cm	50	20	0.0020	86.4	0.0018	84.6	0.0020	83.9	0.0016	84.7	0.0016	84.1
				30	0.0020	80.2	0.0020	80.1	0.0020	80.0	0.0020	80.1	0.0020	80.3
				40	0.0032	85.3	0.0032	84.9	0.0040	85.4	0.0040	86.0	0.0036	85.1
				50	0.0040	83.6	0.0040	85.0	0.0040	84.3	0.0040	83.7	0.0040	83.2
				75	0.0050	80.2	0.0050	80.5	0.0060	83.0	0.0060	83.1	—	—
				100	0.0080	83.5	0.0080	83.6	0.0080	83.4	—	—	—	—
				120	0.0090	83.2	0.0090	83.5	0.0090	82.6	—	—	—	—
				150	0.0120	83.0	—	—	—	—	—	—	—	—
				200	0.0150	83.1	—	—	—	—	—	—	—	—
			60	20	0.0019	85.2	0.0015	83.8	0.0019	85.2	0.0019	83.1	0.0017	85.3
				30	0.0024	85.3	0.0022	85.3	0.0027	85.3	0.0027	86.2	0.0022	85.1
				40	0.0036	84.3	0.0029	85.2	0.0036	84.8	0.0036	85.3	0.0036	86.3
				50	0.0040	85.0	0.0040	85.0	0.0040	85.0	0.0040	84.9	0.0035	85.3
				75	0.0063	86.1	0.0056	83.9	0.0056	85.0	0.0049	84.6	0.0056	84.7
				100	0.0081	85.1	0.0081	84.7	0.0072	84.5	0.0081	84.0	0.0072	84.2
				120	0.0090	84.5	0.0090	83.9	0.0080	83.9	0.0090	84.1	0.0090	84.1
				150	0.0112	83.3	0.0098	84.2	0.0098	83.3	0.0098	83.5	0.0098	83.1

续表

适用地区	灌水状态	参数值	灌水定额/(m³/亩)	畦长/m	地面坡降									
					0.010		0.005		0.003		0.002		0.001	
					优化单宽流量/[m³/(s·m)]	灌水效率/%	优化单宽流量/[m³/(s·m)]	灌水效率/%	优化单宽流量/[m³/(s·m)]	灌水效率/%	优化单宽流量/[m³/(s·m)]	灌水效率/%	优化单宽流量/[m³/(s·m)]	灌水效率/%
浍河冲积平原（壤土）	播种以后第三次灌水及其以后各次灌水	$\alpha = 0.2306$；$f_0 = 0.1346$cm/min；$k = 2.6337$cm/min；$H_{90} = 19.55$cm	50	20	0.0016	80.8	0.0018	83.2	0.0018	83.4	0.0020	84.2	0.0020	84.6
				30	0.0027	83.3	0.0030	84.1	0.0030	83.9	0.0030	84.5	0.0030	85.3
				40	0.0036	83.2	0.0040	83.5	0.0040	83.7	0.0040	84.0	0.0040	83.8
				50	0.0050	84.5	0.0050	84.2	0.0050	83.8	0.0050	83.4	0.0050	83.5
				75	0.0070	83.1	0.0070	83.8	0.0070	83.8	0.0070	82.9	—	—
				100	0.0100	84.8	0.0100	83.7	0.0100	83.2	—	—	—	—
				120	0.0120	84.4	0.0120	83.5	—	—	—	—	—	—
				150	0.0150	84.1	—	—	—	—	—	—	—	—
				200	0.0200	83.0	—	—	—	—	—	—	—	—
			60	20	0.0014	83.5	0.0012	83.1	0.0017	84.2	0.0015	84.2	0.0017	84.9
				30	0.0017	83.5	0.0170	83.9	0.0017	84.2	0.0017	84.6	0.0017	83.7
				40	0.0024	83.2	0.0024	83.2	0.0024	83.3	0.0024	84.0	0.0024	84.0
				50	0.0032	84.3	0.0035	84.9	0.0035	85.0	0.0035	84.7	0.0032	85.0
				75	0.0039	82.8	0.0043	83.6	0.0043	82.7	0.0043	83.3	0.0043	84.1
				100	0.0068	84.1	0.0061	84.1	0.0061	84.3	0.0061	84.6	0.0061	83.7
				120	0.0071	83.4	0.0071	84.2	0.0071	84.2	0.0071	84.0	0.0071	83.6
				150	0.0088	83.0	0.0088	83.4	0.0088	83.8	0.0088	83.1	0.0079	83.1
				200	0.0115	83.1	0.0115	83.5	0.0115	83.0	0.0115	83.1	0.0148	84.1

表 6.11　汾河、浍河冲积平原土壤优化单宽流量结果(地表黏粒含量 10%～12%)

适用地区	灌水状态	参数值	灌水定额/(m³/亩)	畦长/m	地面坡降									
					0.010		0.005		0.003		0.002		0.001	
					优化单宽流量/[m³/(s·m)]	灌水效率/%	优化单宽流量/[m³/(s·m)]	灌水效率/%	优化单宽流量/[m³/(s·m)]	灌水效率/%	优化单宽流量/[m³/(s·m)]	灌水效率/%	优化单宽流量/[m³/(s·m)]	灌水效率/%
汾河、浍河冲积平原(粉砂质壤土)	备耕头水地	$\alpha=0.2249$；$f_0=0.01554$cm/min；$k=3.3869$cm/min；$H_{90}=23.30$cm	40	20	0.0020	84.6	0.0020	84.6	0.0020	83.6	0.0020	88.3	0.0020	82.3
				30	0.0040	80.0	0.0040	86.5	0.0040	84.5	0.0036	80.7	0.0040	81.3
				40	0.0050	85.9	0.0045	83.6	0.0045	83.5	0.0050	83.6	0.0045	83.7
				50	0.0060	86.1	0.0060	86.8	0.0060	86.5	0.0060	86.4	—	—
				75	0.0090	86.7	0.0090	86.1	0.0090	84.9	—	—	—	—
				100	0.0130	81.4	0.0130	81.1	0.0130	80.7	—	—	—	—
				120	0.0150	83.9	0.0150	82.8	—	—	—	—	—	—
				150	0.0019	82.4	—	—	—	—	—	—	—	—
				200	—	—	—	—	—	—	—	—	—	—
			50	20	0.0020	86.5	0.0016	87.5	0.0018	89.8	0.0020	91.8	0.0020	91.3
				30	0.0024	87.4	0.0030	92.4	0.0030	90.0	0.0030	90.7	0.0027	90.4
				40	0.0036	89.9	0.0040	89.8	0.0040	90.1	0.0036	90.5	0.0036	90.2
				50	0.0050	90.6	0.0050	90.4	0.0045	90.5	0.0045	90.3	0.0050	91.3
				75	0.0081	91.6	0.0072	91.0	0.0081	91.0	0.0081	90.0	0.0081	90.1
				100	0.0100	90.8	0.0090	89.7	0.0100	89.3	0.0110	89.4	0.0112	87.5
				120	0.0135	89.8	0.0150	88.5	—	—	—	—	—	—
				150	0.0160	89.7	0.0160	88.1	—	—	—	—	—	—
				200	0.0200	88.4	—	—	—	—	—	—	—	—

续表

适用地区	灌水状态	参数值	灌水定额/(m^3/亩)	畦长/m	地面坡降									
					0.010		0.005		0.003		0.002		0.001	
					优化单宽流量/[m^3/(s·m)]	灌水效率/%	优化单宽流量/[m^3/(s·m)]	灌水效率/%	优化单宽流量/[m^3/(s·m)]	灌水效率/%	优化单宽流量/[m^3/(s·m)]	灌水效率/%	优化单宽流量/[m^3/(s·m)]	灌水效率/%
汾河、浍河冲积平原（粉砂质壤土）	播种以后第二次灌水	$\alpha=0.1928$；$f_0=0.1369$cm/min；$k=2.7949$cm/min；$H_{90}=18.97$cm	40	20	0.0020	82.6	0.0018	81.3	0.0020	82.7	0.0020	83.0	0.0020	84.0
				30	0.0027	81.4	0.0030	83.1	0.0030	83.5	0.0030	84.2	0.0030	82.8
				40	0.0040	83.0	0.0040	83.6	0.0040	83.8	0.0040	83.7	0.0040	83.3
				50	0.0050	83.2	0.0050	84.3	0.0050	83.4	0.0050	84.0	0.0050	82.2
				75	0.0080	86.3	0.0080	80.0	0.0070	86.5	—	—	—	—
				100	0.0100	84.0	0.0100	82.6	—	—	—	—	—	—
				120	0.0120	83.1	—	—	—	—	—	—	—	—
				150	—	—	—	—	—	—	—	—	—	—
				200	—	—	—	—	—	—	—	—	—	—
			50	20	0.0016	89.7	0.0018	91.8	0.0020	92.9	0.0020	90.9	0.0020	91.0
				30	0.0020	88.4	0.0020	84.0	0.0020	88.4	0.0020	88.5	0.0020	88.9
				40	0.0027	88.2	0.0030	89.8	0.0030	91.4	0.0030	90.1	0.0030	91.1
				50	0.0040	92.4	0.0040	91.8	0.0040	91.1	0.0036	90.6	0.0036	89.5
				75	0.0060	91.0	0.0060	91.2	0.0054	90.2	0.0054	89.8	0.0060	90.1
				100	0.0072	90.3	0.0072	89.7	0.0072	89.5	0.0090	88.8	—	—
				120	0.0090	90.1	0.0081	89.3	0.0090	89.5	—	—	—	—
				150	0.0105	89.5	0.1200	89.5	0.0135	87.5	—	—	—	—
				200	0.0144	88.9	—	—	—	—	—	—	—	—

续表

适用地区	灌水状态	参数值	灌水定额/(m^3/亩)	畦长/m	地面坡降									
					0.010		0.005		0.003		0.002		0.001	
					优化单宽流量/[m^3/(s·m)]	灌水效率/%	优化单宽流量/[m^3/(s·m)]	灌水效率/%	优化单宽流量/[m^3/(s·m)]	灌水效率/%	优化单宽流量/[m^3/(s·m)]	灌水效率/%	优化单宽流量/[m^3/(s·m)]	灌水效率/%
汾河、浍河冲积平原（粉砂质壤土）	播种以后第三次灌水及其以后各次灌水	$\alpha=0.1845$；$f_0=0.1322$cm/min；$k=2.6254$cm/min；$H_{90}=17.92$cm	40	20	0.0020	82.4	0.0014	79.6	0.0018	85.9	0.0020	86.9	0.0020	86.0
				30	0.0021	79.6	0.0027	84.7	0.0027	85.3	0.0027	85.9	0.0027	83.4
				40	0.0036	85.4	0.0036	84.9	0.0036	84.6	0.0040	84.1	0.0040	84.0
				50	0.0045	86.4	0.0045	85.1	0.0045	84.0	0.0045	83.5	0.0045	84.1
				75	0.0070	89.0	0.0070	89.2	0.0070	87.5	—	—	—	—
				100	0.0100	85.2	0.0100	84.0	0.0100	82.8	—	—	—	—
				120	0.0120	84.6	0.0108	82.7	—	—	—	—	—	—
				150	0.0135	83.1	0.0120	83.2	—	—	—	—	—	—
				200	0.0160	85.3	—	—	—	—	—	—	—	—
			50	20	0.0014	82.9	0.0020	85.1	0.0018	85.0	0.0020	85.0	0.0020	84.8
				30	0.0020	85.1	0.0018	90.5	0.0020	91.0	0.0020	91.5	0.0018	90.5
				40	0.0030	89.5	0.0027	91.7	0.0030	91.0	0.0030	91.3	0.0030	91.7
				50	0.0040	89.2	0.0040	92.0	0.0040	91.4	0.0040	91.4	0.0040	91.1
				75	0.0050	90.2	0.0050	90.1	0.0050	90.3	0.0050	90.1	0.0050	90.4
				100	0.0072	91.7	0.0064	90.0	0.0072	90.6	0.0072	90.2	0.0072	89.7
				120	0.0080	90.7	0.0070	89.7	0.0080	89.1	0.0080	89.2	—	—
				150	0.0088	89.9	0.0099	89.3	0.0110	87.8	—	—	—	—
				200	0.0140	89.2	0.0140	87.8	—	—	—	—	—	—

表 6.12　汾河冲积平原、抽水站灌区土壤优化单宽流量结果(地表黏粒含量 10%～12%)

适用地区	灌水状态	参数值	灌水定额/(m³/亩)	畦长/m	地面坡降									
					0.010		0.005		0.003		0.002		0.001	
					优化单宽流量/[m³/(s·m)]	灌水效率/%	优化单宽流量/[m³/(s·m)]	灌水效率/%	优化单宽流量/[m³/(s·m)]	灌水效率/%	优化单宽流量/[m³/(s·m)]	灌水效率/%	优化单宽流量/[m³/(s·m)]	灌水效率/%
汾河冲积平原、抽水站灌区(壤土)	备耕头水地	$\alpha = 0.1769$；$f_0 = 0.0624$cm/min；$k = 0.8908$cm/min；$H_{90} = 7.59$cm	40	20	0.0010	89.6	0.0010	88.9	0.0010	87.3	0.0010	88.9	0.0010	86.5
				30	0.0010	88.6	0.0010	88.7	0.0010	88.6	0.0010	85.4	0.0010	88.9
				40	0.0010	87.0	0.0010	86.7	0.0010	80.7	0.0010	80.0	0.0010	80.3
				50	0.0010	87.5	0.0010	90.2	0.0010	90.7	0.0010	91.1	0.0010	90.6
				75	0.0015	89.3	0.0015	89.7	0.0015	89.3	0.0015	90.0	0.0015	90.2
				100	0.0019	89.1	0.0019	88.9	0.0019	89.7	0.0019	89.8	0.0019	89.9
				120	0.0022	88.8	0.0022	89.0	0.0022	89.4	0.0022	89.3	0.0022	89.3
				150	0.0029	88.8	0.0029	89.1	0.0029	89.1	0.0029	89.1	0.0026	89.1
				200	0.0039	88.9	0.0039	88.4	0.0069	88.1	0.0034	88.8	0.0043	88.5
			50	20	0.0010	86.4	0.0010	88.9	0.0010	88.9	0.0010	88.9	0.0010	87.3
				30	0.0010	87.9	0.0010	89.6	0.0010	88.9	0.0010	90.6	0.0010	88.9
				40	0.0010	88.9	0.0010	88.6	0.0010	87.6	0.0010	85.4	0.0010	85.6
				50	0.0010	82.9	0.0010	84.1	0.0020	84.5	0.0010	84.8	0.0010	84.1
				75	0.0013	88.9	0.0013	89.0	0.0013	89.4	0.0013	89.4	0.0013	90.2
				100	0.0017	88.3	0.0017	88.8	0.0017	89.5	0.0017	89.6	0.0017	89.6
				120	0.0019	88.6	0.0019	88.7	0.0019	89.0	0.0019	89.5	0.0019	89.5
				150	0.0024	88.4	0.0024	88.6	0.0024	89.1	0.0024	89.2	0.0024	89.1
				200	0.0032	88.3	0.0032	88.5	0.0032	88.8	0.0032	88.9	0.0032	88.7

续表

适用地区	灌水状态	参数值	灌水定额/(m³/亩)	畦长/m	地面坡降									
					0.010		0.005		0.003		0.002		0.001	
					优化单宽流量/[m³/(s·m)]	灌水效率/%	优化单宽流量/[m³/(s·m)]	灌水效率/%	优化单宽流量/[m³/(s·m)]	灌水效率/%	优化单宽流量/[m³/(s·m)]	灌水效率/%	优化单宽流量/[m³/(s·m)]	灌水效率/%
汾河冲积平原、抽水站灌区（壤土）	播种以后第二次灌水	$\alpha=0.1708$；$f_0=0.0591$cm/min；$k=0.7649$cm/min；$H_{90}=6.96$cm	40	20	0.0010	85.3	0.0010	86.3	0.0010	84.5	0.0010	84.6	0.0010	85.5
				30	0.0010	86.4	0.0010	84.2	0.0010	82.4	0.0010	82.5	0.0010	80.4
				40	0.0010	82.3	0.0010	83.4	0.0010	82.9	0.0010	84.4	0.0010	85.6
				50	0.0010	87.0	0.0010	88.5	0.0010	88.8	0.0010	89.2	0.0010	88.7
				75	0.0013	89.3	0.0013	89.4	0.0013	89.7	0.0013	89.5	0.0013	90.2
				100	0.0018	89.0	0.0018	89.5	0.0018	89.3	0.0018	89.2	0.0018	89.1
				120	0.0021	89.0	0.0021	89.0	0.0021	89.2	0.0021	88.7	0.0021	88.9
				150	0.0025	88.7	0.0025	88.9	0.0025	89.2	0.0025	89.2	0.0025	88.8
				200	0.0032	88.5	0.0032	88.5	0.0032	88.8	0.0032	88.6	0.0032	89.1
			50	20	0.0010	86.9	0.0010	86.3	0.0010	87.6	0.0010	87.3	0.0010	88.6
				30	0.0010	86.5	0.0010	85.6	0.0010	89.6	0.0010	85.6	0.0010	86.4
				40	0.0010	84.3	0.0010	84.3	0.0010	85.6	0.0010	87.6	0.0010	84.6
				50	0.0010	83.2	0.0010	83.6	0.0010	85.5	0.0010	84.9	0.0010	86.1
				75	0.0011	88.8	0.0011	89.3	0.0011	89.6	0.0011	89.4	0.0011	90.1
				100	0.0016	88.3	0.0016	88.7	0.0016	89.3	0.0016	89.3	0.0016	89.7
				120	0.0018	88.9	0.0018	88.8	0.0018	89.1	0.0018	89.4	0.0018	89.7
				150	0.0024	88.2	0.0021	88.8	0.0021	89.1	0.0021	89.1	0.0021	89.2
				200	0.0029	88.3	0.0029	88.7	0.0029	88.9	0.0029	88.8	0.0029	88.5

续表

适用地区	灌水状态	参数值	灌水定额/(m^3/亩)	畦长/m	地面坡降									
					0.010		0.005		0.003		0.002		0.001	
					优化单宽流量/[m^3/(s·m)]	灌水效率/%	优化单宽流量/[m^3/(s·m)]	灌水效率/%	优化单宽流量/[m^3/(s·m)]	灌水效率/%	优化单宽流量/[m^3/(s·m)]	灌水效率/%	优化单宽流量/[m^3/(s·m)]	灌水效率/%
汾河冲积平原、抽水站灌区(壤土)	播种以后第三次灌水及其以后各次灌水	$\alpha=0.1599$; $f_0=0.0530$cm/min; $k=0.5386$ cm/min; $H_{90}=5.87$cm	40	20	0.0010	84.6	0.0010	86.3	0.0010	87.6	0.0010	87.6	0.0010	86.5
				30	0.0010	89.6	0.0010	89.6	0.0010	85.6	0.0010	85.6	0.0010	86.4
				40	0.0010	87.5	0.0010	85.6	0.0010	86.6	0.0010	87.3	0.0010	86.5
				50	0.0010	80.7	0.0010	82.5	0.0010	83.0	0.0010	82.2	0.0010	83.8
				75	0.0011	88.5	0.0011	89.3	0.0011	89.6	0.0011	89.8	0.0011	90.2
				100	0.0014	89.1	0.0014	89.2	0.0014	89.5	0.0014	89.3	0.0014	89.3
				120	0.0017	88.7	0.0017	89.2	0.0017	89.0	0.0017	88.3	0.0017	88.6
				150	0.0020	89.1	0.0020	88.9	0.0020	89.0	0.0020	89.2	0.0020	89.0
				200	0.0029	88.6	0.0026	88.8	0.0026	88.6	0.0026	88.8	0.0026	88.7
			50	20	0.0010	88.6	0.0010	87.6	0.0010	84.5	0.0010	84.5	0.0010	86.3
				30	0.0010	87.6	0.0010	85.4	0.0010	86.5	0.0010	86.3	0.0010	84.3
				40	0.0010	85.6	0.0010	87.6	0.0010	84.6	0.0010	84.6	0.0010	86.4
				50	0.0010	84.7	0.0010	83.6	0.0010	85.3	0.0010	85.6	0.0010	80.4
				75	0.0010	88.3	0.0010	88.9	0.0010	89.1	0.0010	89.4	0.0010	89.7
				100	0.0012	88.9	0.0012	89.4	0.0012	89.6	0.0012	89.5	0.0012	90.1
				120	0.0014	88.7	0.0014	89.3	0.0014	89.2	0.0014	89.8	0.0014	89.8
				150	0.0019	88.7	0.0019	89.1	0.0019	89.1	0.0019	89.3	0.0019	89.0
				200	0.0025	88.5	0.0025	88.7	0.0025	88.6	0.0025	88.6	0.0025	88.2

表 6.13 汾河、浍河冲积平原土壤优化单宽流量结果(地表黏粒含量 12%～15%)

适用地区	灌水状态	参数值	灌水定额/(m³/亩)	畦长/m	地面坡降									
					0.010		0.005		0.003		0.002		0.001	
					优化单宽流量/[m³/(s·m)]	灌水效率/%	优化单宽流量/[m³/(s·m)]	灌水效率/%	优化单宽流量/[m³/(s·m)]	灌水效率/%	优化单宽流量/[m³/(s·m)]	灌水效率/%	优化单宽流量/[m³/(s·m)]	灌水效率/%
汾河、浍河冲积平原(粉砂质壤土)	备耕头水地	$\alpha=0.0201$；$f_0=0.1371$cm/min；$k=3.0109$cm/min；$H_{90}=19.82$cm	40	20	0.0020	86.9	0.0018	85.3	0.0020	85.4	0.0016	85.8	0.0016	85.1
				30	0.0028	83.2	0.0028	84.0	0.0025	84.2	85.8000	84.3	0.0028	84.4
				40	0.0027	81.5	0.0030	83.8	0.0030	84.0	0.0030	84.2	0.0030	84.5
				50	0.0040	84.6	0.0040	83.7	0.0040	83.5	0.0036	84.1	0.0040	83.9
				75	0.0054	83.6	0.0060	83.9	0.0060	84.0	0.0060	84.3	0.0060	83.1
				100	0.0080	84.5	0.0080	83.9	0.0100	84.8	0.0080	83.3	0.0100	83.6
				120	0.0110	85.1	0.0110	83.9	0.0099	83.7	0.0099	83.4	—	—
				150	0.0140	84.2	0.0112	83.3	0.0140	82.7	0.0150	82.3	—	—
				200	0.0150	83.6	0.0200	82.4	—	—	—	—	—	—
			50	20	0.0015	85.0	0.0014	85.5	0.0017	86.1	0.0015	85.9	0.0015	85.2
				30	0.0025	85.1	0.0025	85.8	0.0023	85.3	0.0023	85.8	0.0025	86.2
				40	0.0029	84.5	0.0029	84.6	0.0029	85.0	0.0029	85.1	0.0029	85.3
				50	0.0034	83.3	0.0034	85.0	0.0027	83.0	0.0034	84.7	0.0034	84.2
				75	0.0042	83.2	0.0047	83.3	0.0047	84.1	0.0047	83.4	0.0047	83.4
				100	0.0054	83.0	0.0061	83.9	0.0061	83.9	0.0061	83.5	0.0061	83.4
				120	0.0075	83.3	0.0075	84.3	0.0075	84.1	0.0075	83.9	0.0075	83.9
				150	0.0093	83.4	0.0093	83.7	0.0093	83.3	0.0093	83.8	0.0093	83.7
				200	0.0128	83.7	0.0112	83.2	0.0128	83.5	0.0112	82.9	0.0160	84.0

续表

适用地区	灌水状态	参数值	灌水定额/(m³/亩)	畦长/m	地面坡降									
					0.010		0.005		0.003		0.002		0.001	
					优化单宽流量/[m³/(s·m)]	灌水效率/%	优化单宽流量/[m³/(s·m)]	灌水效率/%	优化单宽流量/[m³/(s·m)]	灌水效率/%	优化单宽流量/[m³/(s·m)]	灌水效率/%	优化单宽流量/[m³/(s·m)]	灌水效率/%
汾河、浍河冲积平原（粉砂质壤土）	播种以后第二次灌水	$\alpha=0.1976$；$f_0=0.1350$cm/min；$k=2.7673$cm/min；$H_{90}=18.88$cm	40	20	0.0017	82.3	0.0017	82.3	0.0017	82.3	0.0017	82.5	0.0017	82.8
				30	0.0027	81.5	0.0027	81.7	0.0027	82.0	0.0027	82.3	0.0027	83.4
				40	0.0037	81.3	0.0037	81.9	0.0037	82.2	0.0037	82.0	0.0037	81.9
				50	0.0047	81.5	0.0047	82.4	0.0047	81.5	0.0047	80.8	0.0047	80.5
				75	0.0071	81.6	0.0071	81.4	0.0071	80.7	0.0071	80.2	—	—
				100	0.0090	83.6	—	—	—	—	—	—	—	—
				120	0.0110	82.6	—	—	—	—	—	—	—	—
				150	0.0141	80.4	—	—	—	—	—	—	—	—
				200	—	—	—	—	—	—	—	—	—	—
			50	20	0.0015	85.6	0.0015	83.6	0.0015	84.7	0.0015	85.2	0.0015	85.4
				30	0.0025	86.4	0.0031	85.9	0.0028	85.0	0.0028	86.2	0.0022	85.4
				40	0.0036	86.4	0.0036	87.0	0.0026	84.3	0.0036	84.1	0.0036	84.9
				50	0.0030	83.6	0.0038	84.8	0.0038	84.3	0.0038	84.1	0.0038	83.5
				75	0.0054	85.2	0.0054	83.8	0.0054	84.6	0.0054	83.6	0.0054	84.0
				100	0.0079	84.9	0.0079	84.6	0.0071	83.7	0.0071	83.8	0.0071	84.0
				120	0.0089	83.9	0.0089	84.9	0.0089	84.2	0.0089	83.7	0.0089	83.1
				150	0.0126	84.3	0.0111	83.3	0.0095	82.2	0.0095	82.3	0.0014	83.1
				200	0.0140	84.1	0.0140	83.0	0.0180	80.5	0.0200	84.1	0.0200	83.6

续表

适用地区	灌水状态	参数值	灌水定额/(m³/亩)	畦长/m	地面坡降									
					0.010		0.005		0.003		0.002		0.001	
					优化单宽流量/[m³/(s·m)]	灌水效率/%	优化单宽流量/[m³/(s·m)]	灌水效率/%	优化单宽流量/[m³/(s·m)]	灌水效率/%	优化单宽流量/[m³/(s·m)]	灌水效率/%	优化单宽流量/[m³/(s·m)]	灌水效率/%
汾河、浍河冲积平原(粉砂质壤土)	播种以后第三次灌水及其以后各次灌水	$\alpha=0.1899$; $f_0=0.1313\text{cm/min}$; $k=2.6066\text{cm/min}$; $H_{90}=17.95\text{cm}$	40	20	0.0014	81.7	0.0016	84.5	0.0018	85.8	0.0016	84.1	0.0018	86.4
				30	0.0024	84.5	0.0027	85.3	0.0027	85.9	0.0027	86.4	0.0024	83.9
				40	0.0036	85.9	0.0036	85.5	0.0036	85.2	0.0036	84.8	0.0036	83.9
				50	0.0045	86.1	0.0045	85.7	0.0045	84.5	0.0045	83.7	0.0045	84.0
				75	0.0064	81.6	0.0071	82.3	0.0064	81.1	0.0071	81.1	—	—
				100	0.0080	83.7	0.0080	83.3	0.0080	82.6	—	—	—	—
				120	0.0110	83.3	0.0110	82.6	—	—	—	—	—	—
				150	0.0126	81.6	0.0140	81.0	—	—	—	—	—	—
				200	0.0190	80.3	—	—	—	—	—	—	—	—
			50	20	0.0013	84.0	0.0016	85.1	0.0016	86.7	0.0016	84.4	0.0014	86.1
				30	0.0019	85.1	0.0019	85.4	0.0021	84.1	0.0021	86.2	0.0021	84.4
				40	0.0028	85.1	0.0028	85.1	0.0025	84.6	0.0028	85.3	0.0028	85.3
				50	0.0038	86.5	0.0038	85.4	0.0038	84.7	0.0034	85.6	0.0034	84.8
				75	0.0059	84.1	0.0053	85.6	0.0053	84.3	0.0059	84.7	0.0046	84.7
				100	0.0068	84.1	0.0068	83.9	0.0068	84.1	0.0068	84.4	0.0068	84.5
				120	0.0072	84.2	0.0072	83.2	0.0072	84.0	0.0072	84.0	0.0072	83.4
				150	0.0110	84.4	0.0088	83.4	0.0088	83.1	0.0088	83.2	0.0110	82.1
				200	0.0126	83.0	0.0126	83.1	0.0126	82.1	0.0126	81.8	0.0180	82.7

表 6.14　汾河冲积平原土壤优化单宽流量结果(地表黏粒含量 10%～12%)

适用地区	灌水状态	参数值	灌水定额/(m³/亩)	畦长/m	地面坡降									
					0.010		0.005		0.003		0.002		0.001	
					优化单宽流量/[m³/(s·m)]	灌水效率/%	优化单宽流量/[m³/(s·m)]	灌水效率/%	优化单宽流量/[m³/(s·m)]	灌水效率/%	优化单宽流量/[m³/(s·m)]	灌水效率/%	优化单宽流量/[m³/(s·m)]	灌水效率/%
汾河冲积平原(壤土)	备耕头水地	$\alpha = 0.2783$; $f_0 = 0.1540$cm/min; $k = 3.3402$cm/min; $H_{90} = 25.55$cm	50	20	0.0020	83.5	0.0020	82.3	0.0018	83.4	0.0020	83.6	0.0020	83.5
				30	0.0040	85.6	0.0036	86.5	0.0032	84.9	0.0036	85.8	0.0032	84.6
				40	0.0050	78.6	0.0050	78.9	0.0045	76.5	0.0050	76.6	0.0050	76.3
				50	0.0063	85.4	0.0063	83.2	0.0063	86.4	0.0063	85.4	—	—
				75	0.0080	84.6	0.0100	86.3	0.0100	83.2	—	—	—	—
				100	0.0140	86.4	0.0112	86.9	—	—	—	—	—	—
				120	0.0150	86.2	0.0150	87.2	—	—	—	—	—	—
				150	0.0168	68.7	0.0168	86.3	—	—	—	—	—	—
				200	—	—	—	—	—	—	—	—	—	—
			60	20	0.0020	87.0	0.0020	87.1	0.0020	87.0	0.0020	87.2	0.0020	87.4
				30	0.0030	87.2	0.0030	87.1	0.0030	87.1	0.0030	87.4	0.0035	90.6
				40	0.0045	90.5	0.0045	90.4	0.0045	89.9	0.0045	89.2	0.0050	89.5
				50	0.0065	92.3	0.0059	89.8	0.0065	91.1	0.0065	90.6	0.0059	88.4
				75	0.0090	89.1	0.0090	89.7	0.0088	84.7	0.0088	85.8	0.0099	84.8
				100	0.0117	90.5	0.0117	89.3	0.0126	87.2	0.0140	86.8	0.0120	82.2
				120	0.0144	83.5	0.0144	83.1	0.0126	82.8	0.0144	82.2	—	—
				150	0.0176	84.8	0.0176	84.3	0.0220	82.8	0.0230	81.1	—	—
				200	0.0210	82.4	0.0240	81.5	—	—	—	—	—	—

续表

适用地区	灌水状态	参数值	灌水定额/(m³/亩)	畦长/m	地面坡降									
					0.010		0.005		0.003		0.002		0.001	
					优化单宽流量/[m³/(s·m)]	灌水效率/%	优化单宽流量/[m³/(s·m)]	灌水效率/%	优化单宽流量/[m³/(s·m)]	灌水效率/%	优化单宽流量/[m³/(s·m)]	灌水效率/%	优化单宽流量/[m³/(s·m)]	灌水效率/%
汾河冲积平原（壤土）	播种以后第二次灌水	$\alpha=0.2505$；$f_0=0.1335$cm/min；$k=3.3253$cm/min；$H_{90}=22.28$cm	50	20	0.0018	79.8	0.0020	80.4	0.0020	80.5	0.0020	80.3	0.0020	80.6
				30	0.0030	80.3	0.0030	80.3	0.0030	80.6	0.0030	80.7	0.0030	81.2
				40	0.0040	80.3	0.0040	80.4	0.0030	80.4	0.0030	81.1	0.0030	82.1
				50	0.0060	81.9	0.0060	81.4	0.0060	81.1	0.0060	80.9	—	—
				75	0.0090	82.1	0.0090	80.1	0.0090	83.6	—	—	—	—
				100	0.0140	82.1	0.0126	—	—	—	—	—	—	—
				120	0.0160	81.3	—	—	—	—	—	—	—	—
				150	0.0180	80.7	—	—	—	—	—	—	—	—
				200	0.0200	80.3	—	—	—	—	—	—	—	—
			60	20	0.0010	89.1	0.0010	89.4	0.0010	89.1	0.0010	89.7	0.0010	89.5
				30	0.0015	89.4	0.0015	91.0	0.0014	90.0	0.0015	90.0	0.0015	90.7
				40	0.0020	89.7	0.0020	91.3	0.0020	91.0	0.0020	91.1	0.0020	91.1
				50	0.0020	87.4	0.0025	91.3	0.0025	90.9	0.0025	90.5	0.0025	91.4
				75	0.0030	87.2	0.0030	87.0	0.0030	86.9	0.0030	87.0	0.0030	87.3
				100	0.0045	89.8	0.0045	89.9	0.0045	90.0	0.0045	90.3	0.0045	89.5
				120	0.0055	89.6	0.0055	89.8	0.0055	90.2	0.0055	90.6	0.0055	89.6
				150	0.0070	90.4	0.0070	90.9	0.0070	90.1	0.0070	89.7	0.0090	89.3
				200	0.0100	91.1	0.0100	90.5	0.0100	89.4	0.0100	88.6	0.0150	91.0

续表

适用地区	灌水状态	参数值	灌水定额/(m³/亩)	畦长/m	地面坡降									
					0.010		0.005		0.003		0.002		0.001	
					优化单宽流量/[m³/(s·m)]	灌水效率/%	优化单宽流量/[m³/(s·m)]	灌水效率/%	优化单宽流量/[m³/(s·m)]	灌水效率/%	优化单宽流量/[m³/(s·m)]	灌水效率/%	优化单宽流量/[m³/(s·m)]	灌水效率/%
汾河冲积平原（壤土）	播种以后第三次灌水及其以后各次灌水	$\alpha=0.243$；$f_0=0.1291$cm/min；$k=3.1750$cm/min；$H_{90}=21.09$cm	50	20	0.0016	80.8	0.0018	83.2	0.0018	83.4	0.0020	84.2	0.0020	84.6
				30	0.0027	83.3	0.0030	84.1	0.0030	83.9	0.0030	84.5	0.0030	85.3
				40	0.0036	83.2	0.0040	83.5	0.0040	83.7	0.0040	84.0	0.0040	83.8
				50	0.0050	84.5	0.0050	84.2	0.0050	83.8	0.0050	83.4	0.0050	83.5
				75	0.0080	84.2	0.0080	85.0	0.0080	83.5	0.0080	83.8	—	—
				100	0.0096	81.0	0.0096	80.2	0.0120	80.2	0.0120	80.0	—	—
				120	0.0140	82.8	0.0140	81.7	0.0140	81.6	—	—	—	—
				150	0.0170	83.6	0.0170	82.6	—	—	—	—	—	—
				200	0.0200	83.0	—	—	—	—	—	—	—	—
			60	20	0.0012	83.5	0.0014	86.4	0.0014	86.5	0.0015	88.3	0.0015	88.3
				30	0.0020	86.5	0.0020	86.4	0.0020	86.4	0.0020	86.5	0.0020	86.6
				40	0.0027	86.3	0.0030	88.3	0.0030	88.4	0.0030	88.6	0.0030	89.1
				50	0.0040	89.9	0.0040	89.3	0.0040	90.6	0.0040	90.2	0.0040	89.7
				75	0.0065	91.9	0.0065	90.4	0.0059	90.7	0.0059	89.3	0.0065	90.3
				100	0.0090	90.7	0.0100	90.6	0.0090	90.2	0.0090	89.8	0.0110	89.4
				120	0.0104	91.0	0.0104	89.4	0.0104	89.3	0.0104	89.3	0.0105	83.7
				150	0.0126	87.4	0.0126	87.0	0.0126	86.4	0.0126	85.9	0.0180	87.8
				200	0.0150	84.1	0.0150	83.5	0.0175	82.9	0.0250	84.5	0.0250	84.4

表 6.15　汾河冲积平原、抽水站灌区土壤优化单宽流量结果(地表黏粒含量＜8%)

适用地区	灌水状态	参数值	灌水定额/(m³/亩)	畦长/m	地面坡降									
					0.010		0.005		0.003		0.002		0.001	
					优化单宽流量/[m³/(s·m)]	灌水效率/%	优化单宽流量/[m³/(s·m)]	灌水效率/%	优化单宽流量/[m³/(s·m)]	灌水效率/%	优化单宽流量/[m³/(s·m)]	灌水效率/%	优化单宽流量/[m³/(s·m)]	灌水效率/%
汾河冲积平原、抽水站灌区(粉砂质壤土)	备耕头水地	$\alpha=0.1993$；$f_0=0.1513$cm/min；$k=2.7848$cm/min；$H_{90}=20.441$cm	40	20	0.0018	85.7	0.0020	86.9	0.0018	85.4	0.0018	87.1	0.0018	86.4
				30	0.0027	85.3	0.0030	86.9	0.0024	85.4	0.0027	85.6	0.0024	84.7
				40	0.0036	84.5	0.0032	85.4	0.0032	85.2	0.0032	85.5	0.0040	85.9
				50	0.0036	84.3	0.0040	85.3	0.0040	85.1	0.0040	85.2	0.0040	84.2
				75	0.0060	84.8	0.0060	83.4	0.0060	84.3	0.0060	84.8	0.0060	83.6
				100	0.0090	85.5	0.0081	84.4	0.0081	84.2	0.0081	83.9	0.0081	83.1
				120	0.0120	85.7	0.0096	84.5	0.0096	83.1	0.0096	82.8	0.0120	82.5
				150	0.0012	84.4	0.0120	83.3	0.0120	82.6	0.0120	81.9	0.0120	84.1
				200	0.0154	83.2	0.0154	82.4	0.0176	81.5	0.0220	83.6	—	—
			50	20	0.0015	88.9	0.0015	90.4	0.0015	91.7	0.0015	90.8	0.0015	92.9
				30	0.0020	90.0	0.0020	90.6	0.0020	86.1	0.0018	89.6	0.0020	89.8
				40	0.0025	81.8	0.0023	87.6	0.0025	89.8	0.0025	89.8	0.0025	89.8
				50	0.0027	86.7	0.0030	88.9	0.0030	90.0	0.0030	89.8	0.0030	89.0
				75	0.0040	86.8	0.0040	86.9	0.0040	87.2	0.0045	89.6	0.0045	88.4
				100	0.0055	86.5	0.0055	86.9	0.0055	87.3	0.0055	87.9	0.0060	87.7
				120	0.0065	86.8	0.0065	87.3	0.0070	89.1	0.0070	88.5	0.0075	89.3
				150	0.0085	88.2	0.0085	89.0	0.0085	88.3	0.0095	88.9	0.0100	88.6
				200	0.0135	89.7	0.0135	88.1	0.0135	87.7	0.0135	86.8	0.0150	89.3

续表

适用地区	灌水状态	参数值	灌水定额/(m³/亩)	畦长/m	地面坡降									
					0.010		0.005		0.003		0.002		0.001	
					优化单宽流量/[m³/(s·m)]	灌水效率/%	优化单宽流量/[m³/(s·m)]	灌水效率/%	优化单宽流量/[m³/(s·m)]	灌水效率/%	优化单宽流量/[m³/(s·m)]	灌水效率/%	优化单宽流量/[m³/(s·m)]	灌水效率/%
汾河冲积平原、抽水站灌区（粉砂质壤土）	播种以后第二次灌水	$\alpha=0.1522$；$f_0=0.1247$cm/min；$k=1.8309$cm/min；$H_{90}=14.856$cm	40	20	0.0010	85.0	0.0010	85.3	0.0010	83.7	0.0010	84.4	0.0010	85.7
				30	0.0018	85.9	0.0018	85.9	0.0018	86.2	0.0020	86.7	0.0016	84.8
				40	0.0020	84.7	0.0020	84.3	0.0020	84.7	0.0018	84.3	0.0020	84.9
				50	0.0027	85.5	0.0030	85.4	0.0030	84.9	0.0027	85.5	0.0027	84.3
				75	0.0032	82.8	0.0040	85.3	0.0040	83.5	0.0040	84.4	0.0040	83.9
				100	0.0050	84.2	0.0050	83.3	0.0050	84.9	0.0045	83.3	0.0050	84.1
				120	0.0060	83.8	0.0060	84.2	0.0054	83.4	0.0060	84.2	0.0060	83.6
				150	0.0072	83.6	0.0064	83.5	0.0072	83.0	0.0064	83.2	0.0072	82.7
				200	0.0090	83.2	0.0090	83.2	0.0090	82.1	0.0100	81.9	0.0100	81.4
			50	20	0.0010	84.7	0.0010	85.5	0.0010	83.7	0.0010	84.4	0.0010	85.7
				30	0.0010	86.6	0.0010	86.6	—	—	0.0010	85.2	0.0010	85.3
				40	0.0018	89.5	0.0018	8.5	0.0018	91.2	0.0018	91.2	0.0018	91.4
				50	0.0018	88.9	0.0020	88.6	0.0020	83.2	0.0020	89.3	0.0020	89.5
				75	0.0030	88.5	0.0030	89.8	0.0030	89.7	0.0027	88.9	0.0030	90.4
				100	0.0036	88.2	0.0040	89.4	0.0036	88.9	0.0040	89.6	0.0040	90.0
				120	0.0045	89.2	0.0050	89.6	0.0050	89.5	0.0050	90.0	0.0045	89.5
				150	0.0060	88.7	0.0054	89.1	0.0060	89.4	0.0060	89.2	0.0054	88.7
				200	0.0072	89.0	0.0080	88.5	0.0080	88.2	0.0080	88.1	0.0080	87.3

续表

适用地区	灌水状态	参数值	灌水定额/(m³/亩)	畦长/m	地面坡降									
					0.010		0.005		0.003		0.002		0.001	
					优化单宽流量/[m³/(s·m)]	灌水效率/%	优化单宽流量/[m³/(s·m)]	灌水效率/%	优化单宽流量/[m³/(s·m)]	灌水效率/%	优化单宽流量/[m³/(s·m)]	灌水效率/%	优化单宽流量/[m³/(s·m)]	灌水效率/%
汾河冲积平原、抽水站灌区（粉砂质壤土）	播种以后第三次灌水及其以后各次灌水	$\alpha=0.1432$；$f_0=0.1197\text{cm/min}$；$k=1.6454\text{cm/min}$；$H_{90}=13.905\text{cm}$	40	20	0.0010	91.0	0.0010	91.6	0.0010	92.9	0.0010	91.2	0.0010	93.3
				30	0.0010	83.6	0.0010	83.4	0.0010	83.5	0.0010	83.5	0.0010	83.7
				40	0.0020	90.9	0.0020	90.4	0.0020	89.5	0.0020	90.3	0.0020	92.0
				50	0.0024	89.5	0.0021	88.7	0.0024	90.4	0.0024	89.8	0.0024	90.5
				75	0.0030	89.2	0.0030	89.9	0.0030	90.3	0.0030	89.2	0.0030	89.0
				100	0.0040	89.6	0.0040	90.2	0.0040	89.2	0.0040	89.0	0.0040	89.4
				120	0.0050	90.3	0.0050	89.7	0.0045	89.0	0.0050	88.9	0.0050	88.8
				150	0.0064	89.7	0.0056	88.9	0.0064	88.7	0.0064	88.2	0.0064	87.6
				200	0.0080	88.8	0.0080	87.5	0.0080	87.9	0.0080	88.6	0.0080	89.6
			50	20	0.0010	81.5	0.0010	82.5	0.0010	83.7	0.0010	81.8	0.0010	83.4
				30	0.0010	88.7	0.0010	88.2	0.0010	87.5	0.0010	87.4	0.0010	88.1
				40	0.0018	82.5	0.0016	82.2	0.0016	81.7	0.0018	81.4	0.0018	82.8
				50	0.0020	88.7	0.0020	89.8	0.0020	90.8	0.0020	90.5	0.0020	91.3
				75	0.0027	89.3	0.0030	90.0	0.0030	90.3	0.0030	89.5	0.0027	90.3
				100	0.0036	89.0	0.0036	89.5	0.0040	89.1	0.0036	89.6	0.0036	89.9
				120	0.0045	88.6	0.0045	89.1	0.0045	89.3	0.0045	89.6	0.0045	89.4
				150	0.0050	89.3	0.0050	88.5	0.0050	88.6	0.0050	88.1	0.0050	88.7
				200	0.0070	89.1	0.0070	88.8	0.0070	88.5	0.0070	87.7	0.0070	87.3

第7章　地面畦灌优化灌水技术参数

本章将利用地面畦灌优化灌水技术参数一体化预测模型和程序，基于中国北方地区农业生产周期内农田耕作土壤的变化过程、农田田块规格尺度的变化、作物种植和农民灌溉传统习惯等，计算各种不同组合条件下的地面灌溉优化灌水技术参数。给广大农民群众提供可直接应用的地面畦灌优化灌水技术参数。

7.1　灌溉前土壤入渗参数的确定

7.1.1　灌溉前土壤理化参数的确定

1) 土壤质地指标的确定

土壤质地是用来表征体积不同的土壤颗粒的机械组成，通过颗粒间的孔隙影响入渗参数值。土壤质地随着时间有一定的变化，但变化过程十分缓慢，因此，可以认为土壤质地在一定时期内是相对稳定的。另外，对于一定的地区和地块，表征土壤质地的粒径含量分布数据是可获得的，无需进行测定。本书按照国际制土壤质地划分，将试验区土壤类型划分为23种，见表7.1。具体划分标准见2.2.2节。

表7.1　土壤类型

组数	土壤种类	砂粒含量/%	粉粒含量/%	黏粒含量/%	土壤类型
1	1	12.5	12.5	75.0	重黏土
2	2	37.5	12.5	50.0	黏土1
3		25.0	12.5	62.5	黏土2
4		12.5	25.0	62.5	黏土3
5		25.0	25.0	50.0	黏土4
6		12.5	37.5	50.0	黏土5
7	3	12.5	50.0	37.5	粉砂质黏土
8	4	50.0	12.5	37.5	壤质黏土1
9		37.5	25.0	37.5	壤质黏土2
10		25.0	37.5	37.5	壤质黏土3
11	5	62.5	12.5	25.0	砂质黏土
12	6	25.0	50.0	25.0	粉砂质黏壤土1

续表

组数	土壤种类	砂粒含量/%	粉粒含量/%	黏粒含量/%	土壤类型
13	6	12.5	62.5	25.0	粉砂质黏壤土 2
14	7	50.0	25.0	25.0	黏壤土 1
15		37.5	37.5	25.0	黏壤土 2
16	8	65.0	15.0	20.0	砂质黏壤土
17	9	37.5	50.0	12.5	粉砂质壤土 1
18		25.0	62.5	12.5	粉砂质壤土 2
19		12.5	75.0	12.5	粉砂质壤土 3
20	10	50.0	37.5	12.5	壤土
21	11	75.0	12.5	12.5	砂质壤土 1
22		62.5	25.0	12.5	砂质壤土 2
23	12	85.0	7.5	7.5	砂土及壤质砂土

2) 土壤容重的确定

土壤容重表征土壤结构的密实程度，采用环刀法进行测定，即将标准规格的环刀垂直压入不同深度土壤层次中，将充满土的环刀及其周围土壤挖出，利用销土刀使环刀内土壤容积等于环刀容积，经过烘干称重便可获得土壤容重。此法操作简单、方便。本书紧密结合不同质地的土壤在灌溉农业生产周期内的土壤结构变形和容重变化特性，对备耕头水地和二三水浇地 0～10cm 土壤容重 γ_1、0～10cm 土壤变形容重 $\gamma_1^{\#}$、10～20cm 土壤容重 γ_2、20～40cm 土壤容重 γ_3 按照如下假设条件进行了设定和采用。

(1) 认为黏粒含量小的土壤较黏粒含量大的土壤容重大。

(2) 20～40cm 犁底层土壤较 0～20cm 土壤密实。

(3) 考虑备耕头水地地表土壤经人为翻松扰动影响，较二三水地表 0～10cm 土壤容重 γ_1、10～20cm 土壤容重 γ_2 小。

(4) 考虑备耕头水地第一次受水后，0～10cm 土壤地表变形容重 $\gamma_1^{\#}$ 较未受水容重有所增加。

(5) 对于二三水地，考虑 0～10cm 地表土壤受固结作用影响，较 10～20cm 土壤容重大。

根据上述设计和假定，在灌溉农业生产周期内设定和采用的土壤容重见表 7.2，对 23 种土壤容重进行测定。

3) 土壤含水率的确定

土壤含水率即灌水前的体积含水率，对入渗参数有显著影响。土壤含水率受自然因素影响大、易变化，因此，在每次预测入渗参数前，都需要进行土壤含水率的测定。土壤含水率的测定方法简单、易掌握，即在烘箱中(105～110℃)将一定质量的土样烘烤(6～8h)至恒重，土样中损失的水分质量所占烘干前土壤质量的比例即为土壤含水率。

表 7.2　土壤容重的测定值表(体积分数)　　(单位：g/cm^3)

组数	土壤类型	备耕头水地				二三水地			
		0～10cm 土壤容重 γ_1	0～10cm 土壤变形容重 $\gamma_1^{\#}$	10～20cm 土壤容重 γ_2	20～40cm 土壤容重 γ_3	0～10cm 土壤容重 γ_1	0～10cm 土壤变形容重 $\gamma_1^{\#}$	10～20cm 土壤容重 γ_2	20～40cm 土壤容重 γ_3
1	重黏土	1.00	1.05	1.00	1.20	1.10	1.10	1.05	1.20
2	黏土 1	1.03	1.08	1.03	1.23	1.13	1.13	1.08	1.23
3	黏土 2	1.03	1.08	1.03	1.23	1.13	1.13	1.08	1.23
4	黏土 3	1.03	1.08	1.03	1.23	1.13	1.13	1.08	1.23
5	黏土 4	1.03	1.08	1.03	1.23	1.13	1.13	1.08	1.23
6	黏土 5	1.03	1.08	1.03	1.23	1.13	1.13	1.08	1.23
7	粉砂质黏土	1.05	1.10	1.05	1.25	1.15	1.15	1.10	1.25
8	壤质黏土 1	1.06	1.11	1.06	1.26	1.16	1.16	1.11	1.26
9	壤质黏土 2	1.06	1.11	1.06	1.26	1.16	1.16	1.11	1.26
10	壤质黏土 3	1.06	1.11	1.06	1.26	1.16	1.16	1.11	1.26
11	砂质黏土	1.08	1.13	1.08	1.28	1.18	1.18	1.13	1.28
12	粉砂质黏壤土 1	1.10	1.15	1.10	1.30	1.20	1.20	1.15	1.30
13	粉砂质黏壤土 2	1.10	1.15	1.10	1.30	1.20	1.20	1.15	1.30
14	黏壤土 1	1.13	1.18	1.13	1.33	1.23	1.23	1.18	1.33
15	黏壤土 2	1.13	1.18	1.13	1.33	1.23	1.23	1.18	1.33
16	砂质黏壤土	1.16	1.21	1.16	1.36	1.26	1.26	1.21	1.36
17	粉砂质壤土 1	1.18	1.23	1.18	1.38	1.28	1.28	1.23	1.38
18	粉砂质壤土 2	1.18	1.23	1.18	1.38	1.28	1.28	1.23	1.38
19	粉砂质壤土 3	1.18	1.23	1.18	1.38	1.28	1.28	1.23	1.38
20	壤土	1.20	1.25	1.20	1.40	1.30	1.30	1.25	1.40
21	砂质壤土 1	1.23	1.28	1.23	1.43	1.33	1.33	1.28	1.43
22	砂质壤土 2	1.23	1.28	1.23	1.43	1.33	1.33	1.28	1.43
23	砂土及壤质砂土	1.25	1.30	1.25	1.45	1.35	1.35	1.30	1.45

0～20cm 土壤含水率 θ_1：通常当 20cm 土壤含水率为田间持水率的 30%以下时为特旱，30%～40%为重旱，40%～50%为中旱，50%～60%为轻旱，60%～90%为正常。考虑地表以下深层土壤含水率远大于表层土壤含水率 θ_1，取田间持水率 θ_{fc} 的 45%(低于凋萎系数)作为灌水时的土壤含水率。其中，田间持水率的计算按照韩勇鸿的博士论文《土壤持水参数传输函数研究》[159]的非线性模型获取，见式(7.1)：

$$\theta_{fc} = 7.045 + 57.9\gamma - 18.71\gamma^2 - 4.68\ln(100 - \omega_3 - \omega_2) - 2.184\ln\omega_3 + 0.1106e^G \tag{7.1}$$

式中，γ 为土壤容重，g/cm^3；ω_2、ω_3 分别为粉粒含量、黏粒含量，%；G 为土壤有机质含量，%。

土壤含水率设定情况见表 7.3。

表 7.3　土壤含水率的设定值表　　[单位：%(体积分数)]

组数	土壤质地				田间持水率 θ_{fc}		0～20cm 土壤含水率 θ_1		20～40cm 土壤含水率 θ_2	
	黏粒含量 ω_1	粉粒含量 ω_2	砂粒含量 ω_3	土壤类型	备耕头水地	二三水地	备耕头水地	二三水地	备耕头水地	二三水地
1	75.0	12.5	12.5	重黏土	40.32	40.97	18.14	18.44	24.19	24.58
2	62.5	12.5	25.0	黏土 1	39.08	39.73	17.59	17.88	23.45	23.84
3	62.5	25.0	12.5	黏土 2	40.49	41.14	18.22	18.51	24.29	24.68
4	50.0	12.5	37.5	黏土 3	38.47	39.12	17.31	17.60	23.08	23.47
5	50.0	25.0	25.0	黏土 4	39.29	39.94	17.68	17.97	23.58	23.97
6	50.0	37.5	12.5	黏土 5	40.70	41.35	18.32	18.61	24.42	24.81
7	37.5	12.5	50.0	壤质黏土 1	38.16	38.81	17.17	17.46	22.89	23.28
8	37.5	25.0	37.5	壤质黏土 2	38.74	39.39	17.43	17.73	23.25	23.64
9	37.5	37.5	25.0	壤质黏土 3	39.57	40.22	17.80	18.10	23.74	24.13
10	37.5	50.0	12.5	粉砂质黏土	40.98	41.63	18.44	18.73	24.59	24.98
11	25.0	12.5	62.5	砂质黏土	38.09	38.74	17.14	17.43	22.85	23.24
12	25.0	25.0	50.0	黏壤土 1	38.54	39.19	17.34	17.64	23.13	23.52
13	25.0	37.5	37.5	黏壤土 2	39.13	39.78	17.61	17.90	23.48	23.87
14	25.0	50.0	25.0	粉砂质黏壤土 1	39.95	40.60	17.98	18.27	23.97	24.36
15	25.0	62.5	12.5	粉砂质黏壤土 2	41.36	42.01	18.61	18.90	24.82	25.21
16	12.5	12.5	75.0	砂质壤土 1	38.38	39.03	17.27	17.56	23.03	23.42
17	12.5	25.0	62.5	砂质壤土 2	38.75	39.40	17.44	17.73	23.25	23.64
18	12.5	37.5	50.0	壤土	39.20	39.85	17.64	17.93	23.52	23.91
19	12.5	50.0	37.5	粉砂质壤土 1	39.78	40.43	17.90	18.20	23.87	24.26
20	12.5	62.5	25.0	粉砂质壤土 2	40.61	41.26	18.27	18.57	24.37	24.76

续表

组数	土壤质地				田间持水率 θ_{fc}		0～20cm 土壤含水率 θ_1		20～40cm 土壤含水率 θ_2	
	黏粒含量 ω_1	粉粒含量 ω_2	砂粒含量 ω_3	土壤类型	备耕头水地	二三水地	备耕头水地	二三水地	备耕头水地	二三水地
21	12.5	75.0	12.5	粉砂质壤土 3	42.02	42.67	18.91	19.20	25.21	25.60
22	20.0	15.0	65.0	砂质黏壤土	38.22	38.87	17.20	17.49	22.93	23.32
23	7.5	7.5	85.0	砂土及壤质砂土	38.61	39.26	17.37	17.67	23.16	23.55

20～40cm 土壤含水率 θ_2：一般 20～40cm 土壤含水率 θ_2 较 0～20cm 土壤含水率 θ_1 大一些，考虑 20～40cm 土壤含水率 θ_2 为田间持水率的 60%。

4) 土壤有机质含量的确定

土壤有机质通过影响土壤孔隙的分布和数量来影响入渗参数。土壤有机质受动植物残体等的影响，经过一个耕作期动植物残体的累积使土壤有机质含量发生变化，因此，在每次预测入渗参数前，需要进行土壤有机质含量的测定。土壤有机质含量采用重铬酸钾滴定法进行测定，即经过油浴(108℃)、氧化有机质、硫酸亚铁滴定的方式来计算土壤中 0～20cm 土层的土壤有机质含量。此处只考虑 G 取 1.0g/kg。

5) 土壤含盐量的确定

土壤含盐量通过影响水力传导度来影响盐碱地的入渗参数。盐碱地的形成受地形、气候、灌溉等因素的影响，考虑到其影响因素的不确定性，在每次预测入渗参数前，对土壤含盐量进行测定。土壤含盐量采用电导法进行测定，即将一定质量的风干土壤与蒸馏水按 1∶5 的比例溶于烧杯中，待静置后滤出清澈溶液，用电导仪测量其滤出液，记录电导率的值，通过计算公式获得土壤含盐量。

7.1.2 灌水前土壤入渗参数的确定

在入渗参数未知的情形下，本书选用的是第 3 章入渗参数——入渗系数 k、入渗指数 α 和稳定入渗率 f_0 非线性预测方法，对实施灌溉的土地进行入渗能力的实时预测，确定不同土壤条件下的土壤入渗参数，如式(3.43)～式(3.45)所示。

(1) 预测入渗系数 k 涉及的理化参数有 5 个：0～10cm 土壤容重 γ_1、0～20cm 砂粒含量 ω_2、0～20cm 黏粒含量 ω_3、0～20cm 土壤含水率 θ_1、0～20cm 土壤有机质含量 G。

(2) 预测入渗指数 α 涉及的理化参数有 6 个：0～10cm 土壤变形容重 $\gamma_1^{\#}$、20～40cm 土壤容重 γ_3、0～20cm 土壤含水率 θ_1、20～40cm 土壤含水率 θ_2、20～40cm 粉粒含量 ω_5、0～20cm 土壤有机质含量 G。

(3) 预测稳定入渗率 f_0 涉及的理化参数有 7 个：0～10cm 土壤变形容重 $\gamma_1^{\#}$、10～20cm 土壤容重 γ_2、20～40cm 土壤容重 γ_3、20～40cm 土壤含水率 θ_2、0～20cm 黏粒含量 ω_3、0～20cm 粉粒含量 ω_2、20～40cm 粉粒含量 ω_5、0～20cm 土壤有机质含量 G。

根据上述理化参数率定结果，利用非线性预测方法对土壤水分入渗参数进行预测，备耕头水地、二三水地预测结果见表 7.4、表 7.5。

表 7.4　备耕头水地土壤水分入渗参数预测

编号	土壤类型	0～20cm 土壤含水率 θ_1/%	20～40cm 土壤含水率 θ_2/%	0～10cm 土壤容重 γ_1/(g/cm^3)	0～10cm 土壤变形容重 $\gamma_1^{\#}$/(g/cm^3)	10～20cm 土壤容重 γ_2/(g/cm^3)	20～40cm 土壤容重 γ_3/(g/cm^3)	砂粒含量 ω_1/%	粉粒含量 ω_2/%	黏粒含量 ω_3/%	0～20cm 土壤有机质含量 G	非线性预测结果		
												k/(cm/min)	α	f_0/(cm/min)
1	重黏土	22.50	30.00	1.00	1.05	1.00	1.20	12.5	12.5	75.0	1	2.9224	0.2316	0.0896
2	黏土 1	20.25	27.00	1.03	1.08	1.03	1.23	37.5	12.5	50.0	1	2.5130	0.2395	0.0908
	黏土 2	20.25	27.00	1.03	1.08	1.03	1.23	25.0	12.5	62.5	1	2.6531	0.2395	0.0908
	黏土 3	20.25	27.00	1.03	1.08	1.03	1.23	12.5	25.0	62.5	1	2.9115	0.2333	0.0895
	黏土 4	20.25	27.00	1.03	1.08	1.03	1.23	25.0	25.0	50.0	1	2.6641	0.2333	0.0895
	黏土 5	20.25	27.00	1.03	1.08	1.03	1.23	12.5	37.5	50.0	1	2.9225	0.2270	0.0883
3	粉砂质黏土	18.00	24.00	1.05	1.10	1.05	1.25	12.5	50.0	37.5	1	2.9317	0.2287	0.0889
4	壤质黏土 1	18.00	24.00	1.06	1.11	1.06	1.26	50.0	12.5	37.5	1	2.3936	0.2472	0.0924
	壤质黏土 2	18.00	24.00	1.06	1.11	1.06	1.26	37.5	25.0	37.5	1	2.5008	0.2409	0.0911
	壤质黏土 3	18.00	24.00	1.06	1.11	1.06	1.26	25.0	37.5	37.5	1	2.6520	0.2347	0.0899
5	砂质黏土	15.75	21.00	1.08	1.13	1.08	1.28	62.5	12.5	25.0	1	2.3198	0.2547	0.0947
6	粉砂质黏壤土 1	12.79	16.42	1.10	1.15	1.10	1.30	25.0	50.0	25.0	1	2.6538	0.2459	0.0959
	粉砂质黏壤土 2	14.25	18.37	1.10	1.15	1.10	1.30	12.5	62.5	25.0	1	2.8958	0.2353	0.0921
7	黏壤土 1	10.84	13.80	1.13	1.18	1.13	1.33	50.0	25.0	25.0	1	2.3509	0.2630	0.1012
	黏壤土 2	11.73	14.99	1.13	1.18	1.13	1.33	37.5	37.5	25.0	1	2.4496	0.2545	0.0982
8	砂质黏壤土	9.83	12.44	1.16	1.21	1.16	1.36	65.0	15.0	20.0	1	2.2092	0.2697	0.1035
9	粉砂质壤土 1	11.87	15.16	1.18	1.23	1.18	1.38	37.5	50.0	12.5	1	2.3760	0.2468	0.0950
	粉砂质壤土 2	12.81	16.41	1.18	1.23	1.18	1.38	25.0	62.5	12.5	1	2.5175	0.2379	0.0920
	粉砂质壤土 3	14.24	18.31	1.18	1.23	1.18	1.38	12.5	75.0	12.5	1	2.7600	0.2274	0.0883
10	壤土	11.04	14.04	1.20	1.25	1.20	1.40	50.0	37.5	12.5	1	2.2342	0.2548	0.0973
11	砂质壤土 1	9.24	11.62	1.23	1.28	1.23	1.43	75.0	12.5	12.5	1	2.0351	0.2706	0.1028
	砂质壤土 2	10.20	12.90	1.23	1.28	1.23	1.43	62.5	25.0	12.5	1	2.0948	0.2624	0.0994
12	砂土及壤质砂土	8.50	10.62	1.25	1.30	1.25	1.45	85.0	7.5	7.5	1	1.9770	0.2740	0.1045

表 7.5　二三水地土壤水分入渗参数预测

编号	土壤类型	0～20cm土壤含水率 θ_1/%	20～40cm土壤含水率 θ_2/%	0～10cm土壤容重 γ_1/(g/cm³)	0～10cm土壤变形容重 $\gamma_1^{\#}$/(g/cm³)	10～20cm土壤容重 γ_2/(g/cm³)	20～40cm土壤容重 γ_3/(g/cm³)	砂粒含量 ω_1/%	粉粒含量 ω_2/%	黏粒含量 ω_3/%	0～20cm土壤有机质含量 G	非线性预测结果		
												k/(cm/min)	α	f_0/(cm/min)
1	重黏土	22.50	30.00	1.10	1.10	1.05	1.20	12.5	12.5	75.0	1	2.7095	0.2284	0.0859
2	黏土 1	20.25	27.00	1.13	1.13	1.08	1.23	37.5	12.5	50.0	1	2.3001	0.2363	0.0871
	黏土 2	20.25	27.00	1.13	1.13	1.08	1.23	25.0	12.5	62.5	1	2.4402	0.2363	0.0871
	黏土 3	20.25	27.00	1.13	1.13	1.08	1.23	12.5	25.0	62.5	1	2.6986	0.2301	0.0858
	黏土 4	20.25	27.00	1.13	1.13	1.08	1.23	25.0	25.0	50.0	1	2.4513	0.2301	0.0858
	黏土 5	20.25	27.00	1.13	1.13	1.08	1.23	12.5	37.5	50.0	1	2.7097	0.2238	0.0846
3	粉砂质黏土	18.00	24.00	1.15	1.15	1.10	1.25	12.5	50.0	37.5	1	2.7188	0.2254	0.0852
4	壤质黏土 1	18.00	24.00	1.16	1.16	1.11	1.26	50.0	12.5	37.5	1	2.1807	0.2440	0.0887
	壤质黏土 2	18.00	24.00	1.16	1.16	1.11	1.26	37.5	25.0	37.5	1	2.2879	0.2377	0.0874
	壤质黏土 3	18.00	24.00	1.16	1.16	1.11	1.26	25.0	37.5	37.5	1	2.4391	0.2315	0.0862
5	砂质黏土	15.75	21.00	1.18	1.18	1.13	1.28	62.5	12.5	25.0	1	2.1069	0.2515	0.0910
6	粉砂质黏壤土 1	12.62	16.23	1.20	1.20	1.15	1.30	25.0	50.0	25.0	1	2.4427	0.2432	0.0924
	粉砂质黏壤土 2	14.08	18.17	1.20	1.20	1.15	1.30	12.5	62.5	25.0	1	2.6850	0.2326	0.0886
7	黏壤土 1	10.66	13.59	1.23	1.23	1.18	1.33	50.0	25.0	25.0	1	2.1396	0.2602	0.0979
	黏壤土 2	11.55	14.78	1.23	1.23	1.18	1.33	37.5	37.5	25.0	1	2.2385	0.2517	0.0948
8	砂质黏壤土	9.65	12.46	1.26	1.26	1.21	1.36	65.0	15.0	20.0	1	1.9979	0.2670	0.0997
9	粉砂质壤土 1	11.69	15.24	1.28	1.28	1.23	1.38	37.5	50.0	12.5	1	2.1649	0.2439	0.0912
	粉砂质壤土 2	12.63	16.50	1.28	1.28	1.23	1.38	25.0	62.5	12.5	1	2.3065	0.2349	0.0882
	粉砂质壤土 3	14.06	18.39	1.28	1.28	1.23	1.38	12.5	75.0	12.5	1	2.5492	0.2243	0.0845
10	壤土	10.86	14.20	1.30	1.30	1.25	1.40	50.0	37.5	12.5	1	2.0230	0.2519	0.0934
11	砂质壤土 1	9.05	11.89	1.33	1.33	1.28	1.43	75.0	12.5	12.5	1	1.8237	0.2683	0.0986
	砂质壤土 2	10.01	13.17	1.33	1.33	1.28	1.43	62.5	25.0	12.5	1	1.8836	0.2598	0.0952
12	砂土及壤质砂土	8.31	10.97	1.35	1.35	1.30	1.45	85.0	7.5	7.5	1	1.7656	0.2721	0.1001

7.2　灌水畦田参数分析与确定

1) 灌水畦长分级

畦长 L 的选取主要依据田面坡降、土地的平整性、入渗能力的强弱和灌水条件等。当田面坡降较缓、土地的平整性差、入渗能力较强、单宽流量较小时，畦长应选得短些，若相反，则畦长应选得长些。同等情况下，受田面水流推进、消退过程影响，随着畦长的增大，灌水效果指标往往更难达到。因此，将畦长确定为 20m、30m、40m、50m、75m、100m、120m、150m 和 200m 9 种情况进行优化计算，以适应不同的田面坡降、土地的平整性、入渗能力的强弱和灌水条件等。

2) 灌水畦田地面坡降分级

地面坡降主要受当地地形条件的控制和影响，与水流推进速度和消退过程密切相关。当地面坡降过大时，水流可能迅速推进至畦尾，畦首计划灌水深度往往难以达到，而畦尾发生严重的深层渗漏，造成畦田纵向受水不均，灌水效率和灌水均匀度严重下降；地面坡降过小则不利于水流推进，水流可能推进不到畦尾，而畦首积水严重，入渗水分远远超量，也同样产生较差的灌水质量。按照畦灌适宜的地面坡降，设定较大范围的地面坡降为 0.0100、0.0500、0.0030、0.0020、0.0010、0.0005，以满足不同地形条件下的灌溉需求。

自然条件下灌水畦沟地面坡降无论是宏观上还是微观上都存在着沿长度方向的不均一性，一般情况下，可取畦沟首、尾高程确定其平均地面坡降，作为畦沟的平均地面坡降。为提高计算精度，根据畦田实际坡降情况将畦田沿长度方向分为 3 段(不一定等长)，分段确定其地面坡降。

3) 灌水畦田糙率的分析与确定

田面糙率是田面平整程度和种植作物类型对灌溉水流推进阻力综合反映的系数，田面平整程度好，作物种植疏松，作物受水面积小时，田面糙率小，此时，田面水流运动过程遇到的阻力相对较小，水流推进、消退过程比较顺利，能量损失较小，灌水均匀度一般也较为理想，便于对畦灌灌水质量的控制，也有利于实现节水增产目标。综合考虑山西省主要作物类型和种植密度及田面平整程度情况，计算中仅考虑备耕头水地取 0.05，二三水地取 0.10。

4) 灌水畦田宽度的分级

畦田宽度 w 与耕作植物类型、农用机械类型等因素有关，直接决定畦灌的单宽流量，当入畦流量分布的均匀性不好时，同样对土壤水分的横向分布影响较大，故畦田宽度 w 不宜过大，若畦田宽度 w 过大，则难以保证灌水均匀性；而畦田宽度 w 过小则往往给农业机械化带来不便。

7.3 灌水定额与灌水次序类别的确定

1) 灌水定额的确定

灌水定额是指一次灌溉单位面积的灌水量，用 m^3/亩或 m^3/hm^2 表示。对于旱作灌溉，合理的净灌水定额为 40～60m^3/亩，播前灌溉和储水灌溉可放宽到 60～80m^3/亩。考虑到本书应有较大合理灌溉定额范围内的适用性，即最大限度地满足广大农民的适用要求。因此，本书畦灌优化灌水技术参数计算中的灌水定额采用 40m^3/亩、50m^3/亩、60m^3/亩和 70m^3/亩 4 种定额进行计算。

2) 灌水次序类别的确定

灌水次序类别是指灌溉属于备耕头水地灌溉，还是属于备耕后的第二次及其以后的各次灌溉。如前所述，备耕头水地与备耕后的第二次及其以后的各次灌溉相比具有特殊性。备耕头水地土壤是经过翻松、整理以后待开春后进行播种的土壤。备耕头水地地表土壤一般是干燥土层，较难固结而形不成地表致密层，结构较为松散(土壤容重一般小于 1.1g/cm^3)。备耕头水地的地表土壤在进行第一次灌溉后，表层的松散结构会被破坏，即随着水分的浸入，表层土崩塌、湿陷，特别是松散的黄土更是如此。备耕头水地土壤灌水后地表土壤容重增加。而对于备耕后的第二次及其以后的各次灌溉，耕层土壤的结构变形在继续，但其变化很小或微乎其微。这就意味着备耕头水地土壤第一次灌溉伴随着土壤结构的剧烈变化，而后的各次灌溉过程中的土壤结构变化可以不考虑。为考虑灌水过程对结构变形的影响及广大农民使用本书的方便性，本书在优化灌水技术参数的计算中，按头水(备耕)、二三水(含多次)两种情况进行计算。

7.4 畦灌单宽流量参数

畦灌单宽流量是指灌水畦口单位宽度上的灌水流量，用 m^3/(s·m)或 L/(s·m)表示。在土壤水分入渗能力一定的条件下，单宽流量对放水时间和灌溉效果都有较大影响。单宽流量越小，完成一定畦长灌水所需的放水时间越长，灌溉水流到达畦末的时间随单宽流量的增加大大减少，表现为水流推进速度随单宽流量的减小而减小；随单宽流量的增加，水流推进速度由小变大。但随着水流单宽流量的增加，其冲刷能力增强，对灌溉土地地表形成冲刷破坏的可能性越大。因此，在畦灌条件下，受土壤条件、地面坡度条件、水流性质的限制，畦灌单宽流量有一定的限制和合理范围。根据以上条件和限制，本书灌水技术参数计算中，单宽流量按 0.001～0.012m^3/(s·m)考虑，梯度为 0.001～0.008m^3/(s·m)按 0.001m^3/(s·m)为一个梯度，为 0.008～0.012m^3/(s·m)按 0.002m^3/(s·m)为一个梯度，共分 10 个梯度控制。

7.5 给定畦长情况下的优化单宽流量

7.5.1 优化方法

地面灌溉条件下的优化单宽流量的基本思路是：首先根据田间灌溉网的布置、地形条件确定灌水畦长；其次在不同的作物生长期，依据相应的土壤入渗能力、计划灌水定额等分别优化各次灌水的单宽流量，使每次灌溉达到最佳的灌溉效果。

1. 计算参数的选定

入渗参数根据表 7.4、表 7.5 确定，其余参数根据表 7.1～表 7.3 确定。

2. 优化过程

所谓的优化单宽流量是指在不同的畦长下，能够获得较好灌溉效果所要求的优化单宽流量。优化流程图如图 7.1 所示。

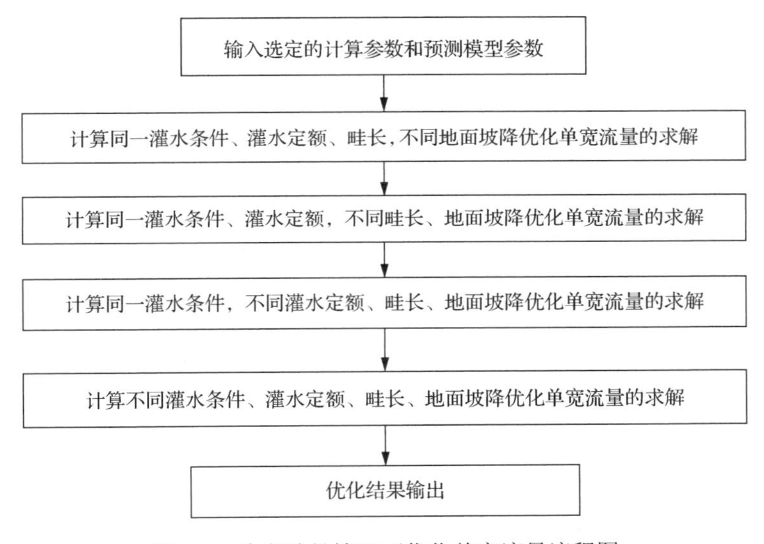

图 7.1　给定畦长情况下优化单宽流量流程图

下面以试验数据为例，说明已知畦长，优化单宽流量的过程。

1) 同一灌水条件、灌水定额、畦长，不同地面坡降优化单宽流量的求解

根据所选择的土壤种类，计算同一灌水条件、灌水定额、畦长，不同地面坡降的灌水效率，从中找出优化灌溉效率≥80%的优化结果，并记入表格。

例如，粉砂质黏壤土 1（0～20cm 砂粒含量 ω_1=25%，0～20cm 粉粒含量 ω_2=50%，0～20cm 黏粒含量 ω_3=25%），地表形态为备耕头水地，地表轻、中旱（0～10cm 土壤容重 γ_1=1.2g/cm^3，0～10cm 土壤变形容重 $\gamma_1^{\#}$=1.2g/cm^3，10～20cm 土壤容重 γ_2=1.15g/cm^3，20～40cm 土壤容重 γ_3=1.3g/cm^3；0～20cm 土壤含水率 θ_1=12.79%，20～40cm 土壤含水率 θ_2=12.62%，土壤有机质含量 G=1g/kg，填凹量 $h_{填凹量}$=0.5cm，糙率 n=0.1），预测入渗参数——入渗系数 k=2.4427cm/min，入渗指数 α=0.2432，稳定入渗率 f_0=0.0924cm/min，灌水定额为 40m^3/亩，畦长为 20m，地面坡降分别为 0.0100、0.0050、0.0030、0.0020、0.0010、0.0005 时的优化结果见表 7.6。灌水定额分别为 50m^3/亩、60m^3/亩、70m^3/亩，单宽流量为 0.001m^3/(s·m)，不同地面坡降时的优化结果见表 7.7～表 7.9。

表 7.6　灌水定额为 40m³/亩时的优化结果

灌水定额/(m³/亩)	畦长/m	地面坡降	优化单宽流量/[m³/(s·m)]	灌水效率/%
40	20	0.0100	无	<80
		0.0050	无	<80
		0.0030	无	<80
		0.0020	无	<80
		0.0010	无	<80
		0.0005	无	<80

表 7.7　灌水定额为 50m³/亩时的优化结果

灌水定额/(m³/亩)	畦长/m	地面坡降	优化单宽流量/[m³/(s·m)]	灌水效率/%
50	20	0.0100	无	<80
		0.0050	无	<80
		0.0030	无	<80
		0.0020	无	<80
		0.0010	无	<80
		0.0005	无	<80

表 7.8　灌水定额为 60m³/亩时的优化结果

灌水定额/(m³/亩)	畦长/m	地面坡降	优化单宽流量/[m³/(s·m)]	灌水效率/%
60	20	0.0100	无	<80
		0.0050	无	<80
		0.0030	无	<80
		0.0020	无	<80
		0.0010	无	<80
		0.0005	无	<80

表 7.9　灌水定额为 70m³/亩时的优化结果

灌水定额/(m³/亩)	畦长/m	地面坡降	优化单宽流量/[m³/(s·m)]	灌水效率/%
70	20	0.0100	无	<80
		0.0050	无	<80
		0.0030	无	<80
		0.0020	无	<80
		0.0010	无	<80
		0.0005	无	<80

无优化成果是由于给定范围内单宽流量的灌溉效率均小于 80%。

2) 同一灌水条件、灌水定额，不同畦长、地面坡降优化单宽流量的求解

例如，粉砂质黏壤土1（0～20cm砂粒含量ω_1=25%，0～20cm粉粒含量ω_2=50%，0～20cm黏粒含量ω_3=25%），地表形态为备耕头水地，地表轻、中旱（0～10cm土壤容重γ_1=1.2g/cm^3，0～10cm土壤变形容重$\gamma_1^{\#}$=1.2g/cm^3，10～20cm土壤容重γ_2=1.15g/cm^3，20～40cm土壤容重γ_3=1.3g/cm^3，0～20cm土壤含水率θ_1=12.79%，20～40cm土壤含水率θ_2=12.62%，土壤有机质含量G=1g/kg，填凹量$h_{填凹量}$=0.5cm，糙率n=0.1），预测入渗参数——入渗系数k=2.4427cm/min，入渗指数α=0.2432，稳定入渗率f_0=0.0924cm/min，灌水定额为40m^3/亩，畦长分别为20m、30m、40m、50m、75m、100m、120m、150m、200m，地面坡降分别为0.0100、0.0050、0.0030、0.0020、0.0010、0.0005时的优化结果见表7.10。

从表7.10中的数据可以看出，在其他参数不变的情况下，随着畦长的增加，优化单宽流量也逐渐增加。但增加到200m后，灌水效率降低，可能会出现不满足灌水效率大于80%的要求，说明在该入渗能力下，单宽流量大时，水流速度大，水量在地面停留的时间短，储水效率和灌水均匀度小，所以灌水效率就小。

灌水定额分别为50m^3/亩、60m^3/亩、70m^3/亩，畦长分别为20m、30m、40m、50m、75m、100m、120m、150m、200m，不同地面坡降时的优化结果见表7.11～表7.13。

3) 同一灌水条件，不同灌水定额、畦长、地面坡降优化单宽流量的求解

例如，粉砂质黏壤土1（0～20cm砂粒含量ω_1=20～40cm砂粒含量ω_4=25%，0～20cm粉粒含量ω_2=20～40cm粉粒含量ω_5=50%，0～20cm黏粒含量ω_3=20～40cm黏粒含量ω_6=25%），地表形态为备耕头水地，地表轻、中旱（0～10cm土壤容重γ_1=1.2g/cm^3，0～10cm土壤变形容重$\gamma_1^{\#}$=1.2g/cm^3，10～20cm土壤容重γ_2=1.15g/cm^3，20～40cm土壤容重γ_3=1.3g/cm^3，0～20cm土壤含水率θ_1=12.79%，20～40cm土壤含水率θ_2=12.62%，土壤有机质含量G=1g/kg，填凹量$h_{填凹量}$=0.5cm，糙率n=0.1），预测入渗参数——入渗系数k=2.4427cm/min，入渗指数α=0.2432，稳定入渗率f_0=0.0924cm/min，灌水定额分别为40m^3/亩、50m^3/亩、60m^3/亩、70m^3/亩，畦长分别为20m、30m、40m、50m、75m、100m、120m、150m、200m，地面坡降分别为0.0100、0.0050、0.0030、0.0020、0.0010、0.0005时的优化单宽流量结果见附表47和附表48。

4) 不同灌水条件、灌水定额、畦长、地面坡降优化单宽流量的求解

例如，粉砂质黏壤土2（0～20cm砂粒含量ω_1=20～40cm砂粒含量ω_4=12.5%，0～20cm粉粒含量ω_2=20～40cm粉粒含量ω_5＝62.5%，0～20cm黏粒含量ω_3=20～40cm黏粒含量ω_6=25%），地表形态为备耕头水地，地表轻、中旱（0～10cm土壤容重γ_1=1.1g/cm^3，0～10cm土壤变形容重$\gamma_1^{\#}$=1.15g/cm^3，10～20cm土壤容重γ_2=1.1g/cm^3，20～40cm土壤容重γ_3=1.3g/cm^3，0～20cm土壤含水率θ_1=14.25%，20～40cm土壤含水率θ_2=18.73%，土壤有机质含量G=1g/kg，填凹量$h_{填凹量}$=1.5cm，糙率n=0.05），预测入渗参数——入渗系数k=2.8958cm/min，入渗指数α=0.2006，稳定入渗率f_0=0.0921cm/min，灌水定额分别为40m^3/亩、50m^3/亩、60m^3/亩、70m^3/亩，畦长分别为20m、30m、40m、50m、75m、100m、120m、150m、200m，地面坡降分别为0.0100、0.0050、0.0030、0.0020、0.0010、0.0005时的优化单宽流量结果见附表49和附表50。

表 7.10　灌水定额为 40m³/亩时不同畦长的优化单宽流量结果

灌水定额/(m³/亩)	畦长/m	地面坡降											
		0.0100		0.0050		0.0030		0.0020		0.0010		0.0005	
		优化单宽流量/[m³/(s·m)]	灌水效率/%	优化单宽流量/[m³/(s·m)]	灌水效率/%	优化单宽流量/[m³/(s·m)]	灌水效率/%	优化单宽流量/[m³/(s·m)]	灌水效率/%	优化单宽流量/[m³/(s·m)]	灌水效率/%	优化单宽流量/[m³/(s·m)]	灌水效率/%
40	20	—	—	—	—	—	—	—	—	—	—	—	—
	30	0.001012	84.9	0.000990	85.8	0.001078	86.3	0.001034	86.7	0.001089	87.0	0.001067	86.5
	40	0.001176	89.2	0.001204	89.8	0.001302	90.7	0.001358	90.6	0.001288	91.4	0.001344	91.6
	50	0.001656	87.4	0.001512	88.4	0.001674	88.8	0.001584	88.3	0.001692	89.2	0.001584	89.1
	75	0.002375	93.9	0.002300	93.8	0.002275	93.5	0.002275	93.8	0.002325	94.8	0.001950	94.5
	100	0.003135	94.0	0.002805	95.5	0.002839	95.4	0.003168	95.2	0.003135	94.1	0.002310	91.7
	120	0.003880	93.8	0.004000	95.3	0.003240	95.0	0.003813	93.8	0.003198	93.5	0.002100	82.2
	150	0.003825	96.1	0.003735	95.2	0.003825	94.2	0.003915	90.4	0.002772	81.7	—	—
	200	0.005005	95.2	0.005060	95.5	0.005005	95.4	0.003960	85.9	—	—	—	—

表 7.11　灌水定额为 50m³/亩时不同畦长的优化单宽流量结果

灌水定额/(m³/亩)	畦长/m	地面坡降											
		0.0100		0.0050		0.0030		0.0020		0.0010		0.0005	
		优化单宽流量/[m³/(s·m)]	灌水效率/%	优化单宽流量/[m³/(s·m)]	灌水效率/%	优化单宽流量/[m³/(s·m)]	灌水效率/%	优化单宽流量/[m³/(s·m)]	灌水效率/%	优化单宽流量/[m³/(s·m)]	灌水效率/%	优化单宽流量/[m³/(s·m)]	灌水效率/%
50	20	—	—	—	—	—	—	—	—	—	—	—	—
	30	—	—	—	—	—	—	—	—	—	—	—	—
	40	0.001056	90.2	0.001012	90.9	0.001078	91.6	0.001012	90.7	0.001034	91.1	0.001056	92.3
	50	0.001232	89.0	0.001246	89.3	0.001344	90.1	0.001274	90.1	0.001316	90.6	0.001372	91.2
	75	0.001820	93.5	0.001900	93.8	0.001700	94.1	0.001900	94.3	0.001960	94.7	0.001940	95.1
	100	0.002436	89.8	0.002184	90.3	0.002464	90.5	0.002520	91.1	0.002520	91.2	0.002436	92.5
	120	0.002890	89.8	0.003026	89.7	0.002856	89.8	0.002720	90.1	0.002958	91.2	0.002730	90.6
	150	0.003864	90.4	0.004034	90.3	0.003894	90.2	0.003744	89.2	0.003846	90.1	0.002652	87.7
	200	0.004836	94.9	0.004940	95.5	0.005044	96.2	0.004784	95.9	0.003900	92.1	—	—

表 7.12 灌水定额为 60m³/亩时不同畦长的优化单宽流量结果

灌水定额/(m³/亩)	畦长/m	地面坡降											
		0.0100		0.0050		0.0030		0.0020		0.0010		0.0005	
		优化单宽流量/[m³/(s·m)]	灌水效率/%	优化单宽流量/[m³/(s·m)]	灌水效率/%	优化单宽流量/[m³/(s·m)]	灌水效率/%	优化单宽流量/[m³/(s·m)]	灌水效率/%	优化单宽流量/[m³/(s·m)]	灌水效率/%	优化单宽流量/[m³/(s·m)]	灌水效率/%
60	20	—	—	—	—	—	—	—	—	—	—	—	—
	30	—	—	—	—	—	—	—	—	—	—	—	—
	40	0.001059	82.0	0.001016	82.8	0.001027	82.9	0.001049	82.1	0.001038	82.8	0.001059	84.0
	50	0.001104	90.5	0.001020	91.6	0.001116	91.8	0.001140	91.7	0.001176	92.9	0.001080	92.7
	75	0.001666	95.3	0.001547	95.9	0.001547	96.2	0.001581	95.7	0.001547	96.1	0.001547	96.1
	100	0.002254	94.5	0.002024	94.6	0.002024	94.5	0.002277	95.9	0.002300	95.8	0.002001	95.1
	120	0.002378	90.9	0.002407	91.4	0.002349	91.4	0.002349	91.5	0.002784	93.0	0.002465	93.6
	150	0.003430	95.0	0.003443	93.5	0.003407	90.2	0.003249	92.4	0.003587	90.6	0.002940	94.9
	200	0.004508	95.5	0.004232	96.3	0.004600	95.1	0.004278	94.0	0.004462	96.0	0.003082	82.5

表 7.13 灌水定额为 70m³/亩时不同畦长的优化单宽流量结果

灌水定额/(m³/亩)	畦长/m	地面坡降											
		0.0100		0.0050		0.0030		0.0020		0.0010		0.0005	
		优化单宽流量/[m³/(s·m)]	灌水效率/%	优化单宽流量/[m³/(s·m)]	灌水效率/%	优化单宽流量/[m³/(s·m)]	灌水效率/%	优化单宽流量/[m³/(s·m)]	灌水效率/%	优化单宽流量/[m³/(s·m)]	灌水效率/%	优化单宽流量/[m³/(s·m)]	灌水效率/%
70	20	—	—	—	—	—	—	—	—	—	—	—	—
	30	—	—	—	—	—	—	—	—	—	—	—	—
	40	—	—	—	—	—	—	—	—	—	—	—	—
	50	0.001034	91.3	0.001056	91.9	0.001067	92.6	0.001012	92.8	0.001012	93.1	0.001089	94.0
	75	0.001530	89.7	0.001649	90.1	0.001479	90.1	0.001615	90.9	0.001683	91.4	0.001479	91.5
	100	0.002116	88.6	0.002185	89.4	0.002093	89.6	0.002162	89.4	0.002047	90.3	0.002001	90.7
	120	0.002716	88.1	0.002268	88.1	0.002520	88.1	0.002576	89.3	0.002772	89.3	0.002400	96.3
	150	0.003196	90.2	0.002816	90.4	0.003045	89.4	0.002987	87.4	0.003243	87.9	—	—
	200	0.004032	96.2	0.003990	96.3	0.004200	95.3	0.003780	95.9	0.003780	95.9	—	—

粉砂质黏壤土 2（0～20cm 砂粒含量 ω_1=20～40cm 砂粒含量 ω_4=12.5%，0～20cm 粉粒含量 ω_2=20～40cm 粉粒含量 ω_5=62.5%，0～20cm 黏粒含量 ω_3= 20～40cm 黏粒含量 ω_6=25%），地表形态为二三水地，地表轻、中旱（0～20cm 土壤容重 γ_1=1.2g/cm^3，0～10cm 土壤变形容重 $\gamma_1^{\#}$= 1.2g/cm^3，10～20cm 土壤容重 γ_2=1.15g/cm^3，20～40cm 土壤容重 γ_3= 1.3g/cm^3，0～20cm 土壤含水率 θ_1=14.08%，20～40cm 土壤含水率 θ_2=18.17%，土壤有机质含量 G=1g/kg，填凹量 $h_{填凹量}$＝0.5cm，糙率 n=0.1），灌水定额分别为 40m^3/亩、50m^3/亩、60m^3/亩、70m^3/亩，畦长分别为 20m、30m、40m、50m、75m、100m、120m、150m、200m，地面坡降分别为 0.0100、0.0050、0.0030、0.0020、0.0010、0.0005 时的优化单宽流量结果见附表 141 和附表 142。

7.5.2 优化单宽流量结果

由以上优化过程可以看出，不同土壤入渗能力，不同畦长下，优化单宽流量不同，地面灌水优化效率随着单宽流量的不同而不同。在土壤质地、地面坡降、灌水定额不变的情况下，随着畦长的增加，优化单宽流量也逐渐增加；在同一土壤入渗能力、同一单宽流量下，优化单宽流量随着地面坡降的减小有增加的趋势；在同一土壤入渗能力下，灌水定额越大，优化单宽流量越小，但是灌水定额大的优化效率稍微差些。不同土壤入渗能力下，优化单宽流量结果不同，随着土壤入渗能力的增加，优化单宽流量逐渐增加。在特大土壤入渗能力下，要求的畦长特别小。不同类型土壤的优化单宽流量结果详见附表 47～附表 92、附表 139～附表 184。

7.6 给定单宽流量情况下的优化畦长

7.6.1 优化方法

由于土壤水分入渗参数的空间变异性，不同的土壤质地，不同的耕作条件，在给定单宽流量条件下，达到最佳灌溉效果所要求的畦长不同。考虑农田灌溉的实际情况，地面灌溉条件下的优化技术参数的确定按如下思路考虑：首先综合考虑田间供水流量的大小，根据地形条件选择畦田宽度，确定进入畦田的单宽流量；其次在不同的作物生长期，依据相应的土壤入渗能力、计划灌水定额等分别优化各次灌水畦长，使每次灌溉达到最佳的灌溉效果，为长畦短灌提供依据。

地面灌溉条件下，灌溉水主要通过推进和消退过程中的水分入渗进入土壤，各剖面的入渗水量除了与土壤水分入渗参数有关外，还取决于水流在该断面上的净入渗时间（该断面退水时间与推进时间之差）。灌水实践中，通过对灌水技术参数的调整，尽量使沿灌水畦长上各点的净入渗时间相等，以提高灌溉质量和灌溉水的利用率。本书借助计算机模拟技术，分析项目区不同土壤条件下的优化灌水畦长。

1. 计算参数的选定

入渗参数根据表 7.4、表 7.5 确定，其余参数根据表 7.1～表 7.3 确定。

2. 优化过程

所谓的优化畦长是指在不同的地形条件、灌水定额、单宽流量、土壤入渗能力下，能够获得较好灌溉效果所要求的畦长。给定单宽流量情况下优化畦长流程图如图 7.2 所示。

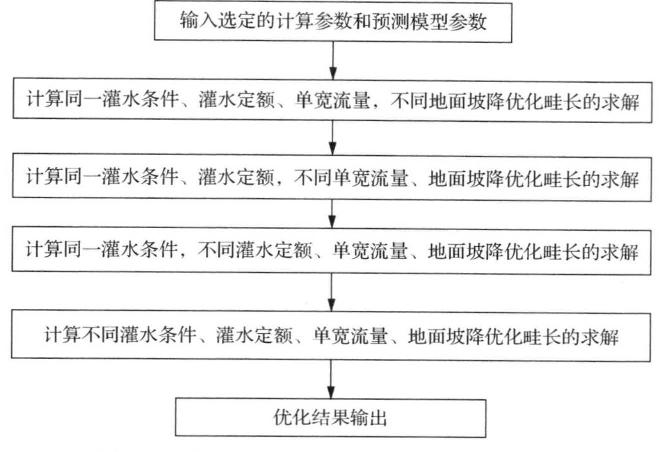

图 7.2　给定单宽流量情况下优化畦长流程图

下面以试验数据为例，说明已知单宽流量，优化畦长的优化过程。

1) 同一灌水条件、灌水定额、单宽流量，不同地面坡降优化畦长的求解

根据所选择的土壤种类，计算同一灌水条件、灌水定额、单宽流量下，不同地面坡降的灌水效率，从中找出优化灌溉效率≥80%的优化结果，并记入表格。

例如，粉砂质黏壤土 1 (0～20cm 砂粒含量 ω_1=25%，0～20cm 粉粒含量 ω_2=50%，0～20cm 黏粒含量 ω_3=25%)，地表形态为备耕头水地，地表轻、中旱(0～10cm 土壤容重 γ_1=1.2g/cm^3，0～10cm 土壤变形容重 $\gamma_1^{\#}$=1.2g/cm^3，10～20cm 土壤容重 γ_2=1.15g/cm^3，20～40cm 土壤容重 γ_3=1.3g/cm^3，0～20cm 土壤含水率 θ_1=12.79%，20～40cm 土壤含水率 θ_2=12.62%，土壤有机质含量 G=1g/kg，填凹量 $h_{填凹量}$=0.5cm，糙率 n=0.1)，预测入渗参数——入渗系数 k=2.4427cm/min，入渗指数 α=0.2432，稳定入渗率 f_0=0.0924cm/min，灌水定额为 40m^3/亩，单宽流量为 0.001m^3/(s·m)，地面坡降分别为 0.0100、0.0050、0.0030、0.0020、0.0010、0.0005 时的优化畦长计算结果见表 7.14。灌水定额分别为 50m^3/亩、60m^3/亩、70m^3/亩，单宽流量为 0.001m^3/(s·m)，不同地面坡降时的优化畦长计算结果见表 7.15～表 7.17。

表 7.14　灌水定额为 40m^3/亩时的优化畦长计算结果

灌水定额/(m^3/亩)	单宽流量/[m^3/(s·m)]	地面坡降	优化畦长/m	灌水效率/%
40	0.001	0.0100	30	91.4
		0.0050	30	91.7
		0.0030	30	91.9
		0.0020	30	91.8
		0.0010	30	92.3
		0.0005	30	92.4

表 7.15　灌水定额为 50m³/亩时的优化畦长计算结果

灌水定额/(m³/亩)	单宽流量/[m³/(s · m)]	地面坡降	优化畦长/m	灌水效率/%
50	0.001	0.0100	30	93.7
		0.0050	30	94.8
		0.0030	30	95.4
		0.0020	30	93.3
		0.0010	30	94.8
		0.0005	30	93.3

表 7.16　灌水定额为 60m³/亩时的优化畦长计算结果

灌水定额/(m³/亩)	单宽流量/[m³/(s · m)]	地面坡降	优化畦长/m	灌水效率/%
60	0.001	0.0100	40	94.9
		0.0050	40	93.6
		0.0030	40	94.1
		0.0020	40	94.3
		0.0010	40	94.1
		0.0005	40	94.7

表 7.17　灌水定额为 70m³/亩时的优化畦长计算结果

灌水定额/(m³/亩)	单宽流量/[m³/(s · m)]	地面坡降	优化畦长/m	灌水效率/%
70	0.001	0.0100	40	93.3
		0.0050	40	93.3
		0.0030	40	93.3
		0.0020	40	95.3
		0.0010	40	93.8
		0.0005	40	95.3

2) 同一灌水条件、灌水定额，不同单宽流量、地面坡降优化畦长的求解

例如，粉砂质黏壤土 1（0～20cm 砂粒含量 ω_1=25%，0～20cm 粉粒含量 ω_2=50%，0～20cm 黏粒含量 ω_3=25%），地表形态为备耕头水地，地表轻、中旱（0～10cm 土壤容重 γ_1=1.2g/cm³，0～10cm 土壤变形容重 $\gamma_1^{\#}$=1.2g/cm³，10～20cm 土壤容重 γ_2=1.15g/cm³，20～40cm 土壤容重 γ_3=1.3g/cm³，0～20cm 土壤含水率 θ_1=12.79%，20～40cm 土壤含水率 θ_2=12.62%，土壤有机质含量 G=1g/kg，填凹量 $h_{填凹量}$=0.5cm，糙率 n=0.1），预测入渗参数——入渗系数 k=2.4427cm/min，入渗指数 α=0.2432，稳定入渗率 f_0=0.0924cm/min，灌水定额为 40m³/亩，单宽流量分别为 0.001m³/(s · m)、0.002m³/(s · m)、0.003m³/(s · m)、0.004m³/(s · m)、0.005m³/(s · m)、0.006m³/(s · m)、0.007m³/(s · m)、0.008m³/(s · m)、0.010m³/(s · m)、0.012m³/(s · m)，地面坡降分别为 0.0100、0.0050、0.0030、0.0020、0.0010、0.0005 时的优化畦长计算结果见表 7.18。

表 7.18　灌水定额为 40m³/亩时不同单宽流量下优化畦长计算结果

灌水定额/(m³/亩)	单宽流量/[m³/(s·m)]	地面坡降											
		0.0100		0.0050		0.0030		0.0020		0.0010		0.0005	
		优化畦长/m	灌水效率/%	优化畦长/m	灌水效率/%	优化畦长/m	灌水效率/%	优化畦长/m	灌水效率/%	优化畦长/m	灌水效率/%	优化畦长/m	灌水效率/%
40	0.001	30	91.4	30	91.7	30	91.9	30	91.8	30	92.3	30	92.4
	0.002	50	94.5	50	93.6	50	93.6	50	93.0	50	95.0	50	94.7
	0.003	70	93.1	70	93.4	70	94.8	70	94.0	70	93.8	50	82.9
	0.004	90	93.6	90	94.1	90	94.3	70	84.6	70	83.1	—	—
	0.005	110	95.9	110	94.5	110	94.7	90	86.9	90	86.2	—	—
	0.006	130	93.4	130	92.8	110	89.1	110	88.4	—	—	—	—
	0.007	150	94.8	140	90.9	120	82.5	—	—	—	—	—	—
	0.008	170	94.8	170	94.8	130	81.0	—	—	—	—	—	—
	0.010	190	94.8	190	94.8	—	—	—	—	—	—	—	—
	0.012	190	80.0	—	—	—	—	—	—	—	—	—	—

从表 7.18 中的数据可以看出，在其他参数不变的情况下，随着单宽流量的增加，优化畦长也逐渐增加。但增加到 190m 后，灌水效率降低，不满足灌水效率大于 80%的要求，说明在该入渗能力下，单宽流量大时，水流速度大，水量在地面停留的时间短，储水效率和灌水均匀度小，所以灌水效率小。

灌水定额分别为 50m³/亩、60m³/亩、70m³/亩，单宽流量分别为 0.001m³/(s·m)、0.002m³/(s·m)、0.003m³/(s·m)、0.004m³/(s·m)、0.005m³/(s·m)、0.006m³/(s·m)、0.007m³/(s·m)、0.008m³/(s·m)、0.010m³/(s·m)、0.012m³/(s·m)，不同地面坡降时的优化畦长计算结果见表 7.19～表 7.21。

表 7.19　灌水定额为 50m³/亩时不同单宽流量下优化畦长计算结果

灌水定额/(m³/亩)	单宽流量/[m³/(s·m)]	地面坡降											
		0.0100		0.0050		0.0030		0.0020		0.0010		0.0005	
		优化畦长/m	灌水效率/%	优化畦长/m	灌水效率/%	优化畦长/m	灌水效率/%	优化畦长/m	灌水效率/%	优化畦长/m	灌水效率/%	优化畦长/m	灌水效率/%
50	0.001	30	93.7	30	94.8	30	95.4	30	93.3	30	94.8	30	93.3
	0.002	60	95.4	60	95.2	70	95.3	60	95.5	70	94.3	70	94.5
	0.003	90	93.5	100	93.4	90	95.2	90	95.4	90	93.9	90	93.6
	0.004	120	94.6	120	95.1	120	93.4	120	95.8	120	93.3	100	85.3
	0.005	150	95.5	140	95.8	140	96.5	140	96.1	130	87.3	130	88.1
	0.006	170	93.0	160	94.9	180	93.0	170	93.9	160	89.6	—	—
	0.007	190	86.8	190	88.9	190	87.9	190	90.1	—	—	—	—
	0.008	190	82.3	190	80.9	200	80.1	200	84.0	—	—	—	—
	0.010	—	—	—	—	—	—	—	—	—	—	—	—
	0.012	—	—	—	—	—	—	—	—	—	—	—	—

表 7.20 灌水定额为 60m³/亩时不同单宽流量下优化畦长计算结果

灌水定额/(m³/亩)	单宽流量/[m³/(s·m)]	地面坡降											
		0.0100		0.0050		0.0030		0.0020		0.0010		0.0005	
		优化畦长/m	灌水效率/%	优化畦长/m	灌水效率/%	优化畦长/m	灌水效率/%	优化畦长/m	灌水效率/%	优化畦长/m	灌水效率/%	优化畦长/m	灌水效率/%
60	0.001	40	94.9	40	93.6	40	94.1	40	94.3	40	94.1	40	94.7
	0.002	70	95.1	70	93.8	70	94.9	70	95.2	70	95.8	70	96.3
	0.003	100	94.9	100	95.4	110	95.0	110	95.2	110	94.2	110	95.9
	0.004	120	88.3	130	92.0	130	91.1	130	92.3	130	91.7	120	87.5
	0.005	140	85.9	150	85.9	150	85.2	150	83.7	150	88.0	150	85.2
	0.006	160	80.6	170	82.4	170	83.7	160	82.3	—	—	—	—
	0.007	—	—	—	—	200	81.1	200	80.6	—	—	—	—
	0.008	—	—	—	—	—	—	—	—	—	—	—	—
	0.010	—	—	—	—	—	—	—	—	—	—	—	—
	0.012	—	—	—	—	—	—	—	—	—	—	—	—

表 7.21 灌水定额为 70m³/亩时不同单宽流量下优化畦长计算结果

灌水定额/(m³/亩)	单宽流量/[m³/(s·m)]	地面坡降											
		0.0100		0.0050		0.0030		0.0020		0.0010		0.0005	
		优化畦长/m	灌水效率/%	优化畦长/m	灌水效率/%	优化畦长/m	灌水效率/%	优化畦长/m	灌水效率/%	优化畦长/m	灌水效率/%	优化畦长/m	灌水效率/%
70	0.001	40	93.3	40	93.3	40	93.3	40	95.3	40	93.8	40	95.3
	0.002	70	88.9	70	87.2	70	87.3	70	87.6	70	87.8	70	88.5
	0.003	110	90.7	110	91.8	110	90.9	110	90.4	110	91.3	110	91.2
	0.004	140	92.0	150	92.8	150	91.0	150	91.2	150	94.3	130	81.6
	0.005	170	90.6	170	89.1	180	92.1	180	89.2	180	90.1	160	87.9
	0.006	190	84.2	190	84.8	200	86.4	200	84.3	190	81.9	—	—
	0.007	—	—	—	—	—	—	—	—	—	—	—	—
	0.008	—	—	—	—	—	—	—	—	—	—	—	—
	0.010	—	—	—	—	—	—	—	—	—	—	—	—
	0.012	—	—	—	—	—	—	—	—	—	—	—	—

3) 同一灌水条件，不同灌水定额、单宽流量、地面坡降优化畦长的求解

例如，粉砂质黏壤土 1(0～20cm 砂粒含量 ω_1=20～40cm 砂粒含量 ω_4=25%，0～20cm 粉粒含量 ω_2=20～40cm 粉粒含量 ω_5=50%，0～20cm 黏粒含量 ω_3=20～40cm 黏粒含量 ω_6=25%)，地表形态为备耕头水地、中旱(0～10cm 土壤容重 γ_1=1.2g/cm³，0～10cm 土壤变形容重 $\gamma_1^{\#}$=1.2g/cm³，10～20cm 土壤容重 γ_2=1.15g/cm³，20～40cm 土壤容重 γ_3=1.3g/cm³，0～20cm 土壤含水率 θ_1=12.79%，20～40cm 土壤含水率 θ_2=12.62%，土壤有机质含量 G=1g/kg，

填凹量 $h_{填凹量}$=0.5cm，糙率 n=0.1），预测入渗参数——入渗系数 k=2.4427cm/min，入渗指数 α=0.2432，稳定入渗率 f_0=0.0924cm/min，灌水定额分别为 40m³/亩、50m³/亩、60m³/亩、70m³/亩，单宽流量分别为 0.001m³/(s·m)、0.002m³/(s·m)、0.003m³/(s·m)、0.004m³/(s·m)、0.005m³/(s·m)、0.006m³/(s·m)、0.007m³/(s·m)、0.008m³/(s·m)、0.010m³/(s·m)、0.012m³/(s·m)，地面坡降分别为 0.0100、0.0050、0.0030、0.0020、0.0010、0.0005 时的优化畦长计算结果见附表 1 和附表 2。

4) 不同灌水条件、灌水定额、单宽流量、地面坡降优化畦长的求解

例如，粉砂质黏壤土 2（0～20cm 砂粒含量 ω_1=20～40cm 砂粒含量 ω_4=12.5%，0～20cm 粉粒含量 ω_2=20～40cm 粉粒含量 ω_5=62.5%，0～20cm 黏粒含量 ω_3=20～40cm 黏粒含量 ω_6=25%），地表形态为备耕头水地、中旱（0～10cm 土壤容重 γ_1=1.1g/cm³，0～10cm 土壤变形容重 $\gamma_1^{\#}$=1.15g/cm³，10～20cm 土壤容重 γ_2=1.1g/cm³，20～40cm 土壤容重 γ_3=1.3g/cm³，0～20cm 土壤含水率 θ_1=14.25%，20～40cm 土壤含水率 θ_2=18.73%，土壤有机质含量 G=1g/kg，填凹量 $h_{填凹量}$=1.5cm，糙率 n=0.05），预测入渗参数——入渗系数 k=2.8958cm/min，入渗指数 α=0.2006，稳定入渗率 f_0=0.0921cm/min，灌水定额分别为 40m³/亩、50m³/亩、60m³/亩、70m³/亩，单宽流量分别为 0.001m³/(s·m)、0.002m³/(s·m)、0.003m³/(s·m)、0.004m³/(s·m)、0.005m³/(s·m)、0.006m³/(s·m)、0.007m³/(s·m)、0.008m³/(s·m)、0.010m³/(s·m)、0.012m³/(s·m)，地面坡降分别为 0.0100、0.0050、0.0030、0.0020、0.0010、0.0005 时的优化畦长计算结果见附表 3 和附表 4。

粉砂质黏壤土 2（0～20cm 砂粒含量 ω_1=20～40cm 砂粒含量 ω_4=12.5%，0～20cm 粉粒含量 ω_2=20～40cm 粉粒含量 ω_5=62.5%，0～20cm 黏粒含量 ω_3=20～40cm 黏粒含量 ω_6=25%），地表形态为二三水地，地表轻、中旱（0～10cm 土壤容重 γ_1=1.2g/cm³，0～10cm 土壤变形容重 $\gamma_1^{\#}$=1.2g/cm³，10～20cm 土壤容重 γ_2=1.15g/cm³，20～40cm 土壤容重 γ_3=1.3g/cm³，0～20cm 土壤含水率 θ_1=14.08%，20～40cm 土壤含水率 θ_2=18.17%，土壤有机质含量 G=1g/kg，填凹量 $h_{填凹量}$=0.5cm，糙率 n=0.1），灌水定额分别为 40m³/亩、50m³/亩、60m³/亩、70m³/亩，单宽流量分别为 0.001m³/(s·m)、0.002m³/(s·m)、0.003m³/(s·m)、0.004m³/(s·m)、0.005m³/(s·m)、0.006m³/(s·m)、0.007m³/(s·m)、0.008m³/(s·m)、0.010m³/(s·m)、0.012m³/(s·m)，地面坡降分别为 0.0100、0.0050、0.0030、0.0020、0.0010、0.0005 时的优化畦长计算结果见附表 95 和附表 96。

7.6.2　优化畦长结果

由以上优化过程可以看出，不同的土壤入渗能力，不同的单宽流量下，地面灌水优化效率随着优化畦长的不同而不同。在同一土壤入渗能力、同一单宽流量下，优化畦长随着地面坡降的减小而有减小的趋势；在同一土壤入渗能力下，灌水定额分别为 40m³/亩、50m³/亩时的优化畦长变化不大，但是灌水定额大的优化效率稍微大些。不同的土壤入渗能力下，畦长优化结果不同，随着土壤入渗能力的增加，优化畦长逐渐减小。特大土壤入渗能力下，要求优化畦长特别小。不同类型土壤的优化畦长结果详见附表 1～附表 46、附表 93～附表 138。

第8章　提高特殊灌水条件下灌溉效果的措施

在特殊的灌水条件(如土壤冻结、土壤弱透水特性等)下，土壤入渗能力受特殊因素的影响，产生与一般土壤相比具有较大差异的入渗模型参数。在这些特殊的入渗模型参数下，很难得到其优化灌水技术参数。为提高这些特殊灌水条件下的灌溉效果，很有必要研究这些特殊条件下的土壤入渗特性及提高灌溉效果的方法和措施。本章将对冻结、强透水、特弱透水土壤条件下的灌溉及洪水补源灌溉提出一些提高灌溉效果的方法和措施。

8.1　土壤冻结条件下的灌溉

8.1.1　冻结土壤及其灌水过程的特点

1. 季节性冻融土壤的冻融过程和特点

1)土壤的季节性冻结和融化

在季节性冻土地区，冬春期间地表以下一定深度范围内的土层经历以年为周期的冻结和融化，即地表以下一定厚度土层的温度穿越0℃的变化。入冬以后，随着太阳辐射的减弱，气温、地温降低。当地温低至土壤水的冰点(也称初始冻结温度)时，土壤开始冻结，土壤发生相变并伴随潜热的释放和体积的膨胀；随着地温的进一步降低，土壤中冻结水的含量增加，非冻结水的含量减小，并由于温度梯度的增大，地表与大气之间、土壤下层与上层之间的负交换量增加，导致下层土壤温度降到0℃以下而冻结。冬至之后，随着太阳辐射的逐渐增强，气温回升，地温开始增高，土壤中冻结水的含量逐渐增加，冻结水开始融化，当土壤温度达到土壤水的融化温度时，土壤水融化并吸收潜热。当地表以下土层中的冻结水全部融化时，土壤的融化过程结束。

土壤的冻结与融化实质上是土壤水的冻结与融化，因此土壤的冻结与融化温度实质上是土壤水的冻结与融化温度。标准大气压下纯净水在0℃冻结，因此称0℃为冰点。土壤水一方面受到土壤颗粒表面能的作用，另一方面水中或多或少含有一定量的溶质，因此，土壤水的冻结温度都低于纯净水的冰点，其差值称作冰点降低值。研究表明：土壤水冰点主要受土壤含水率和水溶液浓度的影响。土壤含水率越高，土壤水冰点降低值越小，当土壤含水率低于某含水率 W_c 时，温度再低也不会冻结；土壤水溶液浓度越高，土壤水冰点降低值越大，且二者呈直线关系。此外，冰点降低也存在滞后现象，即在相同土壤条件下，融化温度高于冻结温度，其差值随土壤含水率的增大而减小。

冻结水和非冻结水共存是冻融土壤的一大特征。土壤冻结后，并非其中所有的液态水全部转变成固态冰，其中始终保持着一定数量的非冻结水，冻结含水率与负温始终保持动态平衡关系，并可用式(8.1)表示：

$$W_u = AT^{-B} \tag{8.1}$$

式中，W_u 为冻结含水率，%；T 为负温绝对值，℃；A 和 B 均为与土质因素有关的经验系数。

冻结土壤中非冻结含水率与土壤质地、土壤结构、土壤总含水率、溶质成分即浓度等有关。同温度下重质土壤的未冻结含水率要高于轻质土壤；密实土壤的非冻结含水率要高于疏松土壤；相同温度下随着初始含水率的增大，非冻结含水率略有增加；溶质含量对非冻结含水率的影响很大，土壤水冻结温度与溶质浓度呈直线关系。此外，随着冻融次数的增加，未冻结含水率略有增加。

土壤的冻融是土壤本身与外部环境共同作用的物理过程，该过程产生了土壤液相的相变、冻结锋面和负温度场的形成、土壤孔隙状况和土壤水能态的变化等一系列冻融土壤特有的现象。这些特有的现象反过来对其环境发生作用，如引起非冻结土壤层或地下水盐向冻结锋面迁移(聚墒作用)、冻胀等。

土壤入渗是指地面水通过地表进入土壤的过程。人们对非冻结土壤入渗特性的研究无论是试验、还是理论和方法都已经较为深入。由以上土壤的冻融分析可知，土壤的冻融从土壤水分入渗的驱动力、入渗界面、水分运移通道、迁移等方面影响土壤水分的入渗。土壤的冻融对土壤入渗产生什么影响，如何影响有待进一步深入研究[86,160-164]。

2) 土壤季节性冻融过程

在季节性冻土区，从总体上看，冬春期间大田土壤经历冻结和消融两大过程。但越冬期土壤外部环境的变化，致使在越冬期的不同阶段冻融土壤表现出不同的特征。图 8.1 为试验区越冬期土壤冻结深度变化曲线，图 8.2 为试验区对应年份越冬期地表、地中 10cm 和 20cm 温度变化曲线。从研究冻融土壤水分入渗特性的角度出发，可把冻融期的土壤冻融过程划分为五个阶段。可以把前两个阶段称为冻结过程，后两个阶段称为融化过程，而把第三个阶段称为冻融共存阶段。

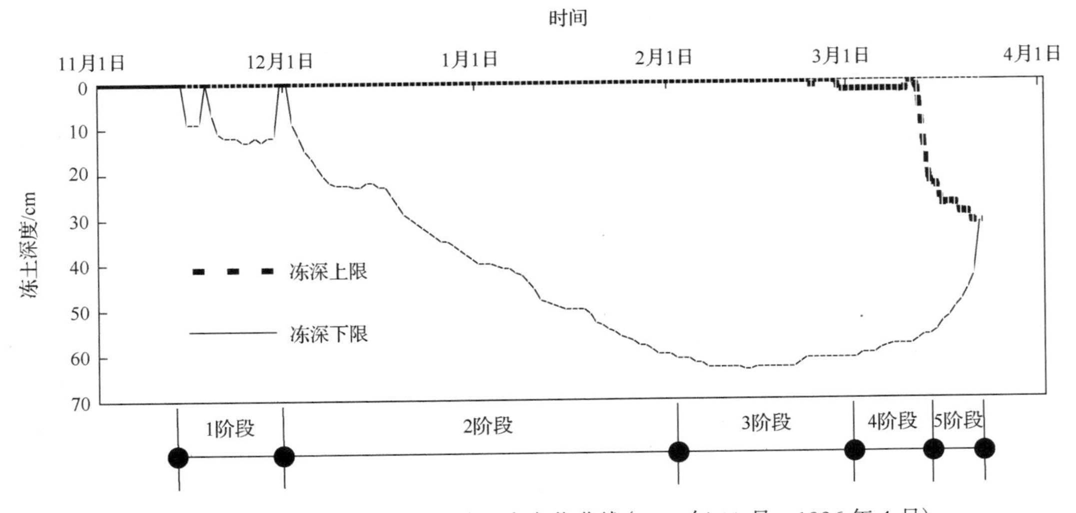

图 8.1　试验区越冬期土壤冻结深度变化曲线(1995 年 11 月～1996 年 4 月)

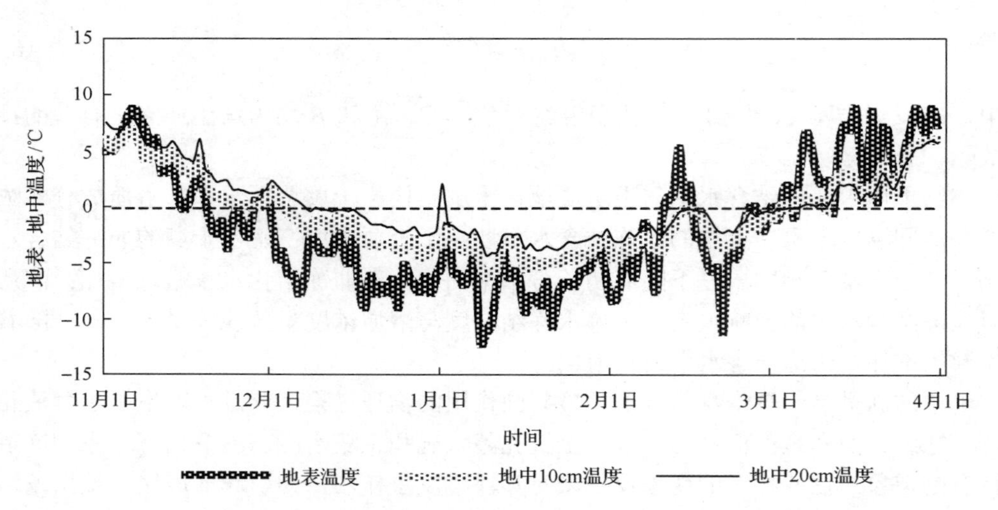

图 8.2 试验区越冬期地表、地中 10cm 和 20cm 温度变化曲线(1995 年 11 月～1996 年 4 月)

初冻冻融阶段(1 阶段)：入冬以后，气温开始在 0℃上下波动，白昼气温在 0℃以上，夜间气温在 0℃以下，表层土壤温度随气温的日夜变化而剧烈变化，因而表层土壤经历日融夜冻的冻融过程。

由图 8.2 可知，在 11 月中下旬，地表平均温度在 0℃上下波动，地中 10cm 温度也接近 0℃，且呈缓慢降低趋势，直到土体白昼吸收的热量不足以补偿夜间散发的热量，表层土壤开始形成白天不融化的冻结层。至此，土壤冻结过程中的初冻冻融阶段结束。此阶段土壤冻结层的特征是：①冻结层厚度薄，一般厚 2～5cm，最大不超过 15cm，午后冻结层融化；②冻结层不密实，自然含水率条件下多为粒状冻结层，冰晶在土粒周围聚集但彼此分离。

稳定冻结阶段(2 阶段)：随着气温的继续降低和负积温的增加，土壤平均温度降低，冻结层厚度稳定增加，冻结强度也在发展(表现为土壤冻结含水率的增加和非冻结含水率的减小)。由图 8.2 可以看出，在 12 月初，地表、地中 10cm 和 20cm 日平均温度先后通过 0℃到达 0℃以下，且在波动中持续下降，图 8.1 中的冻土深度稳定增加，直到 1 月下旬，地中温度相对稳定，而冻土深度还在发展。而后，地温开始回升，表层土壤再度出现冻融交替过程。此阶段土壤冻结层的特征是：①冻结层多为密实状，冻结层锋面也呈粒状冻结层；②在表层土壤含水率低(低于冻土临界含水率 W_c)的情况下，冻土层位于干土层之下。

解冻冻融阶段(3 阶段)：随着气温的回升，白昼气温在 0℃以上的时间持续增长，而夜间气温仍在 0℃以下，此时，表层土壤开始经历解冻过程中的冻融阶段。白昼高温期间部分表层冻土融化，由于夜间气温仍在零度以下，表层土壤夜间再度冻结。在此期间，地中温度稳定增高，冻结锋面开始缓慢向上发展，直到地表日平均温度接近 0℃该阶段结束。此阶段土壤冻结层的特征是：①地表冻融层土壤含水率逐渐蒸发而降低，表土层多为粒状冻结层或非冻结干土层；②地表冻结层融化厚度较小，一般为 2～5cm。

双冻结层阶段(4 阶段)：随着气温的进一步回升，白昼气温 0℃以上的时间持续延长，白昼解冻结层逐渐加厚，但由于夜间最低气温仍在 0℃以下，地表在夜间又形成厚度在 0～5cm 的冻结层(小于地表白天解冻厚度)。夜间形成的地表冻结层(定义为高位冻结层)与原冻结层(定义为低位冻结层)之间存在一定厚度的非冻结层。因此出现了高位冻结层和低位冻结层共存的双冻结层情况。在此期间，地表、地中 10cm 和 20cm 温度先后再次通过 0℃达到 0℃以上，三者之间的关系由冻结过程中的地表温度最低、地中 10cm 温度居中、地中 20cm 温度最高变为地表温度最高、地中 10cm 温度居中、地中 20cm 温度最低。在地表融化层逐渐加厚的同时，低位冻结层底部在地热作用下向上逐渐解冻，此阶段延续到夜间最低气温不足以形成地表冻结层为止。此阶段土壤冻结层的特征是：①地表冻融层土壤含水率低，多为粒状冻结层或非冻结干土层，在入渗水流的作用下，冻结层可在入渗过程中融化；②高位冻结层厚度一般为 2～12cm；③高位冻结层和低位冻结层之间的融化层厚度随着气温和地温的升高而增加，在 8～20cm 变化。

低位冻结层解冻阶段(5 阶段)：低位冻结层上部接受耕层土壤热量，底部受地热影响双向解冻。冻结厚度不断减小，土壤冻结含水率减少，非冻结含水率增加，直到冻结层全部融化。此阶段土壤冻结层的特征是：①地表以下为厚度在 20cm 以上的融化层；②在冻结层厚度逐渐减小的同时，冻结层温度在增高；③冻结层解冻速度较快。

根据试验所在地区的气候条件，将土壤冻融过程划分为如下阶段(表 8.1)。

表 8.1　试验地区土壤冻融阶段划分表

阶段名称	起止日期	冻融历时/天
初冻冻融阶段	11 月中旬～12 月上旬	20
稳定冻结阶段	12 月上旬～2 月上旬	60
解冻冻融阶段	2 月上旬～2 月下旬	23
双冻结层阶段	3 月上旬～3 月中旬	15
低位冻结层解冻阶段	3 月中旬～3 月下旬	10

2. 冻结土壤水分入渗的基本特性

冻结土壤与非冻结土壤相比具有以下特点：①固相物质的构成不同，非冻结土壤的固相物质主要由土粒组成，而冻结土壤的固相物质由土粒和固态水冰共同组成。②固态水分作为液态水分的动态储存，随外部环境(主要随气温)的变化而剧烈变化，导致土壤固、液相比例随外部环境剧烈变化。③冻结层的位置随外部环境的变化而变化。冻结土壤的这些固有特性决定了土壤水分入渗和运移的特殊性，以下采用与非冻结土壤入渗特性相比较的方法，分析讨论冻结土壤水分入渗的一些基本特性。

1) 冻结土壤水分入渗的一般过程

图 8.3 和图 8.4 分别为 1999～2000 年越冬期末耕地稳定冻结阶段(1 月 22 日)土壤自然含水率条件下的累积入渗量和入渗速率曲线。从图 8.3 和图 8.4 可以看出：无论是累积入渗量还是入渗速率随时间的变化过程都与非冻结土壤类似。冻结土壤的入

渗速率随入渗时间的增加而减小，入渗初期入渗速率大，并快速衰减，后期逐渐减小并趋于稳定。

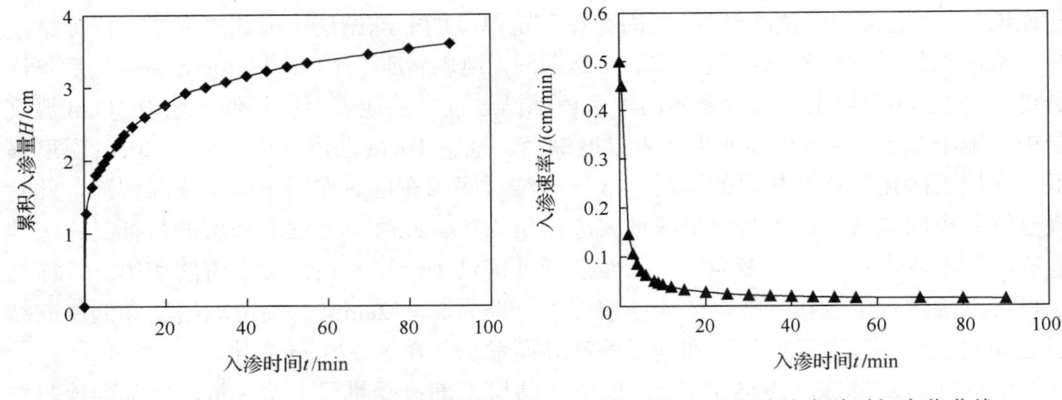

图 8.3　土壤累积入渗量随时间变化曲线　　　图 8.4　入渗速率随时间变化曲线

因此，非饱和冻结土壤的水分通量也遵循达西公式，即

$$q_{水}=-K(\Psi_m)\frac{\partial\Psi}{\partial z}=-K(\Psi_m)\frac{\partial\Psi_m}{\partial z}+K(\Psi_m) \tag{8.2}$$

式中，$q_{水}$为土壤水分通量或渗流流速；$K(\Psi_m)$为土壤水力传导度，是土壤基质势或土壤含水率的函数；Ψ、Ψ_m分别为土水势和基质势；$\frac{\partial\Psi_m}{\partial z}$、$\frac{\partial\Psi}{\partial z}$分别为基质势梯度和土水势梯度。

由式(8.2)可知：入渗开始时，由于地表处的基质势梯度$\frac{\partial\Psi_m}{\partial z}$的绝对值很大，入渗率亦很高，理论上，当$t\to0$时，$\frac{\partial\Psi_m}{\partial z}\to-\infty$，地表土壤水分通量$q_{水}\to\infty$。随着入渗的进行，$\frac{\partial\Psi_m}{\partial z}$的绝对值不断减小，地表水分入渗速率随之逐渐降低。当t足够大时，$\frac{\partial\Psi_m}{\partial z}\to0$，此时土壤水分通量$q_{水}\to K(\Psi_m)$。入渗是指水分通过地表进入土壤的过程，$K(\Psi_m)$是土壤水力传导度，随着入渗过程的进行，地表土壤含水率不断增加，逐渐接近饱和，因此$K(\Psi_m)\to K(0)$(饱和土壤基质势$\Psi_m=0$)。因此，当入渗进行到一定时间后，入渗速率趋于一稳定值即土壤水力传导度。

2) 冻结土壤的阻渗特性

图 8.5～图 8.10 为 3 种耕作条件(秋耕休闲地、未耕地和冬小麦地)冻结、非冻结土壤累积入渗量和入渗率比较图，表 8.2 为不同耕作条件下冻结、非冻结土壤阻渗特性比较表。

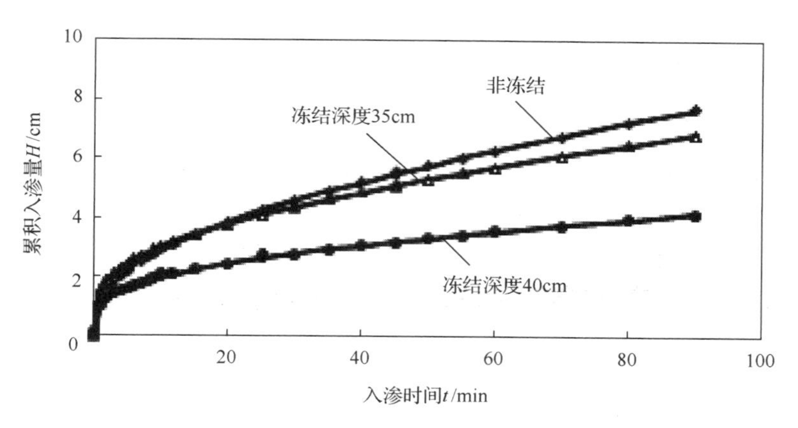

图 8.5　冻结、非冻结土壤累积入渗量比较图(平遥宁固秋耕休闲地)

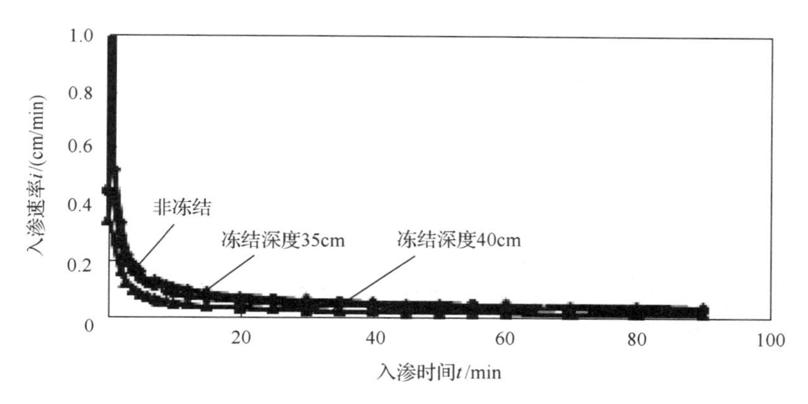

图 8.6　冻结、非冻结土壤入渗速率比较图(平遥宁固秋耕休闲地)

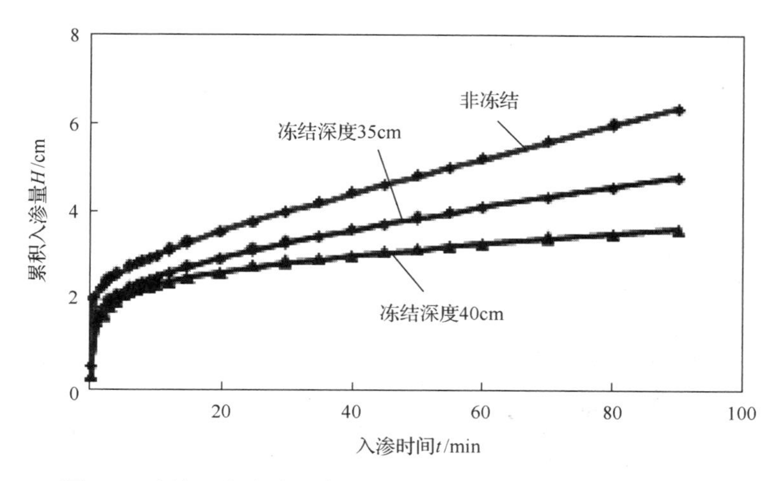

图 8.7　冻结、非冻结土壤累积入渗量比较图(平遥宁固未耕地)

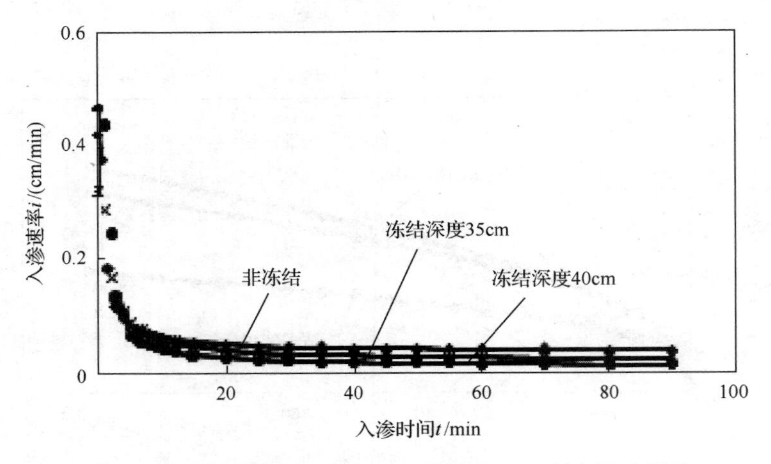

图 8.8　冻结、非冻结土壤入渗速率比较图(平遥宁固未耕地)

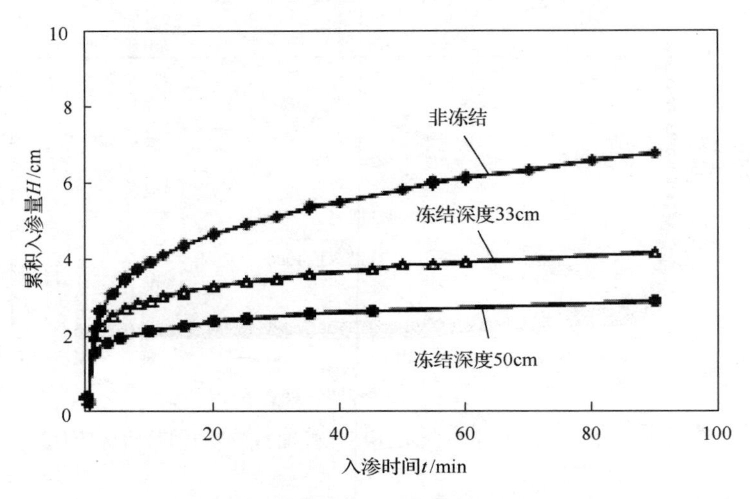

图 8.9　冻结、非冻结土壤累积入渗量比较图(文水试验站冬小麦地)

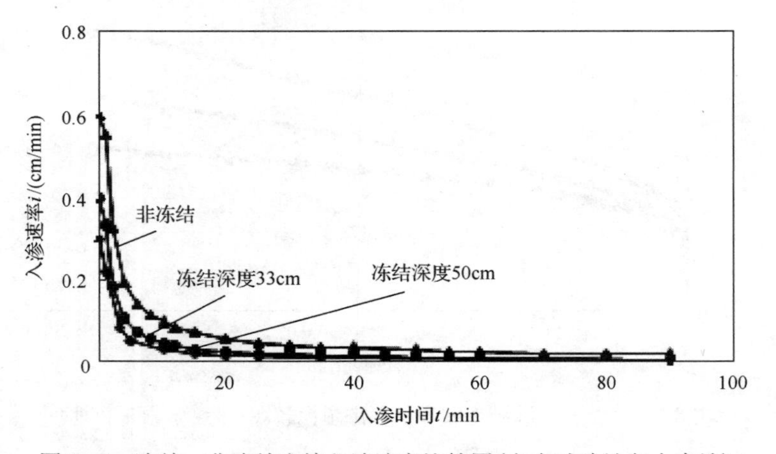

图 8.10　冻结、非冻结土壤入渗速率比较图(文水试验站冬小麦地)

表 8.2　不同耕作条件下冻结、非冻结土壤阻渗特性比较表

状态	冻结深度/cm	入渗参数			90min 累积入渗量 H_{90}/cm	阻渗量 ΔH/cm	阻渗率 η/%	稳定入渗率减小率/%
		α	k/(cm/min)	f_0/(cm/min)				
秋耕休闲地	非冻结	0.2413	1.2200	0.02260	7.70	—	—	—
	34	0.2614	1.5348	0.02070	6.84	0.86	11.20	8.40
	40	0.2480	1.0779	0.00960	4.16	3.54	46.00	57.50
未耕地	非冻结	0.1012	2.1467	0.03296	6.72	—	—	—
	34	0.1707	1.6100	0.01478	4.80	1.92	28.60	55.20
	40	0.1429	1.6577	0.00556	3.64	3.08	45.80	83.10
冬小麦地	非冻结	0.2172	2.2822	0.01130	7.08	—	—	—
	33	0.1613	2.0053	0.00130	4.26	2.82	39.80	88.50
	50	0.1352	1.5638	0.00125	2.98	4.11	58.10	88.90

注：$\eta=\dfrac{H_{90未冻}-H_{90冻}}{H_{90未冻}}\times100\%$。

由图 8.5～图 8.10 和表 8.2 可以得出如下结论。

(1)冻结土壤的入渗能力明显小于相同条件下非冻结土壤的入渗能力。

非冻结条件下，秋耕休闲地、未耕地和冬小麦地的 90min 累积入渗量 H_{90} 分别为 7.70cm、6.72cm 和 7.08cm。当土壤冻结深度为 33～34cm 时，其阻渗量分别减小到 0.86cm、1.92cm 和 2.82cm，分别减小了 11.2%、28.6%和 39.8%；当冻结深度增大到 40～50cm 时，其阻渗量分别减小到 3.54cm、3.08cm 和 4.11cm，分别减小了 46%、45.8%和 58.1%。3 种结构土壤的冻结、非冻结状态给定时刻累积入渗量比较都表明冻结土壤的水分入渗能力小于非冻结土壤，冻结土壤具有阻渗特性。

(2)冻结土壤稳定入渗速率大幅度减小。

由图 8.5～图 8.10 中的数据可以看出：冻结条件下，无论是秋耕休闲地、未耕地还是冬小麦地的入渗速率曲线始终低于非冻结条件下的入渗速率曲线。因此，冻结土壤入渗速率曲线始终小于非冻结土壤的入渗速率曲线。

从表 8.2 中数据可以看出，冻结土壤的稳定入渗率小于非冻结土壤。秋耕休闲地当冻结深度分别为 34cm 和 40cm 时，稳定入渗率 f_0 分别为 0.02070cm/min 和 0.00960cm/min，相对于非冻结土壤分别减小了 8.40%和 57.5%；未耕地当冻结深度分别为 34cm 和 40cm 时，稳定入渗率 f_0 分别为 0.01478cm/min 和 0.00556cm/min，相对于非冻结土壤分别减小了 55.2%和 83.1%；冬小麦地当冻结深度分别为 33cm 和 50cm 时，稳定入渗率 f_0 分别为 0.00130cm/min 和 0.00125cm/min，相对于非冻结土壤分别减小了 88.5%和 88.9%。冻结土壤的稳定入渗率远小于非冻结土壤的稳定入渗率，且随冻结层的发展而减小。由此可见，冻结土壤具有阻渗特性，即冻结土壤的入渗能力小于非冻结土壤，稳定入渗率大幅度减小是阻渗特性的重要标志之一。

3) 冻融期间冻融土壤入渗能力的变化特性

在非冻结土壤条件下，耕作土壤受自然因素(降雨)和人类生产活动(耕作、灌溉等)的影响，其入渗能力随生产周期而变化。越冬期，由于地温、气温随时间变化，土壤水分的相变率随环境的变化而变化，加之越冬期土壤自身特性的变化，冻融期间土壤入渗能力随之变化。下面以耕作条件下土壤自然含水率的冻融土壤为主要对象，讨论越冬期土壤入渗能力的变化特性。

(1)越冬期土壤入渗能力的年变化特性。

选择入渗开始后 90min 累积入渗量 H_{90} 作为反映土壤入渗能力的指标。根据冻融期间不同土壤质地、不同土壤结构条件下进行的跟踪土壤入渗试验结果绘制 90min 累积入渗量 H_{90} 随冻融时间的变化过程，如图 8.11 所示。

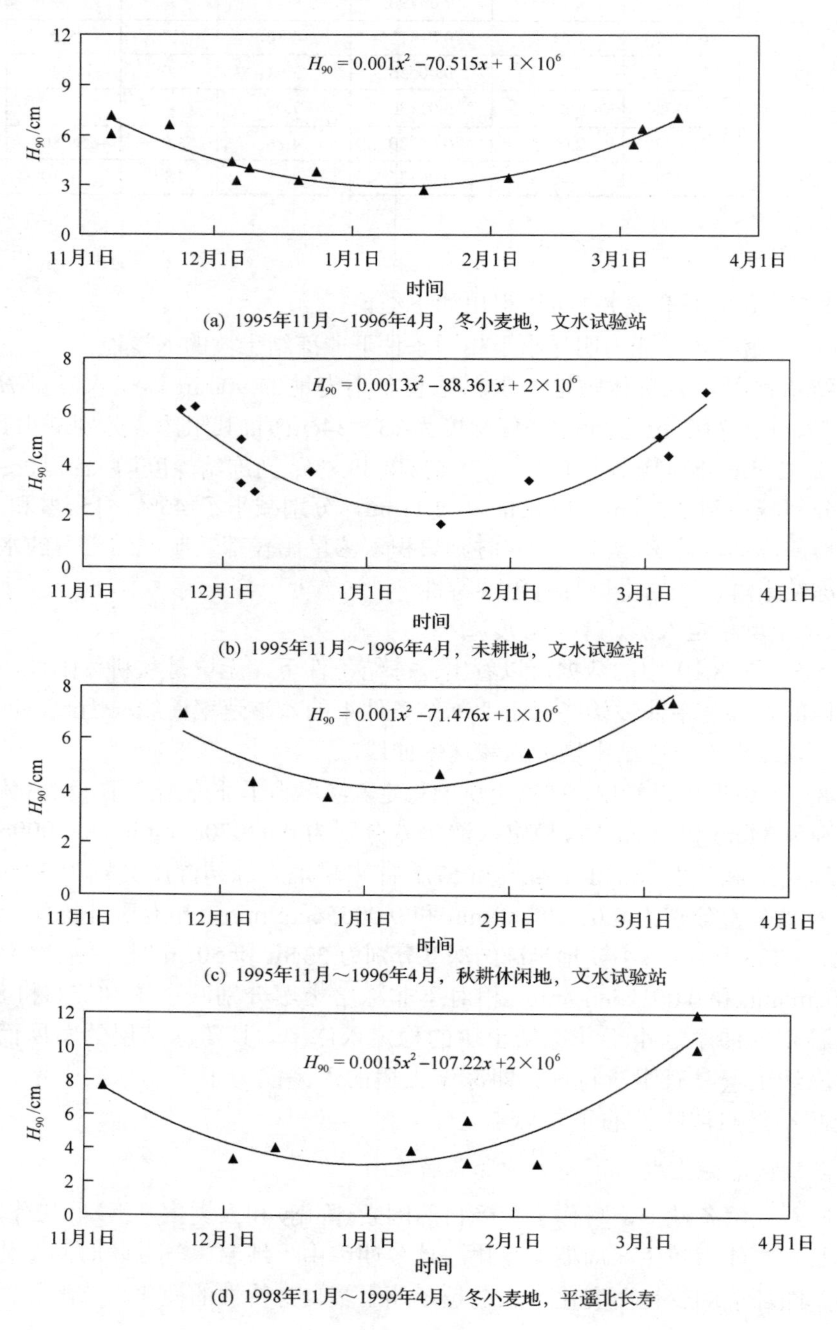

(a) 1995年11月～1996年4月，冬小麦地，文水试验站

(b) 1995年11月～1996年4月，未耕地，文水试验站

(c) 1995年11月～1996年4月，秋耕休闲地，文水试验站

(d) 1998年11月～1999年4月，冬小麦地，平遥北长寿

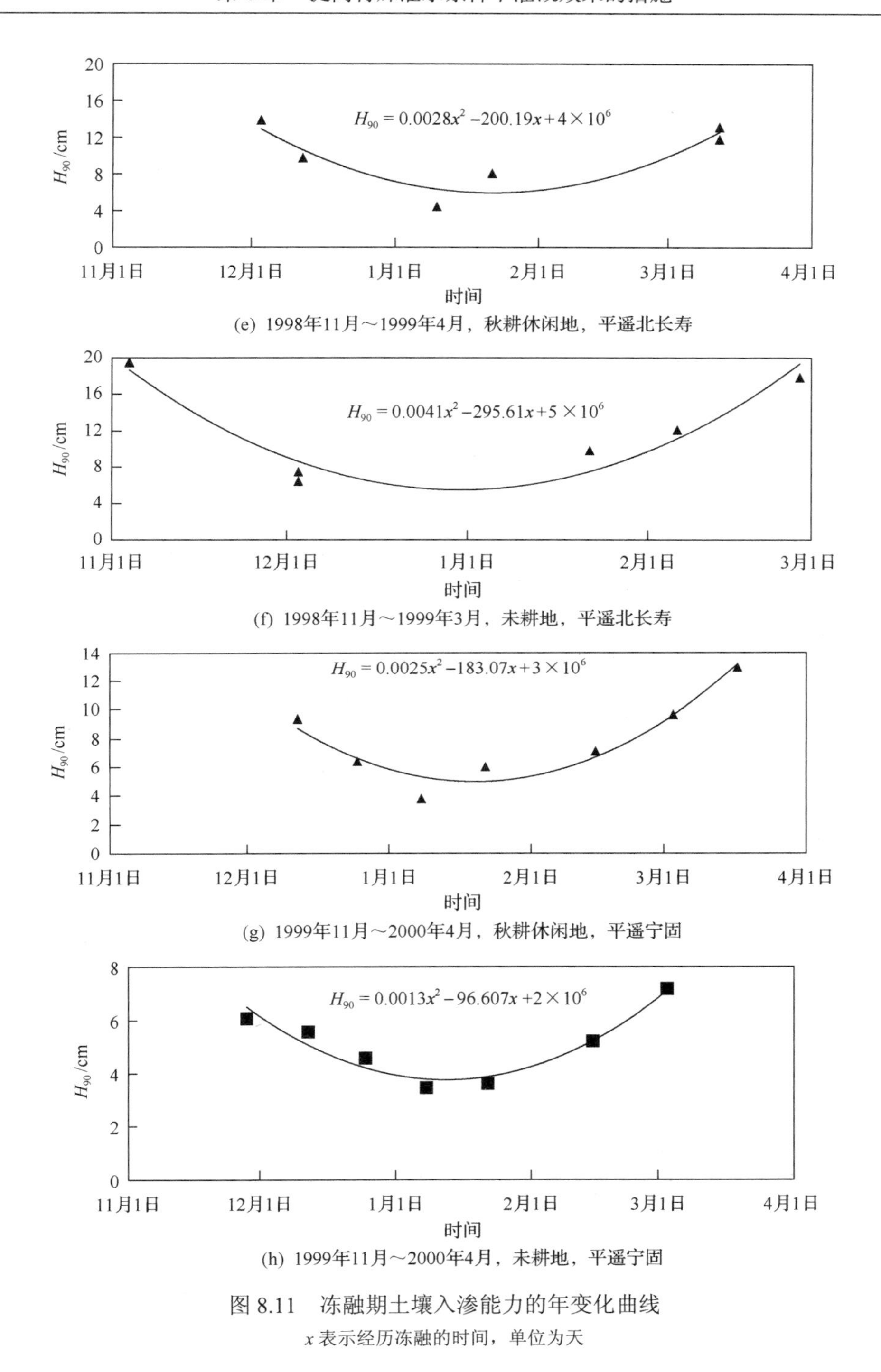

(e) 1998年11月～1999年4月，秋耕休闲地，平遥北长寿

(f) 1998年11月～1999年3月，未耕地，平遥北长寿

(g) 1999年11月～2000年4月，秋耕休闲地，平遥宁固

(h) 1999年11月～2000年4月，未耕地，平遥宁固

图 8.11　冻融期土壤入渗能力的年变化曲线

x 表示经历冻融的时间，单位为天

从图 8.11 中的数据可以看出，冻融期间土壤入渗能力经历由大到小，再由小到大的变化过程。尽管不同土壤质地、不同土壤结构条件下入渗能力的变化幅度有差异，但冻融期间土壤入渗能力都发生类似的变化，即土壤入渗能力由大变小，再由小变大。冻融期间土壤入渗能力随冻融历时的变化由土壤自身特性和外部环境随时间的变化决

定。进入越冬期后，随着气温逐渐下降，土壤温度降低。当土壤温度降低到土壤水的冰点温度以下时土壤开始冻结，土壤入渗能力开始减小。随着气温的进一步降低，土壤温度进一步降低，冻结深度增加，土壤水分的相变量增加，非冻结含水率减少，土壤入渗能力进一步减小；当冻结层温度接近或达到冻融期间的最低温度时(此时，在一定的土壤含水率条件下，土壤液态水相变为冰晶的比例最大)，土壤入渗能力出现最小值；随着气温的逐渐回升和地表土壤水分的蒸发，地表“干土层”(非冻结含水率在冻结临界含水率 W_c 以下)厚度和地表融解层厚度逐渐增加，土壤入渗能力逐渐增大，直到越冬期结束。

土壤入渗能力随冻融历时的变化过程符合二次多项式关系。分析认为图 8.11 所示的 3 种质地、8 种耕作条件土壤的 90min 累积入渗量与冻融时间的关系均可用二次多项式表达：

$$H_{90}=a+bt+ct^2 \tag{8.3}$$

式中，H_{90} 为入渗开始后 90min 累积入渗量，cm；t 为以稳定冻结开始时为计算起点的冻融时间，天；a、b、c 均为回归常数。

不同土壤质地、耕作条件下 H_{90}-t 多项式关系回归常数见表 8.3。

表 8.3　不同土壤质地、耕作条件下 H_{90}-t 多项式关系回归常数表

编号	土壤质地	耕作条件	试验地点	拟合系数	回归常数		
					a	b	c
A	壤土(36%)	冬小麦地	文水试验站	0.8820	1×10^6	70.505	0.0010
B		未耕地		0.7777	2×10^6	88.361	0.0013
C		秋耕休闲地		0.8629	1×10^6	71.476	0.0010
D	砂质壤土(13%)	冬小麦地	平遥北长寿	0.8628	2×10^6	107.22	0.0015
E		秋耕休闲地		0.8283	4×10^6	200.19	0.0028
F		未耕地		0.9153	5×10^6	295.61	0.0041
G	壤土(13%)	秋耕休闲地	平遥宁固	0.9239	3×10^6	183.07	0.0025
H		未耕地		0.9307	2×10^6	96.607	0.0013

注：土壤质地栏中的百分数为小于 0.002mm 的黏粒含量。

(2)越冬期土壤入渗能力的阶段变化特性。

在季节性冻土区，从总体上看，冬春期间大田土壤经历冻结和融化两大过程。但由于冻融期间土壤所处的外部环境不断变化，在不同的发展阶段冻融土壤表现出不同的特点。自然冻融条件下，土壤冻结深度、层数、冻结强度及相对地表位置是变化的，致使冻结层对入渗水流的控制和影响程度不同，冻融土壤表现出不同的入渗特性。以下按 5 个阶段分述土壤冻融特点及其对入渗水流的影响。

初冻冻融阶段(1 阶段)：此阶段土壤的冻融特征是冻结层夜冻日融、厚度薄(一般为 2～5cm，最大不超过 10cm)、冻结强度低(多为粒状冻结层，冰晶在土粒周围聚集但彼此分离，形不成密实冻结层)、冻结层位于地表，是土壤水分入渗的控制界面。在自然冻结条件下，初冻冻融阶段以形成薄层霜状冻结层为主。其形成的气温条件是夜间 0℃以下气温足以使地表土壤冻结，但持续时间较短，不足以形成很密实的冻结层；其土壤条件是土壤含水率较低。1995 年 11 月 21 日在冬小麦地进行的地表未冻结和 3cm 冻霜试验结果见表 8.4 和图 8.12。

表 8.4　霜状冻结层与非冻结土壤入渗试验结果对比表

试验编号	试验日期	冻结状态	H_{90}/cm	入渗参数		
				α	k/(cm/min)	f_0/(cm/min)
DM15	11 月 21 日	非冻结	8.79	0.2218	2.0851	0.0256
DM10	11 月 21 日	3cm 霜冻	7.91	0.2613	1.5457	0.0222

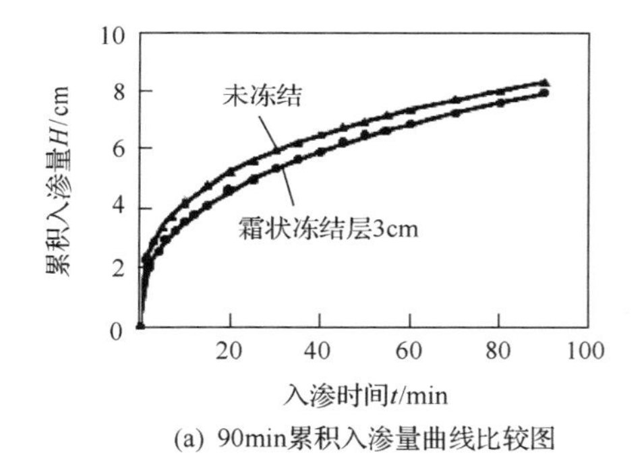

(a) 90min累积入渗量曲线比较图

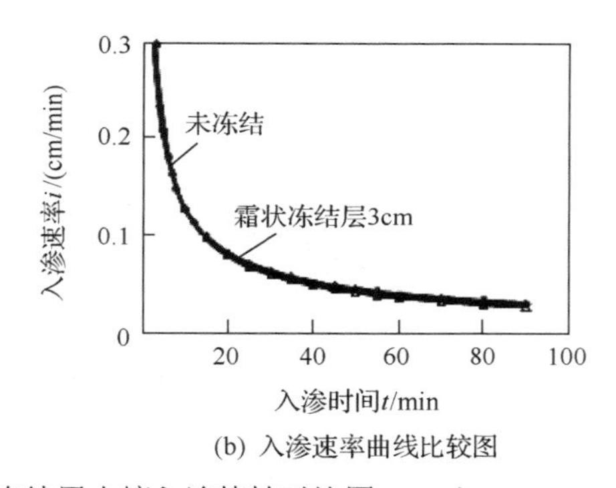

(b) 入渗速率曲线比较图

图 8.12　非冻结土壤与霜状冻结层土壤入渗特性对比图

由表 8.4 和图 8.12 中的数据可知，霜状冻结层对土壤入渗能力有一定的影响，但不明显。非冻结条件下，90min 累积入渗量 H_{90} 为 8.79cm，冻结条件下为 7.91cm，两者差值仅有 0.88cm。究其原因，这是由霜状冻结层的不密实性质所决定的。霜状冻结层不密实、厚度薄，冻结层中大孔隙仍然具有连通性。入渗过程中，入渗水分迅速穿透冻结层，并与冻结水分具有较大的接触面积。由于入渗水分的温度在 0℃以上，在入渗水分通过冻结层的过程中，土壤中的固态水分和入渗液态水分有热量交换，致使霜状固态水迅速融化(据试验过程中的观察，开始入渗后 5～8min，2～3cm 厚的冻结层即可消失)，使土壤恢复未冻结土壤的本来属性。冻结层融化后，土壤入渗能力与非冻结土壤应该一致，但冻结土壤在冻结层融解期的入渗能力会小于非冻结条件下的入渗能力，故霜状冻结层条件下的入渗量小于非冻结土壤的入渗量，但由于融解过程持续时间较短，对其入渗量的影响不大。

非冻结土壤的入渗系数 k 值要比霜状冻结土壤的入渗系数 k 值大。在入渗开始后的第一个时段内，入渗水分正在穿越冻结层，冻结层尚未融化，土壤固相比例大，入渗过水断面面积小，即使在同样土水势梯度下，其入渗速度也比非冻结条件下小。

冻结、非冻结条件下的稳定入渗率 f_0 基本一致。非冻结土壤的稳定入渗率 f_0 为0.0256cm/min，冻结土壤的稳定入渗率为0.0222cm/min，两者差异甚微。从入渗速度比较曲线也可看出，入渗后期两者的入渗速率曲线基本重合。这从另一个角度说明了霜状冻结层已完全融解，土壤已恢复到非冻结土壤的状态，在入渗后期，霜状冻结层已不再影响土壤入渗能力。

稳定冻结阶段(2 阶段)：此阶段土壤冻融特征是冻结层厚度不断增加，冻结层温度持续降低，冻结含水率稳定增加、非冻结含水率稳定减少。冻结层位于地表作为入渗水流的控制界面，随着冻结层温度的进一步降低，冻土层的阻渗作用逐渐增强，此阶段是越冬期冻结层对入渗水流控制最明显的阶段。

图 8.13 和图 8.14 为稳定冻结阶段 3 种耕作条件下进行的土壤入渗试验结果。图 8.13 为不同冻结深度时，土壤累积入渗量变化曲线对比图；图 8.14 为不同冻结深度时，土壤入渗速率变化曲线对比图。表 8.5 给出了 1995 年冬季在冬小麦地进行的系列试验的入渗参数结果。

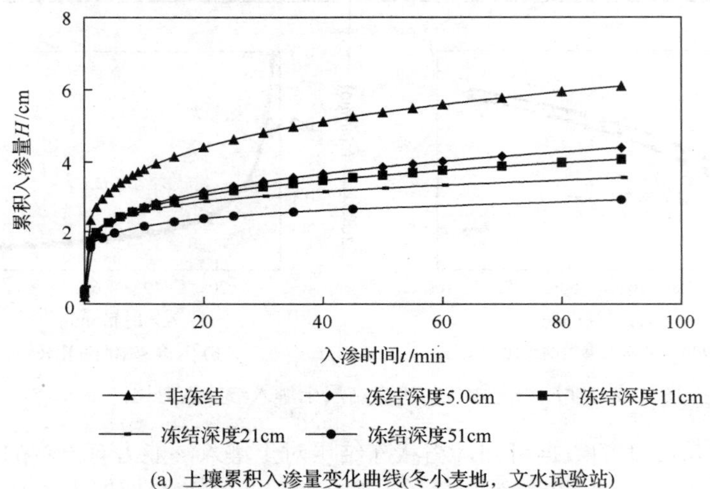

(a) 土壤累积入渗量变化曲线(冬小麦地，文水试验站)

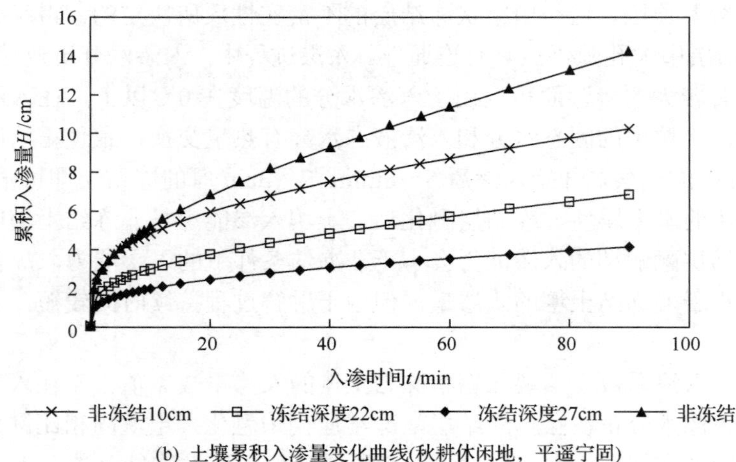

(b) 土壤累积入渗量变化曲线(秋耕休闲地，平遥宁固)

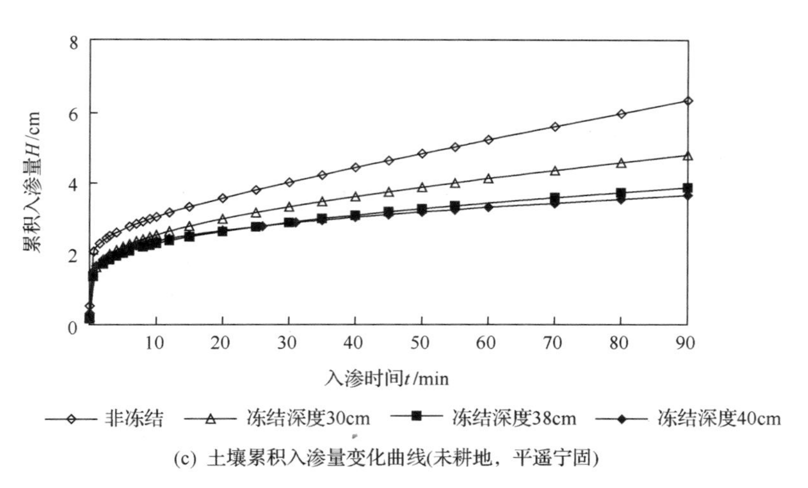

(c) 土壤累积入渗量变化曲线(未耕地，平遥宁固)

图 8.13　稳定冻结阶段土壤累积入渗量变化曲线对比图

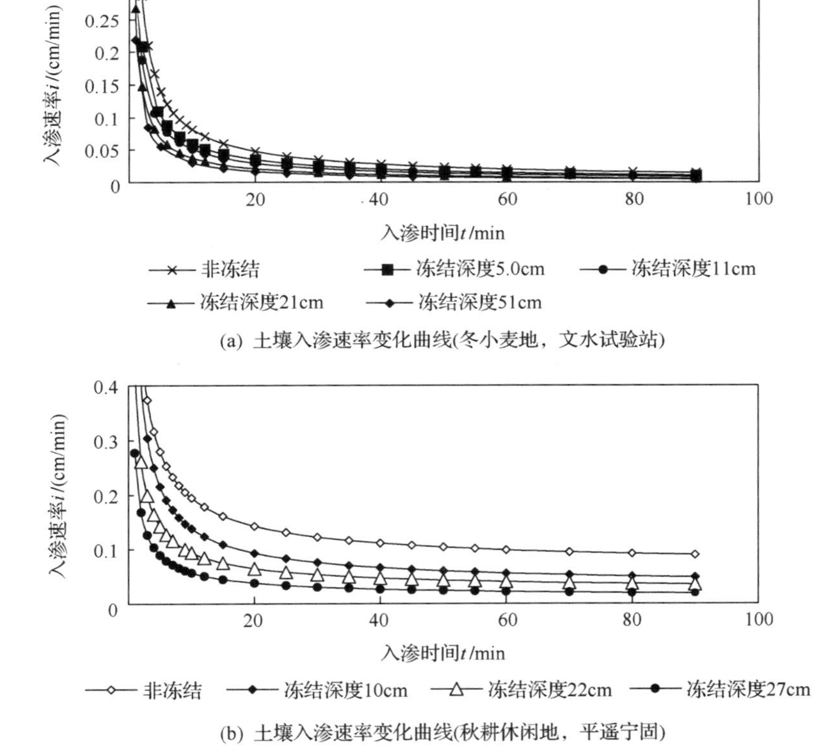

(a) 土壤入渗速率变化曲线(冬小麦地，文水试验站)

(b) 土壤入渗速率变化曲线(秋耕休闲地，平遥宁固)

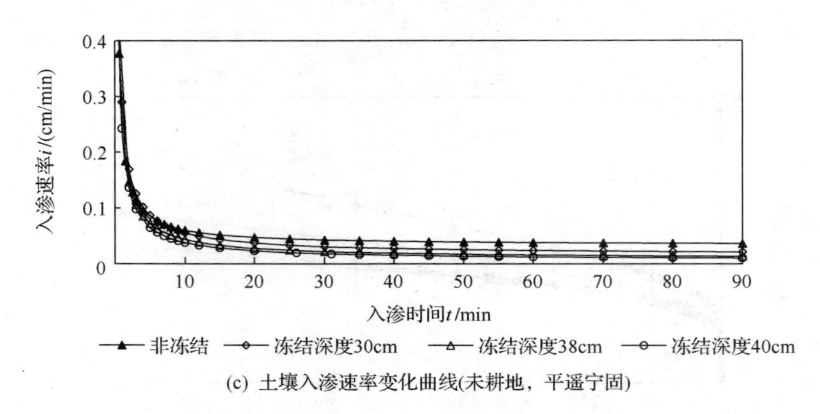

(c) 土壤入渗速率变化曲线(未耕地，平遥宁固)

图 8.14　稳定冻结阶段土壤入渗速率变化曲线对比图

表 8.5　冬小麦地稳定冻结阶段土壤入渗试验结果表

试验编号	试验日期	冻结状态/cm	H_{90}/cm	入渗参数		
				α	k/(cm/min)	f_0/(cm/min)
DM21	12 月 5 日	非冻结	5.67	0.1764	2.1476	0.0102
DM22	12 月 5 日	冻结深度 5.0	4.65	0.1548	1.7690	0.0122
DM23	12 月 9 日	冻结深度 10.0	4.20	0.1476	1.8300	0.0072
DM24	12 月 20 日	冻结深度 21.0	3.60	0.1321	1.8533	0.0027
DM25	1 月 7 日	冻结深度 51.0	2.99	0.1352	1.5638	0.0013

由图 8.13、图 8.14 和表 8.5 中的数据可知，稳定冻结过程中其土壤入渗特性主要表现在以下方面。

土壤入渗能力随冻结层的发展而减小。图 8.13 中所示的冬小麦地、秋耕休闲地和未耕地 3 种耕作条件的累积入渗量曲线同时表明，随着冻结过程的发展，土壤入渗能力稳定减小。文水试验站冬小麦地非冻结条件下 90min 累积入渗量 H_{90} 为 5.7cm，随着冻结层的稳定发展，其累积入渗量逐渐减小，当冻结层深度发展到 51cm 时，其 90min 累积入渗量减小到 3.0cm；平遥宁固秋耕休闲地非冻结条件下 90min 累积入渗量 H_{90} 为 14.2cm，当冻结深度发展到 27cm 时，其 90min 累积入渗量 H_{90} 减小到 4.2cm；平遥宁固未耕地非冻结条件下 90min 累积入渗量 H_{90} 为 6.7cm，当冻结深度发展到 40cm 时，其 90min 累积入渗量 H_{90} 减小到 3.7cm。

土壤入渗速率在稳定冻结过程中递减。图 8.14 所示的冬小麦地、秋耕休闲地和未耕地 3 种耕作条件的入渗速率曲线同时表明，随着冻结过程的发展，土壤入渗速率稳定减小，冻结深度越大，土壤入渗速率越小。在整个入渗过程中，冻结深度大时的入渗速率曲线始终位于冻结深度小时的入渗速率曲线之下。

土壤的稳定入渗率 f_0 随冻结层厚度的增大大幅度减小。从图 8.14 中可以看出，所有入渗速率变化曲线在入渗开始 20～40min 后，都趋于直线，表明入渗速率在入渗开始 20～40min 后已趋于稳定。直线随冻结层厚度的增加由陡直变得平缓表明稳定入渗率 f_0 由大变小。从表 8.5 所示的稳定冻结阶段冬小麦地稳定入渗率 f_0 可知，与非冻结土壤相比，除第二组(DM22)的稳定入渗率 f_0 略有增大以外，随着冻结深度的增加，冻结土壤的稳定入渗率 f_0 随冻结深度的增加而减小，且减小幅度较大。非冻结条件下其稳定入渗率 f_0 为 0.0102cm/min，当冻结深度达 51cm 时，稳定入渗率 f_0 仅为 0.0013cm/min，仅为非冻结土壤的 12.7%。

因此，在稳定冻结阶段，土壤稳定入渗率大幅度减小。从理论上讲，在非冻结条件下，对于给定土壤质地、土壤结构和前期含水率的土壤，其稳定入渗率是不变的。在冻结条件下则不同，随着冻结过程的继续，土壤水的固、液相比例不断发生变化。稳定冻结过程中随着冻结层温度的降低，固态含水量增加，而液态含水量减少，土壤水分稳定入渗时的过水断面面积在减小；同时冻结层温度的不断降低，致使水分入渗过程中入渗水分通过热量交换使土壤固态水分融化的速度降低，在给定的时间内，融化的固态水的数量减少。上述多种原因的共同作用导致了稳定冻结过程中稳定入渗率大幅度减小。

稳定冻结过程中土壤入渗能力稳定减小的根本原因在于非饱和冻结土壤水力传导度随冻结层的发展而减小。试验表明，在冻结过程中土壤水分入渗锋面在 90min 内不会到达冻结层底部，换句话说，入渗水分在 90min 内决不会穿透整个冻结层。所以，土壤入渗能力随冻结深度的增加而减小仅是一种表面现象。其实质是冻结深度间接反映了土壤的负温水平，而负温水平决定了土壤中液态水转变为固态水的水平和固态水的冻结强度，同时也决定了具有 0℃以上温度的入渗水融化土壤中固态水的难易程度。在土壤冻结过程中，土壤中的水分发生相变，固相比例逐渐增大，液相比例逐渐减小，由于冻结膨胀的原因，气相比例也会有所下降。相变的结果是土壤孔隙度的减小和入渗水分过水断面面积的减小。入渗水分过水断面面积的减小，必然导致土壤水力传导度的减小。在冻结土壤水分入渗过程中，由于入渗水分温度高于土体温度，在入渗水分湿润范围内的水分有融解冻结层中固态水、增大土壤入渗水的过水断面面积的趋势，也就是有使土壤水力传导度减小的趋势。冻结层所处的温度不同，固态水被入渗水融解的难易程度不同，在给定入渗时间内，融解固态水的数量比例不同。随着冻结厚度的增加，土壤温度进一步下降，土壤水力传导度进一步减小，致使整个入渗期间的入渗量逐渐减小[16,165-168]。

解冻冻融阶段(3 阶段)：此阶段土壤冻融特征是地表开始存在冻融层，冻融层土壤含水率降低，其冻结状态多为粒状冻结层或非冻结干土层；地表冻融层的厚度随冻融过程的发展而加厚；由于蒸发作用地表形成的干土层的存在，冻结层位于干土层之下，但由于干土层厚度仅为数厘米，入渗开始后 2～3min，干土层即可达到饱和，所以冻结层很快成为入渗水流的控制界面。

表 8.6 为 1995 年冬季在冬小麦地进行的系列试验的入渗参数结果。图 8.15 和图 8.16 给出了解冻冻融阶段 3 种耕作条件下(冬小麦地、秋耕休闲地和未耕地)进行的土壤入渗试验结果。

表 8.6　冬小麦地解冻冻融阶段土壤入渗试验结果表

试验编号	试验日期	冻结状态/cm	H_{90}/cm	入渗参数		
				α	k/(cm/min)	f_0/(cm/min)
DM47	1月17日	冻结深度 51	2.99	0.1352	1.5638	0.0013
DM48	2月5日	冻结深度 62	4.05	0.1250	2.2044	0.0020
DM49	3月4日	冻结深度 5～60	5.73	0.2091	2.0851	0.0043
DM51	3月14日	冻结深度 22～55	7.75	0.2780	2.0751	0.0056

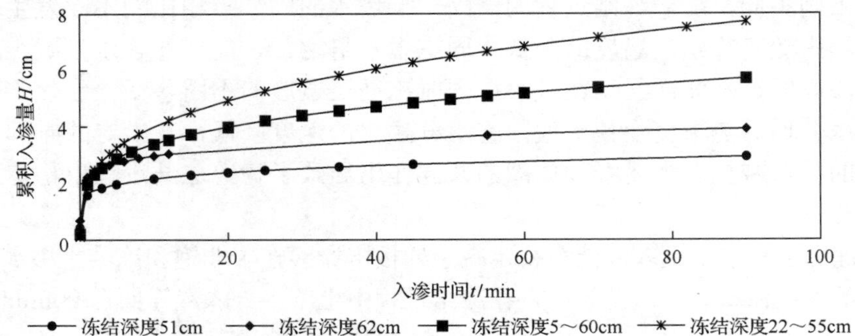

(a) 土壤累积入渗量变化曲线(冬小麦地，文水试验站)

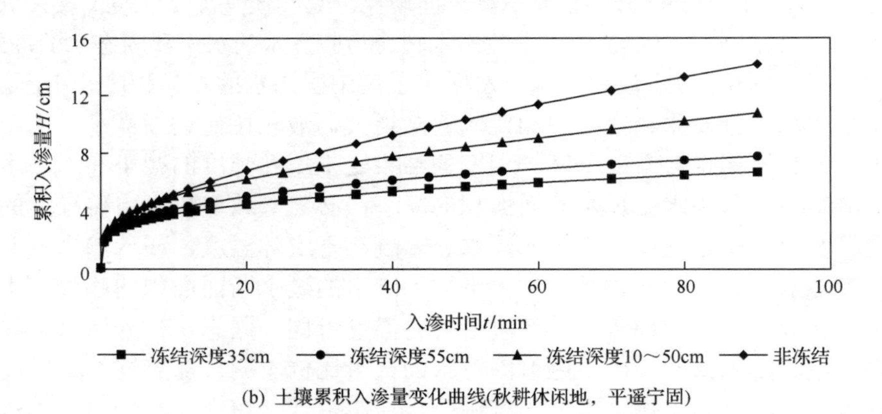

(b) 土壤累积入渗量变化曲线(秋耕休闲地，平遥宁固)

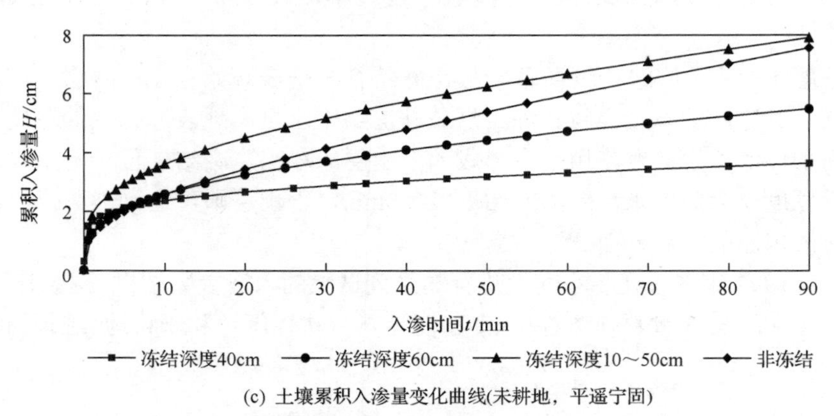

(c) 土壤累积入渗量变化曲线(未耕地，平遥宁固)

图 8.15　解冻冻融阶段土壤累积入渗量变化曲线对比图

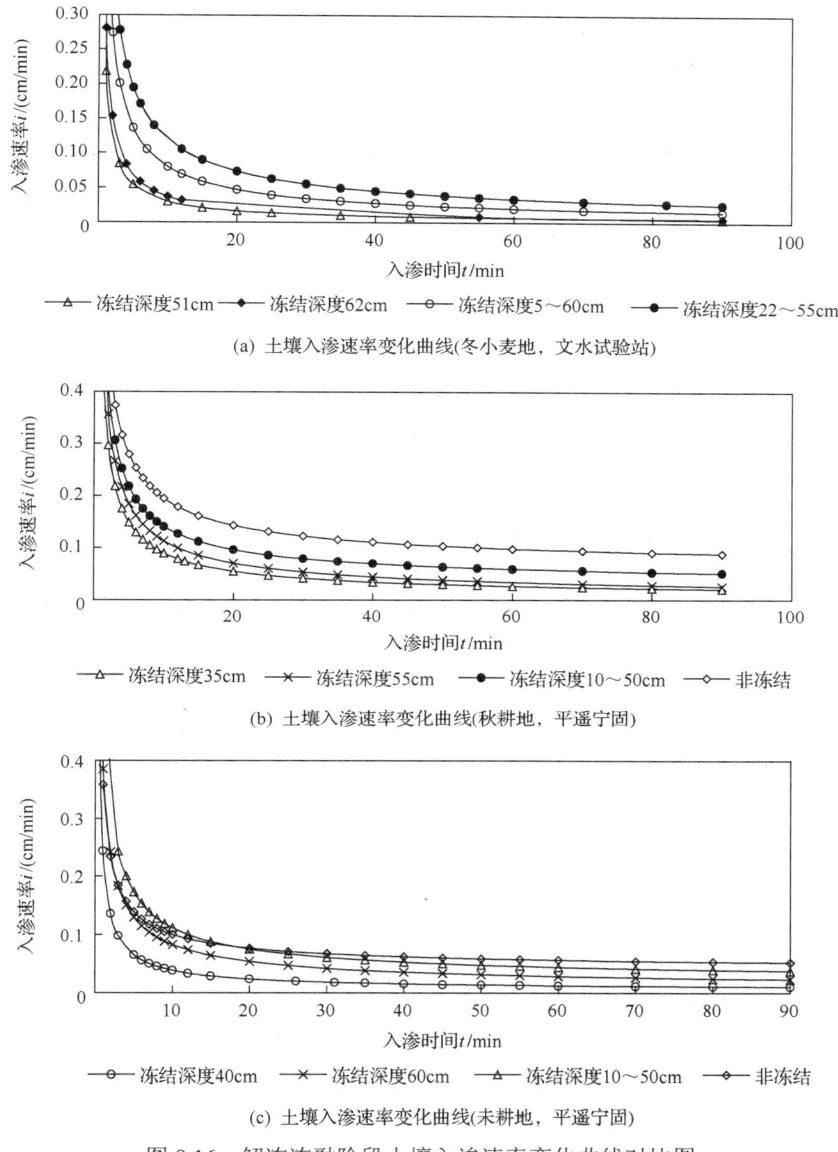

(a) 土壤入渗速率变化曲线(冬小麦地，文水试验站)

(b) 土壤入渗速率变化曲线(秋耕地，平遥宁固)

(c) 土壤入渗速率变化曲线(未耕地，平遥宁固)

图 8.16　解冻冻融阶段土壤入渗速率变化曲线对比图

由图 8.15、图 8.16 和表 8.6 中数据得出以下结论。

与稳定冻结阶段相反，该阶段土壤入渗能力随冻融过程的发展而减小。如图 8.15 所示的冬小麦地、秋耕休闲地和未耕地 3 种耕作条件的累积入渗量曲线同时表明，随着冻融过程的发展，土壤入渗能力减小。文水试验站冬小麦地冻结深度 51cm 时 90min 累积入渗量 H_{90} 为 3.0cm，随着冻融过程的发展，其 90min 累积入渗量逐渐增加，当冻结深度发展到 22～55cm 时，90min 累积入渗量 H_{90} 增加到 7.6cm；平遥宁固秋耕休闲地冻结深度 35cm 时，90min 累积入渗量 H_{90} 为 6.7cm，当冻结深度发展到 10～50cm 时，90min 累积入渗量 H_{90} 增加到 10.8cm；平遥宁固未耕地冻结深度为 40cm 时，90min 累积入渗量 H_{90} 为 3.65cm，当冻结深度发展到 10～50cm 时，90min 累积入渗量 H_{90} 增加到 7.9cm。

与稳定冻结阶段相反，该阶段土壤入渗速率随冻融过程递增。如图 8.16 所示的冬小麦地、秋耕休闲地和未耕地 3 种耕作条件的入渗速率曲线同时表明，在解冻冻融队段，随着冻融过程的发展，土壤入渗率趋于稳定。在整个入渗过程中，后期的入渗速率曲线始终位于前期的入渗速度曲线之上。

土壤的稳定入渗率随冻融过程的发展而增大。从图 8.15 中可以看出，与稳定冻结阶段相同，解冻冻融阶段入渗试验的所有累积入渗曲线在入渗开始 20～40min 后都趋于稳定，近似为直线，表明入渗速率也在入渗开始 20～40min 后趋于稳定，但直线随冻融过程的发展由平缓变得陡直，其变化过程与稳定冻结阶段相反。从表 8.6 中的冬小麦地解冻冻融阶段的稳定入渗率 f_0 可知，当土壤冻结深度为 51cm 时，稳定入渗率 f_0 为 0.0013cm/min；当冻结层为 22～55cm 时，稳定入渗率 f_0 增大到 0.0056cm/min。

解冻冻融阶段的土壤水分入渗过程与稳定冻结阶段类似，但又不完全相同。在解冻冻融阶段，地表存在一定厚度的非冻结层或霜状冻结层，且其厚度随解冻冻融过程的发展而加厚，使地表土层的储水能力增大。与此同时，其下部冻结层的温度也随解冻冻融过程的进行而增高，导致土壤冻结层中非冻结含水率随冻融过程的发展而增加，进而引起冻结土壤水力传导度增大。入渗过程初期的入渗类似于非冻结土壤的入渗，当入渗水分锋面到达非冻结层后，入渗水分开始受非冻结层的影响。随着地表冻融层厚度的增加，类似于非冻结土壤的入渗时间增加，受冻结层影响的时间减短，因而累积入渗量随解冻冻融过程的发展而增大。此外，随着气温的升高，地表土壤含水率下降，稳定入渗率增大也是使土壤入渗能力增大的原因之一。

冻结深度从 51cm 变化到 22～55cm，土壤稳定入渗率 f_0 由 0.0013cm/min 增加到 0.0056cm/min。由表 8.5 可知，试验麦田在非冻结条件下的稳定入渗率 f_0 为 0.0102cm/min，由表 8.6 可知冻结深度达到 22～55cm 时的稳渗率 f_0 为 0.0056cm/min，恰为前者的 1/2。由图 8.16 可知，解冻冻融阶段所有试验的稳定入渗率都比未冻结土壤小。由于解冻冻融过程中，地表已存在一定厚度的冻结层或霜状冻结层，其入渗过程与非冻结土壤的入渗过程应该类似。入渗过程中土壤入渗的稳定入渗率应该是非冻结条件下的稳定入渗率，但实测值均小于 0.0102cm/min，这是否有些费解。事实上这是由入渗控制界面下移所致。在上层解冻而下层未解冻的土壤剖面下，入渗初期，土壤水分入渗控制界面在地表。当入渗水分锋面到达冻结层上界面时，由于冻结层土壤的导水率很小，通过地表进入土壤的水分将在冻结层之上的土层中积累，表现为土壤含水率不断增加。如果入渗时间足够长，冻结层以上土壤可达到完全饱和。此时，冻结层的上表面便成为土壤水分的入渗控制界面。所以，稳定入渗率由冻结层土壤上表面决定。冻结层土壤的稳定入渗率显然应小于地表土壤的稳定入渗率。土壤稳定入渗率随土壤冻结深度而增大的现象也不难解释。随着解冻冻融过程的发展，冻结层整体温度上升，冻结层的水力传导度会相应增大，所以达到稳定入渗时，相应的稳定入渗率逐渐增大。

双冻结层阶段(4 阶段)：在冻结土壤解冻的后期，日平均气温升高，白昼地表融化层逐渐加厚。但由于夜间最低气温仍低于 0℃，地表在夜间又形成厚度为 2～12cm 的冻结层(定义为高位冻结层)。高位冻结层与原冻结层(定义为低位冻结层)之间存在一定厚度的非冻结层，因此出现了双冻结层情况。在此期间，高位冻结层夜冻日融，低位冻结层上部受太阳辐射热影响，底部受地热作用，双向融解。此阶段土壤冻融特征是高位冻结层厚度一般为 2～12cm，且多为粒状冻结层；双冻结层之间的融化层厚度随着气温和地温的升高而增大；夜晚和次日上午，高、低位冻结层共存，下午至前半夜仅有低位冻结层存在。

本节通过高、低位冻结层共存与仅有低位冻结层存在情况的比较，讨论双冻结层情况下的土壤入渗特性。图 8.17 为冬小麦地双冻结层与仅有低位冻结层存在的累积入渗量曲线比较图。图 8.18 为冬小麦地双冻结层与仅有低位冻结层存在的入渗速率曲线比较图。仅有低位冻结层时，低位冻结层厚度为 39cm，位于地表以下 12～59cm 处，地表土壤含水率为 15.5%；高、低位冻结层共存时，高位冻结层厚度为 12cm，位于地表 0～12cm 处，低位冻结层厚度为 39cm，位于地表以下 19～59cm 处，土壤含水率为 15.5%。

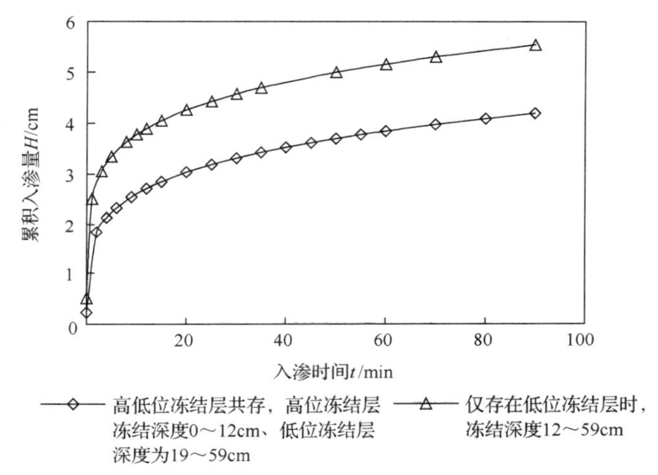

图 8.17　冬小麦地双冻结层与仅有低位冻结层存在的累积入渗量曲线比较图

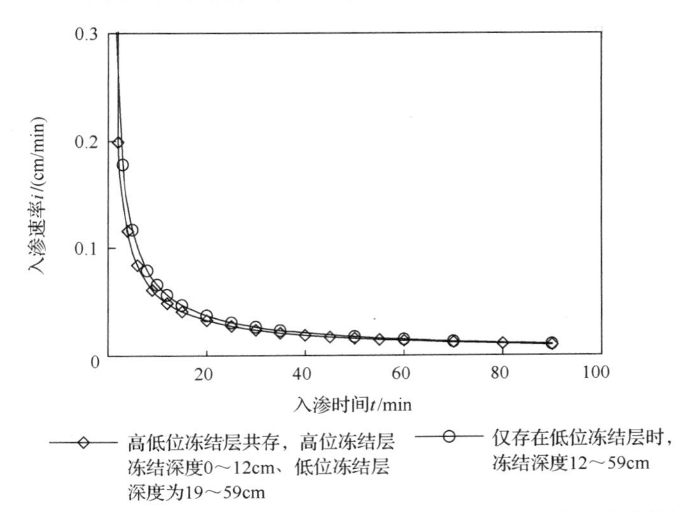

图 8.18　冬小麦地双冻结层与仅有低位冻结层存在的入渗速率曲线比较图

由图 8.17、图 8.18 可以看出，高、低位冻结层共存条件下的土壤入渗能力小于仅有低位冻结层存在条件下的土壤入渗能力。前者 90min 累积入渗量 H_{90} 为 4.3cm，后者为 5.5cm，前者比后者减小了 21.8%。入渗开始后的 20min 内，两者入渗速率相差较大，之后两者入渗速率相当(曲线接近重合)。

双冻结层期的高位冻结层属于以24h为循环周期的夜冻日融冻结层。由于冻结层负温一般为-3～-1℃，土壤水分相变量较小，冻结层不密实，多属粒状或多孔状，大孔隙仍具有连通性，对入渗水流的阻渗作用较小。此外，由于冻结层不密实，入渗水流可较快穿透冻结层，与土壤中的水分进行热量交换，较快融解冻结层，使冻结土壤较快恢复非冻结土壤固有的入渗特性。因此，高、低位冻结层共存条件下的土壤入渗能力由于高位冻结层的存在，小于仅有低位冻结层存在条件下的入渗能力，但由于高位冻结层的不密实性，决定了两者相差不大。在入渗开始后的前20min内，冻结层正处于融解过程中，冻结层对入渗水流有一定的阻渗作用，因而在入渗开始后的前20min内，高、低位冻结层共存条件下的水分入渗速率要小于仅有低位冻结层存在条件下的入渗速率。

综上所述，双冻结层条件下，在入渗开始后的前20min内，高位冻结层对入渗水流有一定的控制作用；20min之后，高位冻结层融解，失去对入渗水流的控制作用。当入渗水流锋面到达低位冻结层时，低位冻结层开始对入渗水流产生影响，但不起控制作用。由于低位冻结层的阻渗作用，入渗水流在低位冻结层之上的土层内积累，水分的入渗速率受低位冻结层的影响。只有当入渗达到低位冻结层之上、土层含水率达到完全饱和时，低位冻结层才起控制作用。

低位冻结层解冻阶段(5阶段)：低位冻结层受上部耕层土壤热量、底部地热影响，上下双向解冻，冻结厚度不断减小，土壤冻结含水率减少，直到冻结层全部融解。此阶段土壤冻结层特征是地表以下融解层达15～20cm；冻结层解冻速度较快。此阶段与双冻结层阶段相比，地表解冻土层厚度加大，加之冻结层温度回升，对入渗水流的影响和控制作用更为薄弱。

以下通过对土体中存在低位冻结层的入渗过程与非冻结土壤入渗过程进行比较，讨论低位冻结层存在条件下的土壤入渗特性。图8.19为秋耕休闲地低位冻结层与非冻结条件累积入渗量曲线变化对比图，图8.20为秋耕休闲地低位冻结层与非冻结条件入渗速率曲线变化对比图。低位冻结层厚度为35cm，位于地表以下15～50cm处，地表土壤含水率为22.71%，地面以下5cm地温为13.62℃；非冻结情况地表土壤含水率为20.41%，地面以下5cm地温为9.37℃。

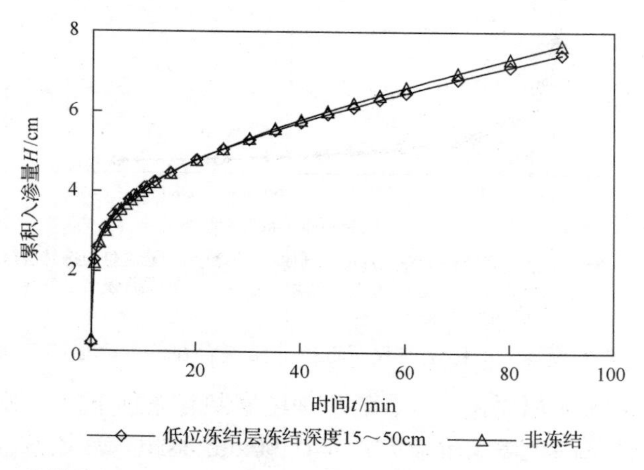

图8.19　秋耕休闲地低位冻结层与非冻结条件累积入渗量曲线变化对比图

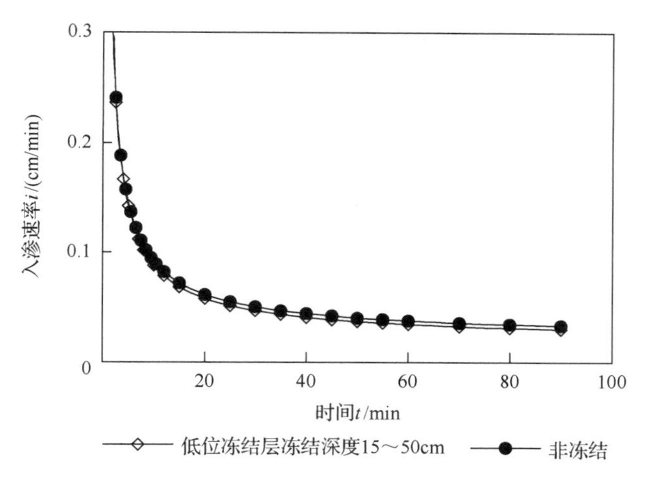

图 8.20　秋耕休闲地低位冻结层与非冻结条件入渗速度曲线变化对比图

由图 8.19 和图 8.20 中可以看出，低位冻结层条件下的累积入渗量与非冻结条件相比，相差甚微。低位冻结条件下 90min 累积入渗量 H_{90} 为 7.43cm，非冻结土壤为 7.67cm，两者相差 0.24cm。入渗开始至 40min 两者基本重合，表明两种条件下的土壤入渗能力基本相等。40min 以后，非冻结土壤的累积入渗量曲线和入渗速率曲线都略高于低位冻结条件，表明非冻结土壤的入渗速率大于低位冻结条件的入渗速率。出现上述入渗差异的原因分析如下：在低位冻结层解冻阶段，地表已存在厚度为 15cm 以上的融解层，其物理性状与非冻结土壤类似。入渗开始之后初期，入渗水分锋面尚未到达低位冻结层上界面之前，其水分入渗过程应与非冻结土壤完全相同，因此，在入渗初期两种土壤条件下的入渗速率基本相等；当入渗水分锋面到达低位冻结层上界面后，由于冻结层的阻渗作用，入渗水分的一部分通过冻结层向下入渗，另一部分则在冻结层以上的非冻结层内聚集，使非冻结层的土壤含水率不断提高，其水分入渗过程与非冻结土壤的水分入渗过程有所不同。但由于低位冻结层解冻阶段已是越冬期土壤冻融过程的最后阶段，低位冻结层虽然处于冻结状态，但冻结层温度已相对较高，其阻渗作用已较小，因此，低位冻结层条件下的入渗速率与非冻结土壤条件相比有差异，但差异较小。

8.1.2　提高冻结土壤灌水质量和效果的措施

针对越冬期间土壤入渗变化特性、地面灌溉水流特性和冬灌灌水效果的变化特性，采用冬灌灌水试验和地面灌溉水流运动模拟相结合的方法，对提高越冬期灌溉效果的灌水技术进行研究，提出以下 5 项技术措施。

1. 短畦灌溉技术措施

地面灌溉条件下，灌溉水主要通过推进和消退过程中的水分入渗进入土壤，各剖面的水分入渗量除与土壤入渗参数有关外，取决于水流在该断面上的净入渗时间(该断面退水时间与推进时间之差)。此外，在灌水畦末端封堵的条件下，畦末以上一定范围内有一定深度的积水，一般来讲，积水范围内的水分入渗时间长、入渗量较大(表 8.7)。

表 8.7　短畦灌溉时的灌溉效果指标表(灌水定额为 $40m^3$/亩)

地温和 H_{90}	单宽流量/[m^3/(s · m)]	放水时间/s	地面坡降	畦长/m	储水效率/%	灌水均匀度/%	灌水效率/%
0.0℃、7.18cm	0.001	3750	0.0004	50	95.2	92.6	97.1
	0.002	1875	0.0004	50	91.9	92.2	93.5
	0.003	1250	0.0004	50	88.0	90.3	91.0
	0.004	938	0.0004	50	85.9	87.5	90.4
	0.005	750	0.0004	50	84.7	86.8	88.2
−1.5℃、4.42cm	0.001	3750	0.0004	50	85.9	91.4	87.4
	0.002	1875	0.0004	50	81.4	87.5	82.0
	0.003	1250	0.0004	50	79.4	86.3	79.6
	0.004	938	0.0004	50	77.8	85.3	78.2
	0.005	750	0.0004	50	75.1	84.7	77.9
−5.5℃、2.69cm	0.001	3750	0.0004	50	75.5	87.2	78.3
	0.002	1875	0.0004	50	72.4	85.5	76.8
	0.003	1250	0.0004	50	70.3	84.3	75.1
	0.004	938	0.0004	50	70.2	84.1	73.0
	0.005	750	0.0004	50	68.5	82.8	71.6

灌水实践中，通过对灌水技术参数的调整，尽量使沿灌水畦长上各点的净入渗时间相等，并尽量使畦末的积水范围和深度减小，以提高灌溉质量和灌溉水的利用率。在冻结条件下，地面灌溉水流运动速度快，大量的灌溉水涌向畦末，势必导致非积水段内入渗不足，而积水段入渗超量的结果。如果在地面坡降较小的条件下，可以考虑使灌溉水在全畦长范围内积水，使全畦长范围内各点的受水时间相近，达到提高灌溉效果的目的。希望通过积水入渗来提高灌溉效果，必须采用较短的畦长。在短畦灌溉条件下，灌溉水的入渗主要在放水结束后的积水入渗时间内发生，而放水期间水流流动过程中的入渗量占总入渗量的一小部分，全畦长范围内各点的净入渗时间相近，入渗量必然相近，灌水质量必然较好。

2. 小流量灌溉

以上讨论的短畦灌溉措施是利用封堵积水入渗来提高灌溉效果指标。而小流量灌溉技术则是通过减小单宽流量，减小地面水流的运动速度，增加灌溉水在灌水畦各点上的停留时间，进而提高冬灌灌溉效果。

如试验区灌溉地块的最大长度为 190m，在不同地温条件下进行灌溉时，不同单宽流量灌溉时的灌溉效果指标见表 8.8。由表中数据可知：①在给定畦长、地面坡降和灌水定额的条件下，随着单宽流量的减小，灌水效果提高；②在给定灌水条件下，当单宽流量为 $0.001m^3$/(s · m)时，可以获得较理想的灌溉效果。因此，在冬灌条件下，可以采用小流量灌溉的方式提高灌溉效果。

表 8.8　不同单宽流量灌溉时灌溉效果比较表(灌水定额为 $40m^3$/亩)

地温和 H_{90}	单宽流量/[m^3/(s·m)]	放水时间/s	地面坡降	畦长/m	储水效率/%	灌水均匀度/%	灌水效率/%
−5.5℃、2.69cm	0.001	14250	0.0004	190	80.1	81.4	80.6
	0.002	7125	0.0004	190	77.2	77.2	78.0
	0.003	4750	0.0004	190	76.1	74.6	76.2
	0.004	3563	0.0004	190	74.6	73.7	75.8
	0.005	2850	0.0004	190	74.2	73.7	75.2
−1.5℃、4.42cm	0.001	14250	0.0004	190	95.2	90.5	95.2
	0.002	7125	0.0004	190	88.7	88.3	89.3
	0.003	4750	0.0004	190	83.4	85.7	84.6
	0.004	3563	0.0004	190	80.8	84.3	81.3
	0.005	2850	0.0004	190	78.6	83.3	80.4

在灌溉实践中，由于受水源供水流量和畦田宽度的限制，灌溉时的单宽流量不可随意调整，建议采取以下方式进行单宽流量的调整：取同时灌溉的灌水畦数为原同时灌水畦数的整倍数。例如，在非冻结条件下灌溉时，某井同时灌溉的灌水畦数为 2，则在冻结条件下灌溉时，同时灌溉的畦数可取 4、6、8 等，相应的单宽流量分别是非冻结条件下的 1/2、1/4 和 1/8 等。

3. *小畦灌溉*

在非冻结土壤条件下，采用小畦灌溉可以获得理想的灌溉效果。在冻结土壤条件下，由于水分入渗和地面水流运动的特殊性，在长畦灌溉条件下也可获得较好的灌溉效果。表 8.9 为其他条件相同、畦长不同时的灌溉效果比较表。

表 8.9　其他条件相同、畦长不同时的灌溉效果比较表(灌水定额为 $40m^3$/亩)

单宽流量/[m^3/(s·m)]	放水时间/s	地面坡降	畦长/m	储水效率/%	灌水均匀度/%	灌水效率/%
0.001	3000	0.0004	40	87.1	90.3	88.6
0.001	3750	0.0004	50	85.5	87.5	88.1
0.001	4500	0.0004	60	85.9	86.5	86.5
0.001	5250	0.0004	70	85.1	85.7	86.2
0.001	6000	0.0004	80	84.6	85.5	86.0
0.001	6750	0.0004	90	84.3	85.5	85.8
0.001	7500	0.0004	100	84.2	85.6	85.6
0.001	8250	0.0004	110	84.7	85.5	84.7
0.001	9000	0.0004	120	84.3	86.2	85.4
0.001	9750	0.0004	130	84.4	86.5	85.3
0.001	10500	0.0004	140	84.5	86.8	85.2

续表

单宽流量/[m³/(s·m)]	放水时间/s	地面坡降	畦长/m	储水效率/%	灌水均匀度/%	灌水效率/%
0.001	11250	0.0004	150	84.7	87.1	85.1
0.001	12000	0.0004	160	85.0	87.5	85.1
0.001	12750	0.0004	170	85.0	88.1	85.6
0.001	13500	0.0004	180	85.3	88.4	85.5
0.001	14250	0.0004	190	85.3	89.0	86.0
0.001	15000	0.0004	200	85.7	89.4	86.0
0.001	15750	0.0004	210	85.9	89.9	86.4
0.001	16500	0.0004	220	86.2	90.1	86.4
0.001	17250	0.0004	230	86.4	90.5	86.7
0.001	18000	0.0004	240	86.7	90.9	87.2
0.001	18750	0.0004	250	87.1	91.0	87.1
0.001	19500	0.0004	260	87.4	91.3	87.5
0.001	20250	0.0004	270	87.6	91.5	87.8
0.001	21000	0.0004	280	88.0	91.7	88.2
0.001	21750	0.0004	290	88.3	91.9	88.5
0.001	22500	0.0004	300	88.6	92.0	88.8

当畦长在 40～300m 变化时，在给定其他灌水技术参数的条件下，表征灌溉效果的 3 项指标(储水效率、灌水均匀度、灌水效率)经历由大到小，再由小到大的变化过程。这表明当畦长较小和较大时都可获得较好的灌溉效果。畦长较小(40～60m)时可获得较好的灌溉效果的原因在第一项措施短畦灌溉中已经阐明。那么，较大畦长为什么也可获得较好的灌溉效果呢？事实上，较大畦长灌溉条件下获得较好的灌溉效果是有条件的。只有在小流量灌溉时，较大畦长才可以获得较好的灌溉效果。小流量灌溉条件下，灌溉水流推进速度小，无论是其推进过程还是退水过程都较缓慢，灌溉水在全畦长方向上各点的停留时间增加，入渗量增加，如果畦长足够长，放水时间接近设计灌水定额的入渗时间，畦田上下游的受水量趋于一致，各项灌水指标提高。在给定土壤入渗参数和其他灌水条件下，当畦长大于 200m 后，各项灌溉效果评价指标都已较高，所以 200m 畦长可作为这次灌水的畦长下限。但值得说明的是此下限受很多因素(诸如土壤入渗参数、地面坡降、单宽流量等)的影响，需根据灌溉时的有关参数利用地面灌溉水流模拟程序计算确定。

4. *秋耕灌溉*

表 8.10 列出了 3 种耕作条件(秋耕休闲地、冬小麦地和未耕地)下，给定试验区地面坡度和畦长条件下，地表以下 5cm 地温为–0.5℃时的模拟灌溉效果指标。

表 8.10　不同耕作状态冬灌灌溉效果比较表(灌水定额为 40m³/亩)

耕作状态	单宽流量/[m³/(s·m)]	放水时间/s	地面坡降	畦长/m	储水效率/%	灌水均匀度/%	灌水效率/%
冬小麦地	0.001	14250	0.0004	190	89.9	88.2	90.2
	0.002	7125	0.0004	190	85.0	84.7	85.1
	0.003	4750	0.0004	190	83.1	82.6	83.8
	0.004	3563	0.0004	190	81.9	80.9	82.9
	0.005	2850	0.0004	190	81.4	79.2	81.6
	0.006	2375	0.0004	190	80.9	79.4	81.8
秋耕休闲地	0.001	14250	0.0004	190	97.2	90.8	94.8
	0.002	7125	0.0004	190	91.2	79.9	89.4
	0.003	4750	0.0004	190	88.1	74.3	86.6
	0.004	3563	0.0004	190	86.2	70.9	84.9
	0.005	2850	0.0004	190	85.5	70.0	84.7
	0.006	2375	0.0004	190	84.8	68.4	83.7
未耕地	0.001	14250	0.0004	190	87.4	81.2	87.5
	0.002	7125	0.0004	190	84.3	77.4	84.5
	0.003	4750	0.0004	190	82.7	74.7	83.3
	0.004	3563	0.0004	190	81.9	72.5	82.0
	0.005	2850	0.0004	190	81.1	72.2	82.1
	0.006	2375	0.0004	190	80.8	70.7	81.2

总体来看，秋耕休闲地灌溉时的灌溉效果最好，冬小麦地次之，未耕地最低。由此可见，冬灌条件下，其灌溉效果与土壤耕作条件有关。相同地温下，结构松散土壤的灌溉效果比结构密实土壤的高。其主要原因是结构松散土壤的入渗能力大于结构密实土壤。土壤入渗能力越大，灌溉时水流推进速度相对越慢，灌溉水在畦田各点上停留的时间相对较长，因而其储水效率、灌水均匀度和灌水效率都容易得到满足。因此，为提高冬灌灌溉效果，在可能的情况下，尽量实施秋耕后冬灌。在 3 种土壤结构中，未耕地的灌溉效果最差，应尽量避免在未耕地条件下进行冬灌。

5. 最冷月免灌

如前所述，土壤入渗能力在某种程度上决定着冬灌灌溉效果的好坏。而土壤入渗能力与土壤负温之间又存在较密切的相关关系。当地温降到越冬期的最低值时，土壤入渗能力也降到最低值。3 种质地土壤越冬期入渗试验表明：自然冻结条件下，土壤的最低入渗能力(以 90min 累积入渗量 H_{90} 表示)为 1～2cm。经多次计算，如果土壤 90min 累积入渗量 H_{90} 小于 3cm，无论采取什么措施，使灌溉效果的各项指标都达到 80%以上是很困难的。表 8.11 列出了试验区未耕地 1 月 17 日 90min 累积入渗量 H_{90}

为 1.66cm，地温为–5.5℃的模拟灌溉效果指标。由表 8.11 可以看出，无论单宽流量取多大，表征灌溉效果的 3 项指标都在 80%以下，其中灌水效率和储水效率都在 71%以下。因此，为提高灌溉水的利用率，确保灌水质量，应尽量避免在越冬期的最冷月(试验区气候条件下最冷月为 1 月)进行灌溉。

表 8.11　最冷月灌溉效果指标(灌水定额为 $40m^3$/亩)

单宽流量/[m^3/(s·m)]	放水时间/s	地面坡降	畦长/m	储水效率/%	灌水均匀度/%	灌水效率/%
0.001	14250	0.0004	190	70.6	77.5	70.9
0.002	7125	0.0004	190	69.0	74.1	69.1
0.003	4750	0.0004	190	68.1	72.3	68.4
0.004	3563	0.0004	190	67.3	71.3	68.1
0.005	2850	0.0004	190	66.8	70.5	67.8
0.006	2375	0.0004	190	66.6	69.8	67.4

8.2　强透水土壤条件下的灌溉

8.2.1　强透水土壤条件下灌水过程的特点

特强土壤入渗能力是指 90min 累积入渗量 H_{90} 在 15cm 以上的情况。某地黏壤土备耕头水地 90min 累积入渗量 H_{90} 为 16.79cm，灌水定额为 $40m^3$/亩时，通过计算可知，灌水效率十分低，见表 8.12。

表 8.12　黏壤土 1 备耕头水地灌水效率试算表

单宽流量/[m^3/(s·m)]	坡度	畦长/m	灌水效率/%
0.001	0.010	20	64.9
0.001	0.050	20	66.9
0.001	0.030	20	67.1
0.001	0.020	20	65.6
0.010	0.010	30	10.8
0.010	0.010	40	14.5
0.008	0.010	50	17.9
0.008	0.005	50	17.9
0.005	0.010	60	21.0
0.009	0.005	60	21.6
0.007	0.003	60	20.7

8.2.2　提高强透水土壤灌水质量和效果的措施

1. 尽量避免无耙耱休闲地条件下的灌溉

犁耕后无耙耱休闲地地表凹凸不平，耕作层土壤普遍存在大孔洞，土壤入渗速率快，加之地表糙率值大，灌溉水流推进速度慢，灌溉水集中于畦田首部入渗，灌溉水的有效利用程度极低。例如，御河试验站同一种土壤质地，不同土壤结构下的入渗能力不同，犁耕翻松地 90min 累积入渗量 H_{90} 为 23.6cm，犁耕压实地 90min 累积入渗量 H_{90} 为 15.9cm，未耕原茬地 90min 累积入渗量 H_{90} 为 17.0cm。为提高灌溉水有效利用率，应尽量避免犁翻后无耙耱休闲地的灌溉。如果根据储水灌溉或播前灌溉要求不得不进行休闲地的灌溉时，应对休闲地进行耙耱、平整等农事作业，使其土壤容重增加，人为减小土壤入渗能力后再进行灌溉。

2. 长畦短灌

长畦短灌又称为长畦分段灌溉，即将长畦划分为若干个没有横向畦埂的短畦，用软管或纵向输水沟将灌溉水送入各灌溉段进行灌溉。采用软管输水时灌水通常由远及近，采用输水沟输水时灌水则由近及远，直到全部短畦灌完为止。对于特强入渗能力的土壤，根据优化畦田的长度，将长畦分为短畦进行灌溉，可以得到较好的灌水效果。长畦短灌不仅可以达到小畦灌溉时的节水效果，而且还可以减少横向田间渠道，节约耕地，也便于农机作业，容易被农民接受。当土壤入渗能力很大，又必须进行灌溉时，可以考虑用此法来进行灌溉，以提高灌水效果。

8.3　特弱透水土壤条件下的灌溉

8.3.1　特弱透水土壤条件下灌水过程的特点

小流量灌溉技术则是通过采用较小的单宽流量，降低地面水流的运动速度，增加灌溉水在灌水畦田各点上的停留时间，进而提高地面灌溉的灌溉效果。大田灌水试验和计算表明：单宽流量的大小对畦田水流推进速度和水分沿灌水畦长方向的水分分布有很大影响。地面灌溉水流运动的速度与单宽流量呈正比例关系。单宽流量越小，水流的推进和消退速度越小，实质上增加了灌溉水在各点上的停留时间。当土壤入渗能力较小时，减小单宽流量、增加放水时间，可以增加灌溉水在畦田内的停留时间，土壤的净入渗时间增加，从而可以提高地面灌溉的灌溉效果。

例如，某灌溉地块的畦长为 50m，灌水定额为 40m^3/亩，地面坡降为 0.001，土壤入渗能力(以 90min 累积入渗量 H_{90} 反映)分别为 6.8cm 和 5.4cm 时，不同单宽流量灌溉时的灌溉效果指标见表 8.13。由表 8.13 可知：①在给定畦长、地面坡降和灌水定额条件下，随着单宽流量的减小，灌溉效果提高，当单宽流量为 0.0011m^3/(s·m)时，两种土壤入渗能力下都可以获得较理想的灌溉效果；②随着土壤入渗能力的下降，在同样的单宽流量下，灌溉效果降低。

表 8.13　不同单宽流量灌溉时的灌溉效果比较表

土壤入渗能力(H_{90})/cm	单宽流量/[m³/(s·m)]	地面坡降	畦长/m	灌水效率/%	最优单宽流量/[m³/(s·m)]
6.8	0.0010	0.0010	30	89.6	0.001
	0.0010	0.0010	40	93.1	
	0.0011	0.0010	40	90.7	
	0.0010	0.0010	50	94.9	
	0.0011	0.0010	50	93.9	
5.4	0.0010	0.0010	30	81.6	0.001
	0.0010	0.0010	40	84.0	
	0.0011	0.0010	40	82.6	
	0.0010	0.0010	50	86.0	
	0.0011	0.0010	50	84.2	
	0.0010	0.0010	75	91.7	
	0.0011	0.0010	75	90.4	
	0.0012	0.0010	75	88.3	
	0.0010	0.0033	100	92.7	
	0.0011	0.0033	100	92.2	
	0.0012	0.0033	100	92.0	
	0.0013	0.0033	100	90.7	

8.3.2　提高特弱透水土壤灌水质量和效果的措施

在土壤入渗能力特别低的情况下，可采用小流量灌溉的方式来提高灌溉效果，即减小单宽流量，增加放水时间，增加灌溉水在畦田内的停留时间，土壤的净入渗时间增加，从而可以提高地面灌溉的灌溉效果。

8.4　洪水补源灌溉

8.4.1　洪水补源灌溉与水分补充灌溉

洪水补源灌溉与补充土壤水分的灌溉目的不同，其田间管理也有很大差别。如果灌溉的目的是用洪水资源补充作物所需水分，增加作物产量，则要求灌水效率高、储水效率高、灌水均匀。在此目标下，计划调控土壤水分的深度一般在0.6～1.2m，因此，在补充作物所需水分时，宜采取多次、少量的灌溉制度。如果灌溉目标是补充地下水，希望灌溉水量大量进入地下水，也就是使更多的灌溉水分入渗到0.6～1.2m，此时，0.6～1.2m土层接受的灌溉水入渗水量被作物吸收，0.6～1.2m土层接受的灌溉水入渗水量用来补充地下水，即实现引用洪水补充地下水源。

8.4.2　提高洪水补源灌溉效果的措施

在洪水补源灌溉条件下，地表洪水也是通过灌溉水推进和消退过程中的水分入渗进入土壤，各剖面的入渗水量除与土壤入渗参数有关外，还取决于水流在该断面上的净入渗时间(该断面退水时间与推进时间之差)。因此，洪水补源灌溉目标要求灌溉水在地表各剖面停留时间都长一些，希望使灌水有效利用率低一些，灌水均匀度差一些[169-177]。针对此要求，提出以下几种提高洪水补源灌溉效果的灌水技术措施：大定额灌溉、长畦灌溉、强透水土壤下大单宽流量灌溉、低土壤入渗能力下小单宽流量灌溉。

1. *大定额灌溉*

对于补充作物所需水分而言，合适的灌水定额一般在 40～60m^3/亩，对于播前灌溉，其灌水定额一般小于 80m^3/亩。在实施洪水补源灌溉时，应实施大定额灌溉。但在实施洪水补源灌溉时，还应遵循高的洪水补源效率和低的养分淋失率原则。洪水补源效率是指灌溉补给的地下水量与灌溉水量的比值；养分淋失率是指大、小灌水定额灌溉条件下，一定深度范围内，单位质量土壤所持速效养分的差值百分数。根据作者对大田耕作土壤的洪水补源灌溉试验得出，洪水补源效率随灌水定额的增大而增大，还与土壤质地和灌水前土壤含水率有关。如果仅从洪水补源效率考虑，希望灌水定额越大越好。就养分淋失率而言，速效磷在灌水后的淋失率高，但与灌水定额的关系不大；而速效钾的淋失率低，且在上层土壤中淋失的速效钾一般都在下层土壤中积累下来，仍然在作物的吸收深度内。土壤中的速效磷与速效钾养分在灌水前后不仅受到淋溶与积累作用的影响，还受作物的吸收、速效养分与缓效养分之间的转化等的影响，另外土壤的变易性也影响速效磷与速效钾的含量变化。因此，综合考虑洪水补源效率与养分淋失率两方面的因素，认为洪水补源灌溉的合理灌水定额在 120～160m^3/亩比较合适，既有较高的洪水补源效率，也有较低的养分淋失率。

洪水补源灌溉的灌水方式不同于其他水源类型的灌水方式。合理的灌水定额受多种条件与因素的制约，除受洪水补源效率与养分淋失制约外，还受灌溉洪水的来水时间、水质特性等的制约。

2. *长畦灌溉*

表 8.14 是在单宽流量一定的情况下，洪水补源效率随灌水畦长的变化表。由表 8.14 中的数据可以看出，在单宽流量一定的情况下，洪水补源效率随灌水畦长的增大而增大。地面畦灌灌溉条件下，灌溉水流从灌水畦上游进入灌水畦，在灌水畦进口处灌溉水最先开始入渗，随着灌溉水流向前推进，在入渗范围逐渐扩大的同时，水流已到达畦首的入渗量不断增加，水流推进锋面入渗量为零，而其他点的入渗量随放水时间与灌溉水流到达该点的时间差的增大而增大，进口处的水流推进时间为零，故入渗量最大。因此，一般情况下，在灌溉水流推进过程中，灌水畦进口处的入渗量最大，而水流推进锋面处的入渗量为零。

表 8.14　不同畦长的洪水补源效率表

H_{90}/cm	单宽流量/[m^3/(s·m)]	放水时间/s	地面坡降	畦长/m	储水效率/%	灌水均匀度/%	洪水补源效率/%
2.48	0.0072	1094	0.004	100	92.2	47.9	73.9
	0.0072	1641	0.004	150	94.1	47.1	75.2
	0.0072	2188	0.004	200	95.8	47.2	77.4
	0.0072	2734	0.004	250	97.5	47.7	80.3
	0.0072	3281	0.004	300	98.9	48.3	82.7
	0.0072	3828	0.004	350	98.1	47.7	84.4

放水过程结束后，运动在灌水畦中的水流继续向前推进，灌水畦上游开始退水。入渗过程结束，而下游入渗过程还在继续，直到整个灌水畦全部退水。尽管在退水过程中，灌水畦下游的入渗量比上游的入渗量要大一些，但在一般情况下，灌水畦上游的入渗量要大于下游的入渗量，造成灌溉水沿畦长方向的灌水不均匀。长畦洪水补源灌溉正是利用地面灌溉的这一特征提高其补源效果的。通过增加畦长，延长畦上游的净入渗时间，进而增大畦上游的水分入渗量，使灌溉过程中灌水畦上游的入渗量大大超过计划灌水深度，达到高效率补源的目的。因此洪水补源灌溉在洪水补源条件下，采用长畦灌溉可获得好的补源效果。

考虑到洪水补源灌溉时单宽流量大、畦田水深大、灌溉水流推进速度快，而清水畦灌单宽流量小、畦田水深浅、灌溉水流推进速度慢，根据农田的一般规格，提出同时满足提高灌溉水利用率和增大洪水补源效率双重要求的清洪灌溉畦田规格结合方式：清水灌溉时的畦田规格按 1.5～2.0m(畦宽)×60～100m(畦长)考虑；洪水灌溉时的畦田规格按 4.5～6.0m(畦宽)×120～200m(畦长)考虑，即洪水补源灌溉畦田宽度是清水畦灌畦田规格的 3～4 倍，长度是清水畦灌畦田规格的 2 倍。备耕做埂时，田间畦埂按“一大二小”或“三小”来做。大埂间距为 4.5～6.0m，小埂间距为 1.5～2.0m。在畦长方向上，洪水跨越两条清水渠(一条在地块上游，另一条在畦块中央)。

3. 强透水土壤下大单宽流量灌溉

表 8.15 是在强入渗能力下，畦长一定时，洪水补源效率随单宽流量的变化表。由表 8.15 可以看出，在畦长一定的情况下，洪水补源效率随灌水单宽流量的增大而增大，当单宽流量增大到某一值时，洪水补源效率有可能达到 84%以上。大流量灌溉技术是通过增加单宽流量，增加地面水流的运动速度，使灌溉水流尽快到达畦田末端，一方面尽快使整个畦块全面积入渗，另一方面使部分灌溉水在畦田末端积蓄，形成壅水，增加灌溉水在畦田末端的停留时间，使灌溉水在畦田末端大量入渗，从而提高洪水补源效率。在土壤入渗能力强的情况下，通过增加单宽流量增加灌溉水在畦田下游的积水深度和积水范围，是提高洪水补源灌溉效果的一种好方法。因此洪水补源灌溉在强入渗能力下，采用大单宽流量灌溉可获得较好的补源效果。

表 8.15　强入渗能力下不同单宽流量的洪水补源效率表

H_{90}/cm	单宽流量/[m^3/(s·m)]	放水时间/s	地面坡降	畦长/m	储水效率/%	灌水均匀度/%	洪水补源效率/%
10.313	0.002	12600	0.004	200	99.1	83.1	68.9
	0.004	6300	0.004	200	100	91.4	73.4
	0.006	4200	0.004	200	100	85.5	77.5
	0.008	3150	0.004	200	99.9	79.4	82.3
	0.010	2520	0.004	200	96.6	76.4	84.6

4. 低土壤入渗能力下小单宽流量灌溉

表 8.16 是在低土壤入渗能力下，畦长一定时，洪水补源效率随单宽流量的变化表。

表 8.16　低入渗能力下不同单宽流量的洪水补源效率表

H_{90}/cm	单宽流量/[m^3/(s·m)]	放水时间/s	地面坡降	畦长/m	储水效率/%	灌水均匀度/%	洪水补源效率/%
2.48	0.002	7875	0.004	200	99.4	87.5	84.5
	0.004	3938	0.004	200	95.0	67.0	84.0
	0.006	2625	0.004	200	91.2	57.8	83.7
	0.008	1965	0.004	200	89.1	52.3	81.2
	0.010	1575	0.004	200	87.7	48.8	79.6

由表 8.16 中的数据可以看出，在畦长一定的情况下，洪水补源效率随灌水单宽流量的增大而减小，当单宽流量减小到某一值时，洪水补源效率有可能达到 100%。小流量灌溉技术是通过减小单宽流量，减小地面水流的运动速度，增加灌溉水在灌水畦各点上的停留时间，进而提高补源效果。地面灌溉水流运动的速度与单宽流量呈正比例关系。单宽流量越小，水流的推进速度越小，在畦长一定的条件下，完成灌水推进过程所需的时间越长，灌溉水在灌溉畦田各点上的平均停留时间增长，各点的入渗量增大，可达到高效率补源的目的。因此洪水地面灌溉在低入渗能力下，为获得好的补源效果可采用小单宽流量灌溉。

参 考 文 献

[1] 张巧显, 闵庆文. 中国水安全系统模拟及对策比较研究[J]. 水科学进展, 2002, 13(5): 569-577.

[2] 刘钰, 惠士博. 畦田最优灌水技术参数组合的确定[J]. 水利学报, 1986, (1): 9-22.

[3] 黄元仿, 李韵珠. 土壤水力性质的估算——土壤转换函数[J]. 土壤学报, 2002, 39(4): 517-523.

[4] Horton R E. An approach toward a physical interpretation of infiltration-capacity[J]. Soil Science Society of America Journal, 1957, 84(4): 257-264.

[5] Philip J R. The theory of infiltration about sorptivity and algebraic infiltration equations[J]. Soil Science Society of America Journal, 1957, 84(3): 257-264.

[6] Green W H, Ampt G A. Studies on soil physics: Part Ⅰ——flow of air and water through soils[J]. Journal of Agricultural Science and Technology, 1911, 76(4): 1-24.

[7] Kostiakov A N. On the dynamics of the coefficient of water percolation in soils and on the necessity for studying in from a dynamic point of view for purposes of amelioration[J]. Soil Science Society of America Journal, 1932, 97(1): 17-21.

[8] Philip J R. The theory of infiltration: 5. the influence of the initial moisture content[J]. Soil Science, 1957, 84(4): 329-339.

[9] Philip J R. Infiltration into surface-sealed soils[J]. Water Resources Research, 1998, 34: 1919-1927.

[10] Ghosh R K, Saha S, Ghosh P. Efficacy of eco-safety herbicides on the production improvement of vegetables in allurial Soils of India//The XVth International Plant Protection Congress, Beijing, 2004: 223-225.

[11] 方正三. 非饱和土壤水分的能量关系、可利用性及其运动[J]. 科学通报, 1964, 9(4): 306-315.

[12] 蒋定生, 黄国俊. 黄土高原土壤入渗速率的研究[J]. 土壤学报, 1986(4): 299-305.

[13] Swartzendruber D. Exact mathematical derivation of a two - term infiltration equation[J]. Water Resources Research, 1997, 33(3): 491-496.

[14] Parlange J Y, Barry D A, Haverkamp R, et al. Explicit infiltration equations and the Lambert W-function[J]. Advances in Water Resources, 2002, 25(8): 1119-1124.

[15] Ben-Asher J, Lomen D O, Warrick A W. Linear and nonlinear models of infiltration from a point source[J]. Soil Science Society of America Journal, 1978, 42(1): 295-312.

[16] Elliott R L, Walker W R. Field evaluation of furrow infiltratiny and advance function[J]. Transactions of the American Society of Agricultural Engineers, 1982, 25(2): 396-400.

[17] Shepard J S. One point method for estimating furrow infiltratiny[J]. Transactions of the American Society of Agricultural Engineers, 1982, 25(2): 396-404.

[18] 王文焰. 波涌灌溉试验研究和应用[M]. 西安: 西北工业大学出版社, 1994.

[19] 费良军. 浑水波涌灌溉理论与技术要素研究[D]. 西安: 西安理工大学, 1997.

[20] Maheshwari B L, Mcmahon T A, Turner A K. Sensitivity analysis of parameters of border irrigation models[J]. Agricultural Water Management, 1990, 18(1): 277-287.

[21] Esfandiari M, Maheshwari B L. Application of the optimization method for estimating infiltration characteristics infurrow irrigation and its comparison with other methods[J]. Agricultural Water Management, 1997(34): 169-185.

[22] Saxton K E, Rawls W J, Romberger J S, et al. Estimating generalized soil-water characteristics from texture[J]. Soil Science Society of America Journal, 1986, 50(4): 1031-1036.

[23] Schaap M G, Bouten W. Modeling water retention curves of sandy soils using neural network[J]. Water Resources Research, 1996, 32(10): 3033-3040.

[24] Minasny B, McBratney A B, Bristow K L. Comparison of different approaches to the development of pedotransfer functions for water-retention curves[J]. Geofisica Internacional, 1999, 93(3-4): 225-253.

[25] Wang Q J, Ye H Y, Shi X, et al. Influence of initial water content on slight saline water infiltration[J]. Journal of Soil and Water Conservation, 2004, 18(1): 51-53.

[26] Bodnár F, Hulshof J. Soil crusts and deposits as sheet erosion indicators in southern Mali[J]. Soil Use and Management, 2010, 22(1): 102-109.

[27] Li R, Lai J B. Assessing the size dependency of measured hydraulic conductivity using double-ring infiltrometers and numerical simulation[J]. Soil Science Society of America Journal, 2007, 71(6): 1667-1675.

[28] Duan X W, Xie Y. Field capacity in black soil region, Northeast China[J]. Chinese Geographical Science, 2010, 20(5): 406-413.

[29] 缴锡云, 王文焰, 雷志栋, 等. 估算土壤入渗参数的改进 Maheshwari 法[J]. 水利学报, 2001, 2(1): 62-67.

[30] 张新民, 王根绪, 胡想全, 等. 用畦灌试验资料推求土壤入渗参数的非线性回归[J]. 水利学报, 2005, 36(1): 28-34.

[31] Donatelli M, Wosten J H M, Belocchi G. Methods to evaluate pedo-transfer functions[J]. Developments in Soil Science, 2004, 30(4): 357-411.

[32] Gupat S C, Larson W E. Estimating soil retention characteristics feom particle size distribution, organic matter percent, and bulk density[J]. Water Resource Research, 1979, 15(6): 1633-1635.

[33] Rawls W J, Gish T J, Brakensiek D L. Estimating soil water retention from soil physical properties and characteristics[J]. Soil Science Society of America Journal, 1991, 16: 13-234.

[34] Basile A D,Urso G. Experimental correlations of simplified methods for predicting water retention curves in clay-loamy soils from particle-size determination[J]. Soil Technology, 1997, 10(3): 261-272.

[35] Arya L M, Leij F J, Shouse P J, et al. Relationship between the hydraulic conductivity function and the particle-size distribution[J]. Soil Science Society of America Journal, 1999, 67(5): 1063-1070.

[36] Arya L M, Heitman J L, Thapa B B, et al. Predicting saturated hydraulic conductivity of golf course sands from particle-size distribution[J]. Soil Science Society of America Journal, 2010, 74(1): 33-37.

[37] Rawls W J, Brakensiek D L, Saxton K E. Estimation of soil water properties[J]. Transactions of the American Society of Agricultural Engineers, 1982, 25(5): 1316-1320, 1328.

[38] Vereecken H, Maes J, Feyen J. Estimating the soil moisture retention characteristic from texture, bulk density and carbon content[J]. Soil Science Society of America Journal, 1989, 148(6): 389-403.

[39] Vereecken H, Diels J, van Orshoven J, et al. Functional evaluation of pedotransfer function for the estimation of soil hydraulic properties[J]. Soil Science Society of America Journal, 1992, 56(5): 1371-1378.

[40] 朱安宁, 张佳宝, 陈效民, 等. 封丘地区土壤传递函数的研究[J]. 土壤学报, 2003, 40(1): 53-58.

[41] Pachepsky Y A, Rawls W J. Accuracy and reliability of pedo-transfer functions as affected by grouping soils[J]. Soil Science Society of America Journal, 1999, 63(6): 1748-1756.

[42] Wosten J H M, Pachepsky Y A, Rawls W J. Pedotransfer functions: bridging the gap between available basic soil data and missing soil hydraulic characteristic[J]. Journal of Hydrology, 2001, 251(3): 123-150.

[43]Mculloch W S, Pitts W. A logical calculus of the ideas immanent in nervous activity[J]. The Bulletin of Mathematical Biophysics, 1943, 5(4): 115-133.

[44] Hebb D O. The organization of behavior; a neuropsychological theory[M]. New York: John Wiley, Chapman & Hall, 2013.

[45] Rosenblatt F. The perception: A probabilistic model for information storage and organization in the brain[M]. Cambridge: MIT Press, 1988.

[46] Minsky M, Papert S. Perceptrons[J]. American Journal of Psychology, 1969, 84(3): 449-452.

[47] Widrow B, Hoff M E. Adaptive switching circuits[C]//1960 IRE WESCON Convention Record, New York, 1960, 4: 96-104.

[48] Winfree E. Algorithmic self-assembly of DNA[D]. California: California Institute of Technology Pasadend, 1998.

[49] Hofield J J. Neurons with graded response have collective computational properties like those of two-state neurons[J]. Proceedings of the National Academy of Sciences of the United States of America, 1984, 81(10): 3088-3092.

[50] Rumbelehart D E, Mcclelland J L. Parallel distributed processing: explorations in the microstructure of cognition[M]. Cambridge: MIT Press, 1986: 115-122.

[51] Lapeds A, Parber R. Genetic data base analysis with neural networks[J]. Neural Information Processing System-Nature and Synthetic, 2002, 2(10): 125-136.

[52] Mckenzie N J, Jacquier D W. Improving the field estimation of saturated hydraulic conductivity in soil survey[J]. Australian Journal of Soil Research, 1997, 35(4): 803-825.

[53] Tietje O, Tapkenhinrichs M. Evalution of pedo-transfer function[J]. Soil Science Society of America Journal, 1993, 57: 1088-1095.

[54] Bryson J. Applied optimal controla[M]. London: Routledge, 1969.

[55] Werbos P J. Applications of Advances in Nonlinear Sensitivity Analysis[M]. Berlin: Springer, 1982.

[56] Parker D B. Learning logic: casting the crotex of the human brain in silicon[J]. Center for Computional Research in Economics and Management Science, 1985: 221-228.

[57] 聂春燕, 胡克林, 邵元海, 等. 基于支持向量机和神经网络的土壤水力学参数预测效果比较[J]. 中国农业大学学报, 2010, 15(6): 102-107.

[58] 张晓文, 杨煜普, 许晓鸣. 神经网络传递函数的功能分析与仿真研究[J]. 计算机仿真研究, 2005, 22(10): 176-178.

[59] 沈玉花, 王兆霞, 高成耀, 等. BP 神经网络隐含层单元数的确定[J]. 天津理工大学学报, 2008, 24(5): 13-18.

[60] 张晓文, 杨煜普, 许晓鸣. 神经网络隐层作用的机理分析[J]. 华东理工大学学报, 2002, 10(28): 24-26.

[61] 田芳明, 周志胜, 黄操军, 等. BP 神经网络在土壤水分预测中的应用[J]. 电子测试, 2009, (10): 14-16.

[62] 韩勇鸿, 樊贵盛, 孔令超. 田间持水率土壤传输函数研究[J]. 农业机械学报, 2013, 44(9): 62-67.

[63] Schaap M G, Leij F J, Genuchten M T. Neural network analysis for hierarchical prediction of soil water retention and saturated hydraulic conductivity[J]. Soil Science Society of Americal Journal, 1998, 62: 847-855.

[64] Langat P K, Smith R J, Raine S R. Estimating the furrow infiltration characteristic from a single advance point[J]. Irrigation Science, 2008, 26(5): 367-374.

[65] Oyonarte N A, Mateos L. Accounting for soil variability in the evaluation of furrow irrigation[J]. Transactions of the American Society of Agricultural Engineers, 2003, 46(1): 85-94.

[66] 张新民, 胡想全. 畦灌灌水要素决策服务系统[J]. 灌溉排水学报, 2007, 26(3): 65-68.

[67] Hall W A. Estimating irrigation border flow[J]. Agricultural Engineering, 1956, 37: 263-265.

[68] 费良军, 刘立明. 间歇入渗模型探讨[J]. 陕西水利, 1995, (A01): 22-28.

[69] 马孝义, 王向伟, 范海燕,等. 基于水量平衡的膜孔畦灌水流推进过程研究[J]. 武汉大学学报(工学版), 2010, 43(6): 685-688.

[70] 聂卫波, 费良军, 马孝义, 等. 区域尺度内畦沟灌溉灌水技术要素组合的优化研究[J]. 水土保持通报, 2010, 30(5): 122-127.

[71] Kruger W E, Bassett D L. Unsteady flow of water over a porous bed having constant infiltration[J]. Transactions of the American Society of Agricultural Engineers, 1965, 8(1): 60-62.

[72] Katopodes N D, Strelkoff T. Hydrodynamic of Border Irrigation-complete Advance[J]. Journal of Environmental Engineering, The American Society of Civil Engineers, 1977, 103(3): 309-324.

[73] 刘钰, 惠士博. 畦灌水流运动的数学模型及数值计算[J]. 水利学报, 1987, (2): 3-12.

[74] 章少辉, 许迪, 李益农, 等. 基于 SGA 和 SRFR 的畦灌入渗参数与糙率系数优化反演模型(Ⅰ)——模型建立[J]. 水利学报, 2006, 37(11): 1297-1302.

[75] 董勤各, 许迪, 章少辉, 等. 一维畦灌地表水流-土壤水动力学耦合模型Ⅰ: 建模[J]. 水利学报, 2013, 44(5): 570-577.

[76] Strelkoff T , Katapodes N D. Border irrigation hydraulics using zero inertia[J]. Journal of Irrigation and Drainage Engineering, The American Society of Civil Engineers, 1977, 103(3): 325-342.

[77] Oweis T Y ,Walker W R. Zero-Inertia model of surge flow furrow irrigation[J]. Irrigation Science, 1990, 11(3): 131-136.

[78] Schmitz G H, Seus G S. Mathematical Zero-Inertia Modeling of Surface Irrigation Advanced in Borders[J]. Journal of Irrigation and Drainage Engineering, The American Society of Civil Engineers, 1990, 116(5): 603-615.

[79] 樊贵盛, 潘光在. 波涌灌地面水流运动的零惯量模型及数值计算[J]. 水利学报, 1994,(6): 66-73.

[80] 刘洪禄, 杨培岭. 畦灌田面行水流动的模拟型模拟[J]. 中国农业大学学报, 1997,(4): 66-72.

[81] 吴军虎, 陆汪海, 王海洋, 等. 羧甲基纤维素钠对土壤团粒结构及水分运动特性的影响[J]. 农业工程学报, 2015, 31(2): 117-123.

[82] Chen C L. Surface irrigation using kinematic-wave method[J]. Journal of the Irrigation and Drainage Division, 1970, 96(2): 39-46.

[83] Walker W R. Kinematic-wave furrow irrigation model[J]. Journal of Irrigation & Drainage Engineering, 1983, 109(4): 377-392.

[84] Clemments A J. Verification of the zero-inertia model for surface irrigation[J]. Journal of Irrigation and Drainage Engineering, The American Society of Civil Engineers, 1977, 103(3): 309-324.

[85] Pachepsky Y A, Timlin D, Varallyay G. Artificial neural networks to estimate soil water retention from easily measurable data[J]. Soil Science Society of America Journal, 1996, 60(3): 727-733.

[86] Foroud N, George E S, Entz T. Determination of infiltration rate from border irrigation advance and recession trajectories[J]. Agriculture Water Management, 1996, 30(2): 133-142.

[87] Valiantzas J D, Aggelides S, Sassalou A. Furrow infiltration estimation from time to a single advance point[J]. Agriculture Water Management, 2001, 52(1): 17-32.

[88] Blair A W, Smerdon E T. Unimodal surface irrigation efficiency[J]. Journal of the Irrigation and Drainage Division, 1988, 114(1): 156-168.

[89] 林性粹, 王智, 孟文, 等. 农田灌水方法及灌水技术的质量评估[J]. 西北农林科技大学学报(自然科学版), 1995,(5): 17-22.

[90] 林性粹, 王智, 李援农. 农田灌水质量指标的分析与评价[J]. 水利学报, 1996, 30(11): 74-77.

[91] 张新平, 郭相平. 土地平整程度对水平畦灌灌水过程和灌水质量的影响[J]. 上海交通大学学报(农业科学版), 1998(2): 141-147.

[92] 刘群昌, 许迪. 波涌灌溉技术田间适应性分析[J]. 农业工程学报, 2002, 18(1): 35-40.

[93] 丁秋生. 土壤入渗能力对灌溉效果的影响研究[J]. 中国农村水利水电, 2006, (9): 15-17.

[94] 陈博, 欧阳竹, 刘恩民, 等. 不同畦面结构下地面灌溉效果的对比分析[J]. 农业工程学报, 2010, 26(11): 30-36.

[95] 聂卫波, 费良军, 马孝义. 畦灌灌水技术要素组合优化[J]. 农业机械学报, 2012, 43(1): 83-88.

[96] 李久生, 饶敏杰. 地面灌溉水流特性及水分利用率的田间试验研究[J]. 农业工程学报, 2003, 19(3): 54-58.

[97] 李益农, 许迪, 李福祥. 田面平整精度对畦灌性能和作物产量影响的试验研究[J]. 水利学报, 2000, 31(12): 82-87.

[98] 白美健, 许迪, 李益农. 随机模拟畦面微地形分布及其差异性对畦灌性能的影响[J]. 农业工程学报, 2006, 22(6): 28-32.

[99] 郑和祥, 史海滨, 郭克贞, 等. 不同灌水参数组合时田面坡度对灌水质量的影响研究[J]. 干旱地区农业研究, 2011, 29(6): 43-48.

[100] 周兰香, 周振民. 畦灌灌水技术优化设计研究[J]. 灌溉排水, 1994, 13(3): 27-30.

[101] 刘才良, 路振广. 成层土上畦灌技术参数的优化组合及其应用[J]. 河海大学学报, 1996, 24(5): 10-14.

[102] 史学斌, 马孝义. 关中西部畦灌优化灌水技术要素组合的初步研究[J]. 灌溉排水学报, 2005, 24(2): 39-43,80.

[103] 缴锡云, 王维汉, 王志涛, 等. 基于田口方法的畦灌稳健设计[J]. 水利学报, 2013, 44(3): 349-354.

[104] 孔祥元. 沟(畦)灌技术要素模糊优化研究[J]. 灌溉排水, 1995, 14(4): 26-33.

[105] 高昌珍, 左月明, 任开兴. 小定额波涌沟灌技术要素的多目标模糊优化模型[J]. 农业工程学报, 2006, 22(10): 16-20.

[106] 金建新, 张新民, 徐宝山, 等. 基于 SRFR 软件垄沟灌土壤水分入渗参数反推方法评价[J]. 干旱地区农业研究, 2014, 32(4): 59-64.

[107] 李尧. 地面灌溉优化灌水技术参数一体化模型研究[D]. 太原: 太原理工大学, 2012.

[108] 李佳宝, 魏占民, 徐睿智, 等. 基于 SRFR 模型的畦灌入渗参数推求及模拟分析[J]. 节水灌溉, 2014, (2): 1-3.

[109] 虞晓彬，缴锡云，许建武. 基于 SRFR 模型的畦灌技术要素非劣解[J]. 灌溉排水学报, 2013, 32(2): 44-47, 73.

[110] 黎平，胡笑涛，蔡焕杰，等. 基于 SIRMOD 的畦灌质量评价及其技术要素优化[J]. 人民黄河, 2012, 34(4): 77-80, 83.

[111] 吕刚，吴祥云. 土壤入渗特性影响因素研究综述[J]. 中国农学通报. 2008, 24(7): 494-499.

[112] 蒙宽宏. 土壤水分入渗测定方法及影响因素[D]. 哈尔滨: 东北林业大学, 2006.

[113] Zhao Y G, Zhao S W, Cao L H, et al. Soil structural characteristics and its effecton infiltration on a-bandoned lands in semi arid typical grass land areas[J]. Transactions of the Chinese Society of Agricultural Engineering, 2008, 24(6): 14-201.

[114] Franzluebbersa A J. Water infiltration and soil structure related to organic matter and its stratification with depth[J]. Soil and Tillage Research, 2002, 66(2): 197-2051.

[115] 王慧芳，邵明安. 含碎石土壤水分入渗试验研究[J]. 水科学进展, 2006, 17(5): 604-609.

[116] Maheshwari B L, Turner A K, Mcmahon T A, et al. An optimization technique for estimating infiltration characteristic in border irrigation[J]. Agricultural water management, 1988, 13(1): 13-24.

[117] 刘珊珊，白美键，许迪，等. Green-Ampt 模型参数简化及与土壤物理参数的关系[J]. 农业工程学报, 2012, 28(1): 106-109.

[118] 潘云，吕殿青. 土壤容重对土壤水分入渗特性影响研究[J]. 灌溉排水学报, 2009, 22(3): 59-61.

[119] 韩勇鸿，樊贵盛，孔令超. 土壤结构与田间持水率间的定量关系研究[J]. 太原理工大学学报, 2012, 43(5): 615-619.

[120] 解文艳，樊贵盛. 土壤含水量对入渗能力的影响[J]. 太原理工大学学报, 2004, 35(3): 272-275.

[121] 王雪，樊贵盛. Na^+含量对土壤入渗能力影响的试验研究[J]. 太原理工大学学报, 2009, 40(4): 28-32.

[122] 樊贵盛，李尧，苏冬阳，等. 大田原生盐碱荒地入渗特性的试验[J]. 农业工程学报, 2012, 28(19): 63-70.

[123] 郭文聪，樊贵盛. 原生盐碱荒地的盐分积累与运移特性[J]. 农业工程学报, 2011, 27(3): 84-88.

[124] 郭文聪，樊贵盛. 渗水地膜覆盖条件下原生盐碱荒地盐分累积特性研究[J]. 干旱地区农业研究, 2012, 30(2): 34-38, 46.

[125] 李雪转，樊贵盛. 土壤有机质含量对土壤入渗能力及参数影响的试验研究[J]. 农业工程学报, 2006, 22(3): 188-190.

[126] 冯锦萍，樊贵盛. 土壤入渗参数的线性传输函数研究[J]. 中国农村水利水电, 2014, (9): 8-11.

[127] 原林虎. PHILIP 入渗模型参数预报模型研究与应用[D]. 太原: 太原理工大学, 2013.

[128] 樊贵盛，李雪转，李红星. 非饱和土壤介质水分入渗问题的试验研究[M]. 北京: 中国水利水电出版社, 2012.

[129] 舒凯民，樊贵盛. 基于质地的土壤水分特征曲线参数非线性预测[J]. 人民黄河, 2016, 38(7): 138-141, 145.

[130] 舒凯民，樊贵盛. 砂壤黄土比水容量对土壤容重变异敏感性分析[J]. 土壤通报, 2016, 47(4): 814-819.

[131] 李雪转. 非充分供水土壤水分入渗规律的试验研究与过程模拟[D]. 太原: 太原理工大学, 2010.

[132] 雷国庆，樊贵盛. 基于支持向量机的土壤水分入渗参数预测研究[J]. 节水灌溉, 2015, 12(4): 28-30, 34.

[133] 郭文聪. 渗水地膜覆盖改良原生盐碱荒地的关键技术研究[D]. 太原: 太原理工大学, 2013.

[134] 王雪，樊贵盛. 改善原始盐碱荒地入渗能力措施的试验研究[J]. 灌溉排水学报, 2009, 28(6): 46-49.

[135] 徐学祖，邓友生. 冻土中水分迁移的实验研究[M]. 北京: 科学出版社, 1991.

[136] 樊贵盛，贾宏骥，李海燕. 影响冻融土壤水分入渗特性主要因素的试验研究[J]. 农业工程学报, 1999, 15(4): 88-94.

[137] 樊贵盛，郑秀清，潘光在. 地下水埋深对冻融土壤水分入渗特性影响的试验研究[J]. 水利学报, 1999, 30(3): 22-27.

[138] 郑秀清，樊贵盛. 土壤含水率对季节性冻土入渗特性影响的试验研究[J]. 农业工程学报, 2000, 16(6): 52-55.

[139] 樊贵盛，郑秀清，贾宏骥. 季节性冻融土壤的冻融特点和减渗特性的研究[J]. 土壤学报, 2000, 37(1): 24-32.

[140] 樊贵盛，郑秀清，赵生义. 大田土壤冻融条件下入渗特性的试验研究[J]. 土壤侵蚀与水土保持学报, 1997, (3): 32-38.

[141] 岳海晶，樊贵盛. 考虑土壤结构变形的备耕地入渗参数线性预报模型[J]. 太原理工大学学报, 2015, 46(5): 616-622.

[142] 岳海晶. 土壤入渗模型参数的线性预报模型研究[D]. 太原: 太原理工大学, 2016.

[143] 郭华，樊贵盛. 考虑土壤结构变形的 Kostiakov 入渗模型参数非线性预报模型[J]. 节水灌溉, 2015, (12): 11-15.

[144] 郭华，樊贵盛. Philip 入渗模型参数的非线性预报模型[J]. 节水灌溉, 2016, 12(2): 1-4, 8.

[145] 雷国庆，樊贵盛. 土壤入渗参数的灰色预测模型研究[J]. 节水灌溉, 2015, 11(4): 64-67.

[146] 郭华. 土壤入渗模型参数的分阶段非线性预报模型研究[D]. 太原: 太原理工大学, 2016.

[147] 张明斌，樊贵盛，刑日县. 饱和砂卵石介质渗透系数线性预报模型研究[J]. 灌溉排水学报, 2012, 31(6) :35-37.

[148] 雷国庆. 基于土壤常规理化参数的畦灌灌水技术参数模糊优化模型研究[D]. 太原: 太原理工大学, 2016.

[149] 雷国庆, 樊贵盛. 基于畦灌灌水效果的土壤入渗参数预测精度控制研究[J]. 节水灌溉, 2016, 12(1): 81-84.
[150] 于泯, 樊贵盛. 不同土壤入渗模型参数多元非线性预测模型的精度对比分析[J]. 中国农村水利水电, 2016, 12(10): 63-68.
[151] 郭文聪, 樊贵盛. 渗水地膜覆盖原生盐碱荒地的土壤盐分运移数值模拟[J]. 灌溉排水学报, 2012, 31(5): 60-64.
[152] 武雯昱, 樊贵盛. 基于 Philip 入渗模型的土壤水分入渗参数 BP 预报模型[J]. 节水灌溉, 2015, 10(5): 25-29.
[153] 武雯昱. 基于 Koatiakov-Lewis 入渗模型的 BP 预报模型[D]. 太原: 太原理工大学, 2016.
[154] 于泯, 樊贵盛. 农田耕作土壤田间持水率的 BP 预测模型[J]. 灌溉排水学报, 2016, 35(7): 108-112.
[155] 于泯, 樊贵盛. 基于神经网络方法的季节性冻土 Kostiakov 入渗模型参数预测[J]. 灌溉排水学报, 2016, 35(8): 92-97.
[156] 于泯, 樊贵盛. 基于主成分分析的土壤凋萎系数 BP 预测模型[J]. 节水灌溉, 2016,(10): 51-54.
[157] 郭华, 樊贵盛. 冻融土壤 Kostiakov 入渗模型参数的非线性预报模型[J]. 节水灌溉, 2015, 11(4): 1-4, 8.
[158] Strelkoff S, Fangmeier D. Solution for gravity flow under a sluice gate[J]. Journal of the Engineering Mechanics Division, 1968, 94(1): 153-176.
[159] 韩勇鸿. 土壤持水参数传输函数研究[D]. 太原：太原理工大学, 2013.
[160] 章少辉. 土壤入渗参数及糙率系数的优化反求方法及应用[D]. 北京:中国水利水电科学研究院, 2005.
[161] 董孟军. 地面灌溉土壤入渗参数及糙率系数确定方法研究综述[J]. 灌溉排水学报, 2010, 29 (1): 129-132.
[162] 王维汉, 陈晓东, 缴锡云, 等. 土壤入渗参数的估算方法及其变异性研究进展[J]. 中国农学通报, 2011, 27(6): 272-275.
[163] 于同艳, 张兴义, 张少良, 等. 耕作措施对农田黑土入渗速率的影响[J]. 水土保持通报, 2007, 27(5): 71-74.
[164] Hart W E, Bassett D L, Strelkoff T. Surface irrigation hydraulics-kinematicsp[J]. Journal of Irrigation and Drainage Engineering, The American Society of Civil Engineers, 1968, 94(4): 419-440.
[165] 樊贵盛. 波涌灌溉入渗特性及地面灌溉水流数值模拟[D]. 西安: 陕西机械学院, 1993.
[166] Shepard J S, Wallender W W, Hopmans J W. One-point method for estimating furrows infiltration[J]. Transactions of the American Society of Agricultural Engineers, 1993, 36(2): 395-404.
[167] Clements A J. Kostiakov infiltration parameters from kinematic wave model[J]. Journal of Irrigation and Drainage Engineering, The American Society of Civil Engineers, 1998, 124(2): 127-129.
[168] 李雪转, 樊贵盛. 土壤入渗积水时间预测模型研究[J]. 土壤学报, 2012, 49(2) :269-273.
[169] Absalorn J P, Young S D, Crout N M, et al. Predicting the transfer of radiocaesium from organic soils to plants using soil characteristics[J]. Journal of environmental Radioactivity, 2001, 52(1): 31-43.
[170] 王改改, 张玉龙. 土壤传递函数模型的研究进展[J]. 干旱地区农业研究, 2012, 30(1): 99-103.
[171] 孙丽. 科尔沁沙丘—草甸相间地区表土饱和导水率的土壤传递函数研究[D]. 呼和浩特: 内蒙古农业大学, 2014.
[172] 陈晓燕, 陆桂华, 秦福兴, 等. 土壤传递函数法在确定田间持水量中的应用[J]. 河海大学学报, 2005, 33(2): 170-172.
[173] Sobieraj J A, Elsenbeer H, Vertessy R A. Pedo-transfer function for estimating saturated hydraulic conductivity: Implications for modeling storm flow generation[J]. Journal of hydrology, 2001, 251(3): 202-220.
[174] Mira J, Sandoval F. From natural to artificial neural computation[J]. Lecture Notes in Computer Science, 1995, 930: 535-542.
[175] 游松财, 邸苏闯, 袁晔, 等. 黄土高原地区土壤田间持水量的计算[J]. 自然资源学报, 2009, 24(3): 545-551.
[176] Liao K H, Xu S H, Wu J C, et al. Assessing soil water retention characteristics and their spatial variability using pedotransfer functions[J]. Pedosphere, 2011, 21(4): 413-422.
[177] 项静恬, 郭世琪. 多元回归模型在实际应用中的几种推广[J]. 数理统计与管理, 1994, 13(3): 48-50.

附 录 一

附表 1 粉砂质黏壤土 1 备耕头水地灌水定额分别为 40m^3/亩、50m^3/亩时的优化畦长

灌水条件	灌水定额/(m^3/亩)	单宽流量/[m^3/(s·m)]	地面坡降											
			0.0100		0.0050		0.0030		0.0020		0.0010		0.0005	
			优化畦长/m	灌水效率/%	优化畦长/m	灌水效率/%	优化畦长/m	灌水效率/%	优化畦长/m	灌水效率/%	优化畦长/m	灌水效率/%	优化畦长/m	灌水效率/%
Ⅰ. 土壤类型：粉砂质黏壤土 1 (0～20cm 砂粒含量 ω_1=20～40cm 砂粒含量 ω_4=25%， 0～20cm 粉粒含量 ω_2=20～40cm 粉粒含量 ω_5=50%， 0～20cm 黏粒含量 ω_3=20～40cm 黏粒含量 ω_6=25%) Ⅱ. 地表形态：备耕头水地，地表轻、中旱 (0～10cm 土壤容重 γ_1=1.1g/cm^3， 0～10cm 土壤变形容重 $\gamma_1^{\#}$=1.15g/cm^3， 10～20cm 土壤容重 γ_2=1.1g/cm^3， 20～40cm 土壤容重 γ_3=1.3g/cm^3， 0～20cm 土壤含水率 θ_1=12.79%， 20～40cm 土壤含水率 θ_2=16.42%， 土壤有机质含量 G=1g/kg， 填凹量 $h_{填凹量}$=1.5cm，糙率 n=0.05) Ⅲ. 入渗参数： 入渗系数 k=2.6538cm/min， 入渗指数 α=0.2459， 稳定入渗率 f_0=0.0959cm/min	40	0.001	30	91.4	30	91.7	30	91.9	30	91.8	30	92.3	30	92.4
		0.002	50	94.5	50	93.6	50	93.6	50	93.0	50	95.0	50	94.7
		0.003	70	93.1	70	93.4	70	94.8	70	94.0	70	93.8	50	82.9
		0.004	90	93.6	90	94.1	90	94.3	70	84.6	70	83.1	—	—
		0.005	110	95.9	110	94.5	110	94.7	90	86.9	90	86.2	—	—
		0.006	130	93.4	130	92.8	110	89.1	110	88.4	—	—	—	—
		0.007	150	94.8	140	90.9	120	82.5	—	—	—	—	—	—
		0.008	170	94.8	170	94.8	130	81.0	—	—	—	—	—	—
		0.010	190	94.8	190	94.8	—	—	—	—	—	—	—	—
		0.012	190	80.0	—	—	—	—	—	—	—	—	—	—
	50	0.001	30	93.7	30	94.8	30	95.4	30	93.3	30	94.8	30	93.3
		0.002	60	95.4	60	95.2	70	95.3	60	95.5	70	94.3	70	94.5
		0.003	90	93.5	100	93.4	90	95.2	90	95.4	90	93.9	90	93.6
		0.004	120	94.6	120	95.1	120	93.4	120	95.8	120	93.3	100	85.3
		0.005	150	95.5	140	95.8	140	96.5	140	96.1	130	87.3	130	88.1
		0.006	170	93.0	160	94.9	180	93.0	170	93.9	160	89.6	—	—
		0.007	190	86.8	190	88.9	190	87.9	190	90.1	—	—	—	—
		0.008	190	82.3	190	80.9	200	80.1	200	84.0	—	—	—	—
		0.010	—	—	—	—	—	—	—	—	—	—	—	—
		0.012	—	—	—	—	—	—	—	—	—	—	—	—

附表 2　粉砂质黏壤土 1 备耕头水地灌水定额分别为 $60m^3$/亩、$70m^3$/亩时的优化畦长

灌水条件	灌水定额/(m^3/亩)	单宽流量/[m^3/(s·m)]	地面坡降											
			0.0100		0.0050		0.0030		0.0020		0.0010		0.0005	
			优化畦长/m	灌水效率/%	优化畦长/m	灌水效率/%	优化畦长/m	灌水效率/%	优化畦长/m	灌水效率/%	优化畦长/m	灌水效率/%	优化畦长/m	灌水效率/%
Ⅰ. 土壤类型：粉砂质黏壤土 1 (0～20cm 砂粒含量 ω_1=20～40cm 砂粒含量 ω_4=25%， 0～20cm 粉粒含量 ω_2=20～40cm 粉粒含量 ω_5=50%， 0～20cm 黏粒含量 ω_3=20～40cm 黏粒含量 ω_6=25%) Ⅱ. 地表形态：备耕头水地，地表轻、中旱 (0～10cm 土壤容重 γ_1=1.1g/cm³， 0～10cm 土壤变形容重 $\gamma_1^{\#}$=1.15g/cm³， 10～20cm 土壤容重 γ_2=1.1g/cm³， 20～40cm 土壤容重 γ_3=1.3g/cm³， 0～20cm 土壤含水率 θ_1=12.79%， 20～40cm 土壤含水率 θ_2=16.42%， 土壤有机质含量 G=1g/kg，填凹量 $h_{填凹量}$=1.5cm，糙率 n=0.05) Ⅲ. 入渗参数： 入渗系数 k=2.6538cm/min， 入渗指数 α=0.2459， 稳定入渗率 f_0=0.0959cm/min	60	0.001	40	94.9	40	93.6	40	94.1	40	94.3	40	94.1	40	94.7
		0.002	70	95.1	70	93.8	70	94.9	70	95.2	70	95.8	70	96.3
		0.003	100	94.9	100	95.4	110	95.0	110	95.2	110	94.2	110	95.9
		0.004	120	88.3	130	92.0	130	91.1	130	92.3	130	91.7	120	87.5
		0.005	140	85.9	150	85.9	150	85.2	150	83.7	150	88.0	150	85.2
		0.006	160	80.6	170	82.4	170	83.7	160	82.3	—	—	—	—
		0.007	—	—	—	—	200	81.1	200	80.6	—	—	—	—
		0.008	—	—	—	—	—	—	—	—	—	—	—	—
		0.010	—	—	—	—	—	—	—	—	—	—	—	—
		0.012	—	—	—	—	—	—	—	—	—	—	—	—
	70	0.001	40	93.3	40	93.3	40	93.3	40	95.3	40	93.8	40	95.3
		0.002	70	88.9	70	87.2	70	87.3	70	87.6	70	87.8	70	88.5
		0.003	110	90.7	110	91.8	110	90.9	110	90.4	110	91.3	110	91.2
		0.004	140	92.0	150	92.8	150	91.0	150	91.2	150	94.3	130	81.6
		0.005	170	90.6	170	89.1	180	92.1	180	89.2	180	90.1	160	87.9
		0.006	190	84.2	190	84.8	200	86.4	200	84.3	190	81.9	—	—
		0.007	—	—	—	—	—	—	—	—	—	—	—	—
		0.008	—	—	—	—	—	—	—	—	—	—	—	—
		0.010	—	—	—	—	—	—	—	—	—	—	—	—
		0.012	—	—	—	—	—	—	—	—	—	—	—	—

附表 3　粉砂质黏壤土 2 备耕头水地灌水定额分别为 40m³/亩、50m³/亩时的优化畦长

灌水条件	灌水定额/(m³/亩)	单宽流量/[m³/(s·m)]	地面坡降											
			0.0100		0.0050		0.0030		0.0020		0.0010		0.0005	
			优化畦长/m	灌水效率/%	优化畦长/m	灌水效率/%	优化畦长/m	灌水效率/%	优化畦长/m	灌水效率/%	优化畦长/m	灌水效率/%	优化畦长/m	灌水效率/%
Ⅰ. 土壤类型：粉砂质黏壤土 2 (0～20cm 砂粒含量 ω_1=20～40cm 砂粒含量 ω_4=12.5%， 0～20cm 粉粒含量 ω_2=20～40cm 粉粒含量 ω_5=62.5%， 0～20cm 黏粒含量 ω_3=20～40cm 黏粒含量 ω_6=25%) Ⅱ. 地表形态：备耕头水地，地表轻、中旱 (0～10cm 土壤容重 γ_1=1.1g/cm³， 0～10cm 土壤变形容重 $\gamma_1^{\#}$=1.15g/cm³， 10～20cm 土壤容重 γ_2=1.1g/cm³， 20～40cm 土壤容重 γ_3=1.3g/cm³， 0～20cm 土壤含水率 θ_1=14.25%， 20～40cm 土壤含水率 θ_2=18.73%， 土壤有机质含量 G=1g/kg，填凹量 $h_{填凹量}$=1.5cm，糙率 n=0.05) Ⅲ. 入渗参数： 入渗系数 k=2.8958cm/min， 入渗指数 α=0.2006， 稳定入渗率 f_0=0.0921cm/min	40	0.001	30	88.6	30	88.6	30	88.9	30	88.8	30	88.3	30	88.4
		0.002	50	94.2	50	94.4	50	94.1	50	94.1	50	94.0	50	94.8
		0.003	70	92.9	70	94.2	70	93.8	70	93.9	70	92.8	—	—
		0.004	90	96.4	90	96.6	90	96.4	70	96.2	—	—	—	—
		0.005	110	91.5	110	95.0	110	94.4	70	83.9	—	—	—	—
		0.006	130	95.2	130	95.0	100	94.7	—	—	—	—	—	—
		0.007	150	93.2	130	93.6	110	89.5	—	—	—	—	—	—
		0.008	170	93.3	170	93.1	120	89.5	—	—	—	—	—	—
		0.010	190	95.0	150	85.6	—	—	—	—	—	—	—	—
		0.012	180	83.7	—	—	—	—	—	—	—	—	—	—
	50	0.001	30	92.9	30	94.1	30	95.3	30	94.7	30	93.0	30	95.5
		0.002	50	94.1	70	92.9	70	93.0	50	94.1	50	96.7	50	96.7
		0.003	80	95.9	80	94.7	80	96.2	70	92.5	80	96.6	80	93.8
		0.004	100	95.8	100	96.3	100	95.8	110	95.9	90	82.0	90	83.2
		0.005	120	91.8	120	94.8	130	93.2	120	95.4	110	81.5	—	—
		0.006	140	92.2	140	90.4	150	89.8	140	91.2	130	80.8	—	—
		0.007	170	86.3	160	89.6	170	88.0	150	80.5	—	—	—	—
		0.008	190	88.6	200	89.6	180	80.5	180	80.9	—	—	—	—
		0.010	—	—	—	—	—	—	—	—	—	—	—	—
		0.012	—	—	—	—	—	—	—	—	—	—	—	—

附表 4　粉砂质黏壤土 2 备耕头水地灌水定额分别为 $60m^3$/亩、$70m^3$/亩时的优化畦长

灌水条件	灌水定额/(m^3/亩)	单宽流量/[m^3/(s·m)]	地面坡降											
			0.0100		0.0050		0.0030		0.0020		0.0010		0.0005	
			优化畦长/m	灌水效率/%	优化畦长/m	灌水效率/%	优化畦长/m	灌水效率/%	优化畦长/m	灌水效率/%	优化畦长/m	灌水效率/%	优化畦长/m	灌水效率/%
Ⅰ. 土壤类型：粉砂质黏壤土 2 (0～20cm 砂粒含量 ω_1=20～40cm 砂粒含量 ω_4=12.5%， 0～20cm 粉粒含量 ω_2=20～40cm 粉粒含量 ω_5=62.5%， 0～20cm 黏粒含量 ω_3=20～40cm 黏粒含量 ω_6=25%) Ⅱ. 地表形态：备耕头水地，地表轻、中旱 (0～10cm 土壤容重 γ_1=1.1g/cm³， 0～10cm 土壤变形容重 $\gamma_1^{\#}$=1.15g/cm³， 10～20cm 土壤容重 γ_2=1.1g/cm³， 20～40cm 土壤容重 γ_3=1.3g/cm³， 0～20cm 土壤含水率 θ_1=14.25%， 20～40cm 土壤含水率 θ_2=18.73%， 土壤有机质含量 G=1g/kg， 填凹量 $h_{填凹量}$=1.5cm，糙率 n=0.05) Ⅲ. 入渗参数： 入渗系数 k=2.8958cm/min， 入渗指数 α=0.2006， 稳定入渗率 f_0=0.0921cm/min	60	0.001	40	93.2	40	93.2	30	95.5	30	95.9	30	94.5	30	96.3
		0.002	60	94.3	60	94.3	60	95.9	70	94.5	60	96.3	70	97.6
		0.003	90	94.0	100	93.5	100	96.0	100	96.0	90	95.6	100	95.3
		0.004	120	94.6	120	95.0	130	93.5	130	93.3	130	93.0	110	90.8
		0.005	140	85.5	140	87.2	150	89.1	150	88.2	140	89.1	150	87.4
		0.006	160	87.3	170	85.5	170	88.6	180	89.8	160	86.7	—	—
		0.007	190	81.9	180	84.2	200	84.4	200	84.8	180	84.9	—	—
		0.008	—	—	—	—	—	—	—	—	—	—	—	—
		0.010	—	—	—	—	—	—	—	—	—	—	—	—
		0.012	—	—	—	—	—	—	—	—	—	—	—	—
	70	0.001	40	94.4	40	95.4	40	93.4	40	95.2	40	95.8	40	95.9
		0.002	70	93.3	70	94.2	70	93.1	70	96.6	80	94.8	70	97.2
		0.003	110	91.8	110	93.8	110	94.5	110	93.9	110	94.2	110	93.5
		0.004	150	93.3	140	92.6	150	93.2	150	93.9	140	93.4	150	93.2
		0.005	190	93.5	180	95.4	200	91.6	170	89.7	160	87.2	160	83.6
		0.006	190	87.2	200	88.3	200	88.0	200	86.8	170	83.9	200	89.0
		0.007	—	—	—	—	—	—	—	—	—	—	—	—
		0.008	—	—	—	—	—	—	—	—	—	—	—	—
		0.010	—	—	—	—	—	—	—	—	—	—	—	—
		0.012	—	—	—	—	—	—	—	—	—	—	—	—

附表 5 粉砂质黏土备耕头水地灌水定额分别为 $40m^3$/亩、$50m^3$/亩时的优化畦长

灌水条件	灌水定额/(m^3/亩)	单宽流量/[m^3/(s·m)]	地面坡降 0.0100		0.0050		0.0030		0.0020		0.0010		0.0005	
			优化畦长/m	灌水效率/%	优化畦长/m	灌水效率/%	优化畦长/m	灌水效率/%	优化畦长/m	灌水效率/%	优化畦长/m	灌水效率/%	优化畦长/m	灌水效率/%
Ⅰ. 土壤类型：粉砂质黏土 (0~20cm 砂粒含量 ω_1=20~40cm 砂粒含量 ω_4=12.5%， 0~20cm 粉粒含量 ω_2=20~40cm 粉粒含量 ω_5=50%， 0~20cm 黏粒含量 ω_3=20~40cm 黏粒含量 ω_6=37.5%) Ⅱ. 地表形态：备耕头水地，地表轻、中旱 (0~10cm 土壤容重 γ_1=1.05g/cm^3， 0~10cm 土壤变形容重 $\gamma_1^{\#}$=1.1g/cm^3， 10~20cm 土壤容重 γ_2=1.05g/cm^3， 20~40cm 土壤容重 γ_3=1.25g/cm^3， 0~20cm 土壤含水率 θ_1=18%， 20~40cm 土壤含水率 θ_2=24%， 有机质含量 G=1g/kg， 填凹量 $h_{填凹量}$=1.5cm，糙率 n=0.05) Ⅲ. 入渗参数： 入渗系数 k=2.9713cm/min， 入渗指数 α=0.1977， 稳定入渗率 f_0=0.0889cm/min	40	0.001	30	89.4	30	89.4	30	89.4	30	88.8	30	88.9	30	88.8
		0.002	50	95.1	50	95.3	50	94.5	50	95.2	50	95.5	50	92.4
		0.003	80	93.8	80	94.1	80	94.3	80	94.5	80	94.4	—	—
		0.004	120	90.6	120	90.9	120	91.3	120	91.5	—	—	—	—
		0.005	150	90.8	150	91.2	150	91.5	160	90.3	—	—	—	—
		0.006	180	91.0	180	91.5	—	—	—	—	—	—	—	—
		0.007	200	94.2	—	—	—	—	—	—	—	—	—	—
		0.008	170	93.2	—	—	—	—	—	—	—	—	—	—
		0.010	—	—	—	—	—	—	—	—	—	—	—	—
		0.012	—	—	—	—	—	—	—	—	—	—	—	—
	50	0.001	40	89.6	40	89.5	40	88.9	40	89.0	40	88.3	40	88.1
		0.002	70	94.4	60	95.3	60	94.2	70	94.1	70	94.0	60	95.7
		0.003	90	95.3	110	92.8	100	96.1	100	96.3	90	93.5	120	91.5
		0.004	140	94.8	130	96.7	140	94.9	130	94.0	130	94.3	—	—
		0.005	170	94.8	170	95.2	170	93.9	170	94.6	170	92.8	—	—
		0.006	190	95.6	190	94.4	190	90.7	190	93.3	—	—	—	—
		0.007	200	93.3	180	88.2	190	89.6	190	91.8	—	—	—	—
		0.008	170	81.2	170	84.5	170	84.4	—	—	—	—	—	—
		0.010	—	—	—	—	—	—	—	—	—	—	—	—
		0.012	—	—	—	—	—	—	—	—	—	—	—	—

附表 6　粉砂质黏土备耕头水地灌水定额分别为 $60m^3$/亩、$70m^3$/亩时的优化畦长

灌水条件	灌水定额/(m^3/亩)	单宽流量/[m^3/(s·m)]	地面坡降											
			0.0100		0.0050		0.0030		0.0020		0.0010		0.0005	
			优化畦长/m	灌水效率/%	优化畦长/m	灌水效率/%	优化畦长/m	灌水效率/%	优化畦长/m	灌水效率/%	优化畦长/m	灌水效率/%	优化畦长/m	灌水效率/%
Ⅰ. 土壤类型：粉砂质黏土 (0～20cm 砂粒含量 $\omega_1=20$～40cm 砂粒含量 $\omega_4=12.5\%$， 0～20cm 粉粒含量 $\omega_2=20$～40cm 粉粒含量 $\omega_5=50\%$， 0～20cm 黏粒含量 $\omega_3=20$～40cm 黏粒含量 $\omega_6=37.5\%$) Ⅱ. 地表形态：备耕头水地，地表轻、中旱 (0～10cm 土壤容重 $\gamma_1=1.05g/cm^3$， 0～10cm 土壤变形容重 $\gamma_1^{\#}=1.1g/cm^3$， 10～20cm 土壤容重 $\gamma_2=1.05g/cm^3$， 20～40cm 土壤容重 $\gamma_3=1.25g/cm^3$， 0～20cm 土壤含水率 $\theta_1=18\%$， 20～40cm 土壤含水率 $\theta_2=24\%$， 土壤有机质含量 $G=1g/kg$， 填凹量 $h_{填凹量}=1.5cm$，糙率 $n=0.05$) Ⅲ. 入渗参数： 入渗系数 $k=2.9713cm/min$， 入渗指数 $\alpha=0.1977$， 稳定入渗率 $f_0=0.0889cm/min$	60	0.001	40	95.1	40	95.1	40	94.4	40	94.9	40	94.7	40	94.7
		0.002	70	95.5	80	94.8	70	96.3	80	94.7	70	96.6	70	96.0
		0.003	110	93.4	110	95.0	110	95.3	110	95.2	110	94.9	110	93.8
		0.004	140	95.9	140	96.1	140	95.8	150	94.3	140	96.5	140	94.7
		0.005	180	95.0	170	93.7	170	94.9	170	93.5	170	92.9	170	95.7
		0.006	200	92.2	190	90.0	180	91.7	200	91.1	190	91.6	—	—
		0.007	200	81.2	190	80.0	190	82.7	190	83.0	200	81.1	—	—
		0.008	—	—	—	—	—	—	—	—	—	—	—	—
		0.010	—	—	—	—	—	—	—	—	—	—	—	—
		0.012	—	—	—	—	—	—	—	—	—	—	—	—
	70	0.001	40	94.4	40	94.8	40	95.1	40	94.7	40	95.2	40	95.1
		0.002	80	93.5	90	93.7	90	93.8	80	94.8	80	95.4	80	95.4
		0.003	110	94.8	120	93.7	120	94.4	120	94.1	120	94.1	110	92.4
		0.004	150	94.8	150	93.0	160	92.8	160	93.4	160	96.9	160	96.1
		0.005	190	92.7	190	93.4	190	92.3	190	93.7	170	91.6	190	94.3
		0.006	190	82.6	200	84.8	200	85.9	200	83.7	200	85.4	190	81.7
		0.007	—	—	—	—	—	—	—	—	—	—	—	—
		0.008	—	—	—	—	—	—	—	—	—	—	—	—
		0.010	—	—	—	—	—	—	—	—	—	—	—	—
		0.012	—	—	—	—	—	—	—	—	—	—	—	—

附表 7　粉砂质壤土 1 备耕头水地灌水定额分别为 40m³/亩、50m³/亩时的优化畦长

灌水条件	灌水定额/(m³/亩)	单宽流量/[m³/(s·m)]	地面坡降											
			0.0100		0.0050		0.0030		0.0020		0.0010		0.0005	
			优化畦长/m	灌水效率/%	优化畦长/m	灌水效率/%	优化畦长/m	灌水效率/%	优化畦长/m	灌水效率/%	优化畦长/m	灌水效率/%	优化畦长/m	灌水效率/%
Ⅰ. 土壤类型：粉砂质壤土 1 (0～20cm 砂粒含量 $\omega_1=20$～40cm 砂粒含量 $\omega_4=37.5\%$， 0～20cm 粉粒含量 $\omega_2=20$～40cm 粉粒含量 $\omega_5=50\%$， 0～20cm 黏粒含量 $\omega_3=20$～40cm 黏粒含量 $\omega_6=12.5\%$) Ⅱ. 地表形态：备耕头水地，地表轻、中旱 (0～10cm 土壤容重 $\gamma_1=1.18\text{g/cm}^3$， 0～10cm 土壤变形容重 $\gamma_1^{\#}=1.23\text{g/cm}^3$， 10～20cm 土壤容重 $\gamma_2=1.18\text{g/cm}^3$， 20～40cm 土壤容重 $\gamma_3=1.38\text{g/cm}^3$， 0～20cm 土壤含水率 $\theta_1=11.87\%$， 20～40cm 土壤含水率 $\theta_2=15.16\%$， 土壤有机质含量 $G=1\text{g/kg}$， 填凹量 $h_{填凹量}=1.5\text{cm}$，糙率 $n=0.05$) Ⅲ. 入渗参数： 入渗系数 $k=2.3760\text{cm/min}$， 入渗指数 $\alpha=0.2468$， 稳定入渗率 $f_0=0.0950\text{cm/min}$	40	0.001	30	94.7	30	94.6	30	94.4	30	93.8	30	94.6	30	94.2
		0.002	50	94.5	50	94.8	50	94.5	60	96.0	60	95.9	50	95.3
		0.003	70	96.4	70	96.3	70	96.5	70	96.6	70	96.9	70	96.2
		0.004	90	97.0	100	95.2	90	97.3	80	83.5	80	81.4	80	82.2
		0.005	110	95.7	110	95.6	120	96.1	100	83.9	100	83.6	—	—
		0.006	140	96.4	140	96.6	140	93.6	130	88.3	—	—	—	—
		0.007	160	96.1	170	95.3	150	85.6	140	83.3	—	—	—	—
		0.008	180	97.0	180	93.5	—	—	—	—	—	—	—	—
		0.010	180	81.7	190	81.0	—	—	—	—	—	—	—	—
		0.012	—	—	—	—	—	—	—	—	—	—	—	—
	50	0.001	30	96.0	40	92.7	30	93.8	30	95.9	30	95.1	30	96.0
		0.002	60	89.2	60	89.4	60	89.8	60	90.2	60	89.6	50	90.9
		0.003	90	96.5	100	95.1	100	95.4	100	95.4	100	95.5	90	96.9
		0.004	120	94.9	130	95.8	130	96.0	120	96.5	120	90.9	—	—
		0.005	150	92.7	150	93.5	140	95.8	160	93.9	140	87.7	—	—
		0.006	170	88.7	180	90.3	170	90.9	170	83.2	—	—	—	—
		0.007	190	84.8	200	83.9	—	—	—	—	—	—	—	—
		0.008	—	—	—	—	—	—	—	—	—	—	—	—
		0.010	—	—	—	—	—	—	—	—	—	—	—	—
		0.012	—	—	—	—	—	—	—	—	—	—	—	—

附表 8　粉砂质壤土 1 备耕头水地灌水定额分别为 60m³/亩、70m³/亩时的优化畦长

灌水条件	灌水定额/(m³/亩)	单宽流量/[m³/(s·m)]	地面坡降											
			0.0100		0.0050		0.0030		0.0020		0.0010		0.0005	
			优化畦长/m	灌水效率/%	优化畦长/m	灌水效率/%	优化畦长/m	灌水效率/%	优化畦长/m	灌水效率/%	优化畦长/m	灌水效率/%	优化畦长/m	灌水效率/%
Ⅰ. 土壤类型：粉砂质壤土 1 (0～20cm 砂粒含量 ω_1=20～40cm 砂粒含量 ω_4=37.5%， 0～20cm 粉粒含量 ω_2=20～40cm 粉粒含量 ω_5=50%， 0～20cm 黏粒含量 ω_3=20～40cm 黏粒含量 ω_6=12.5%) Ⅱ. 地表形态：备耕头水地，地表轻、中旱 (0～10cm 土壤容重 γ_1=1.18g/cm³， 0～10cm土壤变形容重$\gamma_1^{\#}$=1.23g/cm³， 10～20cm 土壤容重 γ_2=1.18g/cm³， 20～40cm 土壤容重 γ_3=1.38g/cm³， 0～20cm 土壤含水率 θ_1=11.87%， 20～40cm 土壤含水率 θ_2=15.16%， 土壤有机质含量 G=1g/kg， 填凹量 $h_{填凹量}$=1.5cm，糙率 n=0.05) Ⅲ. 入渗参数： 入渗系数 k=2.3760cm/min， 入渗指数 α=0.2468， 稳定入渗率 f_0=0.0950cm/min	60	0.001	40	93.6	40	95.2	40	94.3	40	93.7	40	95.5	40	97.1
		0.002	80	94.5	70	95.6	70	95.5	70	96.6	70	96.5	70	97.4
		0.003	110	97.2	110	93.6	110	95.1	110	93.5	110	97.1	120	95.6
		0.004	140	95.1	140	93.3	140	95.4	150	95.9	130	82.7	130	83.8
		0.005	160	91.6	170	89.4	180	93.2	180	90.9	170	92.7	150	82.7
		0.006	190	84.0	180	84.1	190	87.2	200	86.7	180	85.9	—	—
		0.007	—	—	—	—	—	—	—	—	—	—	—	—
		0.008	—	—	—	—	—	—	—	—	—	—	—	—
		0.010	—	—	—	—	—	—	—	—	—	—	—	—
		0.012	—	—	—	—	—	—	—	—	—	—	—	—
	70	0.001	40	95.1	40	94.4	40	95.9	40	96.4	40	94.9	40	95.6
		0.002	80	93.1	80	92.4	80	92.6	80	93.6	80	94.6	80	94.2
		0.003	110	91.7	120	93.3	120	93.1	120	93.3	120	94.6	120	93.4
		0.004	140	85.1	150	89.9	150	86.8	150	90.5	150	86.5	140	86.6
		0.005	170	82.7	160	82.7	180	86.1	180	87.3	180	84.7	—	—
		0.006	—	—	190	80.4	190	80.5	200	80.1	—	—	—	—
		0.007	—	—	—	—	—	—	—	—	—	—	—	—
		0.008	—	—	—	—	—	—	—	—	—	—	—	—
		0.010	—	—	—	—	—	—	—	—	—	—	—	—
		0.012	—	—	—	—	—	—	—	—	—	—	—	—

附表 9　粉砂质壤土 2 备耕头水地灌水定额分别为 $40m^3$/亩、$50m^3$/亩时的优化畦长

灌水条件	灌水定额/(m^3/亩)	单宽流量/[m^3/(s·m)]	地面坡降											
			0.0100		0.0050		0.0030		0.0020		0.0010		0.0005	
			优化畦长/m	灌水效率/%	优化畦长/m	灌水效率/%	优化畦长/m	灌水效率/%	优化畦长/m	灌水效率/%	优化畦长/m	灌水效率/%	优化畦长/m	灌水效率/%
Ⅰ. 土壤类型：粉砂质壤土 2 (0～20cm 砂粒含量 ω_1=20～40cm 砂粒含量 ω_4=25%， 0～20cm 粉粒含量 ω_2=20～40cm 粉粒含量 ω_5=62.5%， 0～20cm 黏粒含量 ω_3=20～40cm 黏粒含量 ω_6=12.5%) Ⅱ. 地表形态：备耕头水地，地表轻、中旱 (0～10cm 土壤容重 γ_1=1.18g/cm^3， 0～10cm 土壤变形容重 $\gamma_1^{\#}$=1.23g/cm^3， 10～20cm 土壤容重 γ_2=1.18g/cm^3， 20～40cm 土壤容重 γ_3=1.38g/cm^3， 0～20cm 土壤含水率 θ_1=12.81%， 20～40cm 土壤含水率 θ_2=16.41%， 土壤有机质含量 G=1g/kg， 填凹量 $h_{填凹量}$=1.5cm，糙率 n=0.05) Ⅲ. 入渗参数： 入渗系数 k=2.5175cm/min， 入渗指数 α=0.2379， 稳定入渗率 f_0=0.0920cm/min	40	0.001	30	92.9	30	93.1	30	93.0	30	93.4	30	92.7	30	93.1
		0.002	50	94.7	60	93.7	60	93.9	60	94.1	50	93.7	60	94.3
		0.003	70	94.7	70	94.6	70	94.9	70	95.1	70	94.9	60	95.6
		0.004	90	94.3	90	95.7	90	95.9	90	95.3	90	96.0	70	82.0
		0.005	110	96.1	110	96.1	110	91.4	110	95.5	—	—	—	—
		0.006	140	94.7	130	96.2	110	86.0	110	86.7	—	—	—	—
		0.007	160	94.4	160	93.6	160	93.6	—	—	—	—	—	—
		0.008	180	96.1	180	94.9	—	—	—	—	—	—	—	—
		0.010	190	92.1	—	—	—	—	—	—	—	—	—	—
		0.012	—	—	—	—	—	—	—	—	—	—	—	—
	50	0.001	30	96.2	30	94.3	30	94.8	30	95.4	30	96.6	30	96.8
		0.002	60	93.7	60	96.4	60	95.3	60	96.6	60	95.6	60	96.8
		0.003	90	96.1	90	96.0	90	95.8	90	95.0	90	95.3	90	95.4
		0.004	120	96.0	120	95.7	120	95.8	130	94.9	110	90.6	110	92.1
		0.005	150	96.0	150	95.3	150	94.0	150	95.6	130	86.9	120	80.5
		0.006	180	94.8	180	95.4	180	95.5	170	87.0	150	83.3	—	—
		0.007	190	88.8	190	89.7	190	86.2	180	84.7	—	—	—	—
		0.008	—	—	180	81.4	—	—	—	—	—	—	—	—
		0.010	—	—	—	—	—	—	—	—	—	—	—	—
		0.012	—	—	—	—	—	—	—	—	—	—	—	—

附表 10 粉砂质壤土 2 备耕头水地灌水定额分别为 $60m^3$/亩、$70m^3$/亩时的优化畦长

灌水条件	灌水定额/(m^3/亩)	单宽流量/[m^3/(s·m)]	地面坡降											
			0.0100		0.0050		0.0030		0.0020		0.0010		0.0005	
			优化畦长/m	灌水效率/%	优化畦长/m	灌水效率/%	优化畦长/m	灌水效率/%	优化畦长/m	灌水效率/%	优化畦长/m	灌水效率/%	优化畦长/m	灌水效率/%
Ⅰ. 土壤类型：粉砂质壤土 2 (0～20cm 砂粒含量 ω_1=20～40cm 砂粒含量 ω_4=25%，0～20cm 粉粒含量 ω_2=20～40cm 粉粒含量 ω_5=62.5%，0～20cm 黏粒含量 ω_3=20～40cm 黏粒含量 ω_6=12.5%) Ⅱ. 地表形态：备耕头水地，地表轻、中旱 (0～10cm 土壤容重 γ_1=1.18g/cm^3，0～10cm 土壤变形容重 $\gamma_1^{\#}$=1.23g/cm^3，10～20cm 土壤容重 γ_2=1.18g/cm^3，20～40cm 土壤容重 γ_3=1.38g/cm^3，0～20cm 土壤含水率 θ_1=12.81%，20～40cm 土壤含水率 θ_2=16.41%，土壤有机质含量 G=1g/kg，填凹量 $h_{填凹量}$=1.5cm，糙率 n=0.05) Ⅲ. 入渗参数：入渗系数 k=2.5175cm/min，入渗指数 α=0.2379，稳定入渗率 f_0=0.0920cm/min	60	0.001	40	94.3	40	93.1	40	94.6	40	95.5	40	95.2	40	94.6
		0.002	70	94.3	70	97.1	70	96.2	80	94.1	70	96.5	70	97.6
		0.003	100	94.6	110	93.6	110	93.5	110	93.8	110	93.9	110	96.7
		0.004	130	92.4	140	92.4	140	96.8	140	93.0	140	94.4	130	91.3
		0.005	160	90.0	160	89.9	170	90.6	170	94.4	160	86.8	150	85.9
		0.006	190	87.1	180	87.4	190	89.0	190	89.7	—	—	—	—
		0.007	—	—	—	—	—	—	190	80.3	—	—	—	—
		0.008	—	—	—	—	—	—	—	—	—	—	—	—
		0.010	—	—	—	—	—	—	—	—	—	—	—	—
		0.012	—	—	—	—	—	—	—	—	—	—	—	—
	70	0.001	40	94.6	40	93.9	40	95.3	40	95.0	40	93.5	40	93.3
		0.002	80	94.2	80	94.3	80	94.9	80	95.5	80	94.7	80	96.1
		0.003	120	92.8	120	94.6	120	95.9	120	96.2	110	94.9	110	96.3
		0.004	150	91.7	150	94.2	150	95.5	160	96.6	160	94.9	140	85.8
		0.005	190	93.7	190	95.6	190	92.6	200	94.9	200	95.0	170	84.6
		0.006	—	—	—	—	200	80.0	190	81.2	—	—	—	—
		0.007	—	—	—	—	—	—	—	—	—	—	—	—
		0.008	—	—	—	—	—	—	—	—	—	—	—	—
		0.010	—	—	—	—	—	—	—	—	—	—	—	—
		0.012	—	—	—	—	—	—	—	—	—	—	—	—

附表 11　粉砂质壤土 3 备耕头水地灌水定额分别为 40m³/亩、50m³/亩时的优化畦长

灌水条件	灌水定额/(m³/亩)	单宽流量/[m³/(s·m)]	地面坡降											
			0.0100		0.0050		0.0030		0.0020		0.0010		0.0005	
			优化畦长/m	灌水效率/%	优化畦长/m	灌水效率/%	优化畦长/m	灌水效率/%	优化畦长/m	灌水效率/%	优化畦长/m	灌水效率/%	优化畦长/m	灌水效率/%
Ⅰ. 土壤类型：粉砂质壤土 3 (0～20cm 砂粒含量 ω_1=20～40cm 砂粒含量 ω_4=12.5%， 0～20cm 粉粒含量 ω_2=20～40cm 粉粒含量 ω_5=75%， 0～20cm 黏粒含量 ω_3=20～40cm 黏粒含量 ω_6=12.5%) Ⅱ. 地表形态：备耕头水地，地表轻、中旱 (0～10cm 土壤容重 γ_1=1.18g/cm³， 0～10cm 土壤变形容重 $\gamma_1^{\#}$=1.23g/cm³， 10～20cm 土壤容重 γ_2=1.18g/cm³， 20～40cm 土壤容重 γ_3=1.38g/cm³， 0～20cm 土壤含水率 θ_1=14.24%， 20～40cm 土壤含水率 θ_2=18.31%， 土壤有机质含量 G=1g/kg， 填凹量 $h_{填凹量}$=1.5cm，糙率 n=0.05) Ⅲ. 入渗参数： 入渗系数 k=2.7600cm/min， 入渗指数 α=0.2274， 稳定入渗率 f_0=0.0883cm/min	40	30	90.0	30	90.2	30	90.5	30	90.5	30	90.1	30	90.2	30
		50	95.3	50	95.5	50	95.7	50	95.8	50	93.5	60	92.1	50
		70	96.5	70	96.7	70	94.5	70	92.7	70	93.2	50	89.7	70
		90	92.0	90	92.4	90	95.0	90	94.4	70	88.6	—	—	90
		110	93.5	110	93.1	100	95.6	100	95.3	—	—	—	—	110
		130	96.9	130	96.0	110	90.6	100	88.5	—	—	—	—	130
		150	95.2	150	94.8	120	87.9	—	—	—	—	—	—	150
		170	92.4	170	94.9	130	83.3	—	—	—	—	—	—	170
		190	94.4	—	—	—	—	—	—	—	—	—	—	190
		190	85.6	—	—	—	—	—	—	—	—	—	—	190
	50	30	94.3	30	93.2	30	93.3	30	94.9	30	94.5	30	94.7	30
		50	93.9	70	94.4	60	94.7	60	94.8	60	95.1	60	95.7	50
		80	96.1	90	95.2	80	94.7	90	95.1	70	93.1	80	94.9	80
		110	96.4	110	96.8	110	95.8	120	95.0	90	82.1	—	—	110
		130	96.0	130	94.1	140	94.2	140	93.1	—	—	—	—	130
		160	87.7	150	89.0	150	8.4	150	86.9	—	—	—	—	160
		190	96.0	190	96.4	180	85.8	—	—	—	—	—	—	190
		190	85.2	200	85.3	190	85.4	—	—	—	—	—	—	190
		—	—	—	—	—	—	—	—	—	—	—	—	—
		—	—	—	—	—	—	—	—	—	—	—	—	—

附表 12 粉砂质壤土 3 备耕头水地灌水定额分别为 60m³/亩、70m³/亩时的优化畦长

灌水条件	灌水定额/(m³/亩)	单宽流量/[m³/(s·m)]	地面坡降											
			0.0100		0.0050		0.0030		0.0020		0.0010		0.0005	
			优化畦长/m	灌水效率/%	优化畦长/m	灌水效率/%	优化畦长/m	灌水效率/%	优化畦长/m	灌水效率/%	优化畦长/m	灌水效率/%	优化畦长/m	灌水效率/%
Ⅰ. 土壤类型：粉砂质壤土 3 (0～20cm 砂粒含量 $\omega_1=20$～40cm 砂粒含量 $\omega_4=12.5\%$， 0～20cm 粉粒含量 $\omega_2=20$～40cm 粉粒含量 $\omega_5=75\%$， 0～20cm 黏粒含量 $\omega_3=20$～40cm 黏粒含量 $\omega_6=12.5\%$) Ⅱ. 地表形态：备耕头水地， 地表轻、中旱 (0～10cm 土壤容重 $\gamma_1=1.18\text{g/cm}^3$， 0～10cm 土壤变形容重 $\gamma_1^{\#}=1.23\text{g/cm}^3$， 10～20cm 土壤容重 $\gamma_2=1.18\text{g/cm}^3$， 20～40cm 土壤容重 $\gamma_3=1.38\text{g/cm}^3$， 0～20cm 土壤含水率 $\theta_1=14.24\%$， 20～40cm 土壤含水率 $\theta_2=18.31\%$， 土壤有机质含量 $G=1\text{g/kg}$， 填凹量 $h_{填凹量}=1.5\text{cm}$，糙率 $n=0.05$) Ⅲ. 入渗参数： 入渗系数 $k=2.7600\text{cm/min}$， 入渗指数 $\alpha=0.2274$， 稳定入渗率 $f_0=0.0883\text{cm/min}$	60	0.001	40	94.0	40	94.6	40	94.2	40	94.3	40	94.0	40	94.1
		0.002	80	93.7	70	94.4	80	94.8	80	94.9	80	94.9	80	94.9
		0.003	100	94.7	100	96.4	110	93.6	100	93.9	110	95.6	110	95.6
		0.004	130	95.8	140	94.6	130	95.4	140	96.0	130	92.0	120	86.6
		0.005	160	92.8	160	93.2	160	91.3	160	96.0	150	87.1	140	85.7
		0.006	190	92.8	190	92.1	180	94.4	180	84.4	170	84.1	170	83.1
		0.007	190	83.1	190	81.7	200	82.1	190	83.0	190	83.0	180	80.8
		0.008	—	—	—	—	—	—	—	—	—	—	—	—
		0.010	—	—	—	—	—	—	—	—	—	—	—	—
		0.012	—	—	—	—	—	—	—	—	—	—	—	—
	70	0.001	40	92.6	40	92.8	40	95.6	40	95.3	40	95.0	40	94.0
		0.002	70	92.3	80	94.5	70	94.8	70	94.6	70	95.4	70	96.5
		0.003	110	92.8	110	91.2	110	91.0	110	94.4	110	95.8	110	93.9
		0.004	140	92.9	150	93.1	150	96.1	150	96.3	150	93.7	130	83.3
		0.005	170	88.9	180	89.0	180	90.2	180	94.2	170	89.3	160	88.4
		0.006	190	82.9	200	85.0	190	85.8	200	87.5	190	82.2	—	—
		0.007	—	—	—	—	—	—	—	—	—	—	—	—
		0.008	—	—	—	—	—	—	—	—	—	—	—	—
		0.010	—	—	—	—	—	—	—	—	—	—	—	—
		0.012	—	—	—	—	—	—	—	—	—	—	—	—

附表 13　黏壤土 1 备耕头水地灌水定额分别为 $40m^3$/亩、$50m^3$/亩时的优化畦长

灌水条件	灌水定额/(m^3/亩)	单宽流量/[m^3/(s·m)]	地面坡降											
			0.0100		0.0050		0.0030		0.0020		0.0010		0.0005	
			优化畦长/m	灌水效率/%	优化畦长/m	灌水效率/%	优化畦长/m	灌水效率/%	优化畦长/m	灌水效率/%	优化畦长/m	灌水效率/%	优化畦长/m	灌水效率/%
Ⅰ. 土壤类型：黏壤土 1 (0～20cm 砂粒含量 ω_1=20～40cm 砂粒含量 ω_4=50%， 0～20cm 粉粒含量 ω_2=20～40cm 粉粒含量 ω_5=25%， 0～20cm 黏粒含量 ω_3=20～40cm 黏粒含量 ω_6=15%) Ⅱ. 地表形态：备耕头水地，地表轻、中旱 (0～10cm 土壤容重 γ_1=1.13g/cm^3， 0～10cm 土壤变形容重 $\gamma_1^{\#}$=1.18g/cm^3， 10～20cm 土壤容重 γ_2=1.13g/cm^3， 20～40cm 土壤容重 γ_3=1.33g/cm^3， 0～20cm 土壤含水率 θ_1=10.84%， 20～40cm 土壤含水率 θ_2=13.8%， 土壤有机质含量 G=1g/kg， 填凹量 $h_{填凹量}$=1.5cm， 糙率 n=0.05) Ⅲ. 入渗参数： 入渗系数 k=2.3509cm/min， 入渗指数 α=0.263， 稳定入渗率 f_0=0.1012cm/min	40	0.001	30	95.3	30	95.1	30	95.0	30	94.5	30	93.8	30	94.8
		0.002	50	95.4	50	95.5	60	95.8	50	95.7	50	96.0	50	95.1
		0.003	70	96.9	70	97.1	70	96.9	70	97.1	60	80.5	60	84.8
		0.004	90	97.4	90	95.7	80	83.6	80	82.8	80	80.7	—	—
		0.005	120	95.3	120	95.3	110	97.1	100	80.9	—	—	—	—
		0.006	140	96.4	140	89.8	140	91.2	120	83.3	—	—	—	—
		0.007	170	96.7	170	95.9	160	86.6	—	—	—	—	—	—
		0.008	190	94.8	190	93.8	—	—	—	—	—	—	—	—
		0.010	—	—	—	—	—	—	—	—	—	—	—	—
		0.012	—	—	—	—	—	—	—	—	—	—	—	—
	50	0.001	40	93.7	40	93.4	40	93.5	30	96.3	30	95.8	30	96.4
		0.002	70	94.5	60	92.5	60	95.9	70	94.6	70	94.7	60	93.3
		0.003	100	94.9	100	95.9	100	96.3	100	96.4	100	96.4	90	97.1
		0.004	130	95.0	130	93.5	140	94.4	130	94.5	130	97.4	110	85.0
		0.005	160	95.1	160	95.5	160	95.4	150	94.9	150	89.8	130	81.1
		0.006	190	95.2	190	94.6	180	88.3	170	83.5	—	—	—	—
		0.007	180	84.8	200	84.4	190	83.6	—	—	—	—	—	—
		0.008	—	—	—	—	—	—	—	—	—	—	—	—
		0.010	—	—	—	—	—	—	—	—	—	—	—	—
		0.012	—	—	—	—	—	—	—	—	—	—	—	—

附表 14 黏壤土 1 备耕头水地灌水定额分别为 $60m^3$/亩、$70m^3$/亩时的优化畦长

灌水条件	灌水定额/(m^3/亩)	单宽流量/[m^3/(s·m)]	地面坡降											
			0.0100		0.0050		0.0030		0.0020		0.0010		0.0005	
			优化畦长/m	灌水效率/%	优化畦长/m	灌水效率/%	优化畦长/m	灌水效率/%	优化畦长/m	灌水效率/%	优化畦长/m	灌水效率/%	优化畦长/m	灌水效率/%
Ⅰ. 土壤类型：黏壤土 1 (0～20cm 砂粒含量 ω_1=20～40cm 砂粒含量 ω_4=50%， 0～20cm 粉粒含量 ω_2=20～40cm 粉粒含量 ω_5=25%， 0～20cm 黏粒含量 ω_3=20～40cm 黏粒含量 ω_6=15%) Ⅱ. 地表形态：备耕头水地，地表轻、中旱 (0～10cm 土壤容重 γ_1=1.13g/cm^3， 0～10cm土壤变形容重 $\gamma_1^{\#}$=1.18g/cm^3， 10～20cm 土壤容重 γ_2=1.13g/cm^3， 20～40cm 土壤容重 γ_3=1.33g/cm^3， 0～20cm 土壤含水率 θ_1=10.84%， 20～40cm 土壤含水率 θ_2=13.8%， 土壤有机质含量 G=1g/kg， 填凹量 $h_{填凹量}$=1.5cm，糙率 n=0.05) Ⅲ. 入渗参数： 入渗系数 k=2.3509cm/min， 入渗指数 α=0.263， 稳定入渗率 f_0=0.1012cm/min	60	0.001	40	93.2	40	94.5	40	94.3	40	95.8	40	93.8	40	95.1
		0.002	70	91.9	80	93.5	80	93.0	70	95.8	70	96.7	70	95.7
		0.003	110	89.6	110	91.0	110	94.2	110	90.7	110	95.3	110	93.2
		0.004	140	92.3	150	91.6	150	92.9	140	95.5	140	96.0	130	90.3
		0.005	170	87.5	170	88.5	180	88.8	180	89.8	180	89.4	160	86.9
		0.006	190	83.1	190	83.9	200	84.5	200	85.4	190	83.4	—	—
		0.007	—	—	—	—	—	—	—	—	—	—	—	—
		0.008	—	—	—	—	—	—	—	—	—	—	—	—
		0.010	—	—	—	—	—	—	—	—	—	—	—	—
		0.012	—	—	—	—	—	—	—	—	—	—	—	—
	70	0.001	50	92.4	40	94.8	40	96.4	40	94.6	40	95.3	40	97.0
		0.002	80	95.8	90	93.6	90	94.0	90	95.3	90	96.3	80	97.3
		0.003	130	94.5	120	94.3	130	95.1	120	95.7	130	94.1	130	94.8
		0.004	160	92.9	160	93.7	180	91.9	160	95.0	160	96.7	150	87.5
		0.005	190	91.9	190	90.4	200	90.6	200	92.5	200	89.1	170	83.2
		0.006	—	—	—	—	—	—	—	—	—	—	—	—
		0.007	—	—	—	—	—	—	—	—	—	—	—	—
		0.008	—	—	—	—	—	—	—	—	—	—	—	—
		0.010	—	—	—	—	—	—	—	—	—	—	—	—
		0.012	—	—	—	—	—	—	—	—	—	—	—	—

附表 15　黏壤土 2 备耕头水地灌水定额分别为 40m³/亩、50m³/亩时的优化畦长

灌水条件	灌水定额/(m³/亩)	单宽流量/[m³/(s·m)]	地面坡降											
			0.0100		0.0050		0.0030		0.0020		0.0010		0.0005	
			优化畦长/m	灌水效率/%	优化畦长/m	灌水效率/%	优化畦长/m	灌水效率/%	优化畦长/m	灌水效率/%	优化畦长/m	灌水效率/%	优化畦长/m	灌水效率/%
Ⅰ.土壤类型：黏壤土 2 (0～20cm 砂粒含量 $\omega_1=20$～40cm 砂粒含量 $\omega_4=37.5\%$， 0～20cm 粉粒含量 $\omega_2=20$～40cm 粉粒含量 $\omega_5=37.5\%$， 0～20cm 黏粒含量 $\omega_3=20$～40cm 黏粒含量 $\omega_6=25\%$) Ⅱ.地表形态：备耕头水地，地表轻、中旱 (0～10cm 土壤容重 $\gamma_1=1.13\text{g/cm}^3$， 0～10cm 土壤变形容重 $\gamma_1^{\#}=1.18\text{g/cm}^3$， 10～20cm 土壤容重 $\gamma_2=1.13\text{g/cm}^3$， 20～40cm 土壤容重 $\gamma_3=1.33\text{g/cm}^3$， 0～20cm 土壤含水率 $\theta_1=11.73\%$， 20～40cm 土壤含水率 $\theta_2=14.99\%$， 土壤有机质含量 $G=1\text{g/kg}$， 填凹量 $h_{填凹量}=1.5\text{cm}$，糙率 $n=0.05$) Ⅲ.入渗参数： 入渗系数 $k=2.4496\text{cm/min}$， 入渗指数 $\alpha=0.2545$， 稳定入渗率 $f_0=0.0982\text{cm/min}$	40	0.001	30	93.9	30	94.1	30	94.0	30	94.4	30	93.8	30	94.0
		0.002	50	95.1	50	93.6	60	95.0	60	95.2	60	95.5	50	94.8
		0.003	70	93.5	70	95.6	70	95.3	70	94.7	70	96.0	60	92.2
		0.004	90	95.3	90	96.5	90	96.4	90	96.6	90	97.3	—	—
		0.005	110	94.6	110	94.6	110	92.4	110	95.1	100	87.2	—	—
		0.006	130	94.9	130	94.7	120	90.0	120	90.6	—	—	—	—
		0.007	150	94.0	150	95.3	140	84.9	130	80.5	—	—	—	—
		0.008	170	95.2	170	94.9	160	83.7	—	—	—	—	—	—
		0.010	190	86.8	—	—	—	—	—	—	—	—	—	—
		0.012	—	—	—	—	—	—	—	—	—	—	—	—
	50	0.001	30	94.6	30	96.1	30	96.0	30	97.1	30	97.3	30	95.1
		0.002	60	94.9	60	97.2	60	96.7	70	93.5	60	96.6	60	97.6
		0.003	90	93.1	90	93.3	90	97.2	90	97.4	100	95.2	80	95.6
		0.004	120	96.3	120	96.7	120	97.5	130	96.0	120	91.0	100	82.6
		0.005	150	96.2	150	96.4	150	94.1	160	95.3	140	90.1	130	85.1
		0.006	170	91.5	170	91.9	170	89.8	170	90.4	160	80.8	—	—
		0.007	190	86.4	190	87.0	190	83.8	190	83.3	—	—	—	—
		0.008	—	—	—	—	—	—	—	—	—	—	—	—
		0.010	—	—	—	—	—	—	—	—	—	—	—	—
		0.012	—	—	—	—	—	—	—	—	—	—	—	—

附表 16　黏壤土 2 备耕头水地灌水定额分别为 $60m^3$/亩、$70m^3$/亩时的优化畦长

灌水条件	灌水定额/(m^3/亩)	单宽流量/[m^3/(s·m)]	地面坡降											
			0.0100		0.0050		0.0030		0.0020		0.0010		0.0005	
			优化畦长/m	灌水效率/%	优化畦长/m	灌水效率/%	优化畦长/m	灌水效率/%	优化畦长/m	灌水效率/%	优化畦长/m	灌水效率/%	优化畦长/m	灌水效率/%
Ⅰ. 土壤类型：黏壤土 2 (0～20cm 砂粒含量 ω_1=20～40cm 砂粒含量 ω_4=37.5%， 0～20cm 粉粒含量 ω_2=20～40cm 粉粒含量 ω_5=37.5%， 0～20cm 黏粒含量 ω_3=20～40cm 黏粒含量 ω_6=25%) Ⅱ. 地表形态：备耕头水地，地表轻、中旱 (0～10cm 土壤容重 γ_1=1.13g/cm^3， 0～10cm 土壤变形容重 $\gamma_1^{\#}$=1.18g/cm^3， 10～20cm 土壤容重 γ_2=1.13g/cm^3， 20～40cm 土壤容重 γ_3=1.33g/cm^3， 0～20cm 土壤含水率 θ_1=11.73%， 20～40cm 土壤含水率 θ_2=14.99%， 土壤有机质含量 G=1g/kg， 填凹量 $h_{填凹量}$=1.5cm，糙率 n=0.05) Ⅲ. 入渗参数： 入渗系数 k=2.4496cm/min， 入渗指数 α=0.2545， 稳定入渗率 f_0=0.0982cm/min	60	0.001	40	93.0	40	93.7	40	94.2	40	93.8	40	96.5	40	96.9
		0.002	70	96.3	70	94.3	80	96.4	80	96.4	70	95.3	70	96.0
		0.003	100	92.2	100	94.4	110	94.5	110	93.2	100	87.5	90	82.2
		0.004	120	83.4	130	83.6	130	88.1	130	86.2	130	87.0	120	82.5
		0.005	150	82.8	160	82.8	160	85.6	160	85.4	140	80.6	—	—
		0.006	190	86.4	180	86.2	190	87.7	170	82.3	180	80.9	—	—
		0.007	—	—	—	—	—	—	—	—	—	—	—	—
		0.008	—	—	—	—	—	—	—	—	—	—	—	—
		0.010	—	—	—	—	—	—	—	—	—	—	—	—
		0.012	—	—	—	—	—	—	—	—	—	—	—	—
	70	0.001	40	95.6	40	95.6	40	94.2	40	95.1	40	95.0	40	95.2
		0.002	80	92.8	80	95.5	80	95.4	80	93.1	80	94.8	80	94.2
		0.003	120	91.3	110	92.3	120	92.2	120	93.7	120	96.7	120	93.2
		0.004	150	94.5	150	94.1	150	94.0	160	93.9	160	94.7	140	92.2
		0.005	190	90.6	180	93.2	200	93.8	200	95.9	190	88.7	170	84.1
		0.006	—	—	200	80.1	200	80.6	190	82.0	170	80.0	—	—
		0.007	—	—	—	—	—	—	—	—	—	—	—	—
		0.008	—	—	—	—	—	—	—	—	—	—	—	—
		0.010	—	—	—	—	—	—	—	—	—	—	—	—
		0.012	—	—	—	—	—	—	—	—	—	—	—	—

附表 17　黏土 1 备耕头水地灌水定额分别为 40m³/亩、50m³/亩时的优化畦长

灌水条件	灌水定额/(m³/亩)	单宽流量/[m³/(s·m)]	地面坡降											
			0.0100		0.0050		0.0030		0.0020		0.0010		0.0005	
			优化畦长/m	灌水效率/%	优化畦长/m	灌水效率/%	优化畦长/m	灌水效率/%	优化畦长/m	灌水效率/%	优化畦长/m	灌水效率/%	优化畦长/m	灌水效率/%
Ⅰ. 土壤类型：黏土 1 (0～20cm 砂粒含量 ω_1=20～40cm 砂粒含量 ω_4=37.5%， 0～20cm 粉粒含量 ω_2=20～40cm 粉粒含量 ω_5=12.5%， 0～20cm 黏粒含量 ω_3=20～40cm 黏粒含量 ω_6=50%) Ⅱ. 地表形态：备耕头水地， 地表轻、中旱 (0～10cm 土壤容重 γ_1=1.03g/cm³， 0～10cm 土壤变形容重 $\gamma_1^{\#}$=1.08g/cm³， 10～20cm 土壤容重 γ_2=1.03g/cm³， 20～40cm 土壤容重 γ_3=1.23g/cm³， 0～20cm 土壤含水率 θ_1=20.25%， 20～40cm 土壤含水率 θ_2=27%， 土壤有机质含量 G=1g/kg， 填凹量 $h_{填凹量}$=1.5cm，糙率 n=0.05) Ⅲ. 入渗参数： 入渗系数 k=2.513cm/min， 入渗指数 α=0.2395， 稳定入渗率 f_0=0.0908cm/min	40	0.001	30	82.0	30	82.7	30	83.0	30	83.1	—	—	—	—
		0.002	60	83.0	60	80.5	60	80.0	80	80.7	60	84.2	60	83.8
		0.003	90	83.3	100	80.8	50	94.8	50	94.9	50	95.3	—	—
		0.004	100	87.0	120	82.4	120	81.7	120	83.5	90	90.8	—	—
		0.005	140	84.3	140	84.9	140	85.3	140	85.7	—	—	—	—
		0.006	170	84.8	170	84.2	170	85.2	110	87.3	—	—	—	—
		0.007	180	94.8	180	95.0	180	94.8	160	96.6	—	—	—	—
		0.008	200	96.1	200	95.0	190	95.3	150	80.7	—	—	—	—
		0.010	200	85.9	190	84.9	—	—	—	—	—	—	—	—
		0.012	—	—	—	—	—	—	—	—	—	—	—	—
	50	0.001	30	92.8	30	94.8	30	95.2	30	94.1	90	93.8	40	87.1
		0.002	50	95.6	60	95.3	60	95.6	60	95.6	40	97.0	50	95.2
		0.003	90	94.2	90	94.2	80	96.9	80	95.9	80	94.4	70	97.1
		0.004	90	91.8	90	89.3	90	94.5	90	96.0	70	94.0	—	—
		0.005	140	96.8	130	98.2	140	97.4	60	83.2	80	87.8	—	—
		0.006	170	95.4	190	95.3	150	96.5	110	93.8	90	85.9	—	—
		0.007	190	95.1	170	95.4	170	95.4	170	95.5	—	—	—	—
		0.008	200	96.1	190	95.7	190	95.3	—	—	—	—	—	—
		0.010	200	82.2	200	83.6	190	82.9	—	—	—	—	—	—
		0.012	—	—	—	—	—	—	—	—	—	—	—	—

附表 18　黏土 1 备耕头水地灌水定额分别为 $60m^3$/亩、$70m^3$/亩时的优化畦长

灌水条件	灌水定额/(m^3/亩)	单宽流量/[m^3/(s·m)]	地面坡降											
			0.0100		0.0050		0.0030		0.0020		0.0010		0.0005	
			优化畦长/m	灌水效率/%	优化畦长/m	灌水效率/%	优化畦长/m	灌水效率/%	优化畦长/m	灌水效率/%	优化畦长/m	灌水效率/%	优化畦长/m	灌水效率/%
Ⅰ. 土壤类型：黏土 1 (0～20cm 砂粒含量 $\omega_1=20$～40cm 砂粒含量 $\omega_4=37.5\%$， 0～20cm 粉粒含量 $\omega_2=20$～40cm 粉粒含量 $\omega_5=12.5\%$， 0～20cm 黏粒含量 $\omega_3=20$～40cm 黏粒含量 $\omega_6=50\%$) Ⅱ. 地表形态：备耕头水地，地表轻、中旱 (0～10cm 土壤容重 $\gamma_1=1.03g/cm^3$， 0～10cm 土壤变形容重 $\gamma_1^{\#}=1.08g/cm^3$， 10～20cm 土壤容重 $\gamma_2=1.03g/cm^3$， 20～40cm 土壤容重 $\gamma_3=1.23g/cm^3$， 0～20cm 土壤含水率 $\theta_1=20.25\%$， 20～40cm 土壤含水率 $\theta_2=27\%$， 土壤有机质含量 $G=1g/kg$， 填凹量 $h_{填凹量}=1.5cm$，糙率 $n=0.05$) Ⅲ. 入渗参数： 入渗系数 $k=2.513cm/min$， 入渗指数 $\alpha=0.2395$， 稳定入渗率 $f_0=0.0908cm/min$	60	0.001	30	94.9	30	96.2	30	96.6	30	96.4	40	93.2	40	93.5
		0.002	60	90.7	60	88.7	60	89.3	60	91.3	60	92.3	60	92.7
		0.003	90	94.1	90	96.4	90	96.2	100	96.1	80	80.0	60	82.9
		0.004	110	87.9	110	91.6	120	90.5	120	88.6	120	88.5	70	88.0
		0.005	140	89.7	140	91.7	140	90.4	150	89.5	110	81.9	90	81.5
		0.006	170	89.9	160	90.9	160	90.9	150	87.6	—	—	—	—
		0.007	190	85.2	180	84.2	190	84.8	150	82.2	—	—	—	—
		0.008	—	—	—	—	—	—	—	—	—	—	—	—
		0.010	—	—	—	—	—	—	—	—	—	—	—	—
		0.012	—	—	—	—	—	—	—	—	—	—	—	—
	70	0.001	40	95.0	40	94.9	40	95.5	40	95.8	40	96.6	40	96.7
		0.002	90	94.6	90	93.2	80	95.2	90	95.4	60	91.0	40	83.6
		0.003	130	94.2	130	96.2	130	96.3	130	96.4	130	93.9	60	85.0
		0.004	180	95.2	170	96.5	170	96.7	180	95.3	180	95.7	80	83.5
		0.005	190	96.4	200	93.8	190	96.9	200	94.9	190	97.6	190	94.0
		0.006	190	83.7	190	84.4	200	84.5	190	86.3	190	84.0	170	82.1
		0.007	—	—	—	—	—	—	—	—	—	—	—	—
		0.008	—	—	—	—	—	—	—	—	—	—	—	—
		0.010	—	—	—	—	—	—	—	—	—	—	—	—
		0.012	—	—	—	—	—	—	—	—	—	—	—	—

附表 19　黏土 2 备耕头水地灌水定额分别为 40m³/亩、50m³/亩时的优化畦长

灌水条件	灌水定额/(m³/亩)	单宽流量/[m³/(s·m)]	地面坡降											
			0.0100		0.0050		0.0030		0.0020		0.0010		0.0005	
			优化畦长/m	灌水效率/%	优化畦长/m	灌水效率/%	优化畦长/m	灌水效率/%	优化畦长/m	灌水效率/%	优化畦长/m	灌水效率/%	优化畦长/m	灌水效率/%
Ⅰ. 土壤类型：黏土 2 (0～20cm 砂粒含量 ω_1=20～40cm 砂粒含量 ω_4=25%， 0～20cm 粉粒含量 ω_2=20～40cm 粉粒含量 ω_5=12.5%， 0～20cm 黏粒含量 ω_3=20～40cm 黏粒含量 ω_6=62.5%) Ⅱ. 地表形态：备耕头水地，地表轻、中旱 (0～10cm 土壤容重 γ_1=1.03g/cm³， 0～10cm 土壤变形容重 $\gamma_1^{\#}$=1.08g/cm³， 10～20cm 土壤容重 γ_2=1.03g/cm³， 20～40cm 土壤容重 γ_3=1.23g/cm³， 0～20cm 土壤含水率 θ_1=20.25%， 20～40cm 土壤含水率 θ_2=27%， 土壤有机质含量 G=1g/kg， 填凹量 $h_{填凹量}$=1.5cm，糙率 n=0.05) Ⅲ. 入渗参数： 入渗系数 k=2.6531cm/min， 入渗指数 α=0.2395， 稳定入渗率 f_0=0.0908cm/min	40	0.001	30	93.1	30	92.6	30	93.4	30	92.0	30	92.9	30	94.6
		0.002	50	95.8	50	96.4	60	94.3	50	97.5	50	97.7	60	95.2
		0.003	80	92.7	80	94.8	80	94.4	80	94.3	80	91.6	90	92.5
		0.004	150	87.1	150	87.3	150	86.8	150	87.9	160	86.3	—	—
		0.005	200	84.6	200	84.9	200	85.3	200	86.0	—	—	—	—
		0.006	180	95.4	180	94.7	180	95.0	170	95.3	—	—	—	—
		0.007	190	93.8	160	94.9	150	91.6	130	90.2	—	—	—	—
		0.008	200	91.7	170	93.8	170	95.8	—	—	—	—	—	—
		0.010	200	92.5	180	81.6	—	—	—	—	—	—	—	—
		0.012	200	81.7	—	—	—	—	—	—	—	—	—	—
	50	0.001	40	93.3	40	93.4	40	93.5	40	93.0	40	93.8	40	94.5
		0.002	90	92.5	90	92.1	90	92.2	90	92.4	90	92.7	80	94.3
		0.003	150	89.9	150	90.3	150	90.7	130	92.7	130	91.9	130	92.5
		0.004	170	95.8	180	94.5	180	94.7	180	94.9	170	94.0	170	92.7
		0.005	190	94.2	190	94.6	180	96.2	180	96.1	190	95.0	—	—
		0.006	190	87.2	190	87.3	190	88.5	200	88.5	200	88.0	—	—
		0.007	—	—	—	—	—	—	—	—	—	—	—	—
		0.008	—	—	—	—	—	—	—	—	—	—	—	—
		0.010	—	—	—	—	—	—	—	—	—	—	—	—
		0.012	—	—	—	—	—	—	—	—	—	—	—	—

附表 20　黏土 2 备耕头水地灌水定额分别为 $60m^3$/亩、$70m^3$/亩时的优化畦长

灌水条件	灌水定额/(m^3/亩)	单宽流量/[m^3/(s·m)]	地面坡降											
			0.0100		0.0050		0.0030		0.0020		0.0010		0.0005	
			优化畦长/m	灌水效率/%	优化畦长/m	灌水效率/%	优化畦长/m	灌水效率/%	优化畦长/m	灌水效率/%	优化畦长/m	灌水效率/%	优化畦长/m	灌水效率/%
I. 土壤类型：黏土 2 (0～20cm 砂粒含量 ω_1=20～40cm 砂粒含量 ω_4=25%， 0～20cm 粉粒含量 ω_2=20～40cm 粉粒含量 ω_5=12.5%， 0～20cm 黏粒含量 ω_3=20～40cm 黏粒含量 ω_6=62.5%) II. 地表形态：备耕头水地，地表轻、中旱 (0～10cm 土壤容重 γ_1=1.03g/cm^3， 0～10cm 土壤变形容重 $\gamma_1^{\#}$=1.08g/cm^3， 10～20cm 土壤容重 γ_2=1.03g/cm^3， 20～40cm 土壤容重 γ_3=1.23g/cm^3， 0～20cm 土壤含水率 θ_1=20.25%， 20～40cm 土壤含水率 θ_2=27%， 土壤有机质含量 G=1g/kg， 填凹量 $h_{填凹量}$=1.5cm，糙率 n=0.05) III. 入渗参数： 入渗系数 k=2.6531cm/min， 入渗指数 α=0.2395， 稳定入渗率 f_0=0.0908cm/min	60	0.001	40	94.0	50	93.9	40	93.7	40	94.8	40	95.9	30	89.8
		0.002	90	94.4	80	94.9	100	92.0	100	93.1	80	93.0	50	86.4
		0.003	140	95.1	140	95.8	140	96.3	140	95.7	80	85.6	—	—
		0.004	190	94.4	190	95.9	170	96.8	190	96.8	120	83.9	—	—
		0.005	190	87.1	190	87.8	180	88.2	190	91.2	160	80.0	—	—
		0.006	—	—	—	—	—	—	—	—	—	—	—	—
		0.007	—	—	—	—	—	—	—	—	—	—	—	—
		0.008	—	—	—	—	—	—	—	—	—	—	—	—
		0.010	—	—	—	—	—	—	—	—	—	—	—	—
		0.012	—	—	—	—	—	—	—	—	—	—	—	—
	70	0.001	50	94.0	50	94.1	40	93.6	40	94.7	50	93.6	50	94.8
		0.002	100	96.0	100	94.9	100	95.0	100	96.4	100	96.4	100	96.6
		0.003	160	94.6	160	94.9	150	97.0	150	96.8	160	95.0	150	95.4
		0.004	190	93.1	180	94.3	180	95.3	190	95.2	180	92.5	190	96.3
		0.005	190	80.1	200	82.5	190	84.3	190	84.0	200	84.3	180	81.6
		0.006	—	—	—	—	—	—	—	—	—	—	—	—
		0.007	—	—	—	—	—	—	—	—	—	—	—	—
		0.008	—	—	—	—	—	—	—	—	—	—	—	—
		0.010	—	—	—	—	—	—	—	—	—	—	—	—
		0.012	—	—	—	—	—	—	—	—	—	—	—	—

附表 21　黏土 3 备耕头水地灌水定额分别为 $40m^3$/亩、$50m^3$/亩时的优化畦长

灌水条件	灌水定额/(m^3/亩)	单宽流量/[m^3/(s·m)]	地面坡降											
			0.0100		0.0050		0.0030		0.0020		0.0010		0.0005	
			优化畦长/m	灌水效率/%	优化畦长/m	灌水效率/%	优化畦长/m	灌水效率/%	优化畦长/m	灌水效率/%	优化畦长/m	灌水效率/%	优化畦长/m	灌水效率/%
Ⅰ. 土壤类型：黏土 3 (0～20cm 砂粒含量 ω_1=20～40cm 砂粒含量 ω_4=12.5%， 0～20cm 粉粒含量 ω_2=20～40cm 粉粒含量 ω_5=25%， 0～20cm 黏粒含量 ω_3=20～40cm 黏粒含量 ω_6=62.5%) Ⅱ. 地表形态：备耕头水地，地表轻、中旱 (0～10cm 土壤容重 γ_1=1.03g/cm^3， 0～10cm 土壤变形容重 $\gamma_1^{\#}$=1.08g/cm^3， 10～20cm 土壤容重 γ_2=1.03g/cm^3， 20～40cm 土壤容重 γ_3=1.23g/cm^3， 0～20cm 土壤含水率 θ_1=20.25%， 20～40cm 土壤含水率 θ_2=27%， 土壤有机质含量 G=1g/kg， 填凹量 $h_{填凹量}$=1.5cm，糙率 n=0.05) Ⅲ. 入渗参数： 入渗系数 k=2.9115cm/min， 入渗指数 α=0.2333， 稳定入渗率 f_0=0.0895cm/min	40	0.001	30	91.1	30	91.9	30	92.0	40	83.0	40	83.3	40	82.6
		0.002	80	80.8	80	81.2	80	80.5	80	81.0	70	87.2	70	89.0
		0.003	110	86.6	110	85.6	110	95.9	110	84.3	110	87.5	—	—
		0.004	160	82.4	160	82.0	160	82.3	170	82.0	—	—	—	—
		0.005	180	87.2	180	87.7	180	87.2	—	—	—	—	—	—
		0.006	180	92.5	160	92.2	160	92.7	—	—	—	—	—	—
		0.007	200	94.1	190	95.3	—	—	—	—	—	—	—	—
		0.008	200	92.2	200	92.0	—	—	—	—	—	—	—	—
		0.010	—	—	—	—	—	—	—	—	—	—	—	—
		0.012	—	—	—	—	—	—	—	—	—	—	—	—
	50	0.001	30	95.6	30	95.2	30	95.3	40	91.9	40	91.8	40	92.7
		0.002	50	90.5	50	94.5	50	94.6	40	90.7	50	97.2	50	97.2
		0.003	80	88.6	70	93.9	90	96.2	90	96.3	70	80.8	70	82.5
		0.004	90	87.3	60	83.0	100	85.8	100	86.2	100	83.8	100	83.9
		0.005	160	94.4	140	97.8	150	96.8	110	90.6	110	90.4	—	—
		0.006	160	91.5	170	89.4	150	87.7	150	90.3	140	84.6	—	—
		0.007	170	90.8	180	87.5	170	91.7	170	91.2	170	84.5	—	—
		0.008	180	83.4	170	80.5	180	83.0	190	84.4	—	—	—	—
		0.010	—	—	—	—	—	—	—	—	—	—	—	—
		0.012	—	—	—	—	—	—	—	—	—	—	—	—

附表 22　黏土 3 备耕头水地灌水定额分别为 60m³/亩、70m³/亩时的优化畦长

灌水条件	灌水定额/(m³/亩)	单宽流量/[m³/(s·m)]	地面坡降											
			0.0100		0.0050		0.0030		0.0020		0.0010		0.0005	
			优化畦长/m	灌水效率/%	优化畦长/m	灌水效率/%	优化畦长/m	灌水效率/%	优化畦长/m	灌水效率/%	优化畦长/m	灌水效率/%	优化畦长/m	灌水效率/%
Ⅰ. 土壤类型：黏土 3 (0～20cm 砂粒含量 ω_1=20～40cm 砂粒含量 ω_4=12.5%， 0～20cm 粉粒含量 ω_2=20～40cm 粉粒含量 ω_5=25%， 0～20cm 黏粒含量 ω_3=20～40cm 黏粒含量 ω_6=62.5%) Ⅱ. 地表形态：备耕头水地，地表轻、中旱 (0～10cm 土壤容重 γ_1=1.03g/cm³， 0～10cm 土壤变形容重 $\gamma_1^{\#}$=1.08g/cm³， 10～20cm 土壤容重 γ_2=1.03g/cm³， 20～40cm 土壤容重 γ_3=1.23g/cm³， 0～20cm 土壤含水率 θ_1=20.25%， 20～40cm 土壤含水率 θ_2=27%， 土壤有机质含量 G=1g/kg， 填凹量 $h_{填凹量}$=1.5cm，糙率 n=0.05) Ⅲ. 入渗参数： 入渗系数 k=2.9115cm/min， 入渗指数 α=0.2333， 稳定入渗率 f_0=0.0895cm/min	60	0.001	40	93.4	40	93.6	40	93.5	30	93.1	30	95.2	30	94.2
		0.002	70	92.6	40	81.0	40	81.1	40	82.4	70	95.4	50	84.8
		0.003	100	95.8	120	95.8	110	94.6	100	94.8	100	95.3	100	90.5
		0.004	130	88.4	130	87.6	130	90.4	130	86.5	130	90.1	130	87.0
		0.005	160	82.9	160	84.8	160	88.8	160	86.6	160	86.1	160	85.4
		0.006	180	81.2	180	82.6	180	80.4	180	80.6	180	82.9	170	82.1
		0.007	—	—	200	81.0	200	81.3	—	—	—	—	—	—
		0.008	—	—	—	—	—	—	—	—	—	—	—	—
		0.010	—	—	—	—	—	—	—	—	—	—	—	—
		0.012	—	—	—	—	—	—	—	—	—	—	—	—
	70	0.001	40	93.1	40	93.2	40	94.2	40	95.0	40	93.7	40	97.1
		0.002	80	94.2	80	93.2	80	93.8	80	95.6	80	96.1	80	94.8
		0.003	110	88.5	110	87.3	110	86.6	110	87.7	110	87.6	110	88.0
		0.004	140	84.0	140	83.6	140	81.9	140	82.8	140	86.8	140	86.5
		0.005	170	83.2	180	86.3	180	87.0	180	86.7	180	87.1	180	88.6
		0.006	190	80.6	200	81.0	200	82.3	200	80.2	—	—	—	—
		0.007	—	—	—	—	—	—	—	—	—	—	—	—
		0.008	—	—	—	—	—	—	—	—	—	—	—	—
		0.010	—	—	—	—	—	—	—	—	—	—	—	—
		0.012	—	—	—	—	—	—	—	—	—	—	—	—

附表 23　黏土 4 备耕头水地灌水定额分别为 $40m^3$/亩、$50m^3$/亩时的优化畦长

灌水条件	灌水定额/(m^3/亩)	单宽流量/[m^3/(s·m)]	地面坡降											
			0.0100		0.0050		0.0030		0.0020		0.0010		0.0005	
			优化畦长/m	灌水效率/%	优化畦长/m	灌水效率/%	优化畦长/m	灌水效率/%	优化畦长/m	灌水效率/%	优化畦长/m	灌水效率/%	优化畦长/m	灌水效率/%
Ⅰ.土壤类型：黏土 4 (0～20cm 砂粒含量 ω_1=20～40cm 砂粒含量 ω_4=25%， 0～20cm 粉粒含量 ω_2=20～40cm 粉粒含量 ω_5=25%， 0～20cm 黏粒含量 ω_3=20～40cm 黏粒含量 ω_6=50%) Ⅱ.地表形态：备耕头水地，地表轻、中旱 (0～10cm 土壤容重 γ_1=1.03g/cm³， 0～10cm 土壤变形容重 $\gamma_1^{\#}$=1.08g/cm³， 10～20cm 土壤容重 γ_2=1.03g/cm³， 20～40cm 土壤容重 γ_3=1.23g/cm³， 0～20cm 土壤含水率 θ_1=20.25%， 20～40cm 土壤含水率 θ_2=27%， 土壤有机质含量 G=1g/kg， 填凹量 $h_{填凹量}$=1.5cm，糙率 n=0.05) Ⅲ.入渗参数： 入渗系数 k=2.6641cm/min， 入渗指数 α=0.2333， 稳定入渗率 f_0=0.0895cm/min	40	0.001	30	94.1	30	94.5	30	94.6	30	93.7	30	92.0	30	93.7
		0.002	50	93.9	60	95.1	50	94.5	50	94.9	40	97.7	40	97.3
		0.003	60	83.7	60	89.3	60	86.2	60	97.9	60	88.1	60	86.6
		0.004	80	86.9	80	88.1	80	86.1	80	87.6	70	90.2	—	—
		0.005	100	87.0	100	86.8	90	90.1	90	88.1	—	—	—	—
		0.006	120	94.4	120	93.1	110	88.2	110	87.2	—	—	—	—
		0.007	140	88.5	150	90.7	150	89.8	—	—	—	—	—	—
		0.008	160	90.4	—	—	—	—	—	—	—	—	—	—
		0.010	180	84.7	—	—	—	—	—	—	—	—	—	—
		0.012	—	—	—	—	—	—	—	—	—	—	—	—
	50	0.001	40	93.9	40	94.0	30	96.6	30	97.1	30	95.2	30	97.8
		0.002	60	93.4	70	94.2	60	94.1	60	94.4	60	97.5	60	97.8
		0.003	90	94.3	90	96.7	90	94.3	100	96.0	100	96.2	100	95.6
		0.004	140	93.4	140	90.7	130	94.1	130	96.8	130	93.3	130	94.9
		0.005	150	91.9	160	93.9	150	94.2	160	94.2	140	89.7	140	83.5
		0.006	180	88.4	170	89.0	160	90.3	180	89.5	130	81.4	—	—
		0.007	200	84.4	180	84.7	190	86.3	200	85.2	—	—	—	—
		0.008	—	—	—	—	—	—	—	—	—	—	—	—
		0.010	—	—	—	—	—	—	—	—	—	—	—	—
		0.012	—	—	—	—	—	—	—	—	—	—	—	—

附表 24 黏土 4 备耕头水地灌水定额分别为 $60m^3$/亩、$70m^3$/亩时的优化畦长

灌水条件	灌水定额/(m^3/亩)	单宽流量/[m^3/(s·m)]	地面坡降											
			0.0100		0.0050		0.0030		0.0020		0.0010		0.0005	
			优化畦长/m	灌水效率/%	优化畦长/m	灌水效率/%	优化畦长/m	灌水效率/%	优化畦长/m	灌水效率/%	优化畦长/m	灌水效率/%	优化畦长/m	灌水效率/%
Ⅰ. 土壤类型：黏土 4 (0～20cm 砂粒含量 ω_1=20～40cm 砂粒含量 ω_4=25%， 0～20cm 粉粒含量 ω_2=20～40cm 粉粒含量 ω_5=25%， 0～20cm 黏粒含量 ω_3=20～40cm 黏粒含量 ω_6=50%) Ⅱ. 地表形态：备耕头水地，地表轻、中旱 (0～10cm 土壤容重 γ_1=1.03g/cm^3， 0～10cm 土壤变形容重 $\gamma_1^{\#}$=1.08g/cm^3， 10～20cm 土壤容重 γ_2=1.03g/cm^3， 20～40cm 土壤容重 γ_3=1.23g/cm^3， 0～20cm 土壤含水率 θ_1=20.25%， 20～40cm 土壤含水率 θ_2=27%， 土壤有机质含量 G=1g/kg， 填凹量 $h_{填凹量}$=1.5cm，糙率 n=0.05) Ⅲ. 入渗参数： 入渗系数 k=2.6641cm/min， 入渗指数 α=0.2333， 稳定入渗率 f_0=0.0895cm/min	60	0.001	40	94.6	40	94.5	40	95.7	40	95.7	40	95.6	40	94.8
		0.002	80	94.9	70	94.2	80	94.6	80	95.3	80	95.5	80	96.0
		0.003	120	95.0	120	95.4	120	94.0	120	96.1	120	94.5	110	92.0
		0.004	150	90.5	150	90.5	150	94.3	150	91.6	150	90.5	150	94.3
		0.005	180	86.7	180	86.2	180	86.1	170	84.9	170	84.9	170	82.6
		0.006	200	82.3	190	82.8	200	84.4	200	84.5	200	85.1	190	85.3
		0.007	—	—	—	—	—	—	—	—	—	—	—	—
		0.008	—	—	—	—	—	—	—	—	—	—	—	—
		0.010	—	—	—	—	—	—	—	—	—	—	—	—
		0.012	—	—	—	—	—	—	—	—	—	—	—	—
	70	0.001	50	94.1	50	93.9	50	93.6	50	93.6	40	94.8	40	97.0
		0.002	90	93.3	80	94.3	90	95.2	90	96.0	80	94.0	80	95.0
		0.003	120	89.0	120	90.4	120	89.5	120	88.9	120	89.2	120	89.4
		0.004	160	92.5	170	91.5	170	92.3	170	91.6	170	95.2	130	84.7
		0.005	200	87.5	190	87.9	200	89.5	190	89.9	200	88.3	150	80.6
		0.006	—	—	—	—	—	—	—	—	—	—	—	—
		0.007	—	—	—	—	—	—	—	—	—	—	—	—
		0.008	—	—	—	—	—	—	—	—	—	—	—	—
		0.010	—	—	—	—	—	—	—	—	—	—	—	—
		0.012	—	—	—	—	—	—	—	—	—	—	—	—

附表 25　黏土 5 备耕头水地灌水定额分别为 $40m^3$/亩、$50m^3$/亩时的优化畦长

灌水条件	灌水定额/(m^3/亩)	单宽流量/[m^3/(s·m)]	地面坡降 0.0100		0.0050		0.0030		0.0020		0.0010		0.0005	
			优化畦长/m	灌水效率/%	优化畦长/m	灌水效率/%	优化畦长/m	灌水效率/%	优化畦长/m	灌水效率/%	优化畦长/m	灌水效率/%	优化畦长/m	灌水效率/%
Ⅰ. 土壤类型：黏土 5 (0～20cm 砂粒含量 ω_1=20～40cm 砂粒含量 ω_4=12.5%， 0～20cm 粉粒含量 ω_2=20～40cm 粉粒含量 ω_5=37.5%， 0～20cm 黏粒含量 ω_3=20～40cm 黏粒含量 ω_6=50%) Ⅱ. 地表形态：备耕头水地，地表轻、中旱 (0～10cm 土壤容重 γ_1=1.03g/cm³， 0～10cm 土壤变形容重 $\gamma_1^{\#}$=1.08g/cm³， 10～20cm 土壤容重 γ_2=1.03g/cm³， 20～40cm 土壤容重 γ_3=1.23g/cm³， 0～20cm 土壤含水率 θ_1=20.25%， 20～40cm 土壤含水率 θ_2=27%， 土壤有机质含量 G=1g/kg， 填凹量 $h_{填凹量}$=1.5cm，糙率 n=0.05) Ⅲ. 入渗参数： 入渗系数 k=2.9225cm/min， 入渗指数 α=0.227， 稳定入渗率 f_0=0.0883cm/min	40	0.001	30	91.1	30	91.3	30	91.6	30	91.7	30	92.0	30	91.5
		0.002	60	91.6	60	91.9	60	91.5	60	91.7	60	92.1	60	92.5
		0.003	80	95.3	80	95.1	80	95.3	80	95.5	80	95.8	—	—
		0.004	100	95.9	100	93.2	100	95.8	100	95.1	—	—	—	—
		0.005	110	92.6	100	94.6	100	95.1	100	95.2	—	—	—	—
		0.006	130	92.6	130	94.1	130	94.0	130	81.3	—	—	—	—
		0.007	180	88.1	180	92.0	180	89.6	160	83.4	—	—	—	—
		0.008	180	80.8	180	80.1	—	—	—	—	—	—	—	—
		0.010	—	—	—	—	—	—	—	—	—	—	—	—
		0.012	—	—	—	—	—	—	—	—	—	—	—	—
	50	0.001	40	93.7	40	92.8	40	95.5	40	93.7	40	97.3	40	95.9
		0.002	70	90.4	70	90.7	70	91.0	70	91.6	70	95.6	70	96.6
		0.003	100	86.2	100	87.0	100	89.9	100	90.6	100	89.8	100	90.1
		0.004	120	96.6	130	95.6	120	93.0	130	94.8	130	95.1	130	95.2
		0.005	150	83.3	150	82.0	130	82.7	160	88.0	140	83.2	—	—
		0.006	190	87.1	200	87.7	200	88.9	170	84.5	170	82.1	—	—
		0.007	—	—	—	—	—	—	—	—	—	—	—	—
		0.008	—	—	—	—	—	—	—	—	—	—	—	—
		0.010	—	—	—	—	—	—	—	—	—	—	—	—
		0.012	—	—	—	—	—	—	—	—	—	—	—	—

附表 26 黏土 5 备耕头水地灌水定额分别为 $60m^3$/亩、$70m^3$/亩时的优化畦长

灌水条件	灌水定额/(m^3/亩)	单宽流量/[m^3/(s·m)]	地面坡降											
			0.0100		0.0050		0.0030		0.0020		0.0010		0.0005	
			优化畦长/m	灌水效率/%	优化畦长/m	灌水效率/%	优化畦长/m	灌水效率/%	优化畦长/m	灌水效率/%	优化畦长/m	灌水效率/%	优化畦长/m	灌水效率/%
Ⅰ. 土壤类型：黏土 5 (0～20cm 砂粒含量 ω_1=20～40cm 砂粒含量 ω_4=12.5%， 0～20cm 粉粒含量 ω_2=20～40cm 粉粒含量 ω_5=37.5%， 0～20cm 黏粒含量 ω_3=20～40cm 黏粒含量 ω_6=50%) Ⅱ. 地表形态：备耕头水地，地表轻、中旱 (0～10cm 土壤容重 γ_1=1.03g/cm^3， 0～10cm土壤变形容重$\gamma_1^{\#}$=1.08g/cm^3， 10～20cm 土壤容重 γ_2=1.03g/cm^3， 20～40cm 土壤容重 γ_3=1.23g/cm^3， 0～20cm 土壤含水率 θ_1=20.25%， 20～40cm 土壤含水率 θ_2=27%， 土壤有机质含量 G=1g/kg， 填凹量 $h_{填凹量}$=1.5cm，糙率 n=0.05) Ⅲ. 入渗参数： 入渗系数 k=2.9225cm/min， 入渗指数 α=0.227， 稳定入渗率 f_0=0.0883cm/min	60	0.001	50	94.4	50	94.2	50	94.2	40	96.4	40	95.1	40	96.0
		0.002	80	88.3	80	90.7	80	90.4	80	91.8	80	90.9	80	92.5
		0.003	110	89.2	120	88.7	120	90.0	120	91.0	120	89.3	120	90.3
		0.004	150	90.2	150	89.7	160	90.8	160	88.9	160	90.6	120	83.2
		0.005	190	88.1	190	90.2	190	89.0	180	84.4	160	81.9	—	—
		0.006	—	—	—	—	—	—	—	—	—	—	—	—
		0.007	—	—	—	—	—	—	—	—	—	—	—	—
		0.008	—	—	—	—	—	—	—	—	—	—	—	—
		0.010	—	—	—	—	—	—	—	—	—	—	—	—
		0.012	—	—	—	—	—	—	—	—	—	—	—	—
	70	0.001	50	94.6	50	95.0	50	94.6	50	95.3	50	96.0	50	95.6
		0.002	90	92.3	90	91.5	90	91.9	90	92.8	90	93.7	90	96.2
		0.003	120	86.8	130	89.9	130	89.6	130	90.9	130	88.6	130	89.8
		0.004	170	83.0	170	83.0	170	85.2	170	88.6	170	87.6	160	88.6
		0.005	180	81.2	190	80.0	200	81.5	200	82.0	200	84.6	180	81.2
		0.006	—	—	—	—	—	—	—	—	—	—	—	—
		0.007	—	—	—	—	—	—	—	—	—	—	—	—
		0.008	—	—	—	—	—	—	—	—	—	—	—	—
		0.010	—	—	—	—	—	—	—	—	—	—	—	—
		0.012	—	—	—	—	—	—	—	—	—	—	—	—

附表 27　壤土备耕头水地灌水定额分别为 40m³/亩、50m³/亩时的优化畦长

灌水条件	灌水定额/(m³/亩)	单宽流量/[m³/(s·m)]	地面坡降 0.0100		0.0050		0.0030		0.0020		0.0010		0.0005	
			优化畦长/m	灌水效率/%	优化畦长/m	灌水效率/%	优化畦长/m	灌水效率/%	优化畦长/m	灌水效率/%	优化畦长/m	灌水效率/%	优化畦长/m	灌水效率/%
I. 土壤类型：壤土 (0～20cm 砂粒含量 ω_1=20～40cm 砂粒含量 ω_4=50%， 0～20cm 粉粒含量 ω_2=20～40cm 粉粒含量 ω_5=37.5%， 0～20cm 黏粒含量 ω_3=20～40cm 黏粒含量 ω_6=12%) II. 地表形态：备耕头水地，地表轻、中旱 (0～10cm 土壤容重 γ_1=1.2g/cm³， 0～10cm 土壤变形容重 $\gamma_1^{\#}$=1.25g/cm³， 10～20cm 土壤容重 γ_2=1.2g/cm³， 20～40cm 土壤容重 γ_3=1.4g/cm³， 0～20cm 土壤含水率 θ_1=11.04%， 20～40cm 土壤含水率 θ_2=14.04%， 土壤有机质含量 G=1g/kg， 填凹量 $h_{填凹量}$=1.5cm，糙率 n=0.05) III. 入渗参数： 入渗系数 k=2.2342cm/min， 入渗指数 α=0.2548， 稳定入渗率 f_0=0.0973cm/min	40	0.001	30	93.5	30	92.7	30	94.4	30	93.9	30	94.3	30	96.6
		0.002	50	96.3	50	96.5	50	94.1	60	97.4	50	94.9	50	96.1
		0.003	70	95.3	80	95.7	70	97.9	80	96.3	80	96.3	70	97.3
		0.004	90	81.7	90	84.2	90	87.7	90	85.6	90	86.0	—	—
		0.005	110	90.7	110	88.0	120	90.9	110	87.3	—	—	—	—
		0.006	130	88.8	140	88.3	130	91.5	—	—	—	—	—	—
		0.007	150	86.1	150	85.3	150	81.7	—	—	—	—	—	—
		0.008	170	84.4	170	83.7	—	—	—	—	—	—	—	—
		0.010	—	—	—	—	—	—	—	—	—	—	—	—
		0.012	—	—	—	—	—	—	—	—	—	—	—	—
	50	0.001	40	95.1	40	94.8	40	94.0	40	94.9	40	94.7	30	97.8
		0.002	70	94.7	70	94.5	70	94.6	70	95.7	70	95.2	60	96.4
		0.003	100	94.2	100	97.1	110	93.9	110	94.5	110	94.4	90	90.0
		0.004	130	97.3	130	96.8	130	96.4	130	94.2	130	91.5	120	86.7
		0.005	160	97.4	160	97.9	160	95.5	160	97.9	140	82.1	—	—
		0.006	190	92.4	190	91.8	200	91.3	180	88.1	—	—	—	—
		0.007	190	80.9	190	81.0	180	81.9	180	80.2	—	—	—	—
		0.008	—	—	—	—	—	—	—	—	—	—	—	—
		0.010	—	—	—	—	—	—	—	—	—	—	—	—
		0.012	—	—	—	—	—	—	—	—	—	—	—	—

附表 28 壤土备耕头水地灌水定额分别为 $60m^3$/亩、$70m^3$/亩时的优化畦长

灌水条件	灌水定额/(m^3/亩)	单宽流量/[m^3/(s·m)]	地面坡降											
			0.0100		0.0050		0.0030		0.0020		0.0010		0.0005	
			优化畦长/m	灌水效率/%	优化畦长/m	灌水效率/%	优化畦长/m	灌水效率/%	优化畦长/m	灌水效率/%	优化畦长/m	灌水效率/%	优化畦长/m	灌水效率/%
Ⅰ. 土壤类型：壤土 (0～20cm 砂粒含量 ω_1=20～40cm 砂粒含量 ω_4=50%， 0～20cm 粉粒含量 ω_2=20～40cm 粉粒含量 ω_5=37.5%， 0～20cm 黏粒含量 ω_3=20～40cm 黏粒含量 ω_6=12%) Ⅱ. 地表形态：备耕头水地，地表轻、中旱 (0～10cm 土壤容重 γ_1=1.2g/cm^3， 0～10cm 土壤变形容重 $\gamma_1^{\#}$=1.25g/cm^3， 10～20cm 土壤容重 γ_2=1.2g/cm^3， 20～40cm 土壤容重 γ_3=1.4g/cm^3， 0～20cm 土壤含水率 θ_1=11.04%， 20～40cm 土壤含水率 θ_2=14.04%， 土壤有机质含量 G=1g/kg， 填凹量 $h_{填凹量}$=1.5cm，糙率 n=0.05) Ⅲ. 入渗参数： 入渗系数 k=2.2342cm/min， 入渗指数 α=0.2548， 稳定入渗率 f_0=0.0973cm/min	60	0.001	50	93.7	50	94.2	60	89.7	50	93.9	50	95.0	50	96.4
		0.002	90	93.7	90	95.9	90	94.7	90	94.9	90	96.2	90	95.6
		0.003	130	93.5	120	94.3	130	95.3	130	94.7	130	96.8	130	93.2
		0.004	160	92.4	160	93.4	150	94.6	160	96.0	170	97.3	150	85.2
		0.005	180	86.2	190	85.3	190	87.7	190	87.8	180	83.4	170	86.7
		0.006	190	80.6	190	80.8	200	82.4	200	85.1	—	—	—	—
		0.007	—	—	—	—	—	—	—	—	—	—	—	—
		0.008	—	—	—	—	—	—	—	—	—	—	—	—
		0.010	—	—	—	—	—	—	—	—	—	—	—	—
		0.012	—	—	—	—	—	—	—	—	—	—	—	—
	70	0.001	40	94.1	40	95.7	40	93.8	40	94.9	40	94.8	40	95.9
		0.002	80	93.7	80	95.9	80	94.7	80	94.9	80	96.2	80	95.6
		0.003	120	93.4	110	94.3	120	95.3	120	94.7	120	96.8	100	81.0
		0.004	150	94.7	150	93.7	160	94.8	160	94.8	140	87.1	140	85.2
		0.005	180	91.0	180	90.7	190	91.0	190	93.0	170	83.4	—	—
		0.006	—	—	—	—	—	—	—	—	—	—	—	—
		0.007	—	—	—	—	—	—	—	—	—	—	—	—
		0.008	—	—	—	—	—	—	—	—	—	—	—	—
		0.010	—	—	—	—	—	—	—	—	—	—	—	—
		0.012	—	—	—	—	—	—	—	—	—	—	—	—

附表 29　壤质黏土 1 备耕头水地灌水定额分别为 $40m^3$/亩、$50m^3$/亩时的优化畦长

灌水条件	灌水定额/(m^3/亩)	单宽流量/[m^3/(s·m)]	地面坡降											
			0.0100		0.0050		0.0030		0.0020		0.0010		0.0005	
			优化畦长/m	灌水效率/%	优化畦长/m	灌水效率/%	优化畦长/m	灌水效率/%	优化畦长/m	灌水效率/%	优化畦长/m	灌水效率/%	优化畦长/m	灌水效率/%
Ⅰ. 土壤类型：壤质黏土 1 (0～20cm 砂粒含量 $\omega_1=20$～40cm 砂粒含量 $\omega_4=50\%$， 0～20cm 粉粒含量 $\omega_2=20$～40cm 粉粒含量 $\omega_5=12.5\%$， 0～20cm 黏粒含量 $\omega_3=20$～40cm 黏粒含量 $\omega_6=37.5\%$) Ⅱ. 地表形态：备耕头水地，地表轻、中旱 (0～10cm 土壤容重 $\gamma_1=1.06g/cm^3$， 0～10cm 土壤变形容重 $\gamma_1^{\#}=1.11g/cm^3$， 10～20cm 土壤容重 $\gamma_2=1.06g/cm^3$， 20～40cm 土壤容重 $\gamma_3=1.26g/cm^3$， 0～20cm 土壤含水率 $\theta_1=18\%$， 20～40cm 土壤含水率 $\theta_2=24\%$， 土壤有机质含量 $G=1g/kg$， 填凹量 $h_{填凹量}=1.5cm$，糙率 $n=0.05$) Ⅲ. 入渗参数： 入渗系数 $k=2.3936cm/min$， 入渗指数 $\alpha=0.2472$， 稳定入渗率 $f_0=0.0924cm/min$	40	0.001	30	94.3	30	95.2	40	91.0	30	95.8	30	94.5	30	95.1
		0.002	50	97.3	50	97.0	50	96.3	60	93.8	60	93.4	50	97.7
		0.003	90	93.4	90	93.7	90	93.3	90	94.2	90	94.5	—	—
		0.004	120	95.1	120	94.0	120	94.3	120	94.4	110	95.0	—	—
		0.005	150	95.7	150	95.8	130	90.5	120	85.8	—	—	—	—
		0.006	180	95.0	180	94.9	180	95.2	180	93.5	—	—	—	—
		0.007	190	96.4	180	97.6	170	91.3	180	90.0	—	—	—	—
		0.008	170	81.7	160	86.0	—	—	—	—	—	—	—	—
		0.010	—	—	—	—	—	—	—	—	—	—	—	—
		0.012	—	—	—	—	—	—	—	—	—	—	—	—
	50	0.001	40	94.2	40	95.3	40	92.7	40	95.6	30	94.9	30	95.4
		0.002	70	90.4	70	90.7	70	91.0	70	91.6	70	95.6	70	96.1
		0.003	100	94.9	110	94.4	110	94.7	110	95.7	110	94.6	110	96.0
		0.004	130	91.3	140	90.1	140	90.3	140	94.5	130	84.4	120	80.2
		0.005	160	87.3	160	87.2	170	89.7	160	91.3	150	81.7	—	—
		0.006	190	88.5	180	88.2	200	87.0	200	88.9	—	—	—	—
		0.007	—	—	—	—	—	—	—	—	—	—	—	—
		0.008	—	—	—	—	—	—	—	—	—	—	—	—
		0.010	—	—	—	—	—	—	—	—	—	—	—	—
		0.012	—	—	—	—	—	—	—	—	—	—	—	—

附表 30 壤质黏土 1 备耕头水地灌水定额分别为 60m³/亩、70m³/亩时的优化畦长

灌水条件	灌水定额/(m³/亩)	单宽流量/[m³/(s·m)]	地面坡降											
			0.0100		0.0050		0.0030		0.0020		0.0010		0.0005	
			优化畦长/m	灌水效率/%	优化畦长/m	灌水效率/%	优化畦长/m	灌水效率/%	优化畦长/m	灌水效率/%	优化畦长/m	灌水效率/%	优化畦长/m	灌水效率/%
Ⅰ.土壤类型：壤质黏土 1 (0～20cm 砂粒含量 $\omega_1=20$～40cm 砂粒含量 $\omega_4=50\%$， 0～20cm 粉粒含量 $\omega_2=20$～40cm 粉粒含量 $\omega_5=12.5\%$， 0～20cm 黏粒含量 $\omega_3=20$～40cm 黏粒含量 $\omega_6=37.5\%$) Ⅱ.地表形态：备耕头水地，地表轻、中旱 (0～10cm 土壤容重 $\gamma_1=1.06g/cm^3$， 0～10cm 土壤变形容重 $\gamma_1^{\#}=1.11g/cm^3$， 10～20cm 土壤容重 $\gamma_2=1.06g/cm^3$， 20～40cm 土壤容重 $\gamma_3=1.26g/cm^3$， 0～20cm 土壤含水率 $\theta_1=18\%$， 20～40cm 土壤含水率 $\theta_2=24\%$， 土壤有机质含量 $G=1g/kg$， 填凹量 $h_{填凹量}=1.5cm$，糙率 $n=0.05$) Ⅲ.入渗参数： 入渗系数 $k=2.3936cm/min$， 入渗指数 $\alpha=0.2472$， 稳定入渗率 $f_0=0.0924cm/min$	60	0.001	50	93.9	50	94.0	50	93.7	40	95.5	40	96.2	40	97.4
		0.002	90	94.3	100	94.0	90	94.6	100	94.5	90	95.1	100	94.8
		0.003	130	94.2	130	96.4	130	96.3	140	94.6	120	93.7	120	96.1
		0.004	160	90.1	170	93.2	160	94.9	170	94.7	170	95.6	170	90.6
		0.005	180	89.0	190	86.5	180	87.0	200	89.5	180	84.4	—	—
		0.006	—	—	—	—	—	—	—	—	—	—	—	—
		0.007	—	—	—	—	—	—	—	—	—	—	—	—
		0.008	—	—	—	—	—	—	—	—	—	—	—	—
		0.010	—	—	—	—	—	—	—	—	—	—	—	—
		0.012	—	—	—	—	—	—	—	—	—	—	—	—
	70	0.001	50	94.2	50	93.4	50	95.9	50	95.6	50	94.3	50	95.6
		0.002	90	92.3	90	91.5	90	91.9	90	92.8	90	93.7	90	96.2
		0.003	120	86.8	130	89.9	130	89.6	130	90.9	130	88.6	130	89.8
		0.004	170	88.2	170	88.4	180	88.6	180	92.6	180	93.1	170	84.5
		0.005	180	81.2	190	80.0	200	81.5	200	82.0	200	84.6	190	85.4
		0.006	—	—	—	—	—	—	—	—	—	—	—	—
		0.007	—	—	—	—	—	—	—	—	—	—	—	—
		0.008	—	—	—	—	—	—	—	—	—	—	—	—
		0.010	—	—	—	—	—	—	—	—	—	—	—	—
		0.012	—	—	—	—	—	—	—	—	—	—	—	—

附表 31　壤质黏土 2 备耕头水地灌水定额分别为 40m³/亩、50m³/亩时的优化畦长

灌水条件	灌水定额/(m³/亩)	单宽流量/[m³/(s·m)]	地面坡降 0.0100		0.0050		0.0030		0.0020		0.0010		0.0005	
			优化畦长/m	灌水效率/%	优化畦长/m	灌水效率/%	优化畦长/m	灌水效率/%	优化畦长/m	灌水效率/%	优化畦长/m	灌水效率/%	优化畦长/m	灌水效率/%
Ⅰ. 土壤类型：壤质黏土 2 (0～20cm 砂粒含量 ω_1=20～40cm 砂粒含量 ω_4=37.5%，0～20cm 粉粒含量 ω_2=20～40cm 粉粒含量 ω_5=25%，0～20cm 黏粒含量 ω_3=20～40cm 黏粒含量 ω_6=37.5%) Ⅱ. 地表形态：备耕头水地，地表轻、中旱 (0～10cm 土壤容重 γ_1=1.06g/cm³，0～10cm 土壤变形容重 $\gamma_1^{\#}$=1.11g/cm³，10～20cm 土壤容重 γ_2=1.06g/cm³，20～40cm 土壤容重 γ_3=1.26g/cm³，0～20cm 土壤含水率 θ_1=18%，20～40cm 土壤含水率 θ_2=24%，土壤有机质含量 G=1g/kg，填凹量 $h_{填凹量}$=1.5cm，糙率 n=0.05) Ⅲ. 入渗参数：入渗系数 k=2.5008cm/min，入渗指数 α=0.2409，稳定入渗率 f_0=0.0911cm/min	40	0.001	30	95.6	30	96.2	30	96.1	30	96.3	30	95.9	30	93.7
		0.002	60	95.7	70	93.1	60	96.6	70	93.5	60	96.0	70	93.7
		0.003	90	92.1	90	93.5	90	92.9	90	92.8	90	93.0	90	93.5
		0.004	130	94.8	120	95.4	120	96.1	120	95.4	120	93.4	80	83.9
		0.005	160	95.1	150	97.2	140	93.9	150	91.7	—	—	—	—
		0.006	190	95.8	190	94.9	180	91.6	160	90.8	—	—	—	—
		0.007	190	93.8	180	96.2	180	94.0	—	—	—	—	—	—
		0.008	180	94.0	180	92.7	—	—	—	—	—	—	—	—
		0.010	—	—	—	—	—	—	—	—	—	—	—	—
		0.012	—	—	—	—	—	—	—	—	—	—	—	—
	50	0.001	40	94.6	40	95.6	40	94.8	40	95.3	40	93.5	30	97.2
		0.002	70	95.2	70	95.5	70	95.7	70	96.0	70	95.1	70	95.1
		0.003	110	94.3	100	96.9	100	95.3	110	94.6	100	93.1	110	94.8
		0.004	140	95.8	140	94.0	140	94.9	150	94.5	130	92.2	120	84.0
		0.005	170	96.8	170	96.4	170	95.0	170	95.2	160	90.8	150	85.1
		0.006	190	94.1	190	93.3	190	90.6	160	90.0	170	81.4	—	—
		0.007	200	80.3	190	81.1	180	80.6	—	—	—	—	—	—
		0.008	—	—	—	—	—	—	—	—	—	—	—	—
		0.010	—	—	—	—	—	—	—	—	—	—	—	—
		0.012	—	—	—	—	—	—	—	—	—	—	—	—

附表 32 壤质黏土 2 备耕头水地灌水定额分别为 $60m^3$/亩、$70m^3$/亩时的优化畦长

灌水条件	灌水定额/(m^3/亩)	单宽流量/[m^3/(s·m)]	地面坡降											
			0.0100		0.0050		0.0030		0.0020		0.0010		0.0005	
			优化畦长/m	灌水效率/%	优化畦长/m	灌水效率/%	优化畦长/m	灌水效率/%	优化畦长/m	灌水效率/%	优化畦长/m	灌水效率/%	优化畦长/m	灌水效率/%
Ⅰ. 土壤类型：壤质黏土 2 (0～20cm 砂粒含量 ω_1=20～40cm 砂粒含量 ω_4=37.5%， 0～20cm 粉粒含量 ω_2=20～40cm 粉粒含量 ω_5=25%， 0～20cm 黏粒含量 ω_3=20～40cm 黏粒含量 ω_6=37.5%) Ⅱ. 地表形态：备耕头水地，地表轻、中旱 (0～10cm 土壤容重 γ_1=1.06g/cm^3， 0～10cm 土壤变形容重 $\gamma_1^{\#}$=1.11g/cm^3， 10～20cm 土壤容重 γ_2=1.06g/cm^3， 20～40cm 土壤容重 γ_3=1.26g/cm^3， 0～20cm 土壤含水率 θ_1=18%， 20～40cm 土壤含水率 θ_2=24%， 土壤有机质含量 G=1g/kg， 填凹量 $h_{填凹量}$=1.5cm，糙率 n=0.05) Ⅲ. 入渗参数： 入渗系数 k=2.5008cm/min， 入渗指数 α=0.2409， 稳定入渗率 f_0=0.0911cm/min	60	0.001	40	94.4	40	95.2	40	94.6	40	95.7	40	95.6	50	90.3
		0.002	80	92.6	80	93.1	80	96.8	80	93.8	80	95.3	80	94.9
		0.003	120	93.1	130	94.8	120	97.0	130	95.2	120	97.1	120	93.8
		0.004	160	96.6	170	94.0	160	94.7	160	94.0	170	94.7	170	96.3
		0.005	180	94.5	200	95.0	190	96.7	180	88.8	170	97.0	170	87.4
		0.006	190	81.1	190	80.5	200	80.9	—	—	—	—	—	—
		0.007	—	—	—	—	—	—	—	—	—	—	—	—
		0.008	—	—	—	—	—	—	—	—	—	—	—	—
		0.010	—	—	—	—	—	—	—	—	—	—	—	—
		0.012	—	—	—	—	—	—	—	—	—	—	—	—
	70	0.001	50	95.3	50	95.1	50	95.2	50	94.5	50	94.8	50	94.6
		0.002	90	93.3	90	94.7	90	95.3	90	95.3	90	95.1	80	93.9
		0.003	130	95.0	140	94.4	130	95.8	130	95.9	140	95.6	130	98.0
		0.004	170	95.3	170	92.9	170	94.0	180	95.2	180	95.9	160	89.9
		0.005	190	84.8	190	83.6	190	87.0	200	88.8	180	80.5	170	81.2
		0.006	—	—	—	—	—	—	—	—	—	—	—	—
		0.007	—	—	—	—	—	—	—	—	—	—	—	—
		0.008	—	—	—	—	—	—	—	—	—	—	—	—
		0.010	—	—	—	—	—	—	—	—	—	—	—	—
		0.012	—	—	—	—	—	—	—	—	—	—	—	—

附表 33　壤质黏土 3 备耕头水地灌水定额分别为 $40m^3$/亩、$50m^3$/亩时的优化畦长

灌水条件	灌水定额/(m^3/亩)	单宽流量/[m^3/(s·m)]	地面坡降											
			0.0100		0.0050		0.0030		0.0020		0.0010		0.0005	
			优化畦长/m	灌水效率/%	优化畦长/m	灌水效率/%	优化畦长/m	灌水效率/%	优化畦长/m	灌水效率/%	优化畦长/m	灌水效率/%	优化畦长/m	灌水效率/%
Ⅰ. 土壤类型：壤质黏土 3 (0～20cm 砂粒含量 ω_1=20～40cm 砂粒含量 ω_4=25%， 0～20cm 粉粒含量 ω_2=20～40cm 粉粒含量 ω_5=37.5%， 0～20cm 黏粒含量 ω_3=20～40cm 黏粒含量 ω_6=37.5%) Ⅱ. 地表形态：备耕头水地，地表轻、中旱 (0～10cm 土壤容重 γ_1=1.06g/cm^3， 0～10cm 土壤变形容重 $\gamma_1^{\#}$=1.11g/cm^3， 10～20cm 土壤容重 γ_2=1.06g/cm^3， 20～40cm 土壤容重 γ_3=1.26g/cm^3， 0～20cm 土壤含水率 θ_1=18%， 20～40cm 土壤含水率 θ_2=24%， 土壤有机质含量 G=1g/kg， 填凹量 $h_{填凹量}$=1.5cm，糙率 n=0.05) Ⅲ. 入渗参数： 入渗系数 k=2.652cm/min， 入渗指数 α=0.2347， 稳定入渗率 f_0=0.0899cm/min	40	0.001	30	93.7	30	93.3	30	93.6	30	93.4	30	93.7	30	93.8
		0.002	60	94.8	60	94.8	60	95.3	60	94.2	60	95.3	60	95.6
		0.003	90	95.1	90	94.9	90	95.1	90	95.3	90	95.7	90	95.0
		0.004	130	92.3	120	92.6	130	93.0	130	93.2	80	91.7	—	—
		0.005	160	92.9	160	93.4	150	95.4	130	93.4	—	—	—	—
		0.006	170	96.4	170	96.6	150	93.5	—	—	—	—	—	—
		0.007	180	96.0	190	92.1	140	87.4	—	—	—	—	—	—
		0.008	180	96.1	180	96.6	160	87.5	—	—	—	—	—	—
		0.010	200	87.8	200	86.9	—	—	—	—	—	—	—	—
		0.012	—	—	—	—	—	—	—	—	—	—	—	—
	50	0.001	40	92.6	30	95.6	30	96.0	30	95.9	30	95.8	30	95.4
		0.002	80	93.5	80	93.3	80	93.5	80	93.6	80	94.0	80	93.9
		0.003	110	94.6	120	93.2	120	93.5	120	93.7	120	94.1	110	93.5
		0.004	150	94.9	140	94.3	150	93.9	140	94.8	150	93.3	110	87.5
		0.005	170	94.8	180	96.1	180	96.6	170	92.8	180	95.2	—	—
		0.006	180	95.8	180	96.2	200	95.7	190	92.2	170	90.2	—	—
		0.007	190	86.5	190	86.6	—	—	—	—	—	—	—	—
		0.008	—	—	—	—	—	—	—	—	—	—	—	—
		0.010	—	—	—	—	—	—	—	—	—	—	—	—
		0.012	—	—	—	—	—	—	—	—	—	—	—	—

附表 34　壤质黏土 3 备耕头水地灌水定额分别为 $60m^3$/亩、$70m^3$/亩时的优化畦长

灌水条件	灌水定额/(m^3/亩)	单宽流量/[m^3/(s·m)]	地面坡降											
			0.0100		0.0050		0.0030		0.0020		0.0010		0.0005	
			优化畦长/m	灌水效率/%	优化畦长/m	灌水效率/%	优化畦长/m	灌水效率/%	优化畦长/m	灌水效率/%	优化畦长/m	灌水效率/%	优化畦长/m	灌水效率/%
Ⅰ. 土壤类型：壤质黏土 3 (0～20cm 砂粒含量 ω_1=20～40cm 砂粒含量 ω_4=25%， 0～20cm 粉粒含量 ω_2=20～40cm 粉粒含量 ω_5=37.5%， 0～20cm 黏粒含量 ω_3=20～40cm 黏粒含量 ω_6=37.5%) Ⅱ. 地表形态：备耕头水地，地表轻、中旱 (0～10cm 土壤容重 γ_1=1.06g/cm^3， 0～10cm 土壤变形容重 $\gamma_1^{\#}$=1.11g/cm^3， 10～20cm 土壤容重 γ_2=1.06g/cm^3， 20～40cm 土壤容重 γ_3=1.26g/cm^3， 0～20cm 土壤含水率 θ_1=18%， 20～40cm 土壤含水率 θ_2=24%， 土壤有机质含量 G=1g/kg， 填凹量 $h_{填凹量}$=1.5cm，糙率 n=0.05) Ⅲ. 入渗参数： 入渗系数 k=2.652cm/min， 入渗指数 α=0.2347， 稳定入渗率 f_0=0.0899cm/min	60	0.001	40	94.9	40	94.6	40	94.6	40	94.7	40	94.2	40	97.1
		0.002	80	92.6	70	94.5	80	94.6	80	95.7	70	94.3	70	95.1
		0.003	110	95.3	110	95.7	110	93.7	120	94.8	120	95.4	110	97.7
		0.004	150	96.4	150	97.0	150	96.0	150	97.1	160	95.8	160	94.7
		0.005	190	96.7	190	94.8	190	94.8	190	95.2	180	92.5	180	91.5
		0.006	190	94.8	190	84.7	190	87.9	200	85.9	—	—	—	—
		0.007	—	—	—	—	—	—	—	—	—	—	—	—
		0.008	—	—	—	—	—	—	—	—	—	—	—	—
		0.010	—	—	—	—	—	—	—	—	—	—	—	—
		0.012	—	—	—	—	—	—	—	—	—	—	—	—
	70	0.001	50	93.0	40	94.7	40	93.7	40	95.3	40	94.5	40	97.5
		0.002	80	95.1	100	92.2	100	92.4	90	96.2	100	92.4	80	94.5
		0.003	130	91.7	120	94.9	130	94.3	130	93.3	130	94.3	130	94.0
		0.004	170	95.8	170	94.7	170	94.9	170	93.0	170	94.3	180	96.1
		0.005	190	89.3	180	90.6	200	91.2	190	92.3	190	92.3	160	85.4
		0.006	—	—	—	—	200	80.1	—	—	—	—	—	—
		0.007					—	—	—	—	—	—	—	—
		0.008	—	—	—	—	—	—	—	—	—	—	—	—
		0.010	—	—	—	—	—	—	—	—	—	—	—	—
		0.012	—	—	—	—	—	—	—	—	—	—	—	—

附表 35　砂土及壤质砂土备耕头水地灌水定额分别为 40m³/亩、50m³/亩时的优化畦长

灌水条件	灌水定额/(m³/亩)	单宽流量/[m³/(s·m)]	地面坡降											
			0.0100		0.0050		0.0030		0.0020		0.0010		0.0005	
			优化畦长/m	灌水效率/%	优化畦长/m	灌水效率/%	优化畦长/m	灌水效率/%	优化畦长/m	灌水效率/%	优化畦长/m	灌水效率/%	优化畦长/m	灌水效率/%
Ⅰ. 土壤类型：砂土及壤质砂土 (0～20cm 砂粒含量 ω_1=20～40cm 砂粒含量 ω_4=85%， 0～20cm 粉粒含量 ω_2=20～40cm 粉粒含量 ω_5=7.5%， 0～20cm 黏粒含量 ω_3=20～40cm 黏粒含量 ω_6=7.5%) Ⅱ. 地表形态：备耕头水地，地表轻、中旱 (0～10cm 土壤容重 γ_1=1.25g/cm³， 0～10cm 土壤变形容重 $\gamma_1^{\#}$=1.3g/cm³， 10～20cm 土壤容重 γ_2=1.25g/cm³， 20～40cm 土壤容重 γ_3=1.45g/cm³， 0～20cm 土壤含水率 θ_1=8.5%， 20～40cm 土壤含水率 θ_2=10.62%， 土壤有机质含量 G=1g/kg， 填凹量 $h_{填凹量}$=1.5cm，糙率 n=0.05) Ⅲ. 入渗参数： 入渗系数 k=1.977cm/min， 入渗指数 α=0.274， 稳定入渗率 f_0=0.1045cm/min	40	0.001	30	87.9	30	88.0	30	88.1	30	89.0	30	90.0	—	—
		0.002	50	92.7	50	87.6	60	87.6	50	93.1	60	90.0	60	89.2
		0.003	60	96.0	60	94.3	70	95.3	70	93.3	80	92.8	100	87.5
		0.004	90	95.6	110	92.5	110	91.1	140	84.6	140	85.7	—	—
		0.005	130	92.8	150	91.1	170	86.2	170	86.6	—	—	—	—
		0.006	170	91.1	200	86.2	200	85.6	—	—	—	—	—	—
		0.007	180	93.5	190	92.5	200	92.2	—	—	—	—	—	—
		0.008	190	95.8	200	94.9	—	—	—	—	—	—	—	—
		0.010	200	95.8	—	—	—	—	—	—	—	—	—	—
		0.012	—	—	—	—	—	—	—	—	—	—	—	—
	50	0.001	30	94.1	40	89.1	40	90.0	40	90.9	40	91.0	50	80.7
		0.002	60	96.3	50	93.9	50	97.1	50	95.1	50	98.6	60	95.6
		0.003	60	86.4	80	91.8	80	96.9	80	93.3	90	96.6	120	95.7
		0.004	70	87.3	80	90.0	110	95.9	120	93.5	110	97.8	140	92.6
		0.005	110	92.5	80	83.0	110	92.5	110	92.7	100	94.4	—	—
		0.006	120	86.7	120	81.0	140	90.4	140	91.8	150	96.1	—	—
		0.007	160	94.2	150	93.4	160	91.1	150	89.1	—	—	—	—
		0.008	150	82.1	190	84.6	180	84.9	180	81.9	—	—	—	—
		0.010	—	—	—	—	—	—	—	—	—	—	—	—
		0.012	—	—	—	—	—	—	—	—	—	—	—	—

附表 36　砂土及壤质砂土备耕头水地灌水定额分别为 $60m^3$/亩、$70m^3$/亩时的优化畦长

灌水条件	灌水定额/(m^3/亩)	单宽流量/[m^3/(s·m)]	地面坡降											
			0.0100		0.0050		0.0030		0.0020		0.0010		0.0005	
			优化畦长/m	灌水效率/%	优化畦长/m	灌水效率/%	优化畦长/m	灌水效率/%	优化畦长/m	灌水效率/%	优化畦长/m	灌水效率/%	优化畦长/m	灌水效率/%
Ⅰ. 土壤类型：砂土及壤质砂土 (0～20cm 砂粒含量 ω_1=20～40cm 砂粒含量 ω_4=85%， 0～20cm 粉粒含量 ω_2=20～40cm 粉粒含量 ω_5=7.5%， 0～20cm 黏粒含量 ω_3=20～40cm 黏粒含量 ω_6=7.5%) Ⅱ. 地表形态：备耕头水地，地表轻、中旱 (0～10cm 土壤容重 γ_1=1.25g/cm^3， 0～10cm 土壤变形容重 $\gamma_1^{\#}$=1.3g/cm^3， 10～20cm 土壤容重 γ_2=1.25g/cm^3， 20～40cm 土壤容重 γ_3=1.45g/cm^3， 0～20cm 土壤含水率 θ_1=8.5%， 20～40cm 土壤含水率 θ_2=10.62%， 土壤有机质含量 G=1g/kg， 填凹量 $h_{填凹量}$=1.5cm，糙率 n=0.05) Ⅲ. 入渗参数： 入渗系数 k=1.977cm/min， 入渗指数 α=0.274， 稳定入渗率 f_0=0.1045cm/min	60	0.001	40	95.5	40	93.4	40	94.8	50	86.0	50	87.5	50	88.1
		0.002	80	86.0	80	95.1	80	94.3	80	94.6	90	91.5	90	92.5
		0.003	110	95.9	120	96.3	120	96.0	120	96.5	120	95.8	110	96.7
		0.004	160	97.0	140	96.2	160	96.5	170	94.8	120	94.2	110	90.9
		0.005	180	96.3	180	96.3	180	95.1	200	95.8	160	87.7	190	97.6
		0.006	190	90.9	180	90.5	200	90.3	170	88.2	200	90.5	200	90.8
		0.007	200	80.0	180	81.3	190	81.3	200	82.4	—	—	—	—
		0.008	—	—	—	—	—	—	—	—	—	—	—	—
		0.010	—	—	—	—	—	—	—	—	—	—	—	—
		0.012	—	—	—	—	—	—	—	—	—	—	—	—
	70	0.001	40	95.5	40	93.4	40	94.8	40	93.5	40	94.2	50	88.1
		0.002	80	93.4	80	94.5	80	94.7	80	94.6	70	94.9	70	97.8
		0.003	110	95.6	120	95.7	110	97.8	100	98.5	110	97.3	110	96.7
		0.004	160	97.0	140	96.2	160	96.5	170	94.8	120	94.2	120	90.6
		0.005	170	95.6	170	95.5	180	96.7	170	98.3	190	96.5	130	86.4
		0.006	190	90.4	180	91.7	200	92.5	170	85.7	190	91.4	150	87.4
		0.007	—	—	—	—	—	—	—	—	—	—	—	—
		0.008	—	—	—	—	—	—	—	—	—	—	—	—
		0.010	—	—	—	—	—	—	—	—	—	—	—	—
		0.012	—	—	—	—	—	—	—	—	—	—	—	—

附表 37　砂质黏壤土备耕头水地灌水定额分别为 40m³/亩、50m³/亩时的优化畦长

灌水条件	灌水定额/(m³/亩)	单宽流量/[m³/(s·m)]	地面坡降											
			0.0100		0.0050		0.0030		0.0020		0.0010		0.0005	
			优化畦长/m	灌水效率/%	优化畦长/m	灌水效率/%	优化畦长/m	灌水效率/%	优化畦长/m	灌水效率/%	优化畦长/m	灌水效率/%	优化畦长/m	灌水效率/%
Ⅰ. 土壤类型：砂质黏壤土 (0～20cm 砂粒含量 ω_1=20～40cm 砂粒含量 ω_4=65%， 0～20cm 粉粒含量 ω_2=20～40cm 粉粒含量 ω_5=15%， 0～20cm 黏粒含量 ω_3=20～40cm 黏粒含量 ω_6=20%) Ⅱ. 地表形态：备耕头水地，地表轻、中旱 (0～10cm 土壤容重 γ_1=1.16g/cm³， 0～10cm 土壤变形容重 $\gamma_1^{\#}$=1.21g/cm³， 10～20cm 土壤容重 γ_2=1.16g/cm³， 20～40cm 土壤容重 γ_3=1.36g/cm³， 0～20cm 土壤含水率 θ_1=9.83%， 20～40cm 土壤含水率 θ_2=12.44%， 土壤有机质含量 G=1g/kg， 填凹量 $h_{填凹量}$=1.5cm，糙率 n=0.05) Ⅲ. 入渗参数： 入渗系数 k=2.2092cm/min， 入渗指数 α=0.2697， 稳定入渗率 f_0=0.1035cm/min	40	0.001	30	94.0	30	93.2	30	95.0	30	94.3	30	94.9	30	92.7
		0.002	50	93.9	50	97.0	50	94.7	50	94.5	50	97.7	50	92.5
		0.003	70	95.7	80	93.6	80	94.0	80	96.8	80	97.1	70	87.6
		0.004	90	89.0	90	88.8	100	91.0	100	95.5	90	90.5	—	—
		0.005	110	85.7	110	86.3	120	86.9	120	84.8	110	80.8	—	—
		0.006	130	86.5	140	86.0	140	84.2	130	81.9	—	—	—	—
		0.007	150	83.4	150	81.7	160	82.9	—	—	—	—	—	—
		0.008	180	86.6	170	84.1	170	81.3	—	—	—	—	—	—
		0.010	—	—	—	—	—	—	—	—	—	—	—	—
		0.012	—	—	—	—	—	—	—	—	—	—	—	—
	50	0.001	40	95.6	40	95.4	40	94.7	40	95.6	40	94.5	40	95.5
		0.002	70	93.6	70	96.1	80	94.8	70	96.4	80	96.6	70	96.6
		0.003	100	96.3	110	94.7	100	95.3	110	94.9	100	95.2	90	92.7
		0.004	140	95.9	140	95.4	130	96.9	130	94.6	120	82.7	120	85.1
		0.005	170	93.7	170	94.2	160	96.3	160	94.1	150	85.9	150	86.2
		0.006	190	94.1	190	95.4	200	92.1	190	95.3	180	95.6	160	86.2
		0.007	—	—	180	81.6	190	81.7	—	—	—	—	—	—
		0.008	—	—	—	—	—	—	—	—	—	—	—	—
		0.010	—	—	—	—	—	—	—	—	—	—	—	—
		0.012	—	—	—	—	—	—	—	—	—	—	—	—

附表 38 砂质黏壤土备耕头水地灌水定额分别为 60m³/亩、70m³/亩时的优化畦长

灌水条件	灌水定额/(m³/亩)	单宽流量/[m³/(s·m)]	地面坡降											
			0.0100		0.0050		0.0030		0.0020		0.0010		0.0005	
			优化畦长/m	灌水效率/%	优化畦长/m	灌水效率/%	优化畦长/m	灌水效率/%	优化畦长/m	灌水效率/%	优化畦长/m	灌水效率/%	优化畦长/m	灌水效率/%
Ⅰ. 土壤类型：砂质黏壤土 (0～20cm 砂粒含量 ω_1=20～40cm 砂粒含量 ω_4=65%， 0～20cm 粉粒含量 ω_2=20～40cm 粉粒含量 ω_5=15%， 0～20cm 黏粒含量 ω_3=20～40cm 黏粒含量 ω_6=20%) Ⅱ. 地表形态：备耕头水地，地表轻、中旱 (0～10cm 土壤容重 γ_1=1.16g/cm³， 0～10cm 土壤变形容重 $\gamma_1^{\#}$=1.21g/cm³， 10～20cm 土壤容重 γ_2=1.16g/cm³， 20～40cm 土壤容重 γ_3=1.36g/cm³， 0～20cm 土壤含水率 θ_1=9.83%， 20～40cm 土壤含水率 θ_2=12.44%， 土壤有机质含量 G=1g/kg， 填凹量 $h_{填凹量}$=1.5cm，糙率 n=0.05) Ⅲ. 入渗参数： 入渗系数 k=2.2092cm/min， 入渗指数 α=0.2697， 稳定入渗率 f_0=0.1035cm/min	60	0.001	40	94.0	40	94.8	50	90.6	40	94.7	40	95.6	40	97.0
		0.002	80	94.7	80	94.8	80	95.4	80	96.2	80	95.4	70	94.9
		0.003	120	92.8	120	93.4	120	94.8	120	93.8	120	93.1	120	97.8
		0.004	150	92.6	150	93.0	140	94.3	150	95.8	160	97.6	140	85.6
		0.005	190	95.3	190	95.6	190	93.5	190	96.2	170	88.5	—	—
		0.006	190	80.4	200	80.4	200	80.6	—	—	—	—	—	—
		0.007	—	—	—	—	—	—	—	—	—	—	—	—
		0.008	—	—	—	—	—	—	—	—	—	—	—	—
		0.010	—	—	—	—	—	—	—	—	—	—	—	—
		0.012	—	—	—	—	—	—	—	—	—	—	—	—
	70	0.001	50	94.5	50	94.2	50	94.3	50	94.0	50	94.1	50	92.9
		0.002	90	93.5	100	94.2	90	94.5	100	94.1	100	94.0	90	96.9
		0.003	140	93.6	140	94.3	130	93.9	130	93.9	130	94.8	110	90.4
		0.004	170	94.9	170	96.5	170	94.8	180	96.0	170	93.0	160	90.5
		0.005	190	84.7	190	85.7	190	90.1	190	89.8	200	88.1	190	85.4
		0.006	—	—	—	—	—	—	—	—	—	—	—	—
		0.007	—	—	—	—	—	—	—	—	—	—	—	—
		0.008	—	—	—	—	—	—	—	—	—	—	—	—
		0.010	—	—	—	—	—	—	—	—	—	—	—	—
		0.012	—	—	—	—	—	—	—	—	—	—	—	—

附表 39 砂质黏土备耕头水地灌水定额分别为 $40m^3$/亩、$50m^3$/亩时的优化畦长

灌水条件	灌水定额/(m^3/亩)	单宽流量/[m^3/(s·m)]	地面坡降											
			0.0100		0.0050		0.0030		0.0020		0.0010		0.0005	
			优化畦长/m	灌水效率/%	优化畦长/m	灌水效率/%	优化畦长/m	灌水效率/%	优化畦长/m	灌水效率/%	优化畦长/m	灌水效率/%	优化畦长/m	灌水效率/%
Ⅰ. 土壤类型：砂质黏土（0～20cm 砂粒含量 $\omega_1=20$～40cm 砂粒含量 $\omega_4=62.5\%$，0～20cm 粉粒含量 $\omega_2=20$～40cm 粉粒含量 $\omega_5=12.5\%$，0～20cm 黏粒含量 $\omega_3=20$～40cm 黏粒含量 $\omega_6=25\%$） Ⅱ. 地表形态：备耕头水地，地表轻、中旱（0～10cm 土壤容重 $\gamma_1=1.08g/cm^3$，0～10cm 土壤变形容重 $\gamma_1^{\#}=1.13g/cm^3$，10～20cm 土壤容重 $\gamma_2=1.08g/cm^3$，20～40cm 土壤容重 $\gamma_3=1.28g/cm^3$，0～20cm 土壤含水率 $\theta_1=15.75\%$，20～40cm 土壤含水率 $\theta_2=21\%$，土壤有机质含量 $G=1g/kg$，填凹量 $h_{填凹量}=1.5cm$，糙率 $n=0.05$） Ⅲ. 入渗参数：入渗系数 $k=2.3198cm/min$，入渗指数 $\alpha=0.2547$，稳定入渗率 $f_0=0.0947cm/min$	40	0.001	30	94.0	30	94.1	30	94.3	30	94.5	30	94.0	30	96.4
		0.002	60	94.4	60	94.2	60	94.4	70	95.2	70	94.4	60	95.2
		0.003	100	93.5	100	94.4	100	93.1	100	94.5	80	91.7	80	96.4
		0.004	120	94.5	120	94.8	130	95.1	120	94.3	120	96.0	90	80.5
		0.005	150	94.4	150	94.5	150	95.2	140	92.7	110	82.0	—	—
		0.006	170	96.2	170	94.9	170	94.8	170	92.7	—	—	—	—
		0.007	190	95.7	190	93.9	200	92.5	180	87.4	—	—	—	—
		0.008	190	86.1	190	83.6	—	—	—	—	—	—	—	—
		0.010	—	—	—	—	—	—	—	—	—	—	—	—
		0.012	—	—	—	—	—	—	—	—	—	—	—	—
	50	0.001	40	96.1	40	94.1	40	94.8	40	93.4	40	96.2	40	96.3
		0.002	70	95.3	80	95.0	70	95.3	80	94.9	80	95.1	70	95.5
		0.003	110	95.8	110	96.4	110	95.2	110	96.5	110	93.9	100	95.3
		0.004	150	94.9	150	93.8	150	93.7	140	97.3	140	90.9	140	88.4
		0.005	180	96.0	180	96.7	180	95.4	170	94.4	180	92.9	—	—
		0.006	190	86.1	180	85.9	180	85.2	190	84.9	170	84.5	—	—
		0.007	—	—	—	—	—	—	—	—	—	—	—	—
		0.008	—	—	—	—	—	—	—	—	—	—	—	—
		0.010	—	—	—	—	—	—	—	—	—	—	—	—
		0.012	—	—	—	—	—	—	—	—	—	—	—	—

附表 40 砂质黏土备耕头水地灌水定额分别为 60m³/亩、70m³/亩时的优化畦长

灌水条件	灌水定额/(m³/亩)	单宽流量/[m³/(s·m)]	地面坡降											
			0.0100		0.0050		0.0030		0.0020		0.0010		0.0005	
			优化畦长/m	灌水效率/%	优化畦长/m	灌水效率/%	优化畦长/m	灌水效率/%	优化畦长/m	灌水效率/%	优化畦长/m	灌水效率/%	优化畦长/m	灌水效率/%
Ⅰ. 土壤类型：砂质黏土 (0～20cm 砂粒含量 ω_1=20～40cm 砂粒含量 ω_4=62.5%， 0～20cm 粉粒含量 ω_2=20～40cm 粉粒含量 ω_5=12.5%， 0～20cm 黏粒含量 ω_3=20～40cm 黏粒含量 ω_6=25%) Ⅱ. 地表形态：备耕头水地，地表轻、中旱 (0～10cm 土壤容重 γ_1=1.08g/cm³， 0～10cm 土壤变形容重 $\gamma_1^{\#}$=1.13g/cm³， 10～20cm 土壤容重 γ_2=1.08g/cm³， 20～40cm 土壤容重 γ_3=1.28g/cm³， 0～20cm 土壤含水率 θ_1=15.75%， 20～40cm 土壤含水率 θ_2=21%， 土壤有机质含量 G=1g/kg， 填凹量 $h_{填凹量}$=1.5cm，糙率 n=0.05) Ⅲ. 入渗参数： 入渗系数 k=2.3198cm/min， 入渗指数 α=0.2547， 稳定入渗率 f_0=0.0947cm/min	60	0.001	50	94.9	50	94.6	50	94.7	50	94.3	40	96.8	40	97.6
		0.002	90	93.3	80	92.2	90	95.3	90	95.1	90	94.9	80	93.8
		0.003	130	94.1	130	94.4	130	95.3	130	94.4	130	95.5	130	92.5
		0.004	160	91.3	160	89.5	170	92.2	170	92.4	170	96.3	150	90.9
		0.005	180	87.5	180	86.3	190	87.0	200	90.8	180	81.7	—	—
		0.006	—	—	—	—	—	—	—	—	—	—	—	—
		0.007	—	—	—	—	—	—	—	—	—	—	—	—
		0.008	—	—	—	—	—	—	—	—	—	—	—	—
		0.010	—	—	—	—	—	—	—	—	—	—	—	—
		0.012	—	—	—	—	—	—	—	—	—	—	—	—
	70	0.001	50	94.3	50	94.4	50	94.4	50	96.9	50	97.4	50	97.3
		0.002	90	93.1	100	94.9	100	95.1	100	96.5	100	97.5	90	97.9
		0.003	140	95.3	140	97.4	140	95.3	140	97.0	140	96.3	130	88.1
		0.004	190	96.0	190	96.1	190	96.3	190	93.8	190	95.8	160	86.1
		0.005	190	80.0	180	80.4	200	80.6	190	83.1	190	84.0	—	—
		0.006	—	—	—	—	—	—	—	—	—	—	—	—
		0.007	—	—	—	—	—	—	—	—	—	—	—	—
		0.008	—	—	—	—	—	—	—	—	—	—	—	—
		0.010	—	—	—	—	—	—	—	—	—	—	—	—
		0.012	—	—	—	—	—	—	—	—	—	—	—	—

附表 41　砂质壤土 1 备耕头水地灌水定额分别为 40m³/亩、50m³/亩时的优化畦长

灌水条件	灌水定额/(m³/亩)	单宽流量/[m³/(s·m)]	地面坡降 0.0100 优化畦长/m	0.0100 灌水效率/%	0.0050 优化畦长/m	0.0050 灌水效率/%	0.0030 优化畦长/m	0.0030 灌水效率/%	0.0020 优化畦长/m	0.0020 灌水效率/%	0.0010 优化畦长/m	0.0010 灌水效率/%	0.0005 优化畦长/m	0.0005 灌水效率/%
Ⅰ. 土壤类型：砂质壤土 1 (0～20cm 砂粒含量 $\omega_1=20$～40cm 砂粒含量 $\omega_4=75\%$， 0～20cm 粉粒含量 $\omega_2=20$～40cm 粉粒含量 $\omega_5=12.5\%$， 0～20cm 黏粒含量 $\omega_3=20$～40cm 黏粒含量 $\omega_6=12.5\%$) Ⅱ. 地表形态：备耕头水地，地表轻、中旱 (0～10cm 土壤容重 $\gamma_1=1.23\mathrm{g/cm^3}$， 0～10cm 土壤变形容重 $\gamma_1^{\#}=1.28\mathrm{g/cm^3}$， 10～20cm 土壤容重 $\gamma_2=1.23\mathrm{g/cm^3}$， 20～40cm 土壤容重 $\gamma_3=1.43\mathrm{g/cm^3}$， 0～20cm 土壤含水率 $\theta_1=9.24\%$， 20～40cm 土壤含水率 $\theta_2=11.62\%$， 土壤有机质含量 $G=1\mathrm{g/kg}$， 填凹量 $h_{填凹量}=1.5\mathrm{cm}$，糙率 $n=0.05$) Ⅲ. 入渗参数： 入渗系数 $k=2.0351\mathrm{cm/min}$， 入渗指数 $\alpha=0.2706$， 稳定入渗率 $f_0=0.1028\mathrm{cm/min}$	40	0.001	30	95.3	30	95.5	40	91.1	40	91.1	40	90.5	40	90.7
		0.002	60	94.2	60	95.5	60	95.7	60	95.9	60	95.8	50	96.7
		0.003	90	95.4	90	95.3	90	95.5	80	98.0	80	90.9	80	86.7
		0.004	120	95.4	110	94.3	110	97.7	110	98.9	100	83.8	100	80.6
		0.005	140	95.5	150	96.1	140	97.6	130	86.9	120	81.6	—	—
		0.006	160	92.7	160	91.8	160	87.5	150	83.7	—	—	—	—
		0.007	180	89.1	180	85.2	190	87.3	170	81.4	—	—	—	—
		0.008	190	82.4	200	82.6	—	—	—	—	—	—	—	—
		0.010	—	—	—	—	—	—	—	—	—	—	—	—
		0.012	—	—	—	—	—	—	—	—	—	—	—	—
	50	0.001	40	94.4	40	96.4	40	95.3	40	93.1	40	95.9	40	94.0
		0.002	70	97.0	80	93.9	70	97.5	70	96.7	70	97.9	70	98.3
		0.003	100	95.0	100	93.3	110	93.7	110	92.5	110	93.7	90	89.4
		0.004	140	88.7	130	90.9	140	89.2	140	89.7	120	82.0	120	82.5
		0.005	170	90.2	180	91.8	170	93.8	170	90.8	150	81.9	—	—
		0.006	190	84.9	190	84.3	200	85.4	190	88.1	180	80.4	—	—
		0.007	—	—	—	—	—	—	—	—	—	—	—	—
		0.008	—	—	—	—	—	—	—	—	—	—	—	—
		0.010	—	—	—	—	—	—	—	—	—	—	—	—
		0.012	—	—	—	—	—	—	—	—	—	—	—	—

附表 42 砂质壤土 1 备耕头水地灌水定额分别为 60m³/亩、70m³/亩时的优化畦长

灌水条件	灌水定额/(m³/亩)	单宽流量/[m³/(s·m)]	地面坡降											
			0.0100		0.0050		0.0030		0.0020		0.0010		0.0005	
			优化畦长/m	灌水效率/%	优化畦长/m	灌水效率/%	优化畦长/m	灌水效率/%	优化畦长/m	灌水效率/%	优化畦长/m	灌水效率/%	优化畦长/m	灌水效率/%
Ⅰ. 土壤类型：砂质壤土 1 (0～20cm 砂粒含量 $\omega_1=20$～40cm 砂粒含量 $\omega_4=75\%$， 0～20cm 粉粒含量 $\omega_2=20$～40cm 粉粒含量 $\omega_5=12.5\%$， 0～20cm 黏粒含量 $\omega_3=20$～40cm 黏粒含量 $\omega_6=12.5\%$) Ⅱ. 地表形态：备耕头水地，地表轻、中旱 (0～10cm 土壤容重 $\gamma_1=1.23\text{g/cm}^3$， 0～10cm 土壤变形容重 $\gamma_1^{\#}=1.28\text{g/cm}^3$， 10～20cm 土壤容重 $\gamma_2=1.23\text{g/cm}^3$， 20～40cm 土壤容重 $\gamma_3=1.43\text{g/cm}^3$， 0～20cm 土壤含水率 $\theta_1=9.24\%$， 20～40cm 土壤含水率 $\theta_2=11.62\%$， 土壤有机质含量 $G=1\text{g/kg}$， 填凹量 $h_{填凹量}=1.5\text{cm}$，糙率 $n=0.05$) Ⅲ. 入渗参数： 入渗系数 $k=2.0351\text{cm/min}$， 入渗指数 $\alpha=0.2706$， 稳定入渗率 $f_0=0.1028\text{cm/min}$	60	0.001	50	93.6	50	93.3	50	93.3	40	94.8	40	95.0	40	97.2
		0.002	80	94.3	90	94.3	90	95.6	80	94.8	90	97.4	90	97.8
		0.003	110	89.8	120	89.8	120	89.5	120	87.6	120	88.5	120	91.5
		0.004	150	89.1	150	87.4	150	91.1	150	88.1	150	91.4	150	83.7
		0.005	190	87.3	200	89.4	190	90.2	190	88.9	170	80.3	—	—
		0.006	—	—	—	—	—	—	—	—	—	—	—	—
		0.007	—	—	—	—	—	—	—	—	—	—	—	—
		0.008	—	—	—	—	—	—	—	—	—	—	—	—
		0.010	—	—	—	—	—	—	—	—	—	—	—	—
		0.012	—	—	—	—	—	—	—	—	—	—	—	—
	70	0.001	50	94.3	50	95.5	50	95.2	50	96.4	50	94.8	50	96.5
		0.002	90	91.3	90	92.0	90	94.4	90	93.9	90	94.0	90	94.7
		0.003	120	88.6	130	89.7	130	88.8	130	92.9	130	88.3	130	91.1
		0.004	160	84.8	170	86.3	170	88.8	170	89.0	170	89.0	160	88.5
		0.005	190	82.3	200	83.3	200	82.7	190	83.9	190	85.5	180	81.8
		0.006	—	—	—	—	—	—	—	—	—	—	—	—
		0.007	—	—	—	—	—	—	—	—	—	—	—	—
		0.008	—	—	—	—	—	—	—	—	—	—	—	—
		0.010	—	—	—	—	—	—	—	—	—	—	—	—
		0.012	—	—	—	—	—	—	—	—	—	—	—	—

附表 43　砂质壤土 2 备耕头水地灌水定额分别为 $40m^3$/亩、$50m^3$/亩时的优化畦长

灌水条件	灌水定额/(m^3/亩)	单宽流量/[m^3/(s·m)]	地面坡降											
			0.0100		0.0050		0.0030		0.0020		0.0010		0.0005	
			优化畦长/m	灌水效率/%	优化畦长/m	灌水效率/%	优化畦长/m	灌水效率/%	优化畦长/m	灌水效率/%	优化畦长/m	灌水效率/%	优化畦长/m	灌水效率/%
Ⅰ. 土壤类型：砂质壤土 2 (0～20cm 砂粒含量 ω_1=20～40cm 砂粒含量 ω_4=62.5%， 0～20cm 粉粒含量 ω_2=20～40cm 粉粒含量 ω_5=25%， 0～20cm 黏粒含量 ω_3=20～40cm 黏粒含量 ω_6=12.5%) Ⅱ. 地表形态：备耕头水地，地表轻、中旱 (0～10cm 土壤容重 γ_1=1.23g/cm^3， 0～10cm 土壤变形容重 $\gamma_1^{\#}$=1.28g/cm^3， 10～20cm 土壤容重 γ_2=1.23g/cm^3， 20～40cm 土壤容重 γ_3=1.43g/cm^3， 0～20cm 土壤含水率 θ_1=10.2%， 20～40cm 土壤含水率 θ_2=12.9%， 土壤有机质含量 G=1g/kg， 填凹量 $h_{填凹量}$=1.5cm，糙率 n=0.05) Ⅲ. 入渗参数： 入渗系数 k=2.0948cm/min， 入渗指数 α=0.2624， 稳定入渗率 f_0=0.0994cm/min	40	0.001	40	90.5	40	90.6	30	94.1	30	95.4	30	95.4	30	94.5
		0.002	60	95.0	60	94.3	60	95.0	60	95.2	60	95.5	60	95.9
		0.003	80	96.3	80	93.8	80	94.9	90	94.8	90	95.1	70	83.6
		0.004	100	90.4	100	91.3	100	94.9	110	94.6	100	84.2	—	—
		0.005	120	90.4	120	87.6	130	88.4	120	81.3	—	—	—	—
		0.006	150	88.1	140	91.4	160	91.0	140	86.2	—	—	—	—
		0.007	180	92.5	180	93.2	—	—	—	—	—	—	—	—
		0.008	190	84.6	—	—	—	—	—	—	—	—	—	—
		0.010	—	—	—	—	—	—	—	—	—	—	—	—
		0.012	—	—	—	—	—	—	—	—	—	—	—	—
	50	0.001	40	94.7	40	94.8	40	93.9	40	95.0	40	96.7	40	94.1
		0.002	70	96.1	70	96.0	70	96.0	70	94.8	70	96.3	70	96.5
		0.003	120	93.1	110	95.5	110	96.1	110	95.6	110	95.6	90	89.6
		0.004	150	95.9	150	96.2	150	94.7	150	96.5	140	91.7	—	—
		0.005	170	96.9	190	95.4	180	97.0	180	93.4	160	85.8	—	—
		0.006	190	89.2	190	87.3	190	85.3	200	86.9	180	80.7	—	—
		0.007	—	—	—	—	—	—	—	—	—	—	—	—
		0.008	—	—	—	—	—	—	—	—	—	—	—	—
		0.010	—	—	—	—	—	—	—	—	—	—	—	—
		0.012	—	—	—	—	—	—	—	—	—	—	—	—

附表 44　砂质壤土 2 备耕头水地灌水定额分别为 $60m^3$/亩、$70m^3$/亩时的优化畦长

灌水条件	灌水定额/(m^3/亩)	单宽流量/[m^3/(s·m)]	地面坡降											
			0.0100		0.0050		0.0030		0.0020		0.0010		0.0005	
			优化畦长/m	灌水效率/%	优化畦长/m	灌水效率/%	优化畦长/m	灌水效率/%	优化畦长/m	灌水效率/%	优化畦长/m	灌水效率/%	优化畦长/m	灌水效率/%
Ⅰ. 土壤类型：砂质壤土 2 (0～20cm 砂粒含量 ω_1=20～40cm 砂粒含量 ω_4=62.5%， 0～20cm 粉粒含量 ω_2=20～40cm 粉粒含量 ω_5=25%， 0～20cm 黏粒含量 ω_3=20～40cm 黏粒含量 ω_6=12.5%) Ⅱ. 地表形态：备耕头水地，地表轻、中旱 (0～10cm 土壤容重 γ_1=1.23g/cm³， 0～10cm土壤变形容重$\gamma_1^{\#}$=1.28g/cm³， 10～20cm 土壤容重 γ_2=1.23g/cm³， 20～40cm 土壤容重 γ_3=1.43g/cm³， 0～20cm 土壤含水率 θ_1=10.2%， 20～40cm 土壤含水率 θ_2=12.9%， 土壤有机质含量 G=1g/kg， 填凹量 $h_{填凹量}$=1.5cm，糙率 n=0.05) Ⅲ. 入渗参数： 入渗系数 k=2.0948cm/min， 入渗指数 α=0.2624， 稳定入渗率 f_0=0.0994cm/min	60	0.001	40	93.8	40	95.0	40	94.0	50	91.7	40	95.1	50	91.5
		0.002	80	88.1	80	90.9	80	91.5	80	95.9	80	92.3	80	92.8
		0.003	110	91.9	120	91.3	120	91.4	120	89.8	120	90.0	120	93.8
		0.004	140	85.9	140	83.0	150	88.6	150	87.3	150	90.1	130	85.1
		0.005	190	89.6	190	90.7	180	86.1	180	90.0	160	83.3	—	—
		0.006	—	—	—	—	—	—	—	—	—	—	—	—
		0.007	—	—	—	—	—	—	—	—	—	—	—	—
		0.008	—	—	—	—	—	—	—	—	—	—	—	—
		0.010	—	—	—	—	—	—	—	—	—	—	—	—
		0.012	—	—	—	—	—	—	—	—	—	—	—	—
	70	0.001	50	95.4	50	95.6	50	95.7	50	95.4	50	95.6	50	95.4
		0.002	90	94.7	90	94.3	90	94.3	90	94.1	90	96.1	90	94.1
		0.003	120	88.5	130	90.0	130	89.1	130	93.8	130	93.8	130	91.8
		0.004	170	92.9	160	94.6	180	94.6	170	95.9	180	96.8	140	83.6
		0.005	200	84.4	200	87.2	200	88.5	200	86.1	200	88.5	—	—
		0.006	—	—	—	—	—	—	—	—	—	—	—	—
		0.007	—	—	—	—	—	—	—	—	—	—	—	—
		0.008	—	—	—	—	—	—	—	—	—	—	—	—
		0.010	—	—	—	—	—	—	—	—	—	—	—	—
		0.012	—	—	—	—	—	—	—	—	—	—	—	—

附表 45　重黏土备耕头水地灌水定额分别为 40m^3/亩、50m^3/亩时的优化畦长

灌水条件	灌水定额/(m^3/亩)	单宽流量/[m^3/(s·m)]	地面坡降 0.0100		0.0050		0.0030		0.0020		0.0010		0.0005	
			优化畦长/m	灌水效率/%	优化畦长/m	灌水效率/%	优化畦长/m	灌水效率/%	优化畦长/m	灌水效率/%	优化畦长/m	灌水效率/%	优化畦长/m	灌水效率/%
Ⅰ. 土壤类型：重黏土 (0～20cm 砂粒含量 ω_1=20～40cm 砂粒含量 ω_4=12.5%， 0～20cm 粉粒含量 ω_2=20～40cm 粉粒含量 ω_5=12.5%， 0～20cm 黏粒含量 ω_3=20～40cm 黏粒含量 ω_6=75%) Ⅱ. 地表形态：备耕头水地， 地表轻、中旱 (0～10cm 土壤容重 γ_1=1g/cm^3， 0～10cm土壤变形容重$\gamma_1^{\#}$=1.05g/cm^3， 10～20cm 土壤容重 γ_2=1g/cm^3， 20～40cm 土壤容重 γ_3=1.2g/cm^3， 0～20cm 土壤含水率 θ_1=22.5%， 20～40cm 土壤含水率 θ_2=30%， 土壤有机质含量 G=1g/kg， 填凹量 $h_{填凹量}$=1.5cm，糙率 n=0.05) Ⅲ. 入渗参数： 入渗系数 k=2.9224cm/min， 入渗指数 α=0.2316， 稳定入渗率 f_0=0.0896cm/min	40	0.001	30	92.7	40	90.5	40	90	40	90.1	40	89.7	40	90
		0.002	40	90.5	40	95.3	50	89.9	50	89.6	50	89.3	50	89.6
		0.003	100	94.8	70	92.5	70	92.7	70	92.1	80	89.7	—	—
		0.004	90	93.7	100	96.6	110	95.2	100	82.7	140	89.8	—	—
		0.005	100	90	110	92.9	150	92.1	150	93.4	—	—	—	—
		0.006	170	94.4	160	94.1	140	81	—	—	—	—	—	—
		0.007	170	92	160	84.7	—	—	—	—	—	—	—	—
		0.008	200	91.6	200	91.5	—	—	—	—	—	—	—	—
		0.010	—	—	—	—	—	—	—	—	—	—	—	—
		0.012	200	88.2	—	—	—	—	—	—	—	—	—	—
	50	0.001	50	88.1	30	94.9	30	96.1	30	95.5	30	96	30	94.6
		0.002	60	96.7	60	96.3	60	96.3	60	95.5	60	95.9	60	96.4
		0.003	90	96.7	90	96	90	96.6	90	95.6	90	93.5	—	—
		0.004	120	94.1	140	92.9	130	95.6	130	95.5	140	93.8	—	—
		0.005	150	95.8	160	94.7	150	87.9	140	84.1	—	—	—	—
		0.006	160	91.4	190	94.9	180	88.1	160	84.5	—	—	—	—
		0.007	200	82.3	200	82.3	—	—	190	80	—	—	—	—
		0.008	—	—	—	—	—	—	—	—	—	—	—	—
		0.010	—	—	—	—	—	—	—	—	—	—	—	—
		0.012	—	—	—	—	—	—	—	—	—	—	—	—

附表 46 重黏土备耕头水地灌水定额分别为 $60m^3$/亩、$70m^3$/亩时的优化畦长

灌水条件	灌水定额/(m^3/亩)	单宽流量/[m^3/(s·m)]	地面坡降											
			0.0100		0.0050		0.0030		0.0020		0.0010		0.0005	
			优化畦长/m	灌水效率/%	优化畦长/m	灌水效率/%	优化畦长/m	灌水效率/%	优化畦长/m	灌水效率/%	优化畦长/m	灌水效率/%	优化畦长/m	灌水效率/%
Ⅰ. 土壤类型：重黏土 (0～20cm 砂粒含量 ω_1=20～40cm 砂粒含量 ω_4=12.5%， 0～20cm 粉粒含量 ω_2=20～40cm 粉粒含量 ω_5=12.5%， 0～20cm 黏粒含量 ω_3=20～40cm 黏粒含量 ω_6=75%) Ⅱ. 地表形态：备耕头水地，地表轻、中旱 (0～10cm 土壤容重 γ_1=1g/cm^3， 0～10cm土壤变形容重$\gamma_1^{\#}$=1.05g/cm^3， 10～20cm 土壤容重 γ_2=1g/cm^3， 20～40cm 土壤容重 γ_3=1.2g/cm^3， 0～20cm 土壤含水率 θ_1=22.5%， 20～40cm 土壤含水率 θ_2=30%， 土壤有机质含量 G=1g/kg， 填凹量 $h_{填凹量}$=1.5cm，糙率 n=0.05) Ⅲ. 入渗参数： 入渗系数 k=2.9224cm/min， 入渗指数 α=0.2316， 稳定入渗率 f_0=0.0896cm/min	60	0.001	40	94.1	40	93.4	30	94.9	30	93.6	30	94.6	30	96.2
		0.002	80	94.5	70	96.2	70	97.2	70	96.1	70	95.3	—	—
		0.003	120	93.7	120	93.5	110	96.5	110	94.9	—	—	—	—
		0.004	190	94.5	140	94.2	150	90	—	—	—	—	—	—
		0.005	190	95.2	190	95.3	—	—	—	—	—	—	—	—
		0.006	190	82.8	190	83.8	—	—	—	—	—	—	—	—
		0.007	—	—	—	—	—	—	—	—	—	—	—	—
		0.008	—	—	—	—	—	—	—	—	—	—	—	—
		0.010	—	—	—	—	—	—	—	—	—	—	—	—
		0.012	—	—	—	—	—	—	—	—	—	—	—	—
	70	0.001	40	95.1	40	93.7	40	96.6	50	94.9	40	96.9	50	95.2
		0.002	90	94.2	90	94	80	95.1	80	96.2	80	88.7	—	—
		0.003	120	94.9	120	94.4	120	97.7	120	88.1	—	—	—	—
		0.004	180	93.5	170	95.5	150	86.2	—	—	—	—	—	—
		0.005	200	86.2	200	88.2	—	—	—	—	—	—	—	—
		0.006	—	—	—	—	—	—	—	—	—	—	—	—
		0.007	—	—	—	—	—	—	—	—	—	—	—	—
		0.008	—	—	—	—	—	—	—	—	—	—	—	—
		0.010	—	—	—	—	—	—	—	—	—	—	—	—
		0.012	—	—	—	—	—	—	—	—	—	—	—	—

附表 47　粉砂质黏壤土 1 备耕头水地灌水定额分别为 $40m^3$/亩、$50m^3$/亩时的优化单宽流量

灌水条件	灌水定额/(m^3/亩)	畦长/m	地面坡降											
			0.0100		0.0050		0.0030		0.0020		0.0010		0.0005	
			优化单宽流量/[m^3/(s·m)]	灌水效率/%	优化单宽流量/[m^3/(s·m)]	灌水效率/%	优化单宽流量/[m^3/(s·m)]	灌水效率/%	优化单宽流量/[m^3/(s·m)]	灌水效率/%	优化单宽流量/[m^3/(s·m)]	灌水效率/%	优化单宽流量/[m^3/(s·m)]	灌水效率/%
Ⅰ. 土壤类型：粉砂质黏壤土 1 (0～20cm 砂粒含量 ω_1=20～40cm 砂粒含量 ω_4=25%， 0～20cm 粉粒含量 ω_2=20～40cm 粉粒含量 ω_5=50%， 0～20cm 黏粒含量 ω_3=20～40cm 黏粒含量 ω_6=25%) Ⅱ. 地表形态：备耕头水地，地表轻、中旱 (0～10cm 土壤容重 γ_1=1.1g/cm^3， 0～10cm 土壤变形容重 $\gamma_1^\#$=1.15g/cm^3， 10～20cm 土壤容重 γ_2=1.1g/cm^3， 20～40cm 土壤容重 γ_3=1.3g/cm^3， 0～20cm 土壤含水率 θ_1=12.79%， 20～40cm 土壤含水率 θ_2=16.42%， 土壤有机质含量 G=1g/kg， 填凹量 $h_{填凹量}$=1.5cm，糙率 n=0.05) Ⅲ. 入渗参数： 入渗系数 k=2.6538cm/min， 入渗指数 α=0.2459， 稳定入渗率 f_0=0.0959cm/min	40	20	—	—	—	—	—	—	—	—	—	—	—	—
		30	0.001012	84.9	0.000990	85.8	0.001078	86.3	0.001034	86.7	0.001089	87.0	0.001067	86.5
		40	0.001176	89.2	0.001204	89.8	0.001302	90.7	0.001358	90.6	0.001288	91.4	0.001344	91.6
		50	0.001656	87.4	0.001512	88.4	0.001674	88.8	0.001584	88.3	0.001692	89.2	0.001584	89.1
		75	0.002375	93.9	0.002300	93.8	0.002275	93.5	0.002275	93.8	0.002325	94.8	0.001950	94.5
		100	0.003135	94.0	0.002805	95.5	0.002839	95.4	0.003168	95.2	0.003135	94.1	0.002310	91.7
		120	0.003880	93.8	0.004000	95.3	0.003240	95.0	0.003813	93.8	0.003198	93.5	0.002100	82.2
		150	0.003825	96.1	0.003735	95.2	0.003825	94.2	0.003915	90.4	0.002772	81.7	—	—
		200	0.005005	95.2	0.005060	95.5	0.005005	95.4	0.003960	85.9	—	—	—	—
	50	20	—	—	—	—	—	—	—	—	—	—	—	—
		30	—	—	—	—	—	—	—	—	—	—	—	—
		40	0.001056	90.2	0.001012	90.9	0.001078	91.6	0.001012	90.7	0.001034	91.1	0.001056	92.3
		50	0.001232	89.0	0.001246	89.3	0.001344	90.1	0.001274	90.1	0.001316	90.6	0.001372	91.2
		75	0.001820	93.5	0.001900	93.8	0.001700	94.1	0.001900	94.3	0.001960	94.7	0.001940	95.1
		100	0.002436	89.8	0.002184	90.3	0.002464	90.5	0.002520	91.1	0.002520	91.2	0.002436	92.5
		120	0.002890	89.8	0.003026	89.7	0.002856	89.8	0.002720	90.1	0.002958	91.2	0.002730	90.6
		150	0.003864	90.4	0.004034	90.3	0.003894	90.2	0.003744	89.2	0.003846	90.1	0.002652	87.7
		200	0.004836	94.9	0.004940	95.5	0.005044	96.2	0.004784	95.9	0.003900	92.1	—	—

附表 48 粉砂质黏壤土 1 备耕头水地灌水定额分别为 60m³/亩、70m³/亩时的优化单宽流量

灌水条件	灌水定额/(m³/亩)	畦长/m	地面坡降											
			0.0100		0.0050		0.0030		0.0020		0.0010		0.0005	
			优化单宽流量/[m³/(s·m)]	灌水效率/%	优化单宽流量/[m³/(s·m)]	灌水效率/%	优化单宽流量/[m³/(s·m)]	灌水效率/%	优化单宽流量/[m³/(s·m)]	灌水效率/%	优化单宽流量/[m³/(s·m)]	灌水效率/%	优化单宽流量/[m³/(s·m)]	灌水效率/%
Ⅰ. 土壤类型：粉砂质黏壤土 1 (0～20cm 砂粒含量 $\omega_1=20$～40cm 砂粒含量 $\omega_4=25\%$，0～20cm 粉粒含量 $\omega_2=20$～40cm 粉粒含量 $\omega_5=50\%$，0～20cm 黏粒含量 $\omega_3=20$～40cm 黏粒含量 $\omega_6=25\%$) Ⅱ. 地表形态：备耕头水地，地表轻、中旱 (0～10cm 土壤容重 $\gamma_1=1.1g/cm^3$，0～10cm 土壤变形容重 $\gamma_1^{\#}=1.15g/cm^3$，10～20cm 土壤容重 $\gamma_2=1.1g/cm^3$，20～40cm 土壤容重 $\gamma_3=1.3g/cm^3$，0～20cm 土壤含水率 $\theta_1=12.79\%$，20～40cm 土壤含水率 $\theta_2=16.42\%$，土壤有机质含量 $G=1g/kg$，填凹量 $h_{填凹量}=1.5cm$，糙率 $n=0.05$) Ⅲ. 入渗参数：入渗系数 $k=2.6538cm/min$，入渗指数 $\alpha=0.2459$，稳定入渗率 $f_0=0.0959cm/min$	60	20	—	—	—	—	—	—	—	—	—	—	—	—
		30	—	—	—	—	—	—	—	—	—	—	—	—
		40	0.001059	82.0	0.001016	82.8	0.001027	82.9	0.001049	82.1	0.001038	82.8	0.001059	84.0
		50	0.001104	90.5	0.001020	91.6	0.001116	91.8	0.001140	91.7	0.001176	92.9	0.001080	92.7
		75	0.001666	95.3	0.001547	95.9	0.001547	96.2	0.001581	95.7	0.001547	96.1	0.001547	96.1
		100	0.002254	94.5	0.002024	94.6	0.002024	94.5	0.002277	95.9	0.002300	95.8	0.002001	95.1
		120	0.002378	90.9	0.002407	91.4	0.002349	91.4	0.002349	91.5	0.002784	93.0	0.002465	93.6
		150	0.003430	95.0	0.003443	93.5	0.003407	90.2	0.003249	92.4	0.003587	90.6	0.002940	94.9
		200	0.004508	95.5	0.004232	96.3	0.004600	95.1	0.004278	94.0	0.004462	96.0	0.003082	82.5
	70	20	—	—	—	—	—	—	—	—	—	—	—	—
		30	—	—	—	—	—	—	—	—	—	—	—	—
		40	—	—	—	—	—	—	—	—	—	—	—	—
		50	0.001034	91.3	0.001056	91.9	0.001067	92.6	0.001012	92.8	0.001012	93.1	0.001089	94.0
		75	0.001530	89.7	0.001649	90.1	0.001479	90.1	0.001615	90.9	0.001683	91.4	0.001479	91.5
		100	0.002116	88.6	0.002185	89.4	0.002093	89.6	0.002162	89.4	0.002047	90.3	0.002001	90.7
		120	0.002716	88.1	0.002268	88.1	0.002520	88.1	0.002576	89.3	0.002772	89.3	0.002400	96.3
		150	0.003196	90.2	0.002816	90.4	0.003045	89.4	0.002987	87.4	0.003243	87.9	—	—
		200	0.004032	96.2	0.003990	96.3	0.004200	95.3	0.003780	95.9	0.003780	95.9	—	—

附表 49　粉砂质黏壤土 2 备耕头水地灌水定额分别为 $40m^3$/亩、$50m^3$/亩时的优化单宽流量

灌水条件	灌水定额/(m^3/亩)	畦长/m	地面坡降											
			0.0100		0.0050		0.0030		0.0020		0.0010		0.0005	
			优化单宽流量/[m^3/(s·m)]	灌水效率/%	优化单宽流量/[m^3/(s·m)]	灌水效率/%	优化单宽流量/[m^3/(s·m)]	灌水效率/%	优化单宽流量/[m^3/(s·m)]	灌水效率/%	优化单宽流量/[m^3/(s·m)]	灌水效率/%	优化单宽流量/[m^3/(s·m)]	灌水效率/%
Ⅰ. 土壤类型：粉砂质黏壤土 2 (0～20cm 砂粒含量 ω_1=20～40cm 砂粒含量 ω_4=12.5%， 0～20cm 粉粒含量 ω_2=20～40cm 粉粒含量 ω_5=62.5%， 0～20cm 黏粒含量 ω_3=20～40cm 黏粒含量 ω_6=25%) Ⅱ. 地表形态：备耕头水地，地表轻、中旱 (0～10cm 土壤容重 γ_1=1.1g/cm^3， 0～10cm 土壤变形容重 $\gamma_1^{\#}$=1.15g/cm^3， 10～20cm 土壤容重 γ_2=1.1g/cm^3， 20～40cm 土壤容重 γ_3=1.3g/cm^3， 0～20cm 土壤含水率 θ_1=14.25%， 20～40cm 土壤含水率 θ_2=18.73%， 土壤有机质含量 G=1g/kg， 填凹量 $h_{填凹量}$=1.5cm，糙率 n=0.05) Ⅲ. 入渗参数： 入渗系数 k=2.8958cm/min， 入渗指数 α=0.2006， 稳定入渗率 f_0=0.0921cm/min	40	20	0.001029	93.6	0.001029	92.9	0.001018	93.1	0.001039	93.2	0.001029	93.0	0.001008	95.7
		30	0.001380	96.5	0.001395	96.6	0.001425	97.2	0.001395	96.8	0.001425	97.2	0.001350	96.6
		40	0.001699	95.0	0.001752	96.0	0.001752	96.2	0.001717	95.9	0.001735	95.8	0.001735	96.0
		50	0.002079	94.7	0.002079	94.9	0.002037	95.2	0.002100	95.2	0.002100	95.5	0.002100	95.4
		75	0.002551	90.5	0.002577	90.8	0.002604	91.0	0.002393	89.1	0.002393	89.6	0.002130	85.9
		100	0.002970	85.6	0.002940	86.0	0.002940	86.3	0.003000	87.3	0.002820	85.3	—	—
		120	0.003332	84.4	0.003366	84.8	0.003264	84.2	0.003128	82.6	0.003026	80.7	—	—
		150	0.003960	81.4	0.004000	82.7	0.003760	80.3	—	—	—	—	—	—
		200	0.005626	84.5	0.005800	87.1	0.005336	82.5	—	—	—	—	—	—
	50	20	—	—	—	—	—	—	—	—	—	—	—	—
		30	0.001070	91.1	0.001156	92.0	0.001095	91.9	0.001169	92.3	0.001193	93.0	0.001169	93.6
		40	0.001394	91.7	0.001460	91.9	0.001492	92.6	0.001607	93.2	0.001640	93.1	0.001624	93.0
		50	0.001857	89.7	0.001709	90.3	0.001836	90.5	0.001983	90.5	0.001815	90.9	0.001899	91.3
		75	0.002548	94.4	0.002574	94.6	0.002548	94.9	0.002548	95.1	0.002600	94.9	0.002600	94.7
		100	0.002832	93.7	0.002773	92.7	0.002744	92.6	0.002685	91.6	0.002832	94.3	0.002832	94.2
		120	0.003218	91.3	0.003250	91.7	0.003185	90.9	0.003088	90.4	0.003250	92.9	0.002958	89.5
		150	0.004465	94.1	0.004371	93.7	0.004324	94.2	0.004136	93.1	0.004089	93.4	0.003243	83.8
		200	0.005100	89.3	0.005100	90.0	0.004998	90.0	0.005049	91.1	0.004182	83.2	—	—

附表 50 粉砂质黏壤土 2 备耕头水地灌水定额分别为 60m³/亩、70m³/亩时的优化单宽流量

灌水条件	灌水定额/(m³/亩)	畦长/m	地面坡降											
			0.0100		0.0050		0.0030		0.0020		0.0010		0.0005	
			优化单宽流量/[m³/(s·m)]	灌水效率/%	优化单宽流量/[m³/(s·m)]	灌水效率/%	优化单宽流量/[m³/(s·m)]	灌水效率/%	优化单宽流量/[m³/(s·m)]	灌水效率/%	优化单宽流量/[m³/(s·m)]	灌水效率/%	优化单宽流量/[m³/(s·m)]	灌水效率/%
I. 土壤类型：粉砂质黏壤土 2 (0～20cm 砂粒含量 ω_1=20～40cm 砂粒含量 ω_4=12.5%， 0～20cm 粉粒含量 ω_2=20～40cm 粉粒含量 ω_5=62.5%， 0～20cm 黏粒含量 ω_3=20～40cm 黏粒含量 ω_6=25%) II. 地表形态：备耕头水地，地表轻、中旱 (0～10cm 土壤容重 γ_1=1.1g/cm³， 0～10cm 土壤变形容重 $\gamma_1^{\#}$=1.15g/cm³， 10～20cm 土壤容重 γ_2=1.1g/cm³， 20～40cm 土壤容重 γ_3=1.3g/cm³， 0～20cm 土壤含水率 θ_1=14.25%， 20～40cm 土壤含水率 θ_2=18.73%， 土壤有机质含量 G=1g/kg， 填凹量 $h_{填凹量}$=1.5cm，糙率 n=0.05) III. 入渗参数： 入渗系数 k=2.8958cm/min， 入渗指数 α=0.2006， 稳定入渗率 f_0=0.0921cm/min	60	20	—	—	—	—	—	—	—	—	—	—	—	—
		30	0.001026	84.5	0.001048	83.8	0.001015	84.8	0.001069	84.8	0.001026	85.1	0.001037	85.8
		40	0.001179	92.6	0.001231	93.0	0.001284	93.5	0.001284	93.4	0.001297	93.9	0.001258	94.1
		50	0.001474	93.2	0.001523	93.5	0.001539	93.7	0.001507	93.5	0.001604	94.8	0.001588	95.3
		75	0.002056	95.9	0.001972	94.8	0.002056	95.7	0.002014	95.6	0.002014	95.8	0.001993	95.8
		100	0.002568	94.7	0.002541	93.5	0.002568	95.1	0.002594	94.8	0.002515	94.5	0.002489	94.5
		120	0.002910	93.2	0.002970	93.7	0.003000	93.9	0.002910	93.7	0.002640	89.9	0.002550	88.2
		150	0.004100	95.9	0.004059	95.8	0.003977	96.0	0.004059	95.2	0.003977	96.7	0.003403	92.2
		200	0.004653	90.6	0.004700	91.3	0.004606	91.4	0.004653	92.1	0.004512	92.1	—	—
	70	20	—	—	—	—	—	—	—	—	—	—	—	—
		30	—	—	—	—	—	—	—	—	—	—	0.001000	81.2
		40	0.001077	95.2	0.001088	96.0	0.001099	96.0	0.001099	96.3	0.001021	96.1	0.001043	97.0
		50	0.001205	94.9	0.001244	96.2	0.001231	95.7	0.001258	96.4	0.001271	96.8	0.001297	97.1
		75	0.001670	91.1	0.001653	91.3	0.001670	90.7	0.001653	90.9	0.001653	90.6	0.001653	90.8
		100	0.002469	95.6	0.002406	95.2	0.002500	96.4	0.002375	95.2	0.002438	96.1	0.002469	96.3
		120	0.003106	95.3	0.002920	95.5	0.003000	95.4	0.002960	96.2	0.002880	95.2	0.002840	95.7
		150	0.003655	93.3	0.003924	94.4	0.003601	94.3	0.003709	93.6	0.004085	94.9	0.004085	95.3
		200	0.004246	90.1	0.004300	90.6	0.004300	91.3	0.004246	91.1	0.004300	92.2	0.003870	89.2

附表 51　粉砂质黏土备耕头水地灌水定额分别为 $40m^3$/亩、$50m^3$/亩时的优化单宽流量

灌水条件	灌水定额/(m^3/亩)	畦长/m	地面坡降 0.0100 优化单宽流量/[m^3/(s·m)]	0.0100 灌水效率/%	0.0050 优化单宽流量/[m^3/(s·m)]	0.0050 灌水效率/%	0.0030 优化单宽流量/[m^3/(s·m)]	0.0030 灌水效率/%	0.0020 优化单宽流量/[m^3/(s·m)]	0.0020 灌水效率/%	0.0010 优化单宽流量/[m^3/(s·m)]	0.0010 灌水效率/%	0.0005 优化单宽流量/[m^3/(s·m)]	0.0005 灌水效率/%
Ⅰ. 土壤类型：粉砂质黏土（0～20cm 砂粒含量 $\omega_1=20$～40cm 砂粒含量 $\omega_4=12.5\%$，0～20cm 粉粒含量 $\omega_2=20$～40cm 粉粒含量 $\omega_5=50\%$，0～20cm 黏粒含量 $\omega_3=20$～40cm 黏粒含量 $\omega_6=37.5\%$） Ⅱ. 地表形态：备耕头水地，地表轻、中旱（0～10cm 土壤容重 $\gamma_1=1.05g/cm^3$，0～10cm 土壤变形容重 $\gamma_1^{\#}=1.1g/cm^3$，10～20cm 土壤容重 $\gamma_2=1.05g/cm^3$，20～40cm 土壤容重 $\gamma_3=1.25g/cm^3$，0～20cm 土壤含水率 $\theta_1=18\%$，20～40cm 土壤含水率 $\theta_2=24\%$，土壤有机质含量 $G=1g/kg$，填凹量 $h_{填凹量}=1.5cm$，糙率 $n=0.05$） Ⅲ. 入渗参数：入渗系数 $k=2.9713cm/min$，入渗指数 $\alpha=0.1977$，稳定入渗率 $f_0=0.0889cm/min$	40	20	0.001078	94.4	0.001078	93.9	0.001012	97.1	0.001001	96.3	0.001023	96.6	0.001023	97.1
		30	0.001320	96.7	0.001335	96.8	0.001365	97.1	0.001365	97.2	0.001320	96.8	0.001350	97.3
		40	0.001780	96.6	0.001700	96.0	0.001780	96.9	0.001740	96.6	0.001720	96.6	0.001720	96.8
		50	0.002150	96.4	0.002200	96.9	0.002150	96.6	0.002150	96.8	0.002300	97.6	0.001720	92.6
		75	0.003250	96.9	0.003500	97.9	0.003465	97.5	0.003465	97.6	0.002205	88.0	0.002205	89.4
		100	0.003520	92.4	0.003620	92.9	0.003780	93.4	0.003578	96.4	0.002511	86.4	0.002400	81.1
		120	0.003850	89.3	0.003630	88.4	0.004180	93.2	0.003520	87.3	0.003135	85.5	—	—
		150	0.004523	87.5	0.004730	87.9	0.004840	90.1	0.003960	84.5	—	—	—	—
		200	0.005820	88.5	0.005820	89.0	0.005010	84.7	—	—	—	—	—	—
	50	20	—	—	—	—	—	—	—	—	—	—	—	—
		30	0.001032	90.4	0.001044	90.8	0.001092	91.0	0.001116	92.1	0.001128	91.7	0.001116	92.5
		40	0.001275	85.8	0.001649	86.7	0.001683	86.7	0.001598	87.2	0.001649	87.3	0.001632	87.3
		50	0.002200	96.6	0.002150	96.5	0.002225	97.2	0.002250	97.3	0.002230	97.2	0.001700	92.6
		75	0.002830	94.2	0.002820	94.1	0.003012	90.8	0.002819	92.3	0.002689	93.1	0.002020	88.7
		100	0.003520	93.0	0.003520	92.8	0.004000	95.6	0.003400	92.6	0.003040	90.1	0.002480	80.9
		120	0.004345	90.2	0.004210	92.4	0.004300	92.5	0.004100	92.1	0.003120	85.5	—	—
		150	0.005225	92.2	0.005280	93.2	0.005115	92.3	0.004565	90.3	—	—	—	—
		200	0.005880	88.5	0.005880	89.0	0.005280	84.7	—	—	—	—	—	—

附表 52 粉砂质黏土备耕头水地灌水定额分别为 60m³/亩、70m³/亩时的优化单宽流量

灌水条件	灌水定额/(m³/亩)	畦长/m	地面坡降											
			0.0100		0.0050		0.0030		0.0020		0.0010		0.0005	
			优化单宽流量/[m³/(s·m)]	灌水效率/%	优化单宽流量/[m³/(s·m)]	灌水效率/%	优化单宽流量/[m³/(s·m)]	灌水效率/%	优化单宽流量/[m³/(s·m)]	灌水效率/%	优化单宽流量/[m³/(s·m)]	灌水效率/%	优化单宽流量/[m³/(s·m)]	灌水效率/%
Ⅰ. 土壤类型：粉砂质黏土 (0～20cm 砂粒含量 ω_1=20～40cm 砂粒含量 ω_4=12.5%， 0～20cm 粉粒含量 ω_2=20～40cm 粉粒含量 ω_5=50%， 0～20cm 黏粒含量 ω_3=20～40cm 黏粒含量 ω_6=37.5%) Ⅱ. 地表形态：备耕头水地，地表轻、中旱 (0～10cm 土壤容重 γ_1=1.05g/cm³， 0～10cm 土壤变形容重 $\gamma_1^{\#}$=1.1g/cm³， 10～20cm 土壤容重 γ_2=1.05g/cm³， 20～40cm 土壤容重 γ_3=1.25g/cm³， 0～20cm 土壤含水率 θ_1=18%， 20～40cm 土壤含水率 θ_2=24%， 土壤有机质含量 G=1g/kg， 填凹量 $h_{填凹量}$=1.5cm，糙率 n=0.05) Ⅲ. 入渗参数： 入渗系数 k=2.9713cm/min， 入渗指数 α=0.1977， 稳定入渗率 f_0=0.0889cm/min	60	20	—	—	—	—	—	—	—	—	—	—	—	—
		30	—	—	—	—	—	—	0.001034	80.0	0.001067	80.7	0.001005	80.0
		40	0.001170	89.3	0.001222	89.5	0.001287	90.4	0.001287	90.1	0.001300	91.1	0.001053	91.0
		50	0.001672	83.4	0.002024	84.1	0.001826	84.1	0.001980	84.1	0.002134	84.9	0.001914	85.1
		75	0.002550	91.6	0.002640	91.6	0.002550	92.7	0.002520	92.1	0.002580	93.4	0.002280	91.2
		100	0.003328	93.8	0.003234	93.1	0.003247	92.3	0.003600	94.3	0.003062	91.2	0.002465	94.6
		120	0.003645	95.1	0.003375	93.7	0.003375	94.3	0.003420	94.4	0.003510	95.5	0.002810	84.8
		150	0.004263	96.4	0.004050	94.3	0.004000	96.3	0.004041	94.5	0.003958	93.8	0.003250	85.7
		200	0.005780	94.1	0.005960	95.2	0.005900	95.4	0.005180	91.7	0.004220	84.4	—	—
	70	20	—	—	—	—	—	—	—	—	—	—	—	—
		30	—	—	—	—	—	—	—	—	—	—	—	—
		40	0.001045	92.8	0.001067	93.3	0.001067	93.5	0.001056	94.1	0.001001	94.7	0.001001	94.8
		50	0.001245	86.3	0.001395	86.3	0.001335	87.1	0.001410	87.4	0.001350	87.8	0.001440	88.0
		75	0.001700	94.5	0.001700	94.6	0.001940	95.0	0.001860	93.9	0.001860	94.3	0.001920	96.3
		100	0.002220	87.1	0.002520	87.1	0.002550	87.8	0.002280	88.1	0.002550	88.9	0.002910	89.0
		120	0.002800	90.1	0.003012	88.7	0.003103	86.2	0.002809	87.1	0.003100	85.2	0.003200	88.3
		150	0.003430	95.3	0.003430	95.5	0.004421	87.1	0.004201	85.3	0.004302	88.1	0.003505	88.9
		200	0.005460	86.8	0.005520	87.9	0.005460	87.7	0.005280	87.9	0.005400	88.4	0.003880	91.7

附表 53　粉砂质壤土 1 备耕头水地灌水定额分别为 $40m^3$/亩、$50m^3$/亩时的优化单宽流量

灌水条件	灌水定额/(m^3/亩)	畦长/m	地面坡降											
			0.0100		0.0050		0.0030		0.0020		0.0010		0.0005	
			优化单宽流量/[m^3/(s·m)]	灌水效率/%	优化单宽流量/[m^3/(s·m)]	灌水效率/%	优化单宽流量/[m^3/(s·m)]	灌水效率/%	优化单宽流量/[m^3/(s·m)]	灌水效率/%	优化单宽流量/[m^3/(s·m)]	灌水效率/%	优化单宽流量/[m^3/(s·m)]	灌水效率/%
Ⅰ. 土壤类型：粉砂质壤土 1 (0～20cm 砂粒含量 ω_1=20～40cm 砂粒含量 ω_4=37.5%， 0～20cm 粉粒含量 ω_2=20～40cm 粉粒含量 ω_5=50%， 0～20cm 黏粒含量 ω_3=20～40cm 黏粒含量 ω_6=12.5%) Ⅱ. 地表形态：备耕头水地，地表轻、中旱 (0～10cm 土壤容重 γ_1=1.18g/cm^3， 0～10cm 土壤变形容重 $\gamma_1^{\#}$=1.23g/cm^3， 10～20cm 土壤容重 γ_2=1.18g/cm^3， 20～40cm 土壤容重 γ_3=1.38g/cm^3， 0～20cm 土壤含水率 θ_1=11.87%， 20～40cm 土壤含水率 θ_2=15.16%， 土壤有机质含量 G=1g/kg， 填凹量 $h_{填凹量}$=1.5cm，糙率 n=0.05) Ⅲ. 入渗参数： 入渗系数 k=2.3760cm/min， 入渗指数 α=0.2468， 稳定入渗率 f_0=0.0950cm/min	40	20	0.001012	81.9	0.000999	81.8	0.001012	81.7	0.000999	83.5	0.001012	84.0	0.001012	81.9
		30	0.001259	94.0	0.001292	95.0	0.001309	94.9	0.001057	94.9	0.001292	94.7	0.001091	95.8
		40	0.001356	95.5	0.001376	95.7	0.001434	97.0	0.001395	96.2	0.001395	96.4	0.001473	97.8
		50	0.001731	96.1	0.001779	96.4	0.001926	94.3	0.001926	94.4	0.001706	96.5	0.001682	96.0
		75	0.002170	91.9	0.002143	91.6	0.002143	91.9	0.002143	92.1	0.002170	92.5	0.002143	93.0
		100	0.002449	85.6	0.002449	86.0	0.002356	84.1	0.002418	87.0	0.002325	84.6	0.002418	87.4
		120	0.002647	81.7	0.002630	82.1	0.002630	81.8	0.002564	80.5	0.002531	80.6	—	—
		150	0.003516	85.0	0.003560	85.7	0.003293	82.1	0.003471	84.6	0.003516	86.2	—	—
		200	0.004485	83.0	0.004428	82.0	0.004543	84.1	0.004600	85.2	—	—	—	—
	50	20	—	—	—	—	—	—	—	—	—	—	—	—
		30	0.000995	89.5	0.001007	88.8	0.000995	90.7	0.000995	90.0	0.001007	91.8	0.001007	90.3
		40	0.001271	92.5	0.001271	92.6	0.001304	93.4	0.001287	93.6	0.001254	93.5	0.001287	94.4
		50	0.001539	94.2	0.001559	94.5	0.001600	94.8	0.001519	94.6	0.001600	95.6	0.001600	95.8
		75	0.002313	92.6	0.002219	92.1	0.002188	92.4	0.002188	92.6	0.002375	93.9	0.002281	94.6
		100	0.002549	94.4	0.002579	94.6	0.002518	95.0	0.002549	94.7	0.002549	95.0	0.002518	95.5
		120	0.002800	91.9	0.002701	89.1	0.002602	89.4	0.002536	88.1	0.002372	83.4	0.002306	81.2
		150	0.003044	84.8	0.003080	86.4	0.003044	85.5	0.003080	87.2	0.003080	86.4	0.002826	82.9
		200	0.005078	94.8	0.004588	91.2	0.004405	90.6	0.004282	88.9	0.003976	84.9	—	—

附表 54 粉砂质壤土 1 备耕头水地灌水定额分别为 $60m^3$/亩、$70m^3$/亩时的优化单宽流量

灌水条件	灌水定额/(m^3/亩)	畦长/m	地面坡降											
			0.0100		0.0050		0.0030		0.0020		0.0010		0.0005	
			优化单宽流量/[m^3/(s·m)]	灌水效率/%	优化单宽流量/[m^3/(s·m)]	灌水效率/%	优化单宽流量/[m^3/(s·m)]	灌水效率/%	优化单宽流量/[m^3/(s·m)]	灌水效率/%	优化单宽流量/[m^3/(s·m)]	灌水效率/%	优化单宽流量/[m^3/(s·m)]	灌水效率/%
Ⅰ. 土壤类型：粉砂质壤土 1 (0～20cm 砂粒含量 ω_1=20～40cm 砂粒含量 ω_4=37.5%， 0～20cm 粉粒含量 ω_2=20～40cm 粉粒含量 ω_5=50%， 0～20cm 黏粒含量 ω_3=20～40cm 黏粒含量 ω_6=12.5%) Ⅱ. 地表形态：备耕头水地，地表轻、中旱 (0～10cm 土壤容重 γ_1=1.18g/cm^3， 0～10cm 土壤变形容重 $\gamma_1^{\#}$=1.23g/cm^3， 10～20cm 土壤容重 γ_2=1.18g/cm^3， 20～40cm 土壤容重 γ_3=1.38g/cm^3， 0～20cm 土壤含水率 θ_1=11.87%， 20～40cm 土壤含水率 θ_2=15.16%， 土壤有机质含量 G=1g/kg， 填凹量 $h_{填凹量}$=1.5cm，糙率 n=0.05) Ⅲ. 入渗参数： 入渗系数 k=2.3760cm/min， 入渗指数 α=0.2468， 稳定入渗率 f_0=0.0950cm/min	60	20	—	—	—	—	—	—	—	—	—	—	—	—
		30	—	—	—	—	—	—	—	—	—	—	—	—
		40	0.001064	90.5	0.001010	90.9	0.001078	90.8	0.001092	91.4	0.001105	92.1	0.001064	92.8
		50	0.001328	95.5	0.001200	95.0	0.001344	95.8	0.001216	95.9	0.001328	95.2	0.001248	96.6
		75	0.002001	93.9	0.001927	93.4	0.001754	92.9	0.002026	94.6	0.002051	95.5	0.002001	95.5
		100	0.002392	96.0	0.002421	96.2	0.002362	95.4	0.002421	96.5	0.002362	95.8	0.002362	95.8
		120	0.002588	92.2	0.002588	92.5	0.002619	92.6	0.002650	93.8	0.002619	93.4	0.002650	94.8
		150	0.003558	95.8	0.003431	95.4	0.003515	96.1	0.003473	95.8	0.003431	96.2	0.003304	95.0
		200	0.004660	95.5	0.004773	96.3	0.004660	95.9	0.004830	95.4	0.004773	95.8	0.003409	82.6
	70	20	—	—	—	—	—	—	—	—	—	—	—	—
		30	—	—	—	—	—	—	—	—	—	—	—	—
		40	0.001018	91.6	0.001006	92.8	0.000994	92.8	0.001006	92.7	0.000994	93.2	0.000994	93.5
		50	0.001216	93.8	0.001097	93.4	0.001127	94.3	0.001127	94.2	0.001141	95.0	0.001156	95.6
		75	0.001751	93.8	0.001641	94.3	0.001685	95.4	0.001751	96.5	0.001707	96.2	0.001860	96.9
		100	0.002219	95.8	0.002300	96.7	0.002165	95.4	0.002246	96.7	0.002219	96.1	0.002246	97.0
		120	0.002626	93.1	0.002845	92.8	0.002553	92.5	0.002553	92.2	0.002954	94.7	0.002808	93.3
		150	0.003656	95.8	0.003395	96.0	0.003656	95.7	0.003656	96.5	0.003308	95.7	0.003352	96.9
		200	0.004440	93.9	0.004800	94.4	0.004320	94.1	0.004860	93.9	0.004440	95.2	0.003860	91.2

附表 55　粉砂质壤土 2 备耕头水地灌水定额分别为 40m³/亩、50m³/亩时的优化单宽流量

灌水条件	灌水定额/(m³/亩)	畦长/m	地面坡降 0.0100 优化单宽流量/[m³/(s·m)]	0.0100 灌水效率/%	0.0050 优化单宽流量/[m³/(s·m)]	0.0050 灌水效率/%	0.0030 优化单宽流量/[m³/(s·m)]	0.0030 灌水效率/%	0.0020 优化单宽流量/[m³/(s·m)]	0.0020 灌水效率/%	0.0010 优化单宽流量/[m³/(s·m)]	0.0010 灌水效率/%	0.0005 优化单宽流量/[m³/(s·m)]	0.0005 灌水效率/%
Ⅰ. 土壤类型：粉砂质壤土 2 (0～20cm 砂粒含量 $\omega_1=20$～40cm 砂粒含量 $\omega_4=25\%$，0～20cm 粉粒含量 $\omega_2=20$～40cm 粉粒含量 $\omega_5=62.5\%$，0～20cm 黏粒含量 $\omega_3=20$～40cm 黏粒含量 $\omega_6=12.5\%$) Ⅱ. 地表形态：备耕头水地，地表轻、中旱 (0～10cm 土壤容重 $\gamma_1=1.18g/cm^3$，0～10cm 土壤变形容重 $\gamma_1^{\#}=1.23g/cm^3$，10～20cm 土壤容重 $\gamma_2=1.18g/cm^3$，20～40cm 土壤容重 $\gamma_3=1.38g/cm^3$，0～20cm 土壤含水率 $\theta_1=12.81\%$，20～40cm 土壤含水率 $\theta_2=16.41\%$，土壤有机质含量 $G=1g/kg$，填凹量 $h_{填凹量}=1.5cm$，糙率 $n=0.05$) Ⅲ. 入渗参数：入渗系数 $k=2.5175cm/min$，入渗指数 $\alpha=0.2379$，稳定入渗率 $f_0=0.0920cm/min$	40	20	0.001089	85.3	0.001001	85.7	0.001056	85.3	0.001067	86.5	0.001023	86.0	0.001034	87.0
		30	0.001056	94.8	0.001089	95.6	0.001089	95.4	0.001067	95.1	0.001078	95.7	0.001089	95.9
		40	0.001386	94.5	0.001372	94.3	0.001372	94.4	0.001372	94.5	0.001386	94.7	0.001372	94.6
		50	0.001584	91.5	0.001552	91.9	0.001584	92.0	0.001568	92.2	0.001568	92.0	0.001584	92.3
		75	0.002100	87.5	0.002058	88.0	0.002079	88.2	0.002058	88.6	0.002058	88.2	0.002058	88.7
		100	0.001900	84.3	0.001881	83.7	0.001881	83.9	0.001881	84.1	0.001881	84.5	0.001900	84.8
		120	0.003000	82.9	0.003000	83.2	0.003500	90.7	0.003500	91.0	0.003600	91.8	—	—
		150	0.003500	80.6	0.003600	83.3	0.003600	81.5	0.003600	82.7	—	—	—	—
		200	0.005100	86.2	0.005100	86.9	0.004897	85.4	0.004675	83.7	—	—	—	—
	50	20	—	—	—	—	—	—	—	—	—	—	—	—
		30	0.001152	84.2	0.001056	84.0	0.001140	83.7	0.001032	84.3	0.001140	85.2	0.001128	84.9
		40	0.001128	95.5	0.001140	95.6	0.001164	96.3	0.001188	96.8	0.001152	96.4	0.001152	96.5
		50	0.001455	96.2	0.001470	96.7	0.001485	96.8	0.001455	96.3	0.001440	96.5	0.001470	97.1
		75	0.002079	95.8	0.002100	95.6	0.002037	95.2	0.002100	95.9	0.001995	94.6	0.002100	96.2
		100	0.002760	95.6	0.002940	93.9	0.002760	95.8	0.002970	94.3	0.002790	96.3	0.002590	93.5
		120	0.003150	93.3	0.003080	93.7	0.003220	94.8	0.003010	92.8	0.003080	94.1	0.002775	91.1
		150	0.002775	91.2	0.003589	91.5	0.003589	91.9	0.003478	90.4	0.003478	90.9	—	—
		200	0.003960	80.4	0.003960	80.7	0.004000	80.1	0.003960	80.4	0.003960	82.9	—	—

附表 56 粉砂质壤土 2 备耕头水地灌水定额分别为 $60m^3$/亩、$70m^3$/亩时的优化单宽流量

灌水条件	灌水定额/(m^3/亩)	畦长/m	地面坡降											
			0.0100		0.0050		0.0030		0.0020		0.0010		0.0005	
			优化单宽流量/[m^3/(s·m)]	灌水效率/%	优化单宽流量/[m^3/(s·m)]	灌水效率/%	优化单宽流量/[m^3/(s·m)]	灌水效率/%	优化单宽流量/[m^3/(s·m)]	灌水效率/%	优化单宽流量/[m^3/(s·m)]	灌水效率/%	优化单宽流量/[m^3/(s·m)]	灌水效率/%
Ⅰ. 土壤类型：粉砂质壤土 2（0～20cm 砂粒含量 ω_1=20～40cm 砂粒含量 ω_4=25%，0～20cm 粉粒含量 ω_2=20～40cm 粉粒含量 ω_5=62.5%，0～20cm 黏粒含量 ω_3=20～40cm 黏粒含量 ω_6=12.5%）Ⅱ. 地表形态：备耕头水地，地表轻、中旱（0～10cm 土壤容重 γ_1=1.18g/cm³，0～10cm 土壤变形容重 $\gamma_1^{\#}$=1.23g/cm³，10～20cm 土壤容重 γ_2=1.18g/cm³，20～40cm 土壤容重 γ_3=1.38g/cm³，0～20cm 土壤含水率 θ_1=12.81%，20～40cm 土壤含水率 θ_2=16.41%，土壤有机质含量 G=1g/kg，填凹量 $h_{填凹量}$=1.5cm，糙率 n=0.05）Ⅲ. 入渗参数：入渗系数 k=2.5175cm/min，入渗指数 α=0.2379，稳定入渗率 f_0=0.0920cm/min	60	20	—	—	—	—	—	—	—	—	—	—	—	—
		30	0.000999	81.2	0.000999	82.0	0.001009	81.7	0.000999	81.3	0.001009	81.3	0.000999	83.1
		40	0.001080	92.5	0.001140	92.9	0.001104	93.3	0.001164	93.0	0.001188	94.0	0.001188	94.2
		50	0.001235	95.5	0.001261	95.9	0.001274	96.8	0.001274	96.6	0.001300	97.1	0.001274	96.7
		75	0.001470	83.8	0.001485	83.7	0.001485	82.8	0.001485	82.9	0.001485	82.3	0.001470	81.7
		100	0.002400	94.5	0.002375	94.8	0.002375	95.0	0.002375	95.2	0.002375	95.5	0.002425	96.5
		120	0.002772	94.3	0.002800	94.3	0.002772	94.1	0.002772	94.3	0.002842	95.6	0.003100	96.9
		150	0.002980	85.4	0.003000	86.7	0.003100	89.2	0.003100	88.5	0.003069	88.6	0.003240	93.6
		200	0.003762	81.9	0.003800	82.0	0.003900	84.5	0.003861	83.9	0.004250	92.3	0.004030	80.7
	70	20	—	—	—	—	—	—	—	—	—	—	—	—
		30	—	—	—	—	—	—	—	—	—	—	—	—
		40	0.000990	88.9	0.001056	89.8	0.001089	90.0	0.000990	89.8	0.001089	90.4	0.001056	91.1
		50	0.001455	82.9	0.001470	83.3	0.001485	83.4	0.001410	83.8	0.001440	84.3	0.001335	84.1
		75	0.001710	95.3	0.001764	96.2	0.001746	96.5	0.001782	96.5	0.001782	97.0	0.001764	96.6
		100	0.002670	83.2	0.002790	83.6	0.002670	84.2	0.002550	84.1	0.002940	85.2	0.002940	85.3
		120	0.002790	96.1	0.002760	95.8	0.002730	96.2	0.003069	94.5	0.003100	94.1	0.003500	84.6
		150	0.004000	91.7	0.003840	92.7	0.003520	93.4	0.003440	93.3	0.003960	93.8	0.003825	86.2
		200	0.004100	91.0	0.004158	92.5	0.004300	93.9	0.004300	94.1	0.004455	95.9	0.004100	93.0

附表 57　粉砂质壤土 3 备耕头水地灌水定额分别为 40m³/亩、50m³/亩时的优化单宽流量

灌水条件	灌水定额/(m³/亩)	畦长/m	地面坡降											
			0.0100		0.0050		0.0030		0.0020		0.0010		0.0005	
			优化单宽流量/[m³/(s·m)]	灌水效率/%	优化单宽流量/[m³/(s·m)]	灌水效率/%	优化单宽流量/[m³/(s·m)]	灌水效率/%	优化单宽流量/[m³/(s·m)]	灌水效率/%	优化单宽流量/[m³/(s·m)]	灌水效率/%	优化单宽流量/[m³/(s·m)]	灌水效率/%
Ⅰ. 土壤类型：粉砂质壤土 3 (0～20cm 砂粒含量 ω_1=20～40cm 砂粒含量 ω_4=12.5%， 0～20cm 粉粒含量 ω_2=20～40cm 粉粒含量 ω_5=75%， 0～20cm 黏粒含量 ω_3=20～40cm 黏粒含量 ω_6=12.5%) Ⅱ. 地表形态：备耕头水地，地表轻、中旱 (0～10cm 土壤容重 γ_1=1.18g/cm³， 0～10cm 土壤变形容重 $\gamma_1^{\#}$=1.23g/cm³， 10～20cm 土壤容重 γ_2=1.18g/cm³， 20～40cm 土壤容重 γ_3=1.38g/cm³， 0～20cm 土壤含水率 θ_1=14.24%， 20～40cm 土壤含水率 θ_2=18.31%， 土壤有机质含量 G=1g/kg， 填凹量 $h_{填凹量}$=1.5cm，糙率 n=0.05) Ⅲ. 入渗参数： 入渗系数 k=2.7600cm/min， 入渗指数 α=0.2274， 稳定入渗率 f_0=0.0883cm/min	40	20	0.001018	95.5	0.001019	95.0	0.001018	95.3	0.001039	95.2	0.001039	94.4	0.001038	95.0
		30	0.001050	92.2	0.001200	95.3	0.001212	95.4	0.001225	96.0	0.001225	96.1	0.001224	96.4
		40	0.001300	88.9	0.001287	89.1	0.001287	89.2	0.001287	89.2	0.001287	88.7	0.001300	88.9
		50	0.001435	86.1	0.001435	86.2	0.001435	85.5	0.001435	85.6	0.001450	85.7	0.001435	86.1
		75	0.002100	86.1	0.002100	86.2	0.002016	84.6	0.002016	84.9	0.001904	83.1	0.001980	84.4
		100	0.002475	84.2	0.002475	84.2	0.002450	80.7	0.002375	80.1	0.002352	80.1	0.002345	80.4
		120	0.002940	81.0	0.003038	82.3	0.303800	82.6	0.003104	83.4	0.002976	81.8	—	—
		150	0.003600	80.1	0.003614	80.5	0.003650	80.9	0.003670	81.0	—	—	—	—
		200	0.004850	81.1	0.004750	80.9	0.004950	83.9	—	—	—	—	—	—
	50	20	—	—	—	—	—	—	—	—	—	—	—	—
		30	0.001261	82.3	0.001300	82.4	0.001183	82.2	0.001274	82.7	0.001092	83.1	0.001118	83.0
		40	0.001209	95.4	0.001248	96.1	0.001222	95.9	0.001235	96.3	0.001248	96.2	0.001261	96.7
		50	0.001520	95.7	0.001520	95.5	0.001536	96.0	0.001584	97.1	0.001536	96.3	0.001584	97.3
		75	0.001960	91.7	0.002000	91.2	0.001960	91.5	0.001960	91.7	0.001960	92.1	0.001980	91.8
		100	0.002075	80.1	0.002505	90.1	0.002530	90.3	0.002479	90.7	0.002479	90.5	0.002505	90.7
		120	0.002479	80.8	0.002505	80.7	0.002509	80.9	0.002509	81.0	0.002496	80.8	0.002700	87.6
		150	0.003100	83.1	0.003200	83.5	0.003200	82.7	0.003168	82.4	0.003366	85.7	—	—
		200	0.004158	81.0	0.004257	82.4	0.425700	82.7	0.425700	82.9	—	—	—	—

附表 58 粉砂质壤土 3 备耕头水地灌水定额分别为 60m³/亩、70m³/亩时的优化单宽流量

灌水条件	灌水定额/(m³/亩)	畦长/m	地面坡降											
			0.0100		0.0050		0.0030		0.0020		0.0010		0.0005	
			优化单宽流量/[m³/(s·m)]	灌水效率/%	优化单宽流量/[m³/(s·m)]	灌水效率/%	优化单宽流量/[m³/(s·m)]	灌水效率/%	优化单宽流量/[m³/(s·m)]	灌水效率/%	优化单宽流量/[m³/(s·m)]	灌水效率/%	优化单宽流量/[m³/(s·m)]	灌水效率/%
I. 土壤类型：粉砂质壤土 3 (0～20cm 砂粒含量 ω_1=20～40cm 砂粒含量 ω_4=12.5%， 0～20cm 粉粒含量 ω_2=20～40cm 粉粒含量 ω_5=75%， 0～20cm 黏粒含量 ω_3=20～40cm 黏粒含量 ω_6=12.5%) II. 地表形态：备耕头水地，地表轻、中旱 (0～10cm 土壤容重 γ_1=1.18g/cm³， 0～10cm 土壤变形容重 $\gamma_1^{\#}$=1.23g/cm³， 10～20cm 土壤容重 γ_2=1.18g/cm³， 20～40cm 土壤容重 γ_3=1.38g/cm³， 0～20cm 土壤含水率 θ_1=14.24%， 20～40cm 土壤含水率 θ_2=18.31%， 土壤有机质含量 G=1g/kg， 填凹量 $h_{填凹量}$=1.5cm，糙率 n=0.05) III. 入渗参数： 入渗系数 k=2.7600cm/min， 入渗指数 α=0.2274， 稳定入渗率 f_0=0.0883cm/min	60	20	—	—	—	—	—	—	—	—	—	—	—	—
		30	0.000999	84.8	0.001009	85.4	0.000999	87.2	0.001009	86.9	0.001020	87.3	0.000999	86.9
		40	0.001038	95.4	0.001049	95.7	0.001059	95.8	0.001059	95.9	0.001059	95.7	0.001059	95.5
		50	0.001300	95.5	0.001313	95.5	0.001327	96.1	0.001327	96.0	0.001327	96.3	0.001327	95.6
		75	0.001764	92.1	0.001764	91.8	0.001764	91.9	0.001782	92.0	0.001782	91.7	0.001764	92.1
		100	0.002300	91.0	0.002277	91.3	0.002277	91.6	0.002300	91.1	0.002277	91.5	0.002277	92.0
		120	0.002450	89.2	0.002500	86.2	0.002500	86.4	0.002550	87.5	0.002550	87.2	0.002550	88.5
		150	0.002700	83.0	0.003200	86.9	0.003168	87.1	0.003168	87.5	0.003465	92.4	0.003066	87.6
		200	0.004100	84.8	0.004257	87.9	0.004257	82.7	0.004350	89.4	0.003825	84.6	—	—
	70	20	—	—	—	—	—	—	—	—	—	—	—	—
		30	—	—	—	—	—	—	—	—	—	—	—	—
		40	0.001018	94.8	0.000997	96.1	0.001039	95.3	0.001008	96.4	0.001008	97.1	0.001008	97.1
		50	0.001018	94.8	0.000997	96.1	0.001039	95.3	0.001008	96.4	0.001008	97.1	0.001008	97.1
		75	0.001703	93.8	0.001703	93.5	0.001702	93.6	0.001703	93.3	0.001702	93.5	0.001703	93.1
		100	0.001970	86.7	0.001980	86.7	0.001970	86.7	0.001970	86.1	0.001980	86.3	0.001980	86.0
		120	0.002300	84.6	0.002270	84.2	0.002376	84.2	0.002216	84.1	0.002440	87.6	0.002565	92.6
		150	0.002871	84.5	0.002970	84.3	0.002970	86.2	0.002970	86.5	0.002910	84.6	0.002970	88.4
		200	0.004000	87.4	0.004000	87.6	0.004500	94.0	0.004140	89.6	0.004500	95.2	0.423000	93.4

附表 59　黏壤土 1 备耕头水地灌水定额分别为 $40m^3$/亩、$50m^3$/亩时的优化单宽流量

灌水条件	灌水定额/(m^3/亩)	畦长/m	地面坡降											
			0.0100		0.0050		0.0030		0.0020		0.0010		0.0005	
			优化单宽流量/[m^3/(s·m)]	灌水效率/%	优化单宽流量/[m^3/(s·m)]	灌水效率/%	优化单宽流量/[m^3/(s·m)]	灌水效率/%	优化单宽流量/[m^3/(s·m)]	灌水效率/%	优化单宽流量/[m^3/(s·m)]	灌水效率/%	优化单宽流量/[m^3/(s·m)]	灌水效率/%
Ⅰ. 土壤类型：黏壤土 1 (0～20cm 砂粒含量 $\omega_1=20$～40cm 砂粒含量 $\omega_4=50\%$， 0～20cm 粉粒含量 $\omega_2=20$～40cm 粉粒含量 $\omega_5=25\%$， 0～20cm 黏粒含量 $\omega_3=20$～40cm 黏粒含量 $\omega_6=15\%$) Ⅱ. 地表形态：备耕头水地，地表轻、中旱 (0～10cm 土壤容重 $\gamma_1=1.13g/cm^3$， 0～10cm 土壤变形容重 $\gamma_1^{\#}=1.18g/cm^3$， 10～20cm 土壤容重 $\gamma_2=1.13g/cm^3$， 20～40cm 土壤容重 $\gamma_3=1.33g/cm^3$， 0～20cm 土壤含水率 $\theta_1=10.84\%$， 20～40cm 土壤含水率 $\theta_2=13.8\%$， 土壤有机质含量 $G=1g/kg$， 填凹量 $h_{填凹量}=1.5cm$，糙率 $n=0.05$) Ⅲ. 入渗参数： 入渗系数 $k=2.3509cm/min$， 入渗指数 $\alpha=0.263$， 稳定入渗率 $f_0=0.1012cm/min$	40	20	—	—	—	—	—	—	0.000994	80.1	0.001006	81.0	0.009400	81.2
		30	0.001022	96.2	0.001048	96.5	0.001048	96.5	0.001035	96.5	0.001035	96.6	0.001074	97.3
		40	0.001394	96.3	0.001376	96.4	0.001341	96.3	0.001376	96.8	0.001376	96.6	0.001359	96.5
		50	0.002051	95.4	0.002100	96.1	0.002100	96.3	0.001952	95.0	0.002100	95.9	0.002051	96.1
		75	0.002294	94.3	0.002176	91.6	0.002147	91.9	0.002118	91.3	0.002265	94.7	0.002382	95.6
		100	0.002478	87.9	0.002355	84.9	0.002233	82.7	0.002386	86.1	0.002294	85.0	0.002386	87.2
		120	0.002792	83.6	0.002832	85.1	0.002866	85.0	0.002661	83.4	0.002729	84.1	—	—
		150	0.003515	85.0	0.003558	86.5	0.003388	83.2	0.003431	85.2	0.003388	85.8	—	—
		200	0.004560	82.5	0.004440	83.5	0.004740	86.0	0.004740	87.9	—	—	—	—
	50	20	—	—	—	—	—	—	—	—	—	—	—	—
		30	0.000994	88.7	0.001006	90.1	0.001018	90.2	0.000994	88.9	0.001006	89.9	0.000994	91.2
		40	0.001187	93.0	0.001187	93.4	0.001202	93.4	0.001279	94.4	0.001310	94.8	0.001279	95.3
		50	0.001525	94.8	0.001544	95.3	0.001581	95.5	0.001506	95.2	0.001581	96.2	0.001562	96.4
		75	0.001976	95.9	0.002026	96.6	0.002051	96.6	0.002001	96.0	0.002026	96.8	0.001976	96.3
		100	0.002451	94.3	0.002510	93.9	0.002451	94.3	0.002451	94.5	0.002480	94.8	0.002480	94.8
		120	0.002960	94.3	0.002960	94.6	0.002890	94.0	0.002821	93.4	0.002856	93.8	0.002716	91.9
		150	0.003656	94.2	0.003700	94.5	0.003482	93.2	0.003395	91.8	0.003265	90.4	0.002829	82.6
		200	0.004296	89.4	0.004348	89.9	0.004296	90.1	0.004245	88.5	0.003831	83.6	—	—

附表 60 黏壤土 1 备耕头水地灌水定额分别为 $60m^3$/亩、$70m^3$/亩时的优化单宽流量

灌水条件	灌水定额/(m^3/亩)	畦长/m	地面坡降											
			0.0100		0.0050		0.0030		0.0020		0.0010		0.0005	
			优化单宽流量/[m^3/(s·m)]	灌水效率/%	优化单宽流量/[m^3/(s·m)]	灌水效率/%	优化单宽流量/[m^3/(s·m)]	灌水效率/%	优化单宽流量/[m^3/(s·m)]	灌水效率/%	优化单宽流量/[m^3/(s·m)]	灌水效率/%	优化单宽流量/[m^3/(s·m)]	灌水效率/%
I. 土壤类型：黏壤土 1 (0～20cm 砂粒含量 ω_1=20～40cm 砂粒含量 ω_4=50%， 0～20cm 粉粒含量 ω_2=20～40cm 粉粒含量 ω_5=25%， 0～20cm 黏粒含量 ω_3=20～40cm 黏粒含量 ω_6=15%) II. 地表形态：备耕头水地，地表轻、中旱 (0～10cm 土壤容重 γ_1=1.13g/cm^3， 0～10cm 土壤变形容重 $\gamma_1^{\#}$=1.18g/cm^3， 10～20cm 土壤容重 γ_2=1.13g/cm^3， 20～40cm 土壤容重 γ_3=1.33g/cm^3， 0～20cm 土壤含水率 θ_1=10.84%， 20～40cm 土壤含水率 θ_2=13.8%， 土壤有机质含量 G=1g/kg， 填凹量 $h_{填凹量}$=1.5cm，糙率 n=0.05) III. 入渗参数： 入渗系数 k=2.3509cm/min， 入渗指数 α=0.263， 稳定入渗率 f_0=0.1012cm/min	60	20	—	—	—	—	—	—	—	—	—	—	—	—
		30	—	—	—	—	—	—	—	—	—	—	—	—
		40	0.001019	90.4	0.001100	90.8	0.000992	91.5	0.001086	92.0	0.001033	92.0	0.001113	92.6
		50	0.001308	94.8	0.001324	95.9	0.001198	95.4	0.001308	95.4	0.001324	95.7	0.001245	96.8
		75	0.001973	90.6	0.002024	91.3	0.001922	91.6	0.001998	91.3	0.002024	92.1	0.001998	92.9
		100	0.002550	89.8	0.002516	90.5	0.002278	90.7	0.002278	90.9	0.002584	91.6	0.002312	92.5
		120	0.003125	95.8	0.003012	95.5	0.002936	93.9	0.002824	95.7	0.002786	95.8	0.002748	95.7
		150	0.003800	95.9	0.003532	95.3	0.003487	96.0	0.003621	96.8	0.003576	96.9	0.003532	95.3
		200	0.004296	93.5	0.004348	93.1	0.004400	95.0	0.004348	94.6	0.004245	94.1	0.003416	83.6
	70	20	—	—	—	—	—	—	—	—	—	—	—	—
		30	—	—	—	—	—	—	—	—	—	—	—	—
		40	0.001018	90.8	0.000994	91.4	0.001018	90.8	0.000994	91.3	0.001018	91.6	0.001018	90.6
		50	0.001196	95.2	0.001082	95.0	0.001110	95.7	0.001125	96.4	0.001125	96.4	0.001139	96.7
		75	0.001640	95.7	0.001618	95.0	0.001661	96.1	0.001640	95.5	0.001682	96.8	0.001810	96.8
		100	0.002192	96.3	0.002246	97.0	0.002219	96.4	0.002192	96.6	0.002165	96.0	0.002165	95.8
		120	0.002764	95.0	0.002627	95.8	0.002593	96.0	0.002627	96.1	0.002900	97.0	0.002729	95.8
		150	0.003200	95.5	0.003162	95.1	0.003162	95.4	0.003125	95.1	0.003200	96.6	0.003049	95.2
		200	0.004447	96.7	0.004394	96.3	0.004129	94.7	0.004500	95.7	0.004447	97.8	0.003918	94.0

附表 61　黏壤土 2 备耕头水地灌水定额分别为 $40m^3$/亩、$50m^3$/亩时的优化单宽流量

灌水条件	灌水定额/(m^3/亩)	畦长/m	地面坡降											
			0.0100		0.0050		0.0030		0.0020		0.0010		0.0005	
			优化单宽流量/[m^3/(s·m)]	灌水效率/%	优化单宽流量/[m^3/(s·m)]	灌水效率/%	优化单宽流量/[m^3/(s·m)]	灌水效率/%	优化单宽流量/[m^3/(s·m)]	灌水效率/%	优化单宽流量/[m^3/(s·m)]	灌水效率/%	优化单宽流量/[m^3/(s·m)]	灌水效率/%
Ⅰ. 土壤类型：黏壤土 2 (0～20cm 砂粒含量 ω_1=20～40cm 砂粒含量 ω_4=37.5%， 0～20cm 粉粒含量 ω_2=20～40cm 粉粒含量 ω_5=37.5%， 0～20cm 黏粒含量 ω_3=20～40cm 黏粒含量 ω_6=25%) Ⅱ. 地表形态：备耕头水地，地表轻、中旱 (0～10cm 土壤容重 γ_1=1.13g/cm^3， 0～10cm 土壤变形容重 $\gamma_1^\#$=1.18g/cm^3， 10～20cm 土壤容重 γ_2=1.13g/cm^3， 20～40cm 土壤容重 γ_3=1.33g/cm^3， 0～20cm 土壤含水率 θ_1=11.73%， 20～40cm 土壤含水率 θ_2=14.99%， 土壤有机质含量 G=1g/kg， 填凹量 $h_{填凹量}$=1.5cm，糙率 n=0.05) Ⅲ. 入渗参数： 入渗系数 k=2.4496cm/min， 入渗指数 α=0.2545， 稳定入渗率 f_0=0.0982cm/min	40	20	0.001032	82.7	0.001020	82.5	0.001045	82.9	0.001032	84.0	0.001045	84.4	0.001007	84.2
		30	0.001060	95.6	0.001129	97.0	0.001142	97.2	0.001156	97.1	0.001087	96.4	0.001115	96.8
		40	0.001384	95.4	0.001422	95.9	0.001459	96.4	0.001440	96.5	0.001440	96.7	0.001515	97.6
		50	0.001775	96.2	0.001753	96.1	0.001732	95.7	0.001753	96.3	0.001710	95.8	0.001732	96.0
		75	0.001885	85.3	0.001862	84.7	0.001862	85.0	0.001862	85.2	0.001885	85.7	0.001862	86.3
		100	0.002405	84.1	0.002438	85.1	0.002339	83.4	0.002405	84.6	0.002306	83.7	0.002504	87.1
		120	0.002900	84.7	0.002729	81.7	0.002866	84.6	0.002764	83.8	0.002866	85.7	—	—
		150	0.003625	85.3	0.003762	86.9	0.003441	83.9	0.003716	87.7	0.003258	80.7	—	—
		200	0.004669	83.6	0.004612	83.7	0.004785	85.6	0.004381	81.9	—	—	—	—
	50	20	—	—	—	—	—	—	—	—	—	—	—	—
		30	0.001022	85.9	0.001009	85.4	0.001022	86.9	0.001074	86.6	0.001035	87.5	0.001048	87.8
		40	0.001186	89.8	0.001367	90.3	0.001400	91.0	0.001318	90.9	0.001367	92.1	0.001318	91.5
		50	0.001500	92.0	0.001600	93.2	0.001580	93.0	0.001660	94.0	0.001640	94.1	0.001620	93.8
		75	0.002045	95.2	0.002096	96.3	0.002096	96.2	0.002071	96.3	0.002096	96.5	0.002071	96.8
		100	0.002500	92.6	0.002471	93.0	0.002500	93.2	0.002471	92.9	0.002471	93.3	0.002500	93.7
		120	0.003360	96.3	0.003200	95.5	0.003240	95.7	0.002960	93.8	0.002840	92.4	0.002680	89.8
		150	0.003755	93.9	0.003800	94.4	0.003711	93.8	0.003532	92.3	0.003487	91.9	—	—
		200	0.004546	90.0	0.004384	88.7	0.004546	90.8	0.004492	90.8	0.003788	82.1	—	—

附表 62　黏壤土 2 备耕头水地灌水定额分别为 $60m^3$/亩、$70m^3$/亩时的优化单宽流量

灌水条件	灌水定额/(m^3/亩)	畦长/m	地面坡降											
			0.0100		0.0050		0.0030		0.0020		0.0010		0.0005	
			优化单宽流量/[m^3/(s·m)]	灌水效率/%	优化单宽流量/[m^3/(s·m)]	灌水效率/%	优化单宽流量/[m^3/(s·m)]	灌水效率/%	优化单宽流量/[m^3/(s·m)]	灌水效率/%	优化单宽流量/[m^3/(s·m)]	灌水效率/%	优化单宽流量/[m^3/(s·m)]	灌水效率/%
Ⅰ. 土壤类型：黏壤土 2 (0～20cm 砂粒含量 ω_1=20～40cm 砂粒含量 ω_4=37.5%， 0～20cm 粉粒含量 ω_2=20～40cm 粉粒含量 ω_5=37.5%， 0～20cm 黏粒含量 ω_3=20～40cm 黏粒含量 ω_6=25%) Ⅱ. 地表形态：备耕头水地，地表轻、中旱 (0～10cm 土壤容重 γ_1=1.13g/cm³， 0～10cm 土壤变形容重 $\gamma_1^{\#}$=1.18g/cm³， 10～20cm 土壤容重 γ_2=1.13g/cm³， 20～40cm 土壤容重 γ_3=1.33g/cm³， 0～20cm 土壤含水率 θ_1=11.73%， 20～40cm 土壤含水率 θ_2=14.99%， 土壤有机质含量 G=1g/kg， 填凹量 $h_{填凹量}$=1.5cm，糙率 n=0.05) Ⅲ. 入渗参数： 入渗系数 k=2.4496cm/min， 入渗指数 α=0.2545， 稳定入渗率 f_0=0.0982cm/min	60	20	—	—	—	—	—	—	—	—	—	—	—	—
		30	—	—	—	—	—	—	—	—	—	—	—	—
		40	0.001087	91.5	0.001101	91.5	0.001142	91.8	0.001129	93.0	0.001129	93.0	0.001156	93.5
		50	0.001288	90.2	0.001323	90.7	0.001236	91.4	0.001376	92.1	0.001410	92.9	0.001445	92.6
		75	0.002045	92.2	0.001838	92.0	0.001967	92.0	0.001786	92.3	0.002096	93.0	0.002071	94.0
		100	0.002353	94.6	0.002382	95.6	0.002471	96.4	0.002353	94.8	0.002412	95.8	0.002382	96.2
		120	0.002866	95.5	0.002798	95.0	0.002832	94.8	0.002866	96.1	0.002900	96.2	0.002729	95.1
		150	0.003418	94.0	0.003459	94.8	0.003376	94.3	0.003500	96.0	0.003418	95.3	0.003459	94.6
		200	0.004796	95.9	0.004978	95.1	0.004735	96.1	0.004856	96.7	0.004553	95.5	0.003521	83.5
	70	20	—	—	—	—	—	—	—	—	—	—	—	—
		30	—	—	—	—	—	—	—	—	—	—	—	—
		40	0.001010	90.9	0.001035	92.2	0.000998	91.5	0.001035	91.9	0.001023	92.8	0.001023	92.4
		50	0.001253	86.0	0.001370	86.4	0.001236	86.4	0.001303	86.7	0.001403	87.4	0.001353	87.2
		75	0.001830	94.1	0.001672	93.5	0.001875	94.7	0.001875	94.9	0.001739	94.6	0.001897	95.3
		100	0.002145	93.5	0.002145	93.7	0.002145	93.5	0.002120	93.7	0.002120	93.9	0.002120	93.9
		120	0.002566	95.5	0.002698	95.0	0.006320	94.8	0.002700	96.4	0.002529	94.6	0.002464	95.4
		150	0.003276	95.2	0.003321	96.0	0.003332	95.8	0.003366	96.6	0.003321	96.4	0.003187	95.5
		200	0.004444	96.0	0.004161	95.0	0.004274	94.6	0.004500	95.7	0.004218	95.6	0.003301	83.6

附表 63　黏土 1 备耕头水地灌水定额分别为 $40m^3$/亩、$50m^3$/亩时的优化单宽流量

灌水条件	灌水定额/(m^3/亩)	畦长/m	地面坡降											
			0.0100		0.0050		0.0030		0.0020		0.0010		0.0005	
			优化单宽流量/[m^3/(s·m)]	灌水效率/%	优化单宽流量/[m^3/(s·m)]	灌水效率/%	优化单宽流量/[m^3/(s·m)]	灌水效率/%	优化单宽流量/[m^3/(s·m)]	灌水效率/%	优化单宽流量/[m^3/(s·m)]	灌水效率/%	优化单宽流量/[m^3/(s·m)]	灌水效率/%
Ⅰ. 土壤类型：黏土 1 (0～20cm 砂粒含量 ω_1=20～40cm 砂粒含量 ω_4=37.5%， 0～20cm 粉粒含量 ω_2=20～40cm 粉粒含量 ω_5=12.5%， 0～20cm 黏粒含量 ω_3=20～40cm 黏粒含量 ω_6=50%) Ⅱ. 地表形态：备耕头水地，地表轻、中旱 (0～10cm 土壤容重 γ_1=1.03g/cm^3， 0～10cm 土壤变形容重 $\gamma_1^\#$=1.08g/cm^3， 10～20cm 土壤容重 γ_2=1.03g/cm^3， 20～40cm 土壤容重 γ_3=1.23g/cm^3， 0～20cm 土壤含水率 θ_1=20.25%， 20～40cm 土壤含水率 θ_2=27%， 土壤有机质含量 G=1g/kg， 填凹量 $h_{填凹量}$=1.5cm，糙率 n=0.05) Ⅲ. 入渗参数： 入渗系数 k=2.513cm/min， 入渗指数 α=0.2395， 稳定入渗率 f_0=0.0908cm/min	40	20	—	—	—	—	—	—	—	—	—	—	—	—
		30	0.001130	90.4	0.001131	90.9	0.001222	91.3	0.001170	91.3	0.001222	92.0	0.001287	91.9
		40	0.001260	96.0	0.001305	96.4	0.001290	96.6	0.001320	96.9	0.001365	97.4	0.001335	97.0
		50	0.001940	95.4	0.002000	95.3	0.001940	95.7	0.001940	95.9	0.002000	96.6	0.002000	96.8
		75	0.002375	96.5	0.002325	96.6	0.002350	96.0	0.002375	96.1	0.002350	95.5	0.001875	95.8
		100	0.003135	95.9	0.003135	96.1	0.003069	95.4	0.003168	96.4	0.002739	93.7	0.002112	85.4
		120	0.003724	95.9	0.003724	95.8	0.003724	95.9	0.003800	96.7	0.003382	95.1	—	—
		150	0.004005	92.0	0.003960	92.4	0.003968	92.8	0.004230	95.0	0.003195	85.4	—	—
		200	0.006110	95.5	0.005460	93.6	0.005655	95.1	0.004225	85.4	—	—	—	—
	50	20	—	—	—	—	—	—	—	—	—	—	—	—
		30	—	—	—	—	—	—	—	—	—	—	—	—
		40	0.001104	93.7	0.001128	94.3	0.001188	94.9	0.001176	95.2	0.001188	95.6	0.001032	95.6
		50	0.001188	94.9	0.001188	94.6	0.001188	94.4	0.001176	94.5	0.001176	94.6	0.001176	94.5
		75	0.001800	95.6	0.002000	94.5	0.002000	94.7	0.001980	94.5	0.001980	94.8	0.001980	95.1
		100	0.002400	95.5	0.002425	95.8	0.002350	94.9	0.002425	95.8	0.002400	96.1	0.002475	97.0
		120	0.003045	93.5	0.003080	94.5	0.003115	94.7	0.002905	93.9	0.002975	95.6	0.002205	86.7
		150	0.004455	95.5	0.004365	95.7	0.004410	94.8	0.003195	93.8	0.003915	93.8	0.002745	86.0
		200	0.005672	93.2	0.005018	93.5	0.005214	92.1	0.004908	90.2	0.004878	88.2	0.004508	84.3

附表 64 黏土 1 备耕头水地灌水定额分别为 60m³/亩、70m³/亩时的优化单宽流量

灌水条件	灌水定额/(m³/亩)	畦长/m	地面坡降											
			0.0100		0.0050		0.0030		0.0020		0.0010		0.0005	
			优化单宽流量/[m³/(s·m)]	灌水效率/%	优化单宽流量/[m³/(s·m)]	灌水效率/%	优化单宽流量/[m³/(s·m)]	灌水效率/%	优化单宽流量/[m³/(s·m)]	灌水效率/%	优化单宽流量/[m³/(s·m)]	灌水效率/%	优化单宽流量/[m³/(s·m)]	灌水效率/%
Ⅰ. 土壤类型：黏土 1 (0～20cm 砂粒含量 ω_1=20～40cm 砂粒含量 ω_4=37.5%， 0～20cm 粉粒含量 ω_2=20～40cm 粉粒含量 ω_5=12.5%， 0～20cm 黏粒含量 ω_3=20～40cm 黏粒含量 ω_6=50%) Ⅱ. 地表形态：备耕头水地，地表轻、中旱 (0～10cm 土壤容重 γ_1=1.03g/cm³， 0～10cm 土壤变形容重 $\gamma_1^{\#}$=1.08g/cm³， 10～20cm 土壤容重 γ_2=1.03g/cm³， 20～40cm 土壤容重 γ_3=1.23g/cm³， 0～20cm 土壤含水率 θ_1=20.25%， 20～40cm 土壤含水率 θ_2=27%， 土壤有机质含量 G=1g/kg， 填凹量 $h_{填凹量}$=1.5cm，糙率 n=0.05) Ⅲ. 入渗参数： 入渗系数 k=2.513cm/min， 入渗指数 α=0.2395， 稳定入渗率 f_0=0.0908cm/min	60	20	—	—	—	—	—	—	—	—	—	—	—	—
		30	—	—	—	—	—	—	—	—	—	—	—	—
		40	0.001012	85.8	0.001078	86.5	0.001034	87.2	0.001045	86.9	0.000990	87.2	0.001023	88.2
		50	0.001157	91.0	0.001157	91.1	0.001170	91.8	0.001235	91.9	0.001274	92.7	0.001079	92.4
		75	0.001560	89.3	0.001740	89.8	0.001860	89.7	0.001780	90.6	0.001960	91.0	0.001640	91.4
		100	0.002156	85.4	0.002212	86.1	0.002604	86.5	0.002492	86.6	0.002464	86.9	0.002352	87.5
		120	0.002640	87.0	0.002409	87.8	0.002640	88.2	0.002508	87.9	0.002838	88.2	0.002871	89.4
		150	0.003640	88.5	0.003720	90.5	0.003520	88.6	0.004000	89.6	0.003520	91.3	0.003080	91.0
		200	0.004900	94.8	0.004350	94.3	0.005000	94.9	0.004400	95.7	0.004800	95.6	0.033500	86.2
	70	20	—	—	—	—	—	—	—	—	—	—	—	—
		30	—	—	—	—	—	—	—	—	—	—	—	—
		40	—	—	—	—	—	—	—	—	—	—	—	—
		50	0.001078	94.7	0.001067	94.4	0.001056	94.5	0.001056	95.4	0.001089	96.1	0.001056	95.7
		75	0.001566	88.7	0.001602	89.2	0.001656	90.6	0.001656	90.0	0.001764	91.6	0.001728	91.2
		100	0.002150	86.4	0.002200	86.8	0.002000	87.3	0.002325	87.8	0.002075	88.0	0.002350	88.7
		120	0.002580	87.2	0.002310	86.5	0.002730	87.8	0.002430	87.8	0.002760	88.5	0.002430	88.8
		150	0.003395	92.0	0.003080	92.9	0.003360	92.6	0.002940	92.6	0.003255	93.9	0.003360	93.3
		200	0.004410	94.2	0.004140	95.4	0.004140	95.3	0.004050	95.6	0.004365	95.9	0.003645	93.9

附表 65　黏土 2 备耕头水地灌水定额分别为 $40m^3$/亩、$50m^3$/亩时的优化单宽流量

灌水条件	灌水定额/(m^3/亩)	畦长/m	地面坡降											
			0.0100		0.0050		0.0030		0.0020		0.0010		0.0005	
			优化单宽流量/[m^3/(s·m)]	灌水效率/%	优化单宽流量/[m^3/(s·m)]	灌水效率/%	优化单宽流量/[m^3/(s·m)]	灌水效率/%	优化单宽流量/[m^3/(s·m)]	灌水效率/%	优化单宽流量/[m^3/(s·m)]	灌水效率/%	优化单宽流量/[m^3/(s·m)]	灌水效率/%
Ⅰ. 土壤类型：黏土 2 (0～20cm 砂粒含量 ω_1=20～40cm 砂粒含量 ω_4=25%， 0～20cm 粉粒含量 ω_2=20～40cm 粉粒含量 ω_5=12.5%， 0～20cm 黏粒含量 ω_3=20～40cm 黏粒含量 ω_6=62.5%) Ⅱ. 地表形态：备耕头水地，地表轻、中旱 (0～10cm 土壤容重 γ_1=1.03g/cm^3， 0～10cm 土壤变形容重 $\gamma_1^{\#}$=1.08g/cm^3， 10～20cm 土壤容重 γ_2=1.03g/cm^3， 20～40cm 土壤容重 γ_3=1.23g/cm^3， 0～20cm 土壤含水率 θ_1=20.25%， 20～40cm 土壤含水率 θ_2=27%， 土壤有机质含量 G=1g/kg， 填凹量 $h_{填凹量}$=1.5cm，糙率 n=0.05) Ⅲ. 入渗参数： 入渗系数 k=2.6531cm/min， 入渗指数 α=0.2395， 稳定入渗率 f_0=0.0908cm/min	40	20	0.001067	81.0	0.001056	81.5	0.001012	81.4	0.001089	81.1	0.001078	81.7	—	—
		30	0.001344	94.5	0.001386	95.4	0.001358	94.7	0.001344	94.8	0.001386	95.2	0.001106	95.8
		40	0.001764	96.1	0.001764	96.0	0.001782	95.7	0.001764	96.2	0.001764	96.3	0.001782	96.5
		50	0.002178	95.5	0.002178	95.7	0.002178	95.8	0.002156	95.9	0.002134	95.9	0.017600	96.4
		75	0.002640	96.6	0.002640	96.6	0.002550	95.8	0.002580	96.4	0.002640	97.0	0.002280	94.6
		100	0.003465	96.0	0.003325	95.8	0.003290	95.6	0.003430	96.6	0.003010	94.6	0.002040	80.0
		120	0.003610	93.5	0.003762	95.0	0.003610	94.2	0.003800	94.9	0.002736	84.5	—	—
		150	0.004158	90.8	0.004074	89.8	0.004200	91.4	0.003848	90.9	0.003066	80.1	—	—
		200	0.006930	95.3	0.005110	88.9	0.005250	91.0	0.004080	80.0	—	—	—	—
	50	20	—	—	—	—	—	—	—	—	—	—	—	—
		30	0.001067	83.4	0.001067	84.0	0.001034	83.5	0.001012	84.0	0.001089	84.4	0.001056	85.2
		40	0.001023	95.3	0.001045	95.6	0.001067	96.2	0.001067	96.3	0.001078	96.8	0.001045	96.0
		50	0.001288	95.4	0.001330	96.2	0.001330	96.1	0.001316	96.3	0.001330	96.3	0.001372	97.4
		75	0.001960	96.0	0.002000	96.5	0.001940	96.0	0.001960	96.0	0.001940	96.3	0.001920	96.3
		100	0.002970	95.6	0.002970	95.7	0.002580	95.7	0.002910	96.2	0.002910	96.5	0.002580	95.8
		120	0.003395	95.2	0.003395	95.4	0.003500	96.2	0.003500	96.4	0.003500	96.4	0.002590	91.2
		150	0.003960	96.6	0.003960	96.6	0.003880	96.1	0.003640	94.7	0.003200	91.1	0.002640	82.9
		200	0.005460	96.4	0.005820	96.4	0.005220	96.6	0.005220	95.8	0.003540	82.5	—	—

附表 66　黏土 2 备耕头水地灌水定额分别为 $60m^3$/亩、$70m^3$/亩时的优化单宽流量

灌水条件	灌水定额/(m^3/亩)	畦长/m	地面坡降											
			0.0100		0.0050		0.0030		0.0020		0.0010		0.0005	
			优化单宽流量/[m^3/(s·m)]	灌水效率/%	优化单宽流量/[m^3/(s·m)]	灌水效率/%	优化单宽流量/[m^3/(s·m)]	灌水效率/%	优化单宽流量/[m^3/(s·m)]	灌水效率/%	优化单宽流量/[m^3/(s·m)]	灌水效率/%	优化单宽流量/[m^3/(s·m)]	灌水效率/%
Ⅰ. 土壤类型：黏土 2 (0～20cm 砂粒含量 ω_1=20～40cm 砂粒含量 ω_4=25%， 0～20cm 粉粒含量 ω_2=20～40cm 粉粒含量 ω_5=12.5%， 0～20cm 黏粒含量 ω_3=20～40cm 黏粒含量 ω_6=62.5%) Ⅱ. 地表形态：备耕头水地，地表轻、中旱 (0～10cm 土壤容重 γ_1=1.03g/cm³， 0～10cm 土壤变形容重 $\gamma_1^{\#}$=1.08g/cm³， 10～20cm 土壤容重 γ_2=1.03g/cm³， 20～40cm 土壤容重 γ_3=1.23g/cm³， 0～20cm 土壤含水率 θ_1=20.25%， 20～40cm 土壤含水率 θ_2=27%， 土壤有机质含量 G=1g/kg， 填凹量 $h_{填凹量}$=1.5cm，糙率 n=0.05) Ⅲ. 入渗参数： 入渗系数 k=2.6531cm/min， 入渗指数 α=0.2395， 稳定入渗率 f_0=0.0908cm/min	60	20	—	—	—	—	—	—	—	—	—	—	—	—
		30	—	—	—	—	—	—	—	—	—	—	—	—
		40	0.001001	91.5	0.001023	92.6	0.001012	92.1	0.001056	92.8	0.001078	93.3	0.001089	94.2
		50	0.001335	84.8	0.001425	85.0	0.001350	85.6	0.001425	85.6	0.001470	86.6	0.001245	86.4
		75	0.001782	87.5	0.001804	87.8	0.001936	87.8	0.001848	88.2	0.002090	89.1	0.001738	89.0
		100	0.002250	85.5	0.002430	85.8	0.002730	86.8	0.002610	87.3	0.002760	86.9	0.002460	87.3
		120	0.002835	88.1	0.002550	88.0	0.002800	88.2	0.002870	88.7	0.002870	89.8	0.002607	91.9
		150	0.003920	94.8	0.003880	95.2	0.003680	95.2	0.003840	94.8	0.003600	94.3	0.003720	94.9
		200	0.005880	85.5	0.005280	87.0	0.005220	86.9	0.005240	86.7	0.004620	87.1	0.003780	82.2
	70	20	—	—	—	—	—	—	—	—	—	—	—	—
		30	—	—	—	—	—	—	—	—	—	—	—	—
		40	0.001023	82.3	0.001023	82.5	0.001067	82.7	0.001078	83.0	0.001089	83.9	0.001045	83.4
		50	0.001323	95.3	0.001334	95.9	0.001356	96.4	0.001356	96.3	0.001367	96.4	0.001356	95.8
		75	0.001880	85.5	0.001900	85.7	0.001800	85.8	0.001840	86.3	0.001940	86.7	0.001940	86.8
		100	0.002262	88.5	0.002288	88.1	0.002210	89.0	0.002418	88.7	0.002314	89.1	0.002470	90.1
		120	0.002838	83.6	0.002970	84.0	0.002838	84.5	0.002706	84.4	0.002871	85.0	0.002772	85.2
		150	0.003465	96.2	0.003010	94.3	0.003080	95.4	0.003255	96.1	0.003220	96.8	0.003395	96.2
		200	0.004400	90.6	0.004600	91.8	0.004500	91.3	0.004600	92.6	0.004500	92.2	0.003650	89.4

附表 67　黏土 3 备耕头水地灌水定额分别为 $40m^3$/亩、$50m^3$/亩时的优化单宽流量

灌水条件	灌水定额/(m^3/亩)	畦长/m	地面坡降											
			0.0100		0.0050		0.0030		0.0020		0.0010		0.0005	
			优化单宽流量/[m^3/(s·m)]	灌水效率/%	优化单宽流量/[m^3/(s·m)]	灌水效率/%	优化单宽流量/[m^3/(s·m)]	灌水效率/%	优化单宽流量/[m^3/(s·m)]	灌水效率/%	优化单宽流量/[m^3/(s·m)]	灌水效率/%	优化单宽流量/[m^3/(s·m)]	灌水效率/%
Ⅰ. 土壤类型：黏土 3 (0～20cm 砂粒含量 $\omega_1=20$～40cm 砂粒含量 $\omega_4=12.5\%$， 0～20cm 粉粒含量 $\omega_2=20$～40cm 粉粒含量 $\omega_5=25\%$， 0～20cm 黏粒含量 $\omega_3=20$～40cm 黏粒含量 $\omega_6=62.5\%$) Ⅱ. 地表形态：备耕头水地，地表轻、中旱 (0～10cm 土壤容重 $\gamma_1=1.03g/cm^3$， 0～10cm 土壤变形容重 $\gamma_1^{\#}=1.08g/cm^3$， 10～20cm 土壤容重 $\gamma_2=1.03g/cm^3$， 20～40cm 土壤容重 $\gamma_3=1.23g/cm^3$， 0～20cm 土壤含水率 $\theta_1=20.25\%$， 20～40cm 土壤含水率 $\theta_2=27\%$， 土壤有机质含量 $G=1g/kg$， 填凹量 $h_{填凹量}=1.5cm$，糙率 $n=0.05$) Ⅲ. 入渗参数： 入渗系数 $k=2.9115cm/min$， 入渗指数 $\alpha=0.2333$， 稳定入渗率 $f_0=0.0895cm/min$	40	20	0.001034	93.5	0.001078	93.4	0.001078	93.0	0.001089	93.2	0.001067	93.2	0.001078	92.6
		30	0.001235	96.1	0.001274	96.9	0.001261	96.9	0.001287	97.4	0.001300	97.3	0.001274	97.0
		40	0.001485	94.1	0.001485	94.3	0.001485	94.4	0.001470	94.6	0.001470	94.4	0.001485	94.6
		50	0.001764	93.6	0.001764	93.8	0.001764	93.5	0.001782	93.5	0.001764	93.9	0.001782	94.2
		75	0.002300	90.1	0.002300	90.4	0.002277	90.0	0.002277	90.2	0.002277	90.7	0.001978	86.5
		100	0.002910	88.8	0.002910	89.1	0.002910	89.4	0.002910	89.7	0.002910	89.4	0.002250	81.2
		120	0.003724	90.3	0.003724	90.6	0.003724	90.9	0.003724	91.2	0.003268	88.3	—	—
		150	0.003825	84.5	0.003960	85.8	0.004410	90.5	0.003960	86.5	—	—	—	—
		200	0.005280	85.7	0.005880	90.6	0.005280	86.6	0.004500	81.2	—	—	—	—
	50	20	—	—	—	—	—	—	—	—	—	—	—	—
		30	0.001012	93.2	0.001056	93.4	0.001045	93.6	0.001089	93.3	0.001056	94.2	0.001056	93.7
		40	0.001365	91.1	0.001380	91.8	0.001470	92.0	0.001335	92.4	0.001350	92.6	0.001395	93.8
		50	0.001440	85.9	0.001680	86.7	0.001800	86.9	0.001640	87.4	0.001680	87.5	0.001900	88.4
		75	0.002370	86.7	0.002610	87.2	0.002340	87.2	0.002250	87.4	0.002550	88.1	0.002100	87.4
		100	0.002640	86.7	0.003400	87.7	0.003040	87.1	0.003400	88.0	0.003200	88.1	0.002440	87.6
		120	0.003913	94.9	0.004214	95.9	0.004042	95.9	0.003483	94.9	0.003440	93.9	0.002537	86.1
		150	0.004508	96.5	0.004324	96.4	0.004508	97.4	0.004232	96.5	0.003404	90.5	0.002760	80.5
		200	0.005880	96.4	0.005520	95.8	0.004380	88.9	0.004560	90.3	0.004020	86.6	—	—

附表 68 黏土 3 备耕头水地灌水定额分别为 60m³/亩、70m³/亩时的优化单宽流量

灌水条件	灌水定额/(m³/亩)	畦长/m	地面坡降											
			0.0100		0.0050		0.0030		0.0020		0.0010		0.0005	
			优化单宽流量/[m³/(s·m)]	灌水效率/%	优化单宽流量/[m³/(s·m)]	灌水效率/%	优化单宽流量/[m³/(s·m)]	灌水效率/%	优化单宽流量/[m³/(s·m)]	灌水效率/%	优化单宽流量/[m³/(s·m)]	灌水效率/%	优化单宽流量/[m³/(s·m)]	灌水效率/%
Ⅰ. 土壤类型：黏土 3 (0～20cm 砂粒含量 $\omega_1=20$～40cm 砂粒含量 $\omega_4=12.5\%$， 0～20cm 粉粒含量 $\omega_2=20$～40cm 粉粒含量 $\omega_5=25\%$， 0～20cm 黏粒含量 $\omega_3=20$～40cm 黏粒含量 $\omega_6=62.5\%$) Ⅱ. 地表形态：备耕头水地，地表轻、中旱 (0～10cm 土壤容重 $\gamma_1=1.03\text{g/cm}^3$， 0～10cm 土壤变形容重 $\gamma_1^{\#}=1.08\text{g/cm}^3$， 10～20cm 土壤容重 $\gamma_2=1.03\text{g/cm}^3$， 20～40cm 土壤容重 $\gamma_3=1.23\text{g/cm}^3$， 0～20cm 土壤含水率 $\theta_1=20.25\%$， 20～40cm 土壤含水率 $\theta_2=27\%$， 土壤有机质含量 $G=1\text{g/kg}$， 填凹量 $h_{填凹量}=1.5\text{cm}$，糙率 $n=0.05$) Ⅲ. 入渗参数： 入渗系数 $k=2.9115\text{cm/min}$， 入渗指数 $\alpha=0.2333$， 稳定入渗率 $f_0=0.0895\text{cm/min}$	60	20	—	—	—	—	—	—	—	—	—	—	—	—
		30	—	—	—	—	—	—	—	—	—	—	—	—
		40	0.001078	95.3	0.001089	95.8	0.001001	96.3	0.001078	95.1	0.001012	96.4	0.001034	97.1
		50	0.001365	92.0	0.001380	93.3	0.001455	93.5	0.001380	93.8	0.001440	93.9	0.001425	94.8
		75	0.001820	95.5	0.001980	94.8	0.001840	95.7	0.001820	95.9	0.001900	96.9	0.002000	95.6
		100	0.002632	95.6	0.002744	95.8	0.002688	95.5	0.002772	96.9	0.002772	96.3	0.002520	94.5
		120	0.003168	95.0	0.002912	95.8	0.002912	95.8	0.002912	96.2	0.002752	94.8	0.002560	92.9
		150	0.003648	95.8	0.003800	96.8	0.003800	93.9	0.003648	96.2	0.003648	96.6	0.002964	90.7
		200	0.005880	92.3	0.005340	94.5	0.005220	93.2	0.005340	94.4	0.004380	91.6	0.003900	88.3
	70	20	—	—	—	—	—	—	—	—	—	—	—	—
		30	—	—	—	—	—	—	—	—	—	—	—	—
		40	0.001323	87.7	0.001312	88.4	0.001301	88.4	0.001356	89.3	0.001356	89.6	0.001301	89.8
		50	0.001740	81.2	0.001740	81.8	0.001755	81.9	0.001680	81.7	0.001785	82.0	0.001725	82.8
		75	0.002140	94.8	0.002260	94.5	0.002140	94.4	0.002180	96.4	0.002240	95.1	0.002180	96.8
		100	0.002575	93.9	0.002675	95.4	0.002750	94.9	0.002775	95.7	0.002775	96.5	0.002725	95.3
		120	0.003110	94.9	0.003210	95.8	0.003210	96.0	0.003210	96.2	0.003090	95.5	0.002850	93.0
		150	0.003940	95.8	0.003900	95.9	0.003900	96.1	0.004180	96.2	0.003940	96.4	0.003260	90.7
		200	0.006333	86.9	0.005955	88.3	0.005890	87.4	0.006085	88.4	0.004720	88.2	0.004265	84.2

附表 69　黏土 4 备耕头水地灌水定额分别为 40m³/亩、50m³/亩时的优化单宽流量

灌水条件	灌水定额/(m³/亩)	畦长/m	地面坡降											
			0.0100		0.0050		0.0030		0.0020		0.0010		0.0005	
			优化单宽流量/[m³/(s·m)]	灌水效率/%	优化单宽流量/[m³/(s·m)]	灌水效率/%	优化单宽流量/[m³/(s·m)]	灌水效率/%	优化单宽流量/[m³/(s·m)]	灌水效率/%	优化单宽流量/[m³/(s·m)]	灌水效率/%	优化单宽流量/[m³/(s·m)]	灌水效率/%
Ⅰ. 土壤类型：黏土 4 (0～20cm 砂粒含量 ω_1=20～40cm 砂粒含量 ω_4=25%， 0～20cm 粉粒含量 ω_2=20～40cm 粉粒含量 ω_5=25%， 0～20cm 黏粒含量 ω_3=20～40cm 黏粒含量 ω_6=50%) Ⅱ. 地表形态：备耕头水地，地表轻、中旱 (0～10cm 土壤容重 γ_1=1.03g/cm³， 0～10cm 土壤变形容重 $\gamma_1^{\#}$=1.08g/cm³， 10～20cm 土壤容重 γ_2=1.03g/cm³， 20～40cm 土壤容重 γ_3=1.23g/cm³， 0～20cm 土壤含水率 θ_1=20.25%， 20～40cm 土壤含水率 θ_2=27%， 土壤有机质含量 G=1g/kg， 填凹量 $h_{填凹量}$=1.5cm，糙率 n=0.05) Ⅲ. 入渗参数： 入渗系数 k=2.6641cm/min， 入渗指数 α=0.2333， 稳定入渗率 f_0=0.0895cm/min	40	20	0.001067	81.1	0.001089	82.2	0.000990	82.0	0.001089	81.8	0.001056	82.3	—	—
		30	0.001105	96.6	0.001105	96.5	0.001079	96.3	0.001079	96.1	0.001157	97.7	0.001183	98.0
		40	0.001408	96.0	0.001440	96.5	0.001472	97.1	0.001456	96.7	0.001536	97.7	0.001488	97.3
		50	0.001720	95.6	0.001760	96.6	0.001820	97.1	0.001840	97.1	0.001840	97.1	0.001840	97.3
		75	0.002660	96.3	0.002688	96.4	0.002604	96.2	0.002744	97.1	0.002772	97.3	0.001708	83.6
		100	0.003201	94.6	0.003234	94.8	0.003201	95.1	0.003267	94.8	0.002640	89.5	—	—
		120	0.003800	93.6	0.003078	88.4	0.003078	87.9	0.002736	84.5	—	—	—	—
		150	0.004095	90.7	0.004410	93.3	0.003825	89.1	0.003960	90.3	—	—	—	—
		200	0.004560	84.0	0.005220	90.3	0.004560	83.7	—	—	—	—	—	—
	50	20	—	—	—	—	—	—	—	—	—	—	—	—
		30	0.001056	83.5	0.001056	83.8	0.001078	84.1	0.001023	84.2	0.001045	85.1	0.001078	85.4
		40	0.001290	82.0	0.001440	82.5	0.001470	82.5	0.001395	82.9	0.001365	83.1	0.001215	83.5
		50	0.001476	85.8	0.001494	85.9	0.001602	86.5	0.001728	86.8	0.001476	86.9	0.001764	87.5
		75	0.002300	95.4	0.002300	96.6	0.002300	96.6	0.002231	96.1	0.002277	95.8	0.002254	96.2
		100	0.002520	95.0	0.002632	95.7	0.002632	96.2	0.002632	96.2	0.002744	94.7	0.002324	93.6
		120	0.003135	95.8	0.003168	96.0	0.003168	96.1	0.003036	95.4	0.002772	93.5	0.002178	83.3
		150	0.004000	93.3	0.003880	96.1	0.003880	95.3	0.003840	96.1	0.003200	90.5	0.002760	83.8
		200	0.005390	94.7	0.005170	96.0	0.004235	90.1	0.004290	90.3	0.003630	83.7	—	—

附表 70 黏土 4 备耕头水地灌水定额分别为 60m³/亩、70m³/亩时的优化单宽流量

灌水条件	灌水定额/(m³/亩)	畦长/m	地面坡降											
			0.0100		0.0050		0.0030		0.0020		0.0010		0.0005	
			优化单宽流量/[m³/(s·m)]	灌水效率/%	优化单宽流量/[m³/(s·m)]	灌水效率/%	优化单宽流量/[m³/(s·m)]	灌水效率/%	优化单宽流量/[m³/(s·m)]	灌水效率/%	优化单宽流量/[m³/(s·m)]	灌水效率/%	优化单宽流量/[m³/(s·m)]	灌水效率/%
Ⅰ. 土壤类型：黏土 4 (0～20cm 砂粒含量 ω_1=20～40cm 砂粒含量 ω_4=25%， 0～20cm 粉粒含量 ω_2=20～40cm 粉粒含量 ω_5=25%， 0～20cm 黏粒含量 ω_3=20～40cm 黏粒含量 ω_6=50%) Ⅱ. 地表形态：备耕头水地，地表轻、中旱 (0～10cm 土壤容重 γ_1=1.03g/cm³， 0～10cm 土壤变形容重 $\gamma_1^{\#}$=1.08g/cm³， 10～20cm 土壤容重 γ_2=1.03g/cm³， 20～40cm 土壤容重 γ_3=1.23g/cm³， 0～20cm 土壤含水率 θ_1=20.25%， 20～40cm 土壤含水率 θ_2=27%， 土壤有机质含量 G=1g/kg， 填凹量 $h_{填凹量}$=1.5cm，糙率 n=0.05) Ⅲ. 入渗参数： 入渗系数 k=2.6641cm/min， 入渗指数 α=0.2333， 稳定入渗率 f_0=0.0895cm/min	60	20	—	—	—	—	—	—	—	—	—	—	—	—
		30	—	—	—	—	—	—	—	—	—	—	—	—
		40	0.001001	92.4	0.001023	93.5	0.001023	94.0	0.001067	94.8	0.001078	94.7	0.001089	95.3
		50	0.001305	86.2	0.001350	86.9	0.001410	86.7	0.001440	87.7	0.001470	87.6	0.001455	88.2
		75	0.001700	94.9	0.001880	95.3	0.001840	94.6	0.001960	96.2	0.001940	96.7	0.001940	96.8
		100	0.002425	95.1	0.002300	95.8	0.002225	95.1	0.002200	95.3	0.002375	95.1	0.002325	94.3
		120	0.002910	95.5	0.002640	94.7	0.002610	95.0	0.002940	95.8	0.002940	96.1	0.002670	95.3
		150	0.003500	96.7	0.003465	95.8	0.003467	96.6	0.003430	95.9	0.003430	96.7	0.002800	90.1
		200	0.005640	85.9	0.005040	87.5	0.005100	87.5	0.004920	88.8	0.004880	89.0	0.003660	81.2
	70	20	—	—	—	—	—	—	—	—	—	—	—	—
		30	—	—	—	—	—	—	—	—	—	—	—	—
		40	0.001023	82.9	0.000990	83.3	0.001034	84.1	0.001089	84.5	0.001089	84.8	0.001056	85.0
		50	0.001170	88.0	0.001170	88.5	0.001170	88.6	0.001235	89.5	0.001287	89.2	0.001248	89.9
		75	0.001700	86.4	0.001640	86.9	0.001720	87.2	0.001980	87.7	0.001680	88.0	0.001840	88.4
		100	0.002275	92.2	0.002050	92.0	0.002075	92.1	0.002100	92.5	0.002325	93.5	0.002275	93.3
		120	0.002700	91.9	0.002430	92.0	0.002430	91.7	0.002730	93.1	0.002880	93.3	0.002790	94.2
		150	0.003500	95.2	0.003500	95.1	0.003185	96.6	0.003255	92.6	0.003431	95.7	0.003080	96.4
		200	0.005060	84.8	0.005390	84.2	0.004785	85.9	0.004895	85.8	0.004550	93.0	0.003700	90.0

附表 71　黏土 5 备耕头水地灌水定额分别为 $40m^3$/亩、$50m^3$/亩时的优化单宽流量

灌水条件	灌水定额/(m^3/亩)	畦长/m	地面坡降											
			0.0100		0.0050		0.0030		0.0020		0.0010		0.0005	
			优化单宽流量/[m^3/(s·m)]	灌水效率/%	优化单宽流量/[m^3/(s·m)]	灌水效率/%	优化单宽流量/[m^3/(s·m)]	灌水效率/%	优化单宽流量/[m^3/(s·m)]	灌水效率/%	优化单宽流量/[m^3/(s·m)]	灌水效率/%	优化单宽流量/[m^3/(s·m)]	灌水效率/%
Ⅰ. 土壤类型：黏土 5 (0～20cm 砂粒含量 $\omega_1=20$～40cm 砂粒含量 $\omega_4=12.5\%$， 0～20cm 粉粒含量 $\omega_2=20$～40cm 粉粒含量 $\omega_5=37.5\%$， 0～20cm 黏粒含量 $\omega_3=20$～40cm 黏粒含量 $\omega_6=50\%$) Ⅱ. 地表形态：备耕头水地，地表轻、中旱 (0～10cm 土壤容重 $\gamma_1=1.03g/cm^3$， 0～10cm 土壤变形容重 $\gamma_1^{\#}=1.08g/cm^3$， 10～20cm 土壤容重 $\gamma_2=1.03g/cm^3$， 20～40cm 土壤容重 $\gamma_3=1.23g/cm^3$， 0～20cm 土壤含水率 $\theta_1=20.25\%$， 20～40cm 土壤含水率 $\theta_2=27\%$， 土壤有机质含量 $G=1g/kg$， 填凹量 $h_{填凹量}=1.5cm$，糙率 $n=0.05$) Ⅲ. 入渗参数： 入渗系数 $k=2.9225cm/min$， 入渗指数 $\alpha=0.227$， 稳定入渗率 $f_0=0.0883cm/min$	40	20	0.001078	95.1	0.001089	94.7	0.001078	94.5	0.001089	94.7	0.001089	94.2	0.001023	96.9
		30	0.001235	95.8	0.001274	96.6	0.001261	96.6	0.001300	97.1	0.001300	97.0	0.001274	96.7
		40	0.000990	89.2	0.001034	89.9	0.001056	89.3	0.001012	90.5	0.000990	90.4	0.001045	91.2
		50	0.001980	95.7	0.002000	96.0	0.001960	95.3	0.001980	96.0	0.001980	96.2	0.002000	96.4
		75	0.003135	96.3	0.003036	95.8	0.003168	97.3	0.003168	97.3	0.002541	93.1	0.002277	91.3
		100	0.003520	93.9	0.003520	93.7	0.004000	95.7	0.003400	93.5	0.002920	88.8	0.002360	83.0
		120	0.003300	86.2	0.003800	91.7	0.003150	85.2	0.003150	85.6	0.003200	85.7	—	—
		150	0.003950	84.7	0.003950	85.2	0.004100	87.5	0.004550	91.3	0.003400	80.6	—	—
		200	0.005915	89.5	0.005800	90.2	0.005265	86.0	0.004550	80.3	—	—	—	—
	50	20	—	—	—	—	—	—	—	—	—	—	—	—
		30	0.001067	95.4	0.001034	95.2	0.001089	96.0	0.001067	95.9	0.001078	95.8	0.001089	95.9
		40	0.001367	92.1	0.001367	90.0	0.001555	92.9	0.001350	92.8	0.001459	92.9	0.001495	93.3
		50	0.001660	89.0	0.001680	88.8	0.001820	89.8	0.001640	89.6	0.001800	90.0	0.001900	90.7
		75	0.002520	89.1	0.264000	89.7	0.002640	89.7	0.002370	90.2	0.002370	90.4	0.001890	88.6
		100	0.003040	88.7	0.003160	89.9	0.003320	89.7	0.003160	90.3	0.002840	90.8	0.002520	87.2
		120	0.003760	95.7	0.003440	95.9	0.003560	96.6	0.003400	95.9	0.003160	94.8	0.002720	90.1
		150	0.004700	94.8	0.004750	95.7	0.004550	96.2	0.004500	95.9	0.003400	89.9	0.002950	84.0
		200	0.005880	96.5	0.005640	96.0	0.006000	95.8	0.004620	89.6	0.004020	86.0	—	—

附表 72 黏土 5 备耕头水地灌水定额分别为 $60m^3$/亩、$70m^3$/亩时的优化单宽流量

灌水条件	灌水定额/(m^3/亩)	畦长/m	地面坡降 0.0100 优化单宽流量/[m^3/(s·m)]	0.0100 灌水效率/%	0.0050 优化单宽流量/[m^3/(s·m)]	0.0050 灌水效率/%	0.0030 优化单宽流量/[m^3/(s·m)]	0.0030 灌水效率/%	0.0020 优化单宽流量/[m^3/(s·m)]	0.0020 灌水效率/%	0.0010 优化单宽流量/[m^3/(s·m)]	0.0010 灌水效率/%	0.0005 优化单宽流量/[m^3/(s·m)]	0.0005 灌水效率/%
Ⅰ. 土壤类型：黏土 5 (0～20cm 砂粒含量 ω_1=20～40cm 砂粒含量 ω_4=12.5%， 0～20cm 粉粒含量 ω_2=20～40cm 粉粒含量 ω_5=37.5%， 0～20cm 黏粒含量 ω_3=20～40cm 黏粒含量 ω_6=50%) Ⅱ. 地表形态：备耕头水地，地表轻、中旱 (0～10cm 土壤容重 γ_1=1.03g/cm^3， 0～10cm 土壤变形容重 $\gamma_1^{\#}$=1.08g/cm^3， 10～20cm 土壤容重 γ_2=1.03g/cm^3， 20～40cm 土壤容重 γ_3=1.23g/cm^3， 0～20cm 土壤含水率 θ_1=20.25%， 20～40cm 土壤含水率 θ_2=27%， 土壤有机质含量 G=1g/kg， 填凹量 $h_{填凹量}$=1.5cm，糙率 n=0.05) Ⅲ. 入渗参数： 入渗系数 k=2.9225cm/min， 入渗指数 α=0.227， 稳定入渗率 f_0=0.0883cm/min	60	20	—	—	—	—	—	—	—	—	—	—	—	—
		30	—	—	—	—	—	—	—	—	—	—	—	—
		40	0.001078	94.6	0.001089	95.2	0.001001	95.8	0.001012	96.1	0.001023	96.2	0.001045	96.9
		50	0.001335	91.9	0.001380	92.7	0.001365	92.8	0.001395	93.9	0.001395	93.7	0.001440	94.9
		75	0.001820	95.0	0.002000	94.9	0.001980	94.4	0.001820	95.4	0.001900	96.5	0.002000	95.2
		100	0.002430	92.3	0.002580	92.1	0.002610	92.4	0.002760	93.4	0.002670	94.1	0.002640	94.1
		120	0.003185	94.7	0.003185	94.7	0.003360	95.1	0.003220	94.8	0.003185	94.8	0.002660	92.3
		150	0.004230	94.1	0.004185	93.2	0.004230	94.0	0.004050	92.9	0.004275	91.9	0.003150	89.8
		200	0.005520	92.9	0.004980	93.3	0.005640	93.0	0.005280	93.6	0.004200	89.8	0.003540	81.6
	70	20	—	—	—	—	—	—	—	—	—	—	—	—
		30	—	—	—	—	—	—	—	—	—	—	—	—
		40	0.000990	89.2	0.001034	89.9	0.001056	89.3	0.001012	90.5	0.000990	90.4	0.001045	91.2
		50	0.001230	82.3	0.001275	82.8	0.001320	82.9	0.001395	83.4	0.001335	83.5	0.001440	84.5
		75	0.001820	91.9	0.001820	91.9	0.001860	92.9	0.001900	92.4	0.001920	94.2	0.001980	94.6
		100	0.002184	88.6	0.002212	89.4	0.002520	89.4	0.002240	89.4	0.002520	90.5	0.002492	90.3
		120	0.003045	85.9	0.002765	85.9	0.003045	86.0	0.002905	86.7	0.002625	87.2	0.002975	87.5
		150	0.004116	86.5	0.004074	86.7	0.003738	90.1	0.003528	90.1	0.003948	89.0	0.003612	90.7
		200	0.004950	95.6	0.004700	95.8	0.004750	96.4	0.004700	96.4	0.004400	96.4	0.003800	91.2

附表 73　壤土备耕头水地灌水定额分别为 $40m^3$/亩、$50m^3$/亩时的优化单宽流量

灌水条件	灌水定额/(m^3/亩)	畦长/m	地面坡降											
			0.0100		0.0050		0.0030		0.0020		0.0010		0.0005	
			优化单宽流量/[m^3/(s·m)]	灌水效率/%	优化单宽流量/[m^3/(s·m)]	灌水效率/%	优化单宽流量/[m^3/(s·m)]	灌水效率/%	优化单宽流量/[m^3/(s·m)]	灌水效率/%	优化单宽流量/[m^3/(s·m)]	灌水效率/%	优化单宽流量/[m^3/(s·m)]	灌水效率/%
Ⅰ. 土壤类型：壤土 (0～20cm 砂粒含量 ω_1=20～40cm 砂粒含量 ω_4=50%， 0～20cm 粉粒含量 ω_2=20～40cm 粉粒含量 ω_5=37.5%， 0～20cm 黏粒含量 ω_3=20～40cm 黏粒含量 ω_6=12%) Ⅱ. 地表形态：备耕头水地， 地表轻、中旱 (0～10cm 土壤容重 γ_1=1.2g/cm^3， 0～10cm 土壤变形容重 $\gamma_1^{\#}$=1.25g/cm^3， 10～20cm 土壤容重 γ_2=1.2g/cm^3， 20～40cm 土壤容重 γ_3=1.4g/cm^3， 0～20cm 土壤含水率 θ_1=11.04%， 20～40cm 土壤含水率 θ_2=14.04%， 土壤有机质含量 G=1g/kg， 填凹量 $h_{填凹量}$=1.5cm，糙率 n=0.05) Ⅲ. 入渗参数： 入渗系数 k=2.2342cm/min， 入渗指数 α=0.2548， 稳定入渗率 f_0=0.0973cm/min	40	20	—	—	—	—	—	—	—	—	—	—	—	—
		30	0.001078	92.9	0.001078	93.1	0.001079	93.0	0.001089	92.8	0.001078	93.0	0.001089	93.2
		40	0.001079	82.4	0.001089	82.3	0.001079	81.5	0.001089	81.4	0.001089	81.2	0.001089	80.5
		50	0.001470	86.3	0.001475	86.5	0.001470	86.2	0.001470	86.5	0.001485	86.0	0.001470	86.3
		75	0.002058	92.3	0.002175	87.3	0.002050	85.1	0.002050	85.4	0.002075	85.8	0.002025	85.4
		100	0.002726	85.2	0.002550	82.6	0.002640	83.6	0.002550	83.4	0.002550	82.6	0.002100	93.2
		120	0.002970	80.3	0.003000	80.4	0.003000	80.7	0.002970	81.0	0.002970	81.9	0.002121	80.4
		150	0.003731	81.7	0.003732	82.2	0.003731	82.6	0.003732	81.7	0.003732	81.2	—	—
		200	0.004950	81.5	0.005000	81.9	0.004800	80.1	—	—	—	—	—	—
	50	20	—	—	—	—	—	—	—	—	—	—	—	—
		30	0.001056	94.1	0.001067	95.1	0.001089	95.4	0.001078	95.6	0.001089	96.1	0.001089	95.2
		40	0.001209	95.4	0.001248	96.1	0.001222	95.9	0.001235	96.3	0.001248	96.2	0.001261	96.7
		50	0.001683	94.9	0.001700	94.7	0.001700	95.2	0.001564	96.4	0.001683	95.1	0.001598	97.3
		75	0.002100	93.2	0.002058	93.6	0.002100	93.7	0.002100	93.3	0.002058	93.8	0.002079	94.1
		100	0.002050	80.5	0.002800	94.2	0.002772	94.2	0.002800	94.3	0.002813	94.6	0.002547	92.7
		120	0.002496	89.6	0.002880	88.2	0.002940	90.3	0.003038	91.0	0.003069	91.5	0.002774	88.9
		150	0.003465	86.6	0.003465	87.0	0.003564	88.9	0.003564	88.7	0.003600	90.7	0.002911	80.8
		200	0.004410	84.7	0.004455	84.0	0.004600	84.2	0.004508	86.1	0.003700	80.0	—	—

附表 74 壤土备耕头水地灌水定额分别为 60m³/亩、70m³/亩时的优化单宽流量

灌水条件	灌水定额/(m³/亩)	畦长/m	地面坡降											
			0.0100		0.0050		0.0030		0.0020		0.0010		0.0005	
			优化单宽流量/[m³/(s·m)]	灌水效率/%	优化单宽流量/[m³/(s·m)]	灌水效率/%	优化单宽流量/[m³/(s·m)]	灌水效率/%	优化单宽流量/[m³/(s·m)]	灌水效率/%	优化单宽流量/[m³/(s·m)]	灌水效率/%	优化单宽流量/[m³/(s·m)]	灌水效率/%
Ⅰ. 土壤类型：壤土 (0～20cm 砂粒含量 $\omega_1=20$～40cm 砂粒含量 $\omega_4=50\%$， 0～20cm 粉粒含量 $\omega_2=20$～40cm 粉粒含量 $\omega_5=37.5\%$， 0～20cm 黏粒含量 $\omega_3=20$～40cm 黏粒含量 $\omega_6=12\%$) Ⅱ. 地表形态：备耕头水地，地表轻、中旱 (0～10cm 土壤容重 $\gamma_1=1.2g/cm^3$， 0～10cm 土壤变形容重 $\gamma_1^{\#}=1.25g/cm^3$， 10～20cm 土壤容重 $\gamma_2=1.2g/cm^3$， 20～40cm 土壤容重 $\gamma_3=1.4g/cm^3$， 0～20cm 土壤含水率 $\theta_1=11.04\%$， 20～40cm 土壤含水率 $\theta_2=14.04\%$， 土壤有机质含量 $G=1g/kg$， 填凹量 $h_{填凹量}=1.5cm$，糙率 $n=0.05$) Ⅲ. 入渗参数： 入渗系数 $k=2.2342cm/min$， 入渗指数 $\alpha=0.2548$， 稳定入渗率 $f_0=0.0973cm/min$	60	20	—	—	—	—	—	—	—	—	—	—	—	—
		30	—	—	—	—	—	—	—	—	—	—	—	—
		40	0.001034	95.4	0.001045	95.7	0.001078	96.6	0.001056	95.9	0.001089	96.3	0.001089	96.8
		50	0.001287	95.4	0.001274	95.0	0.001287	95.2	0.001287	95.3	0.001300	95.1	0.001287	95.3
		75	0.001900	94.4	0.001881	94.5	0.001862	94.3	0.001900	95.3	0.001900	95.2	0.001862	94.6
		100	0.002592	95.4	0.002511	94.9	0.002511	95.1	0.002673	96.5	0.002538	95.5	0.002538	95.5
		120	0.003038	94.3	0.003300	94.6	0.003234	93.7	0.003500	96.6	0.003150	95.2	0.003031	96.1
		150	0.003500	92.6	0.003465	91.6	0.003500	92.6	0.003700	94.7	0.003198	89.9	0.003195	89.7
		200	0.004158	86.4	0.004257	87.6	0.004300	87.8	0.004500	89.9	0.003960	86.9	—	—
	70	20	—	—	—	—	—	—	—	—	—	—	—	—
		30	—	—	—	—	—	—	—	—	—	—	—	—
		40	0.001067	82.4	0.001056	82.9	0.000990	82.5	0.000990	82.6	0.001001	83.8	0.001012	84.2
		50	0.001170	87.2	0.001157	87.8	0.001157	88.2	0.001209	88.0	0.001300	88.6	0.001248	89.0
		75	0.001786	95.5	0.001805	96.0	0.001824	96.6	0.001805	96.0	0.001843	96.6	0.001805	96.2
		100	0.002277	94.6	0.002300	94.7	0.002277	94.6	0.002300	94.7	0.002300	94.9	0.002277	95.0
		120	0.002300	84.6	0.002500	89.9	0.002500	89.6	0.002600	92.2	0.002675	94.5	0.003300	92.8
		150	0.003000	87.5	0.003300	92.5	0.003267	91.5	0.003400	94.4	0.003400	93.9	0.003920	93.0
		200	96.200000	0.0	0.004200	89.7	0.004158	90.0	0.004158	89.6	0.004257	92.9	0.004230	93.4

附表 75　壤质黏土 1 备耕头水地灌水定额分别为 $40m^3$/亩、$50m^3$/亩时的优化单宽流量

灌水条件	灌水定额 /(m^3/亩)	畦长 /m	地面坡降 0.0100 优化单宽流量 /[m^3/(s·m)]	0.0100 灌水效率 /%	0.0050 优化单宽流量 /[m^3/(s·m)]	0.0050 灌水效率 /%	0.0030 优化单宽流量 /[m^3/(s·m)]	0.0030 灌水效率 /%	0.0020 优化单宽流量 /[m^3/(s·m)]	0.0020 灌水效率 /%	0.0010 优化单宽流量 /[m^3/(s·m)]	0.0010 灌水效率 /%	0.0005 优化单宽流量 /[m^3/(s·m)]	0.0005 灌水效率 /%
Ⅰ. 土壤类型：壤质黏土 1 (0～20cm 砂粒含量 ω_1=20～40cm 砂粒含量 ω_4=50%，0～20cm 粉粒含量 ω_2=20～40cm 粉粒含量 ω_5=12.5%，0～20cm 黏粒含量 ω_3=20～40cm 黏粒含量 ω_6=37.5%) Ⅱ. 地表形态：备耕头水地，地表轻、中旱 (0～10cm 土壤容重 γ_1=1.06g/cm^3，0～10cm 土壤变形容重 $\gamma_1^{\#}$=1.11g/cm^3，10～20cm 土壤容重 γ_2=1.06g/cm^3，20～40cm 土壤容重 γ_3=1.26g/cm^3，0～20cm 土壤含水率 θ_1=18%，20～40cm 土壤含水率 θ_2=24%，土壤有机质含量 G=1g/kg，填凹量 $h_{填凹量}$=1.5cm，糙率 n=0.05) Ⅲ. 入渗参数：入渗系数 k=2.3936cm/min，入渗指数 α=0.2472，稳定入渗率 f_0=0.0924cm/min	40	20	—	—	—	—	—	—	—	—	—	—	—	—
		30	0.001068	93.1	0.001092	93.9	0.001116	94.2	0.001116	93.9	0.001176	95.0	0.001152	94.1
		40	0.001176	95.4	0.001188	95.1	0.001176	95.3	0.001188	95.3	0.001188	95.2	0.001188	95.4
		50	0.001504	96.3	0.001536	96.1	0.001504	96.1	0.001488	96.0	0.001568	97.0	0.001536	96.4
		75	0.002156	94.7	0.002112	95.0	0.002112	95.2	0.002000	94.4	0.002112	95.7	0.002134	96.0
		100	0.002277	87.7	0.002254	88.1	0.022540	88.4	0.002400	91.0	0.002400	90.8	0.002320	88.2
		120	0.002460	83.9	0.002520	85.3	0.002700	88.3	0.002520	86.2	0.002700	89.2	0.002400	83.8
		150	0.003400	93.8	0.003940	93.5	0.003820	91.4	0.003730	90.4	0.003940	93.8	—	—
		200	0.005014	95.2	0.004924	95.5	0.004818	95.4	0.003845	85.6	—	—	—	—
	50	20	—	—	—	—	—	—	—	—	—	—	—	—
		30	—	—	—	—	—	—	—	—	—	—	—	—
		40	0.001089	95.8	0.001067	95.5	0.001078	95.2	0.000990	96.9	0.001034	97.9	0.000990	96.9
		50	0.001188	96.0	0.001176	95.8	0.001176	95.6	0.001188	95.7	0.001188	95.6	0.001176	95.8
		75	0.001728	95.3	0.001764	96.0	0.001782	96.1	0.001782	96.2	0.001764	96.2	0.001764	96.4
		100	0.001980	89.3	0.002000	89.4	0.002100	92.6	0.002178	93.4	0.002300	95.9	0.002277	96.0
		120	0.002376	89.4	0.002479	91.5	0.002578	93.4	0.002700	94.9	0.002655	94.2	—	—
		150	0.003470	94.5	0.003280	95.7	0.003590	90.8	0.003190	90.3	0.002772	87.8	—	—
		200	0.005045	93.4	0.004945	91.4	0.005130	92.3	0.005305	93.4	0.003945	90.2	—	—

附表 76 壤质黏土 1 备耕头水地灌水定额分别为 $60m^3$/亩、$70m^3$/亩时的优化单宽流量

灌水条件	灌水定额/(m^3/亩)	畦长/m	地面坡降											
			0.0100		0.0050		0.0030		0.0020		0.0010		0.0005	
			优化单宽流量/[m^3/(s·m)]	灌水效率/%	优化单宽流量/[m^3/(s·m)]	灌水效率/%	优化单宽流量/[m^3/(s·m)]	灌水效率/%	优化单宽流量/[m^3/(s·m)]	灌水效率/%	优化单宽流量/[m^3/(s·m)]	灌水效率/%	优化单宽流量/[m^3/(s·m)]	灌水效率/%
I. 土壤类型：壤质黏土 1 (0～20cm 砂粒含量 ω_1=20～40cm 砂粒含量 ω_4=50%， 0～20cm 粉粒含量 ω_2=20～40cm 粉粒含量 ω_5=12.5%， 0～20cm 黏粒含量 ω_3=20～40cm 黏粒含量 ω_6=37.5%) II. 地表形态：备耕头水地，地表轻、中旱 (0～10cm 土壤容重 γ_1=1.06g/cm^3， 0～10cm 土壤变形容重 $\gamma_1^\#$=1.11g/cm^3， 10～20cm 土壤容重 γ_2=1.06g/cm^3， 20～40cm 土壤容重 γ_3=1.26g/cm^3， 0～20cm 土壤含水率 θ_1=18%， 20～40cm 土壤含水率 θ_2=24%， 土壤有机质含量 G=1g/kg， 填凹量 $h_{填凹量}$=1.5cm，糙率 n=0.05) III. 入渗参数： 入渗系数 k=2.3936cm/min， 入渗指数 α=0.2472， 稳定入渗率 f_0=0.0924cm/min	60	20	—	—	—	—	—	—	—	—	—	—	—	—
		30	—	—	—	—	—	—	—	—	—	—	—	—
		40	0.001034	83.0	0.000990	84.0	0.001023	83.7	0.001034	84.4	0.001034	85.0	0.000990	84.8
		50	0.001188	94.5	0.001176	94.9	0.001176	95.5	0.001188	94.9	0.001188	94.3	0.001080	95.0
		75	0.001470	93.5	0.001485	93.6	0.001470	93.3	0.001485	93.4	0.001485	93.2	0.001485	93.0
		100	0.001600	81.6	0.001700	84.8	0.180000	89.4	0.001881	91.1	0.001980	93.8	0.001974	94.9
		120	0.002000	84.3	0.002100	86.1	0.002200	90.7	0.002200	90.3	0.002277	92.8	0.002328	94.5
		150	0.002376	81.9	0.002475	84.9	0.002574	88.0	0.002800	97.0	0.002700	90.4	—	—
		200	0.003430	87.7	0.003600	90.6	0.003663	91.9	0.003663	92.2	0.003762	93.1	—	—
	70	20	—	—	—	—	—	—	—	—	—	—	—	—
		30	—	—	—	—	—	—	—	—	—	—	—	—
		40	0.000990	83.1	0.000990	84.3	0.000990	81.3	0.000990	83.6	0.000990	81.3	0.000990	85.1
		50	0.001092	86.6	0.001140	87.3	0.001176	87.6	0.001116	87.7	0.001068	88.7	0.001080	88.9
		75	0.001440	95.5	0.001425	95.4	0.001485	96.1	0.001485	96.7	0.001455	95.6	0.001470	96.0
		100	0.001600	84.9	0.016830	88.4	0.180000	92.6	0.001843	94.0	0.002000	97.4	0.001974	97.3
		120	0.002000	87.8	0.002100	90.7	0.002178	93.5	0.002178	93.2	0.002300	95.8	0.002352	97.4
		150	0.002400	85.6	0.002475	88.4	0.002574	90.2	0.002673	92.7	0.002673	92.6	—	—
		200	0.003500	91.4	0.003564	92.5	0.003700	94.5	0.003700	94.9	0.003800	96.3	—	—

附表 77　壤质黏土 2 备耕头水地灌水定额分别为 $40m^3$/亩、$50m^3$/亩时的优化单宽流量

灌水条件	灌水定额 /(m^3/亩)	畦长 /m	地面坡降											
			0.0100		0.0050		0.0030		0.0020		0.0010		0.0005	
			优化单宽流量 /[m^3/(s·m)]	灌水效率 /%	优化单宽流量 /[m^3/(s·m)]	灌水效率 /%	优化单宽流量 /[m^3/(s·m)]	灌水效率 /%	优化单宽流量 /[m^3/(s·m)]	灌水效率 /%	优化单宽流量 /[m^3/(s·m)]	灌水效率 /%	优化单宽流量 /[m^3/(s·m)]	灌水效率 /%
Ⅰ. 土壤类型：壤质黏土 2 (0～20cm 砂粒含量 ω_1=20～40cm 砂粒含量 ω_4=37.5%， 0～20cm 粉粒含量 ω_2=20～40cm 粉粒含量 ω_5=25%， 0～20cm 黏粒含量 ω_3=20～40cm 黏粒含量 ω_6=37.5%) Ⅱ. 地表形态：备耕头水地，地表轻、中旱 (0～10cm 土壤容重 γ_1=1.06g/cm^3， 0～10cm 土壤变形容重 $\gamma_1^\#$=1.11g/cm^3， 10～20cm 土壤容重 γ_2=1.06g/cm^3， 20～40cm 土壤容重 γ_3=1.26g/cm^3， 0～20cm 土壤含水率 θ_1=18%， 20～40cm 土壤含水率 θ_2=24%， 土壤有机质含量 G=1g/kg， 填凹量 $h_{填凹量}$=1.5cm，糙率 n=0.05) Ⅲ. 入渗参数： 入渗系数 k=2.5008cm/min， 入渗指数 α=0.2409， 稳定入渗率 f_0=0.0911cm/min	40	20	—	—	—	—	—	—	—	—	—	—	—	—
		30	0.001012	84.9	0.000990	85.8	0.001078	86.3	0.001034	86.7	0.001089	87.0	0.001067	86.5
		40	0.001395	84.1	0.001455	85.0	0.001305	84.8	0.001170	84.7	0.001290	85.5	0.001455	85.5
		50	0.001656	87.4	0.001512	88.4	0.001674	88.8	0.001584	88.3	0.001692	89.2	0.001584	89.1
		75	0.002328	94.9	0.002376	96.2	0.002352	96.0	0.002352	96.2	0.002376	96.5	0.002046	97.5
		100	0.002676	95.9	0.002632	96.0	0.002520	95.3	0.002660	97.1	0.002604	96.5	0.002236	91.5
		120	0.003162	96.1	0.003162	96.0	0.003162	95.3	0.003230	97.0	0.003026	95.5	0.002240	81.9
		150	0.003560	93.2	0.003520	93.7	0.003320	91.5	0.003320	91.8	0.002775	81.6	—	—
		200	0.004929	95.2	0.005035	95.5	0.005035	95.4	0.003975	85.6	—	—	—	—
	50	20	—	—	—	—	—	—	—	—	—	—	—	—
		30	—	—	—	—	—	—	—	—	—	—	—	—
		40	0.001056	90.2	0.001012	90.9	0.001078	91.6	0.001012	90.7	0.001034	91.1	0.001056	92.3
		50	0.001232	89.0	0.001246	89.3	0.001344	90.1	0.001274	90.1	0.001316	90.6	0.001372	91.2
		75	0.001820	93.5	0.001900	93.8	0.001700	94.1	0.001900	94.3	0.001960	94.7	0.001940	95.1
		100	0.002403	92.1	0.002160	92.2	0.002430	93.6	0.002457	93.7	0.002457	93.6	0.002619	94.6
		120	0.002924	90.0	0.003060	89.4	0.002924	90.6	0.002550	89.8	0.002992	91.2	0.002720	90.6
		150	0.003936	92.0	0.004026	90.2	0.003914	91.3	0.003604	90.2	0.004006	90.5	0.002993	91.0
		200	0.005115	92.4	0.005170	92.5	0.005280	92.5	0.005280	92.2	0.004015	90.9	—	—

附表 78　壤质黏土 2 备耕头水地灌水定额分别为 $60m^3$/亩、$70m^3$/亩时的优化单宽流量

灌水条件	灌水定额/(m^3/亩)	畦长/m	地面坡降 0.0100 优化单宽流量/[m^3/(s·m)]	0.0100 灌水效率/%	0.0050 优化单宽流量/[m^3/(s·m)]	0.0050 灌水效率/%	0.0030 优化单宽流量/[m^3/(s·m)]	0.0030 灌水效率/%	0.0020 优化单宽流量/[m^3/(s·m)]	0.0020 灌水效率/%	0.0010 优化单宽流量/[m^3/(s·m)]	0.0010 灌水效率/%	0.0005 优化单宽流量/[m^3/(s·m)]	0.0005 灌水效率/%
I. 土壤类型：壤质黏土 2 (0～20cm 砂粒含量 $\omega_1=20$～40cm 砂粒含量 $\omega_4=37.5\%$，0～20cm 粉粒含量 $\omega_2=20$～40cm 粉粒含量 $\omega_5=25\%$，0～20cm 黏粒含量 $\omega_3=20$～40cm 黏粒含量 $\omega_6=37.5\%$) II. 地表形态：备耕头水地，地表轻、中旱 (0～10cm 土壤容重 $\gamma_1=1.06g/cm^3$，0～10cm 土壤变形容重 $\gamma_1^{\#}=1.11g/cm^3$，10～20cm 土壤容重 $\gamma_2=1.06g/cm^3$，20～40cm 土壤容重 $\gamma_3=1.26g/cm^3$，0～20cm 土壤含水率 $\theta_1=18\%$，20～40cm 土壤含水率 $\theta_2=24\%$，土壤有机质含量 $G=1g/kg$，填凹量 $h_{填凹量}=1.5cm$，糙率 $n=0.05$) III. 入渗参数：入渗系数 $k=2.5008cm/min$，入渗指数 $\alpha=0.2409$，稳定入渗率 $f_0=0.0911cm/min$	60	20	—	—	—	—	—	—	—	—	—	—	—	—
		30	—	—	—	—	—	—	—	—	—	—	—	—
		40	0.001059	82.0	0.001016	82.8	0.001027	82.9	0.001049	82.1	0.001038	82.8	0.001059	84.0
		50	0.001104	90.5	0.001020	91.6	0.001116	91.8	0.001140	91.7	0.001176	92.9	0.001080	92.7
		75	0.001530	91.5	0.001638	91.8	0.001692	92.5	0.001728	93.0	0.001656	92.3	0.001692	93.5
		100	0.002000	88.3	0.002175	88.9	0.002100	89.6	0.002325	90.0	0.002050	90.3	0.002375	90.7
		120	0.002790	86.3	0.002511	86.9	0.002790	87.3	0.002852	87.5	0.027900	88.2	0.002511	88.4
		150	0.003420	88.3	0.003244	89.3	0.003456	89.2	0.003506	86.8	0.003506	89.2	0.002490	88.8
		200	0.004455	96.0	0.004512	93.4	0.004600	90.1	0.004550	90.4	0.003650	87.3	—	—
	70	20	—	—	—	—	—	—	—	—	—	—	—	—
		30	—	—	—	—	—	—	—	—	—	—	—	—
		40	—	—	—	—	—	—	—	—	—	—	—	—
		50	0.001034	91.3	0.001056	91.9	0.001067	92.6	0.001012	92.8	0.001012	93.1	0.001089	94.0
		75	0.001530	89.7	0.001649	90.1	0.001479	90.1	0.001615	90.9	0.001683	91.4	0.001479	91.5
		100	0.001978	89.2	0.002162	89.9	0.001932	89.7	0.002139	90.0	0.002185	90.3	0.002001	90.1
		120	0.002716	88.1	0.002268	88.1	0.002520	88.1	0.002576	89.3	0.002772	89.3	—	—
		150	0.003395	87.6	0.002905	87.9	0.003225	88.4	0.003245	87.8	0.003405	87.5	—	—
		200	0.004257	94.5	0.003999	95.4	0.004257	95.1	0.004042	94.6	0.004257	94.3	—	—

附表 79　壤质黏土 3 备耕头水地灌水定额分别为 $40m^3$/亩、$50m^3$/亩时的优化单宽流量

灌水条件	灌水定额 /(m^3/亩)	畦长 /m	地面坡降											
			0.0100		0.0050		0.0030		0.0020		0.0010		0.0005	
			优化单宽流量 /[m^3/(s·m)]	灌水效率 /%	优化单宽流量 /[m^3/(s·m)]	灌水效率 /%	优化单宽流量 /[m^3/(s·m)]	灌水效率 /%	优化单宽流量 /[m^3/(s·m)]	灌水效率 /%	优化单宽流量 /[m^3/(s·m)]	灌水效率 /%	优化单宽流量 /[m^3/(s·m)]	灌水效率 /%
I. 土壤类型：壤质黏土 3 (0～20cm 砂粒含量 ω_1=20～40cm 砂粒含量 ω_4=25%， 0～20cm 粉粒含量 ω_2=20～40cm 粉粒含量 ω_5=37.5%， 0～20cm 黏粒含量 ω_3=20～40cm 黏粒含量 ω_6=37.5%) II. 地表形态：备耕头水地，地表轻、中旱 (0～10cm 土壤容重 γ_1=1.06g/cm^3， 0～10cm 土壤变形容重 $\gamma_1^{\#}$=1.11g/cm^3， 10～20cm 土壤容重 γ_2=1.06g/cm^3， 20～40cm 土壤容重 γ_3=1.26g/cm^3， 0～20cm 土壤含水率 θ_1=18%， 20～40cm 土壤含水率 θ_2=24%， 土壤有机质含量 G=1g/kg， 填凹量 $h_{填凹量}$=1.5cm，糙率 n=0.05) III. 入渗参数： 入渗系数 k=2.652cm/min， 入渗指数 α=0.2347， 稳定入渗率 f_0=0.0899cm/min	40	20	0.001001	86.4	0.001045	86.5	0.001056	86.0	0.001056	86.6	0.001034	87.3	0.001034	87.2
		30	0.001366	95.1	0.001187	97.2	0.001118	96.5	0.001132	96.9	0.001132	97.0	0.001159	97.4
		40	0.001472	96.3	0.001504	96.6	0.001536	97.0	0.001520	96.9	0.001520	97.3	0.001488	96.9
		50	0.001786	95.8	0.001843	96.2	0.001824	96.6	0.001862	97.1	0.001843	96.6	0.001824	96.9
		75	0.002058	88.9	0.002079	89.2	0.002058	89.5	0.002058	89.8	0.002079	89.3	0.002079	89.8
		100	0.002063	89.0	0.002349	84.5	0.002268	82.3	0.002187	81.7	0.002214	82.0	0.002187	81.4
		120	0.002910	85.3	0.002940	85.9	0.002610	81.1	0.002610	81.2	0.002640	80.4	—	—
		150	0.003335	82.5	0.003290	81.6	0.003430	82.8	0.003325	80.9	—	—	—	—
		200	0.004455	81.9	0.005170	88.6	0.004455	80.9	0.004290	80.9	—	—	—	—
	50	20	—	—	—	—	—	—	—	—	—	—	—	—
		30	0.000990	85.8	0.001067	85.7	0.001078	86.2	0.001023	86.7	0.001012	86.5	0.001056	87.2
		40	0.001246	89.5	0.001288	90.1	0.001316	91.3	0.001330	90.9	0.001358	90.9	0.001092	91.4
		50	0.001479	92.0	0.001564	93.0	0.001598	93.4	0.001564	92.7	0.001581	94.6	0.001632	94.6
		75	0.001980	95.2	0.002024	95.9	0.002046	96.0	0.002090	96.7	0.002068	96.9	0.002046	96.4
		100	0.002425	93.1	0.002425	93.4	0.002475	93.5	0.002475	93.7	0.002475	93.6	0.002425	94.1
		120	0.002800	90.8	0.002772	91.3	0.002800	91.5	0.002772	92.7	0.002548	88.9	0.002646	80.1
		150	0.003069	85.4	0.003038	85.6	0.003038	85.1	0.003069	86.3	0.003069	87.4	0.002852	84.1
		200	0.005580	96.4	0.005280	95.7	0.004860	94.0	0.004440	91.0	0.003660	82.0	—	—

附表 80 壤质黏土 3 备耕头水地灌水定额分别为 $60m^3$/亩、$70m^3$/亩时的优化单宽流量

灌水条件	灌水定额/(m^3/亩)	畦长/m	地面坡降											
			0.0100		0.0050		0.0030		0.0020		0.0010		0.0005	
			优化单宽流量/[m^3/(s·m)]	灌水效率/%	优化单宽流量/[m^3/(s·m)]	灌水效率/%	优化单宽流量/[m^3/(s·m)]	灌水效率/%	优化单宽流量/[m^3/(s·m)]	灌水效率/%	优化单宽流量/[m^3/(s·m)]	灌水效率/%	优化单宽流量/[m^3/(s·m)]	灌水效率/%
Ⅰ. 土壤类型：壤质黏土 3 (0～20cm 砂粒含量 ω_1=20～40cm 砂粒含量 ω_4=25%， 0～20cm 粉粒含量 ω_2=20～40cm 粉粒含量 ω_5=37.5%， 0～20cm 黏粒含量 ω_3=20～40cm 黏粒含量 ω_6=37.5%) Ⅱ. 地表形态：备耕头水地，地表轻、中旱 (0～10cm 土壤容重 γ_1=1.06g/cm^3， 0～10cm 土壤变形容重 $\gamma_1^{\#}$=1.11g/cm^3， 10～20cm 土壤容重 γ_2=1.06g/cm^3， 20～40cm 土壤容重 γ_3=1.26g/cm^3， 0～20cm 土壤含水率 θ_1=18%， 20～40cm 土壤含水率 θ_2=24%， 土壤有机质含量 G=1g/kg， 填凹量 $h_{填凹量}$=1.5cm，糙率 n=0.05) Ⅲ. 入渗参数： 入渗系数 k=2.652cm/min， 入渗指数 α=0.2347， 稳定入渗率 f_0=0.0899cm/min	60	20	—	—	—	—	—	—	—	—	—	—	—	—
		30	0.001045	93.6	0.001056	95.0	0.001089	95.5	0.001089	95.0	0.001012	96.0	0.001001	95.5
		40	0.001296	95.1	0.001337	95.7	0.001337	95.8	0.001310	95.5	0.001323	95.4	0.001256	97.6
		50	0.001645	95.4	0.001733	94.4	0.001680	96.1	0.001663	96.4	0.001663	96.5	0.001715	97.0
		75	0.001748	95.2	0.001767	95.7	0.001900	95.1	0.001881	95.0	0.001881	95.1	0.001824	97.0
		100	0.002178	92.8	0.002156	93.1	0.002178	92.7	0.002178	92.9	0.002178	93.2	0.002156	93.2
		120	0.002646	93.6	0.002673	93.8	0.002673	94.0	0.002646	93.8	0.002842	96.6	0.002378	91.4
		150	0.003528	96.2	0.003564	95.5	0.003564	96.3	0.003492	96.2	0.003564	96.9	0.003312	95.6
		200	0.004550	95.3	0.004800	97.0	0.004900	96.1	0.004750	96.7	0.004600	96.5	0.003350	81.0
	70	20	—	—	—	—	—	—	—	—	—	—	—	—
		30	—	—	—	—	—	—	—	—	—	—	—	—
		40	0.001127	82.4	0.001001	82.3	0.001127	82.6	0.001127	82.3	0.001012	83.2	0.001093	83.6
		50	0.001170	90.1	0.001170	90.6	0.001209	90.6	0.001235	92.0	0.001235	92.4	0.001248	92.3
		75	0.001596	92.3	0.001653	93.4	0.001805	93.3	0.001862	94.2	0.001691	94.8	0.001843	95.6
		100	0.002168	95.4	0.002124	95.3	0.002190	96.8	0.002168	96.1	0.002146	95.5	0.002124	95.8
		120	0.002538	94.8	0.002673	96.3	0.002511	95.4	0.002592	95.8	0.002457	94.8	0.002700	96.3
		150	0.003298	95.6	0.003196	95.7	0.003366	95.6	0.003264	95.7	0.003196	96.4	0.003230	96.5
		200	0.003960	80.4	0.003825	80.6	0.004410	80.8	0.004185	81.5	0.003690	81.0	0.004005	82.0

附表 81 砂土及壤质砂土备耕头水地灌水定额分别为 $40m^3$/亩、$50m^3$/亩时的优化单宽流量

灌水条件	灌水定额 /(m^3/亩)	畦长 /m	地面坡降 0.0100		0.0050		0.0030		0.0020		0.0010		0.0005	
			优化单宽流量 /[m^3/(s·m)]	灌水效率 /%	优化单宽流量 /[m^3/(s·m)]	灌水效率 /%	优化单宽流量 /[m^3/(s·m)]	灌水效率 /%	优化单宽流量 /[m^3/(s·m)]	灌水效率 /%	优化单宽流量 /[m^3/(s·m)]	灌水效率 /%	优化单宽流量 /[m^3/(s·m)]	灌水效率 /%
Ⅰ. 土壤类型：砂土及壤质砂土 (0～20cm 砂粒含量 ω_1=20～40cm 砂粒含量 ω_4=85%， 0～20cm 粉粒含量 ω_2=20～40cm 粉粒含量 ω_5=7.5%， 0～20cm 黏粒含量 ω_3=20～40cm 黏粒含量 ω_6=7.5%) Ⅱ. 地表形态：备耕头水地，地表轻、中旱 (0～10cm 土壤容重 γ_1=1.25g/cm^3， 0～10cm 土壤变形容重 $\gamma_1^{\#}$=1.3g/cm^3， 10～20cm 土壤容重 γ_2=1.25g/cm^3， 20～40cm 土壤容重 γ_3=1.45g/cm^3， 0～20cm 土壤含水率 θ_1=8.5%， 20～40cm 土壤含水率 θ_2=10.62%， 土壤有机质含量 G=1g/kg， 填凹量 $h_{填凹量}$=1.5cm，糙率 n=0.05) Ⅲ. 入渗参数： 入渗系数 k=1.977cm/min， 入渗指数 α=0.274， 稳定入渗率 f_0=0.1045cm/min	40	20	—	—	—	—	—	—	—	—	—	—	—	—
		30	0.001045	88.1	0.001012	88.7	0.001078	89.3	0.001056	88.6	0.001045	89.6	0.001067	89.7
		40	0.001230	86.9	0.001485	86.8	0.001440	87.7	0.001410	87.2	0.001425	87.7	0.001410	88.7
		50	0.001820	81.7	0.001940	82.2	0.001860	82.7	0.001760	82.2	0.001880	82.7	0.001680	83.3
		75	0.002760	82.4	0.002310	82.7	0.002640	82.9	0.002820	83.3	0.002820	83.7	0.002220	83.6
		100	0.002914	88.6	0.002812	85.9	0.002820	88.9	0.002916	87.2	0.002910	88.4	0.002310	82.4
		120	0.003120	94.8	0.003160	95.1	0.003080	94.0	0.003040	94.3	0.003040	94.3	0.002160	80.4
		150	0.003628	93.1	0.004308	92.4	0.003820	92.1	0.003164	89.1	0.002800	82.0	—	—
		200	0.005160	95.2	0.005100	95.2	0.004980	94.2	0.004200	89.4	—	—	—	—
	50	20	—	—	—	—	—	—	—	—	—	—	—	—
		30	—	—	—	—	—	—	—	—	—	—	—	—
		40	0.001056	92.2	0.001056	92.6	0.001067	93.0	0.001056	93.0	0.001078	93.3	0.001089	93.3
		50	0.001275	84.8	0.001290	85.2	0.001395	86.2	0.001455	86.0	0.001365	86.8	0.001440	87.2
		75	0.001892	88.1	0.001958	87.8	0.001870	88.3	0.001980	88.3	0.002046	89.8	0.002024	89.7
		100	0.002670	86.8	0.002370	86.2	0.002700	86.9	0.002550	87.5	0.002790	87.6	0.002460	88.2
		120	0.002970	92.6	0.002871	93.5	0.002805	93.6	0.003036	93.6	0.003168	93.8	0.002409	90.5
		150	0.003840	94.3	0.003840	95.4	0.003960	95.1	0.003960	96.3	0.003400	95.3	0.002920	91.2
		200	0.005568	89.3	0.004930	89.8	0.005800	89.0	0.004524	90.0	0.004118	89.6	0.003596	81.7

附表 82　砂土及壤质砂土备耕头水地灌水定额分别为 $60m^3$/亩、$70m^3$/亩时的优化单宽流量

灌水条件	灌水定额/(m^3/亩)	畦长/m	地面坡降											
			0.0100		0.0050		0.0030		0.0020		0.0010		0.0005	
			优化单宽流量/[m^3/(s·m)]	灌水效率/%	优化单宽流量/[m^3/(s·m)]	灌水效率/%	优化单宽流量/[m^3/(s·m)]	灌水效率/%	优化单宽流量/[m^3/(s·m)]	灌水效率/%	优化单宽流量/[m^3/(s·m)]	灌水效率/%	优化单宽流量/[m^3/(s·m)]	灌水效率/%
I. 土壤类型：砂土及壤质砂土 (0～20cm 砂粒含量 ω_1=20～40cm 砂粒含量 ω_4=85%， 0～20cm 粉粒含量 ω_2=20～40cm 粉粒含量 ω_5=7.5%， 0～20cm 黏粒含量 ω_3=20～40cm 黏粒含量 ω_6=7.5%) II. 地表形态：备耕头水地，地表轻、中旱 (0～10cm 土壤容重 γ_1=1.25g/cm^3， 0～10cm 土壤变形容重 $\gamma_1^{\#}$=1.3g/cm^3， 10～20cm 土壤容重 γ_2=1.25g/cm^3， 20～40cm 土壤容重 γ_3=1.45g/cm^3， 0～20cm 土壤含水率 θ_1=8.5%， 20～40cm 土壤含水率 θ_2=10.62%， 土壤有机质含量 G=1g/kg， 填凹量 $h_{填凹量}$=1.5cm，糙率 n=0.05) III. 入渗参数： 入渗系数 k=1.977cm/min， 入渗指数 α=0.274， 稳定入渗率 f_0=0.1045cm/min	60	20	—	—	—	—	—	—	—	—	—	—	—	—
		30	—	—	—	—	—	—	—	—	—	—	—	—
		40	0.001056	82.3	0.001056	82.5	0.001067	82.9	0.001012	83.4	0.001023	83.9	0.001034	84.0
		50	0.001105	86.4	0.001105	87.6	0.001157	87.5	0.001053	88.2	0.001287	88.4	0.001131	88.8
		75	0.001660	85.7	0.001780	85.8	0.001980	86.6	0.001880	87.1	0.001980	87.5	0.001960	87.6
		100	0.002403	84.5	0.002430	85.5	0.002160	85.3	0.002403	85.9	0.002322	86.6	0.002484	87.2
		120	0.002805	84.3	0.002508	84.0	0.003069	85.0	0.002904	85.1	0.003168	85.5	0.003300	85.6
		150	0.003560	86.1	0.003520	86.4	0.003880	86.2	0.003880	86.7	0.003640	85.7	0.003240	88.2
		200	0.004250	91.4	0.004150	92.3	0.004200	92.0	0.004150	92.9	0.004250	92.2	0.003650	89.3
	70	20	—	—	—	—	—	—	—	—	—	—	—	—
		30	—	—	—	—	—	—	—	—	—	—	—	—
		40	—	—	—	—	—	—	—	—	—	—	—	—
		50	0.001034	92.4	0.000990	93.1	0.000990	94.1	0.001089	93.8	0.001056	95.1	0.001067	95.5
		75	0.001656	87.0	0.001692	87.4	0.001602	87.5	0.001746	87.7	0.001548	87.8	0.001620	89.0
		100	0.002185	90.2	0.001955	90.2	0.002162	91.6	0.002139	91.5	0.002300	92.2	0.001936	95.1
		120	0.002324	89.8	0.002520	90.1	0.002660	90.4	0.002492	90.9	0.002380	91.5	0.002351	91.1
		150	0.003325	90.0	0.003150	90.7	0.003290	90.7	0.033950	90.5	0.003220	91.2	—	—
		200	0.004455	93.1	0.004500	92.9	0.003915	93.3	0.004365	93.4	0.004365	93.0	—	—

附表 83　砂质黏壤土备耕头水地灌水定额分别为 $40m^3$/亩、$50m^3$/亩时的优化单宽流量

灌水条件	灌水定额/(m^3/亩)	畦长/m	地面坡降											
			0.0100		0.0050		0.0030		0.0020		0.0010		0.0005	
			优化单宽流量/[m^3/(s·m)]	灌水效率/%	优化单宽流量/[m^3/(s·m)]	灌水效率/%	优化单宽流量/[m^3/(s·m)]	灌水效率/%	优化单宽流量/[m^3/(s·m)]	灌水效率/%	优化单宽流量/[m^3/(s·m)]	灌水效率/%	优化单宽流量/[m^3/(s·m)]	灌水效率/%
Ⅰ. 土壤类型：砂质黏壤土(0～20cm 砂粒含量 $\omega_1=20～40cm$ 砂粒含量 $\omega_4=65\%$，0～20cm 粉粒含量 $\omega_2=20～40cm$ 粉粒含量 $\omega_5=15\%$，0～20cm 黏粒含量 $\omega_3=20～40cm$ 黏粒含量 $\omega_6=20\%$) Ⅱ. 地表形态：备耕头水地，地表轻、中旱(0～10cm 土壤容重 $\gamma_1=1.16g/cm^3$，0～10cm 土壤变形容重 $\gamma_1^{\#}=1.21g/cm^3$，10～20cm 土壤容重 $\gamma_2=1.16g/cm^3$，20～40cm 土壤容重 $\gamma_3=1.36g/cm^3$，0～20cm 土壤含水率 $\theta_1=9.83\%$，20～40cm 土壤含水率 $\theta_2=12.44\%$，土壤有机质含量 $G=1g/kg$，填凹量 $h_{填凹量}=1.5cm$，糙率 $n=0.05$) Ⅲ. 入渗参数：入渗系数 $k=2.2092cm/min$，入渗指数 $\alpha=0.2697$，稳定入渗率 $f_0=0.1035cm/min$	40	20	—	—	—	—	—	—	—	—	—	—	—	—
		30	0.001084	94.2	0.000992	97.1	0.000992	97.0	0.001019	96.6	0.001032	97.7	0.001006	97.6
		40	0.001244	95.8	0.001261	96.4	0.001277	96.4	0.001310	96.9	0.001310	97.0	0.001294	97.3
		50	0.001509	95.5	0.001549	96.1	0.001609	96.7	0.001710	94.1	0.001569	96.3	0.001569	96.5
		75	0.002075	94.8	0.002100	95.0	0.002075	95.3	0.002100	95.4	0.002100	95.3	0.002051	95.7
		100	0.002237	85.8	0.002158	83.7	0.002053	81.9	0.002132	83.3	0.002000	81.8	—	—
		120	0.002537	83.8	0.002447	80.3	—	—	—	—	—	—	—	—
		150	0.003281	85.2	—	—	—	—	—	—	—	—	—	—
		200	—	—	—	—	—	—	—	—	—	—	—	—
	50	20	—	—	—	—	—	—	—	—	—	—	—	—
		30	0.000994	82.2	0.000994	83.4	0.000994	83.3	0.001018	83.2	0.000994	83.8	0.001006	84.2
		40	0.001201	92.6	0.001114	92.0	0.001216	92.8	0.001158	93.5	0.001172	93.7	0.001216	94.4
		50	0.001394	90.3	0.001264	90.7	0.001524	91.3	0.001450	91.9	0.001506	92.1	0.001580	92.5
		75	0.001859	95.3	0.001929	96.7	0.001835	95.7	0.001906	96.3	0.001906	96.6	0.001906	96.6
		100	0.002508	95.5	0.002508	95.8	0.002600	94.3	0.002478	96.2	0.002386	95.4	0.002600	94.3
		120	0.002770	93.0	0.002770	93.4	0.002737	93.2	0.002770	94.3	0.002574	92.4	0.002477	90.4
		150	0.003431	92.9	0.003219	91.6	0.003134	89.9	0.002965	88.4	0.002880	86.8	0.002668	81.9
		200	0.004100	89.6	0.004052	89.0	0.004004	88.5	0.003955	88.8	0.003859	86.4	—	—

附表 84 砂质黏壤土备耕头水地灌水定额分别为 $60m^3$/亩、$70m^3$/亩时的优化单宽流量

灌水条件	灌水定额/(m^3/亩)	畦长/m	地面坡降											
			0.0100		0.0050		0.0030		0.0020		0.0010		0.0005	
			优化单宽流量/[m^3/(s·m)]	灌水效率/%	优化单宽流量/[m^3/(s·m)]	灌水效率/%	优化单宽流量/[m^3/(s·m)]	灌水效率/%	优化单宽流量/[m^3/(s·m)]	灌水效率/%	优化单宽流量/[m^3/(s·m)]	灌水效率/%	优化单宽流量/[m^3/(s·m)]	灌水效率/%
Ⅰ. 土壤类型：砂质黏壤土(0～20cm 砂粒含量 ω_1=20～40cm 砂粒含量 ω_4=65%，0～20cm 粉粒含量 ω_2=20～40cm 粉粒含量 ω_5=15%，0～20cm 黏粒含量 ω_3=20～40cm 黏粒含量 ω_6=20%) Ⅱ. 地表形态：备耕头水地，地表轻、中旱(0～10cm 土壤容重 γ_1=1.16g/cm³，0～10cm 土壤变形容重 $\gamma_1^{\#}$=1.21g/cm³，10～20cm 土壤容重 γ_2=1.16g/cm³，20～40cm 土壤容重 γ_3=1.36g/cm³，0～20cm 土壤含水率 θ_1=9.83%，20～40cm 土壤含水率 θ_2=12.44%，土壤有机质含量 G=1g/kg，填凹量 $h_{填凹量}$=1.5cm，糙率 n=0.05) Ⅲ. 入渗参数：入渗系数 k=2.2092cm/min，入渗指数 α=0.2697，稳定入渗率 f_0=0.1035cm/min	60	20	—	—	—	—	—	—	—	—	—	—	—	—
		30	—	—	—	—	—	—	—	—	—	—	—	—
		40	0.000998	91.9	0.001035	92.0	0.001035	92.7	0.001010	92.1	0.001023	92.7	0.000998	93.8
		50	0.001101	95.2	0.001129	96.0	0.001142	96.4	0.001129	95.9	0.001142	96.4	0.001156	96.7
		75	0.001672	95.7	0.001694	96.4	0.001738	96.9	0.001716	96.3	0.001848	95.7	0.001738	97.1
		100	0.002217	95.4	0.002243	96.3	0.002190	95.8	0.002217	95.7	0.002190	95.9	0.002270	96.2
		120	0.002480	92.8	0.002480	93.1	0.002510	93.3	0.002510	93.0	0.002510	94.2	0.002510	95.0
		150	0.002876	89.8	0.002910	90.3	0.002876	90.3	0.002876	91.0	0.002842	90.5	0.002910	90.8
		200	0.004500	95.9	0.004235	94.8	0.004500	96.4	0.004235	95.5	0.004182	95.5	0.003865	91.7
	70	20	—	—	—	—	—	—	—	—	—	—	—	—
		30	—	—	—	—	—	—	—	—	—	—	—	—
		40	0.000994	85.8	0.001006	86.3	0.001006	86.9	0.001018	87.1	0.001018	86.4	0.000994	88.0
		50	0.001147	85.9	0.001254	86.1	0.001269	87.2	0.001193	86.5	0.001224	87.7	0.001178	88.1
		75	0.001544	95.2	0.001544	95.3	0.001581	96.3	0.001562	95.7	0.001581	96.2	0.001562	95.7
		100	0.002287	93.5	0.002259	92.9	0.002118	93.6	0.002118	93.5	0.002089	93.9	0.002344	94.2
		120	0.002459	94.7	0.002524	95.7	0.002718	95.9	0.002524	96.0	0.002556	96.9	0.002653	97.0
		150	0.003028	94.9	0.003261	95.1	0.003145	96.8	0.003300	96.7	0.003184	97.2	0.003067	96.7
		200	0.004151	95.8	0.004052	95.2	0.004200	96.0	0.004151	96.5	0.004052	96.3	0.004002	95.4

附表 85　砂质黏土备耕头水地灌水定额分别为 $40m^3$/亩、$50m^3$/亩时的优化单宽流量

灌水条件	灌水定额/(m^3/亩)	畦长/m	地面坡降											
			0.0100		0.0050		0.0030		0.0020		0.0010		0.0005	
			优化单宽流量/[m^3/(s·m)]	灌水效率/%	优化单宽流量/[m^3/(s·m)]	灌水效率/%	优化单宽流量/[m^3/(s·m)]	灌水效率/%	优化单宽流量/[m^3/(s·m)]	灌水效率/%	优化单宽流量/[m^3/(s·m)]	灌水效率/%	优化单宽流量/[m^3/(s·m)]	灌水效率/%
Ⅰ. 土壤类型：砂质黏土 (0～20cm 砂粒含量 ω_1=20～40cm 砂粒含量 ω_4=62.5%， 0～20cm 粉粒含量 ω_2=20～40cm 粉粒含量 ω_5=12.5%， 0～20cm 黏粒含量 ω_3=20～40cm 黏粒含量 ω_6=25%) Ⅱ. 地表形态：备耕头水地，地表轻、中旱 (0～10cm 土壤容重 γ_1=1.08g/cm^3， 0～10cm 土壤变形容重 $\gamma_1^{\#}$=1.13g/cm^3， 10～20cm 土壤容重 γ_2=1.08g/cm^3， 20～40cm 土壤容重 γ_3=1.28g/cm^3， 0～20cm 土壤含水率 θ_1=15.75%， 20～40cm 土壤含水率 θ_2=21%， 土壤有机质含量 G=1g/kg， 填凹量 $h_{填凹量}$=1.5cm，糙率 n=0.05) Ⅲ. 入渗参数： 入渗系数 k=2.3198cm/min， 入渗指数 α=0.2547， 稳定入渗率 f_0=0.0947cm/min	40	20	—	—	—	—	—	—	—	—	—	—	—	—
		30	0.001089	95.6	0.001089	95.1	0.001089	95	0.001078	94.9	0.001089	94.5	0.00099	97.7
		40	0.001386	94.9	0.001232	96.8	0.001204	96.6	0.001246	97.3	0.001204	96.6	0.00126	97.4
		50	0.00176	91.3	0.00182	91.2	0.00174	91.2	0.00196	91.7	0.00176	92.4	0.00188	92.5
		75	0.002129	95.1	0.002107	95.4	0.002086	95.6	0.002107	95.8	0.002086	95.7	0.00215	96.9
		100	0.002517	92.8	0.002465	92.1	0.002385	91.1	0.002332	90.5	0.002491	93.3	0.002358	91.9
		120	0.002726	89.2	0.002639	87.9	0.002639	88.4	0.002581	88.2	0.00261	88.8	0.002436	84.8
		150	0.00323	87.3	0.003168	86.7	0.003069	86	0.003201	87.2	0.003135	87	—	—
		200	0.003822	82.4	0.0039	83.8	0.003822	82.1	0.003861	84.1	—	—	—	—
	50	20	—	—	—	—	—	—	—	—	—	—	—	—
		30	—	—	—	—	—	—	—	—	—	—	0.00099	80.9
		40	0.001104	88.1	0.001104	88.6	0.001164	88.8	0.001176	89.2	0.001008	90	0.001128	90
		50	0.00132	91.4	0.001276	91.6	0.001349	92.3	0.001392	92.5	0.001392	92.6	0.001363	93.3
		75	0.00172	94.8	0.001702	95.2	0.001757	95.8	0.001757	95.9	0.001831	97.3	0.001813	97.4
		100	0.00245	94.3	0.00225	95.5	0.002325	96.3	0.0023	96.6	0.002325	96.6	0.002208	95.2
		120	0.002716	95.1	0.002576	94.3	0.00266	95.8	0.002604	94.7	0.00252	93.9	0.00248	92.6
		150	0.003432	95.9	0.003432	96.2	0.00351	96.3	0.003783	96.1	0.003393	96.3	0.00273	88.4
		200	0.004312	94.6	0.0044	94.9	0.004356	95	0.004224	93.8	0.003696	88.6	—	—

附表 86　砂质黏土备耕头水地灌水定额分别为 60m³/亩、70m³/亩时的优化单宽流量

灌水条件	灌水定额/(m³/亩)	畦长/m	地面坡降											
			0.0100		0.0050		0.0030		0.0020		0.0010		0.0005	
			优化单宽流量/[m³/(s·m)]	灌水效率/%	优化单宽流量/[m³/(s·m)]	灌水效率/%	优化单宽流量/[m³/(s·m)]	灌水效率/%	优化单宽流量/[m³/(s·m)]	灌水效率/%	优化单宽流量/[m³/(s·m)]	灌水效率/%	优化单宽流量/[m³/(s·m)]	灌水效率/%
Ⅰ. 土壤类型：砂质黏土 (0～20cm 砂粒含量 $\omega_1=20$～40cm 砂粒含量 $\omega_4=62.5\%$， 0～20cm 粉粒含量 $\omega_2=20$～40cm 粉粒含量 $\omega_5=12.5\%$， 0～20cm 黏粒含量 $\omega_3=20$～40cm 黏粒含量 $\omega_6=25\%$) Ⅱ. 地表形态：备耕头水地，地表轻、中旱 (0～10cm 土壤容重 $\gamma_1=1.08g/cm^3$， 0～10cm 土壤变形容重 $\gamma_1^{\#}=1.13g/cm^3$， 10～20cm 土壤容重 $\gamma_2=1.08g/cm^3$， 20～40cm 土壤容重 $\gamma_3=1.28g/cm^3$， 0～20cm 土壤含水率 $\theta_1=15.75\%$， 20～40cm 土壤含水率 $\theta_2=21\%$， 土壤有机质含量 $G=1g/kg$， 填凹量 $h_{填凹量}=1.5cm$，糙率 $n=0.05$) Ⅲ. 入渗参数： 入渗系数 $k=2.3198cm/min$， 入渗指数 $\alpha=0.2547$， 稳定入渗率 $f_0=0.0947cm/min$	60	20	—	—	—	—	—	—	—	—	—	—	—	—
		30	—	—	—	—	—	—	—	—	—	—	—	—
		40	0.001016	84.3	0.000995	84.1	0.000995	84.3	0.001006	85.1	0.001006	85.8	0.001027	86.4
		50	0.001274	82.9	0.001014	82.7	0.001356	83.7	0.001219	83.3	0.001329	83.9	0.00137	84.8
		75	0.001702	90.8	0.00172	91.3	0.001758	91.6	0.001589	91.7	0.001851	92.7	0.001814	92.6
		100	0.002016	94.9	0.002037	96.1	0.002058	95.9	0.002016	95.1	0.002037	96.3	0.0021	96.9
		120	0.002396	94.3	0.002396	94.6	0.002347	94.9	0.002396	95	0.002347	95	0.002372	95.3
		150	0.00308	94.6	0.003115	95.7	0.003395	96.1	0.00308	95.5	0.003465	96.5	0.003325	96.7
		200	0.004185	96.4	0.004275	96.6	0.00441	95.2	0.00396	95.6	0.00423	96.3	0.00378	94.1
	70	20	—	—	—	—	—	—	—	—	—	—	—	—
		30	—	—	—	—	—	—	—	—	—	—	—	—
		40	—	—	0.000999	80.3	0.000999	80.5	0.001009	81.2	0.001009	81.9	0.00102	81.5
		50	0.00107	84.1	0.001156	84.5	0.001156	84.8	0.001218	84.8	0.001046	85.4	0.001058	85.8
		75	0.001418	93.8	0.001467	94.3	0.001467	94.9	0.001451	94.2	0.0015	95.6	0.001532	96.4
		100	0.00209	92.6	0.001958	93.6	0.001958	94.5	0.001936	94.1	0.002112	94.2	0.002156	95.9
		120	0.002254	95.1	0.002231	95.3	0.002277	96.1	0.002277	96.2	0.002231	95.6	0.0023	96.3
		150	0.002842	96	0.0029	95.4	0.002813	96	0.002784	95.4	0.002813	96.2	0.002842	93.9
		200	0.003861	95.5	0.003861	96.6	0.003744	95.4	0.003861	97.3	0.003822	96.9	0.003549	95.1

附表 87　砂质壤土 1 备耕头水地灌水定额分别为 $40m^3$/亩、$50m^3$/亩时的优化单宽流量

灌水条件	灌水定额/(m^3/亩)	畦长/m	地面坡降											
			0.0100		0.0050		0.0030		0.0020		0.0010		0.0005	
			优化单宽流量/[m^3/(s·m)]	灌水效率/%	优化单宽流量/[m^3/(s·m)]	灌水效率/%	优化单宽流量/[m^3/(s·m)]	灌水效率/%	优化单宽流量/[m^3/(s·m)]	灌水效率/%	优化单宽流量/[m^3/(s·m)]	灌水效率/%	优化单宽流量/[m^3/(s·m)]	灌水效率/%
Ⅰ. 土壤类型：砂质壤土 1 (0～20cm 砂粒含量 ω_1=20～40cm 砂粒含量 ω_4=75%， 0～20cm 粉粒含量 ω_2=20～40cm 粉粒含量 ω_5=12.5%， 0～20cm 黏粒含量 ω_3=20～40cm 黏粒含量 ω_6=12.5%) Ⅱ. 地表形态：备耕头水地，地表轻、中旱 (0～10cm 土壤容重 γ_1=1.23g/cm^3， 0～10cm 土壤变形容重 $\gamma_1^{\#}$=1.28g/cm^3， 10～20cm 土壤容重 γ_2=1.23g/cm^3， 20～40cm 土壤容重 γ_3=1.43g/cm^3， 0～20cm 土壤含水率 θ_1=9.24%， 20～40cm 土壤含水率 θ_2=11.62%， 土壤有机质含量 G=1g/kg， 填凹量 $h_{填凹量}$=1.5cm，糙率 n=0.05) Ⅲ. 入渗参数： 入渗系数 k=2.0351cm/min， 入渗指数 α=0.2706， 稳定入渗率 f_0=0.1028cm/min	40	20	—	—	—	—	—	—	—	—	—	—	—	—
		30	0.001261	96.4	0.001300	96.9	0.001274	96.6	0.001261	96.5	0.001235	96.2	0.001235	96.1
		40	0.001470	93.5	0.001485	93.6	0.001485	93.7	0.001470	93.9	0.001470	93.7	0.001485	93.9
		50	0.001900	94.8	0.001843	94.1	0.001900	94.8	0.001900	94.9	0.001900	95.2	0.001900	95.4
		75	0.002100	95.4	0.002275	89.1	0.002450	90.9	0.002225	87.9	0.002200	88.5	0.002050	85.4
		100	0.002520	82.6	0.002520	82.1	0.002610	82.9	0.002511	82.8	0.002511	82.1	—	—
		120	0.002940	81.0	0.003234	85.3	0.003069	82.5	0.003135	83.9	0.003036	82.3	—	—
		150	0.003686	81.2	0.003686	81.7	0.003800	83.0	0.003800	82.1	—	—	—	—
		200	0.004980	81.4	0.004980	81.9	0.004800	80.0	—	—	—	—	—	—
	50	20	—	—	—	—	—	—	—	—	—	—	—	—
		30	—	—	—	—	—	—	—	—	—	—	—	—
		40	0.001200	95.4	0.001212	95.9	0.001225	95.9	0.001237	96.3	0.001237	96.2	0.001237	96.2
		50	0.001520	95.7	0.001520	95.5	0.001474	95.0	0.001490	95.0	0.001520	95.6	0.001520	95.8
		75	0.001882	89.6	0.001882	89.8	0.001901	89.9	0.001882	89.5	0.001882	89.8	0.001882	90.2
		100	0.002093	81.7	0.002475	89.6	0.002050	80.5	0.002450	90.3	0.002716	93.6	0.002640	93.0
		120	0.002940	88.9	0.002940	89.2	0.003200	92.7	0.003168	92.4	0.003168	92.9	0.002880	90.7
		150	0.003465	86.6	0.003465	87.0	0.003465	86.4	0.003465	86.7	0.003185	83.9	—	—
		200	0.004850	89.6	0.005000	90.8	0.005000	91.2	0.005148	92.3	—	—	—	—

附表 88 砂质壤土 1 备耕头水地灌水定额分别为 $60m^3$/亩、$70m^3$/亩时的优化单宽流量

灌水条件	灌水定额/(m^3/亩)	畦长/m	地面坡降											
			0.0100		0.0050		0.0030		0.0020		0.0010		0.0005	
			优化单宽流量/[m^3/(s·m)]	灌水效率/%	优化单宽流量/[m^3/(s·m)]	灌水效率/%	优化单宽流量/[m^3/(s·m)]	灌水效率/%	优化单宽流量/[m^3/(s·m)]	灌水效率/%	优化单宽流量/[m^3/(s·m)]	灌水效率/%	优化单宽流量/[m^3/(s·m)]	灌水效率/%
I. 土壤类型：砂质壤土 1 (0～20cm 砂粒含量 $\omega_1=20$～40cm 砂粒含量 $\omega_4=75\%$， 0～20cm 粉粒含量 $\omega_2=20$～40cm 粉粒含量 $\omega_5=12.5\%$， 0～20cm 黏粒含量 $\omega_3=20$～40cm 黏粒含量 $\omega_6=12.5\%$) II. 地表形态：备耕头水地，地表轻、中旱 (0～10cm 土壤容重 $\gamma_1=1.23g/cm^3$， 0～10cm 土壤变形容重 $\gamma_1^{\#}=1.28g/cm^3$， 10～20cm 土壤容重 $\gamma_2=1.23g/cm^3$， 20～40cm 土壤容重 $\gamma_3=1.43g/cm^3$， 0～20cm 土壤含水率 $\theta_1=9.24\%$， 20～40cm 土壤含水率 $\theta_2=11.62\%$， 土壤有机质含量 $G=1g/kg$， 填凹量 $h_{填凹量}=1.5cm$，糙率 $n=0.05$) III. 入渗参数： 入渗系数 $k=2.0351cm/min$， 入渗指数 $\alpha=0.2706$， 稳定入渗率 $f_0=0.1028cm/min$	60	20	—	—	—	—	—	—	—	—	—	—	—	—
		30	—	—	—	—	—	—	—	—	—	—	—	—
		40	0.001144	90.6	0.001170	91.1	0.001183	92.0	0.001235	92.1	0.001248	93.2	0.001261	93.0
		50	0.001424	92.3	0.001424	93.2	0.001488	93.4	0.001584	93.9	0.001536	94.2	0.001520	94.4
		75	0.001980	95.8	0.002178	95.5	0.002068	94.7	0.002156	96.3	0.002068	95.2	0.002068	95.1
		100	0.002592	95.4	0.002511	94.9	0.002511	95.1	0.002673	96.5	0.002538	95.5	0.002538	95.5
		120	0.002970	94.3	0.002970	94.2	0.003000	94.3	0.003000	94.5	0.003300	95.5	0.003600	91.6
		150	0.003500	91.7	0.003564	92.2	0.003564	93.1	0.003663	94.0	0.003783	95.3	0.003195	89.7
		200	0.004257	87.3	0.004300	87.5	0.004257	87.8	0.004257	87.3	0.003956	86.9	—	—
	70	20	—	—	—	—	—	—	—	—	—	—	—	—
		30	—	—	—	—	—	—	—	—	—	—	—	—
		40	0.000990	82.1	0.000990	83.1	0.000980	83.1	0.000980	82.6	0.000990	86.3	0.000990	85.7
		50	0.001090	93.4	0.001027	96.1	0.001016	95.2	0.001016	95.0	0.001079	97.1	0.001079	97.7
		75	0.001520	96.4	0.001520	96.9	0.001536	97.2	0.001536	97.3	0.001584	98.2	0.001536	97.4
		100	0.002156	91.9	0.002178	91.5	0.002178	91.6	0.002178	91.8	0.002178	91.6	0.002178	91.9
		120	0.002450	88.8	0.002500	89.6	0.002673	93.7	0.002700	93.8	0.002700	94.4	0.003465	87.8
		150	0.003000	86.7	0.003000	86.8	0.003168	90.6	0.003168	90.8	0.003500	95.2	0.003960	89.2
		200	0.004950	95.4	0.004900	96.8	0.005141	95.7	0.005088	95.0	0.004674	93.2	0.004355	82.9

附表 89　砂质壤土 2 备耕头水地灌水定额分别为 $40m^3$/亩、$50m^3$/亩时的优化单宽流量

灌水条件	灌水定额/(m^3/亩)	畦长/m	地面坡降 0.0100 优化单宽流量/[m^3/(s·m)]	0.0100 灌水效率/%	0.0050 优化单宽流量/[m^3/(s·m)]	0.0050 灌水效率/%	0.0030 优化单宽流量/[m^3/(s·m)]	0.0030 灌水效率/%	0.0020 优化单宽流量/[m^3/(s·m)]	0.0020 灌水效率/%	0.0010 优化单宽流量/[m^3/(s·m)]	0.0010 灌水效率/%	0.0005 优化单宽流量/[m^3/(s·m)]	0.0005 灌水效率/%
Ⅰ. 土壤类型：砂质壤土 2 (0～20cm 砂粒含量 ω_1=20～40cm 砂粒含量 ω_4=62.5%， 0～20cm 粉粒含量 ω_2=20～40cm 粉粒含量 ω_5=25%， 0～20cm 黏粒含量 ω_3=20～40cm 黏粒含量 ω_6=12.5%) Ⅱ. 地表形态：备耕头水地，地表轻、中旱 (0～10cm 土壤容重 γ_1=1.23g/cm^3， 0～10cm 土壤变形容重 $\gamma_1^{\#}$=1.28g/cm^3， 10～20cm 土壤容重 γ_2=1.23g/cm^3， 20～40cm 土壤容重 γ_3=1.43g/cm^3， 0～20cm 土壤含水率 θ_1=10.2%， 20～40cm 土壤含水率 θ_2=12.9%， 土壤有机质含量 G=1g/kg， 填凹量 $h_{填凹量}$=1.5cm，糙率 n=0.05) Ⅲ. 入渗参数： 入渗系数 k=2.0948cm/min， 入渗指数 α=0.2624， 稳定入渗率 f_0=0.0994cm/min	40	20	—	—	—	—	—	—	—	—	—	—	—	—
		30	0.001104	87.3	0.001140	88.0	0.001176	87.7	0.001188	87.9	0.001176	88.0	0.001128	88.7
		40	0.001183	95.8	0.001235	96.4	0.001222	96.8	0.001196	96.3	0.001196	96.4	0.001235	97.0
		50	0.001504	96.1	0.001472	95.9	0.001536	97.1	0.001520	96.5	0.001504	96.8	0.001472	96.3
		75	0.002100	94.4	0.002100	94.7	0.002058	95.0	0.002079	95.2	0.002058	95.1	0.002079	95.4
		100	0.002200	87.1	0.002200	86.5	0.002210	86.8	0.002277	88.6	0.002300	89.1	0.002320	83.2
		120	0.002646	86.7	0.002726	88.7	0.002726	89.1	0.002726	88.6	0.002726	89.1	—	—
		150	0.003100	83.4	0.003100	83.9	0.003200	85.4	0.003200	85.8	—	—	—	—
		200	0.004150	84.5	0.004150	83.3	0.004150	83.8	0.004100	84.2	—	—	—	—
	50	20	—	—	—	—	—	—	—	—	—	—	—	—
		30	—	—	—	—	—	—	—	—	—	—	—	—
		40	0.001105	83.4	0.001300	84.4	0.001170	84.3	0.001053	84.6	0.001131	84.7	0.001235	85.5
		50	0.001365	90.6	0.001455	0.0	91.000000	0.0	92.200000	91.0	0.001260	91.9	0.001425	92.6
		75	0.001782	95.1	0.001746	94.8	0.001764	95.5	0.001782	95.6	0.001782	95.6	0.001782	95.8
		100	0.002400	96.0	0.002375	96.2	0.002375	96.1	0.002375	96.2	0.002425	96.5	0.002325	95.9
		120	0.002688	94.2	0.002688	94.5	0.002730	94.7	0.002700	94.9	0.002848	93.7	0.003024	92.3
		150	0.003276	92.6	0.003420	94.4	0.003348	94.3	0.003348	94.6	0.003600	94.8	0.002760	86.8
		200	0.004000	89.4	0.004000	89.9	0.003960	90.3	0.004257	92.7	—	—	—	—

附表 90 砂质壤土 2 备耕头水地灌水定额分别为 $60m^3$/亩、$70m^3$/亩时的优化单宽流量

灌水条件	灌水定额/(m^3/亩)	畦长/m	地面坡降											
			0.0100		0.0050		0.0030		0.0020		0.0010		0.0005	
			优化单宽流量/[m^3/(s·m)]	灌水效率/%	优化单宽流量/[m^3/(s·m)]	灌水效率/%	优化单宽流量/[m^3/(s·m)]	灌水效率/%	优化单宽流量/[m^3/(s·m)]	灌水效率/%	优化单宽流量/[m^3/(s·m)]	灌水效率/%	优化单宽流量/[m^3/(s·m)]	灌水效率/%
Ⅰ. 土壤类型：砂质壤土 2 (0～20cm 砂粒含量 ω_1=20～40cm 砂粒含量 ω_4=62.5%, 0～20cm 粉粒含量 ω_2=20～40cm 粉粒含量 ω_5=25%, 0～20cm 黏粒含量 ω_3=20～40cm 黏粒含量 ω_6=12.5%) Ⅱ. 地表形态：备耕头水地，地表轻、中旱 (0～10cm 土壤容重 γ_1=1.23g/cm^3, 0～10cm 土壤变形容重 $\gamma_1^{\#}$=1.28g/cm^3, 10～20cm 土壤容重 γ_2=1.23g/cm^3, 20～40cm 土壤容重 γ_3=1.43g/cm^3, 0～20cm 土壤含水率 θ_1=10.2%, 20～40cm 土壤含水率 θ_2=12.9%, 土壤有机质含量 G=1g/kg, 填凹量 $h_{填凹量}$=1.5cm，糙率 n=0.05) Ⅲ. 入渗参数： 入渗系数 k=2.0948cm/min, 入渗指数 α=0.2624, 稳定入渗率 f_0=0.0994cm/min	60	20	—	—	—	—	—	—	—	—	—	—	—	—
		30	—	—	—	—	—	—	—	—	—	—	—	—
		40	0.001045	86.2	0.001001	86.9	0.001045	87.2	0.001045	86.7	0.001067	87.7	0.001089	87.7
		50	0.001218	85.2	0.001260	85.1	0.001274	85.5	0.001372	85.6	0.001162	86.0	0.001246	86.2
		75	0.001722	85.1	0.001869	86.1	0.002058	86.5	0.001953	86.6	0.001932	87.1	0.002079	87.7
		100	0.002400	94.1	0.002350	94.2	0.002400	94.6	0.002325	94.1	0.002250	95.9	0.002325	95.0
		120	0.002576	95.4	0.002604	96.4	0.002576	95.5	0.002576	95.7	0.002632	96.8	0.002800	96.8
		150	0.003008	93.7	0.003200	95.1	0.003168	95.7	0.003200	95.9	0.003168	96.0	0.003640	91.7
		200	0.004000	93.4	0.004230	95.8	0.004410	97.0	0.004365	96.9	0.003960	94.5	0.003450	86.6
	70	20	—	—	—	—	—	—	—	—	—	—	—	—
		30	—	—	—	—	—	—	—	—	—	—	—	—
		40	0.001008	82.8	0.000997	83.1	0.001039	83.4	0.001039	82.8	0.001008	83.5	0.001029	84.8
		50	0.001023	95.7	0.001067	97.1	0.001056	97.2	0.001067	97.4	0.001056	96.8	0.001056	96.4
		75	0.001649	94.5	0.001564	95.7	0.001581	95.9	0.001581	96.1	0.001632	97.0	0.001581	96.4
		100	0.002002	95.1	0.002068	96.7	0.002112	97.1	0.002112	97.1	0.002046	96.8	0.002068	96.9
		120	0.002430	95.1	0.002646	95.1	0.002403	95.2	0.002484	96.1	0.002538	96.5	0.002538	97.4
		150	0.003465	93.4	0.003395	92.7	0.003465	94.1	0.003255	93.9	0.003255	93.6	0.003465	92.7
		200	0.004365	93.4	0.004050	95.3	0.004410	95.7	—	—	—	—	—	—

附表 91　重黏土备耕头水地灌水定额分别为 $40m^3$/亩、$50m^3$/亩时的优化单宽流量

灌水条件	灌水定额/(m^3/亩)	畦长/m	地面坡降											
			0.0100		0.0050		0.0030		0.0020		0.0010		0.0005	
			优化单宽流量/[m^3/(s·m)]	灌水效率/%	优化单宽流量/[m^3/(s·m)]	灌水效率/%	优化单宽流量/[m^3/(s·m)]	灌水效率/%	优化单宽流量/[m^3/(s·m)]	灌水效率/%	优化单宽流量/[m^3/(s·m)]	灌水效率/%	优化单宽流量/[m^3/(s·m)]	灌水效率/%
I. 土壤类型：重黏土 (0～20cm 砂粒含量 ω_1=20～40cm 砂粒含量 ω_4=12.5%， 0～20cm 粉粒含量 ω_2=20～40cm 粉粒含量 ω_5=12.5%， 0～20cm 黏粒含量 ω_3=20～40cm 黏粒含量 ω_6=75%) II. 地表形态：备耕头水地，地表轻、中旱 (0～10cm 土壤容重 γ_1=1g/cm^3， 0～10cm 土壤变形容重 $\gamma_1^{\#}$=1.05g/cm^3， 10～20cm 土壤容重 γ_2=1g/cm^3， 20～40cm 土壤容重 γ_3=1.2g/cm^3， 0～20cm 土壤含水率 θ_1=22.5%， 20～40cm 土壤含水率 θ_2=30%， 土壤有机质含量 G=1g/kg， 填凹量 $h_{填凹量}$=1.5cm，糙率 n=0.05) III. 入渗参数： 入渗系数 k=2.9224cm/min， 入渗指数 α=0.2316， 稳定入渗率 f_0=0.0896cm/min	40	20	0.001034	93.8	0.001078	93.8	0.001078	93.3	0.001056	93.4	0.001067	93.4	0.001078	92.9
		30	0.001050	89.7	0.001065	92.6	0.001095	92.1	0.001200	92.1	0.001185	93.3	0.001065	93.5
		40	0.001060	86.0	0.001060	85.3	0.001145	87.8	0.001175	89.1	0.001235	90.1	0.001170	89.4
		50	0.002500	93.4	0.001458	83.2	0.001404	83.7	0.001532	83.9	0.001465	83.6	0.001465	84.2
		75	0.003185	93.9	0.002048	90.4	0.001978	89.2	0.002284	93.7	0.001978	89.9	0.001986	90.5
		100	0.002610	86.4	0.002580	91.4	0.002880	94.4	0.002580	91.9	0.002580	91.8	0.002275	84.9
		120	0.003168	92.5	0.003168	92.3	0.031700	92.3	0.003050	91.9	0.003070	91.5	0.002460	81.3
		150	0.004355	90.6	0.005055	91.5	0.004485	90.7	0.004420	89.9	0.002730	89.4	0.002320	87.7
		200	0.005330	86.2	0.006110	92.0	0.005265	87.5	0.004900	89.9	0.003040	81.4	0.003000	81.6
	50	20	—	—	—	—	—	—	—	—	—	—	—	—
		30	0.001056	90.2	0.001034	91.0	0.001034	91.2	0.000990	91.4	0.001001	91.6	0.001001	91.6
		40	0.001365	88.9	0.001380	89.4	0.001470	89.7	0.001335	89.8	0.001350	90.1	0.001395	91.2
		50	0.001820	83.7	0.001680	84.4	0.001800	84.5	0.001640	84.9	0.001680	85.1	0.001900	85.9
		75	0.002310	84.0	0.002550	85.3	0.002280	85.0	0.002730	85.0	0.002460	85.2	0.002880	86.0
		100	0.002520	90.1	0.002610	91.1	0.002340	90.9	0.002580	90.8	0.002640	90.9	0.002670	92.1
		120	0.003735	84.5	0.003320	81.3	0.003400	81.0	0.003690	80.2	0.003400	81.0	0.002800	86.4
		150	0.004176	83.7	0.004370	82.8	0.004040	87.9	0.004270	82.4	0.003800	84.2	0.002940	80.3
		200	0.005850	95.9	0.005080	83.7	0.005440	83.8	0.004800	83.0	0.004050	81.7	—	—

附表 92 重黏土备耕头水地灌水定额分别为 60m³/亩、70m³/亩时的优化单宽流量

灌水条件	灌水定额/(m³/亩)	畦长/m	地面坡降											
			0.0100		0.0050		0.0030		0.0020		0.0010		0.0005	
			优化单宽流量/[m³/(s·m)]	灌水效率/%	优化单宽流量/[m³/(s·m)]	灌水效率/%	优化单宽流量/[m³/(s·m)]	灌水效率/%	优化单宽流量/[m³/(s·m)]	灌水效率/%	优化单宽流量/[m³/(s·m)]	灌水效率/%	优化单宽流量/[m³/(s·m)]	灌水效率/%
Ⅰ. 土壤类型：重黏土 (0～20cm 砂粒含量 $\omega_1=20$～40cm 砂粒含量 $\omega_4=12.5\%$， 0～20cm 粉粒含量 $\omega_2=20$～40cm 粉粒含量 $\omega_5=12.5\%$， 0～20cm 黏粒含量 $\omega_3=20$～40cm 黏粒含量 $\omega_6=75\%$) Ⅱ. 地表形态：备耕头水地，地表轻、中旱 (0～10cm 土壤容重 $\gamma_1=1\text{g/cm}^3$， 0～10cm 土壤变形容重 $\gamma_1^{\#}=1.05\text{g/cm}^3$， 10～20cm 土壤容重 $\gamma_2=1\text{g/cm}^3$， 20～40cm 土壤容重 $\gamma_3=1.2\text{g/cm}^3$， 0～20cm 土壤含水率 $\theta_1=22.5\%$， 20～40cm 土壤含水率 $\theta_2=30\%$， 土壤有机质含量 $G=1\text{g/kg}$， 填凹量 $h_{填凹量}=1.5\text{cm}$，糙率 $n=0.05$) Ⅲ. 入渗参数： 入渗系数 $k=2.9224\text{cm/min}$， 入渗指数 $\alpha=0.2316$， 稳定入渗率 $f_0=0.0896\text{cm/min}$	60	20	—	—	—	—	—	—	—	—	—	—	—	—
		30	—	—	—	—	—	—	—	—	—	—	—	—
		40	0.001067	95.8	0.001067	95.5	0.001078	95.8	0.001089	96.0	0.001067	94.8	0.001034	97.2
		50	0.001365	89.0	0.001440	90.2	0.001455	90.4	0.001380	90.5	0.001185	90.7	0.001425	91.5
		75	0.001978	88.1	0.002024	88.2	0.001932	88.5	0.002093	89.3	0.001794	89.8	0.002116	89.7
		100	0.002520	90.1	0.002610	91.1	0.002340	90.9	0.002580	90.8	0.002640	90.9	0.002670	92.1
		120	0.002745	89.6	0.002805	90.9	0.002505	91.1	0.002715	89.5	0.002895	80.3	0.002835	80.8
		150	0.004172	90.2	0.004120	91.4	0.003980	89.5	0.004240	83.6	0.004260	83.9	0.003068	84.3
		200	0.005040	91.1	0.005840	89.6	0.004840	80.2	0.005360	87.6	0.004970	89.3	—	—
	70	20	—	—	—	—	—	—	—	—	—	—	—	—
		30	—	—	—	—	—	—	—	—	—	—	—	—
		40	0.001067	86.5	0.001023	87.0	0.001056	87.4	0.001045	87.7	0.001089	87.9	0.000990	88.3
		50	0.001170	91.4	0.001261	92.0	0.001183	92.1	0.001079	91.8	0.001248	92.6	0.001274	93.4
		75	0.001740	89.2	0.001820	90.2	0.001660	90.4	0.001820	90.1	0.001900	91.4	0.001980	92.6
		100	0.002156	86.1	0.002184	86.8	0.002492	86.9	0.002212	86.8	0.002492	87.9	0.002660	88.1
		120	0.003010	83.4	0.002730	83.8	0.003045	84.2	0.002870	84.0	0.003080	84.5	0.002975	85.5
		150	0.003612	87.7	0.003400	84.6	0.003530	87.1	0.003410	88.6	0.003600	84.2	0.003080	87.5
		200	0.004540	86.3	0.004240	86.1	0.004160	84.3	0.004600	88.4	0.004760	82.1	0.003995	89.3

附　录　二

附表 93　粉砂质黏壤土 1 二三水浇地灌水定额分别为 40m³/亩、50m³/亩时的优化畦长

灌水条件	灌水定额/(m³/亩)	单宽流量/[m³/(s·m)]	地面坡降											
			0.0100		0.0050		0.0030		0.0020		0.0010		0.0005	
			优化畦长/m	灌水效率/%	优化畦长/m	灌水效率/%	优化畦长/m	灌水效率/%	优化畦长/m	灌水效率/%	优化畦长/m	灌水效率/%	优化畦长/m	灌水效率/%
Ⅰ. 土壤类型：粉砂质黏壤土 1 (0～20cm 砂粒含量 ω_1=20～40cm 砂粒含量 ω_4=25%，0～20cm 粉粒含量 ω_2=20～40cm 粉粒含量 ω_5=50%，0～20cm 黏粒含量 ω_3=20～40cm 黏粒含量 ω_6=25%) Ⅱ. 地表形态：二三水浇地，地表轻、中旱 (0～10cm 土壤容重 γ_1=1.2g/cm³，0～10cm 土壤变形容重 $\gamma_1^{\#}$=1.2g/cm³，10～20cm 土壤容重 γ_2=1.15g/cm³，20～40cm 土壤容重 γ_3=1.3g/cm³，0～20cm 土壤含水率 θ_1=12.79%，20～40cm 土壤含水率 θ_2=12.62%，土壤有机质含量 G=1g/kg，填凹量 $h_{填凹量}$=0.5cm，糙率 n=0.1) Ⅲ. 入渗参数：入渗系数 k=2.4427cm/min，入渗指数 α=0.2432，稳定入渗率 f_0=0.0924cm/min	40	0.001	30	93.8	30	93.5	40	93.8	30	94.0	30	96.2	30	96.7
		0.002	70	94.6	70	94.5	70	94.7	70	94.3	70	94.8	60	89.9
		0.003	90	94.7	110	93.9	110	94.1	110	93.4	110	95.4	100	94.7
		0.004	130	88.6	130	89.1	130	91.8	130	92.8	120	88.3	—	—
		0.005	160	93.9	170	94.6	160	95.9	160	89.9	—	—	—	—
		0.006	190	91.0	190	90.1	200	89,9	180	82.3	—	—	—	—
		0.007	200	80.5	200	80.1	—	—	—	—	—	—	—	—
		0.008	—	—	—	—	—	—	—	—	—	—	—	—
		0.010	—	—	—	—	—	—	—	—	—	—	—	—
		0.012	—	—	—	—	—	—	—	—	—	—	—	—
	50	0.001	40	94.0	40	93.7	40	95.1	40	94.2	40	95.0	40	95.9
		0.002	80	92.0	80	94.9	80	96.1	80	95.8	80	96.1	80	96.2
		0.003	120	93.2	120	95.3	120	95.6	120	93.5	120	93.7	110	85.6
		0.004	160	92.8	160	92.8	160	93.5	160	94.2	140	86.7	140	87.4
		0.005	190	93.7	190	91.0	180	93.5	190	90.6	180	84.2	—	—
		0.006	—	—	—	—	—	—	—	—	—	—	—	—
		0.007	—	—	—	—	—	—	—	—	—	—	—	—
		0.008	—	—	—	—	—	—	—	—	—	—	—	—
		0.010	—	—	—	—	—	—	—	—	—	—	—	—
		0.012	—	—	—	—	—	—	—	—	—	—	—	—

附表 94 粉砂质黏壤土 1 二三水浇地灌水定额分别为 60m³/亩、70m³/亩时的优化畦长

灌水条件	灌水定额/(m³/亩)	单宽流量/[m³/(s·m)]	地面坡降											
			0.0100		0.0050		0.0030		0.0020		0.0010		0.0005	
			优化畦长/m	灌水效率/%	优化畦长/m	灌水效率/%	优化畦长/m	灌水效率/%	优化畦长/m	灌水效率/%	优化畦长/m	灌水效率/%	优化畦长/m	灌水效率/%
Ⅰ. 土壤类型：粉砂质黏壤土 1 (0～20cm 砂粒含量 ω_1=20～40cm 砂粒含量 ω_4=25%, 0～20cm 粉粒含量 ω_2=20～40cm 粉粒含量 ω_5=50%, 0～20cm 黏粒含量 ω_3=20～40cm 黏粒含量 ω_6=25%) Ⅱ. 地表形态：二三水浇地, 地表轻、中旱 (0～10cm 土壤容重 γ_1=1.2g/cm³, 0～10cm 土壤变形容重 $\gamma_1^{\#}$=1.2g/cm³, 10～20cm 土壤容重 γ_2=1.15g/cm³, 20～40cm 土壤容重 γ_3=1.3g/cm³, 0～20cm 土壤含水率 θ_1=12.79%, 20～40cm 土壤含水率 θ_2=12.62%, 土壤有机质含量 G=16.23g/kg, 填凹量 $h_{填凹量}$=0.5cm，糙率 n=0.1) Ⅲ. 入渗参数： 入渗系数 k=2.4427cm/min, 入渗指数 α=0.2432, 稳定入渗率 f_0=0.0924cm/min	60	0.001	50	94.3	50	94.3	50	94.2	50	94.3	50	94.1	50	94.0
		0.002	90	91.4	90	93.7	90	94.0	90	93.1	90	94.1	80	94.3
		0.003	130	88.8	120	91.9	120	90.0	130	94.3	130	93.9	130	95.1
		0.004	160	87.4	160	89.0	170	90.1	170	89.8	160	84.6	160	85.6
		0.005	190	86.1	200	85.4	200	86.1	200	85.6	200	88.2	200	83.1
		0.006	—	—	—	—	—	—	—	—	—	—	—	—
		0.007	—	—	—	—	—	—	—	—	—	—	—	—
		0.008	—	—	—	—	—	—	—	—	—	—	—	—
		0.010	—	—	—	—	—	—	—	—	—	—	—	—
		0.012	—	—	—	—	—	—	—	—	—	—	—	—
	70	0.001	50	94.1	50	95.7	50	95.6	50	94.0	50	95.6	50	92.3
		0.002	100	93.3	90	94.1	100	94.5	100	94.9	100	95.7	100	96.5
		0.003	140	92.2	150	93.7	150	93.3	150	94.4	140	92.4	150	95.4
		0.004	190	94.0	180	93.9	190	95.8	190	93.8	200	94.9	160	86.7
		0.005	—	—	200	83.9	200	84.6	200	82.8	200	83.8	190	82.8
		0.006	—	—	—	—	—	—	—	—	—	—	—	—
		0.007	—	—	—	—	—	—	—	—	—	—	—	—
		0.008	—	—	—	—	—	—	—	—	—	—	—	—
		0.010	—	—	—	—	—	—	—	—	—	—	—	—
		0.012	—	—	—	—	—	—	—	—	—	—	—	—

附表 95　粉砂质黏壤土 2 二三水浇地灌水定额分别为 $40m^3$/亩、$50m^3$/亩时的优化畦长

灌水条件	灌水定额/(m^3/亩)	单宽流量/[m^3/(s·m)]	地面坡降											
			0.0100		0.0050		0.0030		0.0020		0.0010		0.0005	
			优化畦长/m	灌水效率/%	优化畦长/m	灌水效率/%	优化畦长/m	灌水效率/%	优化畦长/m	灌水效率/%	优化畦长/m	灌水效率/%	优化畦长/m	灌水效率/%
Ⅰ. 土壤类型：粉砂质黏壤土 2 (0～20cm 砂粒含量 ω_1=20～40cm 砂粒含量 ω_4=12.5%， 0～20cm 粉粒含量 ω_2=20～40cm 粉粒含量 ω_5=62.5%， 0～20cm 黏粒含量 ω_3=20～40cm 黏粒含量 ω_6=25%) Ⅱ. 地表形态：二三水浇地，地表轻、中旱 (0～10cm 土壤容重 γ_1=1.2g/cm^3， 0～10cm 土壤变形容重 $\gamma_1^{\#}$=1.2g/cm^3， 10～20cm 土壤容重 γ_2=1.15g/cm^3， 20～40cm 土壤容重 γ_3=1.3g/cm^3， 0～20cm 土壤含水率 θ_1=14.08%， 20～40cm 土壤含水率 θ_2=18.17%， 土壤有机质含量 G=1g/kg， 填凹量 $h_{填凹量}$=0.5cm，糙率 n=0.1) Ⅲ. 入渗参数： 入渗系数 k=2.6850cm/min， 入渗指数 α=0.2326， 稳定入渗率 f_0=0.0886cm/min	40	0.001	40	93.4	30	95.3	30	95.8	30	95.8	30	96.8	30	95.4
		0.002	60	92.9	80	93.9	70	93.0	80	93.6	80	93.4	70	94.1
		0.003	90	93.2	90	95.2	100	94.7	100	94.9	100	92.8	80	86.7
		0.004	120	93.3	120	93.8	130	93.6	130	93.7	110	84.9	—	—
		0.005	150	94.4	140	95.2	150	93.5	140	87.5	—	—	—	—
		0.006	190	92.9	190	93.1	170	87.6	160	83.8	—	—	—	—
		0.007	190	89.9	170	84.3	170	83.3	—	—	—	—	—	—
		0.008	—	—	—	—	—	—	—	—	—	—	—	—
		0.010	—	—	—	—	—	—	—	—	—	—	—	—
		0.012	—	—	—	—	—	—	—	—	—	—	—	—
	50	0.001	40	94.3	50	88.9	40	94.1	40	95.0	40	93.6	40	95.0
		0.002	80	94.0	80	93.3	80	94.6	80	94.1	80	94.8	80	95.1
		0.003	110	95.3	120	94.3	120	93.6	120	94.8	120	94.9	120	95.7
		0.004	160	92.8	150	94.2	160	92.2	160	92.8	160	95.4	150	91.5
		0.005	190	93.9	190	92.2	200	93.8	180	89.5	180	88.8	170	83.3
		0.006	190	82.4	200	83.2	200	86.1	180	83.5	190	83.9	—	—
		0.007	—	—	—	—	—	—	—	—	—	—	—	—
		0.008	—	—	—	—	—	—	—	—	—	—	—	—
		0.010	—	—	—	—	—	—	—	—	—	—	—	—
		0.012	—	—	—	—	—	—	—	—	—	—	—	—

附表 96　粉砂质黏壤土 2 二三水浇地灌水定额分别为 $60m^3$/亩、$70m^3$/亩时的优化畦长

灌水条件	灌水定额/(m^3/亩)	单宽流量/[m^3/(s·m)]	地面坡降											
			0.0100		0.0050		0.0030		0.0020		0.0010		0.0005	
			优化畦长/m	灌水效率/%	优化畦长/m	灌水效率/%	优化畦长/m	灌水效率/%	优化畦长/m	灌水效率/%	优化畦长/m	灌水效率/%	优化畦长/m	灌水效率/%
Ⅰ. 土壤类型：粉砂质黏壤土 2 (0～20cm 砂粒含量 ω_1=20～40cm 砂粒含量 ω_4=12.5%，0～20cm 粉粒含量 ω_2=20～40cm 粉粒含量 ω_5=62.5%，0～20cm 黏粒含量 ω_3=20～40cm 黏粒含量 ω_6=25%) Ⅱ. 地表形态：二三水浇地，地表轻、中旱 (0～10cm 土壤容重 γ_1=1.2g/cm^3，0～10cm 土壤变形容重 $\gamma_1^{\#}$=1.2g/cm^3，10～20cm 土壤容重 γ_2=1.15g/cm^3，20～40cm 土壤容重 γ_3=1.3g/cm^3，0～20cm 土壤含水率 θ_1=14.08%，20～40cm 土壤含水率 θ_2=18.17%，土壤有机质含量 G=1g/kg，填凹量 $h_{填凹量}$=0.5cm，糙率 n=0.1) Ⅲ. 入渗参数：入渗系数 k=2.6850cm/min，入渗指数 α=0.2326，稳定入渗率 f_0=0.0886cm/min	60	0.001	50	92.0	40	93.9	40	94.5	40	93.7	40	94.3	40	94.8
		0.002	90	94.3	100	92.2	100	92.0	100	92.1	100	92.1	80	96.3
		0.003	140	92.8	130	95.2	130	92.6	130	95.7	140	93.7	130	93.7
		0.004	180	94.0	190	94.9	180	93.8	180	94.5	170	95.5	180	93.4
		0.005	200	89.0	190	87.7	200	92.7	200	91.4	190	86.6	180	84.3
		0.006	—	—	—	—	—	—	—	—	—	—	—	—
		0.007	—	—	—	—	—	—	—	—	—	—	—	—
		0.008	—	—	—	—	—	—	—	—	—	—	—	—
		0.010	—	—	—	—	—	—	—	—	—	—	—	—
		0.012	—	—	—	—	—	—	—	—	—	—	—	—
	70	0.001	50	95.1	50	94.9	50	94.8	50	94.6	50	94.8	50	94.2
		0.002	100	94.4	100	94.6	100	94.5	100	94.7	100	95.0	100	94.3
		0.003	140	94.0	140	93.0	140	93.4	140	94.4	150	93.5	140	94.7
		0.004	180	94.6	190	92.7	190	93.1	190	92.8	190	94.6	190	95.8
		0.005	190	82.1	190	84.1	200	85.0	200	86.0	200	87.3	180	85.4
		0.006	—	—	—	—	—	—	—	—	—	—	—	—
		0.007	—	—	—	—	—	—	—	—	—	—	—	—
		0.008	—	—	—	—	—	—	—	—	—	—	—	—
		0.010	—	—	—	—	—	—	—	—	—	—	—	—
		0.012	—	—	—	—	—	—	—	—	—	—	—	—

附表 97 粉砂质黏土二三水浇地灌水定额分别为 $40m^3$/亩、$50m^3$/亩时的优化畦长

灌水条件	灌水定额/(m^3/亩)	单宽流量/[m^3/(s·m)]	地面坡降											
			0.0100		0.0050		0.0030		0.0020		0.0010		0.0005	
			优化畦长/m	灌水效率/%	优化畦长/m	灌水效率/%	优化畦长/m	灌水效率/%	优化畦长/m	灌水效率/%	优化畦长/m	灌水效率/%	优化畦长/m	灌水效率/%
Ⅰ. 土壤类型：粉砂质黏土（0～20cm 砂粒含量 $\omega_1=20$～40cm 砂粒含量 $\omega_4=12.5\%$，0～20cm 粉粒含量 $\omega_2=20$～40cm 粉粒含量 $\omega_5=50\%$，0～20cm 黏粒含量 $\omega_3=20$～40cm 黏粒含量 $\omega_6=37.5\%$）Ⅱ. 地表形态：二三水浇地，地表轻、中旱（0～10cm 土壤容重 $\gamma_1=1.15g/cm^3$，0～10cm 土壤变形容重 $\gamma_1^{\#}=1.15g/cm^3$，10～20cm 土壤容重 $\gamma_2=1.1g/cm^3$，20～40cm 土壤容重 $\gamma_3=1.25g/cm^3$，0～20cm 土壤含水率 $\theta_1=18\%$，20～40cm 土壤含水率 $\theta_2=24\%$，土壤有机质含量 $G=1g/kg$，填凹量 $h_{填凹量}=0.5cm$，糙率 $n=0.1$）Ⅲ. 入渗参数：入渗系数 $k=2.7188cm/min$，入渗指数 $\alpha=0.2254$，稳定入渗率 $f_0=0.0852cm/min$	40	0.001	30	93.2	30	92.6	30	95.9	30	95.9	30	96.7	30	95.2
		0.002	70	89.1	70	95.7	70	92.1	70	97.3	70	92.8	70	92.2
		0.003	100	93.3	100	95.1	110	93.9	110	94.1	110	94.6	90	89.3
		0.004	130	89.0	140	86.0	140	86.4	140	92.1	140	87.6	110	85.3
		0.005	180	93.6	170	92.6	180	93.6	170	80.9	180	84.9	—	—
		0.006	200	92.9	190	93.4	180	92.3	180	84.3	—	—	—	—
		0.007	200	84.2	190	84.4	190	82.3	190	82.5	—	—	—	—
		0.008	—	—	—	—	—	—	—	—	—	—	—	—
		0.010	—	—	—	—	—	—	—	—	—	—	—	—
		0.012	—	—	—	—	—	—	—	—	—	—	—	—
	50	0.001	50	92.0	40	94.0	40	95.0	40	94.2	40	96.1	40	96.3
		0.002	80	92.2	80	92.6	80	93.4	80	94.5	80	94.8	80	97.0
		0.003	120	93.9	120	96.0	130	94.7	130	95.0	120	94.5	100	89.6
		0.004	160	9.7	160	96.3	170	94.3	160	95.5	150	90.7	130	80.2
		0.005	190	92.7	190	91.5	190	93.2	180	86.1	180	84.4	—	—
		0.006	200	80.6	190	80.8	200	82.1	—	—	—	—	—	—
		0.007	—	—	—	—	—	—	—	—	—	—	—	—
		0.008	—	—	—	—	—	—	—	—	—	—	—	—
		0.010	—	—	—	—	—	—	—	—	—	—	—	—
		0.012	—	—	—	—	—	—	—	—	—	—	—	—

附表 98 粉砂质黏土二三水浇地灌水定额 $60m^3$/亩、$70m^3$/亩优化畦长

灌水条件	灌水定额/(m^3/亩)	单宽流量/[m^3/(s·m)]	地面坡降 0.0100 优化畦长/m	0.0100 灌水效率/%	0.0050 优化畦长/m	0.0050 灌水效率/%	0.0030 优化畦长/m	0.0030 灌水效率/%	0.0020 优化畦长/m	0.0020 灌水效率/%	0.0010 优化畦长/m	0.0010 灌水效率/%	0.0005 优化畦长/m	0.0005 灌水效率/%
Ⅰ. 土壤类型：粉砂质黏土 (0～20cm 砂粒含量 $\omega_1=20$～40cm 砂粒含量 $\omega_4=12.5\%$， 0～20cm 粉粒含量 $\omega_2=20$～40cm 粉粒含量 $\omega_5=50\%$， 0～20cm 黏粒含量 $\omega_3=20$～40cm 黏粒含量 $\omega_6=37.5\%$) Ⅱ. 地表形态：二三水浇地，地表轻、中旱 (0～10cm 土壤容重 $\gamma_1=1.15g/cm^3$， 0～10cm 土壤变形容重 $\gamma_1^{\#}=1.15g/cm^3$， 10～20cm 土壤容重 $\gamma_2=1.1g/cm^3$， 20～40cm 土壤容重 $\gamma_3=1.25g/cm^3$， 0～20cm 土壤含水率 $\theta_1=18\%$， 20～40cm 土壤含水率 $\theta_2=24\%$， 土壤有机质含量 $G=1g/kg$， 填凹量 $h_{填凹量}=0.5cm$，糙率 $n=0.1$) Ⅲ. 入渗参数： 入渗系数 $k=2.7188cm/min$， 入渗指数 $\alpha=0.2254$， 稳定入渗率 $f_0=0.0852cm/min$	60	0.001	50	93.9	50	94.2	50	94.9	50	94.7	50	94.6	50	94.7
		0.002	90	91.0	90	95.8	90	95.6	90	94.7	90	94.6	80	95.3
		0.003	130	90.1	130	91.9	130	93.0	130	90.9	130	90.5	120	89.4
		0.004	170	92.7	170	94.5	170	91.4	180	93.4	180	92.6	160	82.5
		0.005	190	83.6	200	85.5	200	85.2	190	86.4	200	87.4	190	84.3
		0.006	—	—	—	—	—	—	—	—	—	—	—	—
		0.007	—	—	—	—	—	—	—	—	—	—	—	—
		0.008	—	—	—	—	—	—	—	—	—	—	—	—
		0.010	—	—	—	—	—	—	—	—	—	—	—	—
		0.012	—	—	—	—	—	—	—	—	—	—	—	—
	70	0.001	50	92.7	50	93.3	50	94.6	50	94.8	50	94.4	50	93.6
		0.002	90	94.0	100	92.6	90	94.8	100	96.4	100	95.8	90	95.3
		0.003	140	90.7	140	92.0	140	94.3	140	92.9	140	92.0	140	91.7
		0.004	190	92.5	190	94.6	180	95.6	200	93.4	200	95.7	190	96.1
		0.005	200	80.1	200	83.0	200	81.2	200	81.8	200	82.5	180	82.5
		0.006	—	—	—	—	—	—	—	—	—	—	—	—
		0.007	—	—	—	—	—	—	—	—	—	—	—	—
		0.008	—	—	—	—	—	—	—	—	—	—	—	—
		0.010	—	—	—	—	—	—	—	—	—	—	—	—
		0.012	—	—	—	—	—	—	—	—	—	—	—	—

附表 99　粉砂质壤土 1 二三水浇地灌水定额分别为 $40m^3$/亩、$50m^3$/亩时的优化畦长

灌水条件	灌水定额/(m^3/亩)	单宽流量/[m^3/(s·m)]	地面坡降											
			0.0100		0.0050		0.0030		0.0020		0.0010		0.0005	
			优化畦长/m	灌水效率/%	优化畦长/m	灌水效率/%	优化畦长/m	灌水效率/%	优化畦长/m	灌水效率/%	优化畦长/m	灌水效率/%	优化畦长/m	灌水效率/%
Ⅰ. 土壤类型：粉砂质壤土 1 (0～20cm 砂粒含量 ω_1=20～40cm 砂粒含量 ω_4=37.5%， 0～20cm 粉粒含量 ω_2=20～40cm 粉粒含量 ω_5=50%， 0～20cm 黏粒含量 ω_3=20～40cm 黏粒含量 ω_6=12.5%) Ⅱ. 地表形态：二三水浇地，地表轻、中旱 (0～10cm 土壤容重 γ_1=1.28g/cm^3， 0～10cm 土壤变形容重 $\gamma_1^{\#}$=1.28g/cm^3， 10～20cm 土壤容重 γ_2=1.23g/cm^3， 20～40cm 土壤容重 γ_3=1.23g/cm^3， 0～20cm 土壤含水率 θ_1=11.69%， 20～40cm 土壤含水率 θ_2=15.24%， 土壤有机质含量 G=1g/kg， 填凹量 $h_{填凹量}$=0.5cm，糙率 n=0.1) Ⅲ. 入渗参数： 入渗系数 k=2.1649cm/min， 入渗指数 α=0.2439， 稳定入渗率 f_0=0.0912cm/min	40	0.001	40	94.2	40	94.6	40	94.8	40	94.4	40	94.0	40	95.5
		0.002	70	92.8	80	92.6	80	92.2	80	95.5	70	85.2	70	86.4
		0.003	100	86.1	100	86.1	100	82.5	100	82.5	100	85.4	90	88.3
		0.004	140	94.4	140	91.3	140	91.4	150	92.6	140	88.9	130	84.6
		0.005	190	93.4	180	96.3	160	90.2	180	89.6	170	85.0	—	—
		0.006	190	82.5	190	82.3	190	81.2	200	81.4	—	—	—	—
		0.007	—	—	—	—	—	—	—	—	—	—	—	—
		0.008	—	—	—	—	—	—	—	—	—	—	—	—
		0.010	—	—	—	—	—	—	—	—	—	—	—	—
		0.012	—	—	—	—	—	—	—	—	—	—	—	—
	50	0.001	50	94.1	50	94.9	50	94.7	50	94.5	50	94.4	50	94.7
		0.002	90	93.6	100	93.8	90	94.8	90	93.9	90	96.0	90	96.2
		0.003	140	92.3	130	94.0	140	94.9	140	93.6	140	95.2	110	80.7
		0.004	180	95.2	170	96.0	180	94.5	170	95.8	170	90.5	150	80.0
		0.005	190	85.9	190	85.5	190	85.7	190	85.2	180	82.7	180	83.5
		0.006	—	—	—	—	—	—	—	—	—	—	—	—
		0.007	—	—	—	—	—	—	—	—	—	—	—	—
		0.008	—	—	—	—	—	—	—	—	—	—	—	—
		0.010	—	—	—	—	—	—	—	—	—	—	—	—
		0.012	—	—	—	—	—	—	—	—	—	—	—	—

附表 100 粉砂质壤土 1 二三水浇地灌水定额分别为 60m³/亩、70m³/亩时的优化畦长

灌水条件	灌水定额/(m³/亩)	单宽流量/[m³/(s·m)]	地面坡降 0.0100		0.0050		0.0030		0.0020		0.0010		0.0005	
			优化畦长/m	灌水效率/%	优化畦长/m	灌水效率/%	优化畦长/m	灌水效率/%	优化畦长/m	灌水效率/%	优化畦长/m	灌水效率/%	优化畦长/m	灌水效率/%
Ⅰ. 土壤类型：粉砂质壤土 1 (0～20cm 砂粒含量 ω_1=20～40cm 砂粒含量 ω_4=37.5%， 0～20cm 粉粒含量 ω_2=20～40cm 粉粒含量 ω_5=50%， 0～20cm 黏粒含量 ω_3=20～40cm 黏粒含量 ω_6=12.5%) Ⅱ. 地表形态：二三水浇地，地表轻、中旱 (0～10cm 土壤容重 γ_1=1.28g/cm³， 0～10cm 土壤变形容重 $\gamma_1^{\#}$=1.28g/cm³， 10～20cm 土壤容重 γ_2=1.23g/cm³， 20～40cm 土壤容重 γ_3=1.23g/cm³， 0～20cm 土壤含水率 θ_1=11.69%， 20～40cm 土壤含水率 θ_2=15.24%， 土壤有机质含量 G=1g/kg， 填凹量 $h_{填凹量}$=0.5cm，糙率 n=0.1) Ⅲ. 入渗参数： 入渗系数 k=2.1649cm/min， 入渗指数 α=0.2439， 稳定入渗率 f_0=0.0912cm/min	60	0.001	50	94.9	50	94.8	50	95.1	50	94.7	50	94.5	50	95.2
		0.002	100	92.6	100	94.2	100	94.1	100	93.9	90	93.4	100	94.8
		0.003	140	92.4	150	93.5	150	94.7	140	94.7	150	93.4	150	95.1
		0.004	190	91.2	200	91.5	180	93.5	190	92.8	190	91.6	180	88.7
		0.005	—	—	—	—	200	84.3	190	81.8	200	80.4	200	83.4
		0.006	—	—	—	—	—	—	—	—	—	—	—	—
		0.007	—	—	—	—	—	—	—	—	—	—	—	—
		0.008	—	—	—	—	—	—	—	—	—	—	—	—
		0.010	—	—	—	—	—	—	—	—	—	—	—	—
		0.012	—	—	—	—	—	—	—	—	—	—	—	—
	70	0.001	50	94.0	50	93.6	50	94.7	50	95.8	50	95.4	50	95.5
		0.002	100	93.3	100	94.6	100	93.4	100	93.4	100	94.6	100	95.5
		0.003	150	92.6	140	93.8	150	93.5	150	94.6	150	91.8	150	96.2
		0.004	190	91.6	200	94.5	190	96.5	190	95.0	200	94.4	180	89.1
		0.005	—	—	—	—	—	—	—	—	—	—	—	—
		0.006	—	—	—	—	—	—	—	—	—	—	—	—
		0.007	—	—	—	—	—	—	—	—	—	—	—	—
		0.008	—	—	—	—	—	—	—	—	—	—	—	—
		0.010	—	—	—	—	—	—	—	—	—	—	—	—
		0.012	—	—	—	—	—	—	—	—	—	—	—	—

附表 101 粉砂质壤土 2 二三水浇地灌水定额分别为 40m³/亩、50m³/亩时的优化畦长

灌水条件	灌水定额/(m³/亩)	单宽流量/[m³/(s·m)]	地面坡降 0.0100		0.0050		0.0030		0.0020		0.0010		0.0005	
			优化畦长/m	灌水效率/%	优化畦长/m	灌水效率/%	优化畦长/m	灌水效率/%	优化畦长/m	灌水效率/%	优化畦长/m	灌水效率/%	优化畦长/m	灌水效率/%
Ⅰ. 土壤类型：粉砂质壤土 2 (0～20cm 砂粒含量 ω_1=20～40cm 砂粒含量 ω_4=25%， 0～20cm 粉粒含量 ω_2=20～40cm 粉粒含量 ω_5=62.5%， 0～20cm 黏粒含量 ω_3=20～40cm 黏粒含量 ω_6=12.5%) Ⅱ. 地表形态：二三水浇地， 地表轻、中旱 (0～10cm 土壤容重 γ_1=1.28g/cm³， 0～10cm 土壤变形容重 $\gamma_1^{\#}$=1.28g/cm³， 10～20cm 土壤容重 γ_2=1.23g/cm³， 20～40cm 土壤容重 γ_3=1.38g/cm³， 0～20cm 土壤含水率 θ_1=12.63%， 20～40cm 土壤含水率 θ_2=16.50%， 土壤有机质含量 G=1g/kg， 填凹量 $h_{填凹量}$=0.5cm，糙率 n=0.1) Ⅲ. 入渗参数： 入渗系数 k=2.3065cm/min， 入渗指数 α=0.2349， 稳定入渗率 f_0=0.0882cm/min	40	0.001	40	92.8	40	93.3	50	89.2	50	89.4	40	93.7	40	94.2
		0.002	80	93.4	80	93.3	70	93.5	80	93.9	80	94.5	70	97.3
		0.003	110	94.2	110	93.5	110	95.8	120	93.5	100	91.6	90	84.0
		0.004	150	93.8	140	94.6	140	93.2	150	94.5	120	82.9	—	—
		0.005	200	92.4	190	93.2	180	96.3	170	91.8	—	—	—	—
		0.006	180	87.6	180	86.9	190	86.4	190	81.5	—	—	—	—
		0.007	—	—	—	—	—	—	—	—	—	—	—	—
		0.008	—	—	—	—	—	—	—	—	—	—	—	—
		0.010	—	—	—	—	—	—	—	—	—	—	—	—
		0.012	—	—	—	—	—	—	—	—	—	—	—	—
	50	0.001	50	92.9	50	92.7	50	92.9	50	92.6	40	95.8	40	96.6
		0.002	80	93.1	90	94.7	90	93.9	90	94.1	80	94.7	100	93.6
		0.003	120	93.6	120	94.3	130	92.7	130	95.7	130	96.0	130	95.7
		0.004	160	94.8	160	91.8	170	92.7	170	92.4	160	90.8	150	88.2
		0.005	190	88.7	180	89.6	200	91.2	200	89.9	190	89.0	180	80.6
		0.006	—	—	—	—	—	—	—	—	—	—	—	—
		0.007	—	—	—	—	—	—	—	—	—	—	—	—
		0.008	—	—	—	—	—	—	—	—	—	—	—	—
		0.010	—	—	—	—	—	—	—	—	—	—	—	—
		0.012	—	—	—	—	—	—	—	—	—	—	—	—

附表 102 粉砂质壤土 2 二三水浇地灌水定额分别为 $60m^3$/亩、$70m^3$/亩时的优化畦长

灌水条件	灌水定额/(m^3/亩)	单宽流量/[m^3/(s·m)]	地面坡降											
			0.0100		0.0050		0.0030		0.0020		0.0010		0.0005	
			优化畦长/m	灌水效率/%	优化畦长/m	灌水效率/%	优化畦长/m	灌水效率/%	优化畦长/m	灌水效率/%	优化畦长/m	灌水效率/%	优化畦长/m	灌水效率/%
Ⅰ. 土壤类型：粉砂质壤土 2 (0～20cm 砂粒含量 ω_1=20～40cm 砂粒含量 ω_4=25%， 0～20cm 粉粒含量 ω_2=20～40cm 粉粒含量 ω_5=62.5%， 0～20cm 黏粒含量 ω_3=20～40cm 黏粒含量 ω_6=12.5%) Ⅱ. 地表形态：二三水浇地，地表轻、中旱 (0～10cm 土壤容重 γ_1=1.28g/cm^3， 0～10cm 土壤变形容重 $\gamma_1^{\#}$=1.28g/cm^3， 10～20cm 土壤容重 γ_2=1.23g/cm^3， 20～40cm 土壤容重 γ_3=1.38g/cm^3， 0～20cm 土壤含水率 θ_1=12.63%， 20～40cm 土壤含水率 θ_2=16.50%， 土壤有机质含量 G=1g/kg， 填凹量 $h_{填凹量}$=0.5cm，糙率 n=0.1) Ⅲ. 入渗参数： 入渗系数 k=2.3065cm/min， 入渗指数 α=0.2349， 稳定入渗率 f_0=0.0882cm/min	60	0.001	50	93.6	50	95.4	50	93.3	50	95.3	50	95.1	50	94.2
		0.002	90	93.6	100	93.5	90	95.4	100	95.0	90	93.3	90	93.3
		0.003	130	94.4	130	92.3	140	95.5	140	91.9	140	94.1	140	94.9
		0.004	170	92.7	180	91.3	180	91.4	180	91.7	180	90.9	160	87.2
		0.005	190	81.7	200	82.5	200	85.4	200	84.5	190	85.7	180	82.4
		0.006	—	—	—	—	—	—	—	—	—	—	—	—
		0.007	—	—	—	—	—	—	—	—	—	—	—	—
		0.008	—	—	—	—	—	—	—	—	—	—	—	—
		0.010	—	—	—	—	—	—	—	—	—	—	—	—
		0.012	—	—	—	—	—	—	—	—	—	—	—	—
	70	0.001	50	93.9	50	93.7	50	94.4	50	94.8	50	94.1	50	93.2
		0.002	90	92.6	100	93.0	90	94.4	100	94.2	100	93.0	100	94.2
		0.003	140	90.1	140	89.2	140	92.2	140	89.3	140	91.8	140	92.6
		0.004	180	94.0	200	93.4	190	95.1	190	93.3	200	95.9	160	85.1
		0.005	200	80.1	200	80.9	—	—	—	—	—	—	—	—
		0.006	—	—	—	—	—	—	—	—	—	—	—	—
		0.007	—	—	—	—	—	—	—	—	—	—	—	—
		0.008	—	—	—	—	—	—	—	—	—	—	—	—
		0.010	—	—	—	—	—	—	—	—	—	—	—	—
		0.012	—	—	—	—	—	—	—	—	—	—	—	—

附表 103　粉砂质壤土 3 二三水浇地灌水定额分别为 $40m^3$/亩、$50m^3$/亩时的优化畦长

灌水条件	灌水定额/(m^3/亩)	单宽流量/[m^3/(s·m)]	地面坡降											
			0.0100		0.0050		0.0030		0.0020		0.0010		0.0005	
			优化畦长/m	灌水效率/%	优化畦长/m	灌水效率/%	优化畦长/m	灌水效率/%	优化畦长/m	灌水效率/%	优化畦长/m	灌水效率/%	优化畦长/m	灌水效率/%
Ⅰ. 土壤类型：粉砂质壤土 3 (0～20cm 砂粒含量 ω_1=20～40cm 砂粒含量 ω_4=12.5%， 0～20cm 粉粒含量 ω_2=20～40cm 粉粒含量 ω_5=75%， 0～20cm 黏粒含量 ω_3=20～40cm 黏粒含量 ω_6=12.5%) Ⅱ. 地表形态：二三水浇地，地表轻、中旱 (0～10cm 土壤容重 γ_1=1.28g/cm^3， 0～10cm 土壤变形容重 $\gamma_1^{\#}$=1.28g/cm^3， 10～20cm 土壤容重 γ_2=1.23g/cm^3， 20～40cm 土壤容重 γ_3=1.38g/cm^3， 0～20cm 土壤含水率 θ_1=14.06%， 20～40cm 土壤含水率 θ_2=18.39%， 土壤有机质含量 G=1g/kg， 填凹量 $h_{填凹量}$=0.5cm，糙率 n=0.1) Ⅲ. 入渗参数： 入渗系数 k=2.5492cm/min， 入渗指数 α=0.2243， 稳定入渗率 f_0=0.0845cm/min	40	0.001	40	92.7	40	93.6	40	94.5	30	95.1	30	95.8	30	95.6
		0.002	70	94.1	70	94.4	70	94.8	70	94.6	70	95.2	60	89.8
		0.003	100	96.0	100	94.9	100	93.7	110	94.3	110	94.7	90	89.5
		0.004	130	93.1	130	95.9	140	92.5	140	92.8	120	87.7	120	87.2
		0.005	160	96.6	160	93.4	170	93.2	150	85.5	140	80.6	—	—
		0.006	180	94.6	200	92.4	180	84.6	180	84.1	—	—	—	—
		0.007	190	83.7	200	83.0	180	80.0	—	—	—	—	—	—
		0.008	—	—	—	—	—	—	—	—	—	—	—	—
		0.010	—	—	—	—	—	—	—	—	—	—	—	—
		0.012	—	—	—	—	—	—	—	—	—	—	—	—
	50	0.001	40	94.1	40	93.8	40	95.7	40	94.6	40	95.2	50	89.6
		0.002	80	92.5	80	93.4	80	93.1	90	95.5	80	93.6	80	96.4
		0.003	120	95.4	130	94.0	120	95.9	130	93.6	130	94.2	110	94.4
		0.004	160	94.1	160	91.1	160	94.1	160	94.3	170	94.1	150	89.1
		0.005	190	94.6	190	90.8	190	91.5	200	92.3	180	91.0	180	86.4
		0.006	190	81.9	190	80.6	200	81.6	190	82.3	200	81.1	—	—
		0.007	—	—	—	—	—	—	—	—	—	—	—	—
		0.008	—	—	—	—	—	—	—	—	—	—	—	—
		0.010	—	—	—	—	—	—	—	—	—	—	—	—
		0.012	—	—	—	—	—	—	—	—	—	—	—	—

附表 104 粉砂质壤土 3 二三水浇地灌水定额分别为 60m³/亩、70m³/亩时的优化畦长

灌水条件	灌水定额/(m³/亩)	单宽流量/[m³/(s·m)]	地面坡降											
			0.0100		0.0050		0.0030		0.0020		0.0010		0.0005	
			优化畦长/m	灌水效率/%	优化畦长/m	灌水效率/%	优化畦长/m	灌水效率/%	优化畦长/m	灌水效率/%	优化畦长/m	灌水效率/%	优化畦长/m	灌水效率/%
Ⅰ. 土壤类型：粉砂质壤土 3 (0～20cm 砂粒含量 $\omega_1=20$～40cm 砂粒含量 $\omega_4=12.5\%$， 0～20cm 粉粒含量 $\omega_2=20$～40cm 粉粒含量 $\omega_5=75\%$， 0～20cm 黏粒含量 $\omega_3=20$～40cm 黏粒含量 $\omega_6=12.5\%$) Ⅱ. 地表形态：二三水浇地，地表轻、中旱 (0～10cm 土壤容重 $\gamma_1=1.28g/cm^3$， 0～10cm 土壤变形容重 $\gamma_1^{\#}=1.28g/cm^3$， 10～20cm 土壤容重 $\gamma_2=1.23g/cm^3$， 20～40cm 土壤容重 $\gamma_3=1.38g/cm^3$， 0～20cm 土壤含水率 $\theta_1=14.06\%$， 20～40cm 土壤含水率 $\theta_2=18.39\%$， 土壤有机质含量 $G=1g/kg$， 填凹量 $h_{填凹量}=0.5cm$，糙率 $n=0.1$) Ⅲ. 入渗参数： 入渗系数 $k=2.5492cm/min$， 入渗指数 $\alpha=0.2243$， 稳定入渗率 $f_0=0.0845cm/min$	60	0.001	50	93.8	50	93.9	50	93.6	50	93.6	50	93.4	50	93.2
		0.002	90	94.9	100	93.5	100	92.8	90	93.9	100	94.0	100	94.6
		0.003	140	93.6	130	93.6	130	95.9	130	94.8	140	94.3	140	94.1
		0.004	190	92.7	180	93.9	180	94.0	180	93.5	200	93.0	160	89.6
		0.005	190	87.9	200	85.8	200	87.0	190	88.6	170	81.6	170	83.3
		0.006	—	—	—	—	—	—	—	—	—	—	—	—
		0.007	—	—	—	—	—	—	—	—	—	—	—	—
		0.008	—	—	—	—	—	—	—	—	—	—	—	—
		0.010	—	—	—	—	—	—	—	—	—	—	—	—
		0.012	—	—	—	—	—	—	—	—	—	—	—	—
	70	0.001	50	92.5	50	93.3	50	94.4	50	94.2	50	93.6	50	96.0
		0.002	90	93.9	100	92.9	90	95.8	100	96.0	90	96.8	100	96.4
		0.003	140	94.7	150	93.9	140	95.6	150	94.6	140	94.9	150	94.2
		0.004	190	92.7	180	93.5	190	95.2	190	95.3	190	95.1	170	92.9
		0.005	180	82.3	200	84.0	200	84.4	200	83.0	190	83.8	—	—
		0.006	—	—	—	—	—	—	—	—	—	—	—	—
		0.007	—	—	—	—	—	—	—	—	—	—	—	—
		0.008	—	—	—	—	—	—	—	—	—	—	—	—
		0.010	—	—	—	—	—	—	—	—	—	—	—	—
		0.012	—	—	—	—	—	—	—	—	—	—	—	—

附表 105　黏壤土 1 二三水浇地灌水定额分别为 40m³/亩、50m³/亩时的优化畦长

灌水条件	灌水定额/(m³/亩)	单宽流量/[m³/(s·m)]	地面坡降											
			0.0100		0.0050		0.0030		0.0020		0.0010		0.0005	
			优化畦长/m	灌水效率/%	优化畦长/m	灌水效率/%	优化畦长/m	灌水效率/%	优化畦长/m	灌水效率/%	优化畦长/m	灌水效率/%	优化畦长/m	灌水效率/%
Ⅰ. 土壤类型：黏壤土 1 (0～20cm 砂粒含量 $\omega_1=20$～40cm 砂粒含量 $\omega_4=50\%$， 0～20cm 粉粒含量 $\omega_2=20$～40cm 粉粒含量 $\omega_5=25\%$， 0～20cm 黏粒含量 $\omega_3=20$～40cm 黏粒含量 $\omega_6=15\%$) Ⅱ. 地表形态：二三水浇地，地表轻、中旱 (0～10cm 土壤容重 $\gamma_1=1.23\text{g/cm}^3$， 0～10cm 土壤变形容重 $\gamma_1^{\#}=1.23\text{g/cm}^3$， 10～20cm 土壤容重 $\gamma_2=1.18\text{g/cm}^3$， 20～40cm 土壤容重 $\gamma_3=1.33\text{g/cm}^3$， 0～20cm 土壤含水率 $\theta_1=10.04\%$， 20～40cm 土壤含水率 $\theta_2=13.8\%$， 土壤有机质含量 $G=1\text{g/kg}$， 填凹量 $h_{填凹量}=0.5\text{cm}$，糙率 $n=0.1$) Ⅲ. 入渗参数： 入渗系数 $k=2.1396\text{cm/min}$， 入渗指数 $\alpha=0.2602$， 稳定入渗率 $f_0=0.0979\text{cm/min}$	40	0.001	40	95.0	40	94.4	40	95.0	40	95.0	40	95.5	40	95.5
		0.002	70	93.3	80	93.7	80	93.1	80	95.9	80	95.3	80	94.4
		0.003	110	92.5	110	94.6	110	92.9	120	96.1	120	94.3	100	88.3
		0.004	150	91.9	140	90.2	140	90.4	150	89.0	140	86.7	130	83.5
		0.005	190	93.5	190	93.1	170	85.9	180	87.6	160	81.6	—	—
		0.006	190	80.3	200	82.4	—	—	—	—	—	—	—	—
		0.007	—	—	—	—	—	—	—	—	—	—	—	—
		0.008	—	—	—	—	—	—	—	—	—	—	—	—
		0.010	—	—	—	—	—	—	—	—	—	—	—	—
		0.012	—	—	—	—	—	—	—	—	—	—	—	—
	50	0.001	50	93.2	50	95.3	50	94.2	50	95.2	50	95.2	50	95.4
		0.002	90	94.3	90	94.7	90	95.7	90	95.7	90	94.8	90	94.4
		0.003	120	91.7	130	90.6	130	90.8	130	89.2	130	91.7	130	91.8
		0.004	160	88.0	160	87.5	170	90.6	170	90.6	170	87.7	150	80.7
		0.005	190	82.8	180	84.7	190	84.6	200	85.5	200	87.1	180	81.0
		0.006	—	—	—	—	—	—	—	—	—	—	—	—
		0.007	—	—	—	—	—	—	—	—	—	—	—	—
		0.008	—	—	—	—	—	—	—	—	—	—	—	—
		0.010	—	—	—	—	—	—	—	—	—	—	—	—
		0.012	—	—	—	—	—	—	—	—	—	—	—	—

附表 106 黏壤土 1 二三水浇地灌水定额分别为 $60m^3$/亩、$70m^3$/亩时的优化畦长

灌水条件	灌水定额/(m^3/亩)	单宽流量/[m^3/(s·m)]	地面坡降 0.0100 优化畦长/m	0.0100 灌水效率/%	0.0050 优化畦长/m	0.0050 灌水效率/%	0.0030 优化畦长/m	0.0030 灌水效率/%	0.0020 优化畦长/m	0.0020 灌水效率/%	0.0010 优化畦长/m	0.0010 灌水效率/%	0.0005 优化畦长/m	0.0005 灌水效率/%
Ⅰ. 土壤类型：黏壤土 1 (0～20cm 砂粒含量 $\omega_1=20$～40cm 砂粒含量 $\omega_4=50\%$， 0～20cm 粉粒含量 $\omega_2=20$～40cm 粉粒含量 $\omega_5=25\%$， 0～20cm 黏粒含量 $\omega_3=20$～40cm 黏粒含量 $\omega_6=15\%$) Ⅱ. 地表形态：二三水浇地，地表轻、中旱 (0～10cm 土壤容重 $\gamma_1=1.23g/cm^3$， 0～10cm 土壤变形容重 $\gamma_1^{\#}=1.23g/cm^3$， 10～20cm 土壤容重 $\gamma_2=1.18g/cm^3$， 20～40cm 土壤容重 $\gamma_3=1.33g/cm^3$， 0～20cm 土壤含水率 $\theta_1=10.04\%$， 20～40cm 土壤含水率 $\theta_2=13.8\%$， 土壤有机质含量 $G=1g/kg$， 填凹量 $h_{填凹量}=0.5cm$，糙率 $n=0.1$) Ⅲ. 入渗参数： 入渗系数 $k=2.1396cm/min$， 入渗指数 $\alpha=0.2602$， 稳定入渗率 $f_0=0.0979cm/min$	60	0.001	50	94.2	50	94.4	50	96.2	50	95.3	50	94.8	50	96.2
		0.002	90	93.0	100	94.2	90	95.1	100	95.6	90	93.9	90	94.1
		0.003	130	90.8	140	90.4	140	93.3	140	93.3	140	90.9	120	83.9
		0.004	180	86.1	180	87.7	180	87.3	180	90.7	160	80.2	—	—
		0.005	200	80.6	200	81.0	200	81.9	200	80.6	200	82.9	—	—
		0.006	—	—	—	—	—	—	—	—	—	—	—	—
		0.007	—	—	—	—	—	—	—	—	—	—	—	—
		0.008	—	—	—	—	—	—	—	—	—	—	—	—
		0.010	—	—	—	—	—	—	—	—	—	—	—	—
		0.012	—	—	—	—	—	—	—	—	—	—	—	—
	70	0.001	50	93.4	50	93.7	60	90.3	50	96.7	50	96.2	50	94.7
		0.002	110	95.4	110	95.7	110	95.6	110	95.8	100	96.5	110	96.2
		0.003	150	92.7	150	95.9	150	95.4	150	95.9	160	95.6	160	94.8
		0.004	200	90.4	190	89.4	200	92.1	200	92.8	200	94.3	170	89.6
		0.005	—	—	—	—	—	—	—	—	—	—	—	—
		0.006	—	—	—	—	—	—	—	—	—	—	—	—
		0.007	—	—	—	—	—	—	—	—	—	—	—	—
		0.008	—	—	—	—	—	—	—	—	—	—	—	—
		0.010	—	—	—	—	—	—	—	—	—	—	—	—
		0.012	—	—	—	—	—	—	—	—	—	—	—	—

附表 107　黏壤土 2 二三水浇地灌水定额分别为 40m^3/亩、50m^3/亩时的优化畦长

灌水条件	灌水定额/(m^3/亩)	单宽流量/[m^3/(s·m)]	地面坡降											
			0.0100		0.0050		0.0030		0.0020		0.0010		0.0005	
			优化畦长/m	灌水效率/%	优化畦长/m	灌水效率/%	优化畦长/m	灌水效率/%	优化畦长/m	灌水效率/%	优化畦长/m	灌水效率/%	优化畦长/m	灌水效率/%
Ⅰ. 土壤类型：黏壤土 2 (0～20cm 砂粒含量 ω_1=20～40cm 砂粒含量 ω_4=37.5%， 0～20cm 粉粒含量 ω_2=20～40cm 粉粒含量 ω_5=37.5%， 0～20cm 黏粒含量 ω_3=20～40cm 黏粒含量 ω_6=25%) Ⅱ. 地表形态：二三水浇地，地表轻、中旱 (0～10cm 土壤容重 γ_1=1.23g/cm^3， 0～10cm 土壤变形容重 $\gamma_1^{\#}$=1.23g/cm^3， 10～20cm 土壤容重 γ_2=1.18g/cm^3， 20～40cm 土壤容重 γ_3=1.33g/cm^3， 0～20cm 土壤含水率 θ_1=11.5%， 20～40cm 土壤含水率 θ_2=14.78%， 土壤有机质含量 G=1g/kg， 填凹量 $h_{填凹量}$=0.5cm，糙率 n=0.1) Ⅲ. 入渗参数： 入渗系数 k=2.2385cm/min， 入渗指数 α=0.2517， 稳定入渗率 f_0=0.0948cm/min	40	0.001	40	93.5	40	94.2	50	89.4	40	93.7	40	94.0	40	94.6
		0.002	80	93.2	70	94.9	80	93.9	90	91.8	80	94.5	80	94.6
		0.003	110	95.4	110	95.7	110	93.4	120	94.4	120	95.0	110	95.2
		0.004	140	93.9	150	93.1	140	95.1	140	93.9	130	83.5	120	81.2
		0.005	160	93.9	160	94.4	160	94.7	160	94.6	160	95.7	130	86.1
		0.006	190	84.2	200	86.1	190	88.3	180	93.0	170	86.3	—	—
		0.007	—	—	—	—	—	—	—	—	—	—	—	—
		0.008	—	—	—	—	—	—	—	—	—	—	—	—
		0.010	—	—	—	—	—	—	—	—	—	—	—	—
		0.012	—	—	—	—	—	—	—	—	—	—	—	—
	50	0.001	50	93.8	50	94.0	50	93.7	50	93.5	50	93.7	40	97.5
		0.002	90	94.1	90	94.4	90	94.7	90	94.9	90	94.6	90	94.0
		0.003	140	93.3	130	92.7	130	95.5	140	94.3	130	94.3	120	95.0
		0.004	170	96.6	180	94.4	180	95.2	180	94.3	170	90.8	170	90.5
		0.005	200	87.4	190	87.8	180	88.1	180	83.0	180	87.0	170	81.3
		0.006	—	—	—	—	—	—	—	—	—	—	—	—
		0.007	—	—	—	—	—	—	—	—	—	—	—	—
		0.008	—	—	—	—	—	—	—	—	—	—	—	—
		0.010	—	—	—	—	—	—	—	—	—	—	—	—
		0.012	—	—	—	—	—	—	—	—	—	—	—	—

附表 108 黏壤土 2 二三水浇地灌水定额分别为 $60m^3$/亩、$70m^3$/亩时的优化畦长

灌水条件	灌水定额/(m^3/亩)	单宽流量/[m^3/(s·m)]	地面坡降											
			0.0100		0.0050		0.0030		0.0020		0.0010		0.0005	
			优化畦长/m	灌水效率/%	优化畦长/m	灌水效率/%	优化畦长/m	灌水效率/%	优化畦长/m	灌水效率/%	优化畦长/m	灌水效率/%	优化畦长/m	灌水效率/%
Ⅰ. 土壤类型：黏壤土 2 (0～20cm 砂粒含量 ω_1=20～40cm 砂粒含量 ω_4=37.5%， 0～20cm 粉粒含量 ω_2=20～40cm 粉粒含量 ω_5=37.5%， 0～20cm 黏粒含量 ω_3=20～40cm 黏粒含量 ω_6=25%) Ⅱ. 地表形态：二三水浇地，地表轻、中旱 (0～10cm 土壤容重 γ_1=1.23g/cm^3， 0～10cm 土壤变形容重 $\gamma_1^{\#}$=1.23g/cm^3， 10～20cm 土壤容重 γ_2=1.18g/cm^3， 20～40cm 土壤容重 γ_3=1.33g/cm^3， 0～20cm 土壤含水率 θ_1=11.5%， 20～40cm 土壤含水率 θ_2=14.78%， 土壤有机质含量 G=1g/kg， 填凹量 $h_{填凹量}$=0.5cm，糙率 n=0.1) Ⅲ. 入渗参数： 入渗系数 k=2.2385cm/min， 入渗指数 α=0.2517， 稳定入渗率 f_0=0.0948cm/min	60	0.001	50	94.7	50	93.4	50	93.0	50	93.1	50	96.1	50	96.1
		0.002	100	92.9	90	94.7	100	93.7	90	95.5	90	95.0	90	94.4
		0.003	140	93.2	140	94.2	140	93.8	140	93.4	140	96.7	150	95.7
		0.004	190	93.4	180	93.3	190	96.3	190	95.3	170	89.5	170	87.8
		0.005	190	82.4	200	83.7	200	82.6	200	83.3	180	80.5	—	—
		0.006	—	—	—	—	—	—	—	—	—	—	—	—
		0.007	—	—	—	—	—	—	—	—	—	—	—	—
		0.008	—	—	—	—	—	—	—	—	—	—	—	—
		0.010	—	—	—	—	—	—	—	—	—	—	—	—
		0.012	—	—	—	—	—	—	—	—	—	—	—	—
	70	0.001	50	93.5	50	94.3	50	94.1	50	94.5	50	96.2	50	95.0
		0.002	100	94.0	100	94.6	100	94.6	100	93.8	100	94.6	100	96.1
		0.003	140	94.6	140	91.6	150	93.4	150	93.8	150	96.6	150	95.6
		0.004	190	93.4	190	93.7	190	92.1	200	93.6	200	93.3	170	89.0
		0.005	—	—	190	80.2	200	80.5	200	80.1	—	—	—	—
		0.006	—	—	—	—	—	—	—	—	—	—	—	—
		0.007	—	—	—	—	—	—	—	—	—	—	—	—
		0.008	—	—	—	—	—	—	—	—	—	—	—	—
		0.010	—	—	—	—	—	—	—	—	—	—	—	—
		0.012	—	—	—	—	—	—	—	—	—	—	—	—

附表 109　黏土 1 二三水浇地灌水定额分别为 40m³/亩、50m³/亩时的优化畦长

灌水条件	灌水定额/(m³/亩)	单宽流量/[m³/(s·m)]	地面坡降											
			0.0100		0.0050		0.0030		0.0020		0.0010		0.0005	
			优化畦长/m	灌水效率/%	优化畦长/m	灌水效率/%	优化畦长/m	灌水效率/%	优化畦长/m	灌水效率/%	优化畦长/m	灌水效率/%	优化畦长/m	灌水效率/%
Ⅰ. 土壤类型：黏土 1 (0～20cm 砂粒含量 ω_1=20～40cm 砂粒含量 ω_4=37.5%， 0～20cm 粉粒含量 ω_2=20～40cm 粉粒含量 ω_5=12.5%， 0～20cm 黏粒含量 ω_3=20～40cm 黏粒含量 ω_6=50%) Ⅱ. 地表形态：二三水浇地，地表轻、中旱 (0～10cm 土壤容重 γ_1=1.13g/cm³， 0～10cm 土壤变形容重 $\gamma_1^{\#}$=1.13g/cm³， 10～20cm 土壤容重 γ_2=1.08g/cm³， 20～40cm 土壤容重 γ_3=1.23g/cm³， 0～20cm 土壤含水率 θ_1=20.25%， 20～40cm 土壤含水率 θ_2=27%， 土壤有机质含量 G=1g/kg， 填凹量 $h_{填凹量}$=0.5cm，糙率 n=0.1) Ⅲ. 入渗参数： 入渗系数 k=2.3001cm/min， 入渗指数 α=0.2363， 稳定入渗率 f_0=0.0871cm/min	40	0.001	50	92.4	50	94.6	50	94.3	50	94.6	50	94.6	50	94.9
		0.002	80	91.3	80	92.5	80	91.8	80	92.2	80	94.9	80	94.7
		0.003	110	88.5	110	90.3	120	92.7	120	92.2	120	90.8	120	93.5
		0.004	140	87.2	150	86.7	150	88.9	150	88.0	140	82.5	140	83.6
		0.005	170	82.3	170	80.5	—	—	—	—	—	—	—	—
		0.006	—	—	—	—	—	—	—	—	—	—	—	—
		0.007	—	—	—	—	—	—	—	—	—	—	—	—
		0.008	—	—	—	—	—	—	—	—	—	—	—	—
		0.010	—	—	—	—	—	—	—	—	—	—	—	—
		0.012	—	—	—	—	—	—	—	—	—	—	—	—
	50	0.001	50	95.2	50	95.4	50	95.2	60	91.0	50	95.1	60	90.6
		0.002	90	88.9	90	87.1	90	86.6	90	87.4	90	90.0	90	90.7
		0.003	130	84.5	130	84.8	130	87.3	130	83.5	130	86.4	120	83.2
		0.004	190	92.8	180	94.6	200	95.0	190	96.1	160	84.8	—	—
		0.005	—	—	—	—	—	—	—	—	—	—	—	—
		0.006	—	—	—	—	—	—	—	—	—	—	—	—
		0.007	—	—	—	—	—	—	—	—	—	—	—	—
		0.008	—	—	—	—	—	—	—	—	—	—	—	—
		0.010	—	—	—	—	—	—	—	—	—	—	—	—
		0.012	—	—	—	—	—	—	—	—	—	—	—	—

附表 110 黏土 1 二三水浇地灌水定额分别为 60m³/亩、70m³/亩时的优化畦长

灌水条件	灌水定额/(m³/亩)	单宽流量/[m³/(s·m)]	地面坡降											
			0.0100		0.0050		0.0030		0.0020		0.0010		0.0005	
			优化畦长/m	灌水效率/%	优化畦长/m	灌水效率/%	优化畦长/m	灌水效率/%	优化畦长/m	灌水效率/%	优化畦长/m	灌水效率/%	优化畦长/m	灌水效率/%
Ⅰ. 土壤类型：黏土 1 (0～20cm 砂粒含量 $\omega_1=20$～40cm 砂粒含量 $\omega_4=37.5\%$， 0～20cm 粉粒含量 $\omega_2=20$～40cm 粉粒含量 $\omega_5=12.5\%$， 0～20cm 黏粒含量 $\omega_3=20$～40cm 黏粒含量 $\omega_6=50\%$) Ⅱ. 地表形态：二三水浇地，地表轻、中旱 (0～10cm 土壤容重 $\gamma_1=1.13g/cm^3$， 0～10cm 土壤变形容重 $\gamma_1^{\#}=1.13g/cm^3$， 10～20cm 土壤容重 $\gamma_2=1.08g/cm^3$， 20～40cm 土壤容重 $\gamma_3=1.23g/cm^3$， 0～20cm 土壤含水率 $\theta_1=20.25\%$， 20～40cm 土壤含水率 $\theta_2=27\%$， 土壤有机质含量 $G=1g/kg$， 填凹量 $h_{填凹量}=0.5cm$，糙率 $n=0.1$) Ⅲ. 入渗参数： 入渗系数 $k=2.3001cm/min$， 入渗指数 $\alpha=0.2363$， 稳定入渗率 $f_0=0.0871cm/min$	60	0.001	60	93.5	60	94.5	60	94.3	60	94.1	50	95.6	50	95.2
		0.002	100	87.5	100	88.3	100	89.3	100	89.4	100	92.4	100	93.1
		0.003	140	84.0	140	84.9	140	82.8	140	83.6	140	87.1	130	82.2
		0.004	200	87.3	200	89.5	200	91.6	200	91.6	160	82.5	160	82.1
		0.005	—	—	—	—	—	—	—	—	—	—	—	—
		0.006	—	—	—	—	—	—	—	—	—	—	—	—
		0.007	—	—	—	—	—	—	—	—	—	—	—	—
		0.008	—	—	—	—	—	—	—	—	—	—	—	—
		0.010	—	—	—	—	—	—	—	—	—	—	—	—
		0.012	—	—	—	—	—	—	—	—	—	—	—	—
	70	0.001	60	93.4	60	96.5	60	93.3	60	94.2	60	96.4	60	96.5
		0.002	100	86.4	100	83.9	100	88.1	100	84.9	100	89.1	90	86.6
		0.003	150	90.7	160	90.6	160	91.6	160	90.8	150	88.6	140	81.9
		0.004	190	82.4	190	84.6	200	85.9	200	86.3	200	88.2	180	86.4
		0.005	—	—	—	—	—	—	—	—	—	—	—	—
		0.006	—	—	—	—	—	—	—	—	—	—	—	—
		0.007	—	—	—	—	—	—	—	—	—	—	—	—
		0.008	—	—	—	—	—	—	—	—	—	—	—	—
		0.010	—	—	—	—	—	—	—	—	—	—	—	—
		0.012	—	—	—	—	—	—	—	—	—	—	—	—

附表 111　黏土 2 二三水浇地灌水定额分别为 $40m^3$/亩、$50m^3$/亩时的优化畦长

灌水条件	灌水定额/(m^3/亩)	单宽流量/[m^3/(s·m)]	地面坡降 0.0100 优化畦长/m	0.0100 灌水效率/%	0.0050 优化畦长/m	0.0050 灌水效率/%	0.0030 优化畦长/m	0.0030 灌水效率/%	0.0020 优化畦长/m	0.0020 灌水效率/%	0.0010 优化畦长/m	0.0010 灌水效率/%	0.0005 优化畦长/m	0.0005 灌水效率/%
Ⅰ. 土壤类型：黏土 2 (0～20cm 砂粒含量 ω_1=20～40cm 砂粒含量 ω_4=25%， 0～20cm 粉粒含量 ω_2=20～40cm 粉粒含量 ω_5=12.5%， 0～20cm 黏粒含量 ω_3=20～40cm 黏粒含量 ω_6=62.5%) Ⅱ. 地表形态：二三水浇地，地表轻、中旱 (0～10cm 土壤容重 γ_1=1.13g/cm^3， 0～10cm 土壤变形容重 $\gamma_1^{\#}$=1.13g/cm^3， 10～20cm 土壤容重 γ_2=1.08g/cm^3， 20～40cm 土壤容重 γ_3=1.23g/cm^3， 0～20cm 土壤含水率 θ_1=20.25%， 20～40cm 土壤含水率 θ_2=27%， 土壤有机质含量 G=1g/kg， 填凹量 $h_{填凹量}$=0.5cm，糙率 n=0.1) Ⅲ. 入渗参数： 入渗系数 k=2.4402cm/min， 入渗指数 α=0.2363， 稳定入渗率 f_0=0.0871cm/min	40	0.001	50	92.7	50	92.4	50	92.6	50	92.3	50	92.6	50	92.5
		0.002	80	93.6	80	95.3	80	94.2	80	94.9	80	96.1	70	88.0
		0.003	110	88.3	110	86.6	110	89.2	110	88.1	110	91.8	110	87.0
		0.004	150	89.4	140	89.1	150	92.5	150	93.7	130	89.2	140	86.3
		0.005	180	88.5	170	86.9	180	85.7	180	88.7	170	83.9	—	—
		0.006	200	82.1	200	81.2	200	80.6	200	81.7	—	—	—	—
		0.007	—	—	—	—	—	—	—	—	—	—	—	—
		0.008	—	—	—	—	—	—	—	—	—	—	—	—
		0.010	—	—	—	—	—	—	—	—	—	—	—	—
		0.012	—	—	—	—	—	—	—	—	—	—	—	—
	50	0.001	50	93.3	50	92.3	50	94.4	50	93.6	50	93.5	50	96.9
		0.002	90	92.2	90	92.0	90	91.7	90	92.4	90	96.6	90	96.1
		0.003	130	88.6	130	88.2	130	91.0	130	90.8	130	89.2	130	88.6
		0.004	160	87.0	160	85.0	170	89.0	170	89.8	150	84.3	150	82.8
		0.005	190	82.3	200	84.7	200	84.5	190	83.5	170	81.5	—	—
		0.006	—	—	—	—	—	—	—	—	—	—	—	—
		0.007	—	—	—	—	—	—	—	—	—	—	—	—
		0.008	—	—	—	—	—	—	—	—	—	—	—	—
		0.010	—	—	—	—	—	—	—	—	—	—	—	—
		0.012	—	—	—	—	—	—	—	—	—	—	—	—

附表 112　黏土 2 二三水浇地灌水定额分别为 60m³/亩、70m³/亩时的优化畦长

灌水条件	灌水定额/(m³/亩)	单宽流量/[m³/(s·m)]	地面坡降 0.0100		0.0050		0.0030		0.0020		0.0010		0.0005	
			优化畦长/m	灌水效率/%	优化畦长/m	灌水效率/%	优化畦长/m	灌水效率/%	优化畦长/m	灌水效率/%	优化畦长/m	灌水效率/%	优化畦长/m	灌水效率/%
Ⅰ. 土壤类型：黏土 2 (0～20cm 砂粒含量 $\omega_1=20$～40cm 砂粒含量 $\omega_4=25\%$， 0～20cm 粉粒含量 $\omega_2=20$～40cm 粉粒含量 $\omega_5=12.5\%$， 0～20cm 黏粒含量 $\omega_3=20$～40cm 黏粒含量 $\omega_6=62.5\%$) Ⅱ. 地表形态：二三水浇地，地表轻、中旱 (0～10cm 土壤容重 $\gamma_1=1.13\text{g/cm}^3$， 0～10cm 土壤变形容重 $\gamma_1^{\#}=1.13\text{g/cm}^3$， 10～20cm 土壤容重 $\gamma_2=1.08\text{g/cm}^3$， 20～40cm 土壤容重 $\gamma_3=1.23\text{g/cm}^3$， 0～20cm 土壤含水率 $\theta_1=20.25\%$， 20～40cm 土壤含水率 $\theta_2=27\%$， 土壤有机质含量 $G=1\text{g/kg}$， 填凹量 $h_{填凹量}=0.5\text{cm}$，糙率 $n=0.1$) Ⅲ. 入渗参数： 入渗系数 $k=2.4402\text{cm/min}$， 入渗指数 $\alpha=0.2363$， 稳定入渗率 $f_0=0.0871\text{cm/min}$	60	0.001	50	94.6	50	94.1	50	95.9	50	95.4	50	95.4	60	92.4
		0.002	100	92.5	100	93.7	100	93.0	100	96.0	100	93.5	100	94.1
		0.003	140	86.0	140	86.4	140	88.3	140	88.7	140	87.7	140	87.5
		0.004	190	92.2	190	94.0	190	91.9	190	92.8	200	91.4	180	85.3
		0.005	—	—	—	—	—	—	—	—	—	—	—	—
		0.006	—	—	—	—	—	—	—	—	—	—	—	—
		0.007	—	—	—	—	—	—	—	—	—	—	—	—
		0.008	—	—	—	—	—	—	—	—	—	—	—	—
		0.010	—	—	—	—	—	—	—	—	—	—	—	—
		0.012	—	—	—	—	—	—	—	—	—	—	—	—
	70	0.001	60	94.2	60	94.2	60	94.0	60	93.8	50	94.7	50	97.6
		0.002	100	87.2	100	88.8	100	88.2	100	91.3	100	88.5	90	90.8
		0.003	130	83..2	140	84.4	140	83.8	140	82.0	140	82.3	130	88.5
		0.004	190	86.2	190	85.6	200	90.9	200	87.8	190	89.8	150	81.5
		0.005	—	—	—	—	—	—	—	—	—	—	—	—
		0.006	—	—	—	—	—	—	—	—	—	—	—	—
		0.007	—	—	—	—	—	—	—	—	—	—	—	—
		0.008	—	—	—	—	—	—	—	—	—	—	—	—
		0.010	—	—	—	—	—	—	—	—	—	—	—	—
		0.012	—	—	—	—	—	—	—	—	—	—	—	—

附表 113　黏土 3 二三水浇地灌水定额分别为 40m³/亩、50m³/亩时的优化畦长

灌水条件	灌水定额/(m³/亩)	单宽流量/[m³/(s·m)]	地面坡降											
			0.0100		0.0050		0.0030		0.0020		0.0010		0.0005	
			优化畦长/m	灌水效率/%	优化畦长/m	灌水效率/%	优化畦长/m	灌水效率/%	优化畦长/m	灌水效率/%	优化畦长/m	灌水效率/%	优化畦长/m	灌水效率/%
I. 土壤类型：黏土 3 (0～20cm 砂粒含量 ω_1=20～40cm 砂粒含量 ω_4=12.5%， 0～20cm 粉粒含量 ω_2=20～40cm 粉粒含量 ω_5=25%， 0～20cm 黏粒含量 ω_3=20～40cm 黏粒含量 ω_6=62.5%) II. 地表形态：二三水浇地，地表轻、中旱 (0～10cm 土壤容重 γ_1=1.13g/cm³， 0～10cm 土壤变形容重 $\gamma_1^{\#}$=1.13g/cm³， 10～20cm 土壤容重 γ_2=1.08g/cm³， 20～40cm 土壤容重 γ_3=1.23g/cm³， 0～20cm 土壤含水率 θ_1=20.25%， 20～40cm 土壤含水率 θ_2=27%， 土壤有机质含量 G=1g/kg， 填凹量 $h_{填凹量}$=0.5cm，糙率 n=0.1) III. 入渗参数： 入渗系数 k=2.6986cm/min， 入渗指数 α=0.2301， 稳定入渗率 f_0=0.0858cm/min	40	0.001	30	93.7	30	93.3	30	93.1	30	96.3	30	93.9	30	95.6
		0.002	70	94.0	70	95.7	70	96.2	70	96.0	70	96.3	70	94.6
		0.003	110	92.3	110	91.4	110	94.8	110	93.7	110	95.9	90	86.6
		0.004	150	94.4	150	93.1	140	95.6	150	93.8	130	88.3	110	80.9
		0.005	170	95.7	170	92.7	180	94.2	150	85.7	—	—	—	—
		0.006	190	92.8	190	89.3	190	82.6	180	83.7	—	—	—	—
		0.007	200	80.2	—	—	—	—	—	—	—	—	—	—
		0.008	—	—	—	—	—	—	—	—	—	—	—	—
		0.010	—	—	—	—	—	—	—	—	—	—	—	—
		0.012	—	—	—	—	—	—	—	—	—	—	—	—
	50	0.001	50	93.8	40	94.9	50	93.8	40	94.9	40	97.3	40	95.5
		0.002	90	93.3	90	93.7	90	93.9	80	94.1	80	95.4	90	94.5
		0.003	130	92.9	130	93.3	130	95.4	130	93.4	130	96.0	120	93.3
		0.004	160	89.9	160	90.0	160	90.6	160	93.6	160	92.0	150	86.4
		0.005	190	91.1	190	88.3	190	90.9	190	91.3	180	85.1	180	84.8
		0.006	—	—	—	—	—	—	—	—	—	—	—	—
		0.007	—	—	—	—	—	—	—	—	—	—	—	—
		0.008	—	—	—	—	—	—	—	—	—	—	—	—
		0.010	—	—	—	—	—	—	—	—	—	—	—	—
		0.012	—	—	—	—	—	—	—	—	—	—	—	—

附表 114　黏土 3 二三水浇地灌水定额分别为 $60m^3$/亩、$70m^3$/亩时的优化畦长

灌水条件	灌水定额/(m^3/亩)	单宽流量/[m^3/(s·m)]	地面坡降											
			0.0100		0.0050		0.0030		0.0020		0.0010		0.0005	
			优化畦长/m	灌水效率/%	优化畦长/m	灌水效率/%	优化畦长/m	灌水效率/%	优化畦长/m	灌水效率/%	优化畦长/m	灌水效率/%	优化畦长/m	灌水效率/%
Ⅰ. 土壤类型：黏土 3 (0～20cm 砂粒含量 ω_1=20～40cm 砂粒含量 ω_4=12.5%， 0～20cm 粉粒含量 ω_2=20～40cm 粉粒含量 ω_5=25%， 0～20cm 黏粒含量 ω_3=20～40cm 黏粒含量 ω_6=62.5%) Ⅱ. 地表形态：二三水浇地， 地表轻、中旱 (0～10cm 土壤容重 γ_1=1.13g/cm³， 0～10cm 土壤变形容重 $\gamma_1^{\#}$=1.13g/cm³， 10～20cm 土壤容重 γ_2=1.08g/cm³， 20～40cm 土壤容重 γ_3=1.23g/cm³， 0～20cm 土壤含水率 θ_1=20.25%， 20～40cm 土壤含水率 θ_2=27%， 土壤有机质含量 G=1g/kg， 填凹量 $h_{填凹量}$=0.5cm，糙率 n=0.1) Ⅲ. 入渗参数： 入渗系数 k=2.6986cm/min， 入渗指数 α=0.2301， 稳定入渗率 f_0=0.0858cm/min	60	0.001	50	93.9	50	93.4	50	94.2	50	95.1	50	95.1	50	94.5
		0.002	90	91.2	90	90.1	90	91.0	90	92.4	90	93.2	90	92.0
		0.003	130	86.7	130	87.5	130	88.9	130	87.7	130	91.2	120	86.6
		0.004	170	85.0	170	84.3	170	87.0	170	87.0	170	87.6	150	83.2
		0.005	200	80.0	200	80.0	200	83.4	200	81.1	190	82.8	—	—
		0.006	—	—	—	—	—	—	—	—	—	—	—	—
		0.007	—	—	—	—	—	—	—	—	—	—	—	—
		0.008	—	—	—	—	—	—	—	—	—	—	—	—
		0.010	—	—	—	—	—	—	—	—	—	—	—	—
		0.012	—	—	—	—	—	—	—	—	—	—	—	—
	70	0.001	60	90.7	60	90.3	60	90.0	60	89.4	60	88.7	60	88.0
		0.002	100	93.8	100	92.9	100	94.8	100	93.9	100	93.8	100	95.4
		0.003	150	94.1	150	93.6	150	93.7	150	93.3	150	95.6	150	94.4
		0.004	200	90.6	190	92.0	200	90.1	200	92.9	200	97.0	200	92.2
		0.005	—	—	—	—	—	—	—	—	—	—	—	—
		0.006	—	—	—	—	—	—	—	—	—	—	—	—
		0.007	—	—	—	—	—	—	—	—	—	—	—	—
		0.008	—	—	—	—	—	—	—	—	—	—	—	—
		0.010	—	—	—	—	—	—	—	—	—	—	—	—
		0.012	—	—	—	—	—	—	—	—	—	—	—	—

附表 115　黏土 4 二三水浇地灌水定额分别为 40m³/亩、50m³/亩时的优化畦长

灌水条件	灌水定额/(m³/亩)	单宽流量/[m³/(s·m)]	地面坡降											
			0.0100		0.0050		0.0030		0.0020		0.0010		0.0005	
			优化畦长/m	灌水效率/%	优化畦长/m	灌水效率/%	优化畦长/m	灌水效率/%	优化畦长/m	灌水效率/%	优化畦长/m	灌水效率/%	优化畦长/m	灌水效率/%
Ⅰ. 土壤类型：黏土 4 (0～20cm 砂粒含量 $\omega_1=$20～40cm 砂粒含量 $\omega_4=25\%$， 0～20cm 粉粒含量 $\omega_2=$20～40cm 粉粒含量 $\omega_5=25\%$， 0～20cm 黏粒含量 $\omega_3=$20～40cm 黏粒含量 $\omega_6=50\%$) Ⅱ. 地表形态：二三水浇地，地表轻、中旱 (0～10cm 土壤容重 $\gamma_1=1.13\text{g/cm}^3$， 0～10cm 土壤变形容重 $\gamma_1^{\#}=1.13\text{g/cm}^3$， 10～20cm 土壤容重 $\gamma_2=1.08\text{g/cm}^3$， 20～40cm 土壤容重 $\gamma_3=1.23\text{g/cm}^3$， 0～20cm 土壤含水率 $\theta_1=20.25\%$， 20～40cm 土壤含水率 $\theta_2=27\%$， 土壤有机质含量 $G=1\text{g/kg}$， 填凹量 $h_{填凹量}=0.5\text{cm}$，糙率 $n=0.1$) Ⅲ. 入渗参数： 入渗系数 $k=2.4513\text{cm/min}$， 入渗指数 $\alpha=0.2301$， 稳定入渗率 $f_0=0.0858\text{cm/min}$	40	0.001	50	92.0	50	91.7	50	91.9	50	91.6	50	91.9	50	91.7
		0.002	80	93.3	80	94.9	80	93.9	80	94.9	80	95.7	80	95.7
		0.003	120	94.1	120	94.8	120	92.6	120	94.8	120	94.9	—	—
		0.004	150	93.2	150	92.2	150	93.8	140	85.5	140	85.0	—	—
		0.005	200	95.8	190	94.6	200	92.8	180	87.3	—	—	—	—
		0.006	200	89.0	190	91.5	190	90.0	—	—	—	—	—	—
		0.007	—	—	—	—	—	—	—	—	—	—	—	—
		0.008	—	—	—	—	—	—	—	—	—	—	—	—
		0.010	—	—	—	—	—	—	—	—	—	—	—	—
		0.012	—	—	—	—	—	—	—	—	—	—	—	—
	50	0.001	40	94.3	40	94.0	50	89.2	40	94.7	40	95.1	40	95.5
		0.002	90	93.4	80	93.9	80	93.3	80	94.4	80	94.0	80	95.9
		0.003	120	92.1	120	93.0	120	93.9	120	92.3	120	95.9	110	92.9
		0.004	150	92.9	150	92.2	150	94.0	160	94.5	140	89.9	140	87.8
		0.005	170	86.0	170	88.4	180	89.7	180	88.0	170	86.8	—	—
		0.006	200	80.4	200	81.6	200	84.9	200	84.8	—	—	—	—
		0.007	—	—	—	—	—	—	—	—	—	—	—	—
		0.008	—	—	—	—	—	—	—	—	—	—	—	—
		0.010	—	—	—	—	—	—	—	—	—	—	—	—
		0.012	—	—	—	—	—	—	—	—	—	—	—	—

附表 116　黏土 4 二三水浇地灌水定额分别为 $60m^3$/亩、$70m^3$/亩时的优化畦长

灌水条件	灌水定额/(m^3/亩)	单宽流量/[m^3/(s·m)]	地面坡降 0.0100 优化畦长/m	0.0100 灌水效率/%	0.0050 优化畦长/m	0.0050 灌水效率/%	0.0030 优化畦长/m	0.0030 灌水效率/%	0.0020 优化畦长/m	0.0020 灌水效率/%	0.0010 优化畦长/m	0.0010 灌水效率/%	0.0005 优化畦长/m	0.0005 灌水效率/%
Ⅰ. 土壤类型：黏土 4 (0～20cm 砂粒含量 ω_1=20～40cm 砂粒含量 ω_4=25%， 0～20cm 粉粒含量 ω_2=20～40cm 粉粒含量 ω_5=25%， 0～20cm 黏粒含量 ω_3=20～40cm 黏粒含量 ω_6=50%) Ⅱ. 地表形态：二三水浇地，地表轻、中旱 (0～10cm 土壤容重 γ_1=1.13g/cm^3， 0～10cm 土壤变形容重 $\gamma_1^{\#}$=1.13g/cm^3， 10～20cm 土壤容重 γ_2=1.08g/cm^3， 20～40cm 土壤容重 γ_3=1.23g/cm^3， 0～20cm 土壤含水率 θ_1=20.25%， 20～40cm 土壤含水率 θ_2=27%， 土壤有机质含量 G=1g/kg， 填凹量 $h_{填凹量}$=0.5cm，糙率 n=0.1) Ⅲ. 入渗参数： 入渗系数 k=2.4513cm/min， 入渗指数 α=0.2301， 稳定入渗率 f_0=0.0858cm/min	60	0.001	50	93.1	50	93.2	50	92.9	50	92.6	40	94.5	40	97.5
		0.002	80	94.9	90	92.4	90	94.0	90	95.3	80	92.9	80	96.8
		0.003	130	92.6	130	92.9	130	95.9	130	96.1	130	96.2	130	93.5
		0.004	160	92.7	160	89.5	170	93.9	170	95.4	160	90.3	—	—
		0.005	190	86.5	190	85.7	190	88.1	200	87.9	190	88.0	—	—
		0.006	—	—	—	—	—	—	—	—	—	—	—	—
		0.007	—	—	—	—	—	—	—	—	—	—	—	—
		0.008	—	—	—	—	—	—	—	—	—	—	—	—
		0.010	—	—	—	—	—	—	—	—	—	—	—	—
		0.012	—	—	—	—	—	—	—	—	—	—	—	—
	70	0.001	50	93.8	50	95.2	50	95.1	50	95.1	50	94.7	50	94.5
		0.002	90	94.0	90	93.0	90	92.1	90	93.5	90	93.3	80	94.6
		0.003	130	89.3	130	88.7	130	92.2	130	90.4	130	91.4	130	90.1
		0.004	170	87.9	170	87.2	170	87.8	170	87.4	170	89.7	150	82.8
		0.005	190	83.0	200	82.6	200	84.6	200	82.8	200	83.0	200	83.8
		0.006	—	—	—	—	—	—	—	—	—	—	—	—
		0.007	—	—	—	—	—	—	—	—	—	—	—	—
		0.008	—	—	—	—	—	—	—	—	—	—	—	—
		0.010	—	—	—	—	—	—	—	—	—	—	—	—
		0.012	—	—	—	—	—	—	—	—	—	—	—	—

附表 117　黏土 5 二三水浇地灌水定额分别为 40m³/亩、50m³/亩时的优化畦长

灌水条件	灌水定额/(m³/亩)	单宽流量/[m³/(s·m)]	地面坡降											
			0.0100		0.0050		0.0030		0.0020		0.0010		0.0005	
			优化畦长/m	灌水效率/%	优化畦长/m	灌水效率/%	优化畦长/m	灌水效率/%	优化畦长/m	灌水效率/%	优化畦长/m	灌水效率/%	优化畦长/m	灌水效率/%
Ⅰ. 土壤类型：黏土 5 (0～20cm 砂粒含量 ω_1=20～40cm 砂粒含量 ω_4=12.5%， 0～20cm 粉粒含量 ω_2=20～40cm 粉粒含量 ω_5=37.5%， 0～20cm 黏粒含量 ω_3=20～40cm 黏粒含量 ω_6=50%) Ⅱ. 地表形态：二三水浇地，地表轻、中旱 (0～10cm 土壤容重 γ_1=1.13g/cm³， 0～10cm 土壤变形容重 $\gamma_1^{\#}$=1.13g/cm³， 10～20cm 土壤容重 γ_2=1.08g/cm³， 20～40cm 土壤容重 γ_3=1.23g/cm³， 0～20cm 土壤含水率 θ_1=20.25%， 20～40cm 土壤含水率 θ_2=27%， 土壤有机质含量 G=1g/kg， 填凹量 $h_{填凹量}$=0.5cm，糙率 n=0.1) Ⅲ. 入渗参数： 入渗系数 k=2.7097cm/min， 入渗指数 α=0.2238， 稳定入渗率 f_0=0.0846cm/min	40	0.001	30	93.5	30	93	40	94.1	30	96.1	30	93.6	30	95.4
		0.002	70	93.7	70	94.1	70	94.1	70	95.6	70	95.9	70	94.7
		0.003	110	91.9	110	91.2	110	94.5	110	93.5	110	95.5	90	86.3
		0.004	130	93.2	130	93.6	140	92.7	140	93.0	110	84.3	—	—
		0.005	160	89.4	150	86.6	160	91.0	160	90.6	—	—	—	—
		0.006	200	91.5	200	93.3	180	88.9	180	83.5	—	—	—	—
		0.007	200	80.1	—	—	—	—	—	—	—	—	—	—
		0.008	—	—	—	—	—	—	—	—	—	—	—	—
		0.010	—	—	—	—	—	—	—	—	—	—	—	—
		0.012	—	—	—	—	—	—	—	—	—	—	—	—
	50	0.001	50	93.5	40	94.5	40	95.4	40	94.6	40	96.9	40	95.2
		0.002	80	94.6	80	92.9	80	93.8	80	94.6	90	93.7	90	94.1
		0.003	120	91.7	120	92.5	120	92.7	120	92.7	120	91.1	120	94.4
		0.004	150	92.3	150	92.3	160	91.7	160	94.1	150	92.0	140	82.4
		0.005	200	91.5	190	89.7	190	91.9	180	85.5	170	81.2	—	—
		0.006	—	—	—	—	—	—	—	—	—	—	—	—
		0.007	—	—	—	—	—	—	—	—	—	—	—	—
		0.008	—	—	—	—	—	—	—	—	—	—	—	—
		0.010	—	—	—	—	—	—	—	—	—	—	—	—
		0.012	—	—	—	—	—	—	—	—	—	—	—	—

附表 118 黏土 5 二三水浇地灌水定额分别为 $60m^3$/亩、$70m^3$/亩时的优化畦长

灌水条件	灌水定额/(m^3/亩)	单宽流量/[m^3/(s·m)]	地面坡降											
			0.0100		0.0050		0.0030		0.0020		0.0010		0.0005	
			优化畦长/m	灌水效率/%	优化畦长/m	灌水效率/%	优化畦长/m	灌水效率/%	优化畦长/m	灌水效率/%	优化畦长/m	灌水效率/%	优化畦长/m	灌水效率/%
I. 土壤类型：黏土 5 (0～20cm 砂粒含量 ω_1=20～40cm 砂粒含量 ω_4=12.5%， 0～20cm 粉粒含量 ω_2=20～40cm 粉粒含量 ω_5=37.5%， 0～20cm 黏粒含量 ω_3=20～40cm 黏粒含量 ω_6=50%) II. 地表形态：二三水浇地，地表轻、中旱 (0～10cm 土壤容重 γ_1=1.13g/cm^3， 0～10cm 土壤变形容重 $\gamma_1^{\#}$=1.13g/cm^3， 10～20cm 土壤容重 γ_2=1.08g/cm^3， 20～40cm 土壤容重 γ_3=1.23g/cm^3， 0～20cm 土壤含水率 θ_1=20.25%， 20～40cm 土壤含水率 θ_2=27%， 土壤有机质含量 G=1g/kg， 填凹量 $h_{填凹量}$=0.5cm，糙率 n=0.1) III. 入渗参数： 入渗系数 k=2.7097cm/min， 入渗指数 α=0.2238， 稳定入渗率 f_0=0.0846cm/min	60	0.001	50	93.6	50	93.1	50	94	50	94.9	50	94.9	50	94.5
		0.002	90	91.7	90	93.9	90	94.4	90	93.4	90	93.2	90	94
		0.003	130	88.9	130	88.3	130	91.7	130	89.6	130	89.4	130	92.8
		0.004	160	86.3	170	83.4	170	88.5	170	89.2	170	87.1	160	85.0
		0.005	180	82.0	200	83.7	200	83.9	190	84.6	200	85.8	—	—
		0.006	—	—	—	—	—	—	—	—	—	—	—	—
		0.007	—	—	—	—	—	—	—	—	—	—	—	—
		0.008	—	—	—	—	—	—	—	—	—	—	—	—
		0.010	—	—	—	—	—	—	—	—	—	—	—	—
		0.012	—	—	—	—	—	—	—	—	—	—	—	—
	70	0.001	50	94.9	50	94.7	50	95.5	50	93.4	50	93.6	50	95.7
		0.002	100	94.4	100	94.8	100	93.7	100	95.3	100	95.2	100	95.9
		0.003	140	89.6	140	91.5	140	88.9	140	92.5	140	90.8	130	87.4
		0.004	180	83.6	180	87.7	180	87.9	170	82.6	170	84.2	170	84.5
		0.005	200	80.2	200	80.9	200	81.0	—	—	—	—	—	—
		0.006	—	—	—	—	—	—	—	—	—	—	—	—
		0.007	—	—	—	—	—	—	—	—	—	—	—	—
		0.008	—	—	—	—	—	—	—	—	—	—	—	—
		0.010	—	—	—	—	—	—	—	—	—	—	—	—
		0.012	—	—	—	—	—	—	—	—	—	—	—	—

附表 119　壤土二三水浇地灌水定额分别为 $40m^3$/亩、$50m^3$/亩时的优化畦长

灌水条件	灌水定额/(m^3/亩)	单宽流量/[m^3/(s·m)]	地面坡降											
			0.0100		0.0050		0.0030		0.0020		0.0010		0.0005	
			优化畦长/m	灌水效率/%	优化畦长/m	灌水效率/%	优化畦长/m	灌水效率/%	优化畦长/m	灌水效率/%	优化畦长/m	灌水效率/%	优化畦长/m	灌水效率/%
Ⅰ. 土壤类型：壤土 (0～20cm 砂粒含量 ω_1=20～40cm 砂粒含量 ω_4=50%， 0～20cm 粉粒含量 ω_2=20～40cm 粉粒含量 ω_5=37.5%， 0～20cm 黏粒含量 ω_3=20～40cm 黏粒含量 ω_6=12%) Ⅱ. 地表形态：二三水浇地，地表轻、中旱 (0～10cm 土壤容重 γ_1=1.3g/cm^3， 0～10cm 土壤变形容重 $\gamma_1^{\#}$=1.3g/cm^3， 10～20cm 土壤容重 γ_2=1.25g/cm^3， 20～40cm 土壤容重 γ_3=1.4g/cm^3， 0～20cm 土壤含水率 θ_1=10.86%， 20～40cm 土壤含水率 θ_2=14.20%， 土壤有机质含量 G=1g/kg， 填凹量 $h_{填凹量}$=0.5cm，糙率 n=0.1) Ⅲ. 入渗参数： 入渗系数 k=2.023cm/min， 入渗指数 α=0.2519， 稳定入渗率 f_0=0.0934cm/min	40	0.001	40	94.8	40	94.0	40	95.6	40	95.8	40	96.3	40	96.4
		0.002	80	91.8	80	92.9	80	93.7	80	92.4	80	92.8	80	96.4
		0.003	110	91.2	120	90.0	120	92.8	120	91.3	120	95.6	110	89.7
		0.004	160	94.9	170	94.9	170	94.8	150	92.3	150	86.7	—	—
		0.005	190	89.4	180	91.2	200	91.7	180	88.9	180	81.9	—	—
		0.006	—	—	—	—	—	—	—	—	—	—	—	—
		0.007	—	—	—	—	—	—	—	—	—	—	—	—
		0.008	—	—	—	—	—	—	—	—	—	—	—	—
		0.010	—	—	—	—	—	—	—	—	—	—	—	—
		0.012	—	—	—	—	—	—	—	—	—	—	—	—
	50	0.001	50	92.9	50	93.1	50	96.2	50	92.6	50	95.1	50	96.1
		0.002	90	94.3	90	94.8	90	94.5	90	93.1	90	94.3	90	96.9
		0.003	130	92.8	140	93.6	140	94.1	140	96.0	140	94.8	120	86.0
		0.004	170	91.6	170	91.5	170	89.6	180	90.4	180	90.8	160	83.7
		0.005	190	82.1	180	80.4	190	83.7	200	85.4	200	83.7	190	80.2
		0.006	—	—	—	—	—	—	—	—	—	—	—	—
		0.007	—	—	—	—	—	—	—	—	—	—	—	—
		0.008	—	—	—	—	—	—	—	—	—	—	—	—
		0.010	—	—	—	—	—	—	—	—	—	—	—	—
		0.012	—	—	—	—	—	—	—	—	—	—	—	—

附表 120 壤土二三水浇地灌水定额分别为 $60m^3$/亩、$70m^3$/亩时的优化畦长

灌水条件	灌水定额/(m^3/亩)	单宽流量/[m^3/(s·m)]	地面坡降											
			0.0100		0.0050		0.0030		0.0020		0.0010		0.0005	
			优化畦长/m	灌水效率/%	优化畦长/m	灌水效率/%	优化畦长/m	灌水效率/%	优化畦长/m	灌水效率/%	优化畦长/m	灌水效率/%	优化畦长/m	灌水效率/%
Ⅰ. 土壤类型：壤土 (0～20cm 砂粒含量 ω_1=20～40cm 砂粒含量 ω_4=50%， 0～20cm 粉粒含量 ω_2=20～40cm 粉粒含量 ω_5=37.5%， 0～20cm 黏粒含量 ω_3=20～40cm 黏粒含量 ω_6=12%) Ⅱ. 地表形态：二三水浇地，地表轻、中旱 (0～10cm 土壤容重 γ_1=1.3g/cm^3， 0～10cm 土壤变形容重 $\gamma_1^{\#}$=1.3g/cm^3， 10～20cm 土壤容重 γ_2=1.25g/cm^3， 20～40cm 土壤容重 γ_3=1.4g/cm^3， 0～20cm 土壤含水率 θ_1=10.86%， 20～40cm 土壤含水率 θ_2=14.20%， 土壤有机质含量 G=1g/kg， 填凹量 $h_{填凹量}$=0.5cm，糙率 n=0.1) Ⅲ. 入渗参数： 入渗系数 k=2.023cm/min， 入渗指数 α=0.2519， 稳定入渗率 f_0=0.0934cm/min	60	0.001	50	93.3	50	95.9	60	90.8	50	95.3	50	95.9	50	94.4
		0.002	100	94.5	100	95.5	100	95.6	100	94.2	100	95.5	90	93.4
		0.003	160	93.5	150	94.2	150	95.9	150	94.3	160	94.0	160	94.4
		0.004	190	91.3	190	91.1	190	91.1	200	93.5	200	91.5	200	93.0
		0.005	200	80.1	200	82.3	—	—	—	—	—	—	—	—
		0.006	—	—	—	—	—	—	—	—	—	—	—	—
		0.007	—	—	—	—	—	—	—	—	—	—	—	—
		0.008	—	—	—	—	—	—	—	—	—	—	—	—
		0.010	—	—	—	—	—	—	—	—	—	—	—	—
		0.012	—	—	—	—	—	—	—	—	—	—	—	—
	70	0.001	60	92.7	60	92.4	50	95.4	50	94.6	50	95.3	50	96.6
		0.002	110	93.6	100	95.3	110	96.3	110	96.5	110	97.1	100	97.6
		0.003	150	95.4	150	93.2	150	94.1	160	95.6	160	94.8	160	93.8
		0.004	190	88.7	190	88.4	190	88.7	200	91.6	200	90.0	200	91.4
		0.005	—	—	—	—	—	—	—	—	—	—	—	—
		0.006	—	—	—	—	—	—	—	—	—	—	—	—
		0.007	—	—	—	—	—	—	—	—	—	—	—	—
		0.008	—	—	—	—	—	—	—	—	—	—	—	—
		0.010	—	—	—	—	—	—	—	—	—	—	—	—
		0.012	—	—	—	—	—	—	—	—	—	—	—	—

附表 121　壤质黏土 1 二三水浇地灌水定额分别为 $40m^3$/亩、$50m^3$/亩时的优化畦长

灌水条件	灌水定额/(m^3/亩)	单宽流量/[m^3/(s·m)]	地面坡降 0.0100 优化畦长/m	0.0100 灌水效率/%	0.0050 优化畦长/m	0.0050 灌水效率/%	0.0030 优化畦长/m	0.0030 灌水效率/%	0.0020 优化畦长/m	0.0020 灌水效率/%	0.0010 优化畦长/m	0.0010 灌水效率/%	0.0005 优化畦长/m	0.0005 灌水效率/%
Ⅰ. 土壤类型：壤质黏土 1 (0～20cm 砂粒含量 $\omega_1=20$～40cm 砂粒含量 $\omega_4=50\%$， 0～20cm 粉粒含量 $\omega_2=20$～40cm 粉粒含量 $\omega_5=12.5\%$， 0～20cm 黏粒含量 $\omega_3=20$～40cm 黏粒含量 $\omega_6=37.5\%$) Ⅱ. 地表形态：二三水浇地，地表轻、中旱 (0～10cm 土壤容重 $\gamma_1=1.16g/cm^3$， 0～10cm 土壤变形容重 $\gamma_1^{\#}=1.16g/cm^3$， 10～20cm 土壤容重 $\gamma_2=1.11g/cm^3$， 20～40cm 土壤容重 $\gamma_3=1.26g/cm^3$， 0～20cm 土壤含水率 $\theta_1=18\%$， 20～40cm 土壤含水率 $\theta_2=24\%$， 土壤有机质含量 $G=1g/kg$， 填凹量 $h_{填凹量}=0.5cm$，糙率 $n=0.1$) Ⅲ. 入渗参数： 入渗系数 $k=2.1807cm/min$， 入渗指数 $\alpha=0.244$， 稳定入渗率 $f_0=0.0887cm/min$	40	0.001	50	93.7	40	94.3	40	95.0	40	95.5	40	95.8	40	96.9
		0.002	90	94.1	90	94.7	90	93.7	90	95.9	90	95.0	90	95.4
		0.003	120	92.0	130	93.3	120	93.1	130	93.9	130	92.8	110	87.9
		0.004	150	88.2	160	85.6	160	87.2	160	90.1	150	85.4	—	—
		0.005	190	87.6	190	87.0	180	87.0	180	80.1	—	—	—	—
		0.006	—	—	—	—	—	—	—	—	—	—	—	—
		0.007	—	—	—	—	—	—	—	—	—	—	—	—
		0.008	—	—	—	—	—	—	—	—	—	—	—	—
		0.010	—	—	—	—	—	—	—	—	—	—	—	—
		0.012	—	—	—	—	—	—	—	—	—	—	—	—
	50	0.001	50	95.2	60	92.8	50	95.0	50	94.6	50	96.4	50	96.4
		0.002	90	83.8	90	87.0	90	84.5	90	87.7	90	85.7	80	88.0
		0.003	150	91.6	140	94.1	140	91.4	150	93.6	150	91.8	150	83.4
		0.004	190	90.7	200	92.2	190	94.3	190	92.6	200	93.9	180	82.8
		0.005	—	—	—	—	—	—	—	—	—	—	—	—
		0.006	—	—	—	—	—	—	—	—	—	—	—	—
		0.007	—	—	—	—	—	—	—	—	—	—	—	—
		0.008	—	—	—	—	—	—	—	—	—	—	—	—
		0.010	—	—	—	—	—	—	—	—	—	—	—	—
		0.012	—	—	—	—	—	—	—	—	—	—	—	—

附表 122 壤质黏土 1 二三水浇地灌水定额分别为 $60m^3$/亩、$70m^3$/亩时的优化畦长

灌水条件	灌水定额/(m^3/亩)	单宽流量/[m^3/(s·m)]	地面坡降											
			0.0100		0.0050		0.0030		0.0020		0.0010		0.0005	
			优化畦长/m	灌水效率/%	优化畦长/m	灌水效率/%	优化畦长/m	灌水效率/%	优化畦长/m	灌水效率/%	优化畦长/m	灌水效率/%	优化畦长/m	灌水效率/%
Ⅰ. 土壤类型：壤质黏土 1 (0～20cm 砂粒含量 $\omega_1=20$～40cm 砂粒含量 $\omega_4=50\%$， 0～20cm 粉粒含量 $\omega_2=20$～40cm 粉粒含量 $\omega_5=12.5\%$， 0～20cm 黏粒含量 $\omega_3=20$～40cm 黏粒含量 $\omega_6=37.5\%$) Ⅱ. 地表形态：二三水浇地，地表轻、中旱 (0～10cm 土壤容重 $\gamma_1=1.16g/cm^3$， 0～10cm 土壤变形容重 $\gamma_1^{\#}=1.16g/cm^3$， 10～20cm 土壤容重 $\gamma_2=1.11g/cm^3$， 20～40cm 土壤容重 $\gamma_3=1.26g/cm^3$， 0～20cm 土壤含水率 $\theta_1=18\%$， 20～40cm 土壤含水率 $\theta_2=24\%$， 土壤有机质含量 $G=1g/kg$， 填凹量 $h_{填凹量}=0.5cm$，糙率 $n=0.1$) Ⅲ. 入渗参数： 入渗系数 $k=2.1807cm/min$， 入渗指数 $\alpha=0.244$， 稳定入渗率 $f_0=0.0887cm/min$	60	0.001	60	93.6	60	93.8	60	94.2	60	95.1	60	94.9	50	96.2
		0.002	100	92.2	110	94.9	110	96.4	100	94.0	110	96.1	100	92.9
		0.003	140	88.2	150	86.2	150	86.3	150	85.8	150	88.2	150	88.9
		0.004	190	86.0	1190	86.5	200	86.9	190	86.9	190	88.0	180	80.8
		0.005	—	—	—	—	—	—	—	—	—	—	—	—
		0.006	—	—	—	—	—	—	—	—	—	—	—	—
		0.007	—	—	—	—	—	—	—	—	—	—	—	—
		0.008	—	—	—	—	—	—	—	—	—	—	—	—
		0.010	—	—	—	—	—	—	—	—	—	—	—	—
		0.012	—	—	—	—	—	—	—	—	—	—	—	—
	70	0.0010	60	93.5	60	93.0	60	96.1	60	95.9	60	95.9	60	95.1
		0.002	110	88.9	110	92.3	110	91.9	110	92.9	110	91.7	110	93.4
		0.003	160	86.2	160	86.7	160	89.6	160	90.6	160	89.3	160	88.8
		0.004	190	82.7	190	82.8	200	85.7	200	84.6	200	84.7	190	84.8
		0.005	—	—	—	—	—	—	—	—	—	—	—	—
		0.006	—	—	—	—	—	—	—	—	—	—	—	—
		0.007	—	—	—	—	—	—	—	—	—	—	—	—
		0.008	—	—	—	—	—	—	—	—	—	—	—	—
		0.010	—	—	—	—	—	—	—	—	—	—	—	—
		0.012	—	—	—	—	—	—	—	—	—	—	—	—

附表 123　壤质黏土 2 二三水浇地灌水定额分别为 $40m^3$/亩、$50m^3$/亩时的优化畦长

灌水条件	灌水定额/(m^3/亩)	单宽流量/[m^3/(s·m)]	地面坡降											
			0.0100		0.0050		0.0030		0.0020		0.0010		0.0005	
			优化畦长/m	灌水效率/%	优化畦长/m	灌水效率/%	优化畦长/m	灌水效率/%	优化畦长/m	灌水效率/%	优化畦长/m	灌水效率/%	优化畦长/m	灌水效率/%
Ⅰ. 土壤类型：壤质黏土 2 (0～20cm 砂粒含量 ω_1=20～40cm 砂粒含量 ω_4=37.5%， 0～20cm 粉粒含量 ω_2=20～40cm 粉粒含量 ω_5=25%， 0～20cm 黏粒含量 ω_3=20～40cm 黏粒含量 ω_6=37.5%) Ⅱ. 地表形态：二三水浇地，地表轻、中旱 (0～10cm 土壤容重 γ_1=1.16g/cm^3， 0～10cm 土壤变形容重 $\gamma_1^{\#}$=1.16g/cm^3， 10～20cm 土壤容重 γ_2=1.11g/cm^3， 20～40cm 土壤容重 γ_3=1.26g/cm^3， 0～20cm 土壤含水率 θ_1=18%， 20～40cm 土壤含水率 θ_2=24%， 土壤有机质含量 G=1g/kg， 填凹量 $h_{填凹量}$=0.5cm，糙率 n=0.1) Ⅲ. 入渗参数： 入渗系数 k=2.2879cm/min， 入渗指数 α=0.2377， 稳定入渗率 f_0=0.0874cm/min	40	0.001	40	94.5	50	93.8	40	94.6	40	96.0	40	95.7	40	96.2
		0.002	80	96.4	80	93.9	80	93.0	80	94.0	80	94.0	70	86.5
		0.003	110	93.6	110	93.6	120	93.8	120	94.0	110	90.3	100	82.7
		0.004	140	88.5	150	88.2	150	90.4	150	89.5	130	80.4	—	—
		0.005	170	85.8	170	83.6	170	87.2	170	82.8	—	—	—	—
		0.006	190	80.0	190	80.0	—	—	—	—	—	—	—	—
		0.007	—	—	—	—	—	—	—	—	—	—	—	—
		0.008	—	—	—	—	—	—	—	—	—	—	—	—
		0.010	—	—	—	—	—	—	—	—	—	—	—	—
		0.012	—	—	—	—	—	—	—	—	—	—	—	—
	50	0.001	50	94.0	60	89.5	50	92.9	50	94.1	50	93.5	50	95.3
		0.002	90	89.0	90	89.2	90	92.6	90	89.7	90	92.2	90	92.9
		0.003	120	87.0	120	84.6	130	86.9	130	87.5	130	90.2	120	85.5
		0.004	150	80.1	160	82.3	160	82.4	160	81.3	150	80.0	—	—
		0.005	190	81.4	200	82.0	200	81.8	200	82.5	—	—	—	—
		0.006	—	—	—	—	—	—	—	—	—	—	—	—
		0.007	—	—	—	—	—	—	—	—	—	—	—	—
		0.008	—	—	—	—	—	—	—	—	—	—	—	—
		0.010	—	—	—	—	—	—	—	—	—	—	—	—
		0.012	—	—	—	—	—	—	—	—	—	—	—	—

附表 124 壤质黏土 2 二三水浇地灌水定额分别为 $60m^3$/亩、$70m^3$/亩时的优化畦长

灌水条件	灌水定额/(m^3/亩)	单宽流量/[m^3/(s·m)]	地面坡降											
			0.0100		0.0050		0.0030		0.0020		0.0010		0.0005	
			优化畦长/m	灌水效率/%	优化畦长/m	灌水效率/%	优化畦长/m	灌水效率/%	优化畦长/m	灌水效率/%	优化畦长/m	灌水效率/%	优化畦长/m	灌水效率/%
Ⅰ. 土壤类型：壤质黏土 2 (0～20cm 砂粒含量 ω_1=20～40cm 砂粒含量 ω_4=37.5%， 0～20cm 粉粒含量 ω_2=20～40cm 粉粒含量 ω_5=25%， 0～20cm 黏粒含量 ω_3=20～40cm 黏粒含量 ω_6=37.5%) Ⅱ. 地表形态：二三水浇地，地表轻、中旱 (0～10cm 土壤容重 γ_1=1.16g/cm^3， 0～10cm 土壤变形容重 $\gamma_1^{\#}$=1.16g/cm^3， 10～20cm 土壤容重 γ_2=1.11g/cm^3， 20～40cm 土壤容重 γ_3=1.26g/cm^3， 0～20cm 土壤含水率 θ_1=18%， 20～40cm 土壤含水率 θ_2=24%， 土壤有机质含量 G=1g/kg， 填凹量 $h_{填凹量}$=0.5cm，糙率 n=0.1) Ⅲ. 入渗参数： 入渗系数 k=2.2879cm/min， 入渗指数 α=0.2377， 稳定入渗率 f_0=0.0874cm/min	60	0.001	60	93.4	50	95.7	50	95.1	50	95.4	50	94.6	50	92.3
		0.002	90	89.9	100	92.6	100	91.8	100	93.7	100	92.4	100	93.7
		0.003	130	80.6	130	82.6	130	81.4	130	82.0	130	84.1	130	84.3
		0.004	190	90.7	190	88.9	200	90.8	190	91.8	200	92.2	160	81.1
		0.005	—	—	—	—	—	—	—	—	—	—	—	—
		0.006	—	—	—	—	—	—	—	—	—	—	—	—
		0.007	—	—	—	—	—	—	—	—	—	—	—	—
		0.008	—	—	—	—	—	—	—	—	—	—	—	—
		0.010	—	—	—	—	—	—	—	—	—	—	—	—
		0.012	—	—	—	—	—	—	—	—	—	—	—	—
	70	0.001	60	95.0	60	95.0	60	95.1	60	94.3	60	94.8	60	94.7
		0.002	120	94.3	120	93.8	120	94.7	110	95.6	110	95.1	110	96.3
		0.003	160	92.4	160	94.8	160	92.9	160	93.3	170	94.2	170	96.5
		0.004	200	87.8	200	89.1	200	89.8	200	90.4	200	90.3	190	83.9
		0.005	—	—	—	—	—	—	—	—	—	—	—	—
		0.006	—	—	—	—	—	—	—	—	—	—	—	—
		0.007	—	—	—	—	—	—	—	—	—	—	—	—
		0.008	—	—	—	—	—	—	—	—	—	—	—	—
		0.010	—	—	—	—	—	—	—	—	—	—	—	—
		0.012	—	—	—	—	—	—	—	—	—	—	—	—

附表 125 壤质黏土 3 二三水浇地灌水定额分别为 $40m^3$/亩、$50m^3$/亩时的优化畦长

灌水条件	灌水定额/(m^3/亩)	单宽流量/[m^3/(s·m)]	地面坡降											
			0.0100		0.0050		0.0030		0.0020		0.0010		0.0005	
			优化畦长/m	灌水效率/%	优化畦长/m	灌水效率/%	优化畦长/m	灌水效率/%	优化畦长/m	灌水效率/%	优化畦长/m	灌水效率/%	优化畦长/m	灌水效率/%
Ⅰ. 土壤类型：壤质黏土 3 (0～20cm 砂粒含量 ω_1=20～40cm 砂粒含量 ω_4=25%， 0～20cm 粉粒含量 ω_2=20～40cm 粉粒含量 ω_5=37.5%， 0～20cm 黏粒含量 ω_3=20～40cm 黏粒含量 ω_6=37.5%) Ⅱ. 地表形态：二三水浇地，地表轻、中旱 (0～10cm 土壤容重 γ_1=1.16g/cm^3， 0～10cm 土壤变形容重 $\gamma_1^{\#}$=1.16g/cm^3， 10～20cm 土壤容重 γ_2=1.11g/cm^3， 20～40cm 土壤容重 γ_3=1.26g/cm^3， 0～20cm 土壤含水率 θ_1=18%， 20～40cm 土壤含水率 θ_2=24%， 土壤有机质含量 G=1g/kg， 填凹量 $h_{填凹量}$=0.5cm，糙率 n=0.1) Ⅲ. 入渗参数： 入渗系数 k=2.4391cm/min， 入渗指数 α=0.2315， 稳定入渗率 f_0=0.0862cm/min	40	0.001	30	94.0	40	94.2	30	93.4	30	93.5	40	96.0	30	96.4
		0.002	70	94.7	70	95.2	70	93.9	70	95.3	70	95.6	70	95.4
		0.003	100	94.4	100	92.6	110	94.6	110	94.3	110	95.2	90	87.1
		0.004	130	94.4	130	94.5	140	93.6	140	94.6	120	85.5	—	—
		0.005	160	95.7	160	91.1	150	93.3	160	94.2	—	—	—	—
		0.006	190	94.5	180	93.1	180	85.6	180	84.2	—	—	—	—
		0.007	190	83.4	190	82.4	—	—	—	—	—	—	—	—
		0.008	—	—	—	—	—	—	—	—	—	—	—	—
		0.010	—	—	—	—	—	—	—	—	—	—	—	—
		0.012	—	—	—	—	—	—	—	—	—	—	—	—
	50	0.001	50	92.6	40	95.4	40	94.3	40	95.5	40	96.6	40	96.3
		0.002	80	95.1	80	93.7	80	95.3	80	95.1	80	96.0	80	93.4
		0.003	120	90.4	120	92.8	120	94.7	120	95.0	120	93.7	100	80.8
		0.004	150	91.8	150	91.5	160	92.1	160	94.3	150	90.8	—	—
		0.005	190	89.0	200	90.4	200	91.1	170	87.6	180	84.4	—	—
		0.006	—	—	200	80.3	—	—	—	—	—	—	—	—
		0.007	—	—	—	—	—	—	—	—	—	—	—	—
		0.008	—	—	—	—	—	—	—	—	—	—	—	—
		0.010	—	—	—	—	—	—	—	—	—	—	—	—
		0.012	—	—	—	—	—	—	—	—	—	—	—	—

附表 126 壤质黏土 3 二三水浇地灌水定额分别为 $60m^3$/亩、$70m^3$/亩时的优化畦长

灌水条件	灌水定额/(m^3/亩)	单宽流量/[m^3/(s·m)]	地面坡降											
			0.0100		0.0050		0.0030		0.0020		0.0010		0.0005	
			优化畦长/m	灌水效率/%	优化畦长/m	灌水效率/%	优化畦长/m	灌水效率/%	优化畦长/m	灌水效率/%	优化畦长/m	灌水效率/%	优化畦长/m	灌水效率/%
Ⅰ. 土壤类型：壤质黏土 3 (0～20cm 砂粒含量 ω_1=20～40cm 砂粒含量 ω_4=25%， 0～20cm 粉粒含量 ω_2=20～40cm 粉粒含量 ω_5=37.5%， 0～20cm 黏粒含量 ω_3=20～40cm 黏粒含量 ω_6=37.5%) Ⅱ. 地表形态：二三水浇地，地表轻、中旱 (0～10cm 土壤容重 γ_1=1.16g/cm^3， 0～10cm 土壤变形容重 $\gamma_1^\#$=1.16g/cm^3， 10～20cm 土壤容重 γ_2=1.11g/cm^3， 20～40cm 土壤容重 γ_3=1.26g/cm^3， 0～20cm 土壤含水率 θ_1=18%， 20～40cm 土壤含水率 θ_2=24%， 土壤有机质含量 G=1g/kg， 填凹量 $h_{填凹量}$=0.5cm，糙率 n=0.1) Ⅲ. 入渗参数： 入渗系数 k=2.4391cm/min， 入渗指数 α=0.2315， 稳定入渗率 f_0=0.0862cm/min	60	0.001	50	93.4	50	95.5	50	93.3	50	93.4	50	95.4	50	95.0
		0.002	90	94.3	100	95.1	100	95.2	100	95.4	90	96.0	90	94.9
		0.003	140	95.0	150	93.5	150	94.5	150	94.7	140	95.5	130	93.8
		0.004	180	93.2	180	91.8	170	92.1	180	94.0	180	93.3	160	87.4
		0.005	190	81.7	190	83.2	200	84.2	190	86.1	190	85.5	180	80.4
		0.006	—	—	—	—	—	—	—	—	—	—	—	—
		0.007	—	—	—	—	—	—	—	—	—	—	—	—
		0.008	—	—	—	—	—	—	—	—	—	—	—	—
		0.010	—	—	—	—	—	—	—	—	—	—	—	—
		0.012	—	—	—	—	—	—	—	—	—	—	—	—
	70	0.001	50	93.9	50	94.7	50	94.9	50	94.7	50	95.2	50	94.4
		0.002	100	93.6	100	93.8	100	94.9	90	94.6	90	95.3	90	94.2
		0.003	140	93.3	150	94.1	150	93.3	150	93.3	150	93.7	150	96.2
		0.004	190	93.6	180	94.1	190	95.1	200	93.5	200	96.3	200	94.2
		0.005	—	—	200	80.9	—	—	—	—	—	—	—	—
		0.006	—	—	—	—	—	—	—	—	—	—	—	—
		0.007	—	—	—	—	—	—	—	—	—	—	—	—
		0.008	—	—	—	—	—	—	—	—	—	—	—	—
		0.010	—	—	—	—	—	—	—	—	—	—	—	—
		0.012	—	—	—	—	—	—	—	—	—	—	—	—

附表 127　砂土及壤质砂土二三水浇地灌水定额分别为 40m^3/亩、50m^3/亩时的优化畦长

灌水条件	灌水定额/(m^3/亩)	单宽流量/[m^3/(s·m)]	地面坡降											
			0.0100		0.0050		0.0030		0.0020		0.0010		0.0005	
			优化畦长/m	灌水效率/%	优化畦长/m	灌水效率/%	优化畦长/m	灌水效率/%	优化畦长/m	灌水效率/%	优化畦长/m	灌水效率/%	优化畦长/m	灌水效率/%
I. 土壤类型：砂土及壤质砂土 (0～20cm 砂粒含量 ω_1=20～40cm 砂粒含量 ω_4=85%， 0～20cm 粉粒含量 ω_2=20～40cm 粉粒含量 ω_5=7.5%， 0～20cm 黏粒含量 ω_3=20～40cm 黏粒含量 ω_6=7.5%) II. 地表形态：二三水浇地，地表轻、中旱 (0～10cm 土壤容重 γ_1=1.35g/cm^3， 0～10cm 土壤变形容重 $\gamma_1^{\#}$=1.35g/cm^3， 10～20cm 土壤容重 γ_2=1.3g/cm^3， 20～40cm 土壤容重 γ_3=1.45g/cm^3， 0～20cm 土壤含水率 θ_1=8.31%， 20～40cm 土壤含水率 θ_2=10.97%， 土壤有机质含量 G=1g/kg， 填凹量 $h_{填凹量}$=0.5cm，糙率 n=0.1) III. 入渗参数： 入渗系数 k=1.7656cm/min， 入渗指数 α=0.2721， 稳定入渗率 f_0=0.1001cm/min	40	0.001	50	92.5	50	95.4	50	93.3	50	94.3	50	95.3	40	93.8
		0.002	80	91.1	80	87.9	90	89.6	90	90.5	90	92.9	90	93.5
		0.003	130	87.3	130	87.8	130	88.2	130	86.0	130	86.3	120	82.4
		0.004	160	83.7	170	84.8	160	85.0	170	86.3	160	86.2	—	—
		0.005	200	80.9	180	81.7	180	80.1	—	—	—	—	—	—
		0.006	—	—	—	—	—	—	—	—	—	—	—	—
		0.007	—	—	—	—	—	—	—	—	—	—	—	—
		0.008	—	—	—	—	—	—	—	—	—	—	—	—
		0.010	—	—	—	—	—	—	—	—	—	—	—	—
		0.012	—	—	—	—	—	—	—	—	—	—	—	—
	50	0.001	50	93.8	50	97.1	50	95.3	50	96.3	50	97.3	50	96.8
		0.002	90	90.3	100	92.9	100	91.3	100	92.8	100	91.0	100	92.0
		0.003	130	83.3	140	84.1	140	84.0	140	88.1	140	88.2	130	82.2
		0.004	190	89.7	190	89.2	190	90.9	200	90.9	200	94.2	190	88.9
		0.005	—	—	—	—	—	—	—	—	—	—	—	—
		0.006	—	—	—	—	—	—	—	—	—	—	—	—
		0.007	—	—	—	—	—	—	—	—	—	—	—	—
		0.008	—	—	—	—	—	—	—	—	—	—	—	—
		0.010	—	—	—	—	—	—	—	—	—	—	—	—
		0.012	—	—	—	—	—	—	—	—	—	—	—	—

附表 128 砂土及壤质砂土二三水浇地灌水定额分别为 $60m^3$/亩、$70m^3$/亩时的优化畦长

灌水条件	灌水定额/(m^3/亩)	单宽流量/[m^3/(s·m)]	地面坡降 0.0100 优化畦长/m	0.0100 灌水效率/%	0.0050 优化畦长/m	0.0050 灌水效率/%	0.0030 优化畦长/m	0.0030 灌水效率/%	0.0020 优化畦长/m	0.0020 灌水效率/%	0.0010 优化畦长/m	0.0010 灌水效率/%	0.0005 优化畦长/m	0.0005 灌水效率/%
Ⅰ. 土壤类型：砂土及壤质砂土 (0～20cm 砂粒含量 ω_1=20～40cm 砂粒含量 ω_4=85%， 0～20cm 粉粒含量 ω_2=20～40cm 粉粒含量 ω_5=7.5%， 0～20cm 黏粒含量 ω_3=20～40cm 黏粒含量 ω_6=7.5%) Ⅱ. 地表形态：二三水浇地，地表轻、中旱 (0～10cm 土壤容重 γ_1=1.35g/cm^3， 0～10cm 土壤变形容重 $\gamma_1^{\#}$=1.35g/cm^3， 10～20cm 土壤容重 γ_2=1.3g/cm^3， 20～40cm 土壤容重 γ_3=1.45g/cm^3， 0～20cm 土壤含水率 θ_1=8.31%， 20～40cm 土壤含水率 θ_2=10.97%， 土壤有机质含量 G=1g/kg， 填凹量 $h_{填凹量}$=0.5cm，糙率 n=0.1) Ⅲ. 入渗参数： 入渗系数 k=1.7656cm/min， 入渗指数 α=0.2721， 稳定入渗率 f_0=0.1001cm/min	60	0.001	60	92.5	60	94.9	60	95.2	60	95.0	60	95.0	60	95.1
		0.002	100	86.2	100	87.5	100	86.1	100	87.2	100	85.4	90	87.4
		0.003	140	83.3	150	85.0	150	89.0	150	86.6	150	88.0	140	80.6
		0.004	190	84.8	200	86.1	190	86.4	200	89.0	200	90.4	160	80.8
		0.005	—	—	—	—	—	—	—	—	—	—	—	—
		0.006	—	—	—	—	—	—	—	—	—	—	—	—
		0.007	—	—	—	—	—	—	—	—	—	—	—	—
		0.008	—	—	—	—	—	—	—	—	—	—	—	—
		0.010	—	—	—	—	—	—	—	—	—	—	—	—
		0.012	—	—	—	—	—	—	—	—	—	—	—	—
	70	0.001	60	93.5	60	94.8	60	95.1	60	96.6	60	96.5	60	96.6
		0.002	110	88.9	110	90.9	110	89.8	110	90.7	110	89.8	110	90.5
		0.003	150	86.6	150	86.5	160	86.7	160	90.2	160	91.2	140	86.0
		0.004	190	81.4	190	83.0	190	83.3	200	85.6	200	86.8	200	83.9
		0.005	—	—	—	—	—	—	—	—	—	—	—	—
		0.006	—	—	—	—	—	—	—	—	—	—	—	—
		0.007	—	—	—	—	—	—	—	—	—	—	—	—
		0.008	—	—	—	—	—	—	—	—	—	—	—	—
		0.010	—	—	—	—	—	—	—	—	—	—	—	—
		0.012	—	—	—	—	—	—	—	—	—	—	—	—

附表 129　砂质黏壤土二三水浇地灌水定额分别为 $40m^3$/亩、$50m^3$/亩时的优化畦长

灌水条件	灌水定额/(m^3/亩)	单宽流量/[m^3/(s·m)]	地面坡降 0.0100 优化畦长/m	0.0100 灌水效率/%	0.0050 优化畦长/m	0.0050 灌水效率/%	0.0030 优化畦长/m	0.0030 灌水效率/%	0.0020 优化畦长/m	0.0020 灌水效率/%	0.0010 优化畦长/m	0.0010 灌水效率/%	0.0005 优化畦长/m	0.0005 灌水效率/%
Ⅰ. 土壤类型：砂质黏壤土（0～20cm 砂粒含量 ω_1=20～40cm 砂粒含量 ω_4=65%，0～20cm 粉粒含量 ω_2=20～40cm 粉粒含量 ω_5=15%，0～20cm 黏粒含量 ω_3=20～40cm 黏粒含量 ω_6=20%）Ⅱ. 地表形态：二三水浇地，地表轻、中旱（0～10cm 土壤容重 γ_1=1.26g/cm^3，0～10cm 土壤变形容重 $\gamma_1^\#$=1.26g/cm^3，10～20cm 土壤容重 γ_2=1.21g/cm^3，20～40cm 土壤容重 γ_3=1.36g/cm^3，0～20cm 土壤含水率 θ_1=9.65%，20～40cm 土壤含水率 θ_2=12.46%，土壤有机质含量 G=1g/kg，填凹量 $h_{填凹量}$=0.5cm，糙率 n=0.1）Ⅲ. 入渗参数：入渗系数 k=1.9979cm/min，入渗指数 α=0.267，稳定入渗率 f_0=0.0997cm/min	40	0.001	50	93.8	40	95.0	40	96.2	40	96.5	40	96.9	40	96.9
		0.002	90	93.2	290	93.0	80	95.6	90	93.6	80	94.6	80	95.4
		0.003	120	94.5	130	94.5	130	94.8	120	94.0	130	94.7	110	87.6
		0.004	150	92.5	150	90.5	150	90.0	150	86.6	150	87.8	—	—
		0.005	190	90.2	190	89.5	170	84.9	200	88.0	180	82.0	—	—
		0.006	—	—	—	—	—	—	—	—	—	—	—	—
		0.007	—	—	—	—	—	—	—	—	—	—	—	—
		0.008	—	—	—	—	—	—	—	—	—	—	—	—
		0.010	—	—	—	—	—	—	—	—	—	—	—	—
		0.012	—	—	—	—	—	—	—	—	—	—	—	—
	50	0.001	50	93.6	50	92.6	50	95.2	50	95.8	50	95.3	50	96.6
		0.002	90	94.9	90	95.1	90	95.1	100	93.8	90	94.7	100	94.0
		0.003	140	92.4	130	91.5	140	93.4	140	92.3	140	96.8	140	95.6
		0.004	180	95.8	180	96.1	180	94.2	200	95.0	180	90.0	160	82.6
		0.005	180	80.2	190	80.4	200	81.2	200	85.0	—	—	—	—
		0.006	—	—	—	—	—	—	—	—	—	—	—	—
		0.007	—	—	—	—	—	—	—	—	—	—	—	—
		0.008	—	—	—	—	—	—	—	—	—	—	—	—
		0.010	—	—	—	—	—	—	—	—	—	—	—	—
		0.012	—	—	—	—	—	—	—	—	—	—	—	—

附表 130 砂质黏壤土二三水浇地灌水定额分别为 $60m^3$/亩、$70m^3$/亩时的优化畦长

灌水条件	灌水定额/(m^3/亩)	单宽流量/[m^3/(s·m)]	地面坡降											
			0.0100		0.0050		0.0030		0.0020		0.0010		0.0005	
			优化畦长/m	灌水效率/%	优化畦长/m	灌水效率/%	优化畦长/m	灌水效率/%	优化畦长/m	灌水效率/%	优化畦长/m	灌水效率/%	优化畦长/m	灌水效率/%
I. 土壤类型：砂质黏壤土 (0～20cm 砂粒含量 ω_1=20～40cm 砂粒含量 ω_4=65%， 0～20cm 粉粒含量 ω_2=20～40cm 粉粒含量 ω_5=15%， 0～20cm 黏粒含量 ω_3=20～40cm 黏粒含量 ω_6=20%) II. 地表形态：二三水浇地，地表轻、中旱 (0～10cm 土壤容重 γ_1=1.26g/cm^3， 0～10cm 土壤变形容重 $\gamma_1^{\#}$=1.26g/cm^3， 10～20cm 土壤容重 γ_2=1.21g/cm^3， 20～40cm 土壤容重 γ_3=1.36g/cm^3， 0～20cm 土壤含水率 θ_1=9.65%， 20～40cm 土壤含水率 θ_2=12.46%， 土壤有机质含量 G=1g/kg， 填凹量 $h_{填凹量}$=0.5cm，糙率 n=0.1) III. 入渗参数： 入渗系数 k=1.9979cm/min， 入渗指数 α=0.267， 稳定入渗率 f_0=0.0997cm/min	60	0.001	50	94.3	50	93.6	50	94.3	50	96.3	50	96.5	50	96.6
		0.002	100	92.4	100	93.7	100	95.1	100	94.6	100	95.7	100	94.7
		0.003	140	89.6	150	90.7	150	90.3	150	94.6	150	93.8	150	91.6
		0.004	200	92.1	190	93.0	290	90.1	200	92.7	200	92.0	170	87.6
		0.005	—	—	—	—	—	—	—	—	—	—	—	—
		0.006	—	—	—	—	—	—	—	—	—	—	—	—
		0.007	—	—	—	—	—	—	—	—	—	—	—	—
		0.008	—	—	—	—	—	—	—	—	—	—	—	—
		0.010	—	—	—	—	—	—	—	—	—	—	—	—
		0.012	—	—	—	—	—	—	—	—	—	—	—	—
	70	0.001	60	93.5	60	93.3	60	93.3	60	93.0	50	96.2	50	96.8
		0.002	100	94.3	100	92.1	110	94.1	100	94.5	110	94.7	100	94.1
		0.003	160	94.6	150	94.0	150	94.9	160	96.1	160	95.8	160	97.2
		0.004	180	89.7	190	86.9	190	91.2	200	92.6	200	89.1	190	91.0
		0.005	—	—	—	—	—	—	—	—	—	—	—	—
		0.006	—	—	—	—	—	—	—	—	—	—	—	—
		0.007	—	—	—	—	—	—	—	—	—	—	—	—
		0.008	—	—	—	—	—	—	—	—	—	—	—	—
		0.010	—	—	—	—	—	—	—	—	—	—	—	—
		0.012	—	—	—	—	—	—	—	—	—	—	—	—

附表 131　砂质黏土二三水浇地灌水定额分别为 $40m^3$/亩、$50m^3$/亩时的优化畦长

灌水条件	灌水定额/(m^3/亩)	单宽流量/[m^3/(s·m)]	地面坡降											
			0.0100		0.0050		0.0030		0.0020		0.0010		0.0005	
			优化畦长/m	灌水效率/%	优化畦长/m	灌水效率/%	优化畦长/m	灌水效率/%	优化畦长/m	灌水效率/%	优化畦长/m	灌水效率/%	优化畦长/m	灌水效率/%
Ⅰ. 土壤类型：砂质黏土 (0～20cm 砂粒含量 ω_1=20～40cm 砂粒含量 ω_4=62.5%， 0～20cm 粉粒含量 ω_2=20～40cm 粉粒含量 ω_5=12.5%， 0～20cm 黏粒含量 ω_3=20～40cm 黏粒含量 ω_6=25%) Ⅱ. 地表形态：二三水浇地，地表轻、中旱 (0～10cm 土壤容重 γ_1=1.18g/cm^3， 0～10cm 土壤变形容重 $\gamma_1^{\#}$=1.18g/cm^3， 10～20cm 土壤容重 γ_2=1.13g/cm^3， 20～40cm 土壤容重 γ_3=1.28g/cm^3， 0～20cm 土壤含水率 θ_1=15.75%， 20～40cm 土壤含水率 θ_2=21%， 土壤有机质含量 G=1g/kg， 填凹量 $h_{填凹量}$=0.5cm，糙率 n=0.1) Ⅲ. 入渗参数： 入渗系数 k=2.1069cm/min， 入渗指数 α=0.2515， 稳定入渗率 f_0=0.091cm/min	40	0.001	50	95.3	40	95.0	50	96.2	50	94.4	40	95.8	40	96.6
		0.002	90	94.5	90	95.5	90	95.5	90	95.7	90	94.5	90	94.0
		0.003	120	91.8	120	90.4	130	93.4	130	94.4	130	92.7	120	88.2
		0.004	160	89.9	160	87.9	170	90.7	160	84.2	150	81.5	—	—
		0.005	190	86.6	190	85.9	190	83.3	190	81.8	—	—	—	—
		0.006	—	—	—	—	—	—	—	—	—	—	—	—
		0.007	—	—	—	—	—	—	—	—	—	—	—	—
		0.008	—	—	—	—	—	—	—	—	—	—	—	—
		0.010	—	—	—	—	—	—	—	—	—	—	—	—
		0.012	—	—	—	—	—	—	—	—	—	—	—	—
	50	0.001	60	93.5	50	96.1	50	95.0	50	96.3	50	95.5	50	96.3
		0.002	100	90.8	100	92.4	100	92.3	100	92.9	100	91.9	100	92.0
		0.003	140	89.1	140	90.9	150	91.5	150	90.8	150	94.0	140	87.2
		0.004	200	91.1	200	91.6	190	91.3	180	92.0	200	94.3	—	—
		0.005	—	—	—	—	—	—	—	—	—	—	—	—
		0.006	—	—	—	—	—	—	—	—	—	—	—	—
		0.007	—	—	—	—	—	—	—	—	—	—	—	—
		0.008	—	—	—	—	—	—	—	—	—	—	—	—
		0.010	—	—	—	—	—	—	—	—	—	—	—	—
		0.012	—	—	—	—	—	—	—	—	—	—	—	—

附表 132 砂质黏土二三水浇地灌水定额分别为 60m³/亩、70m³/亩时的优化畦长

灌水条件	灌水定额/(m³/亩)	单宽流量/[m³/(s·m)]	地面坡降 0.0100		0.0050		0.0030		0.0020		0.0010		0.0005	
			优化畦长/m	灌水效率/%	优化畦长/m	灌水效率/%	优化畦长/m	灌水效率/%	优化畦长/m	灌水效率/%	优化畦长/m	灌水效率/%	优化畦长/m	灌水效率/%
Ⅰ. 土壤类型：砂质黏土 (0～20cm 砂粒含量 $\omega_1=20$～40cm 砂粒含量 $\omega_4=62.5\%$， 0～20cm 粉粒含量 $\omega_2=20$～40cm 粉粒含量 $\omega_5=12.5\%$， 0～20cm 黏粒含量 $\omega_3=20$～40cm 黏粒含量 $\omega_6=25\%$) Ⅱ. 地表形态：二三水浇地，地表轻、中旱 (0～10cm 土壤容重 $\gamma_1=1.18g/cm^3$， 0～10cm 土壤变形容重 $\gamma_1^{\#}=1.18g/cm^3$， 10～20cm 土壤容重 $\gamma_2=1.13g/cm^3$， 20～40cm 土壤容重 $\gamma_3=1.28g/cm^3$， 0～20cm 土壤含水率 $\theta_1=15.75\%$， 20～40cm 土壤含水率 $\theta_2=21\%$， 土壤有机质含量 $G=1g/kg$， 填凹量 $h_{填凹量}=0.5cm$，糙率 $n=0.1$) Ⅲ. 入渗参数： 入渗系数 $k=2.1069cm/min$， 入渗指数 $\alpha=0.2515$， 稳定入渗率 $f_0=0.091cm/min$	60	0.001	60	93.1	60	94.8	60	94.4	60	94.8	60	96.0	60	94.6
		0.002	110	93.9	110	94.2	110	92.3	110	96.2	110	95.4	110	94.9
		0.003	150	86.7	160	90.7	160	91.5	160	90.7	160	93.9	160	94.4
		0.004	190	85.5	190	84.4	200	84.6	200	88.1	200	88.3	160	81.8
		0.005	—	—	—	—	—	—	—	—	—	—	—	—
		0.006	—	—	—	—	—	—	—	—	—	—	—	—
		0.007	—	—	—	—	—	—	—	—	—	—	—	—
		0.008	—	—	—	—	—	—	—	—	—	—	—	—
		0.010	—	—	—	—	—	—	—	—	—	—	—	—
		0.012	—	—	—	—	—	—	—	—	—	—	—	—
	70	0.001	60	93.6	60	93.3	60	95.1	60	93.5	60	97.4	60	94.3
		0.002	110	90.0	110	89.1	110	89.7	110	90.0	110	89.3	110	89.1
		0.003	160	86.7	160	89.7	160	88.5	160	90.0	160	88.5	160	89.6
		0.004	180	82.0	200	83.6	200	84.2	200	83.0	200	85.8	190	84.9
		0.005	—	—	—	—	—	—	—	—	—	—	—	—
		0.006	—	—	—	—	—	—	—	—	—	—	—	—
		0.007	—	—	—	—	—	—	—	—	—	—	—	—
		0.008	—	—	—	—	—	—	—	—	—	—	—	—
		0.010	—	—	—	—	—	—	—	—	—	—	—	—
		0.012	—	—	—	—	—	—	—	—	—	—	—	—

附表 133　砂质壤土 1 二三水浇地灌水定额分别为 40m³/亩、50m³/亩时的优化畦长

灌水条件	灌水定额/(m³/亩)	单宽流量/[m³/(s·m)]	地面坡降											
			0.0100		0.0050		0.0030		0.0020		0.0010		0.0005	
			优化畦长/m	灌水效率/%	优化畦长/m	灌水效率/%	优化畦长/m	灌水效率/%	优化畦长/m	灌水效率/%	优化畦长/m	灌水效率/%	优化畦长/m	灌水效率/%
Ⅰ. 土壤类型：砂质壤土 1 (0～20cm 砂粒含量 ω_1=20～40cm 砂粒含量 ω_4=75%， 0～20cm 粉粒含量 ω_2=20～40cm 粉粒含量 ω_5=12.5%， 0～20cm 黏粒含量 ω_3=20～40cm 黏粒含量 ω_6=12.5%) Ⅱ. 地表形态：二三水浇地，地表轻、中旱 (0～10cm 土壤容重 γ_1=1.33g/cm³， 0～10cm 土壤变形容重 $\gamma_1^{\#}$=1.33g/cm³， 10～20cm 土壤容重 γ_2=1.28g/cm³， 20～40cm 土壤容重 γ_3=1.43g/cm³， 0～20cm 土壤含水率 θ_1=9.05%， 20～40cm 土壤含水率 θ_2=11.89%， 土壤有机质含量 G=1g/kg， 填凹量 $h_{填凹量}$=0.5cm，糙率 n=0.1) Ⅲ. 入渗参数： 入渗系数 k=1.8237cm/min， 入渗指数 α=0.2683， 稳定入渗率 f_0=0.0986cm/min	40	0.001	50	94.4	50	94.0	50	93.6	50	93.5	50	93.0	40	96.2
		0.002	90	95.7	90	93.4	90	95.9	90	96.0	90	95.8	80	89.2
		0.003	120	88.1	130	89.3	130	90.5	130	87.8	130	88.7	120	88.4
		0.004	160	87.6	160	89.7	160	88.7	160	89.5	160	84.2	—	—
		0.005	190	82.8	200	83.5	190	84.8	200	84.5	—	—	—	—
		0.006	—	—	—	—	—	—	—	—	—	—	—	—
		0.007	—	—	—	—	—	—	—	—	—	—	—	—
		0.008	—	—	—	—	—	—	—	—	—	—	—	—
		0.010	—	—	—	—	—	—	—	—	—	—	—	—
		0.012	—	—	—	—	—	—	—	—	—	—	—	—
	50	0.001	50	95.5	50	95.5	50	95.6	50	95.2	50	95.1	50	95.4
		0.002	100	92.6	100	93.9	100	94.1	100	94.9	100	93.5	100	94.4
		0.003	150	93.9	150	93.1	150	93.2	150	93.5	130	82.5	130	83.5
		0.004	200	92.9	190	91.7	190	88.9	200	90.4	170	85.8	170	80.9
		0.005	200	80.1	200	81.0	—	—	—	—	—	—	—	—
		0.006	—	—	—	—	—	—	—	—	—	—	—	—
		0.007	—	—	—	—	—	—	—	—	—	—	—	—
		0.008	—	—	—	—	—	—	—	—	—	—	—	—
		0.010	—	—	—	—	—	—	—	—	—	—	—	—
		0.012	—	—	—	—	—	—	—	—	—	—	—	—

附表 134 砂质壤土 1 二三水浇地灌水定额分别为 60m³/亩、70m³/亩时的优化畦长

灌水条件	灌水定额/(m³/亩)	单宽流量/[m³/(s·m)]	地面坡降											
			0.0100		0.0050		0.0030		0.0020		0.0010		0.0005	
			优化畦长/m	灌水效率/%	优化畦长/m	灌水效率/%	优化畦长/m	灌水效率/%	优化畦长/m	灌水效率/%	优化畦长/m	灌水效率/%	优化畦长/m	灌水效率/%
Ⅰ. 土壤类型：砂质壤土 1 (0～20cm 砂粒含量 ω_1=20～40cm 砂粒含量 ω_4=75%， 0～20cm 粉粒含量 ω_2=20～40cm 粉粒含量 ω_5=12.5%， 0～20cm 黏粒含量 ω_3=20～40cm 黏粒含量 ω_6=12.5%) Ⅱ. 地表形态：二三水浇地， 地表轻、中旱 (0～10cm 土壤容重 γ_1=1.33g/cm³， 0～10cm土壤变形容重$\gamma_1^{\#}$=1.33g/cm³， 10～20cm 土壤容重 γ_2=1.28g/cm³， 20～40cm 土壤容重 γ_3=1.43g/cm³， 0～20cm 土壤含水率 θ_1=9.05%， 20～40cm 土壤含水率 θ_2=11.89%， 土壤有机质含量 G=1g/kg， 填凹量 $h_{填凹量}$=0.5cm，糙率 n=0.1) Ⅲ. 入渗参数： 入渗系数 k=1.8237cm/min， 入渗指数 α=0.2683， 稳定入渗率 f_0=0.0986cm/min	60	0.001	60	95.0	60	94.9	60	94.7	60	94.5	60	94.8	50	97.6
		0.002	100	92.7	110	93.7	110	94.3	110	94.7	110	94.1	110	95.0
		0.003	150	89.8	150	90.0	150	93.9	160	93.9	160	95.2	150	90.4
		0.004	190	85.5	200	86.5	200	88.2	200	88.3	200	87.9	170	84.2
		0.005	—	—	—	—	—	—	—	—	—	—	—	—
		0.006	—	—	—	—	—	—	—	—	—	—	—	—
		0.007	—	—	—	—	—	—	—	—	—	—	—	—
		0.008	—	—	—	—	—	—	—	—	—	—	—	—
		0.010	—	—	—	—	—	—	—	—	—	—	—	—
		0.012	—	—	—	—	—	—	—	—	—	—	—	—
	70	0.001	60	93.7	60	94.4	60	95.8	60	94.1	60	95.6	60	95.6
		0.002	110	94.2	110	94.0	110	95.7	110	94.8	110	95.6	110	96.4
		0.003	150	86.3	160	88.3	160	92.4	160	91.0	150	85.8	150	84.4
		0.004	190	85.4	190	84.3	200	84.0	200	85.4	190	81.7	170	80.2
		0.005	—	—	—	—	—	—	—	—	—	—	—	—
		0.006	—	—	—	—	—	—	—	—	—	—	—	—
		0.007	—	—	—	—	—	—	—	—	—	—	—	—
		0.008	—	—	—	—	—	—	—	—	—	—	—	—
		0.010	—	—	—	—	—	—	—	—	—	—	—	—
		0.012	—	—	—	—	—	—	—	—	—	—	—	—

附表 135 砂质壤土 2 二三水浇地灌水定额分别为 40m^3/亩、50m^3/亩时的优化畦长

灌水条件	灌水定额/(m^3/亩)	单宽流量/[m^3/(s·m)]	地面坡降											
			0.0100		0.0050		0.0030		0.0020		0.0010		0.0005	
			优化畦长/m	灌水效率/%	优化畦长/m	灌水效率/%	优化畦长/m	灌水效率/%	优化畦长/m	灌水效率/%	优化畦长/m	灌水效率/%	优化畦长/m	灌水效率/%
Ⅰ. 土壤类型：砂质壤土 2 (0～20cm 砂粒含量 ω_1=20～40cm 砂粒含量 ω_4=62.5%， 0～20cm 粉粒含量 ω_2=20～40cm 粉粒含量 ω_5=25%， 0～20cm 黏粒含量 ω_3=20～40cm 黏粒含量 ω_6=12.5%) Ⅱ. 地表形态：二三水浇地，地表轻、中旱 (0～10cm 土壤容重 γ_1=1.33g/cm^3， 0～10cm土壤变形容重$\gamma_1^{\#}$=1.33g/cm^3， 10～20cm 土壤容重 γ_2=1.28g/cm^3， 20～40cm 土壤容重 γ_3=1.43g/cm^3， 0～20cm 土壤含水率 θ_1=10.01%， 20～40cm 土壤含水率 θ_2=13.17%， 土壤有机质含量 G=1g/kg， 填凹量 $h_{填凹量}$=0.5cm，糙率 n=0.1) Ⅲ. 入渗参数： 入渗系数 k=1.8836cm/min， 入渗指数 α=0.2598， 稳定入渗率 f_0=0.0952cm/min	40	0.001	50	93.8	50	93.8	40	95.8	50	94.4	50	95.7	40	97.8
		0.002	90	94.6	90	94.9	90	94.8	100	91.2	90	94.2	90	96.0
		0.003	130	94.3	140	93.2	130	96.3	130	94.6	140	95.0	120	85.7
		0.004	160	88.6	150	90.2	160	88.3	170	92.0	150	85.8	150	82.3
		0.005	190	84.6	200	87.1	200	83.5	180	86.6	200	86.1	180	80.7
		0.006	—	—	200	80.1	—	—	—	—	—	—	—	—
		0.007	—	—	—	—	—	—	—	—	—	—	—	—
		0.008	—	—	—	—	—	—	—	—	—	—	—	—
		0.010	—	—	—	—	—	—	—	—	—	—	—	—
		0.012	—	—	—	—	—	—	—	—	—	—	—	—
	50	0.001	50	94.9	50	94.5	50	94.8	60	90.1	60	89.9	60	89.8
		0.002	100	93.6	100	94.7	100	94.3	100	95.5	100	95.6	100	95.9
		0.003	140	94.7	140	94.6	140	92.5	150	92.4	150	92.1	120	90.3
		0.004	190	92.6	180	94.5	200	94.4	200	92.7	170	85.6	180	87.3
		0.005	200	82.3	200	81.7	200	80.3	200	81.4	200	80.0	—	—
		0.006	—	—	—	—	—	—	—	—	—	—	—	—
		0.007	—	—	—	—	—	—	—	—	—	—	—	—
		0.008	—	—	—	—	—	—	—	—	—	—	—	—
		0.010	—	—	—	—	—	—	—	—	—	—	—	—
		0.012	—	—	—	—	—	—	—	—	—	—	—	—

附表 136 砂质壤土 2 二三水浇地灌水定额分别为 60m³/亩、70m³/亩时的优化畦长

灌水条件	灌水定额/(m³/亩)	单宽流量/[m³/(s·m)]	地面坡降											
			0.0100		0.0050		0.0030		0.0020		0.0010		0.0005	
			优化畦长/m	灌水效率/%	优化畦长/m	灌水效率/%	优化畦长/m	灌水效率/%	优化畦长/m	灌水效率/%	优化畦长/m	灌水效率/%	优化畦长/m	灌水效率/%
Ⅰ. 土壤类型：砂质壤土 2 (0～20cm 砂粒含量 ω_1=20～40cm 砂粒含量 ω_4=62.5%， 0～20cm 粉粒含量 ω_2=20～40cm 粉粒含量 ω_5=25%， 0～20cm 黏粒含量 ω_3=20～40cm 黏粒含量 ω_6=12.5%) Ⅱ. 地表形态：二三水浇地，地表轻、中旱 (0～10cm 土壤容重 γ_1=1.33g/cm³， 0～10cm 土壤变形容重 $\gamma_1^{\#}$=1.33g/cm³， 10～20cm 土壤容重 γ_2=1.28g/cm³， 20～40cm 土壤容重 γ_3=1.43g/cm³， 0～20cm 土壤含水率 θ_1=10.01%， 20～40cm 土壤含水率 θ_2=13.17%， 土壤有机质含量 G=1g/kg， 填凹量 $h_{填凹量}$=0.5cm，糙率 n=0.1) Ⅲ. 入渗参数： 入渗系数 k=1.8836cm/min， 入渗指数 α=0.2598， 稳定入渗率 f_0=0.0952cm/min	60	0.001	60	93.8	60	93.6	60	93.4	50	95.6	50	96.5	50	95.9
		0.002	100	93.3	100	94.8	110	95.0	110	95.2	110	95.8	100	93.3
		0.003	160	94.0	160	92.9	150	95.3	160	94.4	160	94.5	160	97.1
		0.004	190	90.0	190	86.5	190	90.1	190	90.8	200	89.6	180	84.5
		0.005	—	—	—	—	—	—	—	—	—	—	—	—
		0.006	—	—	—	—	—	—	—	—	—	—	—	—
		0.007	—	—	—	—	—	—	—	—	—	—	—	—
		0.008	—	—	—	—	—	—	—	—	—	—	—	—
		0.010	—	—	—	—	—	—	—	—	—	—	—	—
		0.012	—	—	—	—	—	—	—	—	—	—	—	—
	70	0.001	60	94.5	60	94.9	60	94.8	60	94.7	60	94.3	60	94.1
		0.002	120	94.9	120	94.6	120	94.8	110	96.1	120	95.0	120	95.3
		0.003	160	95.6	160	92.9	160	94.4	160	93.3	160	95.7	160	91.4
		0.004	190	84.3	190	83.6	190	86.6	190	87.5	180	83.8	170	83.3
		0.005	—	—	—	—	—	—	—	—	—	—	—	—
		0.006	—	—	—	—	—	—	—	—	—	—	—	—
		0.007	—	—	—	—	—	—	—	—	—	—	—	—
		0.008	—	—	—	—	—	—	—	—	—	—	—	—
		0.010	—	—	—	—	—	—	—	—	—	—	—	—
		0.012	—	—	—	—	—	—	—	—	—	—	—	—

附表 137　重黏土二三水浇地灌水定额分别为 40m^3/亩、50m^3/亩时的优化畦长

灌水条件	灌水定额/(m^3/亩)	单宽流量/[m^3/(s·m)]	地面坡降											
			0.0100		0.0050		0.0030		0.0020		0.0010		0.0005	
			优化畦长/m	灌水效率/%	优化畦长/m	灌水效率/%	优化畦长/m	灌水效率/%	优化畦长/m	灌水效率/%	优化畦长/m	灌水效率/%	优化畦长/m	灌水效率/%
Ⅰ. 土壤类型：重黏土 (0～20cm 砂粒含量 ω_1=20～40cm 砂粒含量 ω_4=12.5%， 0～20cm 粉粒含量 ω_2=20～40cm 粉粒含量 ω_5=12.5%， 0～20cm 黏粒含量 ω_3=20～40cm 黏粒含量 ω_6=75%) Ⅱ. 地表形态：二三水浇地，地表轻、中旱 (0～10cm 土壤容重 γ_1=1.1g/cm^3， 0～10cm 土壤变形容重 $\gamma_1^\#$=1.1g/cm^3， 10～20cm 土壤容重 γ_2=1.05g/cm^3， 20～40cm 土壤容重 γ_3=1.2g/cm^3， 0～20cm 土壤含水率 θ_1=22.5%， 20～40cm 土壤含水率 θ_2=30%， 土壤有机质含量 G=1g/kg， 填凹量 $h_{填凹量}$=0.5cm，糙率 n=0.1) Ⅲ. 入渗参数： 入渗系数 k=2.7095cm/min， 入渗指数 α=0.2284， 稳定入渗率 f_0=0.0859cm/min	40	0.001	30	93.7	30	93.2	40	92.5	30	92.9	30	93.7	40	93.4
		0.002	70	94.3	70	94.4	70	94.7	70	95.4	70	95.6	70	95.3
		0.003	90	88.7	100	89.0	100	89.3	100	92.2	100	90.5	80	85.1
		0.004	130	85.9	130	88.2	130	87.5	130	86.8	120	83.5	120	83.0
		0.005	150	82.8	150	80.8	150	80.1	150	81.9	150	84.0	—	—
		0.006	170	80.8	180	80.6	170	81.7	—	—	—	—	—	—
		0.007	200	80.0	200	80.1	—	—	—	—	—	—	—	—
		0.008	—	—	—	—	—	—	—	—	—	—	—	—
		0.010	—	—	—	—	—	—	—	—	—	—	—	—
		0.012	—	—	—	—	—	—	—	—	—	—	—	—
	50	0.001	40	93.5	40	94.8	50	93.3	50	94.9	40	97.1	40	95.3
		0.002	80	88.1	80	89.8	80	90.7	80	91.8	80	92.0	80	90.4
		0.003	120	88.9	120	89.4	120	90.1	120	88.4	120	92.3	110	87.4
		0.004	150	87.5	150	88.2	150	89.8	160	91.0	140	85.8	140	81.5
		0.005	190	83.7	190	84.9	190	86.4	190	85.8	180	81.3	—	—
		0.006	—	—	—	—	—	—	—	—	—	—	—	—
		0.007	—	—	—	—	—	—	—	—	—	—	—	—
		0.008	—	—	—	—	—	—	—	—	—	—	—	—
		0.010	—	—	—	—	—	—	—	—	—	—	—	—
		0.012	—	—	—	—	—	—	—	—	—	—	—	—

附表 138 重黏土二三水浇地灌水定额分别为 $60m^3$/亩、$70m^3$/亩时的优化畦长

灌水条件	灌水定额/(m^3/亩)	单宽流量/[m^3/(s·m)]	地面坡降 0.0100		0.0050		0.0030		0.0020		0.0010		0.0005	
			优化畦长/m	灌水效率/%	优化畦长/m	灌水效率/%	优化畦长/m	灌水效率/%	优化畦长/m	灌水效率/%	优化畦长/m	灌水效率/%	优化畦长/m	灌水效率/%
Ⅰ. 土壤类型：重黏土 (0～20cm 砂粒含量 ω_1=20～40cm 砂粒含量 ω_4=12.5%， 0～20cm 粉粒含量 ω_2=20～40cm 粉粒含量 ω_5=12.5%， 0～20cm 黏粒含量 ω_3=20～40cm 黏粒含量 ω_6=75%) Ⅱ. 地表形态：二三水浇地， 地表轻、中旱 (0～10cm 土壤容重 γ_1=1.1g/cm^3， 0～10cm 土壤变形容重 $\gamma_1^{\#}$=1.1g/cm^3， 10～20cm 土壤容重 γ_2=1.05g/cm^3， 20～40cm 土壤容重 γ_3=1.2g/cm^3， 0～20cm 土壤含水率 θ_1=22.5%， 20～40cm 土壤含水率 θ_2=30%， 土壤有机质含量 G=1g/kg， 填凹量 $h_{填凹量}$=0.5cm，糙率 n=0.1) Ⅲ. 入渗参数： 入渗系数 k=2.7095cm/min， 入渗指数 α=0.2284， 稳定入渗率 f_0=0.0859cm/min	60	0.001	50	93.9	50	93.3	50	94.5	50	94.9	50	94.3	50	93.6
		0.002	90	89.5	90	88.4	90	89.1	90	91.0	90	91.2	90	89.8
		0.003	130	85.3	130	86.0	130	87.5	130	86.2	130	89.5	120	84.1
		0.004	160	83.9	170	82.9	170	82.4	170	86.5	170	83.0	160	86.5
		0.005	200	80.1	190	80.8	200	81.7	200	82.3	190	80.8	190	80.0
		0.006	—	—	—	—	—	—	—	—	—	—	—	—
		0.007	—	—	—	—	—	—	—	—	—	—	—	—
		0.008	—	—	—	—	—	—	—	—	—	—	—	—
		0.010	—	—	—	—	—	—	—	—	—	—	—	—
		0.012	—	—	—	—	—	—	—	—	—	—	—	—
	70	0.001	50	92.7	50	95.1	50	93.7	50	96.4	50	96.7	50	96.3
		0.002	90	84.5	90	83.4	90	84.0	90	85.8	90	85.9	80	87.1
		0.003	130	85.3	130	89.2	130	86.8	130	85.9	130	88.7	130	84.9
		0.004	170	83.9	180	82.4	180	82.3	170	84.7	170	86.8	160	80.2
		0.005	—	—	—	—	—	—	—	—	—	—	—	—
		0.006	—	—	—	—	—	—	—	—	—	—	—	—
		0.007	—	—	—	—	—	—	—	—	—	—	—	—
		0.008	—	—	—	—	—	—	—	—	—	—	—	—
		0.010	—	—	—	—	—	—	—	—	—	—	—	—
		0.012	—	—	—	—	—	—	—	—	—	—	—	—

附表 139　粉砂质黏壤土 1 二三水浇地灌水定额分别 $40m^3$/亩、$50m^3$/亩时的优化单宽流量

灌水条件	灌水定额/(m^3/亩)	畦长/m	地面坡降											
			0.0100		0.0050		0.0030		0.0020		0.0010		0.0005	
			优化单宽流量/[m^3/(s·m)]	灌水效率/%	优化单宽流量/[m^3/(s·m)]	灌水效率/%	优化单宽流量/[m^3/(s·m)]	灌水效率/%	优化单宽流量/[m^3/(s·m)]	灌水效率/%	优化单宽流量/[m^3/(s·m)]	灌水效率/%	优化单宽流量/[m^3/(s·m)]	灌水效率/%
Ⅰ. 土壤类型：粉砂质黏壤土 1 (0～20cm 砂粒含量 ω_1=20～40cm 砂粒含量 ω_4=25%, 0～20cm 粉粒含量 ω_2=20～40cm 粉粒含量 ω_5=50%, 0～20cm 黏粒含量 ω_3=20～40cm 黏粒含量 ω_6=25%) Ⅱ. 地表形态：二三水浇地，地表轻、中旱 (0～10cm 土壤容重 γ_1=1.2g/cm³, 0～10cm 土壤变形容重 $\gamma_1^{\#}$=1.2g/cm³, 10～20cm 土壤容重 γ_2=1.15g/cm³, 20～40cm 土壤容重 γ_3=1.3g/cm³, 0～20cm 土壤含水率 θ_1=12.79%, 20～40cm 土壤含水率 θ_2=12.62%, 土壤有机质含量 G=1g/kg, 填凹量 $h_{填凹量}$=0.5cm，糙率 n=0.1) Ⅲ. 入渗参数： 入渗系数 k=2.4427cm/min, 入渗指数 α=0.2432, 稳定入渗率 f_0=0.0924cm/min	40	20	—	—	—	—	—	—	—	—	—	—	—	—
		30	0.001058	81.3	0.001037	81.0	0.001004	82.2	0.001026	81.5	0.001069	82.2	0.001026	81.7
		40	0.001144	90.1	0.001157	90.4	0.001170	90.8	0.001248	90.7	0.001287	91.4	0.001287	90.9
		50	0.001376	90.3	0.001392	90.7	0.001440	92.1	0.001424	91.2	0.001424	92.2	0.001504	93.3
		75	0.002112	94.6	0.002178	95.5	0.002090	94.7	0.002090	95.0	0.002112	95.3	0.002112	95.7
		100	0.002784	90.9	0.002624	90.2	0.002432	91.5	0.002912	92.7	0.002720	92.1	0.002368	90.9
		120	0.003382	92.7	0.003344	92.2	0.003496	92.9	0.003268	91.9	0.003344	91.8	0.002432	88.4
		150	0.003612	95.2	0.004085	94.8	0.003985	92.1	0.003890	91.6	0.003940	92.7	0.002450	80.1
		200	0.005044	95.0	0.004888	95.4	0.004836	95.6	0.004264	92.2	0.003536	83.8	—	—
	50	20	—	—	—	—	—	—	—	—	—	—	—	—
		30	—	—	—	—	—	—	—	—	—	—	—	—
		40	0.001001	90.1	0.001001	90.4	0.001001	90.5	0.001056	90.7	0.001078	91.7	0.001034	91.4
		50	0.001209	93.5	0.001209	93.3	0.001274	94.5	0.001235	94.5	0.001261	95.2	0.001261	95.0
		75	0.001764	94.2	0.001782	94.4	0.001764	94.7	0.001728	93.8	0.001620	94.5	0.001764	94.9
		100	0.002304	93.9	0.002184	94.7	0.002376	95.3	0.002400	95.3	0.002304	94.8	0.002304	95.2
		120	0.002987	94.2	0.002931	94.3	0.002762	93.5	0.002818	93.7	0.002875	95.0	0.002790	94.7
		150	0.003627	95.5	0.003613	94.8	0.003359	92.7	0.003503	94.2	0.003509	92.7	0.002318	82.3
		200	0.004336	95.0	0.004295	95.3	0.004377	96.2	0.004336	95.5	0.003886	93.5	—	—

附表 140 粉砂质黏壤土 1 二三水浇地灌水定额分别为 60m³/亩、70m³/亩时的优化单宽流量

灌水条件	灌水定额/(m³/亩)	畦长/m	地面坡降											
			0.0100		0.0050		0.0030		0.0020		0.0010		0.0005	
			优化单宽流量/[m³/(s·m)]	灌水效率/%	优化单宽流量/[m³/(s·m)]	灌水效率/%	优化单宽流量/[m³/(s·m)]	灌水效率/%	优化单宽流量/[m³/(s·m)]	灌水效率/%	优化单宽流量/[m³/(s·m)]	灌水效率/%	优化单宽流量/[m³/(s·m)]	灌水效率/%
Ⅰ. 土壤类型：粉砂质黏壤土 1 (0～20cm 砂粒含量 ω_1=20～40cm 砂粒含量 ω_4=25%, 0～20cm 粉粒含量 ω_2=20～40cm 粉粒含量 ω_5=50%, 0～20cm 黏粒含量 ω_3=20～40cm 黏粒含量 ω_6=25%) Ⅱ. 地表形态：二三水浇地, 地表轻、中旱 (0～10cm 土壤容重 γ_1=1.2g/cm³, 0～10cm 土壤变形容重 $\gamma_1^{\#}$=1.2g/cm³, 10～20cm 土壤容重 γ_2=1.15g/cm³, 20～40cm 土壤容重 γ_3=1.3g/cm³, 0～20cm 土壤含水率 θ_1=12.79%, 20～40cm 土壤含水率 θ_2=12.62%, 土壤有机质含量 G=16.23g/kg, 填凹量 $h_{填凹量}$=0.5cm, 糙率 n=0.1) Ⅲ. 入渗参数: 入渗系数 k=2.4427cm/min, 入渗指数 α=0.2432, 稳定入渗率 f_0=0.0924cm/min	60	20	—	—	—	—	—	—	—	—	—	—	—	—
		30	—	—	—	—	—	—	—	—	—	—	—	—
		40	0.001000	80.7	0.001000	80.9	0.001000	80.9	0.001060	81.6	0.001080	82.2	0.001030	81.6
		50	0.001113	91.0	0.001124	91.8	0.001124	92.2	0.001156	92.5	0.001167	92.6	0.001069	93.1
		75	0.001636	91.6	0.001636	91.3	0.001636	91.6	0.001702	93.2	0.001702	93.6	0.001751	93.9
		100	0.002258	94.7	0.002154	93.7	0.002195	94.8	0.002279	95.1	0.002237	96.0	0.002091	95.9
		120	0.002584	90.8	0.002478	91.5	0.002715	91.5	0.002610	92.3	0.002636	92.9	0.002715	93.4
		150	0.003405	94.5	0.003305	92.7	0.003420	92.4	0.003305	93.7	0.003270	92.8	0.002985	92.1
		200	0.004085	95.6	0.004200	95.3	0.004085	95.9	0.004047	95.9	0.003895	95.3	0.003322	88.0
	70	20	—	—	—	—	—	—	—	—	—	—	—	—
		30	—	—	—	—	—	—	—	—	—	—	—	—
		40	0.000992	81.2	0.001001	82.3	0.001001	82.3	0.001011	82.3	0.001011	81.2	0.001011	81.7
		50	0.001077	90.6	0.001066	90.6	0.001098	90.9	0.001108	91.5	0.001119	92.0	0.001140	92.4
		75	0.001440	94.2	0.001498	95.5	0.001527	96.5	0.001556	94.6	0.001556	94.5	0.001556	95.4
		100	0.002112	91.6	0.002154	91.4	0.002133	91.0	0.001945	90.8	0.002195	92.6	0.002175	92.9
		120	0.002342	89.9	0.002520	90.9	0.002571	90.1	0.002342	90.1	0.002520	91.0	0.002647	92.1
		150	0.003060	92.8	0.003124	93.4	0.003120	91.8	0.003024	91.6	0.003012	92.7	0.002891	95.6
		200	0.004124	96.5	0.004047	96.7	0.003971	95.1	0.003971	96.6	0.003895	96.4	—	—

附表 141 粉砂质黏壤土 2 二三水浇地灌水定额分别为 $40m^3$/亩、$50m^3$/亩时的优化单宽流量

灌水条件	灌水定额/(m^3/亩)	畦长/m	地面坡降 0.0100		0.0050		0.0030		0.0020		0.0010		0.0005	
			优化单宽流量/[m^3/(s·m)]	灌水效率/%	优化单宽流量/[m^3/(s·m)]	灌水效率/%	优化单宽流量/[m^3/(s·m)]	灌水效率/%	优化单宽流量/[m^3/(s·m)]	灌水效率/%	优化单宽流量/[m^3/(s·m)]	灌水效率/%	优化单宽流量/[m^3/(s·m)]	灌水效率/%
Ⅰ. 土壤类型：粉砂质黏壤土 2 (0～20cm 砂粒含量 ω_1=20～40cm 砂粒含量 ω_4=12.5%， 0～20cm 粉粒含量 ω_2=20～40cm 粉粒含量 ω_5=62.5%， 0～20cm 黏粒含量 ω_3=20～40cm 黏粒含量 ω_6=25%) Ⅱ. 地表形态：二三水浇地，地表轻、中旱 (0～10cm 土壤容重 γ_1=1.2g/cm^3， 0～10cm 土壤变形容重 $\gamma_1^{\#}$=1.2g/cm^3， 10～20cm 土壤容重 γ_2=1.15g/cm^3， 20～40cm 土壤容重 γ_3=1.3g/cm^3， 0～20cm 土壤含水率 θ_1=14.08%， 20～40cm 土壤含水率 θ_2=18.17%， 土壤有机质含量 G=1g/kg， 填凹量 $h_{填凹量}$=0.5cm，糙率 n=0.1) Ⅲ. 入渗参数： 入渗系数 k=2.6850cm/min， 入渗指数 α=0.2326， 稳定入渗率 f_0=0.0886cm/min	40	20	—	—	—	—	—	—	—	—	—	—	—	—
		30	0.001024	91.9	0.001037	92.4	0.001051	92.7	0.001092	93.0	0.001119	93.5	0.001092	93.0
		40	0.001285	92.3	0.001208	95.7	0.001162	94.8	0.001147	94.7	0.001162	94.9	0.001208	95.9
		50	0.001433	94.9	0.001450	94.8	0.001450	95.0	0.001399	93.7	0.001433	95.5	0.001450	95.4
		75	0.001782	91.0	0.001764	91.4	0.001764	91.7	0.001760	91.9	0.001764	91.9	0.001942	87.1
		100	0.002254	89.8	0.002300	90.0	0.002254	90.5	0.002254	90.5	0.002254	90.8	0.002300	92.2
		120	0.003038	93.0	0.003038	93.9	0.003069	95.0	0.003100	95.2	0.002728	92.0	0.002263	87.5
		150	0.003626	93.0	0.003702	92.3	0.003614	92.6	0.003754	92.4	0.003456	92.5	0.002408	85.1
		200	0.005400	94.5	0.005220	95.2	0.005040	94.8	0.004200	90.0	0.003640	83.7	—	—
	50	20	—	—	—	—	—	—	—	—	—	—	—	—
		30	—	—	—	—	—	—	—	—	—	—	—	—
		40	0.001087	92.7	0.001115	93.8	0.001172	93.6	0.001144	94.2	0.001158	94.6	0.001200	95.2
		50	0.001359	92.7	0.001376	93.4	0.001394	94.0	0.001394	93.9	0.001429	94.7	0.001482	95.8
		75	0.001978	93.8	0.002050	94.6	0.002050	94.8	0.001978	94.1	0.002026	95.0	0.002026	95.4
		100	0.001945	84.4	0.002047	87.9	0.002764	94.3	0.002832	95.1	0.002764	95.5	0.002661	95.7
		120	0.003718	84.5	0.003671	85.2	0.003482	85.2	0.003529	86.5	0.003388	86.8	0.003247	87.8
		150	0.004606	85.6	0.004459	87.4	0.004361	86.7	0.003969	87.2	0.003822	88.6	0.003479	88.0
		200	0.005220	95.2	0.005090	90.6	0.005300	81.6	0.004600	81.4	0.004550	83.3	—	—

附表 142 粉砂质黏壤土 2 二三水浇地灌水定额分别为 $60m^3$/亩、$70m^3$/亩时的优化单宽流量

灌水条件	灌水定额/(m^3/亩)	畦长/m	地面坡降											
			0.0100		0.0050		0.0030		0.0020		0.0010		0.0005	
			优化单宽流量/[m^3/(s·m)]	灌水效率/%	优化单宽流量/[m^3/(s·m)]	灌水效率/%	优化单宽流量/[m^3/(s·m)]	灌水效率/%	优化单宽流量/[m^3/(s·m)]	灌水效率/%	优化单宽流量/[m^3/(s·m)]	灌水效率/%	优化单宽流量/[m^3/(s·m)]	灌水效率/%
Ⅰ. 土壤类型：粉砂质黏壤土 2 (0～20cm 砂粒含量 ω_1=20～40cm 砂粒含量 ω_4=12.5%， 0～20cm 粉粒含量 ω_2=20～40cm 粉粒含量 ω_5=62.5%， 0～20cm 黏粒含量 ω_3=20～40cm 黏粒含量 ω_6=25%) Ⅱ. 地表形态：二三水浇地，地表轻、中旱 (0～10cm 土壤容重 γ_1=1.2g/cm^3， 0～10cm 土壤变形容重 $\gamma_1^{\#}$=1.2g/cm^3， 10～20cm 土壤容重 γ_2=1.15g/cm^3， 20～40cm 土壤容重 γ_3=1.3g/cm^3， 0～20cm 土壤含水率 θ_1=14.08%， 20～40cm 土壤含水率 θ_2=18.17%， 土壤有机质含量 G=1g/kg， 填凹量 $h_{填凹量}$=0.5cm，糙率 n=0.1) Ⅲ. 入渗参数： 入渗系数 k=2.6850cm/min， 入渗指数 α=0.2326， 稳定入渗率 f_0=0.0886cm/min	60	20	—	—	—	—	—	—	—	—	—	—	—	—
		30	—	—	—	—	—	—	—	—	—	—	—	—
		40	0.000990	91.7	0.001012	91.3	0.001056	92.0	0.001012	92.7	0.001056	92.4	0.001078	93.8
		50	0.001232	89.9	0.001274	91.2	0.001274	91.5	0.001344	91.9	0.001372	92.2	0.001316	92.3
		75	0.001692	94.7	0.001674	94.5	0.001710	95.5	0.001710	95.3	0.001728	95.7	0.001782	94.6
		100	0.002548	95.2	0.002418	94.5	0.002496	95.7	0.002496	94.9	0.002548	96.3	0.002366	94.7
		120	0.002937	92.5	0.002673	91.8	0.002937	91.7	0.002670	86.0	0.002610	86.2	0.002280	86.2
		150	0.003744	94.9	0.003393	95.2	0.003744	96.0	0.003432	95.1	0.003627	95.1	0.003354	94.8
		200	0.005046	88.2	0.005104	88.7	0.005046	88.8	0.004814	88.6	0.004756	89.5	0.003712	82.9
	70	20	—	—	—	—	—	—	—	—	—	—	—	—
		30	—	—	—	—	—	—	—	—	—	—	—	—
		40	0.001030	88.1	0.001009	88.3	0.000998	88.9	0.001009	89.7	0.001019	89.8	0.001019	90.3
		50	0.001066	92.5	0.001178	93.6	0.001190	92.6	0.001203	93.9	0.001104	93.6	0.001116	94.1
		75	0.001463	94.2	0.001509	95.2	0.001525	95.8	0.001509	95.2	0.001525	95.9	0.001494	95.3
		100	0.002070	93.5	0.002093	93.9	0.002254	94.7	0.002139	95.3	0.002300	95.0	0.002093	94.8
		120	0.002492	93.3	0.002716	94.0	0.002772	95.6	0.002660	93.9	0.002630	95.7	0.002520	95.1
		150	0.003400	88.7	0.003440	88.0	0.003880	87.8	0.003480	88.7	0.003280	89.5	0.003720	88.9
		200	0.004800	92.9	0.004850	92.6	0.004700	93.3	0.004300	93.9	0.004100	92.4	—	—

附表 143　粉砂质黏土二三水浇地灌水定额分别为 $40m^3$/亩、$50m^3$/亩时的优化单宽流量

灌水条件	灌水定额/(m^3/亩)	畦长/m	地面坡降											
			0.0100		0.0050		0.0030		0.0020		0.0010		0.0005	
			优化单宽流量/[m^3/(s·m)]	灌水效率/%	优化单宽流量/[m^3/(s·m)]	灌水效率/%	优化单宽流量/[m^3/(s·m)]	灌水效率/%	优化单宽流量/[m^3/(s·m)]	灌水效率/%	优化单宽流量/[m^3/(s·m)]	灌水效率/%	优化单宽流量/[m^3/(s·m)]	灌水效率/%
Ⅰ. 土壤类型：粉砂质黏土 (0～20cm 砂粒含量 ω_1=20～40cm 砂粒含量 ω_4=12.5%， 0～20cm 粉粒含量 ω_2=20～40cm 粉粒含量 ω_5=50%， 0～20cm 黏粒含量 ω_3=20～40cm 黏粒含量 ω_6=37.5%) Ⅱ. 地表形态：二三水浇地，地表轻、中旱 (0～10cm 土壤容重 γ_1=1.15g/cm^3， 0～10cm 土壤变形容重 $\gamma_1^{\#}$=1.15g/cm^3， 10～20cm 土壤容重 γ_2=1.1g/cm^3， 20～40cm 土壤容重 γ_3=1.25g/cm^3， 0～20cm 土壤含水率 θ_1=18%， 20～40cm 土壤含水率 θ_2=24%， 土壤有机质含量 G=1g/kg， 填凹量 $h_{填凹量}$=0.5cm，糙率 n=0.1) Ⅲ. 入渗参数： 入渗系数 k=2.7188cm/min， 入渗指数 α=0.2254， 稳定入渗率 f_0=0.0852cm/min	40	20	—	—	—	—	—	—	—	—	—	—	—	—
		30	0.001023	84.4	0.001045	84.8	0.001078	85.0	0.001034	85.4	0.001078	86.2	0.001045	85.7
		40	0.001274	89.0	0.001232	89.1	0.001316	89.8	0.001204	90.1	0.001232	90.6	0.001274	91.1
		50	0.001530	86.6	0.001494	86.7	0.001638	87.9	0.001476	87.7	0.001530	88.4	0.001746	88.6
		75	0.002300	92.8	0.002175	91.7	0.002175	93.3	0.002275	92.8	0.002225	94.2	0.002250	93.7
		100	0.002016	86.2	0.002816	93.9	0.002816	93.4	0.002809	93.4	0.002893	94.3	0.002080	90.3
		120	0.002800	91.1	0.002475	88.3	0.002425	88.3	0.002425	88.4	0.002425	89.0	0.002262	88.0
		150	0.004094	94.0	0.003306	92.4	0.003405	90.3	0.003398	92.3	0.003306	90.2	0.002522	82.4
		200	0.004840	94.5	0.005225	95.0	0.005060	94.8	0.004235	91.9	0.003630	86.3	—	—
	50	20	—	—	—	—	—	—	—	—	—	—	—	—
		30	—	—	—	—	—	—	—	—	—	—	—	—
		40	0.001045	89.4	0.001001	90.5	0.000990	90.5	0.001023	90.4	0.001045	91.0	0.001045	90.7
		50	0.001176	88.4	0.001288	88.5	0.001190	89.1	0.001260	89.9	0.001274	90.2	0.001316	90.8
		75	0.001800	91.8	0.001840	91.8	0.001860	92.4	0.001820	92.8	0.001820	92.8	0.001840	94.2
		100	0.002376	91.9	0.002322	90.6	0.002322	91.2	0.002322	91.4	0.002376	92.7	0.002376	93.3
		120	0.002508	89.4	0.002739	90.3	0.002475	90.4	0.002673	89.3	0.002772	90.4	0.002805	91.5
		150	0.003234	95.2	0.003234	95.2	0.003267	95.3	0.003267	95.4	0.003267	95.0	0.002739	91.0
		200	0.004365	95.4	0.004365	95.4	0.004320	95.6	0.004410	94.8	0.004365	93.9	0.003330	86.4

附表 144 粉砂质黏土二三水浇地灌水定额分别为 $60m^3$/亩、$70m^3$/亩时的优化单宽流量

灌水条件	灌水定额/(m^3/亩)	畦长/m	地面坡降											
			0.0100		0.0050		0.0030		0.0020		0.0010		0.0005	
			优化单宽流量/[m^3/(s·m)]	灌水效率/%	优化单宽流量/[m^3/(s·m)]	灌水效率/%	优化单宽流量/[m^3/(s·m)]	灌水效率/%	优化单宽流量/[m^3/(s·m)]	灌水效率/%	优化单宽流量/[m^3/(s·m)]	灌水效率/%	优化单宽流量/[m^3/(s·m)]	灌水效率/%
Ⅰ. 土壤类型：粉砂质黏土 (0～20cm 砂粒含量 ω_1=20～40cm 砂粒含量 ω_4=12.5%， 0～20cm 粉粒含量 ω_2=20～40cm 粉粒含量 ω_5=50%， 0～20cm 黏粒含量 ω_3=20～40cm 黏粒含量 ω_6=37.5%) Ⅱ. 地表形态：二三水浇地，地表轻、中旱 (0～10cm 土壤容重 γ_1=1.15g/cm^3， 0～10cm 土壤变形容重 $\gamma_1^{\#}$=1.15g/cm^3， 10～20cm 土壤容重 γ_2=1.1g/cm^3， 20～40cm 土壤容重 γ_3=1.25g/cm^3， 0～20cm 土壤含水率 θ_1=18%， 20～40cm 土壤含水率 θ_2=24%， 土壤有机质含量 G=1g/kg， 填凹量 $h_{填凹量}$=0.5cm，糙率 n=0.1) Ⅲ. 入渗参数： 入渗系数 k=2.7188cm/min， 入渗指数 α=0.2254， 稳定入渗率 f_0=0.0852cm/min	60	20	—	—	—	—	—	—	—	—	—	—	—	—
		30	—	—	—	—	—	—	—	—	—	—	—	—
		40	0.001045	80.5	0.001001	81.1	0.000990	81.0	0.001023	81.0	0.000990	81.7	0.001001	81.9
		50	0.001116	91.4	0.001128	91.4	0.001188	92.8	0.001032	92.6	0.001152	93.1	0.001164	93.4
		75	0.001656	92.0	0.001656	92.6	0.001530	92.8	0.001692	92.5	0.001746	93.4	0.001728	94.4
		100	0.002112	91.1	0.002184	92.6	0.002112	91.7	0.002232	92.3	0.002208	92.7	0.002256	93.6
		120	0.002349	90.0	0.002523	90.8	0.002552	91.6	0.002697	92.3	0.002610	92.3	0.002610	93.2
		150	0.003395	94.0	0.003425	93.4	0.003560	91.3	0.003580	91.7	0.003610	91.4	0.002980	91.5
		200	0.004048	95.6	0.004180	95.9	0.004048	95.6	0.004356	95.4	0.003828	94.5	0.003388	91.3
	70	20	—	—	—	—	—	—	—	—	—	—	—	—
		30	—	—	—	—	—	—	—	—	—	—	—	—
		40	0.001000	80.1	0.001000	82.1	0.001000	82.3	0.001000	80.2	0.001000	80.4	0.001000	82.8
		50	0.001045	92.1	0.001056	93.5	0.001078	93.2	0.001078	94.3	0.001089	94.6	0.001034	94.5
		75	0.001564	89.8	0.001462	91.1	0.001462	91.4	0.001615	91.7	0.001649	92.7	0.001632	92.6
		100	0.002047	89.7	0.002070	90.2	0.001978	90.0	0.002139	91.3	0.002093	90.9	0.002162	91.8
		120	0.002492	89.1	0.002268	88.5	0.002296	89.3	0.002520	89.3	0.002296	90.1	0.002604	90.5
		150	0.003230	91.4	0.003298	91.3	0.003162	91.4	0.003264	91.5	0.002992	92.4	0.003162	92.7
		200	0.003913	95.0	0.003956	95.7	0.003913	95.2	0.003913	95.8	0.004128	95.3	0.003234	89.8

附表 145　粉砂质壤土 1 二三水浇地灌水定额分别为 40m³/亩、50m³/亩时的优化单宽流量

灌水条件	灌水定额/(m³/亩)	畦长/m	地面坡降											
			0.0100		0.0050		0.0030		0.0020		0.0010		0.0005	
			优化单宽流量/[m³/(s·m)]	灌水效率/%	优化单宽流量/[m³/(s·m)]	灌水效率/%	优化单宽流量/[m³/(s·m)]	灌水效率/%	优化单宽流量/[m³/(s·m)]	灌水效率/%	优化单宽流量/[m³/(s·m)]	灌水效率/%	优化单宽流量/[m³/(s·m)]	灌水效率/%
Ⅰ. 土壤类型：粉砂质壤土 1 (0～20cm 砂粒含量 ω_1=20～40cm 砂粒含量 ω_4=37.5%， 0～20cm 粉粒含量 ω_2=20～40cm 粉粒含量 ω_5=50%， 0～20cm 黏粒含量 ω_3=20～40cm 黏粒含量 ω_6=12.5%) Ⅱ. 地表形态：二三水浇地，地表轻、中旱 (0～10cm 土壤容重 γ_1=1.28g/cm³， 0～10cm 土壤变形容重 $\gamma_1^{\#}$=1.28g/cm³， 10～20cm 土壤容重 γ_2=1.23g/cm³， 20～40cm 土壤容重 γ_3=1.23g/cm³， 0～20cm 土壤含水率 θ_1=11.69%， 20～40cm 土壤含水率 θ_2=15.24%， 土壤有机质含量 G=1g/kg， 填凹量 $h_{填凹量}$=0.5cm，糙率 n=0.1) Ⅲ. 入渗参数： 入渗系数 k=2.1649cm/min， 入渗指数 α=0.2439， 稳定入渗率 f_0=0.0912cm/min	40	20	—	—	—	—	—	—	—	—	—	—	—	—
		30	0.001008	82.8	0.001018	83.5	0.001029	83.4	0.001029	83.5	0.001008	84.5	0.001039	84.8
		40	0.001088	93.9	0.001088	93.7	0.001099	93.8	0.001032	96.3	0.001043	96.0	0.001010	96.1
		50	0.001317	93.1	0.001210	94.5	0.001197	94.3	0.001197	94.5	0.001224	95.3	0.001317	93.4
		75	0.001795	94.3	0.001795	94.7	0.001776	93.8	0.001739	94.1	0.001739	94.5	0.001720	93.8
		100	0.002022	88.4	0.002247	93.7	0.002202	93.1	0.002225	93.4	0.002247	94.0	0.002180	93.8
		120	0.002647	92.0	0.002621	92.5	0.002647	92.8	0.002647	93.1	0.002621	92.2	0.002409	90.6
		150	0.003354	93.3	0.003627	95.1	0.003510	94.7	0.003510	94.9	0.003276	3.4	—	—
		200	0.004900	94.5	0.004557	94.2	0.004802	94.0	0.004704	95.0	0.003430	81.9	—	—
	50	20	—	—	—	—	—	—	—	—	—	—	—	—
		30	0.001049	81.8	0.001016	81.8	0.001027	81.7	0.001027	81.9	0.001006	82.8	0.001049	83.7
		40	0.001118	91.7	0.001130	92.1	0.001143	92.2	0.001232	92.9	0.001257	93.2	0.001257	93.4
		50	0.001413	91.7	0.001397	91.7	0.001413	93.0	0.001444	93.4	0.001444	93.2	0.001476	94.8
		75	0.001795	94.4	0.001795	94.7	0.001851	95.6	0.001777	95.2	0.001739	94.5	0.001777	95.6
		100	0.002607	88.7	0.002673	88.8	0.002508	87.8	0.002376	89.1	0.002300	88.1	0.002442	88.9
		120	0.002886	91.1	0.003219	93.1	0.002812	92.7	0.002738	91.6	0.002664	92.5	0.002368	87.1
		150	0.004371	92.9	0.003619	92.0	0.003384	92.2	0.003478	91.3	0.003196	89.9	0.002820	84.9
		200	0.005005	88.6	0.004485	89.5	0.004615	90.0	0.004550	89.7	0.003700	83.1	—	—

附表 146 粉砂质壤土 1 二三水浇地灌水定额分别为 $60m^3$/亩、$70m^3$/亩时的优化单宽流量

灌水条件	灌水定额/(m^3/亩)	畦长/m	地面坡降											
			0.0100		0.0050		0.0030		0.0020		0.0010		0.0005	
			优化单宽流量/[m^3/(s·m)]	灌水效率/%	优化单宽流量/[m^3/(s·m)]	灌水效率/%	优化单宽流量/[m^3/(s·m)]	灌水效率/%	优化单宽流量/[m^3/(s·m)]	灌水效率/%	优化单宽流量/[m^3/(s·m)]	灌水效率/%	优化单宽流量/[m^3/(s·m)]	灌水效率/%
Ⅰ. 土壤类型：粉砂质壤土 1 (0～20cm 砂粒含量 ω_1=20～40cm 砂粒含量 ω_4=37.5%， 0～20cm 粉粒含量 ω_2=20～40cm 粉粒含量 ω_5=50%， 0～20cm 黏粒含量 ω_3=20～40cm 黏粒含量 ω_6=12.5%) Ⅱ. 地表形态：二三水浇地，地表轻、中旱 (0～10cm 土壤容重 γ_1=1.28g/cm³， 0～10cm 土壤变形容重 $\gamma_1^{\#}$=1.28g/cm³， 10～20cm 土壤容重 γ_2=1.23g/cm³， 20～40cm 土壤容重 γ_3=1.23g/cm³， 0～20cm 土壤含水率 θ_1=11.69%， 20～40cm 土壤含水率 θ_2=15.24%， 土壤有机质含量 G=1g/kg， 填凹量 $h_{填凹量}$=0.5cm，糙率 n=0.1) Ⅲ. 入渗参数： 入渗系数 k=2.1649cm/min， 入渗指数 α=0.2439， 稳定入渗率 f_0=0.0912cm/min	60	20	—	—	—	—	—	—	—	—	—	—	—	—
		30	—	—	—	—	—	—	—	—	—	—	—	—
		40	0.001029	84.0	0.001039	84.2	0.001018	84.5	0.001039	85.7	0.001039	84.7	0.001008	86.0
		50	0.001092	91.2	0.001140	92.3	0.001140	92.3	0.001044	92.8	0.001176	92.9	0.001188	93.9
		75	0.001683	95.8	0.001530	95.1	0.001666	95.2	0.001564	95.8	0.001666	94.5	0.001581	96.7
		100	0.001995	94.2	0.001995	94.5	0.002079	96.0	0.002037	95.3	0.002058	96.3	0.002016	95.8
		120	0.002592	94.7	0.002511	96.0	0.002457	95.6	0.002484	96.4	0.002673	96.9	0.002646	96.6
		150	0.003104	95.8	0.003040	95.2	0.003136	95.9	0.003104	96.0	0.002976	95.6	—	—
		200	0.003762	92.4	0.003724	91.7	0.003762	93.0	0.003762	92.9	0.003724	93.8	—	—
	70	20	—	—	—	—	—	—	—	—	—	—	—	—
		30	—	—	—	—	—	—	—	—	—	—	—	—
		40	—	—	—	—	—	—	—	—	0.001000	81.3	0.001010	81.9
		50	0.001064	91.4	0.000997	91.8	0.000997	92.3	0.001086	92.9	0.001030	92.7	0.001053	93.6
		75	0.001479	91.5	0.001479	91.3	0.001632	91.1	0.001666	92.2	0.001513	92.2	0.001683	92.9
		100	0.002134	92.7	0.002112	93.2	0.001980	93.6	0.001980	93.3	0.001958	93.8	0.002046	95.1
		120	0.002352	89.7	0.002352	89.1	0.002604	89.5	0.002632	90.1	0.002632	90.3	0.002604	88.5
		150	0.002945	94.9	0.002976	95.1	0.003100	96.5	0.003069	95.4	0.003700	97.6	—	—
		200	0.004042	94.9	0.004085	94.8	0.003999	95.3	0.004085	95.1	—	—	—	—

附表 147　粉砂质壤土 2 二三水浇地灌水定额分别为 40m³/亩、50m³/亩时的优化单宽流量

灌水条件	灌水定额/(m³/亩)	畦长/m	地面坡降 0.0100 优化单宽流量/[m³/(s·m)]	0.0100 灌水效率/%	0.0050 优化单宽流量/[m³/(s·m)]	0.0050 灌水效率/%	0.0030 优化单宽流量/[m³/(s·m)]	0.0030 灌水效率/%	0.0020 优化单宽流量/[m³/(s·m)]	0.0020 灌水效率/%	0.0010 优化单宽流量/[m³/(s·m)]	0.0010 灌水效率/%	0.0005 优化单宽流量/[m³/(s·m)]	0.0005 灌水效率/%
Ⅰ. 土壤类型：粉砂质壤土 2 (0～20cm 砂粒含量 ω_1=20～40cm 砂粒含量 ω_4=25%， 0～20cm 粉粒含量 ω_2=20～40cm 粉粒含量 ω_5=62.5%， 0～20cm 黏粒含量 ω_3=20～40cm 黏粒含量 ω_6=12.5%) Ⅱ. 地表形态：二三水浇地，地表轻、中旱 (0～10cm 土壤容重 γ_1=1.28g/cm³， 0～10cm 土壤变形容重 $\gamma_1^{\#}$=1.28g/cm³， 10～20cm 土壤容重 γ_2=1.23g/cm³， 20～40cm 土壤容重 γ_3=1.38g/cm³， 0～20cm 土壤含水率 θ_1=12.63%， 20～40cm 土壤含水率 θ_2=16.50%， 土壤有机质含量 G=1g/kg， 填凹量 $h_{填凹量}$=0.5cm，糙率 n=0.1) Ⅲ. 入渗参数： 入渗系数 k=2.3065cm/min， 入渗指数 α=0.2349， 稳定入渗率 f_0=0.0882cm/min	40	20	—	—	—	—	—	—	—	—	—	—	—	—
		30	0.001011	80.9	0.000992	81.2	0.001011	80.2	0.001011	80.1	0.001011	81.8	0.001011	80.2
		40	0.001087	94.0	0.001087	93.6	0.001108	94.3	0.001129	94.8	0.001140	94.6	0.001140	94.2
		50	0.001295	90.0	0.001323	90.7	0.001377	92.5	0.001405	92.5	0.001418	92.3	0.001445	93.6
		75	0.001727	93.8	0.001900	93.0	0.001762	94.7	0.001900	93.6	0.001831	92.8	0.001831	93.3
		100	0.002250	93.5	0.002409	92.1	0.002205	93.8	0.002409	92.8	0.002432	93.3	0.001977	91.4
		120	0.003069	93.1	0.003069	93.5	0.003007	94.0	0.003069	94.6	0.002573	93.6	0.002356	91.3
		150	0.003420	94.8	0.003564	93.6	0.003678	92.1	0.003576	95.1	0.003188	92.7	0.002430	81.7
		200	0.004455	93.9	0.004500	93.8	0.004653	95.8	0.004277	93.2	0.003243	81.5	—	—
	50	20	—	—	—	—	—	—	—	—	—	—	—	—
		30	—	—	—	—	—	—	—	—	—	—	—	—
		40	0.001045	85.8	0.001056	87.2	0.001056	86.6	0.001012	87.7	0.001023	87.4	0.000990	88.3
		50	0.001157	91.2	0.001209	91.2	0.001170	91.5	0.001248	92.8	0.001274	92.7	0.001261	93.0
		75	0.001805	92.5	0.001748	92.9	0.001805	94.3	0.001786	93.2	0.001805	94.4	0.001805	94.8
		100	0.002054	91.1	0.002106	91.5	0.002288	91.7	0.002080	91.6	0.002340	91.6	0.002470	93.2
		120	0.002728	91.7	0.002852	92.2	0.002759	92.6	0.002759	91.8	0.002449	92.5	0.002635	93.0
		150	0.003610	92.1	0.003783	91.7	0.003655	90.3	0.003457	90.9	0.003459	93.2	0.002490	86.7
		200	0.004324	94.9	0.004370	96.5	0.004324	96.7	0.004278	94.0	0.003634	92.1	0.003036	82.8

附表 148 粉砂质壤土 2 二三水浇地灌水定额分别为 $60m^3$/亩、$70m^3$/亩时的优化单宽流量

灌水条件	灌水定额/(m^3/亩)	畦长/m	地面坡降											
			0.0100		0.0050		0.0030		0.0020		0.0010		0.0005	
			优化单宽流量/[m^3/(s·m)]	灌水效率/%	优化单宽流量/[m^3/(s·m)]	灌水效率/%	优化单宽流量/[m^3/(s·m)]	灌水效率/%	优化单宽流量/[m^3/(s·m)]	灌水效率/%	优化单宽流量/[m^3/(s·m)]	灌水效率/%	优化单宽流量/[m^3/(s·m)]	灌水效率/%
I. 土壤类型：粉砂质壤土 2 (0～20cm 砂粒含量 ω_1=20～40cm 砂粒含量 ω_4=25%， 0～20cm 粉粒含量 ω_2=20～40cm 粉粒含量 ω_5=62.5%， 0～20cm 黏粒含量 ω_3=20～40cm 黏粒含量 ω_6=12.5%) II. 地表形态：二三水浇地，地表轻、中旱 (0～10cm 土壤容重 γ_1=1.28g/cm^3， 0～10cm 土壤变形容重 $\gamma_1^{\#}$=1.28g/cm^3， 10～20cm 土壤容重 γ_2=1.23g/cm^3， 20～40cm 土壤容重 γ_3=1.38g/cm^3， 0～20cm 土壤含水率 θ_1=12.63%， 20～40cm 土壤含水率 θ_2=16.50%， 土壤有机质含量 G=1g/kg， 填凹量 $h_{填凹量}$=0.5cm，糙率 n=0.1) III. 入渗参数： 入渗系数 k=2.3065cm/min， 入渗指数 α=0.2349， 稳定入渗率 f_0=0.0882cm/min	60	20	—	—	—	—	—	—	—	—	—	—	—	—
		30	—	—	—	—	—	—	—	—	—	—	—	—
		40	0.001049	80.3	0.001049	80.6	0.001059	80.9	0.001006	81.1	0.001027	81.5	0.001059	82.2
		50	0.001116	89.4	0.001116	90.5	0.001116	90.5	0.001188	90.6	0.001140	90.3	0.001092	91.0
		75	0.001445	92.6	0.001666	93.4	0.001615	93.9	0.001649	94.8	0.001700	94.5	0.001649	95.7
		100	0.002134	94.9	0.001936	94.2	0.002156	95.1	0.002134	94.8	0.002156	94.6	0.002178	95.2
		120	0.002492	91.2	0.002604	91.7	0.002352	92.1	0.002548	92.9	0.002548	93.5	0.002604	93.9
		150	0.003255	92.8	0.003405	92.4	0.003105	91.7	0.003340	91.5	0.003245	92.1	0.002940	94.8
		200	0.004140	94.2	0.004095	95.4	0.004275	94.8	0.004500	95.7	0.004185	94.9	—	—
	70	20	—	—	—	—	—	—	—	—	—	—	—	—
		30	—	—	—	—	—	—	—	—	—	—	—	—
		40	—	—	—	—	—	—	—	—	—	—	—	—
		50	0.001034	90.8	0.001067	91.2	0.001067	91.6	0.001056	91.9	0.001012	92.7	0.001089	92.9
		75	0.001392	92.0	0.001584	93.5	0.001456	94.0	0.001456	93.4	0.001584	93.7	0.001456	93.9
		100	0.001914	91.0	0.001892	90.8	0.001958	92.1	0.001914	91.4	0.001958	93.2	0.001936	92.7
		120	0.002430	89.6	0.002322	90.1	0.002565	90.5	0.002295	91.0	0.002592	91.3	0.002104	89.4
		150	0.003267	92.2	0.003169	91.5	0.003307	91.3	0.003015	92.5	0.003307	91.9	0.002304	81.0
		200	0.003956	94.0	0.003870	94.0	0.003913	93.6	0.004085	93.2	0.003784	94.0	—	—

附表 149　粉砂质壤土 3 二三水浇地灌水定额分别为 $40m^3$/亩、$50m^3$/亩时的优化单宽流量

灌水条件	灌水定额 /(m^3/亩)	畦长 /m	地面坡降											
			0.0100		0.0050		0.0030		0.0020		0.0010		0.0005	
			优化单宽流量 /[m^3/(s·m)]	灌水效率 /%	优化单宽流量 /[m^3/(s·m)]	灌水效率 /%	优化单宽流量 /[m^3/(s·m)]	灌水效率 /%	优化单宽流量 /[m^3/(s·m)]	灌水效率 /%	优化单宽流量 /[m^3/(s·m)]	灌水效率 /%	优化单宽流量 /[m^3/(s·m)]	灌水效率 /%
Ⅰ. 土壤类型：粉砂质壤土 3 (0～20cm 砂粒含量 ω_1=20～40cm 砂粒含量 ω_4=12.5%， 0～20cm 粉粒含量 ω_2=20～40cm 粉粒含量 ω_5=75%， 0～20cm 黏粒含量 ω_3=20～40cm 黏粒含量 ω_6=12.5%) Ⅱ. 地表形态：二三水浇地，地表轻、中旱 (0～10cm 土壤容重 γ_1=1.28g/cm³， 0～10cm 土壤变形容重 $\gamma_1^{\#}$=1.28g/cm³， 10～20cm 土壤容重 γ_2=1.23g/cm³， 20～40cm 土壤容重 γ_3=1.38g/cm³， 0～20cm 土壤含水率 θ_1=14.06%， 20～40cm 土壤含水率 θ_2=18.39%， 土壤有机质含量 G=1g/kg， 填凹量 $h_{填凹量}$=0.5cm，糙率 n=0.1) Ⅲ. 入渗参数： 入渗系数 k=2.5492cm/min， 入渗指数 α=0.2243， 稳定入渗率 f_0=0.0845cm/min	40	20	—	—	—	—	—	—	—	—	—	—	—	—
		30	0.001045	81.6	0.001012	82.5	0.001034	82.9	0.000990	82.5	0.001023	83.0	0.001067	83.4
		40	0.001170	92.0	0.001183	92.3	0.001196	92.6	0.001287	93.0	0.001274	93.3	0.001222	93.6
		50	0.001456	92.2	0.001440	93.0	0.001472	93.8	0.001536	93.9	0.001552	94.5	0.001552	95.3
		75	0.002136	92.9	0.002232	93.6	0.002136	93.1	0.002232	93.5	0.002160	93.7	0.002208	94.9
		100	0.002848	92.1	0.002912	92.8	0.002880	93.6	0.002976	94.2	0.002784	93.2	0.002304	92.5
		120	0.002880	93.7	0.002944	94.8	0.002912	94.3	0.002944	94.7	0.002464	89.6	0.002080	83.8
		150	0.003720	95.3	0.003815	92.3	0.003820	92.3	0.003785	93.5	0.002920	88.7	—	—
		200	0.005184	94.5	0.005076	95.7	0.005292	94.0	0.004212	91.7	—	—	—	—
	50	20	—	—	—	—	—	—	—	—	—	—	—	—
		30	—	—	—	—	—	—	—	—	—	—	—	—
		40	0.001001	90.7	0.001034	92.1	0.001034	92.0	0.001089	92.3	0.001056	92.7	0.001067	93.3
		50	0.001246	90.3	0.001246	90.5	0.001260	91.4	0.001344	91.3	0.001316	91.7	0.001372	91.5
		75	0.001848	90.4	0.001785	90.3	0.001785	90.0	0.001869	92.0	0.001848	91.8	0.001995	92.0
		100	0.002392	90.5	0.002530	92.0	0.002145	91.9	0.002365	92.2	0.002447	92.6	0.002447	93.3
		120	0.002805	90.5	0.002574	91.6	0.002838	91.9	0.002904	92.4	0.002904	92.1	0.002904	92.3
		150	0.003731	93.2	0.003563	93.5	0.003807	90.6	0.003879	93.7	0.003815	92.6	0.002555	86.5
		200	0.004860	92.7	0.005076	93.6	0.005022	93.6	0.004806	93.4	0.003942	91.4	—	—

附表 150　粉砂质壤土 3 二三水浇地灌水定额分别为 $60m^3$/亩、$70m^3$/亩时的优化单宽流量

灌水条件	灌水定额/(m^3/亩)	畦长/m	地面坡降											
			0.0100		0.0050		0.0030		0.0020		0.0010		0.0005	
			优化单宽流量/[m^3/(s·m)]	灌水效率/%	优化单宽流量/[m^3/(s·m)]	灌水效率/%	优化单宽流量/[m^3/(s·m)]	灌水效率/%	优化单宽流量/[m^3/(s·m)]	灌水效率/%	优化单宽流量/[m^3/(s·m)]	灌水效率/%	优化单宽流量/[m^3/(s·m)]	灌水效率/%
Ⅰ. 土壤类型：粉砂质壤土 3 (0～20cm 砂粒含量 ω_1=20～40cm 砂粒含量 ω_4=12.5%， 0～20cm 粉粒含量 ω_2=20～40cm 粉粒含量 ω_5=75%， 0～20cm 黏粒含量 ω_3=20～40cm 黏粒含量 ω_6=12.5%) Ⅱ. 地表形态：二三水浇地，地表轻、中旱 (0～10cm 土壤容重 γ_1=1.28g/cm^3， 0～10cm 土壤变形容重 $\gamma_1^{\#}$=1.28g/cm^3， 10～20cm 土壤容重 γ_2=1.23g/cm^3， 20～40cm 土壤容重 γ_3=1.38g/cm^3， 0～20cm 土壤含水率 θ_1=14.06%， 20～40cm 土壤含水率 θ_2=18.39%， 土壤有机质含量 G=1g/kg， 填凹量 $h_{填凹量}$=0.5cm，糙率 n=0.1) Ⅲ. 入渗参数： 入渗系数 k=2.5492cm/min， 入渗指数 α=0.2243， 稳定入渗率 f_0=0.0845cm/min	60	20	—	—	—	—	—	—	—	—	—	—	—	—
		30	—	—	—	—	—	—	—	—	—	—	—	—
		40	0.001067	81.9	0.001034	82.3	0.001078	82.2	0.001089	82.4	0.001056	82.6	0.001067	83.0
		50	0.001140	92.7	0.001128	93.0	0.001128	93.3	0.001140	93.6	0.001056	93.4	0.001056	93.5
		75	0.001638	92.4	0.001710	92.6	0.001728	94.1	0.001746	94.2	0.001746	93.7	0.001764	95.1
		100	0.002001	94.2	0.002254	95.8	0.002254	95.6	0.002162	94.2	0.002277	96.3	0.002300	97.3
		120	0.002425	92.1	0.002452	92.3	0.002610	91.4	0.002425	92.4	0.002478	93.4	0.002425	93.0
		150	0.003150	91.7	0.003127	92.5	0.003203	91.7	0.003193	92.5	0.003303	92.5	0.002807	91.2
		200	0.004455	92.5	0.004722	92.7	0.004544	93.2	0.004499	93.0	0.004276	92.3	0.004009	91.0
	70	20	—	—	—	—	—	—	—	—	—	—	—	—
		30	—	—	—	—	—	—	—	—	—	—	—	—
		40	0.001002	81.3	0.001002	82.0	0.001002	81.8	0.001021	82.2	0.001011	82.2	0.001021	83.1
		50	0.001087	90.9	0.001087	91.8	0.001087	92.2	0.001098	92.3	0.001108	92.8	0.001056	92.7
		75	0.001484	95.5	0.001469	95.2	0.001513	95.9	0.001600	96.1	0.001498	96.1	0.001600	96.4
		100	0.001980	94.2	0.002024	95.3	0.001958	93.5	0.002134	95.0	0.002024	95.7	0.002046	96.0
		120	0.002436	90.9	0.002604	91.2	0.002324	90.9	0.002548	91.1	0.002632	91.7	0.002660	92.6
		150	0.003128	92.8	0.003214	92.5	0.003016	90.4	0.003147	92.4	0.003307	92.5	0.002920	81.8
		200	0.004462	92.3	0.004416	92.4	0.004232	92.6	0.004370	92.0	0.004278	92.3	0.004002	92.3

附表 151　黏壤土 1 二三水浇地灌水定额分别为 $40m^3$/亩、$50m^3$/亩时的优化单宽流量

灌水条件	灌水定额/(m^3/亩)	畦长/m	地面坡降											
			0.0100		0.0050		0.0030		0.0020		0.0010		0.0005	
			优化单宽流量/[m^3/(s·m)]	灌水效率/%	优化单宽流量/[m^3/(s·m)]	灌水效率/%	优化单宽流量/[m^3/(s·m)]	灌水效率/%	优化单宽流量/[m^3/(s·m)]	灌水效率/%	优化单宽流量/[m^3/(s·m)]	灌水效率/%	优化单宽流量/[m^3/(s·m)]	灌水效率/%
Ⅰ. 土壤类型：黏壤土 1 (0～20cm 砂粒含量 $\omega_1=20$～40cm 砂粒含量 $\omega_4=50\%$， 0～20cm 粉粒含量 $\omega_2=20$～40cm 粉粒含量 $\omega_5=25\%$， 0～20cm 黏粒含量 $\omega_3=20$～40cm 黏粒含量 $\omega_6=15\%$) Ⅱ. 地表形态：二三水浇地，地表轻、中旱 (0～10cm 土壤容重 $\gamma_1=1.23g/cm^3$， 0～10cm 土壤变形容重 $\gamma_1^{\#}=1.23g/cm^3$， 10～20cm 土壤容重 $\gamma_2=1.18g/cm^3$， 20～40cm 土壤容重 $\gamma_3=1.33g/cm^3$， 0～20cm 土壤含水率 $\theta_1=10.04\%$， 20～40cm 土壤含水率 $\theta_2=13.8\%$， 土壤有机质含量 $G=1g/kg$， 填凹量 $h_{填凹量}=0.5cm$，糙率 $n=0.1$) Ⅲ. 入渗参数： 入渗系数 $k=2.1396cm/min$， 入渗指数 $\alpha=0.2602$， 稳定入渗率 $f_0=0.0979cm/min$	40	20	—	—	—	—	—	—	—	—	—	—	—	—
		30	0.000994	82.1	0.001004	82.7	0.001015	82.7	0.001015	82.7	0.000994	83.5	0.001015	83.3
		40	0.001104	90.9	0.001116	91.3	0.001128	91.9	0.001215	92.3	0.001228	91.7	0.001178	92.1
		50	0.001355	90.7	0.001340	90.8	0.001401	92.7	0.001371	91.6	0.001432	92.8	0.001463	94.2
		75	0.001766	94.1	0.001766	94.7	0.001822	95.5	0.001748	94.7	0.001822	95.5	0.001730	94.4
		100	0.001968	87.4	0.002208	93.1	0.002160	92.6	0.002232	94.1	0.002256	94.7	0.002088	92.5
		120	0.002739	94.1	0.002706	93.7	0.003201	95.3	0.002805	95.1	0.002706	94.7	0.002574	93.2
		150	0.003306	93.2	0.003496	95.0	0.003420	94.5	0.003344	94.2	0.003002	91.1	0.002432	80.6
		200	0.004740	92.4	0.004440	92.5	0.004620	93.1	0.004380	91.5	0.003660	85.7	—	—
	50	20	—	—	—	—	—	—	—	—	—	—	—	—
		30	—	—	—	—	—	—	—	—	—	—	—	—
		40	0.001012	85.6	0.001067	86.9	0.001067	86.6	0.001023	87.2	0.001034	87.0	0.001078	88.6
		50	0.001283	86.7	0.001297	87.0	0.001187	87.2	0.001270	87.8	0.001297	87.7	0.001118	88.2
		75	0.001482	94.3	0.001513	95.1	0.001498	95.4	0.001529	96.1	0.001513	95.5	0.001529	96.4
		100	0.002150	95.1	0.002086	94.3	0.002129	95.6	0.002086	94.8	0.002086	94.9	0.002107	96.0
		120	0.002525	94.3	0.002499	94.7	0.002474	94.6	0.002474	94.8	0.002423	94.1	0.002346	94.4
		150	0.003216	95.5	0.003283	94.8	0.003082	94.8	0.003249	95.3	0.003182	95.3	0.002847	92.9
		200	0.004224	95.2	0.004400	95.5	0.004356	95.3	0.004268	95.7	0.002916	94.7	0.003124	83.0

附表 152 黏壤土 1 二三水浇地灌水定额分别为 60m³/亩、70m³/亩时的优化单宽流量

灌水条件	灌水定额/(m³/亩)	畦长/m	地面坡降											
			0.0100		0.0050		0.0030		0.0020		0.0010		0.0005	
			优化单宽流量/[m³/(s·m)]	灌水效率/%	优化单宽流量/[m³/(s·m)]	灌水效率/%	优化单宽流量/[m³/(s·m)]	灌水效率/%	优化单宽流量/[m³/(s·m)]	灌水效率/%	优化单宽流量/[m³/(s·m)]	灌水效率/%	优化单宽流量/[m³/(s·m)]	灌水效率/%
I. 土壤类型：黏壤土 1 (0～20cm 砂粒含量 $\omega_1=20$～40cm 砂粒含量 $\omega_4=50\%$， 0～20cm 粉粒含量 $\omega_2=20$～40cm 粉粒含量 $\omega_5=25\%$， 0～20cm 黏粒含量 $\omega_3=20$～40cm 黏粒含量 $\omega_6=15\%$) II. 地表形态：二三水浇地，地表轻、中旱 (0～10cm 土壤容重 $\gamma_1=1.23g/cm^3$， 0～10cm 土壤变形容重 $\gamma_1^{\#}=1.23g/cm^3$， 10～20cm 土壤容重 $\gamma_2=1.18g/cm^3$， 20～40cm 土壤容重 $\gamma_3=1.33g/cm^3$， 0～20cm 土壤含水率 $\theta_1=10.04\%$， 20～40cm 土壤含水率 $\theta_2=13.8\%$， 土壤有机质含量 $G=1g/kg$， 填凹量 $h_{填凹量}=0.5cm$，糙率 $n=0.1$) III. 入渗参数： 入渗系数 $k=2.1396cm/min$， 入渗指数 $\alpha=0.2602$， 稳定入渗率 $f_0=0.0979cm/min$	60	20	—	—	—	—	—	—	—	—	—	—	—	—
		30	—	—	—	—	—	—	—	—	—	—	—	—
		40	0.001009	83.6	0.000999	84.1	0.000999	84.1	0.001020	85.3	0.001020	84.3	0.000999	86.4
		50	0.001179	83.8	0.001297	84.2	0.001179	83.7	0.001205	84.3	0.001297	84.9	0.001113	85.1
		75	0.001497	93.3	0.001578	94.4	0.001433	94.0	0.001578	93.9	0.001513	93.9	0.001449	95.3
		100	0.002112	94.7	0.002178	95.5	0.002178	95.2	0.002112	94.4	0.002178	95.2	0.002134	95.1
		120	0.002340	94.6	0.002600	95.6	0.002340	94.8	0.002340	95.0	0.002366	95.2	0.002574	96.3
		150	0.003366	91.8	0.003162	94.3	0.003264	95.1	0.003366	95.0	0.003298	96.0	0.003298	95.7
		200	0.004508	93.6	0.004416	93.5	0.004278	94.2	0.004600	93.3	0.004462	93.0	0.003542	90.9
	70	20	—	—	—	—	—	—	—	—	—	—	—	—
		30	—	—	—	—	—	—	—	—	—	—	—	—
		40	0.001009	83.6	0.000999	84.1	0.000999	84.1	0.001020	85.3	0.001020	84.3	0.000999	86.4
		50	0.001170	83.8	0.001131	84.6	0.001183	84.7	0.001261	85.0	0.001300	85.7	0.001118	86.1
		75	0.001519	94.4	0.001488	94.6	0.001442	96.4	0.001411	95.8	0.001395	95.2	0.001442	96.7
		100	0.002112	94.7	0.002178	95.5	0.002178	95.2	0.002112	94.4	0.002178	95.2	0.002134	95.1
		120	0.002576	92.4	0.002408	93.1	0.002632	93.7	0.002688	94.2	0.002604	93.0	0.002688	94.1
		150	0.003201	94.9	0.003267	96.2	0.003036	96.3	0.003003	95.8	0.003036	95.7	0.002937	95.7
		200	0.003861	93.9	0.003900	94.7	0.003822	93.8	0.003783	94.4	0.003861	95.2	0.003588	94.1

附表 153　黏壤土 2 二三水浇地灌水定额分别为 40m³/亩、50m³/亩时的优化单宽流量

灌水条件	灌水定额/(m³/亩)	畦长/m	地面坡降											
			0.0100		0.0050		0.0030		0.0020		0.0010		0.0005	
			优化单宽流量/[m³/(s·m)]	灌水效率/%	优化单宽流量/[m³/(s·m)]	灌水效率/%	优化单宽流量/[m³/(s·m)]	灌水效率/%	优化单宽流量/[m³/(s·m)]	灌水效率/%	优化单宽流量/[m³/(s·m)]	灌水效率/%	优化单宽流量/[m³/(s·m)]	灌水效率/%
Ⅰ. 土壤类型：黏壤土 2 (0～20cm 砂粒含量 $\omega_1=20$～40cm 砂粒含量 $\omega_4=37.5\%$，0～20cm 粉粒含量 $\omega_2=20$～40cm 粉粒含量 $\omega_5=37.5\%$，0～20cm 黏粒含量 $\omega_3=20$～40cm 黏粒含量 $\omega_6=25\%$) Ⅱ. 地表形态：二三水浇地，地表轻、中旱 (0～10cm 土壤容重 $\gamma_1=1.23g/cm^3$，0～10cm 土壤变形容重 $\gamma_1^{\#}=1.23g/cm^3$，10～20cm 土壤容重 $\gamma_2=1.18g/cm^3$，20～40cm 土壤容重 $\gamma_3=1.33g/cm^3$，0～20cm 土壤含水率 $\theta_1=11.5\%$，20～40cm 土壤含水率 $\theta_2=14.78\%$，土壤有机质含量 $G=1g/kg$，填凹量 $h_{填凹量}=0.5cm$，糙率 $n=0.1$) Ⅲ. 入渗参数：入渗系数 $k=2.2385cm/min$，入渗指数 $\alpha=0.2517$，稳定入渗率 $f_0=0.0948cm/min$	40	20	—	—	—	—	—	—	—	—	—	—	—	—
		30	0.001038	82.5	0.001038	82.9	0.001050	82.6	0.001013	83.9	0.001038	85.0	0.001001	84.5
		40	0.001132	92.0	0.001162	92.7	0.001176	93.3	0.001191	93.5	0.001221	93.8	0.001221	93.2
		50	0.001459	93.2	0.001441	92.9	0.001441	93.7	0.001477	93.3	0.001495	94.2	0.001514	95.5
		75	0.001788	93.7	0.002000	93.0	0.001859	94.9	0.002000	93.5	0.002000	94.0	0.001929	93.3
		100	0.002334	88.8	0.002196	88.4	0.002146	87.5	0.002560	89.3	0.002071	87.4	0.001995	85.1
		120	0.002995	90.5	0.002772	90.6	0.002861	91.3	0.002772	91.0	0.002638	89.7	0.002369	86.5
		150	0.004381	90.1	0.003516	89.4	0.003632	89.3	0.003516	88.3	0.003286	88.7	0.002709	80.0
		200	0.005200	87.0	0.005040	85.7	0.004560	86.0	0.004480	87.1	0.003920	82.3	—	—
	50	20	—	—	—	—	—	—	—	—	—	—	—	—
		30	—	—	—	—	—	—	—	—	—	—	—	—
		40	0.000994	91.2	0.001007	92.9	0.001007	92.8	0.001057	92.8	0.001057	92.6	0.001032	92.6
		50	0.001255	95.0	0.001240	94.7	0.001270	95.7	0.001225	94.9	0.001255	95.6	0.001270	96.3
		75	0.001826	94.5	0.001848	95.6	0.001826	94.8	0.001694	96.2	0.001826	95.1	0.001760	94.6
		100	0.001976	91.1	0.002000	90.7	0.002000	91.0	0.002000	91.3	0.001976	91.3	0.001976	91.8
		120	0.002370	91.9	0.002342	91.1	0.002370	91.4	0.002441	93.6	0.002383	92.4	0.002267	91.4
		150	0.003666	94.7	0.003755	95.1	0.003666	95.0	0.003308	93.8	0.003532	95.4	0.002995	93.4
		200	0.004101	93.7	0.004200	94.4	0.004101	93.6	0.004151	94.2	0.004151	94.8	0.003409	87.7

附表 154 黏壤土 2 二三水浇地灌水定额分别为 $60m^3$/亩、$70m^3$/亩时的优化单宽流量

灌水条件	灌水定额/(m^3/亩)	畦长/m	地面坡降											
			0.0100		0.0050		0.0030		0.0020		0.0010		0.0005	
			优化单宽流量/[m^3/(s·m)]	灌水效率/%	优化单宽流量/[m^3/(s·m)]	灌水效率/%	优化单宽流量/[m^3/(s·m)]	灌水效率/%	优化单宽流量/[m^3/(s·m)]	灌水效率/%	优化单宽流量/[m^3/(s·m)]	灌水效率/%	优化单宽流量/[m^3/(s·m)]	灌水效率/%
Ⅰ. 土壤类型：黏壤土 2 (0～20cm 砂粒含量 ω_1=20～40cm 砂粒含量 ω_4=37.5%， 0～20cm 粉粒含量 ω_2=20～40cm 粉粒含量 ω_5=37.5%， 0～20cm 黏粒含量 ω_3=20～40cm 黏粒含量 ω_6=25%) Ⅱ. 地表形态：二三水浇地，地表轻、中旱 (0～10cm 土壤容重 γ_1=1.23g/cm^3， 0～10cm 土壤变形容重 $\gamma_1^{\#}$=1.23g/cm^3， 10～20cm 土壤容重 γ_2=1.18g/cm^3， 20～40cm 土壤容重 γ_3=1.33g/cm^3， 0～20cm 土壤含水率 θ_1=11.5%， 20～40cm 土壤含水率 θ_2=14.78%， 土壤有机质含量 G=1g/kg， 填凹量 $h_{填凹量}$=0.5cm，糙率 n=0.1) Ⅲ. 入渗参数： 入渗系数 k=2.2385cm/min， 入渗指数 α=0.2517， 稳定入渗率 f_0=0.0948cm/min	60	20	—	—	—	—	—	—	—	—	—	—	—	—
		30	—	—	—	—	—	—	—	—	—	—	—	—
		40	0.001013	84.4	0.001025	85.8	0.001013	85.6	0.001038	85.3	0.001001	85.1	0.001038	86.9
		50	0.001080	83.5	0.001334	84.1	0.001064	84.0	0.001318	84.9	0.001334	85.0	0.001334	85.0
		75	0.001647	93.9	0.001626	93.0	0.001585	95.1	0.001626	93.1	0.001668	94.7	0.001729	96.4
		100	0.002061	92.3	0.002202	93.0	0.002202	93.2	0.002315	94.0	0.002259	94.8	0.002202	94.1
		120	0.002573	94.4	0.002700	95.5	0.002700	95.1	0.002478	95.9	0.002541	94.1	0.002446	94.7
		150	0.003200	95.2	0.003162	95.6	0.003162	96.3	0.003087	96.3	0.003125	96.3	0.003049	95.0
		200	0.004576	95.4	0.004521	95.8	0.004140	95.4	0.004467	96.1	0.004467	95.4	0.003704	92.7
	70	20	—	—	—	—	—	—	—	—	—	—	—	—
		30	—	—	—	—	—	—	—	—	—	—	—	—
		40	0.000991	81.8	0.001028	81.7	0.001016	81.5	0.001003	80.9	0.001028	81.0	0.000991	82.5
		50	0.001080	85.4	0.001167	85.9	0.001225	86.0	0.001109	85.6	0.001123	86.5	0.001152	87.4
		75	0.001601	93.9	0.001505	95.2	0.001524	95.6	0.001505	95.3	0.001544	96.5	0.001640	94.8
		100	0.001941	93.7	0.001967	94.2	0.001993	95.0	0.001993	95.2	0.001967	94.6	0.002174	95.3
		120	0.002382	95.5	0.002412	96.0	0.002324	95.1	0.002382	95.9	0.002441	96.8	0.002441	95.6
		150	0.003261	94.9	0.002951	94.2	0.003300	94.7	0.003067	95.8	0.003106	94.6	—	—
		200	0.004002	95.8	0.004101	96.6	0.004002	96.5	0.004101	95.4	—	—	—	—

附表 155　黏土 1 二三水浇地灌水定额分别为 $40m^3$/亩、$50m^3$/亩时的优化单宽流量

灌水条件	灌水定额/(m^3/亩)	畦长/m	地面坡降 0.0100 优化单宽流量/[m^3/(s·m)]	0.0100 灌水效率/%	0.0050 优化单宽流量/[m^3/(s·m)]	0.0050 灌水效率/%	0.0030 优化单宽流量/[m^3/(s·m)]	0.0030 灌水效率/%	0.0020 优化单宽流量/[m^3/(s·m)]	0.0020 灌水效率/%	0.0010 优化单宽流量/[m^3/(s·m)]	0.0010 灌水效率/%	0.0005 优化单宽流量/[m^3/(s·m)]	0.0005 灌水效率/%
Ⅰ. 土壤类型：黏土 1 (0～20cm 砂粒含量 ω_1=20～40cm 砂粒含量 ω_4=37.5%, 0～20cm 粉粒含量 ω_2=20～40cm 粉粒含量 ω_5=12.5%, 0～20cm 黏粒含量 ω_3=20～40cm 黏粒含量 ω_6=50%) Ⅱ. 地表形态：二三水浇地，地表轻、中旱 (0～10cm 土壤容重 γ_1=1.13g/cm^3, 0～10cm 土壤变形容重 $\gamma_1^{\#}$=1.13g/cm^3, 10～20cm 土壤容重 γ_2=1.08g/cm^3, 20～40cm 土壤容重 γ_3=1.23g/cm^3, 0～20cm 土壤含水率 θ_1=20.25%, 20～40cm 土壤含水率 θ_2=27%, 土壤有机质含量 G=1g/kg, 填凹量 $h_{填凹量}$=0.5cm，糙率 n=0.1) Ⅲ. 入渗参数：入渗系数 k=2.3001cm/min, 入渗指数 α=0.2363, 稳定入渗率 f_0=0.0871cm/min	40	20	—	—	—	—	—	—	—	—	—	—	—	—
		30	—	—	—	—	—	—	—	—	—	—	—	—
		40	0.001034	94.6	0.001056	94.7	0.001067	94.4	0.001089	94.9	0.001078	95.5	0.001089	95.9
		50	0.001365	89.2	0.001395	89.3	0.001425	89.5	0.001380	90.3	0.001335	90.6	0.001425	90.9
		75	0.001980	91.3	0.001804	90.4	0.001870	91.3	0.001892	91.5	0.001892	92.2	0.001936	92.5
		100	0.002520	93.0	0.002548	93.4	0.002548	93.9	0.002604	94.4	0.002520	94.3	0.002100	92.6
		120	0.002976	94.5	0.002976	94.8	0.003007	95.1	0.003038	95.0	0.003038	95.2	0.002108	89.7
		150	0.003360	95.2	0.004000	95.5	0.003880	95.7	0.003880	96.0	0.003240	94.5	0.002280	82.1
		200	0.005335	95.6	0.004895	94.3	0.005225	95.1	0.004620	93.6	0.003190	84.2	—	—
	50	20	—	—	—	—	—	—	—	—	—	—	—	—
		30	—	—	—	—	—	—	—	—	—	—	—	—
		40	0.001034	80.4	0.001001	80.6	0.001001	80.2	0.001056	80.5	0.001078	81.4	0.001034	80.7
		50	0.001196	84.9	0.001196	84.8	0.001222	85.8	0.001300	85.8	0.001118	86.2	0.001144	86.3
		75	0.001566	90.5	0.001458	91.1	0.001656	92.2	0.001602	91.5	0.001692	92.1	0.001728	93.5
		100	0.001900	88.5	0.001925	88.7	0.002050	88.9	0.002150	88.7	0.002225	90.1	0.002225	90.3
		120	0.002263	85.4	0.002449	86.4	0.002728	86.8	0.002480	86.3	0.002480	85.9	0.002511	87.9
		150	0.003360	83.9	0.003290	93.1	0.003430	93.6	0.003255	93.3	0.003185	93.6	0.002695	92.5
		200	0.004300	89.1	0.004550	89.4	0.004400	89.6	0.004300	89.1	0.003900	89.0	0.003100	81.1

附表 156　黏土 1 二三水浇地灌水定额分别为 60m³/亩、70m³/亩时的优化单宽流量

灌水条件	灌水定额/(m³/亩)	畦长/m	地面坡降											
			0.0100		0.0050		0.0030		0.0020		0.0010		0.0005	
			优化单宽流量/[m³/(s·m)]	灌水效率/%	优化单宽流量/[m³/(s·m)]	灌水效率/%	优化单宽流量/[m³/(s·m)]	灌水效率/%	优化单宽流量/[m³/(s·m)]	灌水效率/%	优化单宽流量/[m³/(s·m)]	灌水效率/%	优化单宽流量/[m³/(s·m)]	灌水效率/%
Ⅰ. 土壤类型：黏土 1 (0～20cm 砂粒含量 $\omega_1=20$～40cm 砂粒含量 $\omega_4=37.5\%$， 0～20cm 粉粒含量 $\omega_2=20$～40cm 粉粒含量 $\omega_5=12.5\%$， 0～20cm 黏粒含量 $\omega_3=20$～40cm 黏粒含量 $\omega_6=50\%$) Ⅱ. 地表形态：二三水浇地，地表轻、中旱 (0～10cm 土壤容重 $\gamma_1=1.13g/cm^3$， 0～10cm 土壤变形容重 $\gamma_1^{\#}=1.13g/cm^3$， 10～20cm 土壤容重 $\gamma_2=1.08g/cm^3$， 20～40cm 土壤容重 $\gamma_3=1.23g/cm^3$， 0～20cm 土壤含水率 $\theta_1=20.25\%$， 20～40cm 土壤含水率 $\theta_2=27\%$， 土壤有机质含量 $G=1g/kg$， 填凹量 $h_{填凹量}=0.5cm$，糙率 $n=0.1$) Ⅲ. 入渗参数： 入渗系数 $k=2.3001cm/min$， 入渗指数 $\alpha=0.2363$， 稳定入渗率 $f_0=0.0871cm/min$	60	20	—	—	—	—	—	—	—	—	—	—	—	—
		30	—	—	—	—	—	—	—	—	—	—	—	—
		40	—	—	—	—	—	—	—	—	—	—	—	—
		50	0.001045	90.0	0.001045	90.7	0.001045	91.0	0.001056	91.1	0.001067	91.2	0.001078	92.4
		75	0.001360	92.6	0.001536	92.7	0.001472	92.3	0.001552	92.9	0.001520	94.1	0.001584	94.3
		100	0.001958	89.9	0.001826	90.8	0.002068	91.9	0.001870	91.7	0.002068	92.3	0.002068	92.9
		120	0.002324	86.5	0.002380	87.0	0.002128	86.6	0.002352	87.0	0.002268	87.2	0.002632	88.5
		150	0.002625	86.5	0.003045	86.6	0.002905	86.7	0.003010	87.7	0.002975	88.1	0.002765	88.0
		200	0.004324	86.7	0.004277	86.6	0.004418	86.9	0.004042	86.7	0.004089	86.9	0.002940	87.3
	70	20	—	—	—	—	—	—	—	—	—	—	—	—
		30	—	—	—	—	—	—	—	—	—	—	—	—
		40	—	—	—	—	—	—	—	—	—	—	—	—
		50	0.001045	83.9	0.001045	84.3	0.001045	84.5	0.001056	84.6	0.001067	84.7	0.001078	85.8
		75	0.001360	86.9	0.001344	87.2	0.001568	87.8	0.001488	87.7	0.001536	88.9	0.001504	88.4
		100	0.001890	88.7	0.001911	88.8	0.001743	88.8	0.001974	90.0	0.002058	89.5	0.002058	90.1
		120	0.002314	85.9	0.002366	86.4	0.002262	86.9	0.002340	86.5	0.002288	88.1	0.002418	87.8
		150	0.003003	85.7	0.003036	85.4	0.003201	85.5	0.003036	86.0	0.003201	86.3	0.002805	86.6
		200	0.004075	88.9	0.003654	89.0	0.003822	90.2	0.003948	89.3	0.003948	89.9	0.002730	81.5

附表 157 黏土 2 二三水浇地灌水定额分别为 40m³/亩、50m³/亩时的优化单宽流量

灌水条件	灌水定额/(m³/亩)	畦长/m	地面坡降											
			0.0100		0.0050		0.0030		0.0020		0.0010		0.0005	
			优化单宽流量/[m³/(s·m)]	灌水效率/%	优化单宽流量/[m³/(s·m)]	灌水效率/%	优化单宽流量/[m³/(s·m)]	灌水效率/%	优化单宽流量/[m³/(s·m)]	灌水效率/%	优化单宽流量/[m³/(s·m)]	灌水效率/%	优化单宽流量/[m³/(s·m)]	灌水效率/%
Ⅰ. 土壤类型：黏土 2 (0～20cm 砂粒含量 ω_1=20～40cm 砂粒含量 ω_4=25%， 0～20cm 粉粒含量 ω_2=20～40cm 粉粒含量 ω_5=12.5%， 0～20cm 黏粒含量 ω_3=20～40cm 黏粒含量 ω_6=62.5%) Ⅱ. 地表形态：二三水浇地，地表轻、中旱 (0～10cm 土壤容重 γ_1=1.13g/cm³， 0～10cm 土壤变形容重 $\gamma_1^{\#}$=1.13g/cm³， 10～20cm 土壤容重 γ_2=1.08g/cm³， 20～40cm 土壤容重 γ_3=1.23g/cm³， 0～20cm 土壤含水率 θ_1=20.25%， 20～40cm 土壤含水率 θ_2=27%， 土壤有机质含量 G=1g/kg， 填凹量 $h_{填凹量}$=0.5cm，糙率 n=0.1) Ⅲ. 入渗参数： 入渗系数 k=2.4402cm/min， 入渗指数 α=0.2363， 稳定入渗率 f_0=0.0871cm/min	40	20	—	—	—	—	—	—	—	—	—	—	—	—
		30	0.001029	80.4	0.001018	81.1	0.001039	80.5	0.001008	81.6	0.001039	81.4	0.001018	82.0
		40	0.001118	86.6	0.001092	87.3	0.001105	88.0	0.001170	87.7	0.001196	88.4	0.001235	88.6
		50	0.001139	83.5	0.001462	84.4	0.001598	84.6	0.001445	84.7	0.001479	84.5	0.001700	85.3
		75	0.001850	85.3	0.001900	85.9	0.002075	86.2	0.002000	86.2	0.002125	86.8	0.002325	87.2
		100	0.002670	92.5	0.002790	93.8	0.002760	93.9	0.002760	93.2	0.002760	94.5	0.002250	92.2
		120	0.003325	92.2	0.003150	94.0	0.003395	95.7	0.003255	95.2	0.002458	92.3	0.002100	85.1
		150	0.003956	94.7	0.004171	95.7	0.003569	95.6	0.003655	95.4	0.003053	92.6	0.002451	84.0
		200	0.005580	93.6	0.005460	93.6	0.005340	91.7	0.004260	92.6	0.003300	81.3	—	—
	50	20	—	—	—	—	—	—	—	—	—	—	—	—
		30	—	—	—	—	—	—	—	—	—	—	—	—
		40	0.001012	84.1	0.001089	84.8	0.001001	85.1	0.001001	85.5	0.001078	85.5	0.001045	86.0
		50	0.001144	90.1	0.001014	89.0	0.001144	89.6	0.001222	90.8	0.001235	90.9	0.001274	91.4
		75	0.001480	87.4	0.001620	88.0	0.001740	88.9	0.001860	88.6	0.001700	88.8	0.001800	90.0
		100	0.002300	92.7	0.002250	91.9	0.002300	93.6	0.002250	92.7	0.002300	93.3	0.002300	93.6
		120	0.002640	91.0	0.002670	92.2	0.002610	91.4	0.002670	92.7	0.002580	92.3	0.002730	93.4
		150	0.003720	87.7	0.003400	88.8	0.003360	88.6	0.003400	89.2	0.003400	88.9	0.002800	88.5
		200	0.004550	93.5	0.004750	92.9	0.004600	94.1	0.004450	92.3	0.004050	92.5	0.003000	81.2

附表 158 黏土 2 二三水浇地灌水定额分别为 60m³/亩、70m³/亩时的优化单宽流量

灌水条件	灌水定额/(m³/亩)	畦长/m	地面坡降 0.0100 优化单宽流量/[m³/(s·m)]	0.0100 灌水效率/%	0.0050 优化单宽流量/[m³/(s·m)]	0.0050 灌水效率/%	0.0030 优化单宽流量/[m³/(s·m)]	0.0030 灌水效率/%	0.0020 优化单宽流量/[m³/(s·m)]	0.0020 灌水效率/%	0.0010 优化单宽流量/[m³/(s·m)]	0.0010 灌水效率/%	0.0005 优化单宽流量/[m³/(s·m)]	0.0005 灌水效率/%
Ⅰ. 土壤类型：黏土 2 (0～20cm 砂粒含量 ω_1=20～40cm 砂粒含量 ω_4=25%，0～20cm 粉粒含量 ω_2=20～40cm 粉粒含量 ω_5=12.5%，0～20cm 黏粒含量 ω_3=20～40cm 黏粒含量 ω_6=62.5%) Ⅱ. 地表形态：二三水浇地，地表轻、中旱 (0～10cm 土壤容重 γ_1=1.13g/cm³，0～10cm 土壤变形容重 $\gamma_1^{\#}$=1.13g/cm³，10～20cm 土壤容重 γ_2=1.08g/cm³，20～40cm 土壤容重 γ_3=1.23g/cm³，0～20cm 土壤含水率 θ_1=20.25%，20～40cm 土壤含水率 θ_2=27%，土壤有机质含量 G=1g/kg，填凹量 $h_{填凹量}$=0.5cm，糙率 n=0.1) Ⅲ. 入渗参数：入渗系数 k=2.4402cm/min，入渗指数 α=0.2363，稳定入渗率 f_0=0.0871cm/min	60	20	—	—	—	—	—	—	—	—	—	—	—	—
		30	—	—	—	—	—	—	—	—	—	—	—	—
		40	0.001009	80.2	0.000999	80.9	0.000999	81.2	0.000999	81.6	0.001009	81.1	0.001009	81.6
		50	0.001045	92.8	0.001045	93.2	0.001067	94.1	0.001078	94.1	0.001078	94.4	0.001001	94.7
		75	0.001547	90.9	0.001615	92.2	0.001530	91.7	0.001564	92.4	0.001598	93.2	0.001683	93.8
		100	0.002047	89.7	0.002116	90.9	0.002139	91.0	0.001932	91.4	0.002162	92.0	0.002185	92.2
		120	0.002492	89.1	0.002576	90.1	0.002324	90.6	0.002212	89.7	0.002492	91.5	0.002464	91.4
		150	0.003115	89.8	0.003220	90.8	0.002905	91.0	0.003395	90.4	0.003185	91.1	0.003220	90.3
		200	0.004554	91.4	0.003864	92.1	0.005278	92.0	0.003818	92.5	0.003726	91.3	0.004094	91.1
	70	20	—	—	—	—	—	—	—	—	—	—	—	—
		30	—	—	—	—	—	—	—	—	—	—	—	—
		40	—	—	—	—	—	—	—	—	—	—	—	—
		50	0.001078	87.3	0.000990	87.9	0.001012	89.0	0.001001	88.5	0.001001	89.1	0.001078	89.1
		75	0.001472	90.6	0.001360	90.7	0.001456	90.4	0.001488	91.6	0.001584	91.6	0.001584	92.5
		100	0.001980	88.7	0.002002	89.0	0.001826	89.3	0.002068	89.7	0.002046	90.0	0.002090	90.1
		120	0.002464	84.5	0.002240	84.1	0.002408	85.2	0.002632	84.4	0.002408	85.2	0.002716	85.7
		150	0.003135	89.0	0.003201	89.0	0.003036	89.1	0.003003	89.6	0.002904	90.2	0.002805	90.0
		200	0.004214	90.3	0.004042	91.0	0.003999	91.5	0.003827	92.0	0.004042	91.5	0.004048	86.6

附表 159　黏土 3 二三水浇地灌水定额分别为 $40m^3$/亩、$50m^3$/亩时的优化单宽流量

灌水条件	灌水定额/(m^3/亩)	畦长/m	地面坡降 0.0100 优化单宽流量/[m^3/(s·m)]	0.0100 灌水效率/%	0.0050 优化单宽流量/[m^3/(s·m)]	0.0050 灌水效率/%	0.0030 优化单宽流量/[m^3/(s·m)]	0.0030 灌水效率/%	0.0020 优化单宽流量/[m^3/(s·m)]	0.0020 灌水效率/%	0.0010 优化单宽流量/[m^3/(s·m)]	0.0010 灌水效率/%	0.0005 优化单宽流量/[m^3/(s·m)]	0.0005 灌水效率/%
Ⅰ.土壤类型：黏土 3 (0～20cm 砂粒含量 ω_1=20～40cm 砂粒含量 ω_4=12.5%， 0～20cm 粉粒含量 ω_2=20～40cm 粉粒含量 ω_5=25%， 0～20cm 黏粒含量 ω_3=20～40cm 黏粒含量 ω_6=62.5%) Ⅱ.地表形态：二三水浇地，地表轻、中旱 (0～10cm 土壤容重 γ_1=1.13g/cm³， 0～10cm 土壤变形容重 $\gamma_1^{\#}$=1.13g/cm³， 10～20cm 土壤容重 γ_2=1.08g/cm³， 20～40cm 土壤容重 γ_3=1.23g/cm³， 0～20cm 土壤含水率 θ_1=20.25%， 20～40cm 土壤含水率 θ_2=27%， 土壤有机质含量 G=1g/kg， 填凹量 $h_{填凹量}$=0.5cm，糙率 n=0.1) Ⅲ.入渗参数： 入渗系数 k=2.6986cm/min， 入渗指数 α=0.2301， 稳定入渗率 f_0=0.0858cm/min	40	20	—	—	—	—	—	—	—	—	—	—	—	—
		30	0.001004	80.6	0.001037	81.7	0.001058	81.0	0.001026	82.1	0.001058	81.8	0.001037	82.3
		40	0.001105	89.2	0.001105	90.1	0.001118	90.5	0.001183	90.7	0.001209	90.9	0.001261	92.0
		50	0.001445	86.0	0.001479	86.6	0.001360	86.9	0.001462	87.4	0.001615	87.2	0.001615	87.8
		75	0.002208	90.9	0.002016	90.8	0.001968	90.4	0.002016	91.5	0.002016	91.8	0.002184	92.3
		100	0.002760	93.9	0.002820	95.2	0.002550	93.9	0.002820	95.3	0.002790	95.7	0.002070	92.2
		120	0.003290	95.2	0.003045	94.5	0.003360	95.3	0.003325	95.6	0.003220	94.7	0.002135	86.7
		150	0.003570	94.8	0.004200	95.3	0.004116	95.6	0.003822	94.1	0.003108	92.2	0.002520	85.0
		200	0.004800	94.4	0.004800	94.8	0.004650	95.9	0.004100	92.1	0.003250	83.5	—	—
	50	20	—	—	—	—	—	—	—	—	—	—	—	—
		30	—	—	—	—	—	—	—	—	—	—	—	—
		40	0.001023	85.9	0.001067	86.4	0.001012	86.7	0.001012	87.2	0.001034	87.4	0.000990	88.1
		50	0.001157	91.2	0.001157	91.3	0.001170	92.2	0.001170	91.8	0.001196	92.5	0.001300	93.8
		75	0.001680	88.6	0.001700	88.9	0.001760	90.4	0.001600	90.0	0.001720	90.4	0.001820	91.6
		100	0.002375	94.2	0.002250	93.1	0.002300	92.9	0.002225	93.6	0.002375	94.4	0.002225	94.1
		120	0.002790	92.8	0.002700	93.6	0.002670	93.7	0.002670	93.7	0.002730	93.7	0.002760	94.5
		150	0.003185	96.0	0.003255	95.9	0.003360	95.1	0.003395	93.3	0.003650	96.1	0.002765	93.0
		200	0.004600	94.2	0.004800	93.8	0.004650	95.3	0.004600	94.8	0.004000	92.5	0.002950	80.8

附表 160　黏土 3 二三水浇地灌水定额分别为 60m³/亩、70m³/亩时的优化单宽流量

灌水条件	灌水定额/(m³/亩)	畦长/m	地面坡降											
			0.0100		0.0050		0.0030		0.0020		0.0010		0.0005	
			优化单宽流量/[m³/(s·m)]	灌水效率/%	优化单宽流量/[m³/(s·m)]	灌水效率/%	优化单宽流量/[m³/(s·m)]	灌水效率/%	优化单宽流量/[m³/(s·m)]	灌水效率/%	优化单宽流量/[m³/(s·m)]	灌水效率/%	优化单宽流量/[m³/(s·m)]	灌水效率/%
Ⅰ. 土壤类型：黏土 3 (0～20cm 砂粒含量 ω_1=20～40cm 砂粒含量 ω_4=12.5%， 0～20cm 粉粒含量 ω_2=20～40cm 粉粒含量 ω_5=25%， 0～20cm 黏粒含量 ω_3=20～40cm 黏粒含量 ω_6=62.5%) Ⅱ. 地表形态：二三水浇地，地表轻、中旱 (0～10cm 土壤容重 γ_1=1.13g/cm³， 0～10cm 土壤变形容重 $\gamma_1^{\#}$=1.13g/cm³， 10～20cm 土壤容重 γ_2=1.08g/cm³， 20～40cm 土壤容重 γ_3=1.23g/cm³， 0～20cm 土壤含水率 θ_1=20.25%， 20～40cm 土壤含水率 θ_2=27%， 土壤有机质含量 G=1g/kg， 填凹量 $h_{填凹量}$=0.5cm，糙率 n=0.1) Ⅲ. 入渗参数： 入渗系数 k=2.6986cm/min， 入渗指数 α=0.2301， 稳定入渗率 f_0=0.0858cm/min	60	20	—	—	—	—	—	—	—	—	—	—	—	—
		30	—	—	—	—	—	—	—	—	—	—	—	—
		40	0.001018	80.0	0.001008	80.1	0.001008	80.6	0.001008	81.0	0.001029	81.3	0.001029	81.0
		50	0.001045	93.5	0.001056	94.2	0.001056	94.7	0.001089	94.6	0.001089	95.2	0.001078	95.1
		75	0.001620	88.0	0.001638	89.5	0.001656	88.9	0.001674	89.3	0.001728	90.0	0.001710	90.5
		100	0.002088	88.5	0.002136	88.8	0.001944	88.9	0.002088	89.8	0.002064	89.5	0.002328	89.8
		120	0.002494	88.2	0.002262	87.6	0.002436	88.7	0.002523	88.3	0.002465	89.7	0.002639	90.1
		150	0.003185	91.6	0.002988	90.8	0.003120	90.3	0.003273	91.6	0.003210	88.8	0.003150	90.4
		200	0.004277	90.6	0.004324	90.5	0.004324	91.2	0.004136	91.0	0.004089	91.9	0.004136	90.5
	70	20	—	—	—	—	—	—	—	—	—	—	—	—
		30	—	—	—	—	—	—	—	—	—	—	—	—
		40	—	—	—	—	—	—	—	—	—	—	—	—
		50	0.001023	88.1	0.001034	89.2	0.001023	89.8	0.001056	89.7	0.001012	90.0	0.001023	90.6
		75	0.001488	91.4	0.001488	91.9	0.001488	92.2	0.001504	92.3	0.001584	91.9	0.001392	92.4
		100	0.002002	89.2	0.001826	89.5	0.001848	90.2	0.002090	90.5	0.002068	90.7	0.002112	90.6
		120	0.002240	84.6	0.002268	85.4	0.002436	86.1	0.002184	85.0	0.002632	86.6	0.002772	87.0
		150	0.002970	89.9	0.002982	88.6	0.003140	87.3	0.002872	86.4	0.003305	87.2	0.002280	86.3
		200	0.004005	87.9	0.004230	88.2	0.004050	88.9	0.004140	88.6	0.004095	89.8	—	—

附表 161　黏土 4 二三水浇地灌水定额分别为 40m^3/亩、50m^3/亩时的优化单宽流量

灌水条件	灌水定额/(m^3/亩)	畦长/m	地面坡降											
			0.0100		0.0050		0.0030		0.0020		0.0010		0.0005	
			优化单宽流量/[m^3/(s·m)]	灌水效率/%	优化单宽流量/[m^3/(s·m)]	灌水效率/%	优化单宽流量/[m^3/(s·m)]	灌水效率/%	优化单宽流量/[m^3/(s·m)]	灌水效率/%	优化单宽流量/[m^3/(s·m)]	灌水效率/%	优化单宽流量/[m^3/(s·m)]	灌水效率/%
Ⅰ. 土壤类型：黏土 4 (0～20cm 砂粒含量 ω_1=20～40cm 砂粒含量 ω_4=25%，0～20cm 粉粒含量 ω_2=20～40cm 粉粒含量 ω_5=25%，0～20cm 黏粒含量 ω_3=20～40cm 黏粒含量 ω_6=50%) Ⅱ. 地表形态：二三水浇地，地表轻、中旱 (0～10cm 土壤容重 γ_1=1.13g/cm^3，0～10cm 土壤变形容重 $\gamma_1^\#$=1.13g/cm^3，	40	20	—	—	—	—	—	—	—	—	—	—	—	—
		30	—	—	—	—	—	—	—	—	—	—	—	—
		40	0.001012	92.9	0.001078	93.6	0.001089	94.0	0.001078	93.8	0.001056	94.0	0.001089	95.1
		50	0.001204	91.1	0.001302	93.0	0.001330	92.6	0.001274	92.9	0.001302	93.5	0.001386	94.0
		75	0.001932	92.0	0.001827	90.7	0.001806	92.0	0.001848	92.6	0.001848	93.3	0.001890	93.6
		100	0.002548	91.9	0.002492	92.4	0.002436	92.4	0.002464	92.1	0.002436	93.1	0.002128	92.0
		120	0.002937	93.0	0.002910	94.1	0.002970	95.6	0.002940	94.4	0.002670	93.6	0.002376	92.9
		150	0.003840	94.9	0.003960	95.3	0.003960	93.6	0.003800	95.0	0.003000	93.7	0.002430	86.2
		200	0.004200	94.5	0.004450	95.0	0.005000	95.3	0.004550	94.1	0.003600	89.6	—	—
10～20cm 土壤容重 γ_2=1.08g/cm^3，20～40cm 土壤容重 γ_3=1.23g/cm^3，0～20cm 土壤含水率 θ_1=20.25%，20～40cm 土壤含水率 θ_2=27%，土壤有机质含量 G=1g/kg，填凹量 $h_{填凹量}$=0.5cm，糙率 n=0.1) Ⅲ. 入渗参数：入渗系数 k=2.4513cm/min，入渗指数 α=0.2301，稳定入渗率 f_0=0.0858cm/min	50	20	—	—	—	—	—	—	—	—	—	—	—	—
		30	—	—	—	—	—	—	—	—	—	—	—	—
		40	0.001015	81.4	0.001069	81.1	0.001015	81.4	0.000994	82.0	0.001058	83.0	0.001015	82.3
		50	0.001080	90.8	0.001128	91.5	0.001128	91.4	0.001128	91.9	0.001152	92.3	0.001116	92.6
		75	0.001568	94.3	0.001584	94.5	0.001472	95.5	0.001584	94.5	0.001488	96.4	0.001584	94.8
		100	0.001920	94.5	0.001880	94.2	0.001920	95.4	0.001920	95.3	0.001900	94.6	0.001920	95.7
		120	0.002548	92.9	0.002464	92.7	0.002548	93.5	0.002436	92.8	0.002464	93.3	0.002492	93.3
		150	0.003290	93.1	0.003178	91.9	0.003289	93.2	0.003216	92.5	0.003116	91.8	0.002708	88.7
		200	0.004224	91.7	0.004464	92.2	0.004320	92.7	0.004272	92.7	0.003792	90.7	0.003072	84.2

附表 162 黏土 4 二三水浇地灌水定额分别为 $60m^3$/亩、$70m^3$/亩时的优化单宽流量

灌水条件	灌水定额/(m^3/亩)	畦长/m	地面坡降											
			0.0100		0.0050		0.0030		0.0020		0.0010		0.0005	
			优化单宽流量/[m^3/(s·m)]	灌水效率/%	优化单宽流量/[m^3/(s·m)]	灌水效率/%	优化单宽流量/[m^3/(s·m)]	灌水效率/%	优化单宽流量/[m^3/(s·m)]	灌水效率/%	优化单宽流量/[m^3/(s·m)]	灌水效率/%	优化单宽流量/[m^3/(s·m)]	灌水效率/%
Ⅰ. 土壤类型：黏土 4 (0～20cm 砂粒含量 $\omega_1=20$～40cm 砂粒含量 $\omega_4=25\%$， 0～20cm 粉粒含量 $\omega_2=20$～40cm 粉粒含量 $\omega_5=25\%$， 0～20cm 黏粒含量 $\omega_3=20$～40cm 黏粒含量 $\omega_6=50\%$) Ⅱ. 地表形态：二三水浇地，地表轻、中旱 (0～10cm 土壤容重 $\gamma_1=1.13g/cm^3$， 0～10cm 土壤变形容重 $\gamma_1^{\#}=1.13g/cm^3$， 10～20cm 土壤容重 $\gamma_2=1.08g/cm^3$， 20～40cm 土壤容重 $\gamma_3=1.23g/cm^3$， 0～20cm 土壤含水率 $\theta_1=20.25\%$， 20～40cm 土壤含水率 $\theta_2=27\%$， 土壤有机质含量 $G=1g/kg$， 填凹量 $h_{填凹量}=0.5cm$，糙率 $n=0.1$) Ⅲ. 入渗参数： 入渗系数 $k=2.4513cm/min$， 入渗指数 $\alpha=0.2301$， 稳定入渗率 $f_0=0.0858cm/min$	60	20	—	—	—	—	—	—	—	—	—	—	—	—
		30	—	—	—	—	—	—	—	—	—	—	—	—
		40	—	—	—	—	—	—	—	—	—	—	—	—
		50	0.001023	89.1	0.000990	89.5	0.001023	89.6	0.001078	89.9	0.001045	90.6	0.001056	91.3
		75	0.001328	91.0	0.001504	91.7	0.001536	92.6	0.001520	92.1	0.001584	93.2	0.001568	94.3
		100	0.001958	88.6	0.001892	90.4	0.002024	90.9	0.001826	90.4	0.002024	91.1	0.002046	92.0
		120	0.002340	90.7	0.002418	91.4	0.002184	91.9	0.002366	91.2	0.002158	91.6	0.002496	92.9
		150	0.002970	90.3	0.003024	92.1	0.002745	90.8	0.002956	92.1	0.002783	91.1	0.003970	96.6
		200	0.004214	91.8	0.003956	92.4	0.003913	92.0	0.003956	93.2	0.003742	91.7	0.003500	95.3
	70	20	—	—	—	—	—	—	—	—	—	—	—	—
		30	—	—	—	—	—	—	—	—	—	—	—	—
		40	—	—	—	—	—	—	—	—	—	—	—	—
		50	0.001023	84.1	0.000990	84.2	0.001023	84.3	0.001078	84.6	0.001045	85.3	0.001056	86.0
		75	0.001440	86.7	0.001456	87.9	0.001328	88.1	0.001472	88.3	0.001504	88.7	0.001568	89.0
		100	0.001700	91.5	0.001720	91.7	0.001900	92.6	0.001920	93.0	0.001800	92.7	0.001920	94.0
		120	0.002275	89.0	0.002200	89.1	0.002100	90.4	0.002300	89.6	0.002250	90.6	0.002375	91.3
		150	0.002940	92.5	0.002934	90.1	0.002981	90.3	0.002989	90.1	0.002933	92.3	0.002716	90.6
		200	0.004018	91.3	0.003977	91.5	0.004018	90.6	0.003895	91.7	0.003813	92.4	0.003000	90.5

附表 163 黏土 5 二三水浇地灌水定额分别为 $40m^3$/亩、$50m^3$/亩时的优化单宽流量

灌水条件	灌水定额/(m^3/亩)	畦长/m	地面坡降											
			0.0100		0.0050		0.0030		0.0020		0.0010		0.0005	
			优化单宽流量/[m^3/(s·m)]	灌水效率/%	优化单宽流量/[m^3/(s·m)]	灌水效率/%	优化单宽流量/[m^3/(s·m)]	灌水效率/%	优化单宽流量/[m^3/(s·m)]	灌水效率/%	优化单宽流量/[m^3/(s·m)]	灌水效率/%	优化单宽流量/[m^3/(s·m)]	灌水效率/%
Ⅰ. 土壤类型：黏土 5 (0～20cm 砂粒含量 ω_1=20～40cm 砂粒含量 ω_4=12.5%， 0～20cm 粉粒含量 ω_2=20～40cm 粉粒含量 ω_5=37.5%， 0～20cm 黏粒含量 ω_3=20～40cm 黏粒含量 ω_6=50%) Ⅱ. 地表形态：二三水浇地，地表轻、中旱 (0～10cm 土壤容重 γ_1=1.13g/cm^3， 0～10cm 土壤变形容重 $\gamma_1^{\#}$=1.13g/cm^3， 10～20cm 土壤容重 γ_2=1.08g/cm^3， 20～40cm 土壤容重 γ_3=1.23g/cm^3， 0～20cm 土壤含水率 θ_1=20.25%， 20～40cm 土壤含水率 θ_2=27%， 土壤有机质含量 G=1g/kg， 填凹量 $h_{填凹量}$=0.5cm，糙率 n=0.1) Ⅲ. 入渗参数： 入渗系数 k=2.7097cm/min， 入渗指数 α=0.2238， 稳定入渗率 f_0=0.0846cm/min	40	20	—	—	—	—	—	—	—	—	—	—	—	—
		30	0.001049	81.3	0.001038	82.0	0.001059	81.4	0.001027	82.5	0.001006	82.8	0.000995	82.7
		40	0.001128	94.3	0.001164	94.8	0.001188	95.3	0.001188	95.7	0.001188	95.2	0.001176	95.2
		50	0.001360	89.9	0.001488	91.3	0.001456	90.7	0.001456	91.8	0.001504	92.3	0.001520	92.6
		75	0.002070	92.7	0.002070	93.0	0.002047	93.4	0.002116	94.2	0.002093	94.6	0.002162	95.4
		100	0.002900	95.1	0.002813	95.6	0.002755	94.8	0.002755	95.0	0.002755	95.4	0.002320	94.7
		120	0.003150	93.5	0.003043	92.1	0.002967	93.4	0.002945	93.8	0.002913	93.2	0.002250	89.5
		150	0.003948	93.8	0.003876	93.1	0.003760	92.1	0.003706	92.8	0.003704	94.3	0.002340	80.2
		200	0.004850	95.1	0.004850	95.6	0.004650	95.5	0.004100	91.6	0.003350	84.1	—	—
	50	20	—	—	—	—	—	—	—	—	—	—	—	—
		30	—	—	—	—	—	—	—	—	—	—	—	—
		40	0.001034	87.8	0.000990	88.6	0.001078	88.3	0.001023	89.4	0.001034	89.0	0.001067	89.4
		50	0.001106	86.5	0.001274	86.7	0.001176	87.7	0.001246	87.8	0.001260	88.1	0.001302	88.7
		75	0.001700	90.6	0.001700	90.0	0.001760	91.3	0.001740	91.3	0.001740	91.8	0.001820	92.9
		100	0.002349	90.2	0.002214	89.0	0.002187	89.8	0.002214	90.0	0.002349	91.0	0.002376	92.0
		120	0.002656	89.5	0.002624	90.4	0.002752	90.9	0.002624	91.1	0.002720	91.6	0.002784	92.1
		150	0.003610	94.3	0.003589	93.1	0.003711	92.1	0.003617	92.1	0.003611	92.6	0.002801	89.4
		200	0.004275	95.2	0.004320	94.8	0.004365	96.5	0.004185	95.6	0.003780	93.9	0.002925	81.6

附表 164　黏土 5 二三水浇地灌水定额分别为 60m³/亩、70m³/亩时的优化单宽流量

灌水条件	灌水定额/(m³/亩)	畦长/m	地面坡降											
			0.0100		0.0050		0.0030		0.0020		0.0010		0.0005	
			优化单宽流量/[m³/(s·m)]	灌水效率/%	优化单宽流量/[m³/(s·m)]	灌水效率/%	优化单宽流量/[m³/(s·m)]	灌水效率/%	优化单宽流量/[m³/(s·m)]	灌水效率/%	优化单宽流量/[m³/(s·m)]	灌水效率/%	优化单宽流量/[m³/(s·m)]	灌水效率/%
Ⅰ. 土壤类型：黏土 5 (0～20cm 砂粒含量 $\omega_1=20$～40cm 砂粒含量 $\omega_4=12.5\%$， 0～20cm 粉粒含量 $\omega_2=20$～40cm 粉粒含量 $\omega_5=37.5\%$， 0～20cm 黏粒含量 $\omega_3=20$～40cm 黏粒含量 $\omega_6=50\%$) Ⅱ. 地表形态：二三水浇地，地表轻、中旱 (0～10cm 土壤容重 $\gamma_1=1.13\text{g/cm}^3$， 0～10cm 土壤变形容重 $\gamma_1^{\#}=1.13\text{g/cm}^3$， 10～20cm 土壤容重 $\gamma_2=1.08\text{g/cm}^3$， 20～40cm 土壤容重 $\gamma_3=1.23\text{g/cm}^3$， 0～20cm 土壤含水率 $\theta_1=20.25\%$， 20～40cm 土壤含水率 $\theta_2=27\%$， 土壤有机质含量 $G=1\text{g/kg}$， 填凹量 $h_{填凹量}=0.5\text{cm}$，糙率 $n=0.1$) Ⅲ. 入渗参数： 入渗系数 $k=2.7097\text{cm/min}$， 入渗指数 $\alpha=0.2238$， 稳定入渗率 $f_0=0.0846\text{cm/min}$	60	20	—	—	—	—	—	—	—	—	—	—	—	—
		30	—	—	—	—	—	—	—	—	—	—	—	—
		40	0.001029	81.3	0.001018	81.7	0.001018	82.2	0.001018	82.6	0.001039	82.8	0.000997	83.7
		50	0.001104	89.1	0.001068	88.9	0.001176	90.3	0.001176	89.8	0.001020	90.6	0.001032	91.3
		75	0.001547	93.1	0.001632	93.9	0.001598	93.4	0.001683	94.7	0.001479	93.8	0.001598	94.6
		100	0.002093	92.1	0.001886	91.6	0.002093	92.6	0.002208	92.8	0.002208	94.1	0.002139	94.7
		120	0.002552	89.2	0.002465	89.0	0.002494	89.9	0.002262	90.0	0.002523	90.9	0.002523	91.5
		150	0.003204	90.6	0.003122	90.2	0.003106	91.3	0.003002	91.6	0.003200	92.1	0.002816	90.3
		200	0.004608	90.4	0.003936	91.2	0.004360	91.3	0.004176	90.9	0.004032	89.9	0.004176	90.5
	70	20	—	—	—	—	—	—	—	—	—	—	—	—
		30	—	—	—	—	—	—	—	—	—	—	—	—
		40	—	—	—	—	—	—	—	—	—	—	—	—
		50	0.001034	89.4	0.001045	90.6	0.001023	90.1	0.001067	91.1	0.001078	91.1	0.001023	91.4
		75	0.001360	91.8	0.001488	92.3	0.001552	92.3	0.001504	92.6	0.001440	93.2	0.001584	92.6
		100	0.002016	93.4	0.002016	93.6	0.001848	93.9	0.001827	93.3	0.002079	94.9	0.002079	93.7
		120	0.002457	89.0	0.002403	88.3	0.002403	89.2	0.002376	89.0	0.002430	90.7	0.002403	90.5
		150	0.003201	90.6	0.003105	87.9	0.003207	88.9	0.003300	90.1	0.003389	90.2	0.002220	83.0
		200	0.003864	94.7	0.003948	94.9	0.003864	94.7	0.003864	94.6	0.003780	93.9	—	—

附表 165　壤土二三水浇地灌水定额分别为 $40m^3$/亩、$50m^3$/亩时的优化单宽流量

灌水条件	灌水定额/(m^3/亩)	畦长/m	地面坡降											
			0.0100		0.0050		0.0030		0.0020		0.0010		0.0005	
			优化单宽流量/[m^3/(s·m)]	灌水效率/%	优化单宽流量/[m^3/(s·m)]	灌水效率/%	优化单宽流量/[m^3/(s·m)]	灌水效率/%	优化单宽流量/[m^3/(s·m)]	灌水效率/%	优化单宽流量/[m^3/(s·m)]	灌水效率/%	优化单宽流量/[m^3/(s·m)]	灌水效率/%
Ⅰ. 土壤类型：壤土 (0～20cm 砂粒含量 ω_1=20～40cm 砂粒含量 ω_4=50%， 0～20cm 粉粒含量 ω_2=20～40cm 粉粒含量 ω_5=37.5%， 0～20cm 黏粒含量 ω_3=20～40cm 黏粒含量 ω_6=12%) Ⅱ. 地表形态：二三水浇地，地表轻、中旱 (0～10cm 土壤容重 γ_1=1.3g/cm^3， 0～10cm 土壤变形容重 $\gamma_1^{\#}$=1.3g/cm^3， 10～20cm 土壤容重 γ_2=1.25g/cm^3， 20～40cm 土壤容重 γ_3=1.4g/cm^3， 0～20cm 土壤含水率 θ_1=10.86%， 20～40cm 土壤含水率 θ_2=14.20%， 土壤有机质含量 G=1g/kg， 填凹量 $h_{填凹量}$=0.5cm，糙率 n=0.1) Ⅲ. 入渗参数： 入渗系数 k=2.023cm/min， 入渗指数 α=0.2519， 稳定入渗率 f_0=0.0934cm/min	40	20	—	—	—	—	—	—	—	—	—	—	—	—
		30	—	—	—	—	—	—	—	—	—	—	—	—
		40	0.001023	87.1	0.001034	87.3	0.001056	87.7	0.001012	88.4	0.001034	88.5	0.001089	89.3
		50	0.001196	91.5	0.001222	92.4	0.001222	92.0	0.001261	93.0	0.001261	93.4	0.001287	93.5
		75	0.001780	89.2	0.001800	90.1	0.001760	90.1	0.001800	91.4	0.001740	90.3	0.001900	92.8
		100	0.002366	91.5	0.002340	92.1	0.002418	91.7	0.002418	92.6	0.002340	92.7	0.002106	91.5
		120	0.002790	91.1	0.002945	92.8	0.002945	92.9	0.002790	92.3	0.002511	93.1	0.002170	89.3
		150	0.003648	93.8	0.003496	93.3	0.003384	92.3	0.003582	91.4	0.003246	91.6	0.002205	80.6
		200	0.004750	91.5	0.004650	94.6	0.004800	94.3	0.004000	93.9	0.003200	85.3	—	—
	50	20	—	—	—	—	—	—	—	—	—	—	—	—
		30	—	—	—	—	—	—	—	—	—	—	—	—
		40	0.001029	81.6	0.001039	81.6	0.001008	80.6	0.001008	81.8	0.001039	82.6	0.001018	82.0
		50	0.001081	91.9	0.001093	92.5	0.001104	92.4	0.001104	92.5	0.001150	93.7	0.001115	93.5
		75	0.001564	92.7	0.001615	93.3	0.001632	93.7	0.001598	93.3	0.001632	94.6	0.001632	94.8
		100	0.002093	92.1	0.002070	91.5	0.002093	92.7	0.002139	92.8	0.002116	93.0	0.002162	93.8
		120	0.002548	90.4	0.002604	90.8	0.002492	90.9	0.002464	91.3	0.002548	92.3	0.002548	92.5
		150	0.003360	90.6	0.003456	91.2	0.003246	91.2	0.003302	91.6	0.003456	91.8	0.002746	91.6
		200	0.004365	94.8	0.004365	94.6	0.004500	94.4	0.004230	94.3	0.003780	94.3	0.002970	82.4

附表 166 壤土二三水浇地灌水定额分别为 60m³/亩、70m³/亩时的优化单宽流量

灌水条件	灌水定额/(m³/亩)	畦长/m	地面坡降											
			0.0100		0.0050		0.0030		0.0020		0.0010		0.0005	
			优化单宽流量/[m³/(s·m)]	灌水效率/%	优化单宽流量/[m³/(s·m)]	灌水效率/%	优化单宽流量/[m³/(s·m)]	灌水效率/%	优化单宽流量/[m³/(s·m)]	灌水效率/%	优化单宽流量/[m³/(s·m)]	灌水效率/%	优化单宽流量/[m³/(s·m)]	灌水效率/%
I. 土壤类型：壤土 (0～20cm 砂粒含量 ω_1=20～40cm 砂粒含量 ω_4=50%， 0～20cm 粉粒含量 ω_2=20～40cm 粉粒含量 ω_5=37.5%， 0～20cm 黏粒含量 ω_3=20～40cm 黏粒含量 ω_6=12%) II. 地表形态：二三水浇地，地表轻、中旱 (0～10cm 土壤容重 γ_1=1.3g/cm³， 0～10cm 土壤变形容重 $\gamma_1^{\#}$=1.3g/cm³， 10～20cm 土壤容重 γ_2=1.25g/cm³， 20～40cm 土壤容重 γ_3=1.4g/cm³， 0～20cm 土壤含水率 θ_1=10.86%， 20～40cm 土壤含水率 θ_2=14.20%， 土壤有机质含量 G=1g/kg， 填凹量 $h_{填凹量}$=0.5cm，糙率 n=0.1) III. 入渗参数： 入渗系数 k=2.023cm/min， 入渗指数 α=0.2519， 稳定入渗率 f_0=0.0934cm/min	60	20	—	—	—	—	—	—	—	—	—	—	—	—
		30	—	—	—	—	—	—	—	—	—	—	—	—
		40	—	—	—	—	—	—	—	—	—	—	—	—
		50	0.001001	88.2	0.001045	88.4	0.001001	88.8	0.001056	89.5	0.001078	90.1	0.001056	90.3
		75	0.001360	90.6	0.001440	91.6	0.001504	91.5	0.001536	91.3	0.001440	92.6	0.001424	92.6
		100	0.002058	92.2	0.001848	92.0	0.001827	91.9	0.002079	92.5	0.002079	93.5	0.002016	94.6
		120	0.002210	90.2	0.002392	90.2	0.002184	90.9	0.002444	91.2	0.002314	90.8	0.002574	91.9
		150	0.003072	90.6	0.003142	91.4	0.002982	91.4	0.003246	92.4	0.002936	91.3	—	—
		200	0.004085	91.7	0.003956	91.7	0.004257	91.9	0.003956	91.1	0.003956	92.0	—	—
	70	20	—	—	—	—	—	—	—	—	—	—	—	—
		30	—	—	—	—	—	—	—	—	—	—	—	—
		40	—	—	—	—	—	—	—	—	—	—	—	—
		50	0.001089	84.9	0.001089	84.6	0.001001	84.8	0.001056	85.4	0.001078	86.0	0.001056	86.2
		75	0.001365	92.2	0.001365	92.4	0.001350	92.1	0.001380	93.4	0.001440	93.7	0.001425	93.9
		100	0.001860	91.5	0.001940	92.3	0.001960	93.4	0.001760	92.9	0.001980	93.6	0.001760	93.1
		120	0.002205	91.5	0.002156	90.9	0.002327	92.6	0.002303	91.5	0.002327	93.0	0.002330	92.7
		150	0.002970	93.9	0.002895	93.4	0.002975	92.1	0.003045	91.3	0.003105	92.4	0.002268	88.1
		200	0.003840	92.4	0.003880	93.1	0.003960	92.6	0.003840	92.7	0.003380	95.2	—	—

附表 167　壤质黏土 1 二三水浇地灌水定额分别为 40m³/亩、50m³/亩时的优化单宽流量

灌水条件	灌水定额/(m³/亩)	畦长/m	地面坡降											
			0.0100		0.0050		0.0030		0.0020		0.0010		0.0005	
			优化单宽流量/[m³/(s·m)]	灌水效率/%	优化单宽流量/[m³/(s·m)]	灌水效率/%	优化单宽流量/[m³/(s·m)]	灌水效率/%	优化单宽流量/[m³/(s·m)]	灌水效率/%	优化单宽流量/[m³/(s·m)]	灌水效率/%	优化单宽流量/[m³/(s·m)]	灌水效率/%
Ⅰ. 土壤类型：壤质黏土 1 (0～20cm 砂粒含量 $\omega_1=20$～40cm 砂粒含量 $\omega_4=50\%$， 0～20cm 粉粒含量 $\omega_2=20$～40cm 粉粒含量 $\omega_5=12.5\%$， 0～20cm 黏粒含量 $\omega_3=20$～40cm 黏粒含量 $\omega_6=37.5\%$) Ⅱ. 地表形态：二三水浇地，地表轻、中旱 (0～10cm 土壤容重 $\gamma_1=1.16g/cm^3$， 0～10cm 土壤变形容重 $\gamma_1^{\#}=1.16g/cm^3$， 10～20cm 土壤容重 $\gamma_2=1.11g/cm^3$， 20～40cm 土壤容重 $\gamma_3=1.26g/cm^3$， 0～20cm 土壤含水率 $\theta_1=18\%$， 20～40cm 土壤含水率 $\theta_2=24\%$， 土壤有机质含量 $G=1g/kg$， 填凹量 $h_{填凹量}=0.5cm$，糙率 $n=0.1$) Ⅲ. 入渗参数： 入渗系数 $k=2.1807cm/min$， 入渗指数 $\alpha=0.244$， 稳定入渗率 $f_0=0.0887cm/min$	40	20	—	—	—	—	—	—	—	—	—	—	—	—
		30	—	—	—	—	—	—	—	—	—	—	—	—
		40	0.001034	83.6	0.001023	82.8	0.001067	84.6	0.001023	85.0	0.001034	84.8	0.001012	85.9
		50	0.001112	90.5	0.001125	91.7	0.001137	91.0	0.001150	92.1	0.001187	92.7	0.001175	92.6
		75	0.001656	92.7	0.001638	93.1	0.001656	93.4	0.001638	93.6	0.001656	93.2	0.001728	95.5
		100	0.002184	92.9	0.002184	92.6	0.002232	94.1	0.001896	93.5	0.002160	93.9	0.002232	94.7
		120	0.002639	93.3	0.002639	93.7	0.002726	94.2	0.002581	93.0	0.002610	94.3	0.002146	92.8
		150	0.003267	94.2	0.003113	92.5	0.003303	93.5	0.003215	92.4	0.003135	94.1	0.002040	82.0
		200	0.004410	95.6	0.004500	95.5	0.004559	94.6	0.004418	94.7	0.002961	86.0	—	—
	50	20	—	—	—	—	—	—	—	—	—	—	—	—
		30	—	—	—	—	—	—	—	—	—	—	—	—
		40	—	—	—	—	—	—	—	—	—	—	—	—
		50	0.001023	88.1	0.001023	89.0	0.001023	88.8	0.001045	88.9	0.001056	89.3	0.001056	89.4
		75	0.001424	90.4	0.001456	91.1	0.001488	91.3	0.001520	92.0	0.001488	92.0	0.001520	92.3
		100	0.001870	88.4	0.001914	89.1	0.001716	89.2	0.001914	89.3	0.001958	89.6	0.001980	91.1
		120	0.002340	90.0	0.002288	89.8	0.002080	90.1	0.002262	90.9	0.002392	90.9	0.002314	91.8
		150	0.002508	88.2	0.002937	89.4	0.002640	90.0	0.002812	91.2	0.002944	92.7	0.002782	90.1
		200	0.003870	91.3	0.003784	90.9	0.003999	91.6	0.003784	91.6	0.003870	90.5	0.003096	89.3

附表 168 壤质黏土 1 二三水浇地灌水定额分别为 60m³/亩、70m³/亩时的优化单宽流量

灌水条件	灌水定额/(m³/亩)	畦长/m	地面坡降 0.0100		0.0050		0.0030		0.0020		0.0010		0.0005	
			优化单宽流量/[m³/(s·m)]	灌水效率/%	优化单宽流量/[m³/(s·m)]	灌水效率/%	优化单宽流量/[m³/(s·m)]	灌水效率/%	优化单宽流量/[m³/(s·m)]	灌水效率/%	优化单宽流量/[m³/(s·m)]	灌水效率/%	优化单宽流量/[m³/(s·m)]	灌水效率/%
I. 土壤类型：壤质黏土 1 (0～20cm 砂粒含量 ω_1=20～40cm 砂粒含量 ω_4=50%，0～20cm 粉粒含量 ω_2=20～40cm 粉粒含量 ω_5=12.5%，0～20cm 黏粒含量 ω_3=20～40cm 黏粒含量 ω_6=37.5%) II. 地表形态：二三水浇地，地表轻、中旱 (0～10cm 土壤容重 γ_1=1.16g/cm³，0～10cm 土壤变形容重 $\gamma_1^{\#}$=1.16g/cm³，10～20cm 土壤容重 γ_2=1.11g/cm³，20～40cm 土壤容重 γ_3=1.26g/cm³，0～20cm 土壤含水率 θ_1=18%，20～40cm 土壤含水率 θ_2=24%，土壤有机质含量 G=1g/kg，填凹量 $h_{填凹量}$=0.5cm，糙率 n=0.1) III. 入渗参数：入渗系数 k=2.1807cm/min，入渗指数 α=0.244，稳定入渗率 f_0=0.0887cm/min	60	20	—	—	—	—	—	—	—	—	—	—	—	—
		30	—	—	—	—	—	—	—	—	—	—	—	—
		40	—	—	—	—	—	—	—	—	—	—	—	—
		50	0.001023	81.6	0.001023	82.2	0.001078	82.0	0.001045	82.1	0.001056	82.5	0.001056	82.5
		75	0.001380	89.8	0.001260	90.1	0.001260	89.8	0.001425	91.3	0.001410	90.4	0.001455	91.7
		100	0.001880	90.2	0.001640	89.3	0.001860	90.9	0.001820	90.2	0.001860	92.1	0.001980	92.3
		120	0.002016	90.6	0.002160	91.1	0.002040	90.3	0.002016	90.7	0.002160	91.3	0.002136	91.4
		150	0.002666	88.4	0.002728	87.8	0.002821	88.4	0.002911	90.2	0.003018	93.1	0.002910	90.9
		200	0.003880	90.2	0.003760	90.1	0.004000	90.5	0.003800	91.0	0.003600	91.5	—	—
	70	20	—	—	—	—	—	—	—	—	—	—	—	—
		30	—	—	—	—	—	—	—	—	—	—	—	—
		40	—	—	—	—	—	—	—	—	—	—	—	—
		50	0.001020	81.4	0.001020	82.0	0.001020	81.8	0.000999	80.9	0.001009	81.5	0.001020	83.2
		75	0.001372	89.6	0.001260	90.2	0.001330	90.9	0.001344	91.3	0.001344	90.7	0.001344	91.9
		100	0.001620	92.9	0.001638	93.5	0.001638	92.9	0.001656	93.9	0.001620	93.3	0.001620	93.2
		120	0.001912	89.6	0.002160	91.0	0.001957	91.0	0.002137	91.6	0.002160	91.4	0.002142	83.2
		150	0.002639	87.8	0.002407	88.1	0.002639	89.1	0.002523	89.3	0.002561	89.7	0.002370	84.7
		200	0.003666	87.3	0.003883	87.5	0.003705	87.6	0.003549	88.4	0.003030	84.8	0.002460	80.4

附表 169　壤质黏土 2 二三水浇地灌水定额分别为 $40m^3$/亩、$50m^3$/亩时的优化单宽流量

灌水条件	灌水定额/(m^3/亩)	畦长/m	地面坡降											
			0.0100		0.0050		0.0030		0.0020		0.0010		0.0005	
			优化单宽流量/[m^3/(s·m)]	灌水效率/%	优化单宽流量/[m^3/(s·m)]	灌水效率/%	优化单宽流量/[m^3/(s·m)]	灌水效率/%	优化单宽流量/[m^3/(s·m)]	灌水效率/%	优化单宽流量/[m^3/(s·m)]	灌水效率/%	优化单宽流量/[m^3/(s·m)]	灌水效率/%
Ⅰ. 土壤类型：壤质黏土 2 (0～20cm 砂粒含量 ω_1=20～40cm 砂粒含量 ω_4=37.5%， 0～20cm 粉粒含量 ω_2=20～40cm 粉粒含量 ω_5=25%， 0～20cm 黏粒含量 ω_3=20～40cm 黏粒含量 ω_6=37.5%) Ⅱ. 地表形态：二三水浇地，地表轻、中旱 (0～10cm 土壤容重 γ_1=1.16g/cm^3， 0～10cm 土壤变形容重 $\gamma_1^{\#}$=1.16g/cm^3， 10～20cm 土壤容重 γ_2=1.11g/cm^3， 20～40cm 土壤容重 γ_3=1.26g/cm^3， 0～20cm 土壤含水率 θ_1=18%， 20～40cm 土壤含水率 θ_2=24%， 土壤有机质含量 G=1g/kg， 填凹量 $h_{填凹量}$=0.5cm，糙率 n=0.1) Ⅲ. 入渗参数： 入渗系数 k=2.2879cm/min， 入渗指数 α=0.2377， 稳定入渗率 f_0=0.0874cm/min	40	20	—	—	—	—	—	—	—	—	—	—	—	—
		30	—	—	—	—	—	—	—	—	—	—	—	—
		40	0.001012	88.9	0.001023	90.0	0.001078	89.8	0.001089	89.1	0.001001	90.5	0.001034	91.1
		50	0.001218	88.3	0.001232	88.1	0.001260	88.4	0.001204	88.8	0.001246	89.4	0.001316	89.9
		75	0.001760	91.7	0.001720	91.4	0.001760	92.3	0.001720	91.9	0.001800	93.3	0.001800	93.5
		100	0.002403	91.3	0.002403	90.6	0.002295	91.4	0.002349	91.9	0.000238	92.5	0.002376	92.4
		120	0.002772	89.2	0.002376	90.2	0.002838	90.5	0.002706	90.3	0.002706	90.3	0.002442	89.4
		150	0.003520	92.0	0.003124	91.4	0.003562	92.4	0.003468	90.5	0.003466	91.4	0.002280	84.1
		200	0.005035	92.7	0.004823	92.0	0.004876	93.1	0.004717	92.6	0.003392	86.6	—	—
	50	20	—	—	—	—	—	—	—	—	—	—	—	—
		30	—	—	—	—	—	—	—	—	—	—	—	—
		40	0.001009	80.5	0.001020	81.3	0.001020	80.8	0.001020	80.8	0.000999	81.8	0.001020	81.5
		50	0.001069	89.8	0.001069	90.8	0.001127	90.9	0.001150	91.1	0.001115	91.7	0.001001	92.2
		75	0.001496	91.0	0.001530	92.1	0.001564	91.9	0.001581	92.4	0.001564	93.0	0.001598	92.8
		100	0.001955	89.7	0.002139	91.1	0.002024	90.4	0.002116	91.3	0.002047	91.4	0.002047	92.2
		120	0.002464	90.1	0.002240	90.2	0.002464	90.4	0.002184	90.0	0.002520	90.9	0.002436	91.4
		150	0.002905	88.7	0.003045	89.9	0.003065	89.7	0.002905	90.1	0.003015	89.3	0.002585	91.4
		200	0.003738	95.7	0.004200	96.6	0.004200	96.8	0.003960	93.8	0.003564	92.8	0.002860	83.1

附表 170 壤质黏土 2 二三水浇地灌水定额分别为 $60m^3$/亩、$70m^3$/亩时的优化单宽流量

灌水条件	灌水定额/(m^3/亩)	畦长/m	地面坡降 0.0100 优化单宽流量/[m^3/(s·m)]	0.0100 灌水效率/%	0.0050 优化单宽流量/[m^3/(s·m)]	0.0050 灌水效率/%	0.0030 优化单宽流量/[m^3/(s·m)]	0.0030 灌水效率/%	0.0020 优化单宽流量/[m^3/(s·m)]	0.0020 灌水效率/%	0.0010 优化单宽流量/[m^3/(s·m)]	0.0010 灌水效率/%	0.0005 优化单宽流量/[m^3/(s·m)]	0.0005 灌水效率/%
Ⅰ. 土壤类型：壤质黏土 2 (0～20cm 砂粒含量 ω_1=20～40cm 砂粒含量 ω_4=37.5%， 0～20cm 粉粒含量 ω_2=20～40cm 粉粒含量 ω_5=25%， 0～20cm 黏粒含量 ω_3=20～40cm 黏粒含量 ω_6=37.5%) Ⅱ. 地表形态：二三水浇地，地表轻、中旱 (0～10cm 土壤容重 γ_1=1.16g/cm^3， 0～10cm 土壤变形容重 $\gamma_1^{\#}$=1.16g/cm^3， 10～20cm 土壤容重 γ_2=1.11g/cm^3， 20～40cm 土壤容重 γ_3=1.26g/cm^3， 0～20cm 土壤含水率 θ_1=18%， 20～40cm 土壤含水率 θ_2=24%， 土壤有机质含量 G=1g/kg， 填凹量 $h_{填凹量}$=0.5cm，糙率 n=0.1) Ⅲ. 入渗参数： 入渗系数 k=2.2879cm/min， 入渗指数 α=0.2377， 稳定入渗率 f_0=0.0874cm/min	60	20	—	—	—	—	—	—	—	—	—	—	—	—
		30	—	—	—	—	—	—	—	—	—	—	—	—
		40	—	—	—	—	—	—	—	—	—	—	—	—
		50	0.000990	85.4	0.001067	86.1	0.001078	86.7	0.001023	86.4	0.001034	86.7	0.001067	87.7
		75	0.001440	88.7	0.001536	89.5	0.001456	88.7	0.001472	89.5	0.001360	90.2	0.001520	90.6
		100	0.001974	90.9	0.001806	90.5	0.001932	91.2	0.001911	90.3	0.001932	92.1	0.001806	92.2
		120	0.002321	89.2	0.002321	88.7	0.002295	90.0	0.002346	90.5	0.002346	90.4	0.002448	91.6
		150	0.002944	89.4	0.002926	89.3	0.002894	90.1	0.002984	91.2	0.002888	91.2	0.002912	89.5
		200	0.003840	93.5	0.003960	94.5	0.003880	93.3	0.003960	94.2	0.003520	94.4	—	—
	70	20	—	—	—	—	—	—	—	—	—	—	—	—
		30	—	—	—	—	—	—	—	—	—	—	—	—
		40	—	—	—	—	—	—	—	—	—	—	—	—
		50	0.001067	81.1	0.001067	81.7	0.001078	82.2	0.001023	82.0	0.001034	82.2	0.001067	83.2
		75	0.001320	89.7	0.001320	90.4	0.001395	90.7	0.001485	90.9	0.001365	91.4	0.001320	91.1
		100	0.001700	89.9	0.001700	89.9	0.001940	91.0	0.001740	91.5	0.001940	91.9	0.001840	91.7
		120	0.002064	89.4	0.002112	90.7	0.002280	90.6	0.002064	90.5	0.002184	90.6	0.002256	92.2
		150	0.002759	88.0	0.002835	90.2	0.002987	91.2	0.002803	91.2	0.002891	91.2	0.002503	90.2
		200	0.003800	91.5	0.003720	91.0	0.003520	91.0	0.003720	91.4	0.003880	91.0	0.002760	80.1

附表 171　壤质黏土 3 二三水浇地灌水定额分别为 $40m^3$/亩、$50m^3$/亩时的优化单宽流量

灌水条件	灌水定额/(m^3/亩)	畦长/m	地面坡降											
			0.0100		0.0050		0.0030		0.0020		0.0010		0.0005	
			优化单宽流量/[m^3/(s·m)]	灌水效率/%	优化单宽流量/[m^3/(s·m)]	灌水效率/%	优化单宽流量/[m^3/(s·m)]	灌水效率/%	优化单宽流量/[m^3/(s·m)]	灌水效率/%	优化单宽流量/[m^3/(s·m)]	灌水效率/%	优化单宽流量/[m^3/(s·m)]	灌水效率/%
Ⅰ. 土壤类型：壤质黏土 3 (0～20cm 砂粒含量 ω_1=20～40cm 砂粒含量 ω_4=25%， 0～20cm 粉粒含量 ω_2=20～40cm 粉粒含量 ω_5=37.5%， 0～20cm 黏粒含量 ω_3=20～40cm 黏粒含量 ω_6=37.5%) Ⅱ. 地表形态：二三水浇地，地表轻、中旱 (0～10cm 土壤容重 γ_1=1.16g/cm^3， 0～10cm 土壤变形容重 $\gamma_1^{\#}$=1.16g/cm^3， 10～20cm 土壤容重 γ_2=1.11g/cm^3， 20～40cm 土壤容重 γ_3=1.26g/cm^3， 0～20cm 土壤含水率 θ_1=18%， 20～40cm 土壤含水率 θ_2=24%， 土壤有机质含量 G=1g/kg， 填凹量 $h_{填凹量}$=0.5cm，糙率 n=0.1) Ⅲ. 入渗参数： 入渗系数 k=2.4391cm/min， 入渗指数 α=0.2315， 稳定入渗率 f_0=0.0862cm/min	40	20	—	—	—	—	—	—	—	—	—	—	—	—
		30	—	—	—	—	—	—	—	—	—	—	—	—
		40	0.001067	94.4	0.001078	95.1	0.001089	95.4	0.001078	94.7	0.001089	95.0	0.001089	95.9
		50	0.001330	93.5	0.001288	93.6	0.001330	94.1	0.001344	94.8	0.001386	95.3	0.001386	95.8
		75	0.001958	91.3	0.001914	90.2	0.001958	91.6	0.001848	91.0	0.001980	91.8	0.001892	92.6
		100	0.002632	93.7	0.002548	93.5	0.002520	93.8	0.002548	93.9	0.002436	93.2	0.002436	93.8
		120	0.003094	93.4	0.003060	93.3	0.002958	93.0	0.003060	94.0	0.003060	94.4	0.002346	90.8
		150	0.003360	94.7	0.003446	92.4	0.003104	92.7	0.003208	91.7	0.003456	92.4	0.002432	84.7
		200	0.005292	96.4	0.004482	95.7	0.005130	96.0	0.003510	88.6	0.003132	83.1	—	—
	50	20	—	—	—	—	—	—	—	—	—	—	—	—
		30	—	—	—	—	—	—	—	—	—	—	—	—
		40	0.001012	81.0	0.001078	81.6	0.001089	81.9	0.001045	82.7	0.001056	82.8	0.001089	83.4
		50	0.001040	86.3	0.001183	86.4	0.001196	87.0	0.001287	87.5	0.001300	87.3	0.001196	87.6
		75	0.001596	88.6	0.001615	89.1	0.001482	89.5	0.001672	90.4	0.001767	90.1	0.001710	89.7
		100	0.002180	91.1	0.002107	90.6	0.002156	91.7	0.002107	91.2	0.002180	92.4	0.002156	92.4
		120	0.002581	91.9	0.002581	91.6	0.002552	92.1	0.002639	92.8	0.002465	91.6	0.002581	93.4
		150	0.003290	93.8	0.003213	94.1	0.003189	91.4	0.003303	91.4	0.003129	91.6	0.002703	92.5
		200	0.004416	92.9	0.004464	93.7	0.004512	93.3	0.004560	92.3	0.003792	92.7	0.003120	83.9

附表 172　壤质黏土 3 二三水浇地灌水定额分别为 $60m^3$/亩、$70m^3$/亩时的优化单宽流量

灌水条件	灌水定额/(m^3/亩)	畦长/m	地面坡降											
			0.0100		0.0050		0.0030		0.0020		0.0010		0.0005	
			优化单宽流量/[m^3/(s·m)]	灌水效率/%	优化单宽流量/[m^3/(s·m)]	灌水效率/%	优化单宽流量/[m^3/(s·m)]	灌水效率/%	优化单宽流量/[m^3/(s·m)]	灌水效率/%	优化单宽流量/[m^3/(s·m)]	灌水效率/%	优化单宽流量/[m^3/(s·m)]	灌水效率/%
Ⅰ. 土壤类型：壤质黏土 3 (0～20cm 砂粒含量 ω_1=20～40cm 砂粒含量 ω_4=25%， 0～20cm 粉粒含量 ω_2=20～40cm 粉粒含量 ω_5=37.5%， 0～20cm 黏粒含量 ω_3=20～40cm 黏粒含量 ω_6=37.5%) Ⅱ. 地表形态：二三水浇地，地表轻、中旱 (0～10cm 土壤容重 γ_1=1.16g/cm^3， 0～10cm 土壤变形容重 $\gamma_1^{\#}$=1.16g/cm^3， 10～20cm 土壤容重 γ_2=1.11g/cm^3， 20～40cm 土壤容重 γ_3=1.26g/cm^3， 0～20cm 土壤含水率 θ_1=18%， 20～40cm 土壤含水率 θ_2=24%， 土壤有机质含量 G=1g/kg， 填凹量 $h_{填凹量}$=0.5cm，糙率 n=0.1) Ⅲ. 入渗参数： 入渗系数 k=2.4391cm/min， 入渗指数 α=0.2315， 稳定入渗率 f_0=0.0862cm/min	60	20	—	—	—	—	—	—	—	—	—	—	—	—
		30	—	—	—	—	—	—	—	—	—	—	—	—
		40	—	—	—	—	—	—	—		0.001000	80.0	0.001000	80.3
		50	0.001034	91.5	0.001034	92.2	0.001034	92.8	0.001089	93.1	0.001089	92.7	0.001001	93.2
		75	0.001502	90.6	0.001386	91.7	0.001551	92.6	0.001567	92.1	0.001567	92.7	0.001600	94.5
		100	0.001980	91.1	0.001980	91.6	0.001848	91.7	0.002024	92.5	0.002046	93.5	0.002046	94.1
		120	0.002332	90.5	0.002438	92.3	0.002199	91.9	0.002385	91.9	0.002465	92.7	0.002491	93.7
		150	0.003026	90.2	0.003124	91.4	0.002948	92.3	0.003014	93.5	0.003124	94.1	0.002904	93.1
		200	0.003822	94.5	0.003780	94.7	0.004074	95.3	0.003822	94.9	0.004032	95.7	0.003864	95.3
	70	20	—	—	—	—	—	—	—	—	—	—	—	—
		30	—	—	—	—	—	—	—	—	—	—	—	—
		40	—	—	—	—	—	—	—	—	—	—	—	—
		50	0.001034	86.1	0.001034	86.5	0.001034	86.9	0.001089	87.4	0.001045	87.4	0.001056	87.9
		75	0.001320	92.7	0.001335	93.5	0.001440	93.2	0.001455	94.2	0.001485	93.8	0.001455	94.4
		100	0.001785	89.4	0.001806	90.4	0.002037	91.5	0.001848	91.8	0.002037	91.9	0.002037	92.3
		120	0.002300	91.0	0.002350	91.6	0.002100	90.8	0.002300	91.3	0.002350	91.5	0.002375	92.9
		150	0.002976	92.7	0.002904	92.1	0.002870	91.5	0.002984	92.4	0.002978	92.4	0.002880	94.0
		200	0.004032	91.6	0.003990	91.6	0.003738	91.8	0.003906	92.2	0.003822	91.8	—	—

附表 173　砂土及壤质砂土二三水浇地灌水定额分别为 $40m^3$/亩、$50m^3$/亩时的优化单宽流量

灌水条件	灌水定额/(m^3/亩)	畦长/m	地面坡降											
			0.0100		0.0050		0.0030		0.0020		0.0010		0.0005	
			优化单宽流量/[m^3/(s·m)]	灌水效率/%	优化单宽流量/[m^3/(s·m)]	灌水效率/%	优化单宽流量/[m^3/(s·m)]	灌水效率/%	优化单宽流量/[m^3/(s·m)]	灌水效率/%	优化单宽流量/[m^3/(s·m)]	灌水效率/%	优化单宽流量/[m^3/(s·m)]	灌水效率/%
Ⅰ. 土壤类型：砂土及壤质砂土 (0～20cm 砂粒含量 ω_1=20～40cm 砂粒含量 ω_4=85%， 0～20cm 粉粒含量 ω_2=20～40cm 粉粒含量 ω_5=7.5%， 0～20cm 黏粒含量 ω_3=20～40cm 黏粒含量 ω_6=7.5%) Ⅱ. 地表形态：二三水浇地，地表轻、中旱 (0～10cm 土壤容重 γ_1=1.35g/cm^3， 0～10cm 土壤变形容重 $\gamma_1^{\#}$=1.35g/cm^3， 10～20cm 土壤容重 γ_2=1.3g/cm^3， 20～40cm 土壤容重 γ_3=1.45g/cm^3， 0～20cm 土壤含水率 θ_1=8.31%， 20～40cm 土壤含水率 θ_2=10.97%， 土壤有机质含量 G=1g/kg， 填凹量 $h_{填凹量}$=0.5cm，糙率 n=0.1) Ⅲ. 入渗参数： 入渗系数 k=1.7656cm/min， 入渗指数 α=0.2721， 稳定入渗率 f_0=0.1001cm/min	40	20	—	—	—	—	—	—	—	—	—	—	—	—
		30	—	—	—	—	—	—	—	—	—	—	—	—
		40	0.001009	80.9	0.001020	80.6	0.001020	80.7	0.001009	81.3	0.001009	81.2	0.001020	80.7
		50	0.001067	93.7	0.001089	94.1	0.001067	93.2	0.001089	93.1	0.001089	93.8	0.001001	95.6
		75	0.001674	87.5	0.001440	87.5	0.001692	88.0	0.001620	88.4	0.001746	88.9	0.001638	89.0
		100	0.002162	90.9	0.002116	91.5	0.001863	90.7	0.002116	91.2	0.001909	92.0	0.002024	91.3
		120	0.002660	90.4	0.002240	89.9	0.002520	90.3	0.002408	90.0	0.002408	89.9	0.002240	89.0
		150	0.003102	93.2	0.002280	91.5	0.003028	93.1	0.002934	91.8	0.003026	90.4	0.001980	80.2
		200	0.004324	90.7	0.004186	91.6	0.004508	91.4	0.004461	91.1	0.003220	87.3	—	—
	50	20	—	—	—	—	—	—	—	—	—	—	—	—
		30	—	—	—	—	—	—	—	—	—	—	—	—
		40	0.001009	80.9	0.001020	80.6	0.001020	80.7	0.001009	81.3	0.001009	81.2	0.001020	80.7
		50	0.001068	87.1	0.001092	87.6	0.001176	88.1	0.001128	88.0	0.001116	88.3	0.001008	89.0
		75	0.001581	91.4	0.001581	91.3	0.001581	91.6	0.001615	92.6	0.001615	93.0	0.001649	93.2
		100	0.001962	90.9	0.001916	91.5	0.001863	90.7	0.001816	91.2	0.001809	92.0	0.002024	91.3
		120	0.002360	90.4	0.002240	89.9	0.002220	90.3	0.002208	89.9	0.002208	90.0	0.002220	92.0
		150	0.003064	92.0	0.002892	91.8	0.002807	90.9	0.002894	91.3	0.002808	90.8	0.001840	87.0
		200	0.003906	92.6	0.003864	92.6	0.003822	91.8	0.003738	92.9	0.003150	87.2	—	—

附表 174 砂土及壤质砂土二三水浇地灌水定额分别为 60m³/亩、70m³/亩时的优化单宽流量

灌水条件	灌水定额/(m³/亩)	畦长/m	地面坡降											
			0.0100		0.0050		0.0030		0.0020		0.0010		0.0005	
			优化单宽流量/[m³/(s·m)]	灌水效率/%	优化单宽流量/[m³/(s·m)]	灌水效率/%	优化单宽流量/[m³/(s·m)]	灌水效率/%	优化单宽流量/[m³/(s·m)]	灌水效率/%	优化单宽流量/[m³/(s·m)]	灌水效率/%	优化单宽流量/[m³/(s·m)]	灌水效率/%
Ⅰ. 土壤类型：砂土及壤质砂土（0～20cm 砂粒含量 ω_1=20～40cm 砂粒含量 ω_4=85%，0～20cm 粉粒含量 ω_2=20～40cm 粉粒含量 ω_5=7.5%，0～20cm 黏粒含量 ω_3=20～40cm 黏粒含量 ω_6=7.5%） Ⅱ. 地表形态：二三水浇地，地表轻、中旱（0～10cm 土壤容重 γ_1=1.35g/cm³，0～10cm 土壤变形容重 $\gamma_1^{\#}$=1.35g/cm³，10～20cm 土壤容重 γ_2=1.3g/cm³，20～40cm 土壤容重 γ_3=1.45g/cm³，0～20cm 土壤含水率 θ_1=8.31%，20～40cm 土壤含水率 θ_2=10.97%，土壤有机质含量 G=1g/kg，填凹量 $h_{填凹量}$=0.5cm，糙率 n=0.1） Ⅲ. 入渗参数：入渗系数 k=1.7656cm/min，入渗指数 α=0.2721，稳定入渗率 f_0=0.1001cm/min	60	20	—	—	—	—	—	—	—	—	—	—	—	—
		30	—	—	—	—	—	—	—	—	—	—	—	—
		40	—	—	—	—	—	—	—	—	—	—	—	—
		50	0.001067	80.1	0.001089	80.4	0.000990	80.8	0.001056	80.9	0.001045	80.4	0.001001	81.6
		75	0.001410	88.4	0.001440	88.9	0.001365	88.5	0.001425	88.9	0.001365	89.9	0.001440	89.6
		100	0.001720	88.3	0.001880	88.9	0.001700	89.1	0.001720	89.3	0.001820	90.0	0.001600	85.5
		120	0.002064	88.0	0.002016	88.8	0.002064	89.5	0.002304	89.3	0.002112	89.5	0.001800	82.6
		150	0.002880	88.9	0.002812	89.3	0.002894	90.1	0.001908	88.3	0.002178	89.5	—	—
		200	0.003430	97.2	0.003430	97.0	0.003255	95.6	0.003360	96.2	0.003185	96.1	—	—
	70	20	—	—	—	—	—	—	—	—	—	—	—	—
		30	—	—	—	—	—	—	—	—	—	—	—	—
		40	—	—	—	—	—	—	—	—	—	—	—	—
		50	0.001010	80.5	0.001000	81.6	0.001010	80.3	0.001010	82.8	0.001000	82.0	0.001000	83.8
		75	0.001344	89.7	0.001358	89.6	0.001372	90.7	0.001344	89.8	0.001358	91.2	0.001344	91.8
		100	0.001638	92.7	0.001656	93.2	0.001710	93.1	0.001638	93.0	0.001710	93.2	0.001476	86.6
		120	0.002093	88.2	0.002014	93.4	0.002134	92.6	0.002091	91.2	0.001863	85.4	—	—
		150	0.002604	89.5	0.002618	90.2	0.002704	90.2	0.002682	90.6	—	—	—	—
		200	—	—	—	—	—	—	—	—	—	—	—	—

附表 175　砂质黏壤土二三水浇地灌水定额分别为 $40m^3$/亩、$50m^3$/亩时的优化单宽流量

灌水条件	灌水定额/(m^3/亩)	畦长/m	地面坡降 0.0100 优化单宽流量/[m^3/(s·m)]	0.0100 灌水效率/%	0.0050 优化单宽流量/[m^3/(s·m)]	0.0050 灌水效率/%	0.0030 优化单宽流量/[m^3/(s·m)]	0.0030 灌水效率/%	0.0020 优化单宽流量/[m^3/(s·m)]	0.0020 灌水效率/%	0.0010 优化单宽流量/[m^3/(s·m)]	0.0010 灌水效率/%	0.0005 优化单宽流量/[m^3/(s·m)]	0.0005 灌水效率/%
Ⅰ. 土壤类型：砂质黏壤土（0～20cm 砂粒含量 ω_1=20～40cm 砂粒含量 ω_4=65%，0～20cm 粉粒含量 ω_2=20～40cm 粉粒含量 ω_5=15%，0～20cm 黏粒含量 ω_3=20～40cm 黏粒含量 ω_6=20%） Ⅱ. 地表形态：二三水浇地，地表轻、中旱（0～10cm 土壤容重 γ_1=1.26g/cm^3，0～10cm 土壤变形容重 $\gamma_1^{\#}$=1.26g/cm^3，10～20cm 土壤容重 γ_2=1.21g/cm^3，20～40cm 土壤容重 γ_3=1.36g/cm^3，0～20cm 土壤含水率 θ_1=9.65%，20～40cm 土壤含水率 θ_2=12.46%，土壤有机质含量 G=1g/kg，填凹量 $h_{填凹量}$=0.5cm，糙率 n=0.1） Ⅲ. 入渗参数：入渗系数 k=1.9979cm/min，入渗指数 α=0.267，稳定入渗率 f_0=0.0997cm/min	40	20	—	—	—	—	—	—	—	—	—	—	—	—
		30	—	—	—	—	—	—	—	—	—	—	—	—
		40	0.001047	89.7	0.001047	89.9	0.001069	90.7	0.001150	91.5	0.001104	91.1	0.001115	92.1
		50	0.001279	91.6	0.001307	92.2	0.001321	93.5	0.001348	94.1	0.001362	93.6	0.001390	94.7
		75	0.001848	91.7	0.001932	92.7	0.001995	92.2	0.001911	92.5	0.001995	93.2	0.002037	94.3
		100	0.002079	92.8	0.002100	93.0	0.002079	93.4	0.002100	93.4	0.002079	93.9	0.002100	93.8
		120	0.002697	94.9	0.002755	94.8	0.002581	94.7	0.002610	94.5	0.002552	95.0	0.002233	90.4
		150	0.003325	94.6	0.003220	94.7	0.003290	94.9	0.003185	94.5	0.003115	93.3	0.002450	84.4
		200	0.004617	90.1	0.004503	89.5	0.004218	91.0	0.004389	89.1	0.003933	90.4	—	—
	50	20	—	—	—	—	—	—	—	—	—	—	—	—
		30	—	—	—	—	—	—	—	—	—	—	—	—
		40	0.001046	82.0	0.001014	82.8	0.001025	83.4	0.001036	82.4	0.001057	83.4	0.001014	83.4
		50	0.001213	86.8	0.001174	87.7	0.001251	87.8	0.001200	88.2	0.001226	88.3	0.001213	88.7
		75	0.001371	93.7	0.001401	94.2	0.001430	95.0	0.001416	95.2	0.001445	96.0	0.001475	96.9
		100	0.001891	92.9	0.001930	92.6	0.001930	92.9	0.001911	93.1	0.001911	93.2	0.001891	93.7
		120	0.002180	90.7	0.002158	90.5	0.002180	90.8	0.002158	91.1	0.002180	91.1	0.002158	91.7
		150	0.003360	94.2	0.003430	95.1	0.002975	94.4	0.003430	94.2	0.003185	94.1	0.002975	94.7
		200	0.004048	95.3	0.004400	95.7	0.004004	95.5	0.003916	95.3	0.003828	95.5	0.003080	85.8

附表 176 砂质黏壤土二三水浇地灌水定额分别为 $60m^3$/亩、$70m^3$/亩时的优化单宽流量

灌水条件	灌水定额/(m^3/亩)	畦长/m	地面坡降											
			0.0100		0.0050		0.0030		0.0020		0.0010		0.0005	
			优化单宽流量/[m^3/(s·m)]	灌水效率/%	优化单宽流量/[m^3/(s·m)]	灌水效率/%	优化单宽流量/[m^3/(s·m)]	灌水效率/%	优化单宽流量/[m^3/(s·m)]	灌水效率/%	优化单宽流量/[m^3/(s·m)]	灌水效率/%	优化单宽流量/[m^3/(s·m)]	灌水效率/%
Ⅰ. 土壤类型：砂质黏壤土 (0～20cm 砂粒含量 ω_1=20～40cm 砂粒含量 ω_4=65%， 0～20cm 粉粒含量 ω_2=20～40cm 粉粒含量 ω_5=15%， 0～20cm 黏粒含量 ω_3=20～40cm 黏粒含量 ω_6=20%) Ⅱ. 地表形态：二三水浇地，地表轻、中旱 (0～10cm 土壤容重 γ_1=1.26g/cm³， 0～10cm 土壤变形容重 $\gamma_1^{\#}$=1.26g/cm³， 10～20cm 土壤容重 γ_2=1.21g/cm³， 20～40cm 土壤容重 γ_3=1.36g/cm³， 0～20cm 土壤含水率 θ_1=9.65%， 20～40cm 土壤含水率 θ_2=12.46%， 土壤有机质含量 G=1g/kg， 填凹量 $h_{填凹量}$=0.5cm，糙率 n=0.1) Ⅲ. 入渗参数： 入渗系数 k=1.9979cm/min， 入渗指数 α=0.267， 稳定入渗率 f_0=0.0997cm/min	60	20	—	—	—	—	—	—	—	—	—	—	—	—
		30	—	—	—	—	—	—	—	—	—	—	—	—
		40	—	—	0.001009	80.1	0.001020	80.5	—	—	—	—	0.001020	81.4
		50	0.001074	90.6	0.001062	90.8	0.001074	92.1	0.001085	91.2	0.001096	92.1	0.001051	92.0
		75	0.001472	90.0	0.001504	90.7	0.001536	90.6	0.001552	91.5	0.001520	91.0	0.001552	91.1
		100	0.001911	95.2	0.001953	95.7	0.002100	95.1	0.001911	95.1	0.002079	96.3	0.001932	96.4
		120	0.002232	94.3	0.002280	95.1	0.002256	95.3	0.002256	95.5	0.002280	95.6	0.002400	95.6
		150	0.002900	96.0	0.002880	96.0	0.002820	95.4	0.002870	95.7	0.002850	95.9	0.002880	96.2
		200	0.003960	95.7	0.003920	96.9	0.003800	95.7	0.003960	96.8	—	—	—	—
	70	20	—	—	—	—	—	—	—	—	—	—	—	—
		30	—	—	—	—	—	—	—	—	—	—	—	—
		40	—	—	—	—	—	—	—	—	—	—	—	—
		50	0.001072	84.9	0.001026	85.2	0.001072	86.0	0.001083	85.3	0.001094	86.1	0.000992	86.9
		75	0.001305	91.1	0.001290	90.5	0.001440	91.2	0.001455	92.1	0.001455	91.8	0.001365	92.8
		100	0.001827	91.4	0.002079	92.0	0.001932	93.8	0.002100	93.1	0.001869	93.1	0.002100	91.3
		120	0.002200	92.5	0.002450	92.7	0.002425	93.2	0.002300	93.5	0.002475	94.8	0.002300	91.4
		150	0.002813	95.8	0.002755	95.8	0.002842	96.5	0.002813	95.7	0.002784	96.9	—	—
		200	0.003762	96.3	0.003800	96.9	0.003648	96.0	0.003686	96.6	—	—	—	—

附表 177　砂质黏土二三水浇地灌水定额分别为 40m³/亩、50m³/亩时的优化单宽流量

灌水条件	灌水定额/(m³/亩)	畦长/m	地面坡降											
			0.0100		0.0050		0.0030		0.0020		0.0010		0.0005	
			优化单宽流量/[m³/(s·m)]	灌水效率/%	优化单宽流量/[m³/(s·m)]	灌水效率/%	优化单宽流量/[m³/(s·m)]	灌水效率/%	优化单宽流量/[m³/(s·m)]	灌水效率/%	优化单宽流量/[m³/(s·m)]	灌水效率/%	优化单宽流量/[m³/(s·m)]	灌水效率/%
Ⅰ. 土壤类型：砂质黏土 (0～20cm 砂粒含量 ω_1=20～40cm 砂粒含量 ω_4=62.5%， 0～20cm 粉粒含量 ω_2=20～40cm 粉粒含量 ω_5=12.5%， 0～20cm 黏粒含量 ω_3=20～40cm 黏粒含量 ω_6=25%) Ⅱ. 地表形态：二三水浇地，地表轻、中旱 (0～10cm 土壤容重 γ_1=1.18g/cm³， 0～10cm 土壤变形容重 $\gamma_1^{\#}$=1.18g/cm³， 10～20cm 土壤容重 γ_2=1.13g/cm³， 20～40cm 土壤容重 γ_3=1.28g/cm³， 0～20cm 土壤含水率 θ_1=15.75%， 20～40cm 土壤含水率 θ_2=21%， 土壤有机质含量 G=1g/kg， 填凹量 $h_{填凹量}$=0.5cm，糙率 n=0.1) Ⅲ. 入渗参数： 入渗系数 k=2.1069cm/min， 入渗指数 α=0.2515， 稳定入渗率 f_0=0.091cm/min	40	20	—	—	—	—	—	—	—	—	—	—	—	—
		30	—	—	—	—	—	—	—	—	—	—	—	—
		40	0.001078	81.1	0.001045	81.4	0.001067	81.1	0.001023	82.0	0.001056	82.3	0.001045	82.3
		50	0.001128	92.0	0.001104	93.1	0.001176	93.2	0.001116	92.6	0.001164	94.2	0.001140	93.8
		75	0.001692	91.3	0.001620	93.0	0.001620	92.4	0.001602	92.3	0.001674	93.5	0.001674	93.9
		100	0.002208	92.6	0.002160	91.8	0.002088	92.2	0.002112	92.4	0.002136	93.2	0.002184	93.4
		120	0.002523	91.7	0.002639	92.3	0.002552	92.2	0.002552	92.4	0.002639	93.0	0.002233	91.8
		150	0.003185	93.0	0.003290	94.5	0.003127	92.6	0.003213	91.4	0.003247	93.1	0.002135	82.7
		200	0.004275	95.2	0.004410	96.2	0.004500	96.4	0.003420	93.0	0.002970	86.4	—	—
	50	20	—	—	—	—	—	—	—	—	—	—	—	—
		30	—	—	—	—	—	—	—	—	—	—	—	—
		40	—	—	—	—	—	—	—	—	—	—	—	—
		50	0.001001	87.3	0.000990	87.1	0.001001	87.6	0.001056	87.5	0.001089	88.2	0.001078	88.5
		75	0.001395	91.1	0.001426	92.0	0.001457	92.9	0.001473	93.1	0.001457	93.0	0.001473	94.0
		100	0.001974	90.3	0.001869	91.0	0.001932	91.0	0.001995	92.3	0.002016	92.5	0.002058	92.9
		120	0.002295	90.5	0.002219	89.5	0.002321	91.4	0.002193	90.6	0.002346	91.3	0.002397	92.3
		150	0.002496	89.3	0.002784	90.6	0.002656	90.2	0.002784	90.7	0.002902	91.4	0.002903	90.4
		200	0.004074	91.2	0.003948	92.1	0.003906	92.2	0.003696	91.6	0.003780	92.8	0.003444	90.1

附表 178　砂质黏土二三水浇地灌水定额分别为 $60m^3$/亩、$70m^3$/亩时的优化单宽流量

灌水条件	灌水定额/(m^3/亩)	畦长/m	地面坡降											
			0.0100		0.0050		0.0030		0.0020		0.0010		0.0005	
			优化单宽流量/[m^3/(s·m)]	灌水效率/%	优化单宽流量/[m^3/(s·m)]	灌水效率/%	优化单宽流量/[m^3/(s·m)]	灌水效率/%	优化单宽流量/[m^3/(s·m)]	灌水效率/%	优化单宽流量/[m^3/(s·m)]	灌水效率/%	优化单宽流量/[m^3/(s·m)]	灌水效率/%
Ⅰ. 土壤类型：砂质黏土 (0～20cm 砂粒含量 ω_1=20～40cm 砂粒含量 ω_4=62.5%， 0～20cm 粉粒含量 ω_2=20～40cm 粉粒含量 ω_5=12.5%， 0～20cm 黏粒含量 ω_3=20～40cm 黏粒含量 ω_6=25%) Ⅱ. 地表形态：二三水浇地，地表轻、中旱 (0～10cm 土壤容重 γ_1=1.18g/cm^3， 0～10cm 土壤变形容重 $\gamma_1^{\#}$=1.18g/cm^3， 10～20cm 土壤容重 γ_2=1.13g/cm^3， 20～40cm 土壤容重 γ_3=1.28g/cm^3， 0～20cm 土壤含水率 θ_1=15.75%， 20～40cm 土壤含水率 θ_2=21%， 土壤有机质含量 G=1g/kg， 填凹量 $h_{填凹量}$=0.5cm，糙率 n=0.1) Ⅲ. 入渗参数： 入渗系数 k=2.1069cm/min， 入渗指数 α=0.2515， 稳定入渗率 f_0=0.091cm/min	60	20	—	—	—	—	—	—	—	—	—	—	—	—
		30	—	—	—	—	—	—	—	—	—	—	—	—
		40	—	—	—	—	—	—	—	—	—	—	—	—
		50	0.001001	80.9	0.001089	80.7	0.001001	81.1	0.001056	81.0	0.001089	81.7	0.001078	82.0
		75	0.001335	88.3	0.001350	88.9	0.001455	89.6	0.001395	89.8	0.001455	90.1	0.001320	90.4
		100	0.001833	90.9	0.001775	90.8	0.001696	91.7	0.001872	91.8	0.001677	92.4	0.001911	92.7
		120	0.001978	92.1	0.002001	93.1	0.001978	92.1	0.002231	93.3	0.002208	93.5	0.002208	93.1
		150	0.002436	90.7	0.002668	92.6	0.002581	92.5	0.002697	92.5	0.002349	90.5	0.002146	85.4
		200	0.003549	91.4	0.003666	91.9	0.003627	92.4	0.003783	91.0	0.003666	91.5	—	—
	70	20	—	—	—	—	—	—	—	—	—	—	—	—
		30	—	—	—	—	—	—	—	—	—	—	—	—
		40	—	—	—	—	—	—	—	—	—	—	—	—
		50	0.001000	82.0	0.001010	80.4	0.001000	82.2	0.001010	81.4	0.001010	81.3	0.001010	81.5
		75	0.001174	91.4	0.001296	92.1	0.001242	93.4	0.001215	92.2	0.001256	93.1	0.001229	93.3
		100	0.001674	91.8	0.001728	93.0	0.001638	93.0	0.001602	91.6	0.001728	93.4	0.001602	93.0
		120	0.002024	90.5	0.001936	91.1	0.001892	90.5	0.001914	92.0	0.002156	92.2	0.002068	92.3
		150	0.002380	89.9	0.002576	90.1	0.002492	90.6	0.002604	89.8	0.002802	91.4	0.002408	91.3
		200	0.003465	94.2	0.003456	95.1	0.003395	94.4	0.003500	95.6	0.003115	94.6	—	—

附表 179　砂质壤土 1 二三水浇地灌水定额分别为 $40m^3$/亩、$50m^3$/亩时的优化单宽流量

灌水条件	灌水定额/(m^3/亩)	畦长/m	地面坡降											
			0.0100		0.0050		0.0030		0.0020		0.0010		0.0005	
			优化单宽流量/[m^3/(s·m)]	灌水效率/%	优化单宽流量/[m^3/(s·m)]	灌水效率/%	优化单宽流量/[m^3/(s·m)]	灌水效率/%	优化单宽流量/[m^3/(s·m)]	灌水效率/%	优化单宽流量/[m^3/(s·m)]	灌水效率/%	优化单宽流量/[m^3/(s·m)]	灌水效率/%
Ⅰ. 土壤类型：砂质壤土 1 (0～20cm 砂粒含量 ω_1=20～40cm 砂粒含量 ω_4=75%， 0～20cm 粉粒含量 ω_2=20～40cm 粉粒含量 ω_5=12.5%， 0～20cm 黏粒含量 ω_3=20～40cm 黏粒含量 ω_6=12.5%) Ⅱ. 地表形态：二三水浇地，地表轻、中旱 (0～10cm 土壤容重 γ_1=1.33g/cm^3， 0～10cm 土壤变形容重 $\gamma_1^{\#}$=1.33g/cm^3， 10～20cm 土壤容重 γ_2=1.28g/cm^3， 20～40cm 土壤容重 γ_3=1.43g/cm^3， 0～20cm 土壤含水率 θ_1=9.05%， 20～40cm 土壤含水率 θ_2=11.89%， 土壤有机质含量 G=1g/kg， 填凹量 $h_{填凹量}$=0.5cm，糙率 n=0.1) Ⅲ. 入渗参数： 入渗系数 k=1.8237cm/min， 入渗指数 α=0.2683， 稳定入渗率 f_0=0.0986cm/min	40	20	—	—	—	—	—	—	—	—	—	—	—	—
		30	—	—	—	—	—	—	—	—	—	—	—	—
		40	0.001039	83.1	0.001008	82.2	0.001018	83.4	0.001039	83.3	0.001039	83.1	0.000997	84.3
		50	0.001092	90.2	0.001116	91.4	0.001020	91.3	0.001152	91.8	0.001140	91.5	0.001140	91.5
		75	0.001440	90.5	0.001620	90.1	0.001620	91.0	0.001674	92.3	0.001656	92.2	0.001710	92.8
		100	0.002184	90.7	0.002088	90.4	0.001896	91.3	0.002136	92.0	0.002232	91.9	0.002184	92.3
		120	0.002726	90.7	0.002320	91.0	0.002610	91.2	0.002320	90.6	0.002523	92.6	0.002117	90.2
		150	0.003360	93.0	0.002934	91.4	0.003246	92.4	0.002984	91.4	0.003106	92.3	0.002190	85.8
		200	0.004464	91.1	0.004272	91.2	0.004320	91.3	0.003936	91.7	0.003696	91.6	—	—
	50	20	—	—	—	—	—	—	—	—	—	—	—	—
		30	—	—	—	—	—	—	—	—	—	—	—	—
		40	—	—	—	—	—	—	—	—	—	—	—	—
		50	0.001001	88.4	0.001067	88.6	0.001067	89.2	0.001089	89.7	0.000990	89.7	0.001034	90.0
		75	0.001520	91.0	0.001456	91.2	0.001536	91.6	0.001552	92.3	0.001568	92.4	0.001584	93.1
		100	0.001911	91.3	0.001953	92.8	0.001953	92.5	0.001932	92.4	0.001743	92.8	0.001932	93.9
		120	0.002340	90.1	0.002106	89.7	0.002158	91.0	0.002132	91.0	0.002184	91.8	0.001976	87.1
		150	0.002945	93.9	0.002845	93.4	0.002840	92.6	0.002835	92.3	0.002830	93.4	—	—
		200	0.004032	93.8	0.003990	94.0	0.003906	93.3	0.003822	93.4	0.003822	93.7	—	—

附表 180 砂质壤土 1 二三水浇地灌水定额分别为 $60m^3$/亩、$70m^3$/亩时的优化单宽流量

灌水条件	灌水定额/(m^3/亩)	畦长/m	地面坡降											
			0.0100		0.0050		0.0030		0.0020		0.0010		0.0005	
			优化单宽流量/[m^3/(s·m)]	灌水效率/%	优化单宽流量/[m^3/(s·m)]	灌水效率/%	优化单宽流量/[m^3/(s·m)]	灌水效率/%	优化单宽流量/[m^3/(s·m)]	灌水效率/%	优化单宽流量/[m^3/(s·m)]	灌水效率/%	优化单宽流量/[m^3/(s·m)]	灌水效率/%
Ⅰ. 土壤类型：砂质壤土 1 (0～20cm 砂粒含量 ω_1=20～40cm 砂粒含量 ω_4=75%， 0～20cm 粉粒含量 ω_2=20～40cm 粉粒含量 ω_5=12.5%， 0～20cm 黏粒含量 ω_3=20～40cm 黏粒含量 ω_6=12.5%) Ⅱ. 地表形态：二三水浇地，地表轻、中旱 (0～10cm 土壤容重 γ_1=1.33g/cm^3， 0～10cm 土壤变形容重 $\gamma_1^{\#}$=1.33g/cm^3， 10～20cm 土壤容重 γ_2=1.28g/cm^3， 20～40cm 土壤容重 γ_3=1.43g/cm^3， 0～20cm 土壤含水率 θ_1=9.05%， 20～40cm 土壤含水率 θ_2=11.89%， 土壤有机质含量 G=1g/kg， 填凹量 $h_{填凹量}$=0.5cm，糙率 n=0.1) Ⅲ. 入渗参数： 入渗系数 k=1.8237cm/min， 入渗指数 α=0.2683， 稳定入渗率 f_0=0.0986cm/min	60	20	—	—	—	—	—	—	—	—	—	—	—	—
		30	—	—	—	—	—	—	—	—	—	—	—	—
		40	—	—	—	—	—	—	—	—	—	—	—	—
		50	0.000997	85.3	0.000997	85.4	0.001018	86.6	0.001029	85.8	0.001029	85.5	0.001029	87.3
		75	0.001440	90.1	0.001470	90.8	0.001410	91.3	0.001470	91.1	0.001395	91.4	0.001485	92.2
		100	0.001691	93.1	0.001805	93.2	0.001881	94.3	0.001862	94.4	0.001900	95.4	0.001862	94.6
		120	0.002046	95.8	0.002112	96.3	0.002024	95.0	0.002178	95.1	0.002024	95.3	0.002046	97.1
		150	0.002772	94.7	0.002824	94.3	0.002776	92.3	0.002814	92.4	0.001784	93.4	—	—
		200	0.003720	91.1	0.003800	91.8	0.003440	91.8	0.003800	91.2	0.003560	91.2	—	—
	70	20	—	—	—	—	—	—	—	—	—	—	—	—
		30	—	—	—	—	—	—	—	—	—	—	—	—
		40	—	—	—	—	—	—	—	—	—	—	—	—
		50	0.000997	81.7	0.000997	81.8	0.001018	82.9	0.001029	82.2	0.001029	81.9	0.001029	83.6
		75	0.001246	91.9	0.001358	91.6	0.001330	92.8	0.001386	92.4	0.001302	93.5	0.001302	93.9
		100	0.001691	90.9	0.001824	92.1	0.001748	91.8	0.001653	90.7	0.001881	92.8	0.001710	91.5
		120	0.002156	93.1	0.002068	93.7	0.001980	93.3	0.002068	94.0	0.001936	91.0	0.001716	83.8
		150	0.002576	93.7	0.002688	92.4	0.002772	92.8	0.002520	93.3	—	—	—	—
		200	0.003648	91.7	—	—	—	—	—	—	—	—	—	—

附表 181　砂质壤土 2 二三水浇地灌水定额分别为 40m³/亩、50m³/亩时的优化单宽流量

灌水条件	灌水定额/(m³/亩)	畦长/m	地面坡降											
			0.0100		0.0050		0.0030		0.0020		0.0010		0.0005	
			优化单宽流量/[m³/(s·m)]	灌水效率/%	优化单宽流量/[m³/(s·m)]	灌水效率/%	优化单宽流量/[m³/(s·m)]	灌水效率/%	优化单宽流量/[m³/(s·m)]	灌水效率/%	优化单宽流量/[m³/(s·m)]	灌水效率/%	优化单宽流量/[m³/(s·m)]	灌水效率/%
Ⅰ. 土壤类型：砂质壤土 2 (0～20cm 砂粒含量 $\omega_1=20$～40cm 砂粒含量 $\omega_4=62.5\%$， 0～20cm 粉粒含量 $\omega_2=20$～40cm 粉粒含量 $\omega_5=25\%$， 0～20cm 黏粒含量 $\omega_3=20$～40cm 黏粒含量 $\omega_6=12.5\%$) Ⅱ. 地表形态：二三水浇地，地表轻、中旱 (0～10cm 土壤容重 $\gamma_1=1.33g/cm^3$， 0～10cm 土壤变形容重 $\gamma_1^{\#}=1.33g/cm^3$， 10～20cm 土壤容重 $\gamma_2=1.28g/cm^3$， 20～40cm 土壤容重 $\gamma_3=1.43g/cm^3$， 0～20cm 土壤含水率 $\theta_1=10.01\%$， 20～40cm 土壤含水率 $\theta_2=13.17\%$， 土壤有机质含量 $G=1g/kg$， 填凹量 $h_{填凹量}=0.5cm$，糙率 $n=0.1$) Ⅲ. 入渗参数： 入渗系数 $k=1.8836cm/min$， 入渗指数 $\alpha=0.2598$， 稳定入渗率 $f_0=0.0952cm/min$	40	20	—	—	—	—	—	—	—	—	—	—	—	—
		30	—	—	—	—	—	—	—	—	—	—	—	—
		40	0.001067	81.1	0.001089	81.2	0.001056	82.1	0.001078	82.0	0.001078	81.7	0.001023	82.3
		50	0.001128	92.6	0.001140	92.6	0.001176	92.7	0.001188	94.0	0.001176	93.4	0.001188	93.6
		75	0.001674	91.8	0.001674	91.9	0.001674	92.7	0.001710	93.3	0.001710	93.3	0.001764	94.2
		100	0.002328	92.3	0.002256	92.4	0.002160	92.2	0.001944	92.7	0.002256	93.9	0.002256	94.2
		120	0.002730	90.0	0.002640	89.7	0.002610	89.6	0.002640	90.1	0.002730	90.7	0.002370	90.5
		150	0.003465	95.0	0.003325	93.6	0.003325	94.3	0.003325	93.4	0.003345	92.4	0.002670	92.3
		200	0.004128	95.7	0.004085	95.2	0.004042	96.0	0.003913	94.7	0.003397	92.3	0.002838	83.2
	50	20	—	—	—	—	—	—	—	—	—	—	—	—
		30	—	—	—	—	—	—	—	—	—	—	—	—
		40	—	—	—	—	—	—	—	—	—	—	—	—
		50	0.001023	89.4	0.001034	90.3	0.001045	90.5	0.001056	90.4	0.001023	91.4	0.000990	91.9
		75	0.001456	90.8	0.001504	92.4	0.001520	92.5	0.001504	92.8	0.001536	93.4	0.001424	94.0
		100	0.002002	91.0	0.002046	90.1	0.001980	90.9	0.002002	90.8	0.002002	91.8	0.002024	92.5
		120	0.002366	91.1	0.002444	91.1	0.002184	91.4	0.002158	91.0	0.002210	92.5	0.002418	92.7
		150	0.002993	93.4	0.003043	92.4	0.002903	93.4	0.002879	92.4	0.002871	92.7	0.002700	96.3
		200	0.004116	94.4	0.004074	94.6	0.004032	94.7	0.003864	93.6	0.003528	93.8	—	—

附表 182 砂质壤土 2 二三水浇地灌水定额分别为 60m³/亩、70m³/亩时的优化单宽流量

灌水条件	灌水定额/(m³/亩)	畦长/m	地面坡降											
			0.0100		0.0050		0.0030		0.0020		0.0010		0.0005	
			优化单宽流量/[m³/(s·m)]	灌水效率/%	优化单宽流量/[m³/(s·m)]	灌水效率/%	优化单宽流量/[m³/(s·m)]	灌水效率/%	优化单宽流量/[m³/(s·m)]	灌水效率/%	优化单宽流量/[m³/(s·m)]	灌水效率/%	优化单宽流量/[m³/(s·m)]	灌水效率/%
Ⅰ. 土壤类型：砂质壤土 2 (0～20cm 砂粒含量 ω_1=20～40cm 砂粒含量 ω_4=62.5%， 0～20cm 粉粒含量 ω_2=20～40cm 粉粒含量 ω_5=25%， 0～20cm 黏粒含量 ω_3=20～40cm 黏粒含量 ω_6=12.5%) Ⅱ. 地表形态：二三水浇地，地表轻、中旱 (0～10cm 土壤容重 γ_1=1.33g/cm³， 0～10cm 土壤变形容重 $\gamma_1^{\#}$=1.33g/cm³， 10～20cm 土壤容重 γ_2=1.28g/cm³， 20～40cm 土壤容重 γ_3=1.43g/cm³， 0～20cm 土壤含水率 θ_1=10.01%， 20～40cm 土壤含水率 θ_2=13.17%， 土壤有机质含量 G=1g/kg， 填凹量 $h_{填凹量}$=0.5cm，糙率 n=0.1) Ⅲ. 入渗参数： 入渗系数 k=1.8836cm/min， 入渗指数 α=0.2598， 稳定入渗率 f_0=0.0952cm/min	60	20	—	—	—	—	—	—	—	—	—	—	—	—
		30	—	—	—	—	—	—	—	—	—	—	—	—
		40	—	—	—	—	—	—	—	—	—	—	—	—
		50	0.001029	87.7	0.001029	87.7	0.001039	87.9	0.001018	87.9	0.001018	89.3	0.001039	88.2
		75	0.001485	92.2	0.001350	92.0	0.001455	93.3	0.001485	92.0	0.001350	92.8	0.001425	93.6
		100	0.001920	91.2	0.001880	92.2	0.001940	93.0	0.001920	92.3	0.001940	93.5	0.001960	94.0
		120	0.002125	90.0	0.002325	90.1	0.002075	89.2	0.002325	90.2	0.002400	90.1	0.002100	90.5
		150	0.002880	92.0	0.003024	91.4	0.002876	92.3	0.003024	91.5	0.003146	92.1	0.002200	82.8
		200	0.003840	93.1	0.003960	92.9	0.002680	93.6	0.003720	93.6	0.003360	92.5	—	—
	70	20	—	—	—	—	—	—	—	—	—	—	—	—
		30	—	—	—	—	—	—	—	—	—	—	—	—
		40	—	—	—	—	—	—	—	—	—	—	—	—
		50	0.001000	84.8	0.001000	84.6	0.001000	84.3	0.001000	84.9	0.001000	87.1	0.001000	84.7
		75	0.001274	93.2	0.001288	93.4	0.001358	94.3	0.001302	93.5	0.001344	95.0	0.001344	95.9
		100	0.001672	91.1	0.001672	91.9	0.001824	93.0	0.001748	93.6	0.001691	92.9	0.001767	92.5
		120	0.002139	90.6	0.002047	92.2	0.002070	93.0	0.002300	92.9	0.002047	93.1	0.001863	86.8
		150	0.002784	92.0	0.002704	93.2	0.002734	93.2	0.002813	92.4	—	—	—	—
		200	0.003430	96.2	0.003360	96.0	0.003290	95.4	—	—	—	—	—	—

附表 183　重黏土二三水浇地灌水定额分别为 $40m^3$/亩、$50m^3$/亩时的优化单宽流量

灌水条件	灌水定额/(m^3/亩)	畦长/m	地面坡降											
			0.0100		0.0050		0.0030		0.0020		0.0010		0.0005	
			优化单宽流量/[m^3/(s·m)]	灌水效率/%	优化单宽流量/[m^3/(s·m)]	灌水效率/%	优化单宽流量/[m^3/(s·m)]	灌水效率/%	优化单宽流量/[m^3/(s·m)]	灌水效率/%	优化单宽流量/[m^3/(s·m)]	灌水效率/%	优化单宽流量/[m^3/(s·m)]	灌水效率/%
Ⅰ. 土壤类型：重黏土 (0～20cm 砂粒含量 ω_1=20～40cm 砂粒含量 ω_4=12.5%， 0～20cm 粉粒含量 ω_2=20～40cm 粉粒含量 ω_5=12.5%， 0～20cm 黏粒含量 ω_3=20～40cm 黏粒含量 ω_6=75%) Ⅱ. 地表形态：二三水浇地，地表轻、中旱 (0～10cm 土壤容重 γ_1=1.1g/cm^3， 0～10cm 土壤变形容重 $\gamma_1^{\#}$=1.1g/cm^3， 10～20cm 土壤容重 γ_2=1.05g/cm^3， 20～40cm 土壤容重 γ_3=1.2g/cm^3， 0～20cm 土壤含水率 θ_1=22.5%， 20～40cm 土壤含水率 θ_2=30%， 土壤有机质含量 G=1g/kg， 填凹量 $h_{填凹量}$=0.5cm，糙率 n=0.1) Ⅲ. 入渗参数： 入渗系数 k=2.7095cm/min， 入渗指数 α=0.2284， 稳定入渗率 f_0=0.0859cm/min	40	20	—	—	—	—	—	—	—	—	—	—	—	—
		30	0.000997	80.6	0.001039	80.0	0.000997	80.5	0.001008	80.5	0.001029	80.8	0.001008	81.6
		40	0.001131	86.7	0.001105	87.6	0.001118	87.9	0.001183	88.1	0.001209	88.0	0.001248	88.7
		50	0.001312	88.6	0.001328	88.5	0.001344	89.2	0.001456	89.8	0.001504	90.0	0.001520	90.3
		75	0.001932	90.7	0.002001	91.3	0.001978	91.8	0.002024	93.0	0.002001	92.6	0.001955	93.2
		100	0.002670	92.9	0.002640	93.3	0.002670	93.5	0.002640	93.6	0.002760	93.7	0.001950	89.5
		120	0.003267	94.7	0.003234	95.1	0.003135	94.4	0.003234	95.6	0.002673	95.1	0.002277	91.0
		150	0.003492	95.1	0.003600	94.9	0.003420	95.0	0.003610	95.7	0.002964	92.3	0.002356	82.3
		200	0.004664	94.3	0.004512	95.2	0.004656	95.7	0.004656	95.0	0.003504	88.5	—	—
	50	20	—	—	—	—	—	—	—	—	—	—	—	—
		30	—	—	—	—	—	—	—	—	—	—	—	—
		40	0.001023	84.5	0.001012	84.7	0.001012	85.2	0.001012	85.6	0.001034	85.8	0.000990	86.2
		50	0.001079	88.6	0.001157	89.7	0.001157	89.9	0.001235	90.6	0.001248	90.9	0.001209	91.3
		75	0.001680	87.5	0.001620	88.3	0.001740	88.2	0.001660	88.1	0.001720	89.0	0.001980	89.8
		100	0.002200	92.1	0.002200	92.0	0.002300	92.9	0.002175	92.5	0.002175	93.0	0.002225	94.1
		120	0.002520	91.5	0.002640	92.5	0.002370	92.4	0.002610	92.5	0.002580	93.2	0.002550	92.7
		150	0.003306	91.5	0.003420	92.5	0.003078	91.9	0.003420	92.8	0.002926	92.1	0.002850	92.0
		200	0.004550	93.4	0.004500	92.5	0.004650	93.9	0.004150	92.7	0.004050	91.6	0.003200	85.8

附表 184 重黏土二三水浇地灌水定额分别为 60m³/亩、70m³/亩时的优化单宽流量

灌水条件	灌水定额/(m³/亩)	畦长/m	地面坡降											
			0.0100		0.0050		0.0030		0.0020		0.0010		0.0005	
			优化单宽流量/[m³/(s·m)]	灌水效率/%	优化单宽流量/[m³/(s·m)]	灌水效率/%	优化单宽流量/[m³/(s·m)]	灌水效率/%	优化单宽流量/[m³/(s·m)]	灌水效率/%	优化单宽流量/[m³/(s·m)]	灌水效率/%	优化单宽流量/[m³/(s·m)]	灌水效率/%
Ⅰ. 土壤类型：重黏土 (0～20cm 砂粒含量 ω_1=20～40cm 砂粒含量 ω_4=12.5%， 0～20cm 粉粒含量 ω_2=20～40cm 粉粒含量 ω_5=12.5%， 0～20cm 黏粒含量 ω_3=20～40cm 黏粒含量 ω_6=75%) Ⅱ. 地表形态：二三水浇地，地表轻、中旱 (0～10cm 土壤容重 γ_1=1.1g/cm³， 0～10cm 土壤变形容重 $\gamma_1^{\#}$=1.1g/cm³， 10～20cm 土壤容重 γ_2=1.05g/cm³， 20～40cm 土壤容重 γ_3=1.2g/cm³， 0～20cm 土壤含水率 θ_1=22.5%， 20～40cm 土壤含水率 θ_2=30%， 土壤有机质含量 G=1g/kg， 填凹量 $h_{填凹量}$=0.5cm，糙率 n=0.1) Ⅲ. 入渗参数： 入渗系数 k=2.7095cm/min， 入渗指数 α=0.2284， 稳定入渗率 f_0=0.0859cm/min	60	20	—	—	—	—	—	—	—	—	—	—	—	—
		30	—	—	—	—	—	—	—	—	—	—	—	—
		40	—	—	0.001000	80.2	0.001000	80.9	0.001000	81.3	0.001000	80.6	—	—
		50	0.001116	84.9	0.001032	85.8	0.001164	86.5	0.001056	86.3	0.001188	86.4	0.001020	87.1
		75	0.001476	85.5	0.001620	86.4	0.001494	86.7	0.001584	86.5	0.001728	87.6	0.001692	87.0
		100	0.001978	88.8	0.002024	90.2	0.001840	90.3	0.002070	90.3	0.002047	90.2	0.002116	91.0
		120	0.002408	88.3	0.002492	88.8	0.002380	89.3	0.002464	88.9	0.002380	89.6	0.002380	90.2
		150	0.003115	87.8	0.002975	89.5	0.003080	88.4	0.003150	89.3	0.003150	89.2	0.003115	89.3
		200	0.004554	89.4	0.003910	91.0	0.003864	90.8	0.003864	91.2	0.004048	90.3	0.003818	90.6
	70	20	—	—	—	—	—	—	—	—	—	—	—	—
		30	—	—	—	—	—	—	—	—	—	—	—	—
		40	—	—	—	—	—	—	—	—	—	—	—	—
		50	0.001012	86.2	0.001034	87.6	0.001056	87.1	0.001056	87.9	0.001012	88.3	0.001023	89.0
		75	0.001488	90.1	0.001472	89.5	0.001488	90.6	0.001504	90.5	0.001520	90.7	0.001392	92.0
		100	0.001738	87.0	0.002024	88.2	0.001936	88.3	0.002090	89.1	0.001782	88.2	0.001980	89.0
		120	0.002464	83.3	0.002240	82.9	0.002408	83.6	0.002184	83.4	0.002436	84.3	0.002632	85.3
		150	0.003168	88.0	0.003234	88.0	0.003102	87.6	0.003234	88.5	0.002706	89.0	0.002640	89.1
		200	0.004275	86.4	0.003745	87.2	0.004320	86.2	0.003825	87.0	0.004050	87.1	0.002772	82.7